개정판 학부 대수학 강의 I

선형대수와 군

李仁碩

서울대학교출판문화원

머리말

2002년 12월 31일 아침
이 책의 첫 줄을 쓰기 시작하도록 도와준 JKR에게 감사하며.

'이야기'를 시작하기 前에

짐작하기에 아마도, 확인할 길은 없지만, 현재 이 地球上에는 1000종 이상의 "선형대수학" 教材가 *存在*하리라고 생각된다. "선형대수학과 그 응용"이라는 제목의 책까지 합하면 그 數는 더 늘어날 것이다.[1] 여기에 또 하나의 "선형대수학" 교재를 보태기 위해서는 무언가 自己 合理化가 필요했다.

저자는 지금까지의 책들이 고이 모셔 온 '점잖음'을 버리기로 했다. 점잖음이나 고상함, 格式이나 文體 혹은 style, 그리고 수학 用語의 한글化 등은 저자가 교실에서 실제 강의할 때에는 한번도 문제가 된 적이 없었다. 그래서 이 책의 題目은 "강의"이다.

무언가 色다른 책이 아니라면, 굳이 1001번째 교재를 쓸 이유는 없었을 것이다. 그래서 이 책은 딱딱하지 않은 口語體로 쓰여졌다. 저자가 강의실에서 사용하는 言語(말투, 대화, 칠판 내용, 그리고 농담들)를 그대로 옮기려고 오히려 노력하였다.

[1]우리말로 쓰여진 것만도 50개는 넘을 것이다.

또 하나의 선형대수학 교재를 쓰게 된 또 하나의 현실적인 이유가 있다. 학부 2003학번이 2학년이 되는 때부터, 서울대학교 수학 전공 학생들에게 선형대수학이 통년과목으로 바뀌게 된 것이다. 우여곡절 뒤에 실로 10여 년 만의 일이다.

두 학기 선형대수의 강의에는 언제나 內在的인 문제가 있어 왔다. 즉, 두 학기 동안이나 무엇을 가르칠 것인가 하는 문제이다. 과거에 저자가 학부생이던 시절에도 2학년 2학기가 끝나 갈 무렵 선형대수학 강좌에서 고영소선생님께 group의 개념과 tensor product 및 multilinear algebra를 배웠던 기억이 난다.[2] "학부 2학년 선형대수학"은 그 本質이 한 학기는 너무 짧고 두 학기는 좀 길다는 認識을 피할 길이 없다.

그래서 저자는 이 책에서 group을 소개하고 rigid motion과 orthogonal group을 비롯한 matrix group을 공부하는 길을 선택하였다.[3] 그래서 이 책의 副題目은 "선형대수와 군"이다.

물론 우리 학생들의 水準에 적절한 교재의 필요성도 이 책을 쓴 이유의 하나가 되었다. 즉, 우리의 고등학교 교과과정과 어울리는 선형대수학 교재가 필요하였다. 지금까지 사용하던 英語 교재는 대개 너무 쉬워 우리 학생들이 무시당하는 느낌을 받거나, 혹은 조금 수준이 높아 fact의 나열에 그친 것이 대부분이었다. Fact의 나열은 그 자체로는 아무리 완벽하다고 하더라도 그로부터 무언가 깨달음을 얻는 것은 — 몇 년의 苦痛 後 — 독자의 몫일 뿐이었다.

이 책의 style과 언어

수학 강의에는 두 종류가 있다고 생각된다. 그 하나는 강사만이 알고 있는 첨단의 내용을 강의하는 것으로 論理的으로 완벽한 fact의 나열과 그의 검증이 강의의 point가 된다. 반대쪽 극단은 이미 잘 알려진 내용 — 예를 들어, "학부 선형대수학" — 을 강의하는 것으로 어떻게 수강생(독자)들의 理解를 도와 주느냐가 강의의 point가 된다. (물론 이 두 종류의 중간도 상당수 있겠지만…….)

[2] 같은 때에 김제필선생님께서도 "정수론" 시간에 group과 field extension의 초보적인 개념을 강의하고 계셨다.

[3] 이러한 선택이 "현대대수학" 강좌의 진도표에도 여유를 줄 수 있을 것으로 기대한다.

그런데, 수학의 이해 — 즉, 생각하는 방법과 순서 — 에는 '언어(思考方式)'가 필요하다. 강사가 할 수 있는 최대의 역할은, 따라서, 강사 自身의 언어와 사고방식(the way of thinking)을 수강생들에게 전달하는 것이 된다. 저자는 이 책에서 저자가 강의실에서 사용하는 언어를 그대로 옮기려고 노력하였다.

그래서, 이미 언급한 바와 같이, 이 책에는 점잖음이나 格式, 文體 혹은 style 등은 없다. 문장의 시작이 數式이면 안 된다는 점잖음의 大原則은 가장 먼저 포기한 것이었다.[4]

그리고 수학 用語의 한글化도 포기하였다.[5]

정말 우리말을 사랑하는 저자가 한글化를 포기하는 데에는 적지 않은 망설임이 있었다.[6] 그러나 수학 용어의 한글化가 '자기준동형사상'이나 '멱영행렬' 등의 중국어인지 일본어인지 알 수 없는 용어의 사용을 意味한다면, 한글化는 포기할 수밖에 없었다.

그래서 저자가 강의실에서 실제 사용하는 언어 — 國英혼용체 — 를 그대로 옮기기로 하였다. 따라서 이 책에는, 예를 들어, '행렬'이라는 단어와 'matrix'라는 단어가 거의 같은 頻度로 등장한다. 그리하여 '어느 국어학자'의 말씀대로 "영어 단어에 우리말로 토를 단 괴상한 文體"가 된 경우도 피할 수는 없었다. 그리고, 혹 영어 숭배자로 오해 받을 것이 걱정되어, 애교 섞인 漢字도 사용하였다. 그리하여, 조금은 엉뚱한 國漢英혼용체가 탄생하였다.

수학을 공부하다 보면 영어의 'such that'의 용법이 *꽤끔*은 부러울 때가 가끔 있다. 그래서 '괄호 있는 국어'라는 實驗을 해보았다. 물론 둥근 괄호 ( )는 언제나처럼 앞의 단어나 문장을 보충 설명할 때 사용하였지만, 네모난 괄호 [ ]는 [문장의 한 文法 要素가 너무 길거나 文章의 뜻을 헤아리는 데 혼동의 소지가 있는 경우]에 사용하였다. 예를 들면,

$$[\text{모든 } v\in V\text{에 대해 } v+0=v]\text{인 } 0\in V \text{ 존재}$$

에서와 같이,[7] [ ] 안의 構文이 하나의 문법 요소(論理 요소)라는 것을 강조하기 위하여 실험적으로 사용해 보았다. (사실 이러한 실험은 강의실의 칠판에서는 이미 오래 前부터 行해져 왔다.)

[4] "Let A be a matrix"와 "A를 행렬이라고 하자" 두 문장을 비교해 보라.

[5] 수학 용어 한글화의 필요성을 否定하는 것은 아니다.

[6] 학생들(주로 대학원생들)의 의견도 반영하였다. 정확히 말하자면, 사실은, 수학 용어 한글화의 포기는 학생들의 결정이었다. 학생들에게는 이 책의 '續篇'이 이미 수십(수백) 권 영어로 출판되어 있는 점이 주로 문제가 되었다.

[7] "모든 $v\in V$에 대해 $[v+0=v$인 $0\in V$ 존재]"와 비교해 보라.

'이야기'를 시작하면서

代數學은 독자(수강생)들이 지금까지 접해 왔던 수학(아마도 미적분학)과는 조금 분위기가 다르다. 특히 대수학을 처음 접할 때에 그런 느낌을 갖게 된다.

[학부 대수학 강의]에서 우리의 現實世界에 관한 묘사는 거의 찾아볼 수 없을 것이다. 아마도, 연립방정식의 해집합이나 $\mathbb{R}^n$-공간의 rigid motion 정도가 그나마 현실세계에 가까운 개념들일 것이다. 그런 의미에서 [학부 대수학 강의]는 假想世界에 관한 '이야기책'이다. Peter Pan이나 혹은 Harry Potter 같은 이야기책이다.

이런 '이야기책'을 읽으려면 우선 새로운 單語들에 익숙해져야 한다. 그리고 새 단어들을 사용하여 말하고 쓰는 방법을 배워야 한다. 그런 面에서 [학부 대수학 강의]는 수학 책이라기보다는 새로운 언어를 배우는 語學 책에 가깝다고 할 수 있을 것이다.

우리는 이미 새로운 언어를 학습하기 위해서는 반복적인 훈련이 필요함을 잘 알고 있다. 이는 마치 축구선수가 되려는 후보선수에게 감독이 달리기 훈련만 시키는 것과 같다. 왜 달리기 훈련만 반복했는지는 훗날(어쩌면 먼 훗날) 축구선수가 된 후에야만 이해하게 될 것이다.

얼마 전 동네 놀이터에서 어린이들이 "Wingardium Leviosa"를 외치는 것을 듣게 되었다. 주위의 도움으로 이 단어의 뜻을 알게 되었을 때, 저자는 한번 더 놀랐다. Harry Potter의 저자는 이 단어의 뜻을 설명하는 데 수십 쪽을 割愛하였던 것이다. 어린이들은 이 수십 쪽의 '훈련'을 통해 가상세계의 단어를 이해하고 또 기억하게 된 것이다.[8] 이 책의 독자들도 — 동네 놀이터의 어린이들처럼 — 새로운 추상적인 단어들을 어렵지 않게 배울 것으로 믿는다.

이제 새로운 단어와 새로운 文法에 익숙해지기 시작하면 독자들은 이 '이야기책'의 줄거리를 발견하게 될 것이다. 그리고 이 '이야기' 속으로 빠져들게 되기를 바란다. 그리하여, 마치 우리가 어린 시절 Peter Pan이나 Harry Potter를 읽던 때처럼, 눈을 감고도 이 '이야기'의 줄거리를 풀어 갈 수 있게 되기를 바란다.

[8] '외우다'라는 단어는 의식적으로 피하였다. 외운 것이 아니고 저절로 기억하게 된 것이다.

추상 對 직관

[抽象的인 언어의 훈련]과 [直觀的이고 구체적인 상황에서의 대응 훈련]이라는 상충된 입장의 교육 방법에 관해서는 동료들과도 많은 토론과 논쟁이 있어 왔다. 어느 쪽이 절대적으로 좋은 방법이라고 結論을 내릴 수는 없으나, 저자는 비교적 추상적인 언어 쪽에 기우는 입장이었다.

그러나 통년과목 선형대수학의 경우에는 논쟁이 있을 수 없다. 一年 내내 직관적인 상황만 이야기하는 것은 불가능하기 때문이다. 따라서 抽象化 훈련의 시작은 불가피해 보인다. (그러나, 직관적인 대응 훈련이 마치 봄 소풍을 떠나는 기분인 데 反하여, 추상적 언어 훈련의 시작은 어쩐지 지옥훈련을 떠나는 느낌인 것은 감출 수가 없다.)

저자는 창의성 교육이라는 단어를 좋아하지 않는다. 내게 창의성이 있다는 생각은 남들은 모두 나보다 못하다는 생각과 동치이다. 앞 시대를 살다 간 수많은 天才들의 業績을 이해하려 하지 않고 창의성만을 기대하는 사람을 우리는 '아마추어'라고 부른다. '프로'는 먼저 수많은 천재들의 업적을 이해하려고 노력한다. 창의성은 그 다음의 문제이다. 그리고, 수많았던 천재들의 업적을 一二年에 이해할 수 없음은 말할 필요도 없다. 창의성 교육을 원하는 수강생들은 이 강의를 수강할 필요가 없다.

증명에 관해서

이 책의 증명은 두 부분으로 나뉘어져 있다. 그 첫 번째는 우리 'story'의 一部이고, 두 번째는 '기계'가 맡는 부분이다. 독자들이 이 책의 'story'에 빠지게 되면, '증명의 줄거리'도 기억할 수 있을 것이다.

그리고 '기계'가 맡는 부분은 독자들 스스로 '기계'가 되어 훈련하여야 한다.[9] 독자들은 연필과 종이만 있으면 언제든지 이 책의 명제들을 혼자 힘으로 증명할 수 있다는 확신이 설 때까지 훈련하여야 한다.

증명의 '기계'가 맡는 부분에 가끔 [연습장]이 등장하는데, 이는 '기계'들이 왜 그렇게 증명할 수밖에 없는지를 설명해 준다. [연습장]이라는 말이 나오면, 독자들도 각자의 연습장을 꺼내기 바란다.

[9] 독자들이 이 '기계'라는 단어를 몹시 싫어한다는 것을 알고 있다. 그러나, 싫으면 싫을수록 '기계'보다는 우수해야 한다.

연습문제에 관해서

우리는 어떤 이유에서인지 지금까지 수학을 공부하면서 교과서 本文 내용보다 참고서 연습문제에 더 많은 시간을 투자해 온 것 같다. 그것은 아마도 우리의 시험 위주의 교육이 남긴 遺産인 듯하다. 본문 내용은 시험에 나오지 않았으니까·······.

저자는, 경험적으로, 적지 않은 학생들이 연습문제는 곧잘 풀면서도 본문 내용은(특히 증명 부분을) 아예 소홀히 하는 것을 잘 알고 있다. 본문 내용이 연습문제를 풀기 위해 있는 것이 아니고, 연습문제가 본문 내용을 이해하는 데 도움을 주기 위해서 *存在*하여야 한다고 저자는 믿는다.

따라서 이 책에서는 아예 본문과 연습문제의 區分을 없애 버렸다. 이 책에서는 연습문제는 본문의 一部일 뿐이다.[10]

이 책의 내용

이 책의 內容의 특징은 우선 모든(?) 것을 숨김없이 밝혔다는 점이다. 예를 들어, §3.4의 Zorn's Lemma나, 제6장 행렬식의 existence와 uniqueness의 철저한 증명이나, 그리고 제13장 dual space 개념의 강조 등은 旣存의 (학부 2학년) 선형대수학 교재에서는 禁忌視하여 왔던 것들이다. (거꾸로 말하면, 독자들이 이 책을 처음 읽을 때에는 이 부분들이 조금 까다롭게 느껴질 수도 있을 것이다. 저자도 독자들이 이 부분들을 한번 읽고 완전히 이해하리라고 기대하지는 않는다.)

한편, 이 책의 시작 부분에서는 field의 정의 없이 $F=\mathbb{R}$ 혹은 $F=\mathbb{C}$라고 선언함으로써 독자들의 친근감에 호소하는 듯한 시늉을 하기도 하였다. 그러나, 본질적으로, 이 책에서 저자는 field의 선택과 無關한 증명들을 추구하였다. 만약, 정말로 $F=\mathbb{R}$이거나 $F=\mathbb{C}$인 경우만을 다룰 생각이었다면, 이 책의 두께가 상당히 줄어들었을 것이다.

그리고, 이 책의 또 하나의 특징은 Cyclic Decomposition Theorem (Secondary Decomposition Theorem)의 증명을 3학년의 "현대대수학" 강좌로 미루었다는 것이다. 저자의 의견으로는 [linear operator가 주어진 vector space]를 $F[t]$-module로 보지 않고서는 cyclic decomposition을 '부드럽게' 다루기는 힘들다고 생각되었기 때문이다.

[10] "시험 문제는 어떻게 합니까?" "시험 문제는 본문에서 나옵니다."

이 책의 다음 특징은 물론 group과 quotient group(quotient space)의 개념을 소개한 것이라고 할 수 있다. 그리고, 이를 위한 motivation으로 Euclidean space의 rigid motion에 제9장을 할애하였다. 뿐만 아니라, orthogonal group과 unitary group에 관한 내용들은 기존의 선형대수학 교재에서는 찾아볼 수 없던 내용일 것이다. 그리고 마지막 제16장에서는, 비록 '맛보기' 수준이지만, matrix group의 compactness와 connectedness를 중심으로 약간의 topology를 加味하였다.[11]

그러나 이 책에서는 bilinear form의 classification은 다루지 않았다. 예를 들면, Sylvester's Theorem이 여기에 해당된다. 저자는, 그 동안의 講義 경험으로, 이를 위해서는 독자들의 'mathematical maturity'가 조금 더 필요하다고 생각하기 때문이다.[12]

선형대수의 Application

지난 몇십 년 동안 '순수수학'과 '응용수학'이라는 단어의 뜻 자체에 큰 변화가 있었다. 그리하여, 무게중심이 급속히 '응용' 쪽으로 옮겨가고 있음을 부정하기 힘들게 되었다. 그리고, 모든 '응용수학'에는 선형대수가 빠지지 않고 등장하는 것도 부정할 수는 없을 것이다.

그럼에도 불구하고, 저자는 '순수'가 — 즉, '기초'가 — 먼저라고 주장한다. '기초'에의 충분한 이해가 없는 '응용'은 *砂上樓閣*에 불과할 뿐이다.

이 책에서는 "(선형)미분방정식"이나 "Fourier Analysis" 그리고 "Linear Programming" 등 전통적인 선형대수의 응용 분야는 그러한 이름의 강좌가 따로 개설되는 점을 존중하여 언급을 최소화하였다. 또, 저자는 이 책에서 Markov chain이나 최근 유행하는 computer graphics에의 응용 정도는 한번 다루어 보고 싶었으나 紙面이[13] 이를 허락하지 않았다.

저자는 오히려 "Coding Theory"와 "Cryptography"에 깊은 관심을 갖고 있다. 그러나, finite field의 존재를 노골적으로 밝힐 수 없는 이 책에서는 한두 번의 언급만으로 만족할 수밖에 없었다.

---

[11] 그러나, topological space와 homeomorphism의 개념을 正式으로 정의하지 못하는 수준에서는 아무래도 조금 무리라는 의견에 저자도 同意하는 바이다.

[12] 이 내용은 "기하대수" 강좌에서 다루어져 왔다.

[13] 사실은, 時間이…….

참고도서에 관해서

앞서 언급한 수백 개 선형대수 교재를 모두 나열할 수는 없었다. 그래서 차라리 reference의 개수를 최소화하였다. 우리말 책으로는 이일해선생님의 것과 영어 책으로는 S. Lang의 책 두 권만을 참고도서로 올렸다.[14]

감사의 말씀

대수학을 가르쳐 주신 선생님들께 — 고영소선생님, 김제필선생님, 그리고 故 Walter Feit교수님께 — 끝없는 感謝를 드립니다.

훌륭한 선형대수학 교재를 물려 주신 이일해선생님께도 감사 드립니다. 수학의 단어 한 개 命題 한 줄을 이해한다는 말이 무슨 뜻인지 가르쳐 주신 김제필선생님께 지금도 가르침을 願합니다. 좋은 講義란 어떤 것인지 '藝的'으로 가르쳐 주신 윤재한선생님, 김성기선생님, 이현구선생님 감사합니다.

그리고, 무엇보다도, 이 책을 완성할 수 있도록 끝까지 격려해 주시고 원고를 정성껏 補完 校正해 주신 정재명선생님께 감사 드립니다.[15] 정재명선생님 고맙습니다.

이 책의 마지막 줄을 쓸 때까지 참아 주고(!)
책이 출판될 날을 손꼽아 기다리는(?)
사랑하는 家族에게 감사하며
이 책을 바친다.

2005년 2월

李 仁 碩

[14]솔직히, 학부 2학년 수준에서는 참고도서 추천의 필요성을 별로 느끼지 않는다. 참고도서(추천도서)의 목록은 [학부 대수학 강의 II]로 미룬다.

[15]그래도 아직 수정해야 할 부분이 적잖이 남아 있을 것이다.

개정판 머리말

이 책의 初版이 출판된 지도 어느새 10년의 세월이 흘렀다. 비록 초판 출판 전 2년여 동안 草稿를 교재 삼아 강의하면서 수없이 수정하고 보완했지만, 출판 후 이 책의 모습은 너무나 실망스러웠다. 수많은 오타는 차라리 애교 수준이었고, 곳곳에서 부실하고 부정확한 내용들이 발견되었다. 이 책이 저자의 첫 출판이었다는 쑥스러운 말 이외에는 변명할 방법을 찾을 길이 없다.

초판 출판 이삼 년 후부터 개정판 생각을 하기 시작했지만, 이제야 개정판을 내놓게 되었으니 오로지 저자의 게으름만을 원망할 수 있을 뿐이다.

개정판에서는 다음 사항들을 최대한 고려하려고 노력하였다.

(ㄱ) 초판을 쓸 때에는 — 지금은 도무지 이해할 수 없는 이유로 — 책의 두께가 너무 두꺼워지면 안 된다는 강박관념을 갖고 있었던 기억이 난다. 그러다 보니, 한두 줄만 설명을 더 보탰어도 좋았을 부분들이 여러 곳 눈에 띄었다. 결과적으로 이는 독자들에게 고통(시간 낭비)이 되었을 것으로 짐작한다. 그래서 이번에는 책의 두께는 전혀 걱정하지 않고 작업을 하였다. 그럼에도(연습문제도 많이 추가했지만) 개정판은 초판보다 겨우 20여 쪽이 늘어났을 뿐이다.

(ㄴ) 언급할 필요조차 없겠지만, 더욱 논리적이 되도록 노력하였다. 이는 초판에는 논리적으로 완벽하지 못한 부분도 몇 곳 있었다는 쓰라린 고백이기도 하다. 논점이 명확하지 않은 부분도 있었다. 특히 §5.5의 내용을 많이 보완하였다.

(ㄷ) 책에는 없었지만 실제 강의에서는 반드시 등장했던 comment들을 추가하였다.

(ㄹ) 독자들에게 더 친절한 설명을 하려고 노력하였다. 다만 '저자의 친절함'과 '독자들의 무시당하는 느낌' 사이에서 적잖은 고민이 있을 수밖에 없었다.

(ㅁ) 독자들의 요청에 따라, 연습문제들을 보충하였다. 이들 추가된 연습문제들의 대부분은 그동안 시험에 출제되었던 것들이다. 따라서, 새 연습문제들에는 많은 동료들의 idea도 포함되어 있다. 모두 (확실히) 기억할 수 없기에 도움을 준 동료들의 이름을 일일이 밝히진 못하지만, 이 기회를 빌려 동료들께 깊은 감사의 말씀을 드린다. (그리고, 꼼꼼히 오타를 교정하고 수많은 멋진 idea를 제공한 정경훈 교수께도 깊은 감사의 마음을 전한다.)

(ㅂ) 행 간소 사다리 꼴의 유일성은 더 elementary한 증명으로 대체하여 §3.8로 옮겼다. 또 초판 제13장의 triangularization도 matrix size에 관한 귀납법 증명으로 대체하여 §7.3으로 옮겼다(초판에서는 quotient space의 힘을 과시하려는 욕망이 앞서 좀 어색해진 느낌이다). 그리고 초판의 §15.4("왜 non-degenerate인 경우만?")는 삭제하였다. 이 부분은 실제 강의에서도 항상 생략되었고, 학부 2학년 수준에도 어울리지 않는 것으로 생각된다.

(ㅅ) 시대 변화에 맞추어(유행이 지난 농담들은 삭제하고), "대수학 강의"의 homepage를 만들었다. 지금까지는 정오표와 몇몇 참고사항만을 게시하였지만, 앞으로는 더욱 많은 내용을 계속 보충할 계획이다. 독자들은

http://www.math.snu.ac.kr/~islee/algebra.html

을 참조하기 바란다.

(ㅇ) 참고로, 첫 학기 강의는 제8장(특히 §8.5–§8.7)은 적당히 마치고, 선형대수의 응용(예를 들어, Jordan canonical form의 응용)을 마지막 1주일 동안 다룰 것을 추천한다. 單학기 강좌의 경우에는 real symmetric matrix의 diagonalization을 다루는 것도 의미 있는 계획일 것이다. 이에 필요한 자료들도 위 website에서 찾을 수 있을 것이다.

2015년 4월

李 仁 碩

차 례

제 1 장 행렬과 Gauss 소거법

수학 과목의 첫 강의에는 序論이 없다. 그저 묵묵히 첫 쪽부터 훈련을 시작할 뿐이다.

1.1. Matrix

우리는 이미 고등학교와 1학년 미적분학[2]에서 행렬(matrix)과 그의 연산을 배웠다. 이 節에서는 앞으로 우리가 사용할 표기법을 소개하기로 한다.

Matrix는 '어머니의 자궁' 혹은 '근원적인 고향'의 뜻을 가진 詩語(해부학 용어가 아닌)로 라틴어 語源은 '어머니(mater)'이다.[1] 즉, 행렬은 우리의 '마음의 고향'이며 어떤 수학적 object를 만나더라도 우리는 행렬부터 생각한다는 뜻이다. 이 점은 수학을 공부하다 보면 가끔 소홀해지기 쉬운데, 독자들은 조금 과장된 다음 명제(주장?)를 기억해 두기 바란다: **"우리가 아는 것은 행렬뿐이다."**

집합 F가 실수 전체의 집합 $\mathbb{R}$, 혹은 복소수 전체의 집합 $\mathbb{C}$이고,[2] 모든 $i=1,\dots,m$과 $j=1,\dots,n$에 대하여 $a_{ij}\in F$일 때,[3]

$$A=\begin{pmatrix} a_{11} & a_{12} & a_{13} & \cdots & a_{1n} \\ a_{21} & a_{22} & a_{23} & \cdots & a_{2n} \\ \vdots & \vdots & \vdots & \ddots & \vdots \\ a_{m1} & a_{m2} & a_{m3} & \cdots & a_{mn} \end{pmatrix}$$

을 F-위의 $(m\times n)$-**행렬**($(m\times n)$-**matrix** over F)이라고 부른다.

[1] 이 책은 수학 책이라기보다 어학 책임을 기억하라! 우리는 지금 단어 공부를 하고 있다.

[2] 정수 전체의 집합은 $\mathbb{Z}$, 유리수 전체의 집합은 $\mathbb{Q}$로 나타낸다. 이들은 각각 Zahlen, quotient, real, complex의 첫 글자이다.

[3] 물론 a_{ij}보다 $a_{i,j}$ 또는 $a_{(i,j)}$가 더 정확한 표기법이겠지만, 우리의 미적감각이 a_{ij}를 선호하니 어쩔 수 없다. 그러나, 예를 들어, $a_{1,12}$나 $a_{k+1,3}$과 같은 경우에는 comma가 필수적이다.

그리고, 앞 $(m\times n)$-행렬 A를 간단히는

$$A=(a_{ij})_{m\times n}=(a_{ij})$$

로 표기하기로 한다. 이때 a_{ij}를 행렬 A의 (i,j)-**좌표**(**coordinate**) 혹은 (i,j)-**성분**(**component**)이라고 부르고,

A의 i-번째 **행**(가로 줄, **row**)을 $[A]_i$,
A의 j-번째 **열**(세로 줄, **column**)은 $[A]^j$

로 표기한다.

물론, $(m\times n)$-행렬 $A=(a_{ij})$와 $B=(b_{ij})$가 **같다**(즉, $A=B$)는 말은 모든 i,j에 대하여 $a_{ij}=b_{ij}$라는 뜻이다. F-위의 $(m\times n)$-행렬 전체의 집합은 $\mathfrak{M}_{m,n}(F)$로 표기하기로 한다.

이미 잘 알고 있는 것처럼, 우리는 $(m\times n)$-행렬 $A=(a_{ij})$와 $B=(b_{ij})$의 **덧셈**(**addition**)을

$$A+B=(a_{ij}+b_{ij})$$

로 정의하고(즉, $A+B$의 (i,j)-좌표가 $a_{ij}+b_{ij}$라는 뜻), 행렬 $A=(a_{ij})$와 scalar $c\in F$의 **상수곱**(**scalar multiplication**)은

$$cA=(ca_{ij})$$

로 정의한다. 즉, 행렬의 덧셈과 상수곱은 자연스럽게 **componentwise** 정의된다.

그렇지만, 행렬의 **곱셈**(**multiplication**)은 지금은 그렇게 자연스러워 보이지 않는다. 행렬 $A=(a_{ij})$의 size가 $(m\times n)$이고, 행렬 $B=(b_{jk})$의 size가 $(n\times r)$일 때, 우리는 $(m\times r)$-행렬 AB를

$$AB=(c_{ik}),\qquad 단,\ c_{ik}=\sum_{j=1}^{n}a_{ij}b_{jk}$$

로 정의한다. 따라서 c_{ik}는 A의 i-th row $[A]_i$와 B의 k-th column $[B]^k$의 '내적'이라고 생각할 수 있다.[4] (물론, 예를 들어, (3×5)-행렬과 (4×2)-행렬은 서로 곱할 수 없다.)

[4] 이 '내적'을 제13장에서는 '보통 내적'이라고 부르게 된다.

행렬의 곱셈을 왜 이렇게 不自然스럽게 정의하는지를 아는 것은 사실 **이 강의의 첫 目標**이다. 그 본질적인 이유는 뒤에 제5장에서 [행렬과 선형사상은 같은 것]이라는 명제를 이해하고 나면 저절로 알게 될 것이다.

영행렬(**zero matrix**) 0은 모든 좌표가 0인 행렬을 뜻한다. (이 책에는 수많은 0이 등장한다. **우리는 그때마다 그 0이 어디에 살고 있는 0인지 파악할 수 있어야 한다!**) 그리고 n-차 **항등행렬**(**identity matrix**) $I_n = I$는 (i,j)-좌표가 δ_{ij}인 $(n\times n)$-**정사각행렬**(**square matrix**)을 나타내기로 한다.[5]

또, $(m\times n)$-행렬 A, B에 대하여,

$$-A = (-1)A, \qquad A - B = A + (-B)$$

로 표기하기로 한다.[6] 다음 관찰은 행렬 연산의 '기본적인' 규칙들이다. (우리는 이미 $(n\times n)$-정사각행렬 A, B에 대하여 $AB = BA$(곱셈의 교환법칙)가 언제나 성립하지는 않는다는 사실을 잘 알고 있다.)

관찰 1.1.1. 행렬 A, B, C와 scalar $r, s \in F$에 대하여, 연산들이 잘 정의되어 있으면 — 즉, 행렬들의 size가 연산이 가능하도록 주어져 있으면 — 다음 규칙들이 성립한다.

(가) $(A+B)+C = A+(B+C)$, (덧셈의 결합법칙)
(나) $A+B = B+A$, (덧셈의 교환법칙)
(다) $A+0 = A$, (덧셈의 항등원)
(라) $A-A = 0$, (덧셈의 역원)
(마) $(r+s)A = rA+sA$,[7] (분배법칙)
(바) $r(A+B) = rA+rB$, (분배법칙)
(사) $r(sA) = (rs)A$,
(아) $1A = A$,
(자) $(AB)C = A(BC)$, (곱셈의 결합법칙)
(차) $AI = A$, $IA = A$, (곱셈의 항등원)
(카) $(A+B)C = AC+BC$, $A(B+C) = AB+AC$, (분배법칙)
(타) $(rA)B = r(AB) = A(rB)$.

---

[5] δ_{ij}는 물론 Kronecker's delta.

[6] 물론 $A = (a_{ij})$이고 $B = (b_{ij})$일 때, $A - B = (a_{ij} - b_{ij})$로 정의해도 되겠지만, 이는 우리의 사고방식이 아니다. 표기법 2.1.4 참조.

[7] 곱셈(상수곱)이 덧셈에 우선한다는 초등학교 때부터의 大원칙은, 물론 앞으로도, 변화가 있을 수 없다. 한편 (사)항과 (타)항에 의하면, 곱셈과 상수곱은 서로 먼저 하겠다고 다투지 않는다.

증명 : (가)–(아)항은 거의 자명하다. 예를 들어, (가)항을 달리 표현하면, 행렬의 덧셈은 **componentwise** 정의되었고 각각의 component가 — 즉, F의 원소들이 — 덧셈의 결합법칙을 만족하므로, 행렬의 덧셈도 결합법칙을 만족한다고 말할 수 있다. (자)항의 증명도 어렵지는 않지만, 독자들은 아래의 '세련된' notation을 감상하기 바란다. $(AB)C = A(BC)$를 보이는 유일한 방법은 양변의 좌표들이 모두 같음을 보이는 방법뿐이다. 이제 행렬 A의 (i,j)-좌표를 $[A]_{ij}$로 표기하기로 하고, $A = (a_{ij})$, $B = (b_{jk})$, $C = (c_{k\ell})$이라고 놓으면,

$$[(AB)C]_{i\ell} = \sum_k [AB]_{ik} c_{k\ell} = \sum_k \Big(\sum_j a_{ij} b_{jk} \Big) c_{k\ell} = \sum_{k,j} (a_{ij} b_{jk}) c_{k\ell}$$

이고, 같은 방법으로

$$[A(BC)]_{i\ell} = \textstyle\sum_{j,k} a_{ij}(b_{jk} c_{k\ell})$$

임을 보일 수 있다. (차)–(타)항은 연습문제로 남긴다. □

연습문제 1.1.2. (가) 위 증명에서

$$\sum_{i=1}^{m} \Big(\sum_{j=1}^{n} x_{ij} \Big) = \sum_{j=1}^{n} \Big(\sum_{i=1}^{m} x_{ij} \Big)$$

가 성립하는 것을 설명하라.
(나) 위 관찰1.1.1의 증명을 완성하라.

위 관찰1.1.1에서, (가)–(아)항 부분은 사실 너무 당연해 독자들은 혹 무시당한 기분일지도 모른다. 그러나 이 '기본적'인 연산 규칙들이 갖는 중요한 의미는 이 책을 공부해 나가면서 점점 분명해질 것이다. 독자들은, 예를 들어,

$$0A = 0$$

은 제법 근사한 恒等式임에도 불구하고 명함을 내밀지 못하고 있는 점에 주의하기 바란다(이 식에서 좌변의 0은 scalar 0으로 보아도 되고, size가 맞는 zero matrix로 보아도 된다).[8] 다른 한편, 위의 (자)–(타)항 부분은 — 특히 (자)항은 — 지금은 전혀 당연하지 않다. 오히려 운이 좋아 우연히 성립한다는 느낌이 들 정도이다. 이 점 역시 뒤에 [행렬과 선형사상은 같은 것]이라는 명제를 이해하고 나면 해결될 것이다.

[8] 관찰2.1.6 참조.

위의 (자)항(곱셈의 결합법칙)은 이제

$$(AB)C = A(BC) = ABC$$

라는 표기법이 아무런 혼동 없이 쓰일 수 있음을 말해 준다. 물론 우리는 분필과 toner를 절약하기 위하여 ABC의 표기법을 사용한다.[9] 또 위 (사)항과 (타)항에 의하면, rsA와 rAB의 표기법도 가능하다.

보기 1.1.3. $c \in F$, $A \in \mathfrak{M}_{m,n}(F)$이면, 당연히

$$(cI_m)A = c(I_m A) = cA$$

가 된다. 즉, 행렬 cI는 마치 scalar와 같은 구실을 한다. 그런 의미에서 우리는 cI 꼴의 행렬을 **scalar matrix**라고 부른다.

위의 (자)항은 또한 square matrix A에 대하여

$$A^2 = AA, \qquad A^3 = AAA, \qquad A^4 = AAAA, \qquad \ldots$$

의 표기법을 자연스럽게 해 준다. 물론,

$$A^0 = I, \qquad A^1 = A$$

로 정의하는 것이 우리의 관습이다.[10]

연습문제 1.1.4. 행렬 A, B, C, D가

$$A = \begin{pmatrix} 1 & 7 \\ -1 & 2 \end{pmatrix}, \quad B = \begin{pmatrix} 3 & 1 \\ 0 & 3 \end{pmatrix}, \quad C = \begin{pmatrix} 0 & 2 & -4 \\ 0 & 0 & 3 \\ 0 & 0 & 0 \end{pmatrix}, \quad D = \begin{pmatrix} 1 & 0 & 0 \\ 0 & 2 & 0 \\ 0 & 0 & 3 \end{pmatrix}$$

일 때, 다음을 구하라.

(가) $A^2+2A-3I$, $A^2-3A+9I$.

(나) B^{100}, C^{100}, D^{100}.

연습문제 1.1.5. $A, B \in \mathfrak{M}_{n,n}(F)$이고 $m \geq 0$일 때, (관찰1.1.1의 연산 규칙들을 이용하여) 다음을 보여라.

(가) $(A+I)(A-I) = A^2 - I$.

(나) $(A+B)^2 = A^2 + AB + BA + B^2$.

(다) $(A-I)(A^m + \cdots + A + I) = A^{m+1} - I$.

---

[9] 수학자들의 이러한 절약정신은 매우 집요하여 생략하여도 될 것을 생략하지 않으면 오히려 야단을 맞게 된다. 이 책에서도 이 절약정신은 철저하게 지켜질 것이다.

[10] '지수법칙'은 너무 자명하므로 언급할 필요 없을 것이다.

연습문제 1.1.6. $[A^r = 0 \text{ for some } r \geq 1]$인 square matrix A를 **nilpotent matrix**라고 부른다. 만약 $A, B \in \mathfrak{M}_{n,n}(F)$가 nilpotent이고, $AB = BA$이면, $(A+B)$도 nilpotent임을 보여라.[11]

연습문제 1.1.7. $A = (a_{ij})$가 square matrix일 때, 만약 $[a_{ij} = 0 \text{ if } i > j]$이면 A를 **upper-triangular matrix**라고 부른다. 또, 이때 $[a_{ii} = 0 \text{ for all } i]$이면 A를 **strictly** upper-triangular matrix라고 부르고, $[a_{ii} = 1 \text{ for all } i]$이면 A를 **unipotent** upper-triangular matrix라고 부른다.

(가) $A, B \in \mathfrak{M}_{n,n}(F)$가 upper-triangular이면, AB도 upper-triangular임을 보여라. 이때 AB의 **대각성분**((i,i)-좌표)을 묘사하라.

(나) $A, B \in \mathfrak{M}_{n,n}(F)$가 strictly upper-triangular이면, AB도 strictly upper-triangular임을 보여라. 또 $A, B \in \mathfrak{M}_{n,n}(F)$가 unipotent upper-triangular이면 AB도 unipotent upper-triangular임을 보여라.

(다) $A \in \mathfrak{M}_{n,n}(F)$가 strictly upper-triangular이면, $A^n = 0$임을 보여라.[12]

다음 소개할 개념은 전치행렬이다. $A = (a_{ij})$를 $(m \times n)$-matrix라고 할 때, $(n \times m)$-matrix $A^{\mathbf{t}} = (a_{ji})$를 A의 **전치행렬(transpose matrix)**이라고 부른다. 즉, $A^{\mathbf{t}}$의 (i,j)-좌표가 a_{ji}라는 뜻이다. 따라서, $A^{\mathbf{t}}$는 A의 행은 열로, 열은 행으로 바꾼 행렬이다. 예를 들면,

$$\begin{pmatrix} 1 & 2 & 3 \\ 4 & 5 & 6 \end{pmatrix}^{\mathbf{t}} = \begin{pmatrix} 1 & 4 \\ 2 & 5 \\ 3 & 6 \end{pmatrix}$$

이 된다.

이제 $A = A^{\mathbf{t}}$인 square matrix A를 **대칭행렬(symmetric matrix)**이라고 부르는 것 또한 매우 자연스럽다. 또, X, Y가 $(n \times 1)$-행렬일 때, $X^{\mathbf{t}} \cdot Y$는 vector의 '내적'이고, $X \cdot Y^{\mathbf{t}}$는 $(n \times n)$-행렬임을 확인할 수 있다.

연습문제 1.1.8. $A, B \in \mathfrak{M}_{m,n}(F)$, $C \in \mathfrak{M}_{n,r}(F)$, $c \in F$일 때, 다음을 보여라.

(가) $(A+B)^{\mathbf{t}} = A^{\mathbf{t}} + B^{\mathbf{t}}$.

(나) $(cA)^{\mathbf{t}} = cA^{\mathbf{t}}$.

(다) $(A^{\mathbf{t}})^{\mathbf{t}} = A$.

(라) $(AC)^{\mathbf{t}} = C^{\mathbf{t}} A^{\mathbf{t}}$.

---

[11] Hint: 2-항정리.

[12] 따라서, strictly upper-triangular matrix는 nilpotent.

다음에는 square matrix 의 trace 를 소개한다.

정의 1.1.9. $(n\times n)$-square matrix $A=(a_{ij})$ 에 대하여,

$$\mathrm{tr}(A)=\sum_{i=1}^{n} a_{ii}$$

로 표기하고, $\mathrm{tr}(A)$ 를 행렬 A 의 **trace** 라고 부른다. 즉, A 의 trace 는 A 의 대각성분(**diagonal component**)들의 합이다.

보기 1.1.10. $\mathrm{tr}\begin{pmatrix}1 & 2 & 3\\ 4 & 5 & 6\\ 7 & 8 & 9\end{pmatrix}=1+5+9=15.$

연습문제 1.1.11. $(n\times n)$-행렬 A, B 와 scalar $c\in F$ 에 대하여, 다음이 성립하는 것을 보여라.

(가) $\mathrm{tr}(A+B)=\mathrm{tr}(A)+\mathrm{tr}(B)$.

(나) $\mathrm{tr}(cA)=c\cdot\mathrm{tr}(A)$.

(다) $\mathrm{tr}(A^{\mathbf{t}})=\mathrm{tr}(A)$.

(라) $\mathrm{tr}(AB)=\mathrm{tr}(BA)$.

연습문제 1.1.12. $AB-BA=I$ 인 $(n\times n)$-matrix A, B 는 존재하는가?

Square matrix 가 아니면 diagonal component 라는 말이 의미가 없으므로, trace 는 square matrix 의 경우에만 의미를 갖는다. 독자들은 trace 라는 단어의 뜻에 유의하기 바란다. n^2-개의 component 를 데리고 지나간 발자국(흔적)이 고작 n-개 diagonal component 의 합이라니! 우리는 뒤에서 trace 의 중요성을 배우기 시작할 것이다. 특히 위 연습문제1.1.11(라)항이 중요한 역할을 하게 된다(연습문제1.1.19 참조).

사실 독자들은 이미 고등학교(참고서)에서 행렬 $A=\begin{pmatrix}a & c\\ b & d\end{pmatrix}$ 는 항상

$$A^2-(a+d)A+(ad-bc)I=0$$

을 만족시킨다는 것을 배운 적이 있을 것이다((2×2)-행렬의 Cayley-Hamilton Theorem).

연습문제 1.1.13. 위 (2×2)-행렬의 Cayley-Hamilton Theorem을 증명하라.

위 항등식의 '1-차항'의 계수 $-(a+d)$가 바로 $-\text{tr}(A)$이다. 그렇다면, '상수항'의 계수 $(ad-bc)$는? 우리는 뒤에 제6장에서 $(ad-bc)$를 A의 determinant (決定者?)라고 부르게 된다. 무엇을 결정해 준다는 뜻일까? 독자들은 이미 $(ad-bc)$가 역행렬과 관련이 있다는 것을 알고 있을 것이다.

그리고, 독자들은 이미 앞의 관찰1.1.1에서 **곱셈의 역원**이 항상 존재하지는 않는다는 것 또한 눈치챘을 것이다. 다음 정의는 고등학교에서 배운 익숙한 것이다.

정의 1.1.14. Square matrix $A\in\mathfrak{M}_{n,n}(F)$에 대하여,

$$AB = I_n = BA$$

인 $B\in\mathfrak{M}_{n,n}(F)$가 존재하면, 우리는 A를 **가역행렬(invertible matrix)**이라고 부른다.[13] 이때 B를 A의 **역행렬(inverse matrix)**이라고 부르고, $B=A^{-1}$로 표기한다.

위에서 A^{-1}의 표기법을 사용하고 '**the** inverse of A'라고 부르려면, A의 역행렬은 (존재한다면) 하나뿐임을 먼저 보여야 하는 것은 당연하다. (독자들은 역행렬을 정의하자마자 이렇게 생각하도록 훈련하여야 한다.)

관찰 1.1.15. Invertible matrix $A\in\mathfrak{M}_{n,n}(F)$의 inverse는 유일하다.

증명 : $B\in\mathfrak{M}_{n,n}(F)$를 위 정의에서와 같다고 하자. 우리는

$$AC = I = CA$$

인 $C\in\mathfrak{M}_{n,n}(F)$가 또 있다고 가정하고, $B=C$인 것을 보이면 된다.[14] 이제 BAC를 생각하면,

$$B = BI = B(AC) = (BA)C = IC = C$$

이므로 증명이 끝난다. (위 등식은 가운데 $B(AC)=(BA)C$가 먼저 쓰여졌고, 다음에 왼쪽과 오른쪽이 완성되었다.) □

[13] Square matrix에 대해서만 역행렬을 정의하는 이유는 연습문제1.1.11(라)항을 이용해 설명할 수도 있지만, 근본적인 이유는 보기5.4.12 참조. (더 근본적인 이유는 역원을 정의하려면 우선 2-항연산(정의11.1.1 참조)이 주어져 있어야 하기 때문.)

[14] 이는 수학에서 uniqueness를 증명하는 常用 수법이다.

위 증명을 처음 본 독자들은 “BAC를 생각하는 것은 천재적인 idea로구나. 이 증명을 외워야겠다. 역시 이 책은 ‘이야기책’이 아니구나!”라고 생각할지도 모른다. 그러나 뒤에 제11장에서 우리는 이렇게 증명할 수밖에 없으며, 증명 방법 또한 유일하다는 것을 설명할 것이다. 왜 이렇게 증명할 수밖에 없는지를 뒤에서 이해하는 것은 이 ‘이야기책의 줄거리’ 中 하나이다. 어차피 ‘이야기책’은 처음부터 모든 것을 설명하지 않는다. 그래도 위 증명을 여러 번 읽다 보면 — 서당개 몇 년이면 — 위 증명을 저절로 기억할 수 있을 것이다.

우리는 고교 때부터 (2×2)-행렬 $A = \begin{pmatrix} a & c \\ b & d \end{pmatrix}$가 가역일 필요충분조건이

$$ad - bc \neq 0$$

이고, 이때 A의 역행렬은

$$A^{-1} = \frac{1}{ad-bc}\begin{pmatrix} d & -c \\ -b & a \end{pmatrix}$$

인 것을 잘 알고 있다. 이를 모든 $(n\times n)$-행렬의 경우로 확장하는 것도 이 책 前半部의 목표 가운데 하나이다(§6.6 참조).

다음은 가역행렬의 (초보적인) 성질들이다.

연습문제 1.1.16. 가역행렬 $A, B \in \mathfrak{M}_{n,n}(F)$와 scalar $0 \neq c \in F$에 대하여, 다음이 성립하는 것을 보여라.

(가) I는 가역이고, $I^{-1} = I$.

(나) cA도 가역이고, $(cA)^{-1} = \dfrac{1}{c}A^{-1}$.

(다) AB도 가역이고, $(AB)^{-1} = B^{-1}A^{-1}$.

(라) A^{-1}도 가역이고, $(A^{-1})^{-1} = A$.

(마) $A^{\mathbf{t}}$도 가역이고, $(A^{\mathbf{t}})^{-1} = (A^{-1})^{\mathbf{t}}$.

연습문제 1.1.17. $A, B \in \mathfrak{M}_{n,n}(F)$일 때,

(가) A가 invertible symmetric matrix이면, A^{-1}도 symmetric인가?

(나) A, B가 symmetric이면, AB도 symmetric인가? 만약 $AB = BA$이면?

(다) A, B가 invertible이면, $(A+B)$도 invertible인가?[15]

[15]가역행렬은 행렬의 곱셈 구조에 관한 것이고, 덧셈과는 무관.

연습문제 1.1.18. $\mathbf{O}(n) = \{A \in \mathfrak{M}_{n,n}(\mathbb{R}) \mid A \text{ is invertible and } A^{-1} = A^{\mathbf{t}}\}$로 정의할 때,[16] 다음을 보여라.

(가) $I_n \in \mathbf{O}(n)$.

(나) $A, B \in \mathbf{O}(n)$ 이면, $AB \in \mathbf{O}(n)$.

(다) $A \in \mathbf{O}(n)$ 이면, $A^{-1} \in \mathbf{O}(n)$.

(라) $A \in \mathbf{O}(n)$ 이면, $A^{\mathbf{t}} \in \mathbf{O}(n)$.

연습문제 1.1.19. $A, U \in \mathfrak{M}_{n,n}(F)$ 이고 U가 가역이면,[17]

$$\mathrm{tr}(U^{-1}AU) = \mathrm{tr}(A)$$

임을 보여라. (연습문제 1.1.11(라)항 참조.)

연습문제 1.1.20. (가) $A, U \in \mathfrak{M}_{n,n}(F)$ 이고 U가 가역일 때, $m \geq 0$ 이면,

$$(U^{-1}AU)^m = U^{-1}A^mU$$

임을 보여라.

(나) $A, U \in \mathfrak{M}_{n,n}(F)$ 이고 U가 가역일 때, 만약 A가 nilpotent 이면, $U^{-1}AU$도 nilpotent 임을 보여라.

(다) 행렬 A, U, D가

$$A = \begin{pmatrix} 2 & 1 \\ 3 & 4 \end{pmatrix}, \qquad U = \begin{pmatrix} 1 & 1 \\ -1 & 3 \end{pmatrix}, \qquad D = \begin{pmatrix} 1 & 0 \\ 0 & 5 \end{pmatrix}$$

일 때, $U^{-1}AU = D$인 것을 확인하고, A^{100}을 구하라. 또 $B^3 = A$ 인 B를 (하나만) 구하라.

위 연습문제는 가장 '예쁜' 행렬이 — 즉, 가장 다루기 쉬운 행렬이 — **대각행렬(diagonal matrix)** 임을 보여주고 있다.[18] 그리고 위 연습문제 (다)항에서, $A \in \mathfrak{M}_{n,n}(F)$가 주어졌을 때, $U^{-1}AU = D$인 가역행렬 $U \in \mathfrak{M}_{n,n}(F)$와 대각행렬 $D \in \mathfrak{M}_{n,n}(F)$를 어떻게 알아냈는지는 제 7 장의 주제 중 하나이다. (주어진 $A \in \mathfrak{M}_{n,n}(F)$에 대하여, $U^{-1}AU = D$인 가역행렬 U와 대각행렬 D가 항상 존재하는 것은 아니다.)

---

[16] 우리는 $\mathbf{O}(n)$을 (real) orthogonal group 이라고 부르며, $\mathbf{O}(n)$은 우리가 이 책의 後半部에서 공부할 主題 중 하나이다.

[17] 가역행렬은 흔히 U로 나타낸다. U는 unit의 첫글자이고, unit의 의미는 invertible element.

[18] 대각행렬의 의미는 자명.

다음 연습문제는 제 8 장에서 중요한 역할을 한다.

연습문제 1.1.21. $A_i \in \mathfrak{M}_{n_i,n_i}(F)$ 일 때 (단, $i=1,\ldots,k$), $n_1+\cdots+n_k=n$ 이라고 놓자. 우리는 다음

$$A = \operatorname{diag}(A_1,\ldots,A_k) = \begin{pmatrix} A_1 & & & \\ & A_2 & & \mathbf{0} \\ & & \ddots & \\ & \mathbf{0} & & \\ & & & A_k \end{pmatrix} \in \mathfrak{M}_{n,n}(F)$$

형태의 행렬을 (A_i 를 i-th diagonal block 으로 갖는) **block diagonal matrix** 라고 부른다.[19] $A_i, B_i \in \mathfrak{M}_{n_i,n_i}(F)$ 일 때, 다음을 보여라.

(가) $\operatorname{diag}(A_1,\ldots,A_k)\cdot\operatorname{diag}(B_1,\ldots,B_k) = \operatorname{diag}(A_1B_1,\ldots,A_kB_k)$.

(나) A_i 가 가역이면, $\big(\operatorname{diag}(A_1,\ldots,A_k)\big)^{-1} = \operatorname{diag}(A_1^{-1},\ldots,A_k^{-1})$.

또, 우리는 고교 시절 (3×3)-행렬 A 의 역행렬을 구하는 (참고서의) 연습문제를 풀어 본 경험이 있다. 그때 — (미지수가 세 개인) 1-차 연립방정식을 세 개 풀어서 — $AB=I$ 인 (3×3)-행렬 B 를 구하면, 어쩐 일인지 항상 $BA=I$ 가 **저절로 성립**했던 경험이 있을 것이다.

질문 1.1.22. $A, B \in \mathfrak{M}_{n,n}(F)$ 일 때, $AB=I$ 이면 항상 $BA=I$ 인가?

고등학교 수학 책과 대부분의 미적분학 책에서는 이 질문을 고의적으로 숨기고 있다. 따라서 우리의 **질문 1.1.22 가 "대학교 선형대수학"의 출발점**이 된다.

우리는 뒤에서 질문 1.1.22 의 답이 "예" 임을 배우게 된다. 왜 그럴까? (이 질문에는 10분 이상 투자하지 않기 바란다. 어차피 지금 단계에서는 이 질문에 답하는 것이 거의 불가능하다는 것을 깨닫는 데에는 채 10분도 걸리지 않겠지만.)

질문 1.1.22 를 다음 연습문제와 비교해 보는 것도 재미있다.

연습문제 1.1.23. $A, B \in \mathfrak{M}_{n,n}(F)$ 일 때, $AB=0$ 이면 항상 $BA=0$ 인가?

---

[19] $n_1=\cdots=n_k=1$ 이면, A 는 대각행렬.

1.2. Gaussian Elimination

행렬은 1-차 연립방정식(system of linear equations)과 깊은 관련이 있다. 즉, $(m \times n)$-행렬 $A = (a_{ij})$는 미지수(unknown)가 $x_1, \ldots, x_n$인 다음

$$(**) \qquad \begin{cases} a_{11}x_1 + a_{12}x_2 + \cdots + a_{1n}x_n = b_1 \\ a_{21}x_1 + a_{22}x_2 + \cdots + a_{2n}x_n = b_2 \\ \qquad\qquad\qquad\qquad\qquad\qquad \vdots \\ a_{m1}x_1 + a_{m2}x_2 + \cdots + a_{mn}x_n = b_m \end{cases}$$

연립방정식에 대응된다(단, $b_i \in F$). 이 연립방정식을 한 줄로 줄이면

$$(**) \qquad \sum_{j=1}^{n} a_{ij}x_j = b_i, \qquad (i = 1, \ldots, m)$$

이 된다. 또,

$$X = \begin{pmatrix} x_1 \\ x_2 \\ \vdots \\ x_n \end{pmatrix}, \qquad B = \begin{pmatrix} b_1 \\ b_2 \\ \vdots \\ b_m \end{pmatrix}$$

으로 표기하고,[20] 이 연립방정식을 행렬의 곱셈 표현으로 바꾸면

$$(**) \qquad AX = B$$

로 나타낼 수 있다. (이때, A를 이 연립방정식의 **coefficient matrix**라고 부르면 그럴듯할 것이다.) 특히 위에서 $B = 0$인 경우, 즉

$$(*) \qquad AX = 0$$

의 경우를 **homogeneous equation**(同次 연립방정식)이라고 부른다.[21]

위의 연립방정식을 푸는 Gauss의 **소거법**은 우리가 이미 중학교에서 배운 것이다. 즉, 예를 들어, 만약 $a_{11} \neq 0$이라면, 첫 번째 식의 $-\frac{a_{i1}}{a_{11}}$-배를 i-번째 식에 더해 미지수 x_1을 소거할 수 있다. 이제 **Gaussian elimination**을 체계적으로 살펴보자.

---

[20] 종이를 절약하자. 앞으로는 $X = (x_1, \ldots, x_n)^{\mathbf{t}}$로 표기하기로 한다.

[21] 물론, $B \neq 0$인 경우는 non-homogeneous equation이라고 부른다.

잠시만 생각해 보면, 소거법을 위해 우리가 사용하는 것은 다음 세 가지의 elementary operation

(식1) 두 식의 위치를 서로 바꾼다.

(식2) i-번째 식에 non-zero scalar $r \in F$를 곱한다.

(식3) i-번째 식에 j-번째 식의 s-배를 더한다(단, $i \neq j$ 이고, $s \in F$).

뿐임을 알 수 있다((식3)에는 왜 $i \neq j$ 라는 조건이 필요한가?). 물론 이 세 가지의 elementary operation들을 유한 번 시행하여도 연립방정식의 해집합은 변하지 않는다. 이를 coefficient matrix A의 관점에서 記述하면, 다음 세 가지의 **elementary row operation**

(행1) 두 행의 위치를 서로 바꾼다.

(행2) i-번째 행에 0 아닌 scalar $r \in F$를 곱한다.

(행3) i-번째 행에 j-번째 행의 s-배를 더한다(단, $i \neq j$ 이고, $s \in F$).

을 유한 번 시행한다는 뜻이 된다.

물론 elementary operation을 시행하면 연립방정식 $(**)$ $AX = B$의 우변의 B도 변화한다(homogeneous case에는 우변의 0은 불변). 연립방정식을 풀 때에는 $(m \times (n+1))$-행렬 (A, B)에 elementary row operation을 시행하는 것이 효과적이다. 여기에서, 행렬 (A, B)는 행렬 A의 오른쪽에 행렬 B를 붙여 쓴 것으로 이해한다.[22]

연습문제 1.2.1. 연립방정식 $(**)$ $AX = B$에 elementary row operation을 유한 번 시행하여 연립방정식 $A'X = B' = (b_1', \ldots, b_m')^{\mathbf{t}}$를 얻었다고 하자. 행렬 A'이 다음과 같을 때, 연립방정식 $(**)$ $AX = B$의 해집합을 구하라.[23]

(가) $A' = I$. (나) $A' = \begin{pmatrix} 1 & 0 & 0 \\ 0 & 0 & 1 \end{pmatrix}$. (다) $A' = \begin{pmatrix} 1 & 2 & 0 \\ 0 & 0 & 1 \end{pmatrix}$.

(라) $A' = \begin{pmatrix} 1 & 0 & 2 \\ 0 & 1 & 3 \\ 0 & 0 & 0 \end{pmatrix}$. (마) $A' = \begin{pmatrix} 1 & 1 & 0 & 2 & 0 & 0 & -2 \\ 0 & 0 & 1 & 3 & 0 & 0 & 0 \\ 0 & 0 & 0 & 0 & 0 & 1 & 4 \\ 0 & 0 & 0 & 0 & 0 & 0 & 0 \end{pmatrix}$.

---

[22] 이러한 표기법을 사용하면, 행렬들의 size가 적당할 때, $\begin{pmatrix} A \\ C \end{pmatrix}$ 혹은 $\begin{pmatrix} A & B \\ C & D \end{pmatrix}$ 등의 표기법도 가능하다.

[23] 뒤 '모범답안'은 (절대로) 미리 보지 말 것.

우리는 위 연습문제1.2.1의 A' 꼴의 행렬을 row-reduced echelon form이라고 부른다.

정의 1.2.2. 행렬 R이 다음 조건들

(1) Zero row(좌표가 모두 0인 행)가 있다면(없을 수도 있고), 모두 아래쪽에 위치한다.

(2) Non-zero row가 있으면, 이 행의 (왼쪽에서부터) 최초의 non-zero 좌표는 1이다. 이 1을 [**최초의** 1]이라고 부른다.

(3) 위 (2)의 [최초의 1]을 포함하는 열의 나머지 좌표는 모두 0이다.

(4) i-번째 행과 j-번째 행이 [최초의 1]을 갖고 있고 $i < j$이면, i-번째 행의 [최초의 1]은 j-번째 행의 [최초의 1]보다 왼쪽에 위치한다.

을 만족시키면, 행렬 R을 **row-reduced echelon form**(**행 간소 사다리 꼴**)이라고 부른다.

따라서, row-reduced echelon form은 일반적으로

$$\begin{pmatrix} \mathbf{0} & 1 & * & 0 & * & 0 & * & \cdots \\ \mathbf{0} & 0 & \mathbf{0} & 1 & * & 0 & * & \cdots \\ \mathbf{0} & 0 & \mathbf{0} & 0 & \mathbf{0} & 1 & * & \cdots \\ \mathbf{0} & 0 & \mathbf{0} & 0 & \mathbf{0} & 0 & \mathbf{0} & \cdots \\ \vdots & \vdots & \vdots & \vdots & \vdots & \vdots & \vdots & \ddots \\ \mathbf{0} & 0 & \mathbf{0} & 0 & \mathbf{0} & 0 & \mathbf{0} & \cdots \end{pmatrix}$$

의 형태이다.[24] (위 행렬에서, **굵은 0**이나 $*$는 여러 column을 계속할 수도 있다는(없을 수도 있고) 뜻이고, $*$는 무언가(zero이건 non-zero이건 1이건) 있을 수 있다는 뜻이다.) 독자들은 위 연습문제1.2.1의 A'들이 모두 row-reduced echelon form임을 확인하기 바란다.

행 간소 사다리 꼴을 소개한 이유는, 물론, 행렬 A에 유한 번의 elementary row operation을 시행하여 A를 row-reduced echelon form으로 바꿀 수 있다면, 연립방정식 $(**)$ $AX = B$의 해집합을 구할 수 있기 때문이다. 이를 '증명'하는 것은 연습문제1.2.1(마)항의 풀이만으로 충분하다! (설명이 더 필요 없는 독자도 많겠지만, 행 간소 사다리 꼴의 [최초의 1]을 이용하는 아래 '모범답안'을 감상하기 바란다.)

[24] '사다리 꼴' ≠ '사다리꼴(trapezoid)'. [최초의 1]들의 위치를 — 또는, '왼쪽 아래'의 0들의 위치를 — 생각하면, '계단 꼴'이라고 불러도 좋을 듯하다. 원래 echelon의 뜻은…….

연습문제 1.2.1 (마) 항의 '모범답안' : 정답은 물론 무수히 많을 수 있다. (그리고, $b_4' \neq 0$ 이면 해집합은 공집합이므로, $b_4' = 0$ 인 경우만 생각한다.) 이제 **row-reduced echelon form 의** [**최초의** 1] **이라는 개념을 이용**해 연립방정식을 정리해 보면,

$$\begin{cases} x_1 + x_2 + 2x_4 + 0x_5 - 2x_7 = b_1' \\ x_3 \qquad + 3x_4 + 0x_5 \qquad = b_2' \\ x_6 \qquad\qquad + 0x_5 + 4x_7 = b_3' \end{cases}$$

이 된다. 이제, [최초의 1]을 갖지 않는 미지수 x_2, x_4, x_5, x_7 의 값을 임의로 정해 줄 때마다 [최초의 1]을 갖는 미지수 x_1, x_3, x_6 의 값이 유일하게 결정되는 것에 착안하면, 해집합은

$$\{(x_1, \ldots, x_7)^{\mathbf{t}} \in \mathfrak{M}_{7,1}(F) \mid x_1 = b_1' - x_2 - 2x_4 + 2x_7,\ x_3 = b_2' - 3x_4,\ x_6 = b_3' - 4x_7\}$$

이라고 하는 것이 '모범답안'이다. □

다음 정리는 모두가 예상하고 있었을 것이다.

정리 1.2.3. 모든 행렬은 유한 번(0-번 포함)의 elementary row operation 을 시행하여 row-reduced echelon form 으로 바꿀 수 있고, 그 row-reduced echelon form 은 유일하게 결정된다.

우리는 이 정도는 그럴듯해야 '**정리**'라고 부른다. 이 정리를 증명하기 전에 먼저 약간의 설명이 필요하다. 모든 행렬을 유한 번의 elementary row operation 을 시행하여 row-reduced echelon form 으로 바꿀 수 있음(**가능성, 존재성**)을 증명하였다고 해도, 그 row-reduced echelon form 이 유일하게 결정됨(**유일성**)도 저절로 얻어지는 것은 아니다. 즉, row-reduced echelon form 을 얻는 과정은 여러 가지 있을 수 있기 때문이다.

연습문제 1.2.4. (가) (4×7)-행렬 A 가

$$A = \begin{pmatrix} 4 & 4 & 9 & 35 & 0 & 1 & -4 \\ -1 & -1 & -2 & -8 & 0 & 1 & 6 \\ -3 & -3 & -7 & -27 & 0 & -1 & 2 \\ 1 & 1 & 2 & 8 & 0 & 1 & 2 \end{pmatrix}$$

일 때, A 를 row-reduced echelon form 으로 바꾸어 보라.

(나) 그럴듯한 행렬을 세 개만 임의로 택해 행 간소 사다리 꼴로 바꾸어 보라.

Existence proof부터 시작하자.

정리 1.2.3의 가능성 증명 1 : Non-zero 좌표가 가장 왼쪽에 나타나는 행을 맨 위로 올리고……. 이건 시간 낭비, 종이 낭비. 앞 연습문제로 충분하다.[25] (이일해[3, p. 6]선생님께서는 이 증명을 "분명하다" 네 글자로 끝내셨다.) □

정리 1.2.3의 가능성 증명 2 : 행의 개수에 관한 귀납법을 쓰면 (의외로) 간단하고 명쾌하다. 연습문제로 남긴다.[26] □

다음은 uniqueness proof.

정리 1.2.3의 유일성 증명 시도 1 : (철학자의 시도) 연립방정식의 해집합은 太初에 이미 정해져 있었다. Row-reduced echelon form이 바뀌면 해집합도 바뀌고, 따라서 宇宙의 秩序가 무너진다. (글쎄……? 물론 이 증명은 해집합이 empty set이면 성립하지 않는다. 그러나 해집합이 non-empty인 경우에는 위의 연습문제 1.2.1(마)항의 '모범답안'을 곰곰 생각하면 생각할수록 그럴싸한 증명이다.)[27] ⊠ □

정리 1.2.3의 엄밀한 유일성 증명은 단어 공부를 더 한 뒤에 §3.8에서나 가능하게 될 것이다. (따라서 그때까지는 row-reduced echelon form의 유일성을 사용해서는 안 된다.[28] 특히 "the row-reduced echelon form of A"의 표현은 위험하다.) 다음 節에서 우리는 유일성 증명을 한번 더 시도할 것이다.

물론, homogeneous case는 조금 특수하다. 즉, homogeneous linear equation (∗) $AX=0$은 다음과 같은 'linear property'를 갖는다.

연습문제 1.2.5. (가) 0은 언제나 (∗) $AX=0$의 solution임을 보여라.
(나) X_1, X_2가 (∗)의 solution이면, X_1+X_2도 (∗)의 solution임을 보여라.
(다) X_0가 (∗)의 solution이고 $c\in F$이면, cX_0도 (∗)의 solution임을 보여라.

위 (가)항에 의해 homogeneous linear equation (∗) $AX=0$은 언제나 해를 갖는다.[29] 이 zero solution을 우리는 **trivial solution(자명한 해)**이라고 부른다. 물론 non-zero solution은 non-trivial solution이라고 부른다.

---

[25] 칠판에 쓰면서 말로 하는 것은 그리 힘들지 않겠지만, TEX file로 만드는 것은 고통이다.
[26] **지금부터는 생략된 증명은 특별한 언급이 없어도 모두 연습문제이다.**
[27] ⊠ = 엉터리 증명 끝.
[28] 그러나, 사실은, 이 책에서 row-reduced echelon form의 유일성을 이용할 일은 없을 것이다.
[29] 이 명제를 읽으면, 다시 위 [철학자의 시도]에 미련이 남는다.

다음 명제는 정리1.2.3의 결과로 볼 수(도) 있다.[30]

명제 1.2.6. 만약 $m < n$ 이면 — 즉, 식의 개수보다 미지수의 개수가 더 많으면 — (*) $AX = 0$ 은 언제나 non-trivial solution을 갖는다.

첫 번째 증명 : 이 명제는 정리1.2.3의 가능성 부분의 따름정리로 생각할 수 있다. Elementary row operation을 유한 번 수행하여도 homogeneous equation (*) $AX = 0$ 의 우변 0은 변화하지 않기 때문이다. 이제 연습문제1.2.1(마)항의 '모범답안'을 곰곰 들여다보면 이 따름정리는 "분명하다"($m < n$ 이므로, A로부터 얻어지는 행 간소 사다리 꼴에는 [최초의 1]이 없는 column이 반드시 나타난다). □

두 번째 증명 : 행의(식의) 개수에 관한 귀납법으로 증명할 수 있다. 이 증명은 notation만 복잡하지 — 즉, TEX 작업만 힘들지 — 중학생도 이해할 수 있는 수준이므로,[31] 거창한 정리(정리1.2.3)를 사용하는 위 첫 번째 증명보다 좋은 증명이라고 말할 수 있다. 우선 $m = 1$ 인 경우는 쉽게 확인할 수 있으므로, 독자들에게 맡긴다. 이제 $m > 1$ 이라고 가정하자. 만약 모든 $a_{ij} = 0$ 이면, 증명 끝. 따라서 0 아닌 a_{ij} 가 존재하고 이것을 편의상(notational convenience) a_{11} 이라고 해도 좋을 것이다.[32] 이제 첫 번째 식에서 x_1을 구해 이를 i-번째 식에 대입하면,[33]

$$a_{i1}\left(-\frac{a_{12}}{a_{11}}x_2 - \cdots - \frac{a_{1n}}{a_{11}}x_n\right) + a_{i2}x_2 + \cdots + a_{in}x_n = 0, \qquad (2 \le i \le m)$$

을 얻을 수 있다. (다시 말해, 우리는 (*) $AX = 0$ 에서 x_1을 소거하였다.) 이 새로운 연립방정식은 식의 개수가 $(m-1)$-개, 미지수의 개수는 $(n-1)$-개이고, 당연히 $m-1 < n-1$ 이므로, induction hypothesis에 의해 non-trivial solution $x_2 = c_2, \ldots, x_n = c_n$ 을 갖는다. 마지막으로

$$c_1 = -\frac{a_{12}}{a_{11}}c_2 - \cdots - \frac{a_{1n}}{a_{11}}c_n$$

이라고 놓으면, $x_1 = c_1,\ x_2 = c_2,\ \ldots,\ x_n = c_n$ 이 (*) $AX = 0$ 의 non-trivial solution인 것은 매우 trivial하다. □

---

[30] 그래서 지금 등장하게 되었다.
[31] 저자가 학부생일 시절에는 이 증명을 미적분학에서 배웠었다.
[32] 방금 사용한 기술을 rearranging 혹은 renumbering이라고 부른다.
[33] 이 방법을 중학교 때 대입법이라고 불렀던 듯. 사실 대입법이나 소거법이나 그 말이 그 말.

위 명제1.2.6은 선형대수의 '무대장치' 중에서 매우 중요한 자리를 차지한다.[34] 우리는 뒤에 §3.5에서 위 명제의 세 번째 증명을 추가할 것이다.[35]

위 명제1.2.6에 의해, 이제 $m < n$인 경우는 solution이 얼마나 많은지의 문제만을 남겨 놓는다. 한편, $m > n$인 경우는 별로 재미가 없어 보이므로(뒤에서 다루기는 하겠지만), 앞으로 우리는 A가 square matrix인 경우를 주로 생각하게 된다.[36] 즉, A가 square matrix일 때, $(*)$ $AX = 0$이 언제 non-trivial solution을 (얼마나 많이) 갖는지를(또는 언제 trivial solution만을 갖는지를) 공부하게 된다.

행 간소 사다리 꼴을 구해 1-차 연립방정식의 해집합을 구하는 방법은 — 즉, Gaussian elimination은 — computer들도 좋아한다. 다시 말해, Gaussian elimination이 1-차 연립방정식의 해집합을 구하는 가장 빠른(지금까지 알려진 것 중) algorithm이라는 뜻이다.

[34] 명제1.2.6 없이는 '본질적으로' dimension을 정의할 수 없다. 연습문제3.5.4 참조.
[35] 참고4.2.18도 참조.
[36] Square matrix를 주로 생각하는 또 다른 이유는 전환점5.6.1 참조.

1.3. Elementary Matrix

앞 節에서 우리는 행에 관한 'operation'을 배웠다. 이제 elementary row operation을 행렬의 곱셈으로 이해하려고 한다.

우리는 다음 세 가지 종류의 행렬

(E1) 항등행렬 I_n의 i-th row와 j-th row의 위치를 서로 바꾼 행렬 $I_{[i]\leftrightarrow[j]}$

(E2) I_n의 i-th row에 $r \in F-\{0\}$을 곱한 행렬 $I_{r\times[i]}$

(E3) I_n의 i-th row에 j-th row의 s-배를 더한 행렬 $I_{[i]+s\times[j]}$(단, $i \neq j$, $s \in F$)

을 **elementary matrix**라고 부른다.

예를 들면, $n=3$일 때,

$$I_{[1]\leftrightarrow[2]} = \begin{pmatrix} 0 & 1 & 0 \\ 1 & 0 & 0 \\ 0 & 0 & 1 \end{pmatrix}, \quad I_{5\times[2]} = \begin{pmatrix} 1 & 0 & 0 \\ 0 & 5 & 0 \\ 0 & 0 & 1 \end{pmatrix}, \quad I_{[1]+7\times[2]} = \begin{pmatrix} 1 & 7 & 0 \\ 0 & 1 & 0 \\ 0 & 0 & 1 \end{pmatrix}$$

이 된다.

관찰 1.3.1. $(m\times n)$-행렬 A에 elementary row operation을 시행하는 것은 그에 대응하는 $(m\times m)$-elementary matrix를 A의 왼쪽에 곱하는 것과 같다.

증명 : 곱해 보라! □

관찰 1.3.2. 모든 elementary matrix는 가역이고, 그의 역행렬도 elementary matrix이다.

증명 : 위 관찰1.3.1에 따라, $I_{[i]\leftrightarrow[j]} = I_{[i]\leftrightarrow[j]} I$로 해석하면,

$$I_{[i]\leftrightarrow[j]}\left(I_{[i]\leftrightarrow[j]} I\right) = I$$

가 된다. 즉, i-번째와 j-번째의 위치를 바꾼 후 다시 i-번째와 j-번째의 위치를 바꾸면 원래 그대로라는 뜻이다. 마찬가지로,

$$I_{\frac{1}{r}\times[i]}\left(I_{r\times[i]} I\right) = I = I_{r\times[i]}\left(I_{\frac{1}{r}\times[i]} I\right),$$
$$I_{[i]+(-s)\times[j]}\left(I_{[i]+s\times[j]} I\right) = I = I_{[i]+s\times[j]}\left(I_{[i]+(-s)\times[j]} I\right)$$

가 된다.[37] □

[37] 이 증명에서는 질문1.1.22가 문제가 되지 않는다(사실, 대각행렬을 제외하면, elementary matrix는 우리가 역행렬을 구한 첫 번째 $(n\times n)$-행렬이다). 그리고, 결국 이 증명이 질문1.1.22를 해결하는 뿌리가 된다(정리1.3.6의 증명 참조).

따라서 앞 節의 정리1.2.3의 존재성 부분은 이제 [A가 $(m\times n)$-행렬이면, $E_t\cdots E_1A$가 row-reduced echelon form이 되는 $(m\times m)$-elementary matrix $E_1,\ldots,E_t$가 존재한다]라고 바꾸어 표현할 수 있다.

정의 1.3.3. $A,B\in\mathfrak{M}_{m,n}(F)$일 때, 만약 $E_t\cdots E_1A=B$인 elementary matrix $E_1,\ldots,E_t\in\mathfrak{M}_{m,m}(F)$가 존재하면 — 즉, A에 유한 번의 elementary row operation을 수행하여 B를 만들 수 있으면 — 우리는 A와 B가 **row-equivalent**하다고 말하고, 이를 $A\sim_{\mathsf{r}}B$로 나타낸다.[38]

독자들은 이미 equivalence relation의 개념을 알고 있을 것이다. (편의상 이 책에서는 §1.4에서 간단히 다루었으니 지금 살짝 살펴보기 바란다.)

관찰 1.3.4. Row-equivalence $\sim_{\mathsf{r}}$은 equivalence relation이다.

증명 : (i) $A\sim_{\mathsf{r}}A$인가? I는 elementary matrix이고(왜 그런가?), $IA=A$.
(ii) $A\sim_{\mathsf{r}}B$이면, $B\sim_{\mathsf{r}}A$인가? 만약 $E_t\cdots E_1A=B$이면, $E_1^{-1}\cdots E_t^{-1}B=A$이고, E_i^{-1}도 elementary matrix(관찰1.3.2).
(iii) $A\sim_{\mathsf{r}}B$이고 $B\sim_{\mathsf{r}}C$이면, $A\sim_{\mathsf{r}}C$인가? 생략. □

이제 정리1.2.3의 유일성 증명을 한번 더 시도해 본다.

정리1.2.3의 유일성 증명 시도2 : (Gap이 있는 증명) R_1,R_2를 모두 A의 row-reduced echelon form이라고 하면, $A\sim_{\mathsf{r}}R_1$이고 $A\sim_{\mathsf{r}}R_2$이므로, 위 관찰에 의해 $R_1\sim_{\mathsf{r}}R_2$이다. 그러나 row-reduced echelon form에 elementary row operation을 수행하여 다시 row-reduced echelon form을 만드는 방법은 zero row들끼리 위치를 바꾸는 방법뿐이므로, $R_1=R_2$이다.[39] ⊠ □

연습문제1.2.4(나)항에서, square matrix를 선택한 독자들은 대개 행 간소사다리 꼴이 항등행렬이 되었을 가능성이 크다. 그 이유는:

관찰 1.3.5. Invertible row-reduced echelon form은 항등행렬뿐이다.

증명 : 먼저 invertible matrix가 zero row를 가질 수 없는 것은 자명하다. 이제 row-reduced echelon form의 정의를 생각해 보라. □

---

[38] $A\sim B$의 표기법은 뒤에 더 중요한 장면을 위하여 아껴 두자.

[39] 어디에 gap이 있는지도, 또한 그 gap을 메꾸는 것이 쉽지 않다는 것을 깨닫는 것도, 그리 힘들지 않을 것이다. (수학에서 'gap'이라는 단어는 결론은 맞지만 증명 과정에 verify할 수 없는 부분이 있을 때 사용한다. 또, "너의 주장은 틀렸다"라는 말을 완곡하게 표현할 때에도 사용한다.)

이 節의 **목적**은 다음 정리와 그의 따름정리를 증명하는 것이다. 독자들은 다음 정리를 보고 — 지금까지 싱거운 얘기만 하더니만 — 갑자기(!) 그럴듯하고 심각한 내용이 등장하는 것에 조금 놀랄지도 모르겠다.[40]

정리 1.3.6. A가 square matrix일 때, 다음 조건은 동치이다.

(1) A는 가역.

(2) $A \sim_r I$.

(3) A는 (유한 개) elementary matrix들의 곱으로 표현된다.

(4) 임의의 B에 대하여 $(**)\ AX = B$는 해를 갖고 그 해는 유일하다.

(5) Homogeneous equation $(*)\ AX = 0$은 trivial solution만을 갖는다.

증명 : [(1)⇒(2)]: 정리1.2.3에 의해, A에 elementary row operation을 시행하여 row-reduced echelon form을 만들 수 있다(비록 아직 유일성은 증명하지 못했지만). 즉, $E_t \cdots E_1 A$가 row-reduced echelon form인 elementary matrix E_i들이 존재한다. 그런데, elementary matrix는 가역이고(관찰1.3.2), 가역행렬의 곱도 가역행렬이므로(연습문제1.1.16(다)항), $E_t \cdots E_1 A$는 가역행렬이다. 이제 관찰1.3.5에 의해 $E_t \cdots E_1 A = I$.

[(2)⇒(3)]: $E_t \cdots E_1 A = I$이면, $A = E_1^{-1} \cdots E_t^{-1}$이고 elementary matrix의 역행렬도 elementary이므로(관찰1.3.2) 당연.

[(3)⇒(1)]: Elementary matrix는 가역이므로 자명.

[(1)⇒(4)]: 유일한 해는 $A^{-1}B$.

[(4)⇒(5)]: 자명.

[(5)⇒(2)]: 다시 A로부터 만들어진 행 간소 사다리 꼴 R을 생각하자. 이제 $RX = 0$은 $AX = 0$과 동치인 연립방정식이다. 만약 R이 zero row를 갖고 있다면, 방정식 $RX = 0$은 식의 개수보다 미지수의 개수가 많다고 생각할 수 있다. 이는 명제1.2.6에 모순된다. 따라서 R에는 zero row가 없고, $R = I$.[41] □

이 정리의 **essence**는 [(5)⇒(1)] 부분이다(즉, 지금은 [(5)⇒(1)] 부분을 직접 증명할 뾰족한 방법이 없다는 뜻). 위에서 우리는 이를 row-reduced echelon form과 명제1.2.6, 그리고 관찰1.3.2의 도움을 받아, [(5)⇒(2)⇒(1)]의 순서로 설명하였다. 우리는 뒤에 제5장에서 이 부분을 다른 방법으로 다시 증명할 것이다. 그때에는 위의 동치조건 다섯 개가 이십여 개로 늘어날 것이다.

[40] 모든 것은 row-reduced echelon form 덕택이다.

[41] 관찰1.3.5의 증명을 다시 읽어 보면, zero row가 없는 정사각 행 간소 사다리 꼴은 I뿐.

그런데, 다시 잘 생각해 보면, 위의 조건(4)가 조건(5)보다 (훨씬) 더 강한 조건이므로, 혹 [(4)⇒(1)] 부분의 증명이 더 쉬울 것으로 기대할 수 있다. 자연히, 우리는 [(5)⇒(2)] 부분을 증명하기에 앞서, [(4)⇒(1)] 부분의 증명을 먼저 시도해 보았을 것이다.

[(4)⇒(1)] 부분의 직접 증명 시도 : $\mathbf{e}_j \in \mathfrak{M}_{n,1}(F)$를 j-번째 좌표만 1이고 나머지 좌표는 0인 **표준 단위벡터**라고 하면, 조건(4)에 의해

$$AX_j = \mathbf{e}_j, \qquad (j = 1, \ldots, n)$$

인 $X_j \in \mathfrak{M}_{n,1}(F)$가 존재한다. (사실, 이 방법이 바로 우리가 고등학교 때 역행렬을 구하던 방법이다.) 이제 $C = (X_1, \ldots, X_n) \in \mathfrak{M}_{n,n}(F)$라고 놓으면,

$$AC = (\mathbf{e}_1, \ldots, \mathbf{e}_n) = I$$

이다······. 아, 질문1.1.22! CA는? ⊠ □

이제 위의 [(5)⇒(2)] 부분의 증명이 더욱 멋지게 느껴질 것이다. 다시 말하면, 위 정리1.3.6의 증명의 point는 (지금 단계에서는) 어떻게 하면 질문1.1.22를 피해 갈 수 있느냐 하는 것이다.

이 장면에서, 눈치 빠른 독자들은 무언가 느낌이 있었을 것이다.[42] 만약에 위 [(4)⇒(1)] 부분의 증명에 질문1.1.22가 걸림돌이 된다면······, 이제 역으로 정리1.3.6을 이용하면 질문1.1.22를 답할 수 있지 않을까······?

다음 따름정리는 "대학교 선형대수학"의 출발점인 **질문1.1.22에의 해답**이다. (편의상 A와 B의 역할을 바꾸었다.)

따름정리 1.3.7. $A, B \in \mathfrak{M}_{n,n}(F)$이고 $BA = I$이면, $B = A^{-1}$이고, 따라서 $AB = I$.

증명 : X가 homogeneous equation (∗) $AX = 0$의 solution이라면,

$$X = IX = (BA)X = B(AX) = B0 = 0$$

이므로, (∗) $AX = 0$은 trivial solution만을 갖는다. 따라서 앞 정리에 의해 A는 가역이다. 이제 $BA = I$의 양변(오른쪽)에 A^{-1}를 곱하면 $B = A^{-1}$. □

[42]그리고, 그렇게 되도록 훈련하여야 한다.

다시 강조하자면, 이 따름정리도 앞 정리의 [(5)⇒(1)] 부분의 결과이다. 어쨌든, 우리는 §1.1에서는 거의 불가능하게 생각되었던 질문1.1.22를 row-reduced echelon form의 개념을 이용하여 해결하였다.

이런 면에서 row-reduced echelon form의 개념은 **매우 강력한 tool**임이 분명하다. 비록 row-reduced echelon form의 유일성 증명을 뒤로 미룬 것과 귀찮은 TEX 작업을 핑계로 몇 개의 증명을 생략한 점이 조금 찜찜하긴 하지만…….

우리가 TEX 작업의 고통을 핑계로 생략한 증명들은 사실 文字化하기에는 조금 '지저분한' 것들이다. 마음이 純粹한 우리들은 '지저분한' 일(대개는 elementary하다는 장점을 갖고 있지만)을 좋아하지 않는다. 따라서 우리는 뒤 제5장에서 앞 정리의 [(5)⇒(1)] 부분과 그의 따름정리를 '고상한' 방법으로 다시 증명할 것이다. 따라서 제2장부터 **당분간은 정리1.3.6과 그의 따름정리를 잊은 체**하기로 한다. (제1장에는 '기계'가 할 수 없는 증명이 두 개 — 정리1.3.6의 [(5)⇒(2)] 부분에서 row-reduced echelon form의 zero row와 명제1.2.6을 생각하는 것과, 따름정리1.3.7에서 대뜸 (∗) $AX = 0$의 solution부터 생각하기 시작하는 것 — 포함되어 있다. 문제는 이 두 elementary proof를 (몇 달 후에는) 기억하기 힘들다는 것이다.[43] 反面에 제5장의 '고상한' 증명은 그 자체 우리 '이야기의 story'이므로…….)

이제 제1장을 마무리하자. 다음 연습문제는 별로 기대하지도 않았던 副產物이다.

연습문제 1.3.8. $A\in\mathfrak{M}_{n,n}(F)$일 때, $(A,I_n)\in\mathfrak{M}_{n,2n}(F)$를 생각하자. 만약 행렬 (A,I_n)에 elementary row operation을 수행하여 (I_n,B)를 얻을 수 있었다면, $B=A^{-1}$임을 보여라. (왜 이 연습문제가 §1.2에 등장하지 못했을까?)

위 연습문제의 방법은 실제로 역행렬을 계산할 때 매우 유용하다. 그러나 아직 역행렬의 좌표를 식으로 표현할 수는 없다.

연습문제 1.3.9. 앞 연습문제를 이용하여 $\begin{pmatrix}1&2&3\\4&5&6\\7&8&0\end{pmatrix}$의 역행렬을 구하라.[44]

[43] 이 두 증명을 기억하지 못하는 건 저자도 마찬가지. 아마 저자가 강의할 때도, 잠시 고개를 갸우뚱거리며 망설이다가, 책을 펴 보고 증명을 시작할 것이다. (수강생들은 — 강사의 사고방식을 배우기 위해 — 강사가 언제(그리고 왜) 책을 펴 보는지 눈여겨볼 필요가 있다. 머리말 참조.)

[44] (3,3)-성분을 왜 9라고 하지 않았을까?

독자들 中 상당수는 아마 다음 연습문제를 기다리고 있었을 것이다.

연습문제 1.3.10. Elementary column operation과 column-reduced echelon form, 그리고 column-equivalence를 정의하고, 제2절과 제3절의 내용(연립방정식 관련 부분은 제외하고)을 column의 관점에서 다시 기술하라. (Elementary row (column) matrix의 개념은 왜 없는가? 연립방정식 이야기도 포함하려면 어떻게 해야 하는가?[45])

다음 연습문제는 뒤에 제법 심각한 의미를 갖게 된다(전환점5.6.1 및 관찰5.5.15 참조).

연습문제 1.3.11. 만약 elementary row operation과 elementary column operation을 모두 허용한다면, 임의의 $(m\times n)$-행렬은 $\begin{pmatrix} I & \mathbf{0} \\ \mathbf{0} & \mathbf{0} \end{pmatrix}$의 꼴로 변형할 수 있음을 보여라. (단, 아래쪽과 오른쪽의 $\mathbf{0}$들은 없을 수도 있다.)

준비 체조 끝. 우리의 진짜 '이야기'는 제2장부터 시작한다.[46]

---

[45] 참고: 왼손잡이들은 연립방정식을 $XA = B$로 쓴다. 이때 X와 B는 row vector.

[46] §1.4는 §0.1 또는 부록으로 생각할 수 있다. §1.4는 독자들도 이미 잘 아는 내용이겠지만, equivalence relation이 주어졌다는 말과 partition이 주어졌다는 말은 같은 말임을 강조하기 위해 추가하였다.

1.4. Equivalence Class와 Partition

Equivalence relation의 개념은 수학의 fundamental 중 fundamental.

정의 1.4.1. $\mathfrak{X}(\neq\emptyset)$가 집합일 때,[47] 곱집합 $\mathfrak{X}\times\mathfrak{X}$의 subset R이 다음 조건

(1) $(x,x)\in R$ for all $x\in\mathfrak{X}$. (Reflexivity)

(2) $(x,y)\in R$이면, $(y,x)\in R$. (Symmetry)

(3) $(x,y)\in R$이고 $(y,z)\in R$이면, $(x,z)\in R$. (Transitivity)

을 만족시키면, R을 $\mathfrak{X}$-위의 **equivalence relation**이라고 부른다. 그리고, 만약 $(x,y)\in R$이면, $x\sim_R y$ 혹은 간단히 $x\sim y$로 표기하는 것이 더 자연스럽다.

즉, 우리가 "같다", "비슷하다", "닮았다", "동등하다" 또는 "사실상 같다" 등의 표현을 사용하고 싶다면, '적어도' 위의 세 조건은 필요하다는 뜻이다. 역으로, 위의 세 조건만 있다면 우리는 "비슷하다" 혹은 "닮았다" 등으로 표현하기에 '충분'하다고 여긴다.

정의 1.4.2. $\sim$이 $\mathfrak{X}$-위의 equivalence relation이고 $x\in\mathfrak{X}$일 때,

$$[x]=\{y\in\mathfrak{X}\,|\,x\sim y\}$$

로 표기하고, $[x]$를 x의(x를 대표로 갖는) **equivalence class**라고 부른다.

보기 1.4.3. Equivalence relation의 보기: equality(이때 $[x]=\{x\}$), 같은 분수(예를 들어, $\left[\frac{1}{2}\right]=\left\{\frac{1}{2},\frac{2}{4},\frac{-1}{-2},\frac{50}{100},\cdots\right\}$), 삼각형의 합동, 도형의 닮은꼴 등.

연습문제 1.4.4. $\sim$이 equivalence relation이고 $x,y\in\mathfrak{X}$일 때, 다음을 보여라.

(가) $x\in[x]$. 따라서, $\mathfrak{X}=\bigcup_{x\in\mathfrak{X}}[x]$.

(나) $x\sim y$ if and only if $[x]=[y]$.

(다) $x\not\sim y$ if and only if $[x]\cap[y]=\emptyset$.

우리는 x를 $[x]$의 **대표(representative)**라고 부른다. 그런데, 만약 $x\sim y$이면, y도 $[x]$의 대표가 될 수 있다. 뿐만 아니라, $[x]$의 원소는 모두 $[x]$의 대표가 될 수 있다. 즉, 우리의 대표 선출 방식은 '완전한 민주주의'인 셈이다. 이러한 '완전한 민주주의'는 두고두고 우리에게 '책임과 의무'를 강요하게 된다.

[47]("집합론"을 수강하지 않은 독자들은 이 comment를 무시하기 바란다.) 엄밀하게는 $\mathfrak{X}$는 'class'라고 해야 한다. [5] 참조.

우리는 선거구마다 한 명씩 대표를 뽑아 그 대표를 '대표자 회의'에 보낸다.

정의 1.4.5. $\sim$이 equivalence relation일 때, $\mathfrak{X}$의 subset $\mathcal{C}$가 다음 조건

(1) $z \in \mathfrak{X}$이면, $z \sim x$ for some $x \in \mathcal{C}$.

(2) $x, y \in \mathcal{C}$이고 $x \neq y$이면, $x \not\sim y$.

을 만족시키면(두 조건을 하나로 합치면: $z \in \mathfrak{X}$이면, $z \sim x$ for some unique $x \in \mathcal{C}$), $\mathcal{C}$를 **a complete set of representatives**라고 부른다. 이때,

$$\mathfrak{X} = \coprod_{x \in \mathcal{C}} [x]$$

인 것은 당연.[48] 우리는 이를 **equivalence class decomposition**이라고 부른다.

즉, a complete set of representatives는 출석률 100%인 '대표자 회의'인 셈이다. 다음에는 partition의 개념을 소개한다.

정의 1.4.6. $\mathfrak{X}$가 집합이고 I가 index set일 때, $\mathfrak{X}$의 non-empty subset들의 집합 $\{\mathfrak{X}_i\}_{i \in I}$가 다음 조건

(1) $\bigcup_{i \in I} \mathfrak{X}_i = \mathfrak{X}$.

(2) $\mathfrak{X}_i \cap \mathfrak{X}_j = \emptyset$ if $i \neq j$.

을 만족시키면, $\{\mathfrak{X}_i\}_{i \in I}$를 $\mathfrak{X}$의 **partition(분할)**이라고 부른다. 그리고, 각각의 $\mathfrak{X}_i$는 **part**라고 부른다.

앞 연습문제 1.4.4에 의해, 집합 $\mathfrak{X}$에 equivalence relation이 주어져 있다면, equivalence class들로 이루어진 partition을 얻을 수 있음을 알 수 있다. 역으로, 집합 $\mathfrak{X}$에 partition $\{\mathfrak{X}_i\}_{i \in I}$가 주어져 있을 때, $\mathfrak{X}$-위의 equivalence relation $\sim$을

$$x \sim y \text{ if and only if } x, y \in \mathfrak{X}_i \text{ for some } i \in I$$

로 정의하면, $\{\mathfrak{X}_i\}_{i \in I}$는 [the set of equivalence classes in $\mathfrak{X}$]가 된다(확인해 보라). 이를 요약하면:

관찰 1.4.7. 집합 $\mathfrak{X}$-위에 equivalence relation이 주어졌다는 말과 partition이 주어졌다는 말은 같은 말이다.

[48] $\coprod$는 disjoint union을 뜻한다. $\coprod$는 $\prod$의 위아래를 뒤집은 것이다.

제 2 장 벡터공간

"새로운 시작": **抽象化의 시작**. 이제 본격적으로 선형대수를 시작한다. 사실 제1장의 내용은, 매우 훌륭한 motivation을 제공하긴 하였지만, 이 '이야기책'의 기본 줄거리에서는 조금 벗어나 있다.

우리의 'story'는 벡터공간에서 시작된다. 벡터공간(예를 들어, $\mathbb{R}^n$-공간)이야말로 우리의 '마음의 고향'이다. 이 章에서는 우선 벡터공간의 기본 개념을 공부하고 벡터공간의 typical example들을 살펴본다. 그리고 벡터공간에 살고 있는 부분공간과 isomorphism 등의 주요 등장인물들을 소개한다.

다만, 抽象化의 시작에 앞서 독자들의 $\mathbb{R}^n$-공간에서의 풍부한 경험은 필수적이다. **우리는 항상 '고향'부터 생각한다는 뜻이다.**

2.1. Vector Space

우리는 이미 미적분학[2]에서 $\mathbb{R}^n$-공간(Euclidean space)을 배웠다. 제1장에서와 같이 F를 실수 전체의 집합 $\mathbb{R}$, 혹은 복소수 전체의 집합 $\mathbb{C}$라고 하면, 우리는 F^n의 표기법을 사용할 수 있다. 즉, 만약 $F = \mathbb{R}$이면 $F^n = \mathbb{R}^n$이고, 만약 $F = \mathbb{C}$이면 $F^n = \mathbb{C}^n$이라는 뜻이다.

표기법 2.1.1. $F^n = \mathfrak{M}_{n,1}(F)$로 표기한다.[1] 그리고 $X = (x_1, \ldots, x_n)^{\mathbf{t}} \in F^n$일 때, x_i를 X의 i-th coordinate(i-th component, i-번째 좌표)라고 부른다.

따라서, F^n은 관찰1.1.1(가)-(아)항의 연산 규칙을 만족한다. 물론 F^n에는 곱셈이 정의되어 있지 않다.[2] F^n은 벡터공간의 **typical example**이다.

[1]우리는 앞으로, 이미 앞 章에서도 그랬지만, column vector(열벡터)만을 사용한다. 이러한 약속은 오른손잡이들을 위한 것이다. 즉, $f(x)$의 표현에서 함수 f를 왼쪽에 쓰기 위한 표기법(left notation)이다. 왼손잡이들은 $(x)f$의 표기법(right notation)을 選好할 것이다. 이 책에서는 초등학교 때부터의 관습에 따라 left notation을 사용한다. (그러나 훗날 더 복잡한 대수적 구조를 다루게 되면 사실은 right notation이 더 편리하다는 것을 알게 된다…….)

[2]관찰1.1.1(자)-(타)항은 행렬의 곱셈과 관련된 규칙들이다.

정의 2.1.2. F가 **고정**되어 있고, 집합 V에 **덧셈**($+$로 표기)과 **상수곱**(함수 $F\times V\to V$로 이해)이 주어져 있을 때, 다음 연산 규칙들

(V1) $u,v,w\in V$이면, $(u+v)+w=u+(v+w)$, (덧셈의 결합법칙)

(V2) $v,w\in V$이면, $v+w=w+v$, (덧셈의 교환법칙)

(V3) [모든 $v\in V$에 대해 $v+0=v$]인 $0\in V$ 존재,[3] (덧셈의 항등원)

(V4) $v\in V$이면, $v+(-v)=0$인 $-v\in V$ 존재, (덧셈의 역원)

(V5) $a,b\in F$, $v\in V$이면, $(a+b)v=av+bv$,[4] (분배법칙)

(V6) $a\in F$, $v,w\in V$이면, $a(v+w)=av+aw$, (분배법칙)

(V7) $a,b\in F$, $v\in V$이면, $a(bv)=(ab)v$,

(V8) $v\in V$이면, $1v=v$

을 만족시키면,[5] 우리는 V를 F-**위의 벡터공간**(**vector space over** F, 혹은 F-vector space)이라고 부른다. 또, V의 원소는 **vector**라고 부르고, F의 원소는 **scalar**라고 부른다.

물론, $V\neq\emptyset$임은 자명하다. 또, 위 (V3)에서 $0\in V$는 $v\in V$의 선택과는 무관한 것이고, (V4)의 $(-v)$는 v에 따라 결정되는 vector이다. 이제 관찰1.1.15에서와 마찬가지로 다음 관찰이 필수적이다.

관찰 2.1.3. (가) Vector space V의 덧셈의 항등원 $0\in V$는 유일하다.
(나) $v\in V$이면, v의 덧셈의 역원 $-v\in V$는 유일하다.

증명 : 또 하나의 항등원을 $0'$이라고 하면,

$$0=0+0'=0'$$

이 된다. 그리고 $w\in V$도 v의 역원이라고 하면, $v+w=0$이므로,

$$-v=(-v)+0=(-v)+(v+w)=\big((-v)+v\big)+w=0+w=w$$

이다. □

위 (나)항의 증명은 관찰1.1.15의 증명을 반복한 것임을 확인하기 바란다. (연산이 곱셈에서 덧셈으로 바뀌었을 뿐이다.) 위 (가)항의 증명법도 뒤 제 11장에서 다시 설명할 것이다. 이제 그 유일성이 보장된 $0\in V$를 **the zero vector**라고 부른다.

---

[3] 우리말에 네모난 괄호 [ ]를 사용하는 것에 대해서는 머리말 참조.
[4] 곱셈(상수곱)이 덧셈에 우선한다는 초등학교 때부터의 大원칙.
[5] 관찰1.1.1(가)–(아)항과 비교해 보라.

앞으로, 특별한 언급이 없으면, V는 **언제나** F-vector space이다. 물론 F는 (항상) 고정되어 있다.

표기법 2.1.4. $v, w \in V$일 때,

$$v - w = v + (-w)$$

로 쓴다.

이제 vector space의 (초보적인) 성질들을 알아보자. 물론 이를 위해서는 정의 2.1.2의 조건(V1)–(V8)만을 이용한다.

관찰 2.1.5. (Cancellation Law) $u, v, w \in V$일 때, $u+v=u+w$이면, $v=w$. 즉, $u+v=u+w$의 양변에서 u를 cancel할 수 있다.

증명 : $u+v=u+w$의 양변에 $(-u)$를 더해 준다. (혹은, 양변에서 u를 빼 준다. 혹은, 舊式 표현법으로는, u를 이항한다.[6]) 즉,

$$v = 0+v = (-u)+u+v = (-u)+u+w = 0+w = w$$

가 된다. □

관찰 2.1.6. $v \in V$이고 $a \in F$이면,

(가) $0v = 0$.

(나) $a0 = 0 \in V$.[7]

(다) $-v = (-1)v$.

(라) $-(av) = (-a)v = a(-v)$. (따라서, $-av$의 표기법이 가능하다.)

증명 : (가) 왠지 '본능적'으로 $0v = (0+0)v$라고 써 보고 싶다.[8] 다음

$$0v = (0+0)v = 0v + 0v$$

의 양변에서 $0v$를 cancel한다(좌변에서 $0v$를 cancel하면 $0 \in V$가 남는다).

(나) 다시 '본능적'으로 $a0 = a(0+0)$으로 쓰고…….

(다) 지금은 v의 역원소를 확인하는 방법은 v와 더해 보는 것뿐이다. 즉,

$$v+(-1)v = 1v+(-1)v = \big(1+(-1)\big)v = 0v = 0$$

이 된다. 따라서, 관찰 2.1.3(나)항에 의해 $-v = (-1)v$.

---

[6] '移項하다'는 '項을 이사 보내다'라는 뜻으로, 별로 맘에 드는 표현이 아니다. '양변에 $(-u)$를 더해 준다'가 가장 정확한 표현이다.

[7] (가)항과 (나)항의 0들이 어디에 살고 있는지부터 파악하라.

[8] '본능'= 맞아 가며 몸에 익혔다 = 손(연필)이 먼저 저절로 움직인다…….

(라) 이제부터는 두 가지 방법이 가능하다. 우선 앞 (다)항에서와 같이

$$av+(-a)v=\big(a+(-a)\big)v=0v=0$$

으로 설명할 수도 있고, 앞 (다)항을 이용하여

$$(-a)v=\big((-1)a\big)v=(-1)(av)=-(av)$$

로 설명할 수도 있다. $-(av)=a(-v)$도 마찬가지. □

이제 앞 章의 관찰1.1.1에 [$0A=0$이 포함되지 않은 이유]도 짐작할 수 있을 것이다.

연습문제 2.1.7. $v,w\in V$일 때, 다음을 보여라.

(가) $-(-v)=v$.

(나) $-(v+w)=-v-w$.

(다) $-(v-w)=w-v$.

다음 관찰은 벡터공간의 매우 중요한 특징이다.[9]

관찰 2.1.8. $0\neq v\in V$이고 $0\neq a\in F$이면, $av\neq 0$.

증명 : 만약 $av=0$이었다고 가정하면, 양변에 $\dfrac{1}{a}$을 곱해

$$v=1v=\Big(\frac{1}{a}\,a\Big)v=\frac{1}{a}\,(av)=\frac{1}{a}\,0=0$$

이 된다. 모순.[10] □

독자들은 이제 '추상화'의 의미를 조금 눈치챘을 것이다. 앞으로 우리는 수많은 벡터공간의 '구체적'인 example들을 만나겠지만, 오직 벡터공간을 정의하는 규칙들인 (V1)–(V8)만 생각하면 충분하다.

[9]왜 중요한지는 내년에 알게 된다.

[10]귀류법을 사용하는 것(또는 대우명제 [$av=0$이면, $a=0$이거나 $v=0$]을 증명하는 것)도 우리의 '본능'.

2.2. Subspace

우리 '이야기'의 다음 순서는 부분공간이다.[11]

정의 2.2.1. W가 F-vector space V의 subset일 때(즉, $W \subseteq V$일 때), V로부터 물려받은 덧셈과 상수곱에 관하여,[12] W 自身 F-vector space가 되면, 우리는 W를 V의 **부분공간**(F-**subspace**, 혹은 간단히 subspace)이라고 부르고,

$$W \leq V$$

로 표기한다.

이 정의를 풀어 쓰면:

관찰 2.2.2. F-vector space V의 **non-empty** subset W가 V의 subspace일 필요충분조건은 다음과 같다.

(S1) $w_1, w_2 \in W$이면, $w_1 + w_2 \in W$,

(S2) $w \in W$이고 $a \in F$이면, $aw \in W$.

즉, W가 덧셈과 상수곱에 대해 '닫혀' 있으면, W는 V의 subspace가 된다.

증명 : 우선 $W \leq V$이면, (S1)과 (S2)가 성립해야 하는 것은 당연하다. 즉, 적어도 W에 덧셈과 상수곱이 잘 정의되어 있어야 한다. 역으로, W가 (S1)과 (S2)를 만족시킬 때, W가 정의 2.1.2의 (V1)–(V8)을 만족시키는 것을 보이자. 먼저 (V3)와 (V4)를 제외한 조건들은 W의 덧셈과 상수곱이 V로부터 물려받은 것이므로 자명하다. 또, $w \in W$일 때($W \neq \emptyset$이라고 가정하고 있음에 유의), 조건 (S2)로부터 $0w \in W$, $(-1)w \in W$이고 이제 관찰 2.1.6에 의해 (V3)와 (V4)가 성립한다. □

위 관찰이 subspace를 characterize하고 있고, 게다가 주어진 부분집합이 부분공간인지 아닌지 판단할 때도 위 관찰만으로 충분하니, 정의 2.2.1은 종이 낭비라고 생각할 수 있다. 맞는 말이다, 지금은. 그러나 정의 2.2.1은 앞으로 두고두고(여러 번에 걸쳐 오랫동안) 종이를 (지금 낭비한 것보다 훨씬 더 많이) 절약해 줄 것이다.

[11] 모든 '이야기책'에는 필연적인 순서가 있다.

[12] '물려받은' = 'inherited from' 또는 'induced by'. V로부터 물려받은 덧셈과 상수곱의 의미를 수식으로 설명하는 건 진짜 종이 낭비.

다음 관찰은 무슨 말장난 같아 보이지만⋯⋯.

관찰 2.2.3. $U \le W$ 이고 $W \le V$ 이면, $U \le V$ 이다. (한마디로, subspace의 subspace는 subspace이다.)

증명 : 관찰2.2.2를 생각할 필요도 없다. Subspace의 정의로부터 자명하다. 자손의 자손은 자손이다![13] □

우선 연립방정식부터. (원래 순서는 $\{0\} \le V$ 와 $V \le V$ 차례이지만, 이건 종이 낭비.)

보기 2.2.4. (Solution Space) 앞 제1장의 homogeneous equation $(*)$ $AX = 0$ 의 해집합은 F^n 의 F-subspace이다(연습문제1.2.5의 'linear property').

다음 연습문제는 우리에게 "Linear Algebra"의 'linear(1-차, 선형)'라는 단어의 뜻을 설명해 주고 있다.

연습문제 2.2.5. (가) $\{(a,b,c)^{\mathbf{t}} \in F^3 \mid a^2 + 3b - c = 0\} \le F^3$ 인가?
(나) $\{(a,b,c)^{\mathbf{t}} \in F^3 \mid 2a + 3b - 1 = 0\} \le F^3$ 인가?
(다) $\{(a,b,c)^{\mathbf{t}} \in F^3 \mid 2a + 3b - c = 0\} \le F^3$ 인가?

그리고 위 연습문제는 우리에게 (은근히) 다음 질문을 던지고 있다.

질문 2.2.6. F^n 의 모든 subspace는 solution space of $(*)$ $AX = 0$ for some $A \in \mathfrak{M}_{m,n}(F)$?[14]

다음 결과도 앞으로 자주 이용된다.

연습문제 2.2.7. (가) I 가 non-empty set이고, 만약 $[W_i \le V$ for all $i \in I]$ 이면, $\bigcap_{i \in I} W_i \le V$ 임을 보여라.
(나) $W_1, \ldots, W_k \subseteq V$ 일 때,

$$\sum_{i=1}^{k} W_i = W_1 + \cdots + W_k = \{w_1 + \cdots + w_k \in V \mid w_1 \in W_1, \ \ldots, \ w_k \in W_k\}$$

로 표기하고, $W_1, \ldots, W_k$ 의 **합(sum)** 이라고 부른다. 이제 $W_1, \ldots, W_k \le V$ 이면, $\sum_{i=1}^{k} W_i \le V$ 임을 보여라.

---

[13] 孝孫의 孝孫은 孝孫일까? 연습문제12.2.16(나)항 참조.
[14] 답은 물론 "예"이다. 이유를 알려면 §7.6 또는 §12.3까지 기다려야 한다.

2.3. Vector Space의 보기

이 節에서는 vector space와 subspace의 여러 보기들을 살펴본다. 동시에 '**사실상 같은 벡터공간**'의 개념을 생각해 본다.

보기 2.3.1. 물론, $\mathfrak{M}_{m,n}(F)$는 (따라서 F^n도) F-vector space이다. 한 가지 주의할 점은 우리가 vector space $\mathfrak{M}_{n,n}(F)$를 생각할 때에는 $\mathfrak{M}_{n,n}(F)$의 곱셈 (행렬의 곱셈)은 알면서도 모르는 척하고 있다는 것이다.

이제 '사실상 같은 벡터공간'의 개념을 도입하자.

보기 2.3.2. Vector space $\mathfrak{M}_{2,2}(F)$와 F^4는 **사실상 같은** vector space로 생각할 수 있다. 즉, $\mathfrak{M}_{2,2}(F)$와 F^4 사이의 다음과 같은 대응관계

$$\begin{pmatrix} a & b \\ c & d \end{pmatrix} \longleftrightarrow (a,b,c,d)^{\mathbf{t}}$$

를 생각해 보면, $\mathfrak{M}_{2,2}(F)$와 F^4는 집합의 이름과 원소들의 **이름만 다를 뿐** 사실상 같은 집합으로 생각할 수 있다는 뜻이다. 뿐만 아니라, 다음 대응관계

$$\begin{pmatrix} a & b \\ c & d \end{pmatrix} + \begin{pmatrix} a' & b' \\ c' & d' \end{pmatrix} \longleftrightarrow (a,b,c,d)^{\mathbf{t}} + (a',b',c',d')^{\mathbf{t}},$$
$$k\begin{pmatrix} a & b \\ c & d \end{pmatrix} \longleftrightarrow k\,(a,b,c,d)^{\mathbf{t}}$$

에서 보듯이, 서로 대응하는 vector들의 합도 서로 대응하고, scalar $k \in F$와의 상수곱도 서로 대응하고 있다. 이런 의미에서 우리는 $\mathfrak{M}_{2,2}(F)$와 F^4를 사실상 같은 vector space로 생각한다. 혹 일부 독자들은 $\mathfrak{M}_{2,2}(F)$에는 곱셈이 정의되어 있지만, F^4에는 곱셈이 없으니 둘은 같을 수 없다고 주장할지도 모른다. 그러나 우리가 $\mathfrak{M}_{2,2}(F)$를 vector space로 생각한다는 뜻은 행렬의 곱셈은 모르는 척하고 있다는 뜻임에 주의하기 바란다(보기 2.3.1 참조). 다시 말하면, $\mathfrak{M}_{2,2}(F)$와 F^4는 vector space로는 — 즉, 덧셈과 상수곱에 관해서는 — 이름만 다를 뿐 사실상 같다는 뜻이다.

연습문제 2.3.3. 한 개의 원소만을 갖는 벡터공간은 모두 사실상 같은 벡터공간임을 설명하라. 이를 우리는 (the) **zero space**라고 부르고, 0으로 표기한다. 즉, $0 = \{0\}$.

보기 2.3.4. F 自身도 F-vector space 인 것은 자명하다. 이때 [vector space F]의 상수곱은 [scalar들의 집합 F]의 곱셈과 같다. 이 보기에서 F의 원소는 scalar 이면서 동시에 vector 이다. 또 F와 F^1이 사실상 같은 vector space 인 것은 물론이다.[15]

연습문제 2.3.5. (가) $\mathbb{C}$를 $\mathbb{R}$-vector space 로 볼 수 있음을 설명하라.
(나) $\mathbb{R}$은 $\mathbb{R}$-vector space $\mathbb{C}$의 $\mathbb{R}$-subspace 인가?
(다) $\mathbb{R}$은 $\mathbb{C}$-vector space $\mathbb{C}$의 $\mathbb{C}$-subspace 인가?

연습문제 2.3.6. (가) F^3의 subspace $W = \{(a,b,c)^{\mathbf{t}} \in F^3 \mid c=0\}$은 F^2와 사실상 같은 vector space 임을 설명하라.[16]
(나) $U = \{(a,b,c)^{\mathbf{t}} \in F^3 \mid b=c\}$는 F^3의 subspace 임을 보이고, U도 F^2와 사실상 같은 vector space 임을 설명하라.
(다) U와 W는 사실상 같은 vector space 임을 설명하라.
(라) $U \cap W$는 F와 사실상 같은 vector space 임을 설명하라.
(마) $U + W = F^3$임을 보여라.

이제 주어진 벡터공간들로부터 더 큰 벡터공간을 만드는 방법을 소개한다.

보기 2.3.7. (Product Space) $V_1, \ldots, V_k$가 벡터공간일 때, 우리는 $V_1, \ldots, V_k$의 곱집합(Cartesian product)

$$\prod_{i=1}^{k} V_i = V_1 \times \cdots \times V_k = \big\{(v_1, \ldots, v_k) \,\big|\, v_1 \in V_1,\ \ldots,\ v_k \in V_k\big\}$$

를 잘 알고 있다.[17] 이제 $V_1 \times \cdots \times V_k$에 다음과 같이 **componentwise** 덧셈과 상수곱을 정의하자(단, $v_i, w_i \in V_i$, $a \in F$):

$$(v_1, \ldots, v_k) + (w_1, \ldots, w_k) = (v_1 + w_1, \ldots, v_k + w_k),$$
$$a(v_1, \ldots, v_k) = (av_1, \ldots, av_k).$$

그러면 $V_1 \times \cdots \times V_k$가 vector space 가 되는 것을 쉽게 확인할 수 있다. (따라서 독자들에게 맡긴다.) 우리는 $V_1 \times \cdots \times V_k$를 $V_1, \ldots, V_k$의 **direct product space** 혹은 간단히 **product** 라고 부른다.

---

[15] 행렬을 나타내는 괄호 ( )는 '장식품'에 불과하다. 보기3.6.6도 참조.
[16] W의 벡터들의 3-번째 좌표 0도 '장식품'.
[17] 'Cartesian'은 'Descartes'의 형용사형이다. 끝의 's'는 묵음이며, 'Des'는 일종의 관사로 형용사형을 만들 때에는 생략된다.

연습문제 2.3.8. U, V, W가 vector space 일 때,

(가) $V\times W$는 $W\times V$와 사실상 같은 벡터공간임을 보여라.

(나) $(U\times V)\times W$와 $U\times(V\times W)$, 그리고 $U\times V\times W$는 사실상 같은 벡터공간임을 보여라.

연습문제 2.3.9. (가) F^n은 $\underbrace{F\times\cdots\times F}_{n\text{-번}}$와 사실상 같은 벡터공간임을 보여라.

(나) $\mathfrak{M}_{m,n}(F)$는 $\underbrace{F^m\times\cdots\times F^m}_{n\text{-번}}$과 사실상 같은 벡터공간임을 보여라.

(다) $F^m\times F^n$은 F^{m+n}과 사실상 같은 벡터공간임을 보여라.

다음 연습문제는 앞에서 product space를 "더 큰 vector space"라고 말했던 이유를 설명해 준다.

연습문제 2.3.10. V, W가 vector space 일 때, $V'=\{(v,w)\in V\times W \mid w=0\}$, $W'=\{(v,w)\in V\times W \mid v=0\}$으로 표기하고, 다음을 보여라.

(가) $V'\le V\times W$이고, $W'\le V\times W$.

(나) $V'\cap W'=0$이고, $V'+W'=V\times W$.

(다) V와 V'은 사실상 같은 벡터공간. W와 W'도 마찬가지.

(라) $V\times W$는 V와 W를 사실상의 부분공간으로 갖는다.[18]

벡터공간의 다음 typical example은 polynomial space.

보기 2.3.11. (Polynomial Space) (가) F-위의 **다항식**(**polynomial** over F) 전체의 집합을 $F[t]$로 나타낸다. 이때, 우리는 t를 **indeterminate**라고 부른다. F-위의 polynomial이란

$$f(t)=a_nt^n+\cdots+a_1t+a_0,\qquad (\text{단, } n\ge 0\text{이고, } a_n,\ldots,a_1,a_0\in F)$$

형태의 'formal symbol'을 뜻한다.[19] [20] Polynomial $f(t)$가 위와 같을 때, 우리는 a_i를 $f(t)$의 i-th **coefficient**라고 부른다(단, $i=0,1,\ldots,n$).[21] 물론 두 다항식이 **같다**는 말은 두 다항식의 모든 i-th coefficient가 같다는 뜻이다.

[18] 'W를 사실상의 부분공간으로 갖는다' = 'W와 사실상 같은 부분공간을 갖는다'.

[19] 즉, 우리는 [$a_nt^n+\cdots+a_1t+a_0$ 전체]를 하나의 symbol로 이해한다($f(t)$도 마찬가지). 다시 말해, $a_nt^n+\cdots+a_1t+a_0$를, 예를 들어, $a_n(n)/\cdots/a_1(1)/a_0(0)$으로 표기하더라도 아무 문제 없다는 뜻이다(조금 불편하긴 하겠지만). 다항식은 함수가 아니다.

[20] 물론 $a_nt^n+\cdots+a_1t+a_0=a_nt^n+\cdots+a_1t^1+a_0t^0$. 절약정신…….

[21] 사실 [$a_i=0$ for all $i>n$]으로 생각하는 쪽이 더 명쾌하다.

(나) 위에서, 만약 $a_n \neq 0$ 이면, 우리는 $f(t)$를 polynomial of **degree** n 이라고 부르고

$$\deg(f) = \deg(f(t)) = n$$

으로 표기한다.[22] [23] 또, 이때 a_n을 $f(t)$의 **leading coefficient** 라고 부른다. 특별히, leading coefficient 가 1인 다항식은 **monic** polynomial 이라고 부른다.

(다) 이제 $f(t)$는 위와 같고

$$g(t) = b_m t^m + \cdots + b_1 t + b_0, \qquad (\text{단, } b_m, \ldots, b_1, b_0 \in F)$$

이고, $c \in F$ 일 때, polynomial $(f+g)(t)$와 $(cf)(t)$를

$$(f+g)(t) = f(t) + g(t) = (a_0 + b_0) + (a_1 + b_1)\,t + \cdots$$
$$(cf)(t) = cf(t) = ca_n t^n + \cdots + ca_1 t + ca_0$$

로 정의하면,[24] $F[t]$는 F-vector space 가 되는 것은 당연하다.[25]

(라) 사실 우리는 이미 polynomial의 곱셈도 잘 알고 있다. 하지만, 벡터공간을 이야기할 때에는 곱셈은 모르는 척하는 것이 좋다. 그러나, 뒤에서 어차피 다항식의 곱셈을 사용할 것이므로, 종이를 절약하기 위하여 지금 다항식의 곱셈을 정리해 두자. 어떻게 하면 두 다항식의 곱셈을 산뜻한 식으로 묘사할 수 있을까? 독자들은 다음의 세련된 표기법을 감상하기 바란다. 즉, 위의 $f(t)$와 $g(t)$의 **곱**을 우리는

$$(fg)(t) = f(t)\,g(t) = \sum_{i=0}^{n+m} \left(\sum_{\substack{j+k=i \\ 0 \le j \le n,\ 0 \le k \le m}} a_j b_k \right) t^i$$

로 정의한다.

연습문제 2.3.12. 앞으로 우리는

$$\mathcal{P}_n(F) = \{ f(t) \in F[t] \mid \deg(f) \le n \}$$

의 notation을 사용할 것이다. 우선, $\mathcal{P}_n(F)$는 $F[t]$의 F-subspace 임을 보이고, $\mathcal{P}_n(F)$는 F^{n+1}과 사실상 같은 F-vector space 임을 설명하라.

[22] Zero polynomial의 degree는 어떻게 정의하면 좋을까?
[23] 종이를 낭비하는 느낌이지만, 같은 다항식은 당연히 같은 degree를 갖는다.
[24] 덧셈을 더 산뜻하게 묘사할 수도 있겠지만……, 종이를 아끼자.
[25] 만약 i-th coefficient를 i-th component로 이해한다면, polynomial의 덧셈과 상수곱도 componentwise정의되었다고 말할 수 있을 것이다.

다음 연습문제는 지금은 마치 extra 인 듯하지만, 어느 날 갑자기 우리 '이야기'의 중요 인물로 떠오르게 된다.

연습문제 2.3.13. A가 square matrix이고, $f(t) \in F[t]$가

$$f(t) = a_n t^n + \cdots + a_1 t + a_0$$

일 때,

$$f(A) = a_n A^n + \cdots + a_1 A + a_0 I$$

로 표기하는 것은 매우 자연스럽다. 이때, 우리는 $f(A)$를 [**evaluation** of $f(t)$ at A]라고 부른다. 이제 $f(t), g(t) \in F[t]$, $c \in F$일 때, 다음을 보여라.[26]

(가) $(f+g)(A) = f(A) + g(A)$.
(나) $(cf)(A) = cf(A)$.
(다) $(fg)(A) = f(A)\,g(A)$.

예를 들어, 위 연습문제 (가)항의 명제를 우리는 "다항식을 더한 후 A에서 evaluate한 것이나, A에서 evaluate한 후에 더한 것이나 같다"라고 말한다.

다음 연습문제는 앞으로 주요 장면에서 자주 이용될 것이다. 사실 아래 (가)항과 (다)항은 제1장에 등장할 수도 있었다.

연습문제 2.3.14. $B, B' \in \mathfrak{M}_{m,m}(F)$, $C, C' \in \mathfrak{M}_{n,n}(F)$, $D, D' \in \mathfrak{M}_{m,n}(F)$일 때,

$$A = \left(\begin{array}{c|c} B & D \\ \hline \mathbf{0} & C \end{array}\right), \quad A' = \left(\begin{array}{c|c} B' & D' \\ \hline \mathbf{0} & C' \end{array}\right) \in \mathfrak{M}_{m+n,m+n}(F)$$

로 놓고, 다음이 성립하는 것을 보여라.

(가) $AA' = \left(\begin{array}{c|c} BB' & BD' + DC' \\ \hline \mathbf{0} & CC' \end{array}\right)$.[27]

(나) $f(t) \in F[t]$이면, $f(A) = \left(\begin{array}{c|c} f(B) & * \\ \hline \mathbf{0} & f(C) \end{array}\right)$.[28]

(다) A가 가역일 때, A^{-1}를 구하라.

---

[26] A가 (1×1)-matrix일 때에는 — 즉, $A \in F^1$인 경우에는 — 사실 이 연습문제는 독자들에게 친숙한 것이다. 정말 친숙한가?

[27] 앞으로 이용할 일은 없지만, 더 일반적인 statement도 가능할 것이다. 확인해 보라.

[28] $*$는 단순히 무언가 있다는 뜻이다.

마지막으로 지금까지와는 조금 느낌이 다른 vector space를 하나 소개한다.

보기 2.3.15. (Function Space) 함수 $f:\mathbb{R}\to\mathbb{R}$ 전체의 집합을 $\mathfrak{F}(\mathbb{R})$로 표기하고, $a\in\mathbb{R}$이고 $f,g\in\mathfrak{F}(\mathbb{R})$일 때, 함수 $(f+g)$와 af를

$$(f+g)(x)=f(x)+g(x),\qquad (af)(x)=af(x),\qquad (x\in\mathbb{R})$$

로 정의하면 $\mathfrak{F}(\mathbb{R})$이 $\mathbb{R}$-vector space가 되는 것은 당연하다. (당연하다고 생각되지 않는 독자는 확인해 보기 바란다.[29]) 또,

$$C^0(\mathbb{R})=\{f\in\mathfrak{F}(\mathbb{R})\mid f\text{는 연속}\},$$
$$C^\infty(\mathbb{R})=\{f\in(\mathbb{R})\mid f\text{는 무한 번 미분 가능}\}$$

으로 정의하면,

$$C^\infty(\mathbb{R})<C^0(\mathbb{R})<\mathfrak{F}(\mathbb{R})$$

인 것도 자명하다.

연습문제 2.3.16. 우리는 (고등학교와 미적분학[2]에서) F-위의 수열 $\{a_i\}_{i=1}^\infty$를 배웠다(단, $a_i\in F$). F-위의 수열들 전체 집합에 (자연스러운) F-vector space의 구조를 정의하라.

독자들 중에는 왜 별 意味도 없어 보이는 vector space, subspace, 사실상 같은 vector space 등의 추상적인 개념들을 붙들고 늘어지는지 의문을 갖는 이들이 있을 수 있다. $\mathfrak{M}_{m,n}(F)$를 공부하려면 $\mathfrak{M}_{m,n}(F)$를 들여다보면 될 것이고, $\mathcal{P}_n(F)$를 알고 싶으면 $\mathcal{P}_n(F)$를 들여다보면 될 것이지 골치 아프게 새로운 용어들만 도입하느냐고, 이건 '지적 유희'에 불과하다고 항의할지 모른다. 그런 독자들은 지금 '달리기(걸음마?) 훈련' 중임을 기억하기 바란다(머리말 참조). 이러한 抽象化가 앞으로 얼마나 큰 힘을 발휘하게 될지는 — 즉, 왜 그토록 '달리기 훈련'만 받았는지는 — 훗날 ······. (대개 감독들은 달리기 훈련 중에 항의하는 선수를 별로 예뻐하지 않는다.)

따라서 우리의 추상화는 계속될 것이다. 이 책의 주요 등장인물들이 모두 추상적인 개념들이므로, 저자는 이 책을 '假想世界를 다룬 이야기책'이라고 부른다. 추상적인 용어 하나하나는 별 의미가 없어 보일지 모르지만, [학부 대수학 강의]가 끝날 때쯤에는 이런 별 의미 없어 보이는 용어 수백 개(!)가 모여서 놀라운 힘을 발휘하는 것을 볼 수 있을 것이다.

[29] 이 덧셈과 상수곱도 componentwise 정의되었다고 말할 수 있을까?

2.4. Isomorphism

이 節에서는 앞 節에서 다루었던 '**사실상 같은 벡터공간**'의 개념을 수학적인 용어를 사용하여 정의하려고 한다.

이제 V와 V'을 F-vector space라고 하자. V와 V'이 사실상 같은 벡터공간이라는 말을 풀어 써 보면 다음과 같다:

V와 V'은 사실상 같은 벡터공간이다.
$\Longleftrightarrow$ V와 V'은 이름만 다를 뿐 벡터공간으로서는(즉, 덧셈과 상수곱에 관해서는) 사실상 같다.
$\Longleftrightarrow$ V와 V'의 원소들 사이에는 '**이름 바꾸기**'라는 대응관계 $v \leftrightarrow v'$이 존재하고(단, $v \in V$, $v' \in V'$), 다음

$$v \leftrightarrow v' \text{ 이고 } w \leftrightarrow w' \text{ 이면, } v+w \leftrightarrow v'+w',$$
$$a \in F \text{ 이고 } v \leftrightarrow v' \text{ 이면, } av \leftrightarrow av'$$

과 같이, 대응하는 vector들의 합도 서로 대응하고, scalar $a \in F$와의 상수곱도 서로 대응한다. 이를 달리 표현하면,

$$\begin{array}{ccc} \text{더해서 이름 바꾼 것} & = & \text{이름 바꿔서 더한 것} \\ \| & & \| \\ (v+w)' & = & v'+w' \end{array}$$

이고,

$$\begin{array}{ccc} a\text{를 곱해서 이름 바꾼 것} & = & \text{이름 바꿔서 } a\text{를 곱한 것} \\ \| & & \| \\ (av)' & = & av' \end{array}$$

이라고 할 수 있다. (이때 물론 '이름 바꾸기'는 혼동이 있으면 안 된다.)

두 집합 사이의 혼동 없는 '이름 바꾸기'를 **bijection**(전단사함수, one-to-one correspondence)이라고 부르는 것을 우리는 잘 알고 있다.[30] 따라서:

V와 V'은 사실상 같은 벡터공간이다.
$\Longleftrightarrow$ Bijection $\varphi : V \to V'$이 존재하고(위에서 $v \leftrightarrow v'$ 대신 $\varphi(v) = v'$으로 표현을 바꾸면)

$$\varphi(v+w) = \varphi(v) + \varphi(w), \qquad \varphi(av) = a\varphi(v), \qquad (v, w \in V,\ a \in F)$$

의 조건을 만족시킨다.

[30] Bijection이 익숙하지 않으면, 뒤 §4.1 참조.

정의 2.4.1. V와 V'이 F-vector space이고, 다음 조건

$$\varphi(v+w) = \varphi(v)+\varphi(w), \qquad \varphi(av) = a\varphi(v), \qquad (v, w \in V,\ \ a \in F)$$

을 만족시키는 bijection $\varphi : V \to V'$이 존재하면, 우리는 F-vector space V와 V'이 **isomorphic** 하다고 말하고,

$$V \approx V' \qquad \text{또는} \qquad V \xrightarrow[\approx]{\varphi} V'$$

으로 표기한다. 이때, φ는 **isomorphism** 이라고 부른다.[31]

아래 그림은 [2층에 있는 V]와 [1층에 있는 V']이 isomorphic할 때, 이들을 3층에서 내려다본 것이다. 이때 V와 V' 그리고 그들의 덧셈과 상수곱은 완전히 겹쳐 보인다.

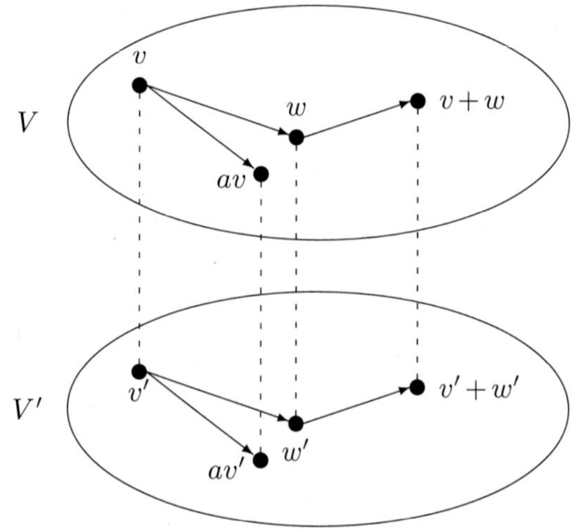

독자들이 isomorphism의 뜻을 이해하는 과정에서 스스로에게 다음의 질문을 하였을 수도 있다. 적어도 무언가 찜찜하다는 느낌은 갖고 있을 수 있다. 두 벡터공간이 isomorphic하다는 뜻이 이름만 다르고 덧셈과 상수곱의 구조는 똑같은 것이라고 하지만, 벡터공간에는 덧셈과 상수곱 이외의 추가적인 구조가 있다고 착각할 수도 있다. 즉, 벡터공간에는 덧셈의 항등원(zero vector)이라는 구조와 덧셈의 역원이라는 구조도 갖고 있다고 생각하고, isomorphism은 zero vector를 zero vector로 이름을 바꾸어 주는가, 또 덧셈의 역원소도 다시 덧셈의 역원소에 대응시켜 주는가 하는 질문을 하였을 수 있다.

[31] φ의 full name은 F-vector space isomorphism from V onto V'.

그러나 isomorphism의 정의를 다시 곰곰 생각해 보면, 이러한 걱정은 해소될 수 있다. 연산이 같다면 항등원도 같을 수밖에 없고 역원도 같을 수밖에 없다. 물론 이를 딱딱하게 증명할 수도 있다(종이를 낭비한다는 느낌이지만).[32]

관찰 2.4.2. $\varphi : V \to W$가 isomorphism이면, $\varphi(0)=0$이고, 모든 $v \in V$에 대해 $\varphi(-v) = -\varphi(v)$.

증명 : $\varphi(0)=0$임을 보이려면, 모든 $w \in W$에 대해 $w+\varphi(0)=w$인 것을 보여야 한다. 그런데 모든 $w \in W$는 어떤 $v \in V$가 있어 $\varphi(v)$의 꼴로 나타나므로(즉, w의 V에서의 이름이 v),

$$w+\varphi(0) = \varphi(v)+\varphi(0) = \varphi(v+0) = \varphi(v) = w$$

이다. 따라서 $\varphi(0) = 0$(물론 뒤 관찰 4.1.2에서와 같이 증명해도 된다). 또, $v \in V$이면,

$$\varphi(v)+\varphi(-v) = \varphi\big(v+(-v)\big) = \varphi(0) = 0$$

이므로, $\varphi(-v) = -\varphi(v)$.[33] □

전통적인 선형대수 책에서는 선형사상을 먼저 정의한 다음 isomorphism을 정의한다. 이는 아마도 중복된 記述을 피하고 紙面을 절약하기 위한 것으로 생각된다. 이 책에서는 과감히 지면을 할애하여 isomorphism을 먼저 소개하였다. Isomorphism의 정확한 이해는 수학 전체에서 매우 중요하다.

연습문제 2.4.3. 앞 節의 보기들과 연습문제들에서 '사실상 같다'를 'isomorphic하다'로 바꾸어 증명하라.

다음 관찰은 앞 연습문제 2.3.6(다)항과 연습문제 2.3.8(나)항에서 이미 눈치챈 것이다. 즉, '사실상 같다'라는 relation이 적어도 equivalence relation이어야 함은 너무나 당연한 것이다.

관찰 2.4.4. 위 정의 2.4.1의 relation $\approx$은 equivalence relation이다.

증명 : $V \approx V$인가? $V \approx W$이면 $W \approx V$인가? $U \approx V$이고 $V \approx W$이면 $U \approx W$인가? 대답은 다음 연습문제가 代身해 준다. □

---

[32] 잉크나마 좀 절약해 보려고 가벼운 활자체를 사용하였다.

[33] 1층과 2층의 구조가 똑같을 때, 1층에 궁금한 것이 있다면 2층에 올라가 살펴보면 된다.

연습문제 2.4.5. (가) **항등사상(identity map)** $I_V = I : V \to V$를

$$I_V(v) = I(v) = v, \qquad (v \in V)$$

로 정의하면,[34] I_V는 isomorphism 임을 보여라.
(나) 또 isomorphism $\varphi : V \to W$의 **역사상(inverse map)** $\varphi^{-1} : W \to V$도 isomorphism 임을 보여라.
(다) 두 개의 isomorphism $\psi : U \to V$와 $\varphi : V \to W$의 **합성(composition)** $\varphi \circ \psi : U \to W$도 isomorphism 임을 보여라.

앞의 그림의 입장에서 위 연습문제 2.4.5를 생각해 보면, (나)항은 3층에서 내려다보던 것을 지하실에서 올려다보아도 여전히 1층과 2층은 겹쳐 보인다는 뜻이 된다. (다)항을 생각하려면 4층까지 올라가야 할 것이다.

연습문제 2.4.6. $L : F^2 \to F^2$를

$$L\begin{pmatrix} x \\ y \end{pmatrix} = \begin{pmatrix} 2x+y \\ 5x+3y \end{pmatrix}, \qquad (x, y \in F)$$

로 정의하면,[35] L은 isomorphism 임을 보여라.

이 연습문제는 앞으로 우리가 다룰 내용의 많은 부분을 암시해 준다. 결국은 다시 연립방정식으로 돌아가지 않는가? 한 달 후에는 여러가지 방법으로 이 연습문제를 풀 수 있을 것이다. 그때 우리는, 예를 들면, "행렬 $\begin{pmatrix} 2 & 1 \\ 5 & 3 \end{pmatrix}$이 가역행렬이므로 L은 isomorphism 이다"라고 말하게 된다.[36]

---

[34] 항등행렬과 항등사상을 같은 문자 I로 표기한 것은 다분히 의도적이다. 보기 5.4.7 및 표기법 7.1.2 참조.

[35] 원래는 $L\left(\begin{pmatrix} x \\ y \end{pmatrix}\right)$로 써야 하겠지만……. 절약정신.

[36] 사실은 정리 1.3.6을 생각하면(당분간 잊은 체하기로 했지만) 이는 이미 알고 있는 사실이다. 확인해 보라.

제 3 장 기저와 차원

이 章에서는 벡터공간에 살고 있는 또 다른 주요 등장인물인 기저와 차원을 소개한다. 이를 위해서 일차결합, 일차독립, 일차종속 등의 개념도 도입한다.

벡터공간이 내년에 공부할 다른 대수적 구조보다 좋은 점은 基底를 갖고 있다는 것이다. 그리고 그것이 바로 우리가 다른 대수적 구조보다 벡터공간을 가장 먼저 배우는 이유이기도 하다. 기저를 갖고 있으면 다루기가 쉽기 때문이다. 역시 벡터공간은 마음이 '자유로운' 우리의 '고향'이다.[1]

3.1. Linear Combination

선형대수 강의실의 칠판 왼쪽 맨 위에는 언제나, F는 고정되어 있고, V는 벡터공간이라고 쓰여 있다. 이것은 이 책에서도 마찬가지이다. 특별한 언급이 없는 한, V는 F-vector space 이다. 일차결합의 개념부터 시작하자.

정의 3.1.1. (가) $v_1, \ldots, v_n \in V$ 일 때,

$$a_1v_1 + a_2v_2 + \cdots + a_nv_n = \sum_{i=1}^{n} a_iv_i, \qquad (\text{단, } a_1, \ldots, a_n \in F)$$

꼴의 vector를 우리는 $\{v_1, \ldots, v_n\}$의 **일차결합**(F-**linear combination**)이라고 부른다.

(나) $S \subseteq V$ 일 때(S가 무한 집합이면), $v \in V$가 S의 **일차결합**이라는 말은 v가 [S_0의 일차결합]인 유한 집합 $S_0 \subseteq S$가 존재한다는 뜻이다.[2] (매번 $S \neq \emptyset$ 이라는 조건을 다느니, $\emptyset$의 일차결합 전체의 집합은 $\{0\}$이라고 약속하는 것이 간편하다.)

---

[1] 빠르면 내년쯤에는 이를 "F-vector space는 free F-module"이라고 표현하게 될 것이다.

[2] 제 3–4 장에서는 S가 무한 집합인 경우도 생각하게 된다. 이 책을 처음 읽을 때는 — 또는 무한 집합이 익숙하지 않은 독자들은 — 그냥 S가 유한 집합이라고 가정해도 좋다.

보기 3.1.2. $V=\mathbb{R}^3$일 때, $\{(1,1,1)^{\mathbf{t}}\}$의 일차결합 전체의 집합은 0을 지나는 직선이다. 또, $\{(1,1,1)^{\mathbf{t}},(2,3,0)^{\mathbf{t}}\}$의 일차결합 전체의 집합은 0을 지나는 평면이다(이를 확인하려면 두 벡터 $(1,1,1)^{\mathbf{t}}$와 $(2,3,0)^{\mathbf{t}}$가 동일 직선상에 있지 않음을 설명해야 할 것이다). $\mathbb{R}^4$에서 세 벡터의 일차결합 전체의 집합도 생각해 보라.

다음은 거의 자명하지만 약간의 요령도 필요하다.

관찰 3.1.3. $S\subseteq V$일 때, [S의 linear combination 전체의 집합]은 V의 부분공간이 된다.

증명 : $S=\{v_1,\ldots,v_n\}$이 finite set이면, 다음 두 식

$$\sum_{i=1}^n a_iv_i+\sum_{i=1}^n b_iv_i=\sum_{i=1}^n(a_i+b_i)v_i,\qquad c\sum_{i=1}^n a_iv_i=\sum_{i=1}^n(ca_i)v_i$$

로부터 너무나 자명하다. S가 infinite일 때에도 자명하지만 요령 있는 표기법이 필요하다. 즉, v,w가 S의 linear combination이고, v가 유한 집합 S_0의 linear combination, w는 유한 집합 S_1의 linear combination이면, v,w는 유한 집합 $S_0\cup S_1$의 linear combination이라는 것을 이용한다. □

우리가 어떤 algebraic structure를 만나더라도, 다음 정의는 항상 등장하는 **단골손님**이다.

정의 3.1.4. $S\subseteq V$일 때, [S를 포함하는 V의 subspace 중 가장 작은 것]을 $\langle S\rangle$로 표기하고,[3] $\langle S\rangle$를 subspace **generated by** S(혹은 subspace spanned by S, S가 **생성하는** 부분공간)라고 부른다. 정확히 말하면 — 종이를 낭비하는 느낌이지만 — [S를 포함하는 V의 subspace 중 가장 작은 것]이라는 말은

(i) 물론 $S\subseteq\langle S\rangle\leq V$이면서,

(ii) 만약 $S\subseteq W\leq V$이면, $\langle S\rangle\subseteq W$

라는 뜻이다.

위와 같은 정의를 만나면, 독자들은 무엇보다도 먼저 $\langle S\rangle$의 **existence(존재성)**와 **uniqueness(유일성)**를 생각하도록 훈련 받아야 한다.[4] 수학자들이 존재성과 유일성에 얼마나 집착하는지를 알면 神學者들도 놀랄 것이다.

[3] 가장 작은 = 집합의 포함관계에 관하여 가장 작은.
[4] $\langle S\rangle$가 존재한다면, 그의 유일성은 자명. 왜 그런가?

보조정리 3.1.5. $S \subseteq V$ 이면,

$$\langle S \rangle = \bigcap_{S \subseteq W \leq V} W$$

이다. 이로부터 $\langle S \rangle$ 의 existence 와 uniqueness 가 얻어진다.

증명 : 앞 章의 연습문제 2.2.7(가)항으로부터 당연하다. (연습문제 2.2.7(가) 항의 [I 가 non-empty set] 이라는 조건은 왜 만족되는가?) □

다시 강조하면, 위 보조정리는 $\langle S \rangle$ 의 existence 와 uniqueness 를 설명하기 위한 것이지, $\langle S \rangle$ 를 계산할 때 이용하려는 것이 아니다.[5] 또 하나 주의할 것은, $S \neq T$ 이더라도, 물론 얼마든지 $\langle S \rangle = \langle T \rangle$ 일 수 있다는 점이다. 이제 다음 차례는 $\langle S \rangle$ 가 구체적으로 어떤 집합인지 알아보는 것이다.

명제 3.1.6. $S \subseteq V$ 이면, $\langle S \rangle$ 는 [S 의 linear combination 전체의 집합]과 같다.

증명 : $\langle S \rangle$ 는 덧셈과 상수곱에 닫혀 있으므로, $\langle S \rangle$ 는 적어도 S 의 linear combination 들은 모두 갖고 있어야만 한다. 따라서, [S 의 linear combination 전체의 집합]을 U 라고 하면, $U \subseteq \langle S \rangle$ 이다. 한편, 위 관찰 3.1.3에 의해 U 는 subspace 이고, 물론 U 는 S 를 포함하므로 (그런 것 중 가장 작은 것이 $\langle S \rangle$ 이니까) $\langle S \rangle \subseteq U$ 이다. (결과적으로 이 증명은 관찰 3.1.3 만 있으면 충분.) □

그러므로, 처음부터 $\langle S \rangle$ 를 [S 의 linear combination 전체의 집합] 이라고 정의했다면 紙面을 좀 절약할 수 있었을 것이다. 그러나 정의 3.1.4는, 정의 2.2.1 (subspace 의 정의)과 마찬가지로, 앞으로 두고두고 종이를 절약해 줄 것이다.

독자들은 명제 3.1.6을 증명하는 순서, 즉 [연습문제 2.2.7(가)] → [보조정리 3.1.5] → [명제 3.1.6] → [명제 3.1.6의 증명] = [관찰 3.1.3]의 'story'를 기억해 두기 바란다. 다음에 새로운 algebraic structure 를 만날 때마다 — 예를 들어, 연습문제 8.5.8과 §11.3에서 — 이 'story'는 반복될 것이다.

연습문제 3.1.7. $S, T \subseteq V$ 이면, $\langle S \cup T \rangle = \langle S \rangle + \langle T \rangle$ 임을 보여라.

다음 연습문제는 우리를 다시 한번 연립방정식으로 돌아가게 한다.[6]

연습문제 3.1.8. $\left\langle (2,5)^{\mathbf{t}}, (1,3)^{\mathbf{t}} \right\rangle = F^2$ 임을 보여라.[7]

---

[5] 보조정리 3.1.5는 이제 잊어도 좋다는 뜻.
[6] 연습문제 2.4.6 참조.
[7] 원래는 $\langle \{(2,5)^{\mathbf{t}}, (1,3)^{\mathbf{t}}\} \rangle$ 으로 써야 하겠지만…….

3.2. 일차독립과 일차종속

이 節에서는 일차독립과 일차종속의 개념을 소개한다.

정의 3.2.1. (가) 유한 집합 $\{v_1, \ldots, v_n\} \subseteq V$가 다음 조건

$$a_1v_1 + a_2v_2 + \cdots + a_nv_n = 0 \text{ 이면(단, } a_i \in F), \ a_1 = a_2 = \cdots = a_n = 0$$

을 만족시키면, 우리는 $\{v_1, \ldots, v_n\}$을 **일차독립**(F-**linearly independent**)인 부분집합이라고 부른다.
(나) $\emptyset \neq S = \{v_i\}_{i \in I} \subseteq V$일 때(단, I는 index set),[8] S가 **일차독립**이라는 말은 S의 **모든 finite subset** $\{v_{i_1}, \ldots, v_{i_k}\}$가 일차독립이라는 뜻이다.
(다) $\emptyset \neq S \subseteq V$가 일차독립이 아니면 **일차종속**($F$-**linearly dependent**)이라고 말한다.

물론 위 (가)항에서 $n \geq 1$이고, (나)항에서는 $k \geq 1$. 앞으로 집합 S가 일차독립(일차종속)이라고 말할 때에는 — 특별한 언급(예를 들어, 따름정리 3.5.9) 이 없는 한 — $S \neq \emptyset$이라고 가정하자.

독자들은 모든 정의를 읽을 때, 항상 그 정의가 잘 정의(well-defined)되어 있는지 철저히 확인하도록 훈련 받아야 한다. 위 정의를 곰곰 생각해 보면, (나)항의 정의가 (가)항의 정의를 포함하고 있는 것을 알게 된다. 따라서, 우리는 위 (나)항을 정의하기에 앞서, 다음 연습문제를 **먼저** 증명했어야 한다.

연습문제 3.2.2. 유한 집합 $S = \{v_1, \ldots, v_n\}$이 일차독립이면, S의 모든 부분집합 $\{v_{i_1}, \ldots, v_{i_k}\}$도 일차독립임을 보여라.

다음 연습문제는 우리를 한번 더 연립방정식의 문제로 안내한다. 다시 말하면, 일차결합, 일차독립, 일차종속의 개념 속에는 1-차 연립방정식이 항상 숨어 있다고 할 수 있다. (연습문제 2.4.6 및 연습문제 3.1.8 참조. 또 다음 節의 연습문제 3.3.13도 참조.)

연습문제 3.2.3. (가) $\{(2,5)^{\mathbf{t}}, (1,3)^{\mathbf{t}}\} \subset F^2$는 일차독립인가?
(나) $\{2t+5,\ t+3\} \subset F[t]$는 일차독립인가?
(다) 만약 $\{v, w\} \subset V$가 일차독립이면, $\{2v+5w,\ v+3w\}$도 일차독립인가? 또, $\langle v, w\rangle = \langle 2v+5w,\ v+3w\rangle$ 인가?

[8] Index set은 흔히 I, J 등으로 표기한다. Index set I를 항등행렬로 혼동할 일은 없을 것이다.

연습문제 3.2.4. (가) $0 \in S$ 이면, S는 일차종속임을 보여라.
(나) $\{v\}$가 일차독립일 필요충분조건은 $v \neq 0$ 임을 보여라.
(다) $0 \neq v, w \in V$ 이고 $v \neq w$ 일 때, $\{v, w\}$가 일차종속이기 위한 필요충분조건은 $v = aw$ 인 scalar $a \in F$가 존재하는 것임을 보여라.
(라) $u, v, w \in \mathbb{R}^3$ 일 때, $\{u, v, w\}$가 일차종속일 필요충분조건은 u, v, w가 0을 지나는 하나의 평면 위에 있는 것임을 보여라.

다음 주의는 반드시 한 번은 짚고 넘어가야 한다.

주의 3.2.5. (가) 일차독립(일차종속)의 정의에는 골치 아픈 문제가 하나 있다. 예를 들면, 행렬 $A = \begin{pmatrix} 1 & 1 & 0 \\ 0 & 0 & 1 \end{pmatrix}$의 세 column들의 집합 $\{[A]^1, [A]^2, [A]^3\}$가 일차독립인지 일차종속인지 질문을 받았을 때 문제가 발생한다. 우선,

$$1\,[A]^1 + (-1)\,[A]^2 + 0\,[A]^3 = 0$$

이므로, A의 세 column들의 집합 $\{[A]^1, [A]^2, [A]^3\}$는 일차종속이다. 그러나, $[A]^1 = [A]^2 \in F^2$ 이므로, 집합으로서

$$\{[A]^1, [A]^2, [A]^3\} = \{[A]^1, [A]^3\}$$

이고, $\{[A]^1, [A]^3\}$가 일차독립인 것도 분명하다. 이 미묘한 문제를 어떻게 해결할 것인가? 우리는 이를 위하여 새로운 [집합의 표기법]을 도입하는 번거로움(무모함)만은 피해야 한다.
(나) 집합 S를 원소나열법으로 — 즉 $S = \{v_i\}_{i \in I}$로(단, I는 index set) — 나타낸 경우에는 우리는 **관례적**으로 $[v_i = v_j \text{ for some } i \neq j]$일 가능성을 열어 둔다. 결론을 말하면, 위의 행렬 A의 세 column $\{[A]^1, [A]^2, [A]^3\}$는 일차종속이다.[9] 그리고 단순히 "집합 S는 일차독립(일차종속)"이라고 말할 때에도, 우리는 S를 원소나열법으로 나타냈다고 **약속**(가정)하자.
(다) 그러나 index set만은 특별하게 취급하는 것 또한 우리의 관례이다.[10] 즉, index set의 각 원소(index)는 한 번만 '나타난다'는 의미이다. 다시 말해 — $\{v, v, w, \ldots\}$의 표기법은 허용하지만 — $I = \{j, k, \ldots\}$가 index set인 경우에는 $\{j, j, k, \ldots\}$나 $\{v_j, v_j, v_k, \ldots\}$로 쓰는 것은 금지한다는 뜻이다.[11]

[9] 이제 위 연습문제 3.2.4(다)항의 조건 $v \neq w$는 불필요.
[10] Index set을 강조하기 위하여, $\{v_i\}_{i \in I}$나 $\{v_i\}_{i=1}^n$ 등의 표기법을 사용하였다. 뭐 $\{v_i \,|\, i \in I\}$나 $\{v_i \,|\, 1 \leq i \leq n\}$도 괜찮겠지만. 또 index set(과 그의 subset)은 non-empty라고 가정한다.
[11] 이는, 예를 들어, $\sum_{i \in I} v_i$를 $v_j + v_j + v_k + \cdots$로 해석하면 안 되는 것과 같은 이치이다.

연습문제 3.2.6. $S=\{v_i\}_{i\in I}\subseteq V$ 일 때, 다음을 보여라(질문에 답하라).

(가) S가 일차독립이면, $[v_i \neq v_j$ for all $i\neq j]$.

(나) S가 일차독립이면, S의 모든 subset도 일차독립.

(다) $S\subseteq V$가 일차종속이면, S의 모든 subset도 일차종속인가?

(라) $S\subseteq T\subseteq V$이고 S가 일차종속이면, T도 일차종속인가?

이제 정의 3.2.1의 linear independence condition을 다시 생각해 보자. 다음 관찰은 거의 자명하지만, 다음 節에서 basis의 뜻을 이해하는 데에 꼭 필요하다.

관찰 3.2.7. $S\subseteq V$일 때, 다음 세 조건은 동치이다.

(1) S는 일차독립.

(2) Zero vector를 S의 finite subset S_0의 일차결합으로 표현하는 방법은 자명한 방법 하나뿐.

(3) $v\in V$가 S의 finite subset S_0의 일차결합으로 표현된다면, 그 표현법은 unique.

증명 : [(1)⇔(2)]와 [(3)⇒(2)]: 자명.
[(2)⇒(3)]: 거의 자명. 만약 표현법이 유일하지 않다면,

$$a_1v_1+\cdots+a_nv_n = v = b_1v_1+\cdots+b_nv_n$$

으로 쓸 수 있다(단, $\{v_1,\ldots,v_n\}\subseteq S$). 이제 조건(2)를 이용하기 위해, 한 변을 0으로 만들면,

$$(a_1-b_1)v_1+\cdots+(a_n-b_n)v_n = 0$$

이므로, 가정(2)에 의해 $a_i-b_i=0$ for all i. □

다음 연습문제도 필요하게 된다.

연습문제 3.2.8. (가) $\{1,t,t^2,t^3,\ldots\}\subset F[t]$는 일차독립임을 보여라.[12]
(나) 실변수 함수 $f,g,h\in C^\infty(\mathbb{R})$을 다음과 같이

$$f(x)=1,\quad g(x)=\exp(x),\quad h(x)=\exp(2x),\qquad (x\in\mathbb{R})$$

정의하면, $\{f,g,h\}$는 일차독립임을 보여라.[13]

---

[12] 보기 2.3.11의 표기법 참조.
[13] 보기 2.3.15의 표기법과 연습문제 6.5.13 참조.

3.3. Vector Space의 Basis

이제 우리는 벡터공간의 기저를 정의할 준비가 되었다.

정의 3.3.1. V가 vector space이고, $\emptyset \neq \mathfrak{B} \subseteq V$일 때,

(B1) $\langle \mathfrak{B} \rangle = V$ (즉, $\mathfrak{B}$ generates V),

(B2) $\mathfrak{B}$는 linearly independent

이면, 우리는 $\mathfrak{B}$를 V의 **기저**(F-**basis**)라고 부른다.[14]

앞 節의 관찰 3.2.7에 의하면, 이제 다음은 자명하다.

관찰 3.3.2. 다음 조건은 동치이다.

(1) $\mathfrak{B}$는 V의 basis.

(2) V의 모든 vector는 $\mathfrak{B}$의 어떤 finite subset $\mathfrak{B}_0$의 linear combination으로 표현할 수 있고, 그렇게 표현하는 방법은 하나뿐이다.

증명 : ……. □

보기 3.3.3. $\mathbf{e}_i \in F^n$을 i-번째 좌표만 1이고 나머지 좌표는 0인 **표준 단위벡터**라고 하면, $\mathcal{E} = \{\mathbf{e}_1, \ldots, \mathbf{e}_n\}$은 F^n의 기저이다. (왜냐하면, $a_i \in F$이면,

$$(a_1, \ldots, a_n)^{\mathbf{t}} = a_1\mathbf{e}_1 + \cdots + a_n\mathbf{e}_n$$

이므로. 또, $\mathcal{E}$가 일차독립인 것도 자명.) 우리는 $\mathcal{E}$를 F^n의 **표준기저**(**standard basis**, Euclidean basis)라고 부른다.[15]

또한 앞의 연습문제 3.1.8과 연습문제 3.2.3(가)항을 종합하면:

보기 3.3.4. $\mathfrak{B} = \{(2,5)^{\mathbf{t}}, (1,3)^{\mathbf{t}}\}$는 F^2의 기저이다.

따라서, 한 vector space에는 얼마든지 많은 basis가 존재할 수 있다는 것을 알 수 있다. 이제 독자들은 우리가 basis의 개념을 도입하는 이유를 눈치챘을 것이다. 그리고 초등학교 때부터 오로지 (F^n의 경우에) standard basis만을 생각해 왔다는 것도 깨달았을 것이다. 이제 우리는 standard basis가 아닌 다른 basis도 생각하자는 것이다.

---

[14] Basis의 복수형은 bases.

[15] 이 책에서는 F^n의 vector를 대개 X, Y, Z와 같은 alphabet 대문자로 표기하지만, 표준 단위벡터 $\mathbf{e}_i$만은 예외. 보기 3.6.1의 $\mathbf{e}_{ij} \in \mathfrak{M}_{m,n}(F)$도 참조.

정의 3.3.5. 유한 집합 $\mathfrak{B}=\{v_1,\ldots,v_n\}$이 V의 F-basis라고 하자. $v\in V$가

$$v = a_1v_1 + a_2v_2 + \cdots + a_nv_n$$

으로 표현될 때(이러한 표현은 항상 유일한 방법으로 가능하다), 우리는 F^n의 vector $(a_1,\ldots,a_n)^{\mathbf{t}}$를 [basis $\mathfrak{B}$에 관한 v의 **좌표(coordinate)**]라고 부르고,

$$[v]_{\mathfrak{B}} = (a_1,\ldots,a_n)^{\mathbf{t}}$$

로 표기한다.

한 가지 조심할 점이 있다.

관습 3.3.6. 위 정의를 찬찬히 다시 들여다보면, 우리는 V의 (finite) basis $\mathfrak{B}$의 **basis vector**들 $v_1,\ldots,v_n$을 쓰는 순서가 문제가 되는 것을 알 수 있다. 따라서 우리는 $v_1,\ldots,v_n$의 순서가 고정된 기저 $\mathfrak{B}=\{v_1,\ldots,v_n\}$을 **ordered basis**라고 부른다. 뿐만 아니라, 앞으로 우리가 단순히 basis라고 말할 때에도 언제나 ordered basis를 의미하는 것으로 약속한다. 즉,

$$\text{basis} = \text{ordered basis}$$

가 우리의 관습이다.

보기 3.3.7. $X\in F^n$이면 당연히 $[X]_{\mathcal{E}}=X$이다. 즉, 지금까지 우리가 단순히 '좌표'라고 부른 것은 다름아닌 standard basis $\mathcal{E}$에 관한 좌표이다.

보기 3.3.8. $\mathfrak{B}=\{(2,5)^{\mathbf{t}},(1,3)^{\mathbf{t}}\}\subset F^2$라고 할 때, 예를 들면,

$$\left[\begin{pmatrix}1\\0\end{pmatrix}\right]_{\mathfrak{B}} = \begin{pmatrix}3\\-5\end{pmatrix}, \qquad \left[\begin{pmatrix}3\\8\end{pmatrix}\right]_{\mathfrak{B}} = \begin{pmatrix}1\\1\end{pmatrix}$$

이 된다. (확인하기는 쉽다. $\mathfrak{B}$에 관한 좌표를 계산하려면, 이번에도 연립방정식을 풀어야 한다.)

다음은 좌표의 'linear property'.

연습문제 3.3.9. $\mathfrak{B}=\{v_1,\ldots,v_n\}$이 V의 basis라고 하자. $v,w\in V$, $a\in F$일 때, 다음을 보여라.

(가) $[v+w]_{\mathfrak{B}} = [v]_{\mathfrak{B}} + [w]_{\mathfrak{B}}$.

(나) $[av]_{\mathfrak{B}} = a[v]_{\mathfrak{B}}$.

벡터공간의 부분공간도 그 자신 벡터공간이므로, basis를 생각할 수 있다.

보기 3.3.10. (연습문제 3.2.3(다)항 참조.) $\{v, w\}$가 V의 일차독립인 부분집합일 때, $\{v, w\}$와 $\{2v+5w,\ v+3w\}$는 V의 subspace $\langle v, w\rangle$의 basis가 된다.

이제 보기 3.3.4와 보기 3.3.10의 일반화를 생각해 보자. 독자들은 연습문제 2.4.6(과 그 다음의 comment)으로부터 답을 이미 예측하고 있을 것이다.

명제 3.3.11. $A = (a_{ij}) \in \mathfrak{M}_{n,n}(F)$가 가역이면, $\{[A]^1, \ldots, [A]^n\}$은 F^n의 기저이다.

증명 : 다음 명제 3.3.12에서 $V = F^n$, $v_i = \mathbf{e}_i$인 경우를 생각하면,

$$w_j = \sum_{i=1}^{n} a_{ij}\mathbf{e}_i = [A]^j, \qquad (j = 1, \ldots, n)$$

이므로 증명 끝. □

명제 3.3.12. $\{v_1, \ldots, v_n\}$이 V의 기저일 때,

$$w_j = \sum_{i=1}^{n} a_{ij}v_i, \qquad (j = 1, \ldots, n)$$

이라고 정의하자. 만약 $A = (a_{ij}) \in \mathfrak{M}_{n,n}(F)$가 가역이면, $\{w_1, \ldots, w_n\}$도 V의 기저이다.

증명 : (i) 먼저 $\{w_j\}$가 일차독립임을 보이자. 따라서, $\sum_j c_j w_j = 0$이라고 하고(단, $c_j \in F$), 조금 '요령'을 부리면

$$0 = \sum_j c_j w_j = \sum_j c_j \Big(\sum_i a_{ij}v_i\Big) = \sum_i \Big(\sum_j a_{ij}c_j\Big)v_i$$

가 된다. 이제 $\{v_i\}$는 V의 기저이므로

$$\sum_j a_{ij}c_j = 0, \qquad (i = 1, \ldots, n)$$

이다. 그런데 이 식은

$$A\cdot(c_1, \ldots, c_n)^{\mathbf{t}} = 0$$

이라는 뜻이므로, 양변에 A^{-1}를 곱하면 $c_1 = \cdots = c_n = 0$을 얻는다.[16]

[16] 우리는 지금 애써 정리 1.3.6을 모르는 체하고 있다.

(ii) 다음에는 $\{w_j\}$가 V 전체를 생성하는 것을 보이자. 이를 위해서는 모든 $v \in V$가 $\{w_j\}$의 일차결합으로 나타나는 것을 보여야 한다. 우선 $v = \sum_i b_i v_i$로 놓자. [**연습장:** 어차피 $v = \sum_j x_j w_j$인 $x_j \in F$가 존재할 것이므로, 그런 x_j를 찾아보자. 이제, 다시 '요령'을 부리면,

$$\sum_i b_i v_i = v = \sum_j x_j w_j = \sum_{i,j} x_j a_{ij} v_i = \sum_i \Big(\sum_j a_{ij} x_j\Big) v_i$$

이어야만 하므로, 모든 $i = 1, \ldots, n$에 대해 $\sum_j a_{ij} x_j = b_i$이어야만 한다. 다시 말해, $(x_1, \ldots, x_n)^{\mathbf{t}}$는 연립방정식 $(**)$ $AX = B$, 즉,

$$(**) \qquad AX = A\cdot(x_1, \ldots, x_n)^{\mathbf{t}} = (b_1, \ldots, b_n)^{\mathbf{t}} = B$$

의 solution이어야 한다.] 이제 [연습장]은 숨기고 — 마치 아무 일도 없었다는 듯이 — $X = A^{-1}B$로 놓고, [연습장]을 거꾸로 (밑에서 위로) 복사하면 증명 끝.[17] □

우리는 나중에 따름정리 3.5.12를 이용해 위 증명의 길이를 半으로 줄일 것이다.[18] 그리고 §5.4에서는 한 줄(!)로 줄일 수 있게 된다.

우리는 지금까지 여러 번 일차결합, 일차독립, 기저의 개념이 연립방정식과 밀접한 관련이 있음을 느낄 수 있었다. 이제 이 점을 분명히 하자. 먼저 연립방정식 $(**)$ $AX = B$를

$$(**) \qquad \begin{cases} x_1a_{11} + x_2a_{12} + \cdots + x_na_{1n} = b_1 \\ x_1a_{21} + x_2a_{22} + \cdots + x_na_{2n} = b_2 \\ \qquad\qquad\qquad \vdots \\ x_1a_{m1} + x_2a_{m2} + \cdots + x_na_{mn} = b_m \end{cases}$$

또는 더 간단히

$$(**) \qquad x_1[A]^1 + \cdots + x_n[A]^n = B$$

의 꼴로 바꾸어 쓸 수 있음에 착안하면, 다음 연습문제를 쉽게 해결할 수 있을 것이다.

---

[17]이 책에 처음으로 [연습장]이 등장한 장면이다(머리말 참조). 독자들은 실제로 연습장을 꺼내 스스로 위 작업을 해 보기 바란다. 약간의 시행착오를 거치면, 위와 같이 세련된 index i, j, k의 사용법을 익힐 수 있을 것이다.

[18]위 명제의 converse도 성립한다(비록 지금 단계에서 우리의 'story'는 아니지만). 그런데 — 신기하게도 — converse의 증명은 정리 1.3.6(5)를 이용해 위 증명(i)을 거꾸로 읽는 방법과 정리 1.3.6(4)를 이용해 위 증명(ii)를 거꾸로 읽는 방법 둘 중 하나면 충분하다. 확인해 보라.

연습문제 3.3.13. $A \in \mathfrak{M}_{m,n}(F)$일 때, 다음을 증명하라.

(가) $\{[A]^1, \ldots, [A]^n\}$이 일차독립이기 위한 필요충분조건은 $(*)$ $AX = 0$이 trivial solution만을 갖는 것이다.

(나) $\langle [A]^1, \ldots, [A]^n \rangle = F^m$이기 위한 필요충분조건은 임의의 $B \in F^m$에 대하여 $(**)$ $AX = B$가 solution을 갖는 것이다.

(다) $\{[A]^1, \ldots, [A]^n\}$이 F^m의 기저일 필요충분조건은 임의의 $B \in F^m$에 대하여 $(**)$ $AX = B$가 unique solution을 갖는 것이다.

물론, basis가 무한 집합인 경우도 있다.

연습문제 3.3.14. (가) $F[t]$는 infinite basis $\{1, t, t^2, t^3, \ldots\}$을 갖는 것을 보여라.

(나) $F[t]$는 finite basis를 가질 수 있는가?

다음 질문들의 해답은 §3.4–§3.5에서 찾을 수 있다.

질문 3.3.15. (가) $\mathbb{R}^3$-공간은 4-개(또는 2-개)의 vector로 이루어진 basis도 가질 수 있는가?

(나) Function space $C^0(\mathbb{R})$은 basis를 갖는가? $C^0(\mathbb{R})$은 finite basis를 가질 수 있는가? (보기 2.3.15의 표기법 참조.)

3.4. Basis 의 존재

이제, 주어진 vector space V의 basis를 찾는 방법을 생각해 보자.

먼저, $V = 0$ 이면, V는 basis를 갖지 않는다(왜 그런가?). 따라서, $V \neq 0$ 이라고 가정하면, $0 \neq v_1 \in V$가 존재한다. 만약 $\langle v_1 \rangle = V$였다면, $\{v_1\}$이 V의 basis가 된다. 만약 $\langle v_1 \rangle \neq V$라면, $v_2 \notin \langle v_1 \rangle$인 v_2가 존재할 것이다. 그러면, $\{v_1, v_2\}$는 linearly independent이다(아래 연습문제 참조). 이제, 만약 $\langle v_1, v_2 \rangle = V$였다면, $\{v_1, v_2\}$가 V의 basis가 될 것이다. 그렇지 않다면, 또 $v_3 \notin \langle v_1, v_2 \rangle$인 v_3를 찾고, $\cdots\cdots$.

연습문제 3.4.1. $S \subset V$가 일차독립이고, $v \notin S$일 때, 다음 조건

(1) $S \cup \{v\}$는 일차독립.

(2) $v \notin \langle S \rangle$.

은 동치임을 증명하라.

위 과정을 반복하면, 우리는 비록 V의 기저를 완성하지는 못할지라도, 일차독립인 부분집합을 계속 확장할 수는 있을 것이다.

그러나 이 과정을 유한 번 시행해서 반드시 V의 기저를 찾을 수 있는 것은 아니다. 예를 들어, polynomial space $F[t]$는 유한 집합을 기저로 가질 수 없다. 왜냐하면, $F[t]$의 유한 부분집합의 maximum degree를 d라고 하면, 이 유한 부분집합의 일차결합의 degree도 d 이하이기 때문이다.

질문 3.4.2. Function space $C^0(\mathbb{R})$은 $\mathbb{R}$-basis를 갖는가? 만약 basis를 갖는다면, 그 basis를 묘사할 수 있는가?

위와 같은 과정으로, $C^0(\mathbb{R})$의 linearly independent subset을 매일 한 함수씩 늘려 나가면 기저를 얻을 수 있을까? 며칠 지나 요령이 생겨 하루에 무한 개씩 늘려 나간다면? 예를 들어, 오늘은 $\{1, x, x^2, \ldots\}$을 보태고, 내일은 (공부를 좀 더 해서) $\{\exp(x), \exp(2x), \exp(3x), \ldots\}$를 보태는 식으로 계속한다면 (뒤 연습문제 6.5.13 참조)? 아무도 안 해 보았으니 알 수 없다?! ㅎㅎ.[19] (독자들은 행여 이 작업을 계속하고 싶은 유혹에 빠지지 않을 것으로 믿는다.)

[19] 이 책에서 ㅎㅎ 혹은 ㅋㅋ의 표현은 무언가 어렵고 (매우) 심각한 논의가 진행 중임을 暗示한다. 그러므로 — 웃지만 말고 — 긴장하기 바란다.

地球人은 이 문제를 論理學(Set Theory)으로 해결하였다.

정리 3.4.3. 모든 non-zero vector space는 basis를 갖는다.

증명에의 comment : 이 정리는 **Zorn's Lemma**의 결과이다. 즉 Zorn's Lemma는 우리가 위의 작업을 平生(영원히?) 계속하면 basis를 얻을 수 있다고 보장해 준다. 한편, Zorn's Lemma는 **Axiom of Choice**와 동치이다. 따라서 Zorn's Lemma는 사실은 lemma가 아니고 axiom이다([5] 참조). 우리는 Zorn's Lemma와 [정리 3.4.3의 증명]을 내년에 "현대대수학" 강좌에서 다룰 것이다.[20] □

Zorn's Lemma 혹은 Axiom of Choice는 人間 논리(Set Theory)의 axiom이다. Axiom은 우리의 약속이다. Axiom은 'true or false'의 문제가 아니고 다른 axiom과 모순이 없기만 하면 된다. 따라서, 물론, Zorn's Lemma나 위 정리 3.4.3을 믿기 싫다면 믿지 않아도 좋다.[21]

사실, 정리 3.4.3이 기저의 존재를 보장해 주었지만, 우리는 위 질문 3.4.2의 $C^0(\mathbb{R})$의 기저를 묘사할 길은 없다. 다시 말해, $C^0(\mathbb{R})$의 기저는 존재하지만, **그 기저는 constructive하지 않다.**[22]

---

[20]대부분의 "학부 선형대수학" 교재에서는 정리 3.4.3을 금기시하고 숨겨 왔다. 그러나, 우리의 경우에는 독자들이 "집합과 수리논리" 강좌를 선형대수학과 함께 수강하고 있으므로 이를 굳이 비밀로 숨길 이유가 없다. "집합과 수리논리" 강좌를 수강하지 않는 이들은 그냥 수강하는 척 하기만 하면 된다.

[21]Zorn's Lemma를 인정하지 않는 수학자도 존재한다. 그들의 思想은 intuitionism, 그들은 intuitionists라고 불리운다.

[22]이번 학기에 Zorn's Lemma와 Axiom of Choice를 완전히 이해하려고 무리해서는 안 된다. 내공을 더 쌓아야 한다. 학부 수준에서 "수학적 기초론"에 빠지는 것은 **위험**하다.

3.5. Vector Space 의 Dimension

이제 우리는 벡터공간의 차원을 정의할 준비가 되었다. 이미 독자들은 우리가 벡터공간의 차원을 어떻게 정의하려고 하는지 눈치채고 있을 것이다. 동시에 — 많이 아쉽긴 하지만 — 우리가 어릴 적부터 간직해온 4-차원 세계에의 幻想도 깨질 때가 되었다. 앞으로 집합 S의 **원소수**(cardinality)를 $|S|$로 표기하기로 한다.[23] [24]

정의 3.5.1. (가) 벡터공간 V가 F-basis $\mathfrak{B}$를 가질 때, $\mathfrak{B}$의 원소수 $|\mathfrak{B}|$를 V의 **차원**(F-**dimension**)이라고 부르고,

$$\dim_F V = \dim V = |\mathfrak{B}|$$

로 표기한다. (그리고, 물론, $\dim 0 = 0$으로 정의하는 것이 우리의 관습이다.)
(나) $\dim V$가 유한이면, 우리는 V를 **유한 차원**(**finite dimensional**) 벡터공간이라고 부른다. (무한이면, **무한 차원**$\cdots\cdots$.)

다시 강조하거니와 새로운 정의를 만나면 독자들은 항상 그의 well-definedness를 세심하게 확인하여야 한다. 우선 앞 節의 정리 3.4.3(basis의 존재) 없이는 vector space의 dimension의 정의를 시작할 수조차 없을 것이다.[25] 그리고 vector space의 basis는 유일하지 않으므로, basis의 cardinality가 basis의 선택과는 무관하다는 것을 먼저 설명해야만 할 것이다.

정리 3.5.2. Vector space V가 basis $\mathfrak{B}$와 $\mathfrak{C}$를 가지면, $|\mathfrak{B}| = |\mathfrak{C}|$.

증명에의 comment : 이 책에서는 $|\mathfrak{B}| < \infty$인 경우만 다룬다. 이 경우의 증명은 본질적으로 mathematical induction이고, 아래 보조정리를 보이면 충분하다. 그리고 $\mathfrak{B}$와 $\mathfrak{C}$가 모두 무한 집합인 경우에는 'transfinite induction'이라고 부르는 논리학의 技術을 사용한다(이 경우의 증명은 훗날로 미룬다).[26] □

보조정리 3.5.3. Vector space V가 finite -basis $\mathfrak{B} = \{v_1, \ldots, v_m\}$을 갖는다고 하자. 이때, 만약 $\mathfrak{C} = \{w_1, \ldots, w_n\} \subseteq V$이고 $m < n$이면, $\mathfrak{C}$는 일차종속이다.

---

[23] Cardinality라는 용어가 익숙하지 않으면 [5] 참조.

[24] 독자들은 지금 주의 3.2.5를 다시 한번 확인하기 바란다. 만약 $S = \{v_i\}_{i \in I}$가 일차독립이라면, $|S| = |I|$인 것은 분명하다(왜 그런가?). 그러나 $S = \{v_i\}_{i \in I}$가 일차종속이라면, $[v_i = v_j$ for some $i \neq j]$일 수 있으므로, $|S|$와 $|I|$를 비교하기는 좀 난처하다.

[25] 정리 3.4.3(Zorn's Lemma)을 소개하지 않았다면, 유한 차원 벡터공간을 어떻게 정의할까?

[26] [5] 참조. 지금은 'transfinite induction'이라는 단어를 구경한 것에 만족하면 된다.

증명 : $\{v_i\}$가 V의 basis이므로,

$$w_j = \sum_{i=1}^{m} a_{ij} v_i, \qquad (j = 1, \ldots, n)$$

인 $A = (a_{ij}) \in \mathfrak{M}_{m,n}(F)$가 (유일하게) 존재할 것이다. [**연습장 :** 우리는 linear dependence relation $\sum_j c_j w_j = 0$을 원하므로, 그런 c_j를 찾아보자. 이젠 제법 익숙하게 느껴지는 '요령'을 부리면,[27]

$$0 = \sum_j c_j w_j = \sum_j c_j \Big(\sum_i a_{ij} v_i \Big) = \sum_i \Big(\sum_j a_{ij} c_j \Big) v_i$$

가 된다. 그리고 $\{v_i\}$는 V의 basis이므로

$$\sum_j a_{ij} c_j = 0, \qquad (i = 1, \ldots, m)$$

이어야만 할 것이다. 그런데 $m < n$이면, $(*)$ $AX = 0$은 non-trivial solution을 가지므로(명제 1.2.6), $\cdots\cdots$.] 이제 [연습장]은 감추고 — 마치 당연하다는 듯이 — $(c_1, \ldots, c_m)^{\mathbf{t}}$를 $(*)$ $AX = 0$의 non-trivial solution이라고 놓고, [연습장]을 거꾸로 읽으면 증명 끝. □

위 보조정리 3.5.3은 명제 1.2.6과 깊은 관련이 있음을 알 수 있다(그래서 앞에서 보조정리 3.5.3의 증명은 본질적으로 수학적 귀납법이라고 한 것이다).[28] 실제로, 우리는 명제 1.2.6의 새로운 증명을 위 보조정리로부터 유도할 수 있다.

명제 1.2.6의 세 번째 증명 : 우리는 $A \in \mathfrak{M}_{m,n}(F)$이고 $m < n$이면, 연립방정식 $(*)$ $AX = 0$이 non-trivial solution을 갖는 것을 보이려고 한다. 그런데 앞 보조정리 3.5.3에 의하면 — 우리는 이미 F^m의 basis를 하나(즉, standard basis) 알고 있으므로 — $\{[A]^1, \ldots, [A]^n\}$은 F^m의 linearly dependent subset이 된다. 이제 앞의 연습문제 3.3.13(가)항을 적용하면 된다. 즉, $(*)$ $AX = 0$을

$$x_1 [A]^1 + \cdots + x_n [A]^n = 0 \tag{$*$}$$

으로 바꾸어 생각하면 된다. □

연습문제 3.5.4. $V = F^m$인 경우에는, 보조정리 3.5.3과 명제 1.2.6은 동치임을 보여라.

[27] 어디서 많이 본 풍경이다.

[28] 수학적 귀납법을 사용하는 보조정리 3.5.3의 증명은 [4, "Old Version", p. 51] 또는 이 책의 初版 참조.

이제 vector space의 dimension을 정의했으니, 자명한 보기부터 시작한다.

보기 3.5.5. (가) 물론, $\dim F^n = n$.
(나) $\dim \mathcal{P}_n(F) = n+1$. (연습문제 2.3.12의 표기법 참조.)

연습문제 3.5.6. $\mathbb{C}$-vector space $\mathbb{C}^n$은 동시에 $\mathbb{R}$-vector space로도 볼 수 있다 (연습문제 2.3.5). 이때 $\dim_{\mathbb{R}} \mathbb{C}^n$을 구하라(물론 $\dim_{\mathbb{C}} \mathbb{C}^n = n$).

선형대수학에서는 finite dimensional vector space를 주로 다루게 된다.[29] 따라서, finite dimensional vector space라는 용어를 너무 자주 사용하게 되므로, 앞으로 이를 f.d.v.s.로 줄여서 표기하기로 한다. (그렇지만, 사실은, 이 책에서 f.d.v.s.라고 가정한 명제들(과 연습문제들) 중에는 무한 차원의 경우에도 성립하는 경우도 많이 있다. 참고 4.4.9 참조.)

연습문제 3.5.7. V, W가 f.d.v.s.이면,

$$\dim (V \times W) = \dim V + \dim W$$

임을 보여라. (연습문제 2.3.10 참조.)

다음 중요한 두 정리(정리 3.5.8과 정리 3.5.10)는 정리 3.4.3(basis의 존재)보다 強한(strong 한) 결과들이다. 따라서 Zorn's Lemma 없이는 이들을 증명할 수 없다.[30]

정리 3.5.8. (Basis Extension Theorem) 만약 S가 V의 linearly independent subset이면, S를 포함하는 V의 basis가 존재한다.

증명 : 이 책에서는 f.d.v.s.의 경우만 다루기로 한다. 이 경우의 증명은 이미 앞 §3.4의 시작 부분에서 설명하였다. 만약 $\langle S \rangle = V$이면 S가 V의 기저이고, 만약 $\langle S \rangle \neq V$이면 $v_1 \notin \langle S \rangle$를 찾을 수 있다. 그러면 $S \cup \{v_1\}$은 일차독립이다(왜 그런가?). 다시 $\langle S \cup \{v_1\} \rangle = V$이면 $S \cup \{v_1\}$이 V의 기저이고, 그렇지 않으면 $v_2 \notin \langle S \cup \{v_1\} \rangle$을 찾는다. 그런데 이 과정은 무한히 반복될 수가 없다. 왜냐하면, 보조정리 3.5.3에 의해 V의 일차독립인 부분집합은 원소수가 $\dim V$ 이하이기 때문이다. □

[29] 사실 대부분의 학부 선형대수학 교재에서는 무한 차원이라는 用語 자체를 금기시하고 숨겨 왔다. 그러나, 예를 들어, 보기 2.3.15의 $C^\infty(\mathbb{R})$을 무한 차원 벡터공간으로 이해하는 것은 "Linear Differential Equation"을 배울 때에도 큰 도움이 될 것이다.

[30] Zorn's Lemma가 필요한 일반적인 경우의 증명은 내년 "현대대수학" 강좌에서 다룬다.

위 정리를 Basis Extension Theorem이라고 부르는 이유는 위 정리가 V의 subspace $\langle S\rangle$의 basis S를 V 전체의 basis로 확장할 수 있다는 뜻이기 때문이다. 이제 다음 결과는 앞 정리의 표현만 바꾼 것이지만, 앞으로 많이 사용되므로 강조하는 의미에서 기록하여 둔다.

따름정리 3.5.9. (Basis Extension Theorem) V가 f.d.v.s.이고 $W \leq V$라고 하자. 만약 $\{w_1, \ldots, w_r\}$이 W의 기저이면, 이를 확장(extend)하여 V의 기저 $\{w_1, \ldots, w_r, v_1, \ldots, v_s\}$를 찾을 수 있다(단, $r \geq 0$, $s \geq 0$).[31]

다음 정리도 중요하다.

정리 3.5.10. Non-zero vector space V의 subset S가 V를 generate하면 — 즉, $\langle S\rangle = V$이면 — S에 포함되는 V의 기저가 존재한다.

증명 : (i) 이 정리도 V가 f.d.v.s.이고 S가 유한 집합인 경우만 다루기로 한다. 먼저, [S의 linearly independent subset 중에서 원소수가 maximum인 집합] $\mathfrak{B}$를 찾는다. (S가 유한 집합이므로 가능하다. 만약 원소수가 maximum인 S의 linearly independent subset이 여럿 있으면 아무거나 선택해도 좋다.) 여기까지가 우리의 'story'이다.

(ii) 이제 $\mathfrak{B}$가 실제로 V의 basis임을 보이는 것은 '**기계**'가 맡는다.[32] $\mathfrak{B}$는 원래 linearly independent이므로, $\mathfrak{B}$가 V를 generate하는 것을 보이면 된다. 그런데 이를 위해서는 $(S - \mathfrak{B})$의 모든 원소가 $\mathfrak{B}$의 일차결합으로 나타나는 것만 보이면 충분하다(왜 그런가?). 이제, $w \in S - \mathfrak{B}$라고 하면, $\mathfrak{B}$의 maximality에 의해 $\mathfrak{B} \cup \{w\}$는 일차종속이다. 따라서, $\mathfrak{B} = \{v_1, \ldots, v_n\}$으로 표기하면,

$$a_1v_1 + \cdots + a_nv_n + bw = 0$$

인 [적어도 하나는 0이 아닌 scalar $a_1, \ldots, a_n, b$]가 존재한다. 여기에서 b는 zero일 수 없으므로(왜 그런가?), w는 $\{v_1, \ldots, v_n\}$의 일차결합이 된다. □

독자들은 위 증명에서 [S의 linearly independent subset 중에서 원소수가 maximum인 집합]이라는 기발한 idea에 기가 죽을지도 모른다. 그러나 사실은 별것 아니다. 위 증명을 쉬운 말로 바꾸면, S의 일차독립인 부분집합을 계속 확장해 나가다가 더 이상 확장할 수 없을 때가 바로 basis라는 것이다.

[31] $r = 0$이면 $W = 0$으로 이해한다(즉 $r = 0$인 경우는 정리3.4.3(basis의 존재)과 동치). 물론 $r = s = 0$이면, $V = 0$으로 이해.

[32] 독자들은 — 책을 덮고 — '기계'가 되어 증명해 보라. 머리말 참조.

다음에는 정리 3.5.8과 정리 3.5.10의 따름정리들을 살펴본다. 이 따름정리들은 **f.d.v.s.의 중요한 특성**들이다.

따름정리 3.5.11. $W \leq V$이면,

(가) $\dim W \leq \dim V$.

(나) 만약 V가 **f.d.v.s.**이고 $\dim W = \dim V$이면, $W = V$.[33]

증명 : 정리 3.5.8(Basis Extension Theorem)의 결과이다.[34] □

위 (나)항을 이용해 (V가 f.d.v.s.일 때, 만약 $W \leq V$이고 $\dim W = \dim V$이면) $W = V$임을 보이는 방법을 우리는 **dimension argument**라고 부른다. 이 dimension argument는 앞으로 자주 이용될 것이다.

따름정리 3.5.12. $S = \{v_1, \ldots, v_n\} \subseteq V$이고, $\dim V = n > 0$일 때(특별히 V는 **f.d.v.s.**), 다음 조건은 동치이다.

(1) S는 V의 기저.

(2) S는 일차독립.

(3) $\langle S \rangle = V$.

증명 : [(2)⇒(1)]: 정리 3.5.8(Basis Extension Theorem)의 결과.
[(3)⇒(1)]: 정리 3.5.10의 결과. □

위 따름정리의 내용은 조금은 **의외의 결과**이다. 즉, [f.d.v.s.의 차원과 같은 개수의 원소를 갖는 집합]은 일차독립인 것이나 전체를 생성한다는 것 둘 중 하나만 보여도 기저임을 확인할 수 있다는 뜻이다. 의외의 결과인 만큼 위 따름정리가 갖는 의미는 크다. 사실 위 따름정리는 우리 'story'의 **첫 번째 big event**라고 할 만하다.

어쨌든, 앞에서 예고했던 대로, 이제 명제 3.3.12의 증명의 길이를 半으로 줄일 수 있다.

명제 3.3.12의 두 번째 증명 : 위 따름정리 3.5.12에 의해 $\{w_j\}$가 일차독립인 것만 보이면 충분하다. 혹은, $\{w_j\}$가 전체를 생성하는 것만 보이는 것을 선호하는 이들도 있을 수 있다. □

---

[33] 따라서, V가 f.d.v.s.일 때, $W \subsetneq V$이면(즉, W가 proper subspace이면), $\dim W \subsetneq \dim V$.

[34] (가)항은 보조정리 3.5.3의 결과로도 볼 수 있지만, 이는 우리의 사고방식이 아니다.

다음 연습문제도 기록해 둘 만하다.

연습문제 3.5.13. V가 f.d.v.s.이고 $S \subseteq V$일 때, $|S| < \dim V$이면, $\langle S \rangle \neq V$임을 보여라.

그리고 연습문제 3.3.13과 따름정리 3.5.12를 종합해서 정리하면:

연습문제 3.5.14. A가 $(n \times n)$-square matrix일 때, 다음 조건

(1) $\{[A]^1, \ldots, [A]^n\}$은 F^n의 basis.
(2) $\langle [A]^1, \ldots, [A]^n \rangle = F^n$.
(3) $\{[A]^1, \ldots, [A]^n\}$은 일차독립.
(4) 임의의 $B \in F^n$에 대하여 $(**)$ $AX = B$는 unique solution을 갖는다.
(5) 임의의 $B \in F^n$에 대하여 $(**)$ $AX = B$는 solution을 갖는다.
(6) $(*)$ $AX = 0$은 trivial solution만을 갖는다.

은 동치임을 보여라.[35]

독자들은 우리의 'story'에 따르면 — 즉, 정리 1.3.6 (과 따름정리 1.3.7)을 잊은 체하면 — 아직은 [A는 가역]이라는 조건을 위 연습문제의 동치조건으로 추가할 수 없음을 확인하기 바란다.

이 節에서 우리가 제법 그럴듯한 결과들을 얻게 된 것은 dimension이라는 강력한 tool이 있었기 때문이다. Dimension의 중요성은 아무리 강조하여도 지나치지 않다. 곧 알게 되겠지만, dimension은 vector space의 주요 등장인물 중 하나가 아니라, 사실은, vector space의 (유일한) 主人이다.

Dimension의 중요한 역할 중 하나는 이제 f.d.v.s. V에 관한 어떤 명제를 증명할 때, $\dim V$에 관한 mathematical induction이 가능하도록 해 준다는 것이다. 즉, 그 명제를 V의 proper subspace W로 'induce'할 수 있다면 증명이 끝나게 된다. 그런데, 예를 들어, F^n과 관련된 어떤 명제에 n에 관한 귀납법을 사용하려고 한다면, 앞 문장의 proper subspace W는 F^m이 아니므로 실패하게 된다(단, $m < n$). 이는 우리가 vector space와 subspace라는 추상적인 개념을 필요로 하는 또 하나의 이유이다.

---

[35] 정리 1.3.6에도 조건(5)를 포함시킬 수 있었을까?

3.6. 우리의 철학

생뚱맞게 [우리의 철학]이라니? ㅎㅎ.[36] 간단한 보기부터 생각해 보자.

보기 3.6.1. $\mathfrak{M}_{m,n}(F)$의 기저와 차원부터 생각해 보자. 아마 누구나 (i,j)-좌표만 1이고 나머지 좌표는 모두 0인 $(m\times n)$-행렬 $\mathbf{e}_{ij}$를 생각할 것이고,

$$(a_{ij}) = \sum_{i=1}^{m}\sum_{j=1}^{n} a_{ij}\mathbf{e}_{ij}$$

이므로, $\{\mathbf{e}_{ij} \mid 1\le i\le m,\ 1\le j\le n\}$이 $\mathfrak{M}_{m,n}(F)$의 기저임을 쉽게 확인할 수 있을 것이다. 따라서,

$$\dim \mathfrak{M}_{m,n}(F) = mn$$

이다. 그런데, 어떻게 우리는 처음부터 $\mathbf{e}_{ij}$들을 생각할 수 있었는가? 그것은 물론 $\mathfrak{M}_{m,n}(F)$가 F^{mn}과 isomorphic하기 때문이다(보기 2.3.2 또는 연습문제 2.3.9 참조). 즉, $\{\mathbf{e}_{ij}\}$가 F^{mn}의 표준기저에 대응되는 것은 너무나 당연하기 때문이다.

비슷한 보기를 두 개만 더 소개한다.

보기 3.6.2. 앞 제 2장의 연습문제 2.3.6에서 다루었던 F^3의 subspace들

$$W = \{(a,b,c)^{\mathbf{t}} \in F^3 \mid c = 0\}, \qquad U = \{(a,b,c)^{\mathbf{t}} \in F^3 \mid b = c\}$$

를 생각해 보자. 이제 $\varphi : F^2 \to W$를

$$\varphi((a,b)^{\mathbf{t}}) = (a,b,0)^{\mathbf{t}}, \qquad (a,b \in F)$$

로 정의하면, 우리는 φ가 isomorphism인 것을 잘 알고 있다. 따라서 F^2의 standard basis의 φ에 의한 image $\{(1,0,0)^{\mathbf{t}}, (0,1,0)^{\mathbf{t}}\}$가 W의 기저가 되는 것을 예상할 수 있고, 이를 쉽게 확인할 수 있을 것이다. 그러므로 $\dim W = 2$이다. 마찬가지로, $\psi : F^2 \to U$를

$$\psi((a,b)^{\mathbf{t}}) = (a,b,b)^{\mathbf{t}}, \qquad (a,b \in F)$$

로 정의하면 ψ는 isomorphism이다. 그리고 위에서와 같은 방법으로 생각하면 $\{(1,0,0)^{\mathbf{t}}, (0,1,1)^{\mathbf{t}}\}$가 U의 기저가 되고, $\dim U = 2$이다. (독자들은 이 경우에 $\dim(U+W) \neq \dim U + \dim W$임을 관찰하기 바란다.)

[36] ㅎㅎ 혹은 ㅋㅋ가 등장하면 긴장해야 한다.

보기 3.6.3. (연습문제 3.5.6 복습) $\mathbf{i}=\sqrt{-1}$로 표기할 때, $\mathbb{R}$-vector space $\mathbb{C}$와 $\mathbb{R}^2$ 사이의 가장 자연스러운 '이름 바꾸기'는 물론 $a+b\mathbf{i} \leftrightarrow (a,b)^{\mathbf{t}}$이다(단, $a,b\in\mathbb{R}$). 따라서 $\mathbb{C}\approx\mathbb{R}^2$ (as $\mathbb{R}$-vector spaces)이고, $\mathbb{R}^2$-의 표준기저에 대응하는 $\mathbb{C}$의 $\mathbb{R}$-basis는 $\{1,\mathbf{i}\}$. 그리고 $\mathbb{C}^n\approx(\mathbb{R}^2)^n\approx\mathbb{R}^{2n}$ (as $\mathbb{R}$-vector spaces)인 것도 당연하므로, $\dim_{\mathbb{R}}\mathbb{C}^n=2n$. 물론 $\{\mathbf{e}_1,\mathbf{ie}_1,\ \ldots,\mathbf{e}_n,\mathbf{ie}_n\}$이 $\mathbb{C}^n$의 $\mathbb{R}$-basis.

앞의 세 보기를 읽으면서 독자들은 — 당연히 — 다음 명제를 스스로 생각하고 있었을 것이다.

관찰 3.6.4. $\varphi:V\to W$가 isomorphism일 때, $\mathfrak{B}$가 V의 basis이면, $\varphi(\mathfrak{B})$는 W의 basis이고, 따라서 $\dim V=\dim W$.

증명 : 이 증명은 '**기계**'가 한다.[37] 먼저 $\varphi(\mathfrak{B})$가 일차독립임을 보이자. 만약, $\{\varphi(v_1),\ldots,\varphi(v_n)\}$이 $\varphi(\mathfrak{B})$의 finite subset이고(즉, $v_i\in\mathfrak{B}$),

$$a_1\varphi(v_1)+\cdots+a_n\varphi(v_n)=0$$

이라면(단, $a_i\in F$),

$$\varphi(a_1v_1+\cdots+a_nv_n)=0$$

이 된다. 그런데, φ는 bijection이고 $\varphi(0)=0$이므로(관찰 2.4.2),

$$a_1v_1+\cdots+a_nv_n=0$$

일 수밖에 없고, $\{v_1,\ldots,v_n\}$은 일차독립이므로 $a_1=\cdots=a_n=0$이다. 다음에는 $\varphi(\mathfrak{B})$가 W 전체를 생성하는 것을 보이자. 만약 $w\in W$이면, 어떤 $u\in V$가 있어 $w=\varphi(u)$의 꼴로 나타나고,

$$u=b_1u_1+\cdots+b_mu_m$$

인 $u_1,\ldots,u_m\in\mathfrak{B}$와 $b_1,\ldots,b_m\in F$가 존재하므로,

$$w=\varphi(u)=b_1\varphi(u_1)+\cdots+b_m\varphi(u_m)$$

이다. □

위 증명에서 우리는 W에서 알고 싶은 것이 있으면, 이름을 바꾸어 V로 가서 이를 해결하고 필요하다면 다시 이름을 바꾸어 W로 돌아오는 방법을 사용하고 있다.[38]

[37] 독자들은 종이와 연필만 있다면 언제라도 이 증명을 할 수 있다는 확신이 생길 때까지…….
[38] 1층에 궁금한 것이 있으면, 2층에 올라가 살펴보고, 3층에서 내려다보면 된다.

위 관찰3.6.4의 증명이 종이 낭비라는 생각이 드는 독자들은 이미 [우리의 철학]을 터득하고 있다고 말할 수 있다.

우리의 철학 I. "……, ……",[39] 같은 것은 같도다. (Isomorphism의 철학)

즉, **이름만 다르고 사실상 같은 벡터공간은 그 '성질'이 같다**는 뜻이다. 달리 표현하면, **같은 것으로부터 같은 방법으로 만들어진 것은 같다**고도 말할 수 있다. 여기에서 '성질'은 물론 벡터공간으로서의 성질, 즉 덧셈과 상수곱에 의해 묘사되는 성질을 말한다. 더 자세히 말하면, $\forall$, $\exists$, 'and', 'or', 'not', $\Rightarrow$ 등의 논리 기호와 $\cup$, $\cap$, 함수 등의 집합 기호, 그리고 덧셈과 상수곱으로 묘사된 성질은 isomorphic한 벡터공간들이 共有한다는 뜻이다.

예를 들면, $\varphi : V \to W$가 isomorphism이고 $S, T \subseteq V$, $V_1, V_2 \leq V$일 때,

(가) $\varphi(S \cap T) = \varphi(S) \cap \varphi(T)$.
(나) $\langle S \rangle \neq V$이면, $\langle \varphi(S) \rangle \neq W$.
(다) T가 일차독립이면, $\varphi(T)$도 일차독립.
(라) $\dim \langle S \rangle = \dim \langle \varphi(S) \rangle$.
(마) $V = V_1 + V_2$이면, $W = \varphi(V_1) + \varphi(V_2)$.
(바) $V \approx V'$, $W \approx W'$이면, $V \times W \approx V' \times W'$.

등이 우리 철학의 결과이다.

이러한 철학으로 무장하면 관찰2.4.2와 관찰3.6.4 따위는 이제 폐기처분해도 좋을 것이다. (미리 폐기처분할 준비로 가벼운 활자체를 사용하였다.) 만약 아직도 관찰3.6.4(과 위 (가)-(바)항)의 결과를 외우려고 한다거나, 관찰3.6.4의 증명을 생략하면 무언가 찜찜하다고 느낀다면, 스스로에게 철학이 부족하다고 책망하여야 한다.

위에서 예로 든 벡터공간의 성질들(일차종속, 일차독립, 기저, 차원 등)을 우리는 isomorphism에 의해 **보존되는**(不變인, **invariant**) 성질이라고 부른다. 이를 뒤집어서 이야기하면,

$$[\text{벡터공간의 공부}] = [\text{isomorphism에 의해 불변인 성질들의 공부}]$$

라고 말할 수 있다.

[39] "산은 산이요, 물은 물이로되"

다음은 isomorphism에 의해 보존되지 **않는** 성질들이다.

(가) V에는 '수박'이라는 이름의 행렬이 있다.

(나) 벡터 v의 길이는 3이다.

(다) 벡터 u, v를 곱하면 w이다.

(라) 벡터 f를 미분하면 f'이 된다.

즉, 벡터의 길이나 곱셈 등은 벡터공간의 성질이 아니다. 그러나, 우리는 여기에서 한 발 더 나아가려고 한다.

우리의 철학 II. 같은 것은 정말 똑같다. (Identification의 철학)

우리의 두 번째 철학은, 한마디로 말해, 만약 이름만 다르다면 (강제로) **이름을 고쳐서 이름도 같게 만들면 된다**는 것이다. 보기를 들어 설명해 보자.

보기 3.6.5. (가) 앞에서 우리는 $\varphi : \mathbb{R}^4 \to \mathfrak{M}_{2,2}(\mathbb{R})$을

$$\varphi((a,b,c,d)^{\mathbf{t}}) = \begin{pmatrix} a & b \\ c & d \end{pmatrix}, \qquad (a,b,c,d \in \mathbb{R})$$

로 정의하면, φ는 isomorphism이고, 따라서 $\mathbb{R}^4$와 $\mathfrak{M}_{2,2}(\mathbb{R})$은 isomorphic하다는 것을 살펴보았다. 이제 우리는 **identification**(同一視)이라는 妙한 단어를 사용하여 $(a,b,c,d)^{\mathbf{t}}$와 $\begin{pmatrix} a & b \\ c & d \end{pmatrix}$를 같은 것으로 보려고 한다. 심지어는

$$(a,b,c,d)^{\mathbf{t}} = \begin{pmatrix} a & b \\ c & d \end{pmatrix}$$

라는 (조금은 혼동되는) 표기법을 사용하기도 한다.[40]

(나) 이러한 identification의 철학을 이용하면, 우리는 $\mathbb{R}^4$의 vector 간의 곱셈을 말할 수도 있고, (2×2)-행렬의 길이도 말할 수 있게 된다. 즉, $\mathbb{R}^4$의 두 vector v, w에 대해, 우선 φ로 이름을 바꾸어 곱한(행렬의 곱셈) 후 다시 φ^{-1}로 이름을 바꾼 vector를 vw라고 정의하면 된다. 이를 식으로 표현하면,

$$vw = \varphi^{-1}\big(\varphi(v)\,\varphi(w)\big), \quad \text{혹은}, \quad \varphi(vw) = \varphi(v)\,\varphi(w)$$

로 쓸 수 있다. 우리는 이때 $\mathfrak{M}_{2,2}(\mathbb{R})$의 곱셈구조를 $\mathbb{R}^4$로 **옮겨 놓았다**고 말한다. 같은 방법으로, $\mathbb{R}^4$가 갖고 있는 normed space(혹은 metric space)의 구조를 $\mathfrak{M}_{2,2}(\mathbb{R})$로 옮겨 놓으면, $\begin{pmatrix} 1 & 2 \\ 3 & 4 \end{pmatrix}$의 길이는 $\sqrt{30}$이 된다.

[40] 이럴 때에는 우리 스스로 **표기법을 남용**(abuse)하였다고 自白한다.

보기 3.6.6. 1-dimensional vector space F^1은 F와 isomorphic 하다. 이 경우에는 — $F^1 \approx F$ 보다는 — $F^1 = F$로 identify 하는 쪽이 오히려 더 자연스러워 보인다.

다만 한 가지 주의할 점은 우리가 벡터공간을 identify 할 때에는 구체적으로 어떤 isomorphism에 의해 identify 하고 있는지 **분명히** 밝혀야 한다는 것이다. 그 이유는 너무나 자명하다.

마지막으로 약간 '현학적'인 보기를 하나 추가한다. 독자들은 우리가 §2.2 에서 subspace를 정의할 때, "V로부터 물려받은 덧셈과 상수곱"이라는 구절이 왜 꼭 필요한지 의문을 가졌을 수 있다. 예를 들어, $\mathbb{R}^2$-공간이 우리가 아는 (보통의) 덧셈과 상수곱 이외에 또 다른 벡터공간의 구조를 가질 수도 있단 말인가? 물론 그렇다.

보기 3.6.7. 독자들은 모두 $|\mathbb{R}^2| = |\mathbb{R}^5|$라는 사실을 (귀동냥으로나마) 알고 있을 것이다. 이는, by definition, bijection $f : \mathbb{R}^2 \to \mathbb{R}^5$가 존재한다는 뜻이다. 이제 f를 통해 $\mathbb{R}^2$와 $\mathbb{R}^5$를 **집합으로서 identify** 하자. 그리고 $\mathbb{R}^5$의 (보통의) vector space structure(덧셈과 상수곱)를 집합 $\mathbb{R}^2$에 옮겨 놓으면, $\mathbb{R}^2$는 새로운 (지금까지 우리가 알던 것과는 다른) vector space structure를 갖게 된다. 이 새로운 vector space $\mathbb{R}^2$의 $\mathbb{R}$-dimension은 5이다.[41]

독자들은 isomorphism의 철학과 identification의 철학으로 단단히 무장하기 바란다. 앞으로 우리가 수학을 공부하면서 수많은 종류의 isomorphism을 만나게 되더라도 [우리의 철학]은 여전히 有效할 것이다. 그리고, 이 책의 가장 큰 목표의 하나는 독자들이 isomorphism의 철학과 identification의 철학을 自由自在로 구사할 수 있도록 훈련하는 것이다.

[41] 하지만, 물론, 이 보기 이외에서는 F^n은 우리가 원래 알던 (보통의) F^n을 의미한다.

3.7. Dimension의 보기

이 節에서는 보기들을 살펴본다. 먼저 vector space의 basis와 dimension을 구하는 요령을 하나 소개한다.

보기 3.7.1. F^n의 subspace

$$W = \{(x_1, \ldots, x_n)^{\mathbf{t}} \in F^n \mid x_1 + \cdots + x_n = 0\}$$

을 생각해 보자. 우리는 W의 basis와 dimension을 구하려고 한다.

(i) 이를 위해서는 먼저 dimension을 예측하는 것이 요령이다. Dimension을 예측할 때에는 **free variable**(free coordinate)의 개수를 세는 것이 또한 요령이다. 즉, W의 vector들은 처음 $(n-1)$-개의 좌표는 자유롭게 주어지고, 맨 끝 n-번째 좌표는 앞 $(n-1)$-개의 좌표가 주어지면 저절로 결정된다. 따라서 우리는 W의 free variable은 $x_1, \ldots, x_{n-1}$이고, 그 개수는 $(n-1)$-개라고 생각할 수 있다. 이제 우리는 $\dim W = n-1$이라고 예상한다.

(ii) W의 basis 후보 $\{X_1, \ldots, X_{n-1}\}$도 예측해 보자. 어차피, $W \approx F^{n-1}$일 것이므로,[42] [X_i의 처음 $(n-1)$-개의 free coordinate]와 [F^{n-1}의 i-번째 표준 단위벡터]를 대응시키자(이때 X_i의 맨 끝 n-번째 non-free coordinate는 (-1)이어야만 한다). 즉, $\{\mathbf{e}_i - \mathbf{e}_n\}_{i=1}^{n-1}$이 우리가 찾는 후보이고, 실제 이 vector들이 W의 basis가 되는 것을 확인하는 것은 쉽다. (조금 멋을 부리면, $\{\mathbf{e}_i - \mathbf{e}_{i+1}\}_{i=1}^{n-1}$도 W의 basis가 된다. 확인해 보라.)

보기 3.7.2. 앞 §1.2의 [연습문제 1.2.1(마)항의 '모범답안']에서 homogeneous equation $(*)$ $AX = 0$의 경우를 생각하자. 이때의 solution space는

$$\{(x_1, \ldots, x_7)^{\mathbf{t}} \in F^7 \mid x_1 = -x_2 - 2x_4 + 2x_7,\ x_3 = -3x_4,\ x_6 = -4x_7\}$$

이므로, free variable은 x_2, x_4, x_5, x_7 4-개이다. 따라서 dimension도 4일 것이다(4는 [최초의 1]을 갖지 않는 column의 개수). 이제, 위 보기 3.7.1에서와 같이, F^4의 표준 단위벡터들에 대응하는 $(x_2, x_4, x_5, x_7)^{\mathbf{t}}$들을 생각하면

$$\{({\scriptstyle -1}, 1, {\scriptstyle 0}, 0, 0, {\scriptstyle 0}, 0)^{\mathbf{t}},\ ({\scriptstyle -2}, 0, {\scriptstyle -3}, 1, 0, {\scriptstyle 0}, 0)^{\mathbf{t}},\ ({\scriptstyle 0}, 0, {\scriptstyle 0}, 0, 1, {\scriptstyle 0}, 0)^{\mathbf{t}},\ ({\scriptstyle 2}, 0, {\scriptstyle 0}, 0, 0, {\scriptstyle -4}, 1)^{\mathbf{t}}\}$$

가 solution space의 basis가 된다(작은 글씨체는 non-free coordinate).

---

[42] [$\dim V = n$이면, $V \approx F^n$]이라는 명제는 아직 증명하지 않았다. 우리 '이야기'의 순서상 이 명제는 §4.3에서 다룬다(뭐 지금 당장 증명하라면 못할 것도 없지만). 보기 4.1.13도 참조. 지금은 답을 예측하는 과정이니 적당히 넘어가자.

이제 다음 연습문제는 routine.

연습문제 3.7.3. 다음 벡터공간들의 기저와 차원을 구하라.[43]

(가) $\mathfrak{t}_n(F) = \{(a_{ij}) \in \mathfrak{M}_{n,n}(F) \mid a_{ij} = 0 \quad \text{if} \quad i > j\}$.
(나) $\mathfrak{n}_n(F) = \{(a_{ij}) \in \mathfrak{M}_{n,n}(F) \mid a_{ij} = 0 \quad \text{if} \quad i \geq j\}$.
(다) $\mathfrak{d}_n(F) = \{(a_{ij}) \in \mathfrak{M}_{n,n}(F) \mid a_{ij} = 0 \quad \text{if} \quad i \neq j\}$.[44]
(라) $\mathfrak{sl}_n(F) = \{A \in \mathfrak{M}_{n,n}(F) \mid \operatorname{tr}(A) = 0\}$.
(마) $\mathfrak{Sym}_n(F) = \{A \in \mathfrak{M}_{n,n}(F) \mid A = A^{\mathfrak{t}}\}$.
(바) $\mathfrak{Alt}_n(F) = \{A \in \mathfrak{M}_{n,n}(F) \mid A = -A^{\mathfrak{t}}\}$.[45]

다음 연습문제는 우리의 **첫 big event**(따름정리 3.5.12)**의 응용**이다.

연습문제 3.7.4. (Lagrange Interpolation Formula) $a_0, a_1, \ldots, a_n \in F$가 서로 다른 scalar이고(단, $n \geq 0$), $b_0, b_1, \ldots, b_n \in F$는 임의의 scalar라고 할 때,

$$g(a_i) = b_i, \qquad (i = 0, 1, \ldots, n)$$

인 다항식 $g(t) \in \mathcal{P}_n(F)$가 유일하게 존재하고 또 쉽게 계산할 수 있음을 다음 순서로 증명하라.[46] 먼저, Lagrange polynomial $f_0(t), f_1(t), \ldots, f_n(t)$를

$$f_i(t) = \prod_{\substack{j \neq i \\ 0 \leq j \leq n}} \frac{t - a_j}{a_i - a_j}, \qquad (i = 0, 1, \ldots, n)$$

이라고 정의하자.

(가) $f_i(a_j) = \delta_{ij}$ 임을 이용해, $\mathfrak{B} = \{f_0(t), f_1(t), \ldots, f_n(t)\}$가 $\mathcal{P}_n(F)$의 일차독립인 subset임을 보여라. 이제, 따름정리 3.5.12(와 보기 3.5.5(나)항)에 의해 $\mathfrak{B}$는 $\mathcal{P}_n(F)$의 basis가 됨을 보여라.
(나) $g(t) = b_0 f_0(t) + b_1 f_1(t) + \cdots + b_n f_n(t)$이어야만 함을 보여라.[47]

독자들은 위 Lagrange Interpolation Formula의 증명에는 따름정리 3.5.12가 결정적인 역할을 하고 있음을 음미하기 바란다.

---

[43] $\mathfrak{t}_n(F)$, $\mathfrak{n}_n(F)$, $\mathfrak{d}_n(F)$, $\mathfrak{sl}_n(F)$, $\mathfrak{Alt}_n(F)$ 등의 이름에는 신경 쓸 필요 없다.
[44] (가)항의 행렬은 upper-triangular matrix이고, (나)항의 행렬은 strictly upper-triangular matrix(연습문제 1.1.7 참조). (다)항의 행렬은 물론 diagonal matrix.
[45] (마)항의 행렬은 물론 symmetric matrix(대칭행렬)이고, (바)항의 행렬은 skew-symmetric matrix.
[46] 만약 n-개의 (a_i, b_i)-pair만이 주어졌다면 $g(t) \in \mathcal{P}_n(F)$를 알아낼 수 없을 것이다. 이 사실은 가끔 "암호론"에서 이용된다.
[47] $f(a_j)$는 물론 [evaluation of $f(t)$ at a_j]. 연습문제 2.3.13의 결과는 지금 장면에서 어떻게 이용되는가?

그런데, $g(t)=c_nt^n+\cdots+c_1t+c_0$로 놓고, 1-차 연립방정식을 풀어 $c_0,\ldots,c_n$을 구할 생각은 왜 안 하는 것일까? (이 질문은, 지금 단계에서, 하루쯤 투자할 가치가 있다.) 우리는 뒤 §4.5에서 Rank Theorem을 만난 후에(그리고 §6.5에서도) 이 방법을 소개할 것이다.

다음 명제는 **Basis Extension Theorem의 응용**이다. 사실 다음 명제는 연습문제 2.3.6과 보기 3.6.2에서부터 오랫동안 예고되어 왔었다.

명제 3.7.5. V가 f.d.v.s.이고 $U,W\le V$이면,

$$\dim(U+W)+\dim(U\cap W)=\dim U+\dim W$$

이다.[48]

증명 : $(U+W)$의 차원을 묻고 있으므로, $(U+W)$의 기저를 묘사해야만 한다. Basis Extension Theorem을 이용하기 위해 (가장 작은) $U\cap W$의 기저로부터 시작한다. 이제 $U\cap W$의 기저를 $\{v_1,\ldots,v_r\}$이라고 하고(단, $r\ge 0$), 이를 확장하여 U의 기저 $\{v_1,\ldots,v_r,u_1,\ldots,u_s\}$와 W의 기저 $\{v_1,\ldots,v_r,w_1,\ldots,w_t\}$를 만든다(단, $s,t\ge 0$). 자, 이젠 어떻게 하나? 잠시만 생각해 보면,

$$\mathfrak{B}=\{v_1,\ldots,v_r,u_1,\ldots,u_s,w_1,\ldots,w_t\}$$

가 $(U+W)$의 기저인 것을 보이면 충분하다는 것을 알 수 있다. 여기까지가 우리의 'story'이고, 실제 $\mathfrak{B}$가 기저가 되는 조건을 확인하는 것은 '**기계**'가 하는 일이다. 먼저, $\mathfrak{B}$가 linearly independent인 것을 보이자. 만약

$$a_1v_1+\cdots+a_rv_r+b_1u_1+\cdots+b_su_s+c_1w_1+\cdots+c_tw_t=0$$

이라면(단, $a_i,b_j,c_k\in F$), 무언가 $U\cap W$에 관한 정보를 찾아야 하므로,

$$a_1v_1+\cdots+a_rv_r+b_1u_1+\cdots+b_su_s=-c_1w_1-\cdots-c_tw_t$$

로 변형시킨다. 그러면 좌변은 U의 vector이고 우변은 W의 vector이므로 모두 $U\cap W$의 원소들이고, 따라서

$$-c_1w_1-\cdots-c_tw_t=d_1v_1+\cdots+d_rv_r$$

인 $d_i\in F$가 존재한다. 그런데 원래 $\{v_1,\ldots,v_r,w_1,\ldots,w_t\}$는 일차독립이므로 $[c_k=0 \text{ for all } k]$이고, 이를 윗식에 대입하면 $[a_i=b_j=0 \text{ for all } i,j]$이다. $\mathfrak{B}$가 $(U+W)$를 generate하는 것은 독자들에게 맡긴다(거의 자명). □

[48]뒤 제12장에서는 이 명제는 Second Isomorphism Theorem의 따름정리가 된다.

독자들에게 위 증명의 Basis Extension Theorem을 이용하는 technique이 생소하게 느껴질 수도 있다. 그러나 우리는 앞으로 이 technique을 여러 번 만나게 될 것이므로, 곧 익숙해질 것이다.

연습문제 3.7.6. 앞 연습문제 3.7.3에서 $U = \mathfrak{t}_n(F)$, $W = \mathfrak{sl}_n(F)$로 놓을 때, $(U+W)$를 묘사하고 명제 3.7.5를 확인하라.

명제 3.7.5의 본질은 $(U+W)$의 vector를 $(u+w)$ 꼴로(단, $u \in U$, $w \in W$) 나타내는 방법이 유일하지 않을 수 있다는 것이다. 즉, 만약 $v \in U \cap W$이면

$$u+w = (u+v)+(w-v)$$

이므로, $U \cap W$ 만큼의 중복이 생긴다.

연습문제 3.7.7. V가 f.d.v.s.이고 $U, W \le V$일 때, 다음 조건들

(1) $U \cap W = 0$.

(2) $(U+W)$의 vector를 $(u+w)$ 꼴로(단, $u \in U$, $w \in W$) 쓰는 방법은 유일.

(3) 0을 $(u+w)$ 꼴로(단, $u \in U$, $w \in W$) 쓰는 방법은 $0 = 0+0$뿐.

(4) $\mathfrak{B}, \mathfrak{C}$가 각각 U, W의 기저이면, $\mathfrak{B} \cap \mathfrak{C} = \emptyset$이고 $\mathfrak{B} \cup \mathfrak{C}$는 $U+W$의 기저.

은 동치임을 보여라. 또, 이때 $\dim(U+W) = \dim U + \dim W$임을 보여라.[49]

독자들은 위 연습문제의 조건(2)와 조건(3)이 관찰 3.2.7의 조건들과 매우 유사함을 발견할 수 있을 것이다. 따라서, "$U \cap W = 0$이면, subspace U와 W는 '일차독립'이다"라고 말하는 것도 그럴듯해 보인다. 위 연습문제 3.7.7은 §7.6에서 direct sum을 정의할 때 motivation을 제공하게 된다.

보기 3.7.8. (연습문제 3.5.7 복습) 연습문제 2.3.10에서와 같이 이번에도

$$V' = \{(v, w) \in V \times W \mid w = 0\}, \qquad W' = \{(v, w) \in V \times W \mid v = 0\}$$

으로 표기하면, $V' \cap W' = 0$이고, $V' + W' = V \times W$. 또 $V' \approx V$, $W' \approx W$이므로, 위 연습문제 3.7.7에 의해,

$$\dim(V \times W) = \dim(V' + W') = \dim V' + \dim W' = \dim V + \dim W$$

이다. 물론 연습문제 3.5.7에 답하기 위해서는, $\mathfrak{B}, \mathfrak{C}$가 각각 V, W의 기저일 때, $(\mathfrak{B} \times \{0\}) \cup (\{0\} \times \mathfrak{C})$가 $V \times W$의 기저임을 설명하면 충분하다.

[49] 왜 $\dim(U+W) = \dim U + \dim W$를 다섯 번째 동치조건으로 포함시키지 않았을까?

이제 제법(?) 유식해졌으니, numerical example들도 다뤄 보자. Numerical example을 다룰 때는 — 1-차 연립방정식을 풀어야 하므로 — 행 간소 사다리 꼴을 생각하는 것이 최선의 방법이다.[50]

연습문제 3.7.9. $X_1, \ldots, X_r \in F^n$일 때, $X_i{}^{\mathbf{t}}$를 i-번째 행으로 갖는 $(r \times n)$-행렬 A를 생각하고, A로부터 얻어지는 행 간소 사다리 꼴을 R이라고 놓자.

(가) $\langle [A]_1, \ldots, [A]_r \rangle = \langle [R]_1, \ldots, [R]_r \rangle$ 임을 보여라.[51]

(나) R의 [최초의 1]을 갖는 행들(즉, non-zero row들)은 일차독립임을 보여라.

(다) $\{X_1, \ldots, X_r\}$이 일차독립인지는(또는 F^n의 기저인지는) R이 zero row를 갖는지(또는 항등행렬인지) 여부만 확인해 보면 알 수 있음을 보여라.

위에서 독자들은 귀찮은 일이 하나 생긴 것을 발견했을 것이다. 즉, 우리는 column vector만을 다루지만, elementary operation은 row operation만 생각해 왔기에 계속 transpose를 붙였다 뗐다 반복할 수밖에 없다.[52]

연습문제 3.7.10. (가) $\{(1,2,1,0)^{\mathbf{t}}, (2,0,-2,4)^{\mathbf{t}}\}$를 F^4의 기저로 확장하라.
(나) $\{t^3+2t^2+t,\ 2t^3-2t+4\}$를 $\mathcal{P}_3(F)$의 기저로 확장하라.[53]

위 연습문제의 답은 눈치(guessing)로도 알 수 있고, 물론 정답은 무한히 많이 있다. 그런데, 만약 더 큰 차원의 연습문제였다면 어떤 효과적인 방법이 있을까?

연습문제 3.7.11. V가 f.d.v.s.일 때, V의 기저 $\mathfrak{B}$와 $\mathfrak{C}$가 주어져 있다고 하자. 만약 $\{v_1, \ldots, v_r\} \subseteq \mathfrak{B}$이면, $\{v_1, \ldots, v_r, w_1, \ldots, w_s\}$가 V의 기저가 되는 $\{w_1, \ldots, w_s\} \subseteq \mathfrak{C}$가 존재함을 보여라(물론 $r+s = \dim V$). (따라서 $V = F^n$이고 $\mathfrak{C} = \mathcal{E}$이면, w_j는 표준 단위벡터가 된다.)

연습문제 3.7.12. (연습문제 3.7.9 계속) $\{X_1, \ldots, X_r\} \subset F^n$이 일차독립일 때 (물론 $r \le n$), R의 [최초의 1]을 갖지 않는 column들을 $[R]^{j_1}, \ldots, [R]^{j_s}$라고 하면, $\{X_1, \ldots, X_r, \mathbf{e}_{j_1}, \ldots, \mathbf{e}_{j_s}\}$는 F^n의 기저가 됨을 보여라.

[50] 다행히, 아래 연습문제들에는 정리 1.3.6과 따름정리 1.3.7이 꼭 필요하지 않다.
[51] §3.8에서는 $\langle [A]_1, \ldots, [A]_r \rangle$을 A의 row space라고 부르게 된다.
[52] 물론 column-reduced echelon form(연습문제 1.3.10)을 생각할 수도 있다. 아예 과감하게 F^n과 $\mathfrak{M}_{1,n}(F)$를 identify하는 것도 멋진(!) idea.
[53] [우리의 철학]에 의하면 (가)항과 (나)항은 같은 문제.

다음 연습문제들로 인해 이 책의 품위가 좀 떨어지겠지만…….

연습문제 3.7.13. $U, W < F^4$ 가

$$U = \langle (1,0,1,1)^{\mathbf{t}}, (2,1,-1,-3)^{\mathbf{t}} \rangle,$$
$$W = \langle (4,1,1,-1)^{\mathbf{t}}, (0,1,2,1)^{\mathbf{t}}, (1,3,-3,-8)^{\mathbf{t}} \rangle$$

로 주어져 있을 때,

(가) $U < W$ 임을 보여라.

(나) $\{(1,0,1,1)^{\mathbf{t}}, (2,1,-1,-3)^{\mathbf{t}}\}$ 를 포함하는 W 의 기저를 구하라.

연습문제 3.7.14. $U, W < F^3$ 가 각각

$$U = \{(x,y,z)^{\mathbf{t}} \mid 2x - y + z = 0\}, \qquad W = \{(x,y,z)^{\mathbf{t}} \mid y - 3z = 0\}$$

로 주어져 있을 때,

(가) $U \cap W$ 의 기저 $\mathfrak{B}$ 를 구하라.

(나) $\mathfrak{B}$ 를 포함하는 U 의 기저 $\mathfrak{C}$ 를 구하라.

(다) $\mathfrak{C}$ 를 포함하는 $U + W$ 의 기저를 구하라.

연습문제 3.7.15. $U, W < F^4$ 가

$$U = \langle (1,1,-1,2)^{\mathbf{t}}, (1,4,5,-7)^{\mathbf{t}} \rangle, \qquad W = \langle (2,-1,1,2)^{\mathbf{t}}, (1,2,1,-1)^{\mathbf{t}} \rangle$$

로 주어져 있을 때,

(가) $U \cap W$ 의 기저 $\mathfrak{B}$ 를 구하라.

(나) $\mathfrak{B}$ 를 포함하는 U 의 기저 $\mathfrak{C}$ 를 구하라.

(다) $\mathfrak{C}$ 를 포함하는 $U + W$ 의 기저를 구하라.

3.8. Row-reduced Echelon Form

이 節에서는 row-reduced echelon form의 uniqueness를 증명한다. 이 증명에는 (제1장에서는 몰랐던) linear combination과 dimension의 개념이 필요하다. 우선 새로운 용어부터 소개한다.

정의 3.8.1. $A \in \mathfrak{M}_{m,n}(F)$일 때, $\mathfrak{M}_{1,n}(F)$의 부분공간 $\langle [A]_1, \ldots, [A]_m \rangle$을 A의 **row space**라고 부른다. 그리고 A의 row space의 dimension은 A의 **row rank**라고 부른다.[54]

다음은 우리가 이미 잘 알고 있는 내용이다.

관찰 3.8.2. 행렬 A에 elementary row operation을 수행해도 A의 row space는 변화하지 않는다. 따라서, [A로부터 얻어지는 row-reduced echelon form의 row space]와 [A의 row space]는 같다.

증명 : Elementary row operation의 정의로부터 자명. □

따라서, 다음 보조정리로부터 **row-reduced echelon form의 uniqueness**가 얻어진다.

보조정리 3.8.3. 만약 row-reduced echelon form $R, S \in \mathfrak{M}_{m,n}(F)$의 row space가 같으면, $R = S$.

증명 : 우선, row-reduced echelon form의 일반적인 모습은 다음과 같다:

$$\begin{matrix} & k_1 & & k_2 & & k_3 & & \\ & \downarrow & & \downarrow & & \downarrow & & \end{matrix}$$
$$\begin{pmatrix} \mathbf{0} & 1 & * & 0 & * & 0 & * & \cdots \\ \mathbf{0} & 0 & \mathbf{0} & 1 & * & 0 & * & \cdots \\ \mathbf{0} & 0 & \mathbf{0} & 0 & \mathbf{0} & 1 & * & \cdots \\ \mathbf{0} & 0 & \mathbf{0} & 0 & \mathbf{0} & 0 & \mathbf{0} & \cdots \\ \vdots & \vdots & \vdots & \vdots & \vdots & \vdots & \vdots & \ddots \\ \mathbf{0} & 0 & \mathbf{0} & 0 & \mathbf{0} & 0 & \mathbf{0} & \cdots \end{pmatrix}.$$

위 행렬에서, 굵은 $\mathbf{0}$이나 $*$는 여러 column을 계속할 수도 있다는(없을 수도 있고) 뜻이고, $*$는 무언가(zero이건 non-zero이건) 있다는 뜻이다. 물론 $k_1, \ldots, k_r$은 [최초의 1]을 갖는 column의 위치를 나타낸다.

[54]같은 방법으로 column space와 column rank도 정의한다. 정의 4.5.1 참조.

[Step 1] Row space가 같으면, 그의 dimension(즉, row rank)도 같다. 그리고 row-reduced echelon form의 row rank는 당연히 [최초의 1]의 개수와 같다. 이제 R, S의 (공통의) row rank를 r로 표기하자.[55]

[Step 2] R, S의 첫 번째 row의 [최초의 1]의 위치(즉, 위 행렬의 k_1)는 같다. 왜냐하면, k_1은 R, S의 row space에 속하는 vector들의 첫 번째 non-zero 좌표이기 때문이다.

[Step 3] 위 행렬에서 첫 번째 row를 제거해도 row-reduced echelon form이 남는다.[56] 뿐만 아니라, R, S의 첫 번째 row를 제거한 두 행렬도 여전히 같은 row space를 갖는다. 이를 증명하려면, $2 \leq i \leq r$일 때, $[R]_i \in \langle [S]_2, \ldots, [S]_r \rangle$ 임을 보이면 된다(왜 그런가?). 그런데, 원래 R, S의 row space가 같으므로,

$$[R]_i = a_1[S]_1 + a_2[S]_2 + \cdots + a_r[S]_r$$

인 $a_1, \ldots, a_r \in F$가 존재하고, 이 식 양변의 k_1-좌표를 비교하면, $0 = a_1$ 임을 알 수 있다. 앞 [Step 2]에 의해, $[R]_i$의 [최초의 1]의 위치는 k_1보다 크기 때문이다. (따라서, 이제 r에 관한(또는 m에 관한) 귀납법이 가능하다.)

[Step 4] 앞 [Step 3]를 이용하는 귀납법과 [Step 2]에 의해, R, S의 [최초의 1]의 위치 $k_1, \ldots, k_r$은 모두 같다.

[Step 5] $[R]_1 = [S]_1$이다. 이를 증명하기 위해

$$[R]_1 = b_1[S]_1 + b_2[S]_2 + \cdots + b_r[S]_r$$

이라고 하자(단, $b_1, \ldots, b_r \in F$). 먼저 이 식 양변의 k_1-좌표를 비교하면 $1 = b_1$ 임을 알 수 있다. 그리고, $2 \leq i \leq r$일 때, 이 식 양변의 k_i-좌표를 비교하면 — [Step 4]에 의해 $[R]_1$의 k_i-좌표는 0이므로 — $0 = b_i$인 것도 알 수 있다.

[Step 6] 이제 [Step 3]의 귀납법을 다시 사용하면, [Step 5]에 의해, $R = S$. □

드디어 행 간소 사다리 꼴의 유일성을 증명하였다. 그러나 이 책에서 row-reduced echelon form의 uniqueness를 이용할 일은 없을 것이다.[57]

---

[55] 만약 $r = 0$이면, $R = S = 0$이므로, $r > 0$이라고 가정하자.
[56] 물론 $m > 1$일 때. $m = 1$인 경우는 자명.
[57] 아, 보기 5.5.10(가)항에서 한 번 필요로 한다.

제 4 장 선형사상

이 章에서는 선형사상을 공부한다. 선형사상은 우리 '이야기'의 주인공 중 하나이지만 이제야 등장하게 되었다. 사실은 isomorphism은 선형사상의 특수한 꼴이므로, 선형사상은 이미 제2장에서 등장했다고 볼 수도 있다.

또 이 章에서는 Linear Extension Theorem, Dimension Theorem, Rank Theorem 등을 배우고, f.d.v.s.들은 dimension에 의해 완전히 분류될 수 있음을 보인다. Dimension Theorem은 선형대수학의 '傳家의 寶刀'라고 불리울 만하다.

4.1. Linear Map

우리의 목표 중 하나는 가능하다면 모든 상황을 선형사상(혹은 함수)의 언어로 표현하는 것이다. 왜냐하면, 벡터나 행렬보다는 선형사상과 함수가 (일단 익숙해지면) 더 다루기 쉽기 때문이다.[1] 이 節에서는 선형사상의 초보적인 성질을 공부한다.

정의 4.1.1. V, W가 F-위의 벡터공간일 때, 함수 $L : V \to W$가 다음 조건

$$L(u+v) = L(u)+L(v), \qquad L(av) = aL(v), \qquad (u, v \in V, \ \ a \in F)$$

을 만족시키면, L을 [**linear map**(**선형사상**, linear mapping, linear transformation) from V into W]라고 부른다.

독자들은 선형사상의 두 조건이 isomorphism의 조건과 같음을 알 수 있을 것이다. 즉, 우리는 linear map 중에서 bijection인 것을 isomorphism이라고 부른 것이다. 혹은, isomorphism을 [이름 바꾸기에 혼동이 없는 linear map]으로 이해할 수도 있다.

[1] 선형사상이 행렬보다 쉽다는 말이 지금은 믿어지지 않겠지만, 제5장까지만 기다리면 된다.

역으로, 선형사상은 isomorphism과 비슷하지만 [이름 바꾸기에 혼동이 있을 수 있는] 그 무언가로 생각할 수도 있다. 즉, $L(v)=w$ 라면, $L^{-1}(w)$의 벡터들은 모두 W에서의 이름이 w가 된다.[2] 또 W의 원소 중에는 V로 가면 이름이 없는 것도 있을 수 있다.

어쨌든, 선형사상은 '벡터공간의 구조를 옮겨 주는 함수'임에는 틀림없다. 그리고, 정의 4.1.1의 두 조건은

$$L(au+bv)=aL(u)+bL(v), \qquad (u,v\in V,\ \ a,b\in F)$$

와 동치이고, 또는

$$L(a_1v_1+\cdots+a_nv_n)=a_1L(v_1)+\cdots+a_nL(v_n), \qquad (n\geq 2,\ \ v_i\in V,\ \ a_i\in F)$$

와 동치인 것도 당연하다. (확인해 보라.)

다음은 관찰 2.4.2에서 isomorphism의 경우에는 이미 살펴본 것이다(제3장에서 [우리의 철학]에 의해 관찰 2.4.2는 폐기처분되었지만). 사실은 관찰 2.4.2의 내용은 모든 linear map에 대해 성립하는 성질이다.

관찰 4.1.2. $L:V\to W$가 linear map일 때,

(가) $L(0)=0$.

(나) $v\in V$이면, $L(-v)=-L(v)$.

(다) $u,v\in V$이면, $L(u-v)=L(u)-L(v)$.

증명 : (가) 이제 이런 종류의 증명에는 제법 익숙해졌을 것이다. '본능'![3]

$$L(0)=L(0+0)=L(0)+L(0)$$

이고, W에서 cancellation을 하면 $L(0)=0$을 얻는다.[4]

(나) 관찰 2.4.2에서와 같다. 한번 더 써 보면,

$$L(v)+L(-v)=L(v+(-v))=L(0)=0$$

이므로, $L(-v)=-L(v)$.[5]

(다) $L(u-v)=L(u)+L(-v)=L(u)+(-L(v))=L(u)-L(v)$. □

---

[2] 여기에서, L^{-1}를 L의 역함수로 이해하는 독자는 없으리라 믿는다. 원래는 $L^{-1}(\{w\})$로 써야 하겠지만……, $L^{-1}(w)=\{v\in V\,|\,L(v)=w\}$.

[3] '본능'이 무슨 뜻이었더라?

[4] 지금은 관찰 2.4.2에서와 같이 증명할 수는 없다.

[5] 물론 $L(-v)=L((-1)v)=(-1)L(v)=-L(v)$로 증명할 수도 있다. 어느 쪽이 더 자연스러운 증명인지는 제11장에서 論한다.

독자들은 이 책이 語學 책임을 기억하면서, 다음 단어들에 익숙해지기 바란다. (지금 정의 11.6.3도 살짝 구경해 보기 바란다.)

정의 4.1.3. $L : V \to W$가 linear map 일 때,

(가) L이 **injective**(단사)이면,[6] L을 **monomorphism** 이라고 부른다.

(나) L이 **surjective**(전사)이면,[7] L을 **epimorphism** 이라고 부른다.

(다) L이 **bijective**(전단사)이면,[8] L을 isomorphism 이라고 부른다.

(라) 만약 $V = W$이면, L을 **endomorphism**, 혹은 **linear operator**, 혹은 간단히 operator 라고 부른다.

(마) Bijective endomorphism은 **automorphism** 이라고 부른다.[9]

다음 관찰이 생략되면 어딘가 허전하다.[10]

관찰 4.1.4. $L : V \to W$가 linear map일 때, 다음 조건은 동치이다.

(1) L은 isomorphism.

(2) $[M \circ L = I_V$ 이고 $L \circ M = I_W]$인 linear map $M : W \to V$ 존재.

증명 : Isomorphism의 역함수도 isomorphism이라는 뜻이다. 이는 이미 연습문제 2.4.5에서 다루었다. □

다음 소개할 kernel(核)과 image는 그 명칭이 의미하는 바와 같이 우리 '이야기'의 核에 자리 잡고 있는 주인공들이다.

정의 4.1.5. $L : V \to W$가 linear map 일 때,

(가) $\ker L = L^{-1}(0) = \{v \in V \mid L(v) = 0\}$을 L의 **kernel** 이라고 부른다.

(나) $\operatorname{im} L = L(V) = \{L(v) \in W \mid v \in V\}$를 L의 **image** 라고 부른다.

다음 순서는 물론:

관찰 4.1.6. $L : V \to W$가 linear map이면, $\ker L \le V$이고, $\operatorname{im} L \le W$.

증명 : '기계'들의 몫이다. □

---

[6] L은 단사 $\Leftrightarrow$ $L(u) = L(v)$이면, $u = v$.

[7] L은 전사 $\Leftrightarrow$ $L(V) = \{L(v) \in W | v \in V\} = W$.

[8] L은 전단사 $\Leftrightarrow$ L은 단사이고 전사.

[9] 지금 소개한 새 단어들은 영어라기보다는 라틴어라고 하는 것이 정확한 표현이다.

[10] 왜 허전한지는 몇 년 후에 알게 된다.

다음 연습문제는 단어 공부.

연습문제 4.1.7. $L: V \to W$가 linear map 일 때, 다음을 보여라.

(가) L이 epimorphism 이기 위한 필요충분조건은 $\operatorname{im} L = W$.

(나) L이 monomorphism 이면, $V \approx \operatorname{im} L$.

(다) $U \le V$ 이면, $L(U) \le W$.

(라) $U \le V$ 이고 L이 monomorphism 이면, $U \approx L(U)$.

Monomorphism에 관한 다음 관찰은 매우 중요하다. (이제부터 Lv, LV 등과 같이 **꼭 필요 없는 괄호는 생략**하기로 한다.)

관찰 4.1.8. $L: V \to W$가 linear map 일 때, 다음 조건은 동치이다.

(1) L은 monomorphism.

(2) $u, v \in V$ 이고 $Lu = Lv$ 이면, $u = v$.

(3) $v \in V$ 이고 $Lv = L0 = 0$ 이면, $v = 0$.

(4) $\ker L = 0$.

증명 : [(3)⇒(2)] 부분을 제외하면 모두 자명하다. 이제 조건(3)을 가정하고 $Lu = Lv$ 라고 하면,

$$L(u-v) = Lu - Lv = 0$$

이므로, 조건(3)에 의해 $u - v = 0$, 즉 $u = v$ 이다. ('기계'가 하는 증명.) □

위 관찰 4.1.8에서 조건(2)와 조건(3)은 굳이 포함시키지 않아도 되겠지만, 조건(4)가 조건(1)의 특수한 경우라는 점을 강조하기 위해 첨가하였다. 즉, 위 관찰이 뜻하는 바는 선형사상의 경우에는 L이 injective 인 것을 보이기 위해서는 [$Lv = L0 = 0$ 이면 $v = 0$]인 것만 보이면 된다는 것이다.

다음은 연습문제로 남겨도 되겠지만, 노파심에서 한번 더 시범을 보인다.

관찰 4.1.9. $L: V \to W$가 linear 이고, $S \subseteq V$ 이면, $L\langle S\rangle = \langle LS\rangle$.

증명 : 편의상(notational convenience) S가 finite set 일 때만 생각한다.

(i) **초보적 증명**: $S = \{v_1, \ldots, v_n\}$이라고 놓고, 먼저 $L\langle S\rangle \le \langle LS\rangle$ 임을 보인다. 그런데 $\langle S\rangle$의 모든 원소는 $a_1v_1 + \cdots + a_nv_n$ 꼴이므로(명제 3.1.6), L에 의한 image $a_1Lv_1 + \cdots + a_nLv_n$은 $\langle LS\rangle$의 원소이다. 이 증명을 거꾸로 읽으면, $\langle LS\rangle \le L\langle S\rangle$도 보일 수 있다. 독자들에게 맡긴다.

(ii) 세련된 증명: $\langle LS\rangle$는 LS를 포함하는 W의 subspace 중 가장 작은 것임에 착안한다. 당연히 $S \subseteq \langle S\rangle$이므로 $LS \subseteq L\langle S\rangle$이고, 한편 $L\langle S\rangle$는 W의 subspace이므로(왜 그런가?), $\langle LS\rangle \leq L\langle S\rangle$이다. 그리고 $L\langle S\rangle \leq \langle LS\rangle$ 부분은 당연하다고 하고 넘어간다······. □

다음 연습문제들은 독자들에게 맡긴다.

연습문제 4.1.10. $L : V \to W$가 linear이고, $S \subseteq V$일 때, 다음을 증명하라.

(가) $V = \langle S\rangle$이면, $\operatorname{im} L = \langle LS\rangle$.

(나) L이 epimorphism이기 위한 필요충분조건은 [L은 (V의) **generating set**을 (W의) generating set으로 옮기는 것]이다.[11]

연습문제 4.1.11. $L : V \to W$가 linear이고, S는 V의 subset, $\mathfrak{B}$는 V의 기저일 때, 다음을 증명하라.

(가) S가 일차독립이고 L이 monomorphism이면, LS도 일차독립이다.

(나) L이 monomorphism일 필요충분조건은 $L\mathfrak{B}$가 일차독립인 것이다.

(다) $L\mathfrak{B}$가 W의 기저이면, L은 isomorphism이다.

위 연습문제들은 새로 익힌 단어들의 뜻만 이해했다면 쉽게 해결할 수 있었을 것이다. 그런데, 위 연습문제 4.1.11(가)항은 독자들의 철학의 깊이를 test할 수도 있다. 물론 이를 정의로부터 직접 증명할 수도 있겠지만, 다음과 같이 [우리의 철학]을 이용할 수도 있다: 즉, S가 일차독립이므로, S는 $\langle S\rangle$의 기저이고, L이 monomorphism이므로 $\langle S\rangle$와 $L\langle S\rangle$는 isomorphic하다. 이제 같은 것은 같으므로, LS는 $L\langle S\rangle$의 기저이고, 따라서 물론 일차독립이다.

또, 위 연습문제 4.1.11(다)항은 다음과 같이 표현할 수도 있다. 증명은 거의 자명하지만, 뒤에 중요한 장면에서 여러 번 사용되므로 기록해 둔다. 다음은 isomorphism의 새로운 characterization으로도 생각할 수 있다.

관찰 4.1.12. $L : V \to W$가 linear map일 때, 다음 조건은 동치이다.

(1) L은 isomorphism.

(2) L은 basis를 basis로 옮긴다.

증명 : [(1)⇒(2)]는 [우리의 철학]. [(2)⇒(1)]은 연습문제 4.1.11(다)항. □

[11] S가 V의 generating set이라는 말은 $V = \langle S\rangle$라는 뜻이다.

다음 보기의 isomorphism $\alpha_{\mathfrak{B}}$는 앞으로 매우 중요한 역할을 하게 된다. 보기 3.7.1에서 남겨둔 숙제이기도 하다.

보기 4.1.13. $\dim V = n$이고 $\mathfrak{B} = \{v_1, \ldots, v_n\}$을 V의 기저라고 할 때, 선형사상 $\alpha_{\mathfrak{B}} : V \to F^n$을

$$\alpha_{\mathfrak{B}}(v) = [v]_{\mathfrak{B}}, \qquad (v \in V)$$

로 정의하자(연습문제 3.3.9 참조). 이제 당연히

$$\alpha_{\mathfrak{B}}(v_i) = [v_i]_{\mathfrak{B}} = \mathbf{e}_i, \qquad (i = 1, \ldots, n)$$

이므로, $\alpha_{\mathfrak{B}}\mathfrak{B} = \mathcal{E}$이다(단, $\mathcal{E}$는 F^n의 표준기저). 따라서 앞 관찰 4.1.12에 의해 $\alpha_{\mathfrak{B}}$는 isomorphism이 된다.[12] 특별히, $V \approx F^n$.

연습문제 4.1.14. $\varphi : V \to F^n$이 isomorphism이면, $\varphi = \alpha_{\mathfrak{B}}$인 V의 기저 $\mathfrak{B}$가 존재함을 보여라.

다음 관찰은 은근히 궁금했던 내용이다. 증명에는 다시 Basis Extension Theorem과 정리 3.5.10이 필요하다. (사실은 뒤 §4.4의 Dimension Theorem의 따름정리로 생각하는 쪽이 마음이 더 편하다.)

관찰 4.1.15. V, W가 f.d.v.s.이고, $L : V \to W$가 linear map일 때,

(가) L이 monomorphism이면, $\dim V \le \dim W$.

(나) L이 epimorphism이면, $\dim V \ge \dim W$.[13]

증명 : (가) 만약 L이 monomorphism이면, $V \approx \operatorname{im} L$이다. 따라서, 물론 $\dim V = \dim \operatorname{im} L$이고, $\dim \operatorname{im} L \le \dim W$(따름정리 3.5.11(가)항).

(나) $\mathfrak{B}$를 V의 basis라고 하면, L은 epimorphism이므로, 관찰 4.1.9에 의해 $W = \langle L\mathfrak{B} \rangle$. 그런데 정리 3.5.10에 의하면 $\dim \langle L\mathfrak{B} \rangle \le |L\mathfrak{B}|$이어야 한다(왜 그런가?). 그리고 $|L\mathfrak{B}| \le |\mathfrak{B}| = \dim V$임은 당연. □

다만 한 가지 조심할 점이 있다. 위 관찰의 아름다움에 너무나 취한 나머지 [isomorphic하면 dimension이 같다]는 명제를 관찰 4.1.15(다)항에 끼워 넣고 싶은 유혹이 있겠지만, 이는 어리석은 생각이다. 이 명제는 [우리의 철학]의 일부이기 때문이다. 같은 것은 같을 뿐이다!

[12] $\alpha_{\mathfrak{B}}$의 정의로부터 $\alpha_{\mathfrak{B}}$가 injective이고 surjective인 것도 거의 자명하다. 독자들은 어떤 증명을 선호하는가? 종이와 연필이 필요한 증명과 말로 하는 증명…….

[13] 관찰 4.1.15는 L이 선형사상이 아닌 함수의 경우에는 물론 어림도 없는 내용이다.

다음 표기법은 제12장에서는 주인공 중 하나가 된다.

표기법 4.1.16. $U \le V$이고 $v \in V$일 때,

$$v+U = \{v+u \mid u \in U\}$$

의 notation을 사용한다.[14] ($v+U = \{v\}+U$로 이해하면, 이 표기법은 연습문제 2.2.7의 표기법과도 잘 어울린다.) 그림을 그려 보면:

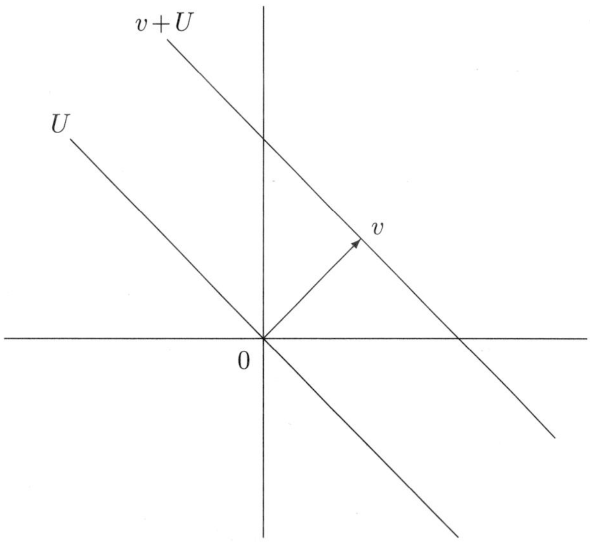

다음 연습문제는 연습문제 4.2.17에서도 필요하며, 제12장에서는 First Isomorphism Theorem의 motivation을 제공한다.

연습문제 4.1.17. $L : V \to W$가 linear map이고 $Lv = w \in \operatorname{im} L$일 때, 다음을 보여라.

(가) $L^{-1}(w) = v + \ker L$.

(나) $L^{-1}(w)$와 $\ker L = L^{-1}(0)$ 사이에는 bijection이 존재.

[14] 뒤 제12장에서는 $v+U$를 coset이라고 부른다.

4.2. Linear Map 의 보기

이 節에서는 linear map의 다양한 보기들을 소개한다. 먼저 몇 가지 자연스러운(natural) 선형사상들이 있다.

보기 4.2.1. $L : V \to W$가 함수이고, $U \subseteq V$라고 하자. 이때 우리는 L의 U로의 **restriction** $L|_U : U \to W$를

$$L|_U(u) = Lu, \qquad (u \in U)$$

로 정의한다. L이 linear이고 $U \le V$이면, $L|_U$도 물론 linear이다.

보기 4.2.2. 함수 $0 : V \to W$를

$$0(v) = 0, \qquad (v \in V)$$

로 정의하면, 0은 당연히 linear이다. 우리는 $0 : V \to W$를 (the) **zero map**이라고 부른다.[15]

보기 4.2.3. (가) $U \subseteq V$일 때, 함수 $\imath_U = \imath : U \to V$를

$$\imath_U(u) = \imath(u) = u, \qquad (u \in U)$$

로 표기한다.[16] 만약 $U \le V$이면, $\imath_U : U \to V$가 monomorphism인 것은 자명하다. 우리는 $\imath$를 (the) **natural embedding**이라고 부른다. (물론 $U = V$이면, $\imath_V = I_V$는 identity map.)
(나) Monomorphism $L : V \to W$가 존재하면, $V \approx \operatorname{im} L$이다. 이제 L을 통해 V와 $\operatorname{im} L$을 identify하고([우리의 철학II]), 표기법을 남용하면, $L = \imath_V$라고 할 수 있다. 이런 이유로 '흔히' monomorphism을 **embedding**이라고 부르기도 한다.
(다) 예를 들어, $M : \mathbb{R}^2 \to \mathbb{R}^5$를

$$M\big((x, y)^{\mathbf{t}}\big) = (x, y, 0, 0, 0)^{\mathbf{t}}, \qquad (x, y \in \mathbb{R})$$

이라고 정의하면, M이 monomorphism인 것은 자명하다. 따라서, $\mathbb{R}^5$는 $\mathbb{R}^2$와 isomorphic한 subspace를 갖는다. 이런 monomorphism M은 '거의' 자연스러운 embedding이라고 할 수 있다.

---

[15] 이 0이 몇 번째 0인지 아는 사람?
[16] $\imath$는 "iota"로 읽는다. "점 없는 i"도 OK. 한편, $\jmath$는 "점 없는 j"로 읽을 수밖에 없다(?).

단어 공부를 계속하자.

보기 4.2.4. $\pi_1 : F^3 \to F$를

$$\pi_1((x,y,z)^{\mathbf{t}}) = x, \qquad (x,y,z \in F)$$

로 정의하면, π_1이 epimorphism인 것은 자명하다. 우리는 π_1을 **natural projection**이라고 부른다(π_1을 첫 번째 **좌표함수(coordinate function)**라고 이해해도 좋다). 혹은, 둘째 좌표로의 natural projection π_2도 생각할 수 있을 것이다. 또, 예를 들어, $P : F^4 \to F^2$를

$$P((x,y,z,w)^{\mathbf{t}}) = (x,y)^{\mathbf{t}}, \qquad (x,y,z,w \in F)$$

로 정의하면, P는 'xy-평면' 위로의 natural projection이다.[17]

보기 4.2.5. $V_1, \ldots, V_n$이 vector space일 때, product space $V = V_1 \times \cdots \times V_n$을 생각하자. $1 \le i \le n$일 때, 함수 $\pi_i : V \to V_i$를

$$\pi_i(v_1, \ldots, v_n) = v_i, \qquad (v_k \in V_k \text{ for all } k)$$

로 정의하면, π_i가 epimorphism인 것은 분명하다. 우리는 π_i를 i-th **natural projection**이라고 부른다.[18] 또, $1 \le j \le n$일 때, $\imath_j : V_j \to V$를

$$\imath_j(v_j) = (0, \ldots, v_j, \ldots, 0), \qquad (v_j \in V_j)$$

로 정의하면(즉, $\imath_j(v_j)$는 j-번째 성분은 v_j이고, 나머지 성분은 모두 0), $\imath_j$가 monomorphism인 것도 쉽게 확인할 수 있을 것이다. 우리는 $\imath_j$를 j-th **natural embedding**이라고 부른다.

다음은 익숙한 내용이다.

연습문제 4.2.6. 앞 보기 4.2.5에서, $\mathfrak{B}_i$를 f.d.v.s. V_i의 basis라고 표기할 때, 다음을 보여라.[19]

(가) $\imath_1(\mathfrak{B}_1) \cup \cdots \cup \imath_n(\mathfrak{B}_n)$은 $V_1 \times \cdots \times V_n$의 basis.

(나) $\dim(V_1 \times \cdots \times V_n) = \dim V_1 + \cdots + \dim V_n$.

---

[17] Projection이라는 단어는 대개 (암묵적으로) epimorphism(혹은 surjection)의 의미를 내포하고 있다.

[18] 연습문제 2.3.9를 생각하면 보기 4.2.4는 보기 4.2.5의 특수한 경우로 볼 수 있다.

[19] $n = 2$인 경우는 이미 연습문제 3.5.7과 보기 3.7.8에서 다루었다. 그러나 $n \ge 3$인 경우에는 한 가지 조심할 점이 있다. 즉 연습문제 3.7.7의 조건(1)을 대체하기가 만만치 않다는 것이다(참고 7.6.12 참조). 지금은 그냥 (가)항을 '무식하게' 증명하면 된다.

다음 관찰과 연습문제는 제5장을 준비하기 위한 것이다.

관찰 4.2.7. 두 선형사상을 합성하면 다시 선형사상이 된다. 즉, $M : U \to V$와 $L : V \to W$가 linear이면, $L \circ M : U \to W$도 linear이다.

증명 : 생략. □

연습문제 4.2.8. $L, M : V \to W$가 linear map일 때, [L과 M의 합 $(L+M)$]과 [L과 scalar $a \in F$의 상수곱 aL]을 각각

$$(L+M)(v) = L(v)+M(v), \qquad (aL)(v) = aL(v), \qquad (v \in V)$$

로 정의하면, $L+M : V \to W$와 $aL : V \to W$도 linear map임을 보여라.

위 연습문제를 보니 어쩐지 $\{L : V \to W \mid L$은 linear$\}$도 vector space가 될 것 같은 예감이 든다…….

연습문제 4.2.9. 위 보기4.2.5에서, 다음과 같은 그럴듯한 식들이 성립하는 것을 보여라.

(가) $\pi_i \circ \imath_j = \delta_{ij} \cdot I_{V_j}$. (단, $1 \leq i, j \leq n$.)

(나) $\imath_1 \circ \pi_1 + \cdots + \imath_n \circ \pi_n = I_{V_1 \times \cdots \times V_n}$.

다음에 소개할 선형사상 L_A는 우리 'story'의 **주인공 中 주인공**이다.

정의 4.2.10. $A \in \mathfrak{M}_{m,n}(F)$일 때, $L_A : F^n \to F^m$을

$$L_A(X) = AX, \qquad (X \in F^n)$$

으로 정의하면, L_A가 linear map인 것은 자명하다. 우리는 L_A를 **matrix A에 대응하는 linear map**이라고 부른다.[20]

위 L_A를 $A = (a_{ij})$, $X = (x_1, \ldots, x_n)^{\mathbf{t}}$라고 놓고 풀어 써 보면,

$$(\sharp) \qquad L_A \begin{pmatrix} x_1 \\ x_2 \\ \vdots \\ x_n \end{pmatrix} = \begin{pmatrix} a_{11}x_1 + a_{12}x_2 + \cdots + a_{1n}x_n \\ a_{21}x_1 + a_{22}x_2 + \cdots + a_{2n}x_n \\ \vdots \\ a_{m1}x_1 + a_{m2}x_2 + \cdots + a_{mn}x_n \end{pmatrix}$$

이 된다. 즉, 연습문제2.4.6의 isomorphism은 L_A의 한 보기였던 셈이다.

[20] L_A는 "L sub A"로 읽는다.

지금까지 우리는 '선형'이라는 단어와 '1-차'라는 단어를 혼용하여 사용해 왔다. 사실 [**선형** = 1-**차**] 정도로 이해하면 된다. 위의 식 (♯)은 왜 우리가 선형사상(= 1-차사상)의 이름을 사용하는지를 가르쳐 준다. 즉, L_A의 모든 **좌표함수**(coordinate function)들이 x_j들의 1-차함수(상수항이 없는)이므로 우리는 L_A를 선형사상이라고 부르는 것이다. 실제로 우리는 뒤 §5.2에서 F^n에서 F^m으로의 선형사상은 L_A의 꼴밖에 없음을 보일 것이다.

연습문제 4.2.11. $f : F^2 \to F^2$를 $f((x, y)^{\mathbf{t}}) = (x + y + 1,\ x^2 + y^3)^{\mathbf{t}}$로 정의하면, f는 linear map 인가?[21]

다음 질문은 독자들이 우리 'story'의 중요 장면을 예상할 수 있도록 하기 위한 것이다. (독자들 대부분이(!) 이 질문에 큰 어려움 없이 답할 수 있을 것이다. 우리는 뒤 §5.2에서 이 질문을 답하기로 한다.)

질문 4.2.12. $A \in \mathfrak{M}_{m,n}(F)$이고 $B \in \mathfrak{M}_{n,r}(F)$일 때, $L_A \circ L_B : F^r \to F^m$은 선형사상이다. 이때, $L_A \circ L_B = L_C$인 $C \in \mathfrak{M}_{m,r}(F)$가 존재하는가? C는 유일한가? §1.1에서부터 강조해 온 [행렬과 선형사상은 같은 것]이라는 말은 어떤 의미일까?

이 章을 시작하면서 언급했듯이, 우리의 목표 중 하나는 가능하다면 모든 상황을 선형사상의 언어로 표현하는 것이다. 이제 지금까지의 내용을 선형사상 L_A의 언어로 번역해 보자. 먼저 (종이가 좀 아깝지만) 直譯부터 시작하자.

연습문제 4.2.13. $A \in \mathfrak{M}_{m,n}(F)$일 때, 다음을 보여라.
(가) $\ker L_A = [(*)\ AX = 0$의 solution space$]$.
(나) $\ker L_A = 0$ (즉, L_A는 injective)일 필요충분조건은 $(*)\ AX = 0$이 trivial solution만을 갖는 것이다.

연습문제 4.2.14. $A \in \mathfrak{M}_{m,n}(F)$일 때, 다음을 보여라.
(가) $B \in F^m$이면, $(L_A)^{-1}(B) = [(**)\ AX = B$의 해집합$]$.
(나) L_A가 surjective일 필요충분조건은 임의의 $B \in F^m$에 대해 $(**)\ AX = B$가 solution을 갖는 것이다.
(다) L_A가 bijective일 필요충분조건은 임의의 $B \in F^m$에 대해 $(**)\ AX = B$가 unique solution을 갖는 것이다.

---
[21] 연습문제 2.2.5와도 비교해 보라.

한편, $A \in \mathfrak{M}_{m,n}(F)$ 일 때, $L_A(\mathbf{e}_j) = [A]^j$ 이므로(단, $\mathcal{E} = \{\mathbf{e}_1, \ldots, \mathbf{e}_n\}$은 F^n의 standard basis), 관찰 4.1.9(또는 연습문제 4.1.10(가)항)에 의해,

$$\operatorname{im} L_A = \langle [A]^1, \ldots, [A]^n \rangle$$

인 것을 알 수 있다.[22]

연습문제 4.2.15. $A \in \mathfrak{M}_{m,n}(F)$ 일 때, 다음을 보여라.

(가) L_A는 injective $\iff \{[A]^1, \ldots, [A]^n\} \subset F^m$은 일차독립.

(나) L_A는 surjective $\iff \langle [A]^1, \ldots, [A]^n \rangle = F^m$.

(다) L_A는 bijective $\iff \{[A]^1, \ldots, [A]^n\}$은 F^m의 기저.

독자들은 위 연습문제를 여러 가지 방법으로 설명할 수 있음을 발견했을 것이다. 즉, 다음 방법들이 모두 가능하다.

(i) 연습문제 4.1.10, 연습문제 4.1.11과 관찰 4.1.12를 이용.

(ii) (나)항은 $\operatorname{im} L_A = \langle [A]^1, \ldots, [A]^n \rangle$을 이용.

(iii) 연습문제 3.3.13과 함께 연습문제 4.2.13과 연습문제 4.2.14를 이용.

사실 우리는 지금까지 비슷비슷한 경치 주변을 맴돌며 그 중심에는 접근하지 못하고 있다고 할 수 있다. 문제의 본질은 — 즉, 다음 연습문제의 동치조건으로 [A는 invertible]을 추가하는 것은 — 제 5 장에서 [행렬과 선형사상은 같은 것]이라는 명제를 이해하면 해결될 것이다. 어쨌든:

연습문제 4.2.16. A가 square matrix일 때, 연습문제 3.5.14에 다음 동치조건

(7) L_A는 bijective.

(8) L_A는 surjective.

(9) L_A는 injective.

을 추가할 수 있음을 설명하라.

앗, 무언가 이상하다……?! Injective if and only if surjective! 이는 "조금은 의외의 결과"(따름정리 3.5.12) 정도가 아니라 깜짝 놀랄 결과이다. 따라서 이 결과는 우리 'story'의 두 번째 big event라고 할 만하다. 다만, 이 big event는 Dimension Theorem의 결과로 이해하는 것이 더 자연스러우므로, §4.4에서 다시 자세히 논하기로 한다.

[22]뒤 §4.5에서 우리는 $\langle [A]^1, \ldots, [A]^n \rangle$을 행렬 A의 column space라고 부르게 된다.

다음 결과는 제1장에서도 설명할 수 있었겠지만, 이제 표기법 4.1.16을 사용하면 더 산뜻하게 표현할 수 있다.

연습문제 4.2.17. $X_0 \in F^n$이 연립방정식 $(**)$ $AX = B$의 한 solution(아무거나)이면, $(**)$의 해집합은

$$(L_A)^{-1}(B) = X_0 + \ker L_A$$

임을 보여라.[23] (만약 $X_1 \in F^n$도 $(**)$ $AX = B$의 solution이라면, 이 등식은 $X_0 + \ker L_A = X_1 + \ker L_A$라는 사실을 내포하고 있다.)

위 연습문제는 연립방정식 $(**)$ $AX = B$의 해집합을 구하는 문제가 한 개의 special solution과 $\ker L_A$(즉, $(*)$ $AX = 0$의 solution space)를 구하는 문제로 바뀌게 되는 것을 말해 준다. 그리고, 만약 $(**)$ $AX = B$의 해가 존재한다면, $\left|(L_A)^{-1}(B)\right| = |\ker L_A|$이므로(연습문제 4.1.17(나)항), 해집합의 '크기'는 $\dim \ker L_A$가 알려 줄 것이다. 물론 $\ker L_A$의 기저와 차원을 찾는 방법은 보기 3.7.2 참조(따름정리 4.5.5도 참조).

다음 comment도 생략하기는 아깝다.

참고 4.2.18. 명제 1.2.6을 다음과 같이 설명할 수도 있다: $A \in \mathfrak{M}_{m,n}(F)$일 때, 만약 homogeneous equation $(*)$ $AX = 0$이 trivial solution만을 갖는다면(즉, $L_A : F^n \to F^m$이 monomorphism이면), 따름정리 4.1.15에 의해 $n \leq m$이어야 한다. (이를 명제 1.2.6의 네 번째 증명이라고 대서특필하지 않는 데에는 이유가 있다. 사실, 곰곰 생각해 보면, 이 '증명'은 좀 억지이다. 왜냐하면 — 연습문제 3.5.4에서 살펴보았듯이 — 명제 1.2.6 없이는 dimension을 정의조차 할 수 없었을 것이기 때문이다.)

우리는 $\ker L_A$의 basis를 찾는 방법을 잘 알고 있다(보기 3.7.2 참조). 그런데 $\operatorname{im} L_A$의 basis는?

연습문제 4.2.19. (4×7)-행렬 A가 연습문제 1.2.1(마)항과 같다고 할 때,

(가) $\operatorname{im} L_A$의 basis를 찾아라.[24]

(나) $\dim F^7 = \dim \ker L_A + \dim \operatorname{im} L_A$가 성립하는 것을 확인하라.

[23] 이 X_0를 미분방정식에서와 마찬가지로 special solution이라고 부른다.

[24] 가장 효율적인 방법은? 지금 보기 5.4.17은 (절대로) 미리 보지 말 것.

물론 linear map의 보기는 끝이 있을 수 없다.

보기 4.2.20. (가) 함수 $\mathbf{t}:\mathfrak{M}_{m,n}(F)\to\mathfrak{M}_{n,m}(F)$를

$$\mathbf{t}(A)=A^{\mathbf{t}},\qquad (A\in\mathfrak{M}_{m,n}(F))$$

로 정의하면, $\mathbf{t}$는 linear(연습문제 1.1.8).
(나) Trace map $\operatorname{tr}:\mathfrak{M}_{n,n}(F)\to F$도 linear(연습문제 1.1.11).

연습문제 4.2.21. $A\in\mathfrak{M}_{m,m}(F)$일 때, 함수 $\lambda_A:\mathfrak{M}_{m,n}(F)\to\mathfrak{M}_{m,n}(F)$를

$$\lambda_A(B)=AB,\qquad (B\in\mathfrak{M}_{m,n}(F))$$

로 정의하자.[25]

(가) $\lambda_A:\mathfrak{M}_{m,n}(F)\to\mathfrak{M}_{m,n}(F)$는 linear operator임을 보여라.
(나) $E\in\mathfrak{M}_{m,m}(F)$가 elementary matrix이면, operator λ_E의 'operation'은 elementary row operation과 같음을 설명하라. (따라서, 이제 elementary row operation을 linear operator로 이해할 수 있다.)

연습문제 4.2.22. (가) $D,\mathcal{I}:C^\infty(\mathbb{R})\to C^\infty(\mathbb{R})$을(보기 2.3.15의 표기법 참조)

$$(Df)(x)=f'(x),\qquad (\mathcal{I}f)(x)=\int_0^x f(u)\,du,\qquad (f\in C^\infty(\mathbb{R}),\ \ x\in\mathbb{R})$$

로 정의하면 differential operator D와 integral operator $\mathcal{I}$는 linear임을 보여라.
(나) Differential operator $D:F[t]\to F[t]$와 integral operator $\mathcal{I}:F[t]\to F[t]$를 정의하라.

[25] λ는 left multiplication의 첫 글자. Right multiplication $\rho_A:\mathfrak{M}_{n,m}(F)\to\mathfrak{M}_{n,m}(F)$도 정의해 보라.

4.3. Linear Extension Theorem

이 節에서는 원하는 linear map을 만드는(construct하는) 방법을 공부한다. Linear map을 만드는 방법을 알게 되면, isomorphism도 만들 수 있게 되고, 따라서, 벡터공간을 분류할 수 있게 된다. 먼저, 다음 초보적인 관찰로부터 시작하자(증명은 생략).

관찰 4.3.1. $\mathfrak{B} = \{v_i\}_{i\in I}$가 V의 basis이고 $L, M : V \to W$가 linear map일 때, $[L(v_i) = M(v_i)$ for all $i \in I]$이면, $L = M$이다. 즉, 선형사상은 기저에서의 함숫값이 결정한다.

우리가 함수를 정의할 때에는 대응하는 원소를 아무거나 定해 주기만 하면 되지만, 선형사상은 벡터공간의 구조를 옮겨 주므로 무언가 제약이 따른다. 예를 들어, $L((1,0)^{\mathbf{t}}) = (1,-1)^{\mathbf{t}}$이고 $L((1,1)^{\mathbf{t}}) = (1,2)^{\mathbf{t}}$이면서, 동시에 $L((3,1)^{\mathbf{t}}) = (0,1)^{\mathbf{t}}$인 선형사상 $L : F^2 \to F^2$는 존재할 수 없다(왜 그런가?).

독자들이 다음 정리를 스스로 예상할 수 있을 만큼 성숙(mature)해 있을 것으로 기대한다.

정리 4.3.2. (Linear Extension Theorem) $\mathfrak{B}$가 V의 basis이고 $f : \mathfrak{B} \to W$가 함수이면, $L|_{\mathfrak{B}} = f$인 linear map $L : V \to W$가 유일하게 존재한다.

증명 : $\mathfrak{B} = \{v_i\}_{i\in I}$, $f(v_i) = w_i$라고 하자. (따라서, w_i가 모두 다를 필요는 없다.) 이제 $v \in V$이면, $v = \sum_i a_i v_i$인 $a_i \in F$가 유일하게 존재한다. 이제 우리는 $L(v)$를 정의하여야 한다. [**연습장 :** 만약 우리가 $f : \mathfrak{B} \to W$를 확장하여 linear map $L : V \to W$를 만들 수 있었다면,

$$L(v) = \sum_i a_i L(v_i) = \sum_i a_i f(v_i) = \sum_i a_i w_i$$

이어야만 한다.] 이제 연습장은 숨기고, 함수 $L : V \to W$를 $L(v) = \sum_i a_i w_i$로 점잖게 정의하면 된다. 물론 $v \in V$를 $\mathfrak{B}$의 일차결합으로 쓰는 방법이 유일하므로, 방금 정의한 함수 $L : V \to W$는 **well-defined**되어 있음에 주의하기 바란다. 실제로 L이 선형사상인 것은 '**기계**'가 확인한다.[26] 그리고 [연습장]의 '이어야만'이라는 단어가 L의 유일성을 말해 준다.[27] □

[26] **앞으로는 '기계'가 확인하는 증명은 대부분 독자들에게 맡긴다.** 독자들은 '기계'라는 말이 나오면 즉시 책을 덮고 스스로 '기계'가 되어…….

[27] 물론, L의 유일성을 위 관찰4.3.1을 이용해 설명할 수도 있다.

우리는 위 정리와 같은 상황을 다음 **commutative diagram** 으로 이해한다.[28]

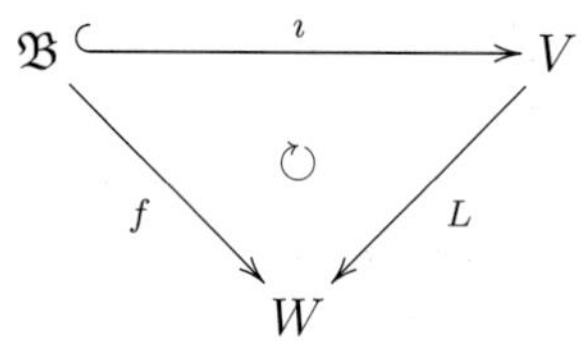

이 diagram의 ↻ 표시는 "this diagram commutes"라고 읽는다. 이 말의 뜻은 우리의 diagram에서 어느 방향으로 화살표를 따라가더라도 그 결과가 같다는 것이다. 즉, 위 diagram(삼각형)에서는 $L \circ \imath = f$ 라는 뜻이 된다. 또, 화살표 $\hookrightarrow$ 는 (natural) embedding을 의미한다.[29] 따라서 이 commutative diagram(삼각형)은 함수 $f : \mathfrak{B} \to W$를 선형사상 $L : V \to W$로 extend할 수 있다는 의미이다.

위 정리 4.3.2는 많은 내용을 내포하고 있다. 무엇보다도, 우리가 선형사상을 하나 정의하고 싶다면, basis를 하나 선택하고 basis vector에서의 함숫값만 (원하는 대로) 아무런 제약도 없이 '자유롭게' 정해 주면 된다.[30]

우선 간단한 보기들을 소개한다. 다음 보기의 v_i^*는 이 책 후반부의 'star' 중 하나가 된다.[31]

보기 4.3.3. (가) $\mathfrak{B} = \{v_1, \ldots, v_n\}$이 F-vector space V의 basis일 때, linear map $v_i^* : V \to F$를

$$v_i^*(v_j) = \delta_{ij}, \qquad (1 \le i, j \le n)$$

으로 정의한다. 이제 독자들은 Linear Extension Theorem이 linear map v_i^*를 유일하게 잘 정의해 주는 것을 吟味하기 바란다. 또, $a_1, \ldots, a_n \in F$일 때,

$$v_i^*(a_1 v_1 + \cdots + a_n v_n) = a_i$$

이므로, v_i^*를 [기저 $\mathfrak{B}$에 관한 i-th coordinate function(좌표함수)]이라고 부를 수 있을 것이다.
(나) 특별히, 앞 (가)항에서 $V = F^n$, $\mathfrak{B} = \mathcal{E}$이면, $\mathbf{e}_i^*((x_1, \ldots, x_n)^{\mathbf{t}}) = x_i$이다. 따라서 $\mathbf{e}_i^*$는 보기 4.2.4의 i-th natural projection.

[28] 왜 이런 그림을 그리는지는 차차 (조금씩) 깨닫게 될 것이다. 지금은 '달리기 훈련' 중.

[29] 어쩐지 '화살표들의 세계'가 따로 존재할 것 같은 섬뜩한 기분이 든다……. 무엇을 숨기랴! '화살표들의 언어'를 공부하는 것을 몇 년 후에는 "Homological Algebra"라고 부른다.

[30] 내년쯤에는 '우리의 고향' F-vector space는 free F-module이라고 말하게 된다.

[31] v_i^*는 "v_i (upper-)star"로 읽는다.

다음 보기는 관찰5.1.9와 보기5.4.1에서 다시 만나게 된다.

보기 4.3.4. $\mathfrak{B}=\{v_1,\ldots,v_n\}$이 V의 기저이고, $\mathfrak{C}=\{w_1,\ldots,w_m\}$이 W의 기저일 때, linear map $E_{ij}:V\to W$를

$$E_{ij}(v_k)=\delta_{jk}w_i, \qquad (1\le j,k\le n,\ 1\le i\le m)$$

으로 정의한다. 이번에도 독자들은 linear map E_{ij}들이 유일하게 잘 정의된 것을 확인하기 바란다.

다음에 소개하는 회전변환과 대칭변환은 제9장의 주인공들이다.

연습문제 4.3.5. $\mathbb{R}^2$에서, 원점을 중심으로 (시계 반대 방향으로) θ-만큼 회전하는 $\mathbb{R}^2$의 **회전변환**(**rotation**) $R_\theta:\mathbb{R}^2\to\mathbb{R}^2$를 생각해 보자.[32]

(가) R_θ가 왜 선형사상인지 그림으로 설명해 보라.

(나) 따라서, R_θ는 표준 단위벡터 $\mathbf{e}_1$과 $\mathbf{e}_2$를 어디로 보내는지에 의해 결정되므로, $A=\begin{pmatrix}\cos\theta & -\sin\theta\\ \sin\theta & \cos\theta\end{pmatrix}$라고 할 때, $R_\theta=L_A$임을 보여라.

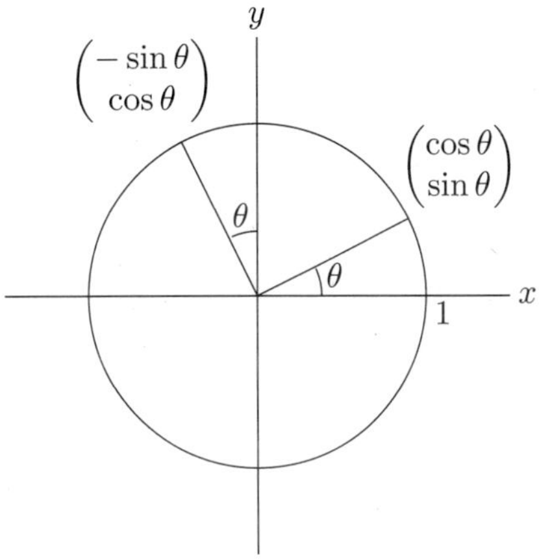

(다) $\theta,\eta\in\mathbb{R},\ r\ge 0$일 때, 실제로

$$R_\theta\begin{pmatrix}r\cos\eta\\ r\sin\eta\end{pmatrix}=\begin{pmatrix}\cos\theta & -\sin\theta\\ \sin\theta & \cos\theta\end{pmatrix}\begin{pmatrix}r\cos\eta\\ r\sin\eta\end{pmatrix}=\begin{pmatrix}r\cos(\theta+\eta)\\ r\sin(\theta+\eta)\end{pmatrix}$$

인 것을 확인하라.[33]

(라) 삼각함수의 덧셈정리는 $R_\theta\circ R_\eta=R_{\theta+\eta}$라는 사실과 동치임을 보여라.

(마) R_θ는 invertible(isomorphism)이고, $(R_\theta)^{-1}=R_{-\theta}$임을 보여라.

[32] 옛날에는 고등학교에서 회전변환을 배웠는데…….
[33] 앗! '선대' 시간에 웬 덧셈정리.

연습문제 4.3.6. 연습문제 4.3.5와 같은 순서로, 'x-축에 관한' reflection(대칭변환) $S:\mathbb{R}^2\to\mathbb{R}^2$를 설명해 보라. 물론 $S((a,b)^{\mathbf{t}})=(a,-b)^{\mathbf{t}}$ (단 $a,b\in\mathbb{R}$).

다음 보기는 제5장의 예고편이다.

보기 4.3.7. 예를 들어, $\{v_1,v_2,v_3\}$가 V의 기저이고, $\{w_1,w_2\}$가 W의 기저일 때, linear map $L:V\to W$를

$$\begin{cases} L(v_1)=w_1+2w_2 \\ L(v_2)=3w_1+4w_2 \\ L(v_3)=5w_1+6w_2 \end{cases}$$

로 정의하자. 이번에도 Linear Extension Theorem이 linear map $L:V\to W$를 유일하게 잘 정의해 주는 것을 알 수 있다. 그리고, 행렬 $A=\begin{pmatrix}1&3&5\\2&4&6\end{pmatrix}$이 선형사상 L의 모든 정보를 갖고 있음도 알 수 있다. (왜 이런 (2×3)-행렬을 생각하는지 알려면 §5.3까지 기다려야 한다. 만약 $V=F^3$, $W=F^2$이고 $\{v_j\}$와 $\{w_i\}$가 모두 표준기저이면, $L=L_A$인 것은 당연하다. 확인해 보라.)

앞에서 언급했듯이, 이 節의 목표는 벡터공간을 分類하는 것이다. 그런데 벡터공간을 분류하려면 우선 벡터공간을 모두(!) 나열해야 할 것이다. 그러나 우리가 모든 집합을 다 묘사할 수는 없듯이, 모든 벡터공간을 다 묘사할 수도 없다. 따라서, 우리가 기대할 수 있는 최대치는 '**up to isomorphism**' 분류하는 것이다. 즉, 우리의 [벡터공간 分類表]에는 서로 isomorphic한 벡터공간은 한 번만 등록된다는 뜻이다.

따름정리 4.3.8. (Classification of Vector Spaces) V,W가 F-vector space일 때, 다음은 동치이다.

(1) $V\approx W$,

(2) $\dim V=\dim W$.

증명 : [(1)⇒(2)]: [우리의 철학]. "같은 것은 같다."
[(2)⇒(1)]: $\mathfrak{B}$를 V의 기저, $\mathfrak{C}$를 W의 기저라고 하면, $\dim V=\dim W$이므로 bijective function $f:\mathfrak{B}\to\mathfrak{C}$가 존재할 것이다. 이제 함수 f를 확장(Linear Extension Theorem)하여 linear map $L:V\to W$를 만들면, L은 기저를 기저로 옮긴다. 따라서 L은 isomorphism이다(관찰 4.1.12). □

따름정리 4.3.8을 둘로 분해하면:

연습문제 4.3.9. V, W가 f.d.v.s.일 때, 다음을 보여라.[34]

(가) Monomorphism $\varphi : V \to W$가 존재할 필요충분조건은 $\dim V \leq \dim W$.

(나) Epimorphism $\varphi : V \to W$가 존재할 필요충분조건은 $\dim V \geq \dim W$.

위 따름정리 4.3.8을 '멋있게' 표현하면

"dimension은 vector space를 characterize 하는 invariant".

라고 할 수 있다. 그리고 위 따름정리를 f.d.v.s.의 경우에 한번 더 분명히 서술하면 다음과 같다(증명은 자명).

따름정리 4.3.10. (Classification of f.d.v.s.) $\dim V = n$이면, $V \approx F^n$.

세심한 독자들은 위 따름정리를 보기 4.1.13에서 이미 증명했음을 기억하고 있을 것이다. (사실은 isomorphism과 dimension을 정의하자마자 증명하는 것도 가능했을 것이다.) 이를 이제야 '정리'로 격상시킨 이유는 보기 4.1.13에서는 무한차원의 경우를 다룰 수 없었기 때문이다.

자, 이제 다시 독자들의 항의를 받을 차례이다. 독자들이 지금 "애당초 모든 유한 차원 벡터공간이 F^n과 isomorphic하다면, 다시 말해 모든 f.d.v.s.가 F^n과 이름만 다르고 사실상 같다면, 도대체 거창하게 벡터공간이니 선형사상이니 고생하며 배운 이유가 무엇인지? 결국은 F^n만 알면 되는 것을!"이라고 항의하는 것은 매우 自然스럽고 한편 一理가 있다.

그런데, 지난번(§2.3) 항의 때와는 미묘한 차이가 있음을 독자들도 느낄 것이다. 지난번에는 F^n, $\mathfrak{M}_{m,n}(F)$, $\mathcal{P}_n(F)$ 등을 각각 공부하면 될 것이지 골치 아프게 새로운 추상적인 용어들만 도입하느냐고 항의하던 것이 이제는 F^n만 공부하자는 주장으로 바뀐 것이다.

이것이 바로 우리의 abstract language가 갖고 있는 힘이다. 이제 우리는 그 누가 어떤 벡터공간을 갖고 오더라도 그 구조를 이미 (완전히) 알고 있게 된 것이다. 궁금한 건 dimension뿐이다!

---

[34]관찰 4.1.15 참조.

4.4. Dimension Theorem

이제 주인공들이 대부분 등장하였으니 'story'가 본격적으로 전개된다. 이제 사건들이 일어나며, 우리 '이야기'의 climax를 향해 달려간다.

다음 정리는 우리가 Dimension Theorem이라고 부르는 것이다. 특별한 이름을 가질 만큼 중요한 의미를 갖고 있는 Dimension Theorem과 따름정리 4.4.4는 우리 'story'의 두 번째 big event라고 할 만하다.

정리 4.4.1. (Dimension Theorem) V가 f.d.v.s.일 때, $L : V \to W$가 linear map이면,

$$\dim V = \dim \ker L + \dim \operatorname{im} L$$

이다.[35]

증명 : 이러한 종류의 명제의 증명 idea는 항상 명제 3.7.5의 그것과 같다. 먼저 $\ker L$의 기저를 $\{v_1, \ldots, v_r\}$이라고 하고(단, $r \geq 0$), 이를 확장하여(Basis Extension Theorem) V의 기저 $\{v_1, \ldots, v_r, v_{r+1}, \ldots, v_n\}$을 만든다(단, $n \geq r$). 다음에는 무언가 L을 연관시켜야 하겠는데, $L(v_1) = \cdots = L(v_r) = 0$ 이므로 $L(v_{r+1}), \ldots, L(v_n)$을 생각하는 것은 당연하다. 이제 $\{L(v_{r+1}), \ldots, L(v_n)\}$이 $\operatorname{im} L$의 기저임을 보이면 증명이 끝난다는 것을 알 수 있다. 여기까지가 우리의 'story'이고, 이제부터는 **'기계'**가 증명을 맡는다. 먼저 linear independence를 보이자. 만약 $a_{r+1}, \ldots, a_n \in F$에 대해, $\sum_{i=r+1}^{n} a_i L(v_i) = 0$ 이라면,

$$0 = \sum_{i=r+1}^{n} a_i L(v_i) = L\Big(\sum_{i=r+1}^{n} a_i v_i\Big)$$

이므로, $\sum_{i=r+1}^{n} a_i v_i \in \ker L$ 임을 알 수 있다. 그런데 앞에서 $\ker L$의 기저는 $\{v_1, \ldots, v_r\}$이라고 했으므로, $\sum_{i=r+1}^{n} a_i v_i$는 $\{v_1, \ldots, v_r\}$의 일차결합으로 나타낼 수 있다. 그러나, 위에서 $\{v_1, \ldots, v_r, v_{r+1}, \ldots, v_n\}$은 일차독립이라고 하였으므로 $a_{r+1} = \cdots = a_n = 0$.[36] $\big\langle L(v_{r+1}), \ldots, L(v_n)\big\rangle = \operatorname{im} L$ 의 증명은 생략. □

연습문제 4.4.2. [$\ker L$의 기저와 $\operatorname{im} L$의 기저]로부터 V의 기저를 construct하는 방법으로 Dimension Theorem을 다시 증명하라.[37]

[35] Dimension Theorem을 제12장에서는 First Isomorphism Theorem이라고 부르게 된다.
[36] 아차, '기계'가 하는 증명은 생략하기로 한 것을 깜빡했다.
[37] 이 증명은 Basis Extension Theorem을 필요로 하지 않는다. 따라서 Dimension Theorem이 Basis Extension Theorem의 결과라고 하는 것은 정확한 표현이 아니다.

Dimension Theorem은 선형대수에서 중요한 장면마다 휘두르게 될 '傳家의 寶刀'이다. 예를 들어, 앞에서도 언급했듯이, 관찰 4.1.15는 Dimension Theorem의 결과로 생각하는 것이 더 자연스럽다. 그러므로 지금 관찰 4.1.15(또는 연습문제 4.3.9)를 다시 기록하더라도 종이 낭비로 생각되지는 않는다.

따름정리 4.4.3. V, W가 f.d.v.s.이고, $L : V \to W$가 linear map일 때,

(가) L이 monomorphism이면, $\dim V \leq \dim W$.

(나) L이 epimorphism이면, $\dim V \geq \dim W$.

Dimension Theorem은 물론 그 자체로도 의미가 크지만, 우리가 이를 특별히 중요하게 생각하는 이유는 다음 따름정리 때문이다. 다음 따름정리는 위 정리의 특수한 경우, 즉 V, W가 유한차원이면서 $\dim V = \dim W$인 경우(특히, $V = W$인 경우)를 다룬다.

따름정리 4.4.4. V, W가 **f.d.v.s.**이고 $L : V \to W$가 linear map일 때, 만약 $\dim V = \dim W$이면, 다음 세 조건은 동치이다.

(1) L은 isomorphism. (즉, L은 bijection.)

(2) L은 monomorphism. (즉, L은 injection.)

(3) L은 epimorphism. (즉, L은 surjection.)

증명 : Dimension Theorem과 따름정리 3.5.11(나)항(본질적으로 Basis Extension Theorem)에 의해 자명. □

우리의 **두 번째 big event**(깜짝 놀랄 결과) 연습문제 4.2.16은 위 따름정리에서 $L = L_A$인 특수한 경우였다. (사실은 — 제 5장에서 F^n에서 F^m으로의 선형사상은 L_A의 꼴밖에 없음을 알게 되면 — f.d.v.s.의 분류(따름정리 4.3.10)에 의해 $V \approx F^n$이고 $W \approx F^m$이므로, 연습문제 4.2.16과 따름정리 4.4.4는 같은 내용이라는 것이 [우리의 철학]이다.)

참지 못하고 (계속) 잘난 체하자면, 사실은 big event도 '본질적'으로 하나뿐이라고 말할 수 있다.

연습문제 4.4.5. [따름정리 3.5.12에서 $V = F^n$인 경우]와 [따름정리 4.4.4에서 $L = L_A : F^n \to F^n$인 경우]는 같은 내용(동치)임을 설명해 보라.[38]

[38] 연습문제 4.2.15를 생각하라.

이제 따름정리 4.4.4를 다음 정리와 비교해 보자. (비둘기들도 알고 있는 내용이니 증명은 필요하지 않을 것이다.)

정리 4.4.6. (Pigeon Hole Principle) $\emptyset \neq S, T$ 가 **finite** set이고 $f : S \to T$ 가 함수일 때, 만약 $|S| = |T|$ 이면, 다음 세 조건

(1) f 는 bijection.
(2) f 는 injection.
(3) f 는 surjection.

은 동치이다.

따라서 우리는 finite dimensional vector space가 마치 finite set과 같은 행동을 하는 것을 알 수 있다. 이제 위 따름정리 4.4.4를 '**f.d.v.s.의 비둘기집 원리**'라고 부를 수 있을 것이다. 물론 따름정리 4.4.4도 앞으로 '전가의 보도'의 역할을 하게 될 것이다.

Dimension만을 알고 싶을 때(기저에는 특별히 관심이 없고), Dimension Theorem은 특히 유용하다.[39]

보기 4.4.7. Trace map $\mathrm{tr} : \mathfrak{M}_{n,n}(F) \to F$를 생각해 보자(보기 4.2.20(나)항). 이때 $\ker \mathrm{tr} = \mathfrak{sl}_n(F) = \{A \in \mathfrak{M}_{n,n}(F) \mid \mathrm{tr}(A) = 0\}$ 이고, 물론 tr는 surjection. 따라서(Dimension Theorem에 의해), $\dim \mathfrak{sl}_n(F) = n^2 - 1$.

연습문제 4.4.8. $V_1, \ldots, V_k$가 f.d.v.s.일 때, (첫 번째 좌표로의) natural projection $\pi_1 : \prod_{i=1}^k V_i \to V_1$을 생각하고(보기 4.2.5), 다음을 보여라.

(가) $\ker \pi_1 \approx V_2 \times \cdots \times V_k$.
(나) $\dim \left(\prod_{i=1}^k V_i\right) = \sum_{i=1}^k \dim V_i$.[40]

주의: Cardinal number와 그의 연산 및 대소관계가 익숙하지 않은 독자들은 다음 쪽은 읽지 않아도 좋다. 훗날 기회가 있을 것이다.

---

[39] 말은 거창하지만 신통한 example을 찾기는 쉽지 않다. 보기 4.4.7과 연습문제 4.4.8 모두 이미 잘 아는 내용이다.

[40] k에 관한 귀납법.

참고 4.4.9. (가) 저자가 — 또 참지 못하고 잘난 체하기 위하여 — 미리 세심한 事前 준비를 해 온 것을 눈치챈 독자들도 일부 있었을 것이다. 즉, 벡터공간의 차원을 정의한 뒤의 명제에는 가끔 **f.d.v.s.**를 bold-face로 표기한 것을 눈여겨본 독자들도 있었을 것이다. 독자들도 충분히 짐작할 수 있듯이, **f.d.v.s.**를 bold-face로 표기한 명제는 무한 차원 벡터공간의 경우에는 성립하지 않는다는 의미이다. 그리고, 물론, f.d.v.s.를 보통 활자로 표기한 경우는 무한 차원 벡터공간의 경우에도 성립한다는 뜻이다. 다음에 복습할 때는 — cardinal number와 그의 연산(특히 덧셈) 및 대소관계를 배운 독자들은 — 이를 확인해 보기 바란다.

(나) 지금까지 bold-face를 사용한 곳은 정확히 세 곳(따름정리 3.5.11(나)항, 따름정리 3.5.12, 따름정리 4.4.4)뿐이다.[41] 우리가 선형대수에서 f.d.v.s.를 주로 다루는 이유도, 따라서, 이 세 따름정리 때문이다.

(다) 물론 Zorn's Lemma를 언급한 명제들(정리 3.5.8(Basis Extension Theorem)과 정리 3.5.10)은 무한 차원이어도 성립한다.

(라) 앞으로도 bold-face **f.d.v.s.**의 표기법은 계속 사용할 것이다. 다만, 지금부터는 무한 차원 벡터공간의 경우에 대한 설명은 — 꾹 참고 — 독자들에게 맡긴다.

보기(연습문제)를 하나만 추가한다.

연습문제 4.4.10. F-위의 polynomial space $F[t]$의 부분집합 $S = \{t^i \mid i \geq 1\}$을 생각하자. 그리고, 선형사상 $\varphi : F[t] \to F[t]$를

$$\varphi(f(t)) = tf(t), \qquad (f(t) \in F[t])$$

로 정의하자.

(가) S는 일차독립이고, $|S| = \dim F[t]$이지만, S는 $F[t]$ 전체를 생성하지 못하는 것을 보여라.

(나) $\varphi : F[t] \to F[t]$는 monomorphism이지만 epimorphism이 아님을 보여라.

(다) Epimorphism이지만 monomorphism이 아닌 선형사상 $\psi : F[t] \to F[t]$를 찾아라.

[41] 따름정리 3.5.11(가)항은 무한 차원이어도 성립.

4.5. Rank Theorem

이 節에서는 Dimension Theorem을 이용하여 행렬의 rank를 공부한다. 먼저 단어 공부부터 시작하자.

정의 4.5.1. $A \in \mathfrak{M}_{m,n}(F)$일 때, 앞 정의 3.8.1의 row space와 row rank처럼, A의 **column space**는 F^m의 부분공간 $\langle [A]^1, \ldots, [A]^n \rangle$이고, 그의 dimension은 A의 **column rank**라고 부른다.

우리는 이미 A의 column space와 $\operatorname{im} L_A$가 같다는 사실을 잘 알고 있다 (§4.2 참조). 다음 보기는 Rank Theorem의 본질을 잘 보여 주고 있다.

보기 4.5.2. $A \in \mathfrak{M}_{m,n}(F)$일 때, 연립방정식 $(*)$ $AX = 0$에 1-차방정식

$$a_{01}x_1 + \cdots + a_{0n}x_n = 0, \qquad (\text{단, } a_{01}, \ldots, a_{0n} \in F)$$

이 하나 추가되었다고 하자.

(가) 만약 이 방정식을 추가했는데도 해집합에 변화가 없다면, 우리는 '직관적'으로(intuitively) 이 방정식이 원래의 방정식에 '포함'되어 있던 것이라고 — 즉, 원래 있던 방정식들의 일차결합에 불과하다고 — 자신 있게(!) 말할 것이다. 이제 우리의 '직관'을 증명해 보자. 이를 위해 $A' \in \mathfrak{M}_{m+1,n}(F)$를 A에 새로운 row $[A]_0 = (a_{01}, \ldots, a_{0n})$을 하나 추가한 행렬이라고 표기하자. 그러면, 해집합에 변화가 없다는 가정은 $\ker L_A = \ker L_{A'}$과 동치이다. 그리고, '전가의 보도' Dimension Theorem에 의하면(rank를 rk로 간략히 표기),

$$[\text{column rk of } A] = n - \dim \ker L_A = n - \dim \ker L_{A'} = [\text{column rk of } A']$$

이 된다. 그런데, 우리의 '직관'이 말하는 바는 $[A]_0 \in [\text{row space of } A]$, 즉

$$[\text{row space of } A] = [\text{row space of } A']$$

이다. 당연히 $[\text{row space of } A] \leq [\text{row space of } A']$이므로, 우리의 '직관'은 A와 A'의 row rank가 같다고 말하고 있다. [**결론**]: "우리의 '직관'은 행렬의 row rank와 column rank가 같다는 사실을 이미 알고 있는 듯하다."

(나) 만약 방정식을 하나 추가했더니 해집합의 차원이 감소했다고 가정하면, 우리의 'intuition'은 행렬의 row rank가 1 증가했다고(해집합의 차원은 1 감소) 말할 것이다. 이때의 [결론]도 (가)항과 마찬가지(확인해 보라).

이제 우리는 항상 [A의 row rank]와 [A의 column rank]가 같다는 Rank Theorem을 증명하려고 한다. 이 節의 증명은 row-reduced echelon form을 이용한다. 앞 제2장의 序論에서 row-reduced echelon form은 우리의 'story'에서 조금 벗어나 있다고 말한 것을 기억하는 독자는 뒤에 Rank Theorem을 더 '고상한' 방법으로 다시 증명하리라는 것을 예상할 수 있을 것이다.

아래 증명(들)에는 관찰3.8.2가 필요하다. 즉, 행렬 A에 elementary row operation을 수행해도 A의 row space는 변화하지 않으므로, [A로부터 얻어지는 row-reduced echelon form의 row space]와 [A의 row space]는 같다.

정리 4.5.3. (Rank Theorem) $A \in \mathfrak{M}_{m,n}(F)$이면,

$$[\text{row rank of } A] = [\text{column rank of } A]$$

이다.[42]

Rank Theorem은 우리의 '직관'은 이미 알고 있을 정도이니, 꿈에 보일 만하다. 다음 [꿈속의 증명]은 사실 '아슬아슬'하다.[43]

꿈속의 증명 : (Gap이 있는 증명) 앞 관찰3.8.2와 정리1.2.3(가능성)에 의해, A 자신이 row-reduced echelon form이라고 가정해도 좋을 것이다. 그런데, 일반적으로 row-reduced echelon form은

$$\begin{pmatrix} \mathbf{0} & 1 & * & 0 & * & 0 & * & \cdots \\ \mathbf{0} & 0 & \mathbf{0} & 1 & * & 0 & * & \cdots \\ \mathbf{0} & 0 & \mathbf{0} & 0 & \mathbf{0} & 1 & * & \cdots \\ \mathbf{0} & 0 & \mathbf{0} & 0 & \mathbf{0} & 0 & \mathbf{0} & \cdots \\ \vdots & \vdots & \vdots & \vdots & \vdots & \vdots & \vdots & \ddots \\ \mathbf{0} & 0 & \mathbf{0} & 0 & \mathbf{0} & 0 & \mathbf{0} & \cdots \end{pmatrix}$$

의 형태이다. 그러므로 A의 row rank는 A의 non-zero row의 개수(즉, [최초의 1]의 개수)와 같은 것은 자명하다. 또, [최초의 1]을 갖는 column들은 모두 표준 단위벡터들이고, 이들이 위 행렬의 $*$ 부분을 생성하는 것도 분명하다. 따라서, [최초의 1]을 갖는 column들이 A의 column space의 basis가 된다. 즉, A의 row rank와 column rank는 모두 [최초의 1]의 개수와 같다. (一場春夢. 이제 꿈에서 깨어나 어디에 gap이 있는지 찾아보라.) ⊠ □

[42] 그렇지만, 물론, A의 row space와 column space가 같다는 뜻은 아니다. 이 둘은 애당초 사는 곳이 다를뿐더러, 설령 $m=n$이고 row vector와 column vector를 identify하더라도 이 둘은 일반적으로 같지 않다.

[43] 이 책을 쓰면서 저자도 여러 번 이 꿈을 꾸었다······. 보기5.4.16 참조.

첫 번째 증명 : (Row-reduced echelon form을 이용한 증명) 앞 [꿈속의 증명]을 '몇 글자'만 수정하면 된다. A의 column space와 $\mathrm{im}\, L_A$가 같다는 사실과 '전가의 보도' Dimension Theorem으로부터, 우리는

$$n = \dim \ker L_A + [\text{row rank of } A]$$

인 것만 보이면 충분하다는 것을 알 수 있다. 이제 $\ker L_A$(즉, $(*)$ $AX = 0$의 solution space)를 생각하기 위해 A로부터 만들어진 row-reduced echelon form R을 생각하자. 그러면 앞 관찰 3.8.2와 정리 1.2.3(가능성)에 의해, A의 row rank는 R의 [최초의 1]의 개수(즉, [최초의 1]을 **갖는** column의 개수)와 같은 것은 자명하다. 그리고 연습문제 1.2.1 (마) 항의 '모범답안'(또는 보기 3.7.2)을 생각하면, $(*)$ $AX = 0$의 solution space의 dimension은 R의 [최초의 1]을 **갖지 않는** column의 개수(즉, free variable의 개수)와 같은 것도 분명하다. R의 전체 column의 개수는 물론 n-개이므로, 증명 끝. □

Rank Theorem의 두 번째 증명은 §5.4에서, 세 번째 증명은 inner product space와 Gram-Schmidt Orthogonalization Process를 공부한 후 §10.3에서, 그리고 dual space를 이용한 '일반적'인 '고상한' 증명은 §13.8에서 만나게 된다.

이제 같은 것을 두 개의 이름으로 부를 필요는 없다.

정의 4.5.4. $A \in \mathfrak{M}_{m,n}(F)$일 때, A의 row rank와 column rank를 모두 A의 **rank**라고 부르고 $\mathrm{rk}(A)$로 표기한다. (특히, A의 rank가 $\min(m, n)$이면, A가 **full rank**를 갖는다고 말하면 그럴듯할 것이다.)

이제 다음 결과들(따름정리 4.5.5부터 연습문제 4.5.8까지)은 자명하다(증명은 생략). 따름정리라는 거창한 명칭이 쑥스러울 지경이다.

따름정리 4.5.5. $A \in \mathfrak{M}_{m,n}(F)$일 때, homogeneous linear equation $(*)$ $AX = 0$의 solution space의 dimension은 $n - \mathrm{rk}(A)$.

따름정리 4.5.6. (가) 행렬에 elementary row operation을 수행해도 — column space는 변화하지만 — (column) rank는 변화하지 않는다.[44]
(나) 거꾸로도 마찬가지이다. 즉, elementary column operation을 수행하더라도 (row) rank는 불변.

[44] 보기 5.4.16 참조.

연습문제 4.5.7. $A, B \in \mathfrak{M}_{m,n}(F)$일 때, 다음을 증명하라.

(가) $A \sim_{\mathsf{r}} B$ 또는 $A \sim^{\mathsf{c}} B$ 이면,[45] $\operatorname{rk}(A) = \operatorname{rk}(B)$.

(나) A가 가역이면(물론 $m = n$), A는 full rank를 갖는다. 즉, $\operatorname{rk}(A) = n$.[46]

연습문제 4.5.8. $A \in \mathfrak{M}_{m,n}(F)$일 때, 다음을 증명하라.

(가) $Q \in \mathfrak{M}_{m,m}(F)$가 가역이면, $\operatorname{rk}(QA) = \operatorname{rk}(A)$.

(나) $P \in \mathfrak{M}_{n,n}(F)$가 가역이면, $\operatorname{rk}(AP) = \operatorname{rk}(A)$.

(다) $Q \in \mathfrak{M}_{m,m}(F)$와 $P \in \mathfrak{M}_{n,n}(F)$가 가역이면, $\operatorname{rk}(QAP) = \operatorname{rk}(A)$.

독자들은 위 연습문제 4.5.7(나)항의 converse는 아직 증명할 수 없음을 확인하기 바란다(이 얘기는 이번이 마지막이다!).

§3.7에서 남겨둔 숙제가 하나 있다.

보기 4.5.9. (가) 이제 다시 Lagrange Interpolation Formula를 생각해 보자. 이번에도 $a_0, a_1, \ldots, a_n \in F$가 서로 다른 scalar이고 $b_0, b_1, \ldots, b_n \in F$는 임의의 scalar라고 하자. 연습문제 3.7.4에서 우리는

$$g(a_i) = b_i, \qquad (i = 0, 1, \ldots, n)$$

인 $g(t) \in \mathcal{P}_n(F)$가 유일하게 존재하는 것을 설명하고, 실제로 $g(t)$를 Lagrange polynomial들의 일차결합으로 나타내는 방법을 공부하였다. 이번에는

$$g(t) = x_0 + x_1 t + \cdots + x_n t^n, \qquad (\text{단, } x_0, x_1, \ldots, x_n \in F)$$

로 놓고 미지수 x_j를 구해 보자. 이제 위에 주어진 조건은 1-차 연립방정식

$$\begin{pmatrix} 1 & a_0 & {a_0}^2 & \cdots & {a_0}^n \\ 1 & a_1 & {a_1}^2 & \cdots & {a_1}^n \\ \vdots & \vdots & \vdots & \ddots & \vdots \\ 1 & a_n & {a_n}^2 & \cdots & {a_n}^n \end{pmatrix} \begin{pmatrix} x_0 \\ x_1 \\ \vdots \\ x_n \end{pmatrix} = \begin{pmatrix} b_0 \\ b_1 \\ \vdots \\ b_n \end{pmatrix}$$

으로 해석할 수 있다. 우리의 목표는 이 연립방정식 (**) $AX = B$가 항상 유일한 해를 갖는 것을 보이는 것이다. (이 coefficient matrix $A \in \mathfrak{M}_{n+1,n+1}(F)$의 이름은 **Vandermonde matrix**.)

[45] $\sim_{\mathsf{r}}$과 $\sim^{\mathsf{c}}$는 각각 row equivalence와 column equivalence를 의미한다. 정의 1.3.3과 연습문제 1.3.10 참조.

[46] 정리 1.3.6의 조건(1)–조건(3)이 동치인 것은 trivial하므로, 잊은 체할 대상도 못 된다. 우리가 잊은 체하고 있는 건 정리 1.3.6의 [(5)⇒(1)] 부분이다.

(나) §3.7에서 저자의 제안을 (충실히) 따라 (하루쯤 투자해) (가)항의 연립방정식을 풀려고 시도한 독자들은 별 성과가 없었을 것이다. 그때 우리가 사용할 수 있는 방법은 elementary row operation뿐이었기 때문이다. 즉, $A \sim_{\mathsf{r}} I$ 임을 설명하는 것은 쉬운 일이 아니다.

(다) 연립방정식 (∗∗) $AX = B$가 유일한 해를 갖는 것을 설명하는 또 다른 방법은 A의 (column) rank가 $(n+1)$임을 보이는 것이다(연습문제 3.5.14와 연습문제 4.2.16 참조). 그런데, 행렬의 rank를 계산하고 싶으면, 이젠 Rank Theorem (또는 따름정리 4.5.6) 덕분에 elementary row operation뿐만 아니라 elementary column operation도 사용할 수가 있다! 이런저런 시도를 하다 보면⋯⋯, 결국 다음 elementary **column** operation(들)

$$A \sim_{\mathsf{c}} \begin{pmatrix} 1 & 0 & 0 & \cdots & 0 \\ 1 & a_1 - a_0 & (a_1 - a_0)a_1 & \cdots & (a_1 - a_0){a_1}^{n-1} \\ 1 & a_2 - a_0 & (a_2 - a_0)a_2 & \cdots & (a_2 - a_0){a_2}^{n-1} \\ \vdots & \vdots & \vdots & \ddots & \vdots \\ 1 & a_n - a_0 & (a_n - a_0)a_n & \cdots & (a_n - a_0){a_n}^{n-1} \end{pmatrix}$$

이 최선임을 발견하게 될 것이다. 위 column operation의 과정은 (오른쪽 끝부터 시작해서) $[A]^j$의 a_0-배를 $[A]^{j+1}$에서 빼 준 것이다(단, $j = n, \ldots, 1$). 그리고,[47] 귀납법을 사용하기 위해, 위에서 얻은 행렬의 오른쪽 아래 $(n \times n)$-block을 생각하면, 다음 elementary **row** operation(들)

$$\begin{pmatrix} a_1 - a_0 & (a_1 - a_0)a_1 & \cdots & (a_1 - a_0){a_1}^{n-1} \\ a_2 - a_0 & (a_2 - a_0)a_2 & \cdots & (a_2 - a_0){a_2}^{n-1} \\ \vdots & \vdots & \ddots & \vdots \\ a_n - a_0 & (a_n - a_0)a_n & \cdots & (a_n - a_0){a_n}^{n-1} \end{pmatrix} \sim_{\mathsf{r}} \begin{pmatrix} 1 & a_1 & \cdots & {a_1}^{n-1} \\ 1 & a_2 & \cdots & {a_2}^{n-1} \\ \vdots & \vdots & \ddots & \vdots \\ 1 & a_n & \cdots & {a_n}^{n-1} \end{pmatrix}$$

은 간단하다. 이제 n에 관한 귀납법을 사용하면 증명 끝.

(라) 그러나 — Lagrange Interpolation Formula는 $g(t)$를 구체적으로 쓰는 방법을 가르쳐 주었지만 — 아직 우리는 x_j를 a_{ij}와 b_i의 식으로 나타낼 수는 없다. (연습문제 6.5.11의 Vandermonde Determinant 및 정리 6.6.1의 Cramer's Rule 참조.)

제 4 장은 여기서 마무리하자.

---

[47]먼저, 첫 번째 열의 $(1,1,\ldots,1)^{\mathbf{t}}$을 row operation을 사용해 $(1,0,\ldots,0)^{\mathbf{t}}$으로 바꾸어도 OK.

제 5 장 기본정리

이 章의 목표는 앞에서 여러 번 언급한 [행렬과 선형사상은 같은 것]이라는 명제를 이해하는 것이다. 이를 우리는 '선형대수학의 기본정리'라고 부를 것이다. 그리고 우리의 새로운 철학도 등장한다. 이 章은 우리 'story'의 첫 climax라고 할 수 있다.

기본정리를 이해하고 나면 지금까지 우리가 갖고 있던 여러 질문들을 시원하게 해결할 수 있을 것이다.

그러나, 선형사상과 행렬을 같은 것으로 보게 해주는 isomorphism은 기저의 선택에 의존한다. 그래서 또 새로운 질문이 시작된다. 다른 기저를 선택하면 어떤 변화가 일어나는가?

5.1. Vector Space of Linear Maps

이 節에서는 선형사상들로 이루어진 벡터공간을 공부한다. 다시 말해, 선형사상을 벡터로 갖는 벡터공간을 생각한다.

정의 5.1.1. V, W가 F-vector space 일 때,

$$\mathfrak{L}(V,W) = \{L : V \to W \mid L \text{은 linear map}\}$$

으로 표기하기로 한다. 이제, [$L, M \in \mathfrak{L}(V,W)$의 **합** $(L+M)$]과 [scalar $a \in F$와 $L \in \mathfrak{L}(V,W)$의 **상수곱** aL]을 각각

$$(L+M)(v) = L(v)+M(v), \qquad (aL)(v) = aL(v), \qquad (v \in V)$$

로 정의하면, $L+M$, $aL \in \mathfrak{L}(V,W)$이고(연습문제 4.2.8 참조), $\mathfrak{L}(V,W)$도 벡터공간이 되는 것을 쉽게 확인할 수 있을 것이다.[1] 이를 우리는, 예를 들어, "선형사상의 합(의 함숫값)은 함숫값의 합으로 정의한다"고 말한다. ($\mathfrak{L}(V,W)$의 zero vector는 무엇인가? L의 덧셈의 역원 $(-L)$은 무엇인가?)

[1] 이 덧셈과 상수곱도 componentwise 정의되었다고 말할 수 있을까?

연습문제 5.1.2. $L, L' \in \mathfrak{L}(V,W)$, $M, M' \in \mathfrak{L}(W,U)$, $N \in \mathfrak{L}(U,U')$, $r \in F$ 일 때, 다음 '기본' 규칙들이 성립함을 보여라.[2]

(자) $(N \circ M) \circ L = N \circ (M \circ L)$.

(차) $L \circ I_V = L$, $I_W \circ L = L$.

(카) $(M+M') \circ L = M \circ L + M' \circ L$, $M \circ (L+L') = M \circ L + M \circ L'$.[3]

(타) $(rM) \circ L = r(M \circ L) = M \circ (rL)$.

특별히, $L \in \mathfrak{L}(V,V)$ 인 경우에는 — 즉, L 이 linear operator 일 때에는 — 행렬의 경우처럼

$$L^0 = I, \qquad L^1 = L, \qquad L^2 = L \circ L, \qquad L^3 = L \circ L \circ L, \qquad \cdots$$

로 표기한다. (행렬의 경우와 마찬가지로 L^3 등의 표기법을 사용하려면, 당연히 함수 합성에 관한 associativity (위 연습문제 (자)항)를 필요로 한다. 행렬 곱셈의 associativity 와 함수 합성의 associativity 는 어느 쪽이 증명이 더 쉬운가?!)

연습문제 5.1.3. (연습문제 1.1.5 와 비교.) $L, M \in \mathfrak{L}(V,V)$ 일 때, 다음을 보여라.

(가) $(L+I) \circ (L-I) = L^2 - I$.

(나) $(L+M)^2 = L^2 + L \circ M + M \circ L + M^2$.

(다) $(L-I) \circ (L^m + \cdots + L + I) = L^{m+1} - I$.

연습문제 5.1.4. (연습문제 1.1.6 과 비교.) $[L^r = 0 \text{ for some } r \geq 1]$ 인 linear operator $L \in \mathfrak{L}(V,V)$ 를 nilpotent operator 라고 부른다. 만약 $L, M \in \mathfrak{L}(V,V)$ 가 nilpotent 이고, $L \circ M = M \circ L$ 이면, $(L+M)$ 도 nilpotent 임을 보여라.

지금 우리는 §1.1의 내용을 선형사상의 언어로 번역하고 있는 중이다(행렬의 곱셈은 선형사상의 합성에 대응된다!). 번역 작업은 기본정리를 배운 후에 계속하기로 하자. 다만, linear operator 의 trace 를 말하려면 §5.6 까지 기다려야 하고, linear map 의 transpose 를 이해하는 것은 이 책 후반부의 主題 中 主題(climax)이다.

[2] 관찰1.1.1과 번호를 맞추었다. $\mathfrak{L}(V,W)$는 벡터공간이므로, 관찰1.1.1의 (가)–(아)항에 대응되는 규칙들은 이미 알고 있다.

[3] 물론, 곱셈(=합성)이 덧셈에 우선한다.

다음 연습문제는 아직도 마치 extra 인 것처럼 보이지만, 머지않아 우리 'story'의 주인공의 하나로 등장하게 된다.

연습문제 5.1.5. (연습문제 2.3.13과 비교.) $L \in \mathfrak{L}(V,V)$ 이고

$$f(t) = a_n t^n + \cdots + a_1 t + a_0, \qquad (\text{단, } a_n, \ldots, a_1, a_0 \in F)$$

가 $F[t]$의 polynomial 일 때,

$$f(L) = a_n L^n + \cdots + a_1 L + a_0 I$$

로 표기하는 것은 매우 자연스럽다. 이번에도, 우리는 $f(L)$을 [**evaluation** of $f(t)$ at L]이라고 부른다.) 이제 $f(t), g(t) \in F[t]$, $c \in F$ 일 때, 다음을 보여라.

(가) $(f+g)(L) = f(L) + g(L)$.[4]

(나) $(cf)(L) = c\,f(L)$.

(다) $(fg)(L) = f(L) \circ g(L)$.

우리가 새로운 벡터공간을 만나면 — vector space 의 Classification Theorem 을 생각할 때 — 가장 먼저 알고 싶은 것이 그의 dimension 이다. 우선 제일 간단한 경우부터 생각해 보자.

정의 5.1.6. V가 벡터공간일 때,

$$V^* = \mathfrak{L}(V, F)$$

로 정의하고, 우리는 V^*를 V의 **dual space**(쌍대공간)라고 부른다. 또, V^*의 원소는 **linear functional**(또는 linear form)이라고 부른다. 뿐만 아니라, 우리는 dual의 dual, 즉

$$V^{**} = (V^*)^* = \mathfrak{L}(V^*, F)$$

도 생각하게 된다. V^{**}는 V의 **double dual**이라고 부른다.[5]

V^*와 V^{**}는 V와 '함께 태어난' 선형대수학의 주인공들이며, 제13장에 다시 등장할 것이다. 이 책의 목적 중 하나는 선형대수에 왜 dual space 가 반드시 등장해야만 하는지를 — 즉, 왜 중요한지를 — 이해하는 것이다.[6]

---

[4] "다항식을 더한 후에 evaluate한 것이나 각각 evaluate해서 더한 것이나 같다."

[5] V^*는 "V star"로, V^{**}는 "V double star"로 읽는다.

[6] 저자의 경험에 의하면, dual, double dual을 論하기 시작하면 수강생들의 항의가 다시 시작된다. (그리고, 이때쯤에는 대개 창밖에 꽃향기가 그윽하다.) "이건 또 웬 추상적 지적유희냐고, 이런 거 배워서 어디다 써먹냐고, 무언가 생산적인 걸 공부하자고……" 우리 독자들은 묵묵히 '달리기(걸음마?) 훈련'에 집중할 것으로 믿는다.

아래 관찰5.1.7과 관찰5.1.9의 증명에서, 어떻게 대뜸 $\{v_i^*\}$와 $\{E_{ij}\}$가 기저가 된다는 것을 예측할 수 있었는지는 아직 설명할 수 없다. 이 점은 기본정리를 배운 후에 알게 될 것이다(보기5.4.1 참조). 관찰5.1.7과 관찰5.1.9를 여기에서 다루는 이유는 단지 독자들이 $\mathfrak{L}(V,W)$의 연산에 익숙해지도록 연습하기 위함이다('달리기 훈련').

관찰 5.1.7. V가 **f.d.v.s.**이면, $\dim V^* = \dim V$.

증명 : (가) Vector space의 dimension에 관해 이야기하려면 기저가 있어야 한다. 따라서 우선 $\mathfrak{B} = \{v_1, \ldots, v_n\}$을 V의 기저라고 하자. 우리는 V^*의 기저를 찾기 위하여 이미 보기4.3.3에서 준비를 시작하였다. 즉, $v_i^* \in V^*$를

$$v_i^*(v_j) = \delta_{ij}, \qquad (1 \le i, j \le n)$$

로 정의한다. (다시 강조하면, Linear Extension Theorem이 linear map v_i^*를 유일하게 잘 정의해 준다.) 이제 $\mathfrak{B}^* = \{v_1^*, \ldots, v_n^*\}$가 V^*의 기저인 것을 보이면 된다. 여기부터는 다시 '**기계**'(조금 upgrade된 '기계')가 증명을 맡는다.[7]
(나) 먼저 $\mathfrak{B}^*$가 일차독립임을 보이자. 따라서, $a_1, \ldots, a_n \in F$일 때,

$$a_1 v_1^* + \cdots + a_n v_n^* = 0$$

이라고 하자(이 식에서 우변의 0은 어디에 살고 있는가?). 이 식은

$$(a_1 v_1^* + \cdots + a_n v_n^*)(v) = 0, \qquad (v \in V)$$

와 동치이다(이 식 우변의 0은 어디에 살고 있는가?). 그리고 관찰4.3.1에 의하면 이 식은

$$(a_1 v_1^* + \cdots + a_n v_n^*)(v_j) = 0, \qquad (j = 1, \ldots, n)$$

과 동치인 것을 알 수 있다.[8] 이제 모든 $j = 1, \ldots, n$에 대하여,

$$\begin{aligned} 0 &= (a_1 v_1^* + \cdots + a_n v_n^*)(v_j) \\ &= (a_1 v_1^*)(v_j) + \cdots + (a_n v_n^*)(v_j) \\ &= a_1 v_1^*(v_j) + \cdots + a_n v_n^*(v_j) \\ &= a_j \end{aligned}$$

이므로, $\mathfrak{B}^*$는 일차독립이다.

[7]독자들의 upgrade를 돕기 위하여 — 종이를 아낌없이 사용해 가며 — 자세히 설명하였다.
[8]즉, 두 선형사상이 같다는 정보는 모든 basis vector에서의 함숫값이 같다는 정보와 동치이다.

(다) 다음에는 $\mathfrak{B}^*$가 V^* 전체를 생성하는 것을 보이자. 즉, $f \in V^*$이면, f가 $\mathfrak{B}^*$의 일차결합으로 쓰여지는 것을 보여야 한다. [**연습장:** 어차피

$$f = b_1 v_1^* + \cdots + b_n v_n^*$$

인 $b_j \in F$가 존재할 것이므로, 이 b_j들이 무엇이어야 하는지 계산해 보자. 그런데, 이 식의 양변을 v_j에서 계산해 보면,

$$f(v_j) = (b_1 v_1^* + \cdots + b_n v_n^*)(v_j) = b_j, \qquad (j = 1, \ldots, n)$$

이어야만 함을 알 수 있다.] 이제 연습장은 감추고 별것 아니라는 표정으로,

$$f = f(v_1)v_1^* + \cdots + f(v_n)v_n^*$$

인 것을 확인(양변을 v_j에서 계산)하기만 하면 된다. □

$\mathfrak{B} = \{v_1, \ldots, v_n\}$이 V의 basis일 때, 위의 증명에서 정의한 V^*의 basis $\mathfrak{B}^* = \{v_1^*, \ldots, v_n^*\}$를 우리는 $\mathfrak{B}$의 **dual basis**라고 부른다.

위 관찰의 요점은 — 만약 V가 f.d.v.s.이면 — $\mathfrak{B}^*$가 V^*의 basis이고, 따라서 V^*도 f.d.v.s.이고 $\dim V = \dim V^*$라는 것이고, dual basis 자체는 그리 대단한 건 아니다. 왜냐하면, $v_i^* : V \to F$는 다름 아닌 [basis $\mathfrak{B}$에 관한 i-th coordinate function]이기 때문이다(보기 4.3.3 참조).

다음 연습문제는 (지금은) '달리기 훈련'일 뿐이다.[9] 독자들은 다음 연습문제에서 V에서 V^{**}로 가는 함수를 정의하는 요령을 눈여겨보기 바란다. 비슷한 정의가 앞으로 자주 등장할 것이다(예를 들어, 정리 5.3.3의 함수 $\Phi_{\mathfrak{C}}^{\mathfrak{B}}$).

연습문제 5.1.8. V가 **f.d.v.s.**일 때, $\psi : V \to V^{**}$를

$$\psi(v)(f) = f(v), \qquad (v \in V,\ f \in V^*)$$

로 정의할 때,[10] [11] 다음을 보여라.

(가) $v \in V$이면, $\psi(v)$는 linear. 즉, $\psi(v) \in V^{**}$.
(나) $\psi : V \to V^{**}$는 isomorphism.
(다) $\{v_i\}$가 V의 기저일 때, $v_i^{**} = (v_i^*)^*$로 표기하면, $\psi(v_i) = v_i^{**}$.[12]

[9] Dual과 double dual은 제13장에서, 낙엽이 떨어질 때, 다시 만나게 된다.
[10] $(\psi(v))(f)$로 표기하는 것이 뜻이 더 명확하겠지만······, 절약정신(과 미적감각).
[11] $\psi : V \to V^{**}$를 정의하려면, $\psi(v) \in V^{**}$를 묘사하면 되고, 이를 위해서는 $\psi(v)(f) \in F$를 묘사하면 된다.
[12] Hint: dual basis $\{v_j^*\}$에서의 함숫값만 조사해 보면 된다.

다음 관찰의 증명은 앞 관찰5.1.7의 증명과 거의 같다. 비슷한 내용을 반복하는 것도 독자들이 $\mathfrak{L}(V,W)$에 익숙해지도록 연습하기 위함이다.

관찰 5.1.9. V, W가 **f.d.v.s.**이면, $\dim \mathfrak{L}(V,W) = (\dim V)\cdot(\dim W)$.

증명 : (가) 당연히 기저를 생각해야 할 것이다. 따라서 $\mathfrak{B} = \{v_1, \ldots, v_n\}$을 V의 기저라고 하고, $\mathfrak{C} = \{w_1, \ldots, w_m\}$을 W의 기저라고 하자. 이제 앞 章의 보기4.3.4를 다시 살펴보기 바란다. 즉, linear map $E_{ij} \in \mathfrak{L}(V,W)$를

$$E_{ij}(v_k) = \delta_{jk} w_i, \qquad (1 \le j, k \le n,\ 1 \le i \le m)$$

으로 정의한다(Linear Extension Theorem). 이제 $\{E_{ij} \mid 1 \le i \le m,\ 1 \le j \le n\}$이 $\mathfrak{L}(V,W)$의 기저인 것을 '기계'가 보이면 된다.

(나) 먼저 $\{E_{ij}\}$가 일차독립임을 보이자. 따라서 $\sum_{i,j} a_{ij}E_{ij} = 0$이라고 가정하자(단, $a_{ij} \in F$). 이제 모든 $k = 1, \ldots, n$에 대하여,

$$0 = \Big(\sum_{i,j} a_{ij}E_{ij}\Big)(v_k) = \sum_{i,j} a_{ij}E_{ij}(v_k) = \sum_i \sum_j a_{ij}\delta_{jk}w_i = \sum_i a_{ik}w_i$$

이고, $\{w_i\}$는 일차독립이므로, 모든 i, k에 대해 $a_{ik} = 0$.

(다) 다음에는 $\{E_{ij}\}$가 $\mathfrak{L}(V,W)$를 생성하는 것을 보이자. 이제 $L \in \mathfrak{L}(V,W)$이면, L이 $\{E_{ij}\}$의 일차결합으로 쓰여지는 것을 보여야 한다. 이번에도 [**연습장**]의 도움을 받아, $1 \le k \le n$일 때, $L(v_k) = \sum_i b_{ik}w_i$라고 표기하면(단, $b_{ik} \in F$), $L = \sum_{i,j} b_{ij}E_{ij}$가 된다. 각자의 [연습장]을 사용해 보라.[13] □

그런데, 위 증명들을 잘 살펴보면, summation notation $\sum$를 사용할 때,

$$\Big(\sum_{i,j} a_{ij}E_{ij}\Big)(v_k) = \sum_{i,j} (a_{ij}E_{ij})(v_k) = \sum_{i,j} a_{ij}E_{ij}v_k$$

에서 알 수 있는 것과 같이 처음부터 괄호 없는 표기법을 사용하는 것도 요령이라고 할 수 있다.

다음 연습문제는 — 비록 '달리기 훈련'이지만 — 제법 그럴듯해 보인다.

연습문제 5.1.10. V와 $W_1, \ldots, W_k$가 벡터공간일 때, 다음을 보여라.

(가) $\mathfrak{L}(V, \prod_{i=1}^k W_i) \approx \prod_{i=1}^k \mathfrak{L}(V, W_i)$.

(나) $\mathfrak{L}(\prod_{i=1}^k W_i, V) \approx \prod_{i=1}^k \mathfrak{L}(W_i, V)$.

[13]독자들은 관찰5.1.7의 증명은 관찰5.1.9의 증명에서 $m = 1$이고 $w_1 = 1$인 특수한 경우임을 알 수 있을 것이다.

5.2. 기본정리: 표준기저의 경우

드디어 앞에서 여러 번 언급한 [행렬과 선형사상은 같은 것]이라는 명제를 말할 준비가 되었다. 이를 우리는 '선형대수학의 기본정리'라고 부를 것이다.

먼저 특수한 경우를 — 즉, 표준기저의 경우를 — 생각해 보자. 다음 節의 일반적인 경우가 이 節과 몇몇 단어만 다를 뿐 거의 같음에도 불구하고, 두 경우로 나눈 이유는 독자들에게 충분한 motivation을 제공하기 위함이다.

표기법 5.2.1. 이 節에서는 다음과 같은 notation을 사용(고정)한다.

$$\begin{aligned} V = F^n: &\quad \dim V = n, \quad [F^n\text{의 표준기저}] = \mathcal{E} = \{\mathbf{e}_1, \ldots, \mathbf{e}_n\}, \\ W = F^m: &\quad \dim W = m, \quad [F^m\text{의 표준기저}] = \mathcal{F} = \{\mathbf{f}_1, \ldots, \mathbf{f}_m\}, \\ U = F^r: &\quad \dim U = r, \quad [F^r\text{의 표준기저}] = \mathcal{G} = \{\mathbf{g}_1, \ldots, \mathbf{g}_r\}. \end{aligned}$$

정의 5.2.2. $L \in \mathfrak{L}(F^n, F^m)$일 때,

$$L(\mathbf{e}_1) = \begin{pmatrix} a_{11} \\ a_{21} \\ \vdots \\ a_{m1} \end{pmatrix}, \quad L(\mathbf{e}_2) = \begin{pmatrix} a_{12} \\ a_{22} \\ \vdots \\ a_{m2} \end{pmatrix}, \quad \cdots, \quad L(\mathbf{e}_n) = \begin{pmatrix} a_{1n} \\ a_{2n} \\ \vdots \\ a_{mn} \end{pmatrix}$$

이라고 표기하자(단, $a_{ij} \in F$). 이를 한 줄로 줄이면

$$L(\mathbf{e}_j) = \sum_{i=1}^{m} a_{ij}\mathbf{f}_i, \qquad (j = 1, \ldots, n)$$

이 된다(독자들은 이 식에서 i, j의 순서에 **조심**하기 바란다). 이때,

$$[L]_{\mathcal{F}}^{\mathcal{E}} = [L] = (a_{ij}) = \begin{pmatrix} a_{11} & a_{12} & a_{13} & \cdots & a_{1n} \\ a_{21} & a_{22} & a_{23} & \cdots & a_{2n} \\ \vdots & \vdots & \vdots & \ddots & \vdots \\ a_{m1} & a_{m2} & a_{m3} & \cdots & a_{mn} \end{pmatrix}$$

으로 정의하고, 우리는 $[L]_{\mathcal{F}}^{\mathcal{E}} = [L] \in \mathfrak{M}_{m,n}(F)$를 표준기저 $\mathcal{E}$와 $\mathcal{F}$에 관한 **L의 행렬**(**행렬 표현**)이라고 부른다. 영어로는, **matrix representation of** L with respect to $\mathcal{E}$ and $\mathcal{F}$라고 부른다. 즉, $[L]$은 그의 j-번째 column이 $L(\mathbf{e}_j)$인 $(m \times n)$-행렬이다. 이를 식으로 표현하면,

$$[L]_{\mathcal{F}}^{\mathcal{E}} = [L] = \big(L(\mathbf{e}_1), \ldots, L(\mathbf{e}_n)\big) \tag{\#}$$

이 된다.

이제, '기본정리'가 등장할 때가 되었다.

정리 5.2.3. (선형대수학의 기본정리) $\Phi_{\mathcal{F}}^{\mathcal{E}} = \Phi : \mathfrak{M}_{m,n}(F) \to \mathfrak{L}(F^n, F^m)$ 을

$$\Phi_{\mathcal{F}}^{\mathcal{E}}(A) = \Phi(A) = L_A, \qquad (A \in \mathfrak{M}_{m,n}(F))$$

로 정의하자. 또, $\Psi_{\mathcal{F}}^{\mathcal{E}} = \Psi : \mathfrak{L}(F^n, F^m) \to \mathfrak{M}_{m,n}(F)$ 를

$$\Psi_{\mathcal{F}}^{\mathcal{E}}(L) = \Psi(L) = [L] = [L]_{\mathcal{F}}^{\mathcal{E}}, \qquad (L \in \mathfrak{L}(F^n, F^m))$$

이라고 정의하면,

(가) $\Phi_{\mathcal{F}}^{\mathcal{E}}$ 와 $\Psi_{\mathcal{F}}^{\mathcal{E}}$ 는 isomorphism 이고, $(\Phi_{\mathcal{F}}^{\mathcal{E}})^{-1} = \Psi_{\mathcal{F}}^{\mathcal{E}}$.
(나) $B \in \mathfrak{M}_{r,m}(F)$ 이고 $A \in \mathfrak{M}_{m,n}(F)$ 이면,

$$\Phi_{\mathcal{G}}^{\mathcal{F}}(B) \circ \Phi_{\mathcal{F}}^{\mathcal{E}}(A) = \Phi_{\mathcal{G}}^{\mathcal{E}}(BA), \quad \text{즉,} \quad L_B \circ L_A = L_{BA}$$

가 성립한다. 또, $L \in \mathfrak{L}(F^n, F^m)$ 이고 $M \in \mathfrak{L}(F^m, F^r)$ 이면,

$$\Psi_{\mathcal{G}}^{\mathcal{F}}(M) \cdot \Psi_{\mathcal{F}}^{\mathcal{E}}(L) = \Psi_{\mathcal{G}}^{\mathcal{E}}(M \circ L), \quad \text{즉,} \quad [M]_{\mathcal{G}}^{\mathcal{F}} \cdot [L]_{\mathcal{F}}^{\mathcal{E}} = [M \circ L]_{\mathcal{G}}^{\mathcal{E}}$$

가 성립한다.

증명 : 이 증명은 '**기계**'에게 맡길 수 있다.[14] (가-i) Φ 는 linear 인가? 즉,

$$L_{A+A'} = \Phi(A+A') = \Phi(A) + \Phi(A') = L_A + L_{A'}, \qquad (A, A' \in \mathfrak{M}_{m,n}(F))$$

인가? 다시 말해,

$$L_{A+A'}(X) = (L_A + L_{A'})(X), \qquad (X \in F^n)$$

이 성립하는가? 이제

$$L_{A+A'}(X) = (A+A')X = AX + A'X = L_A(X) + L_{A'}(X) = (L_A + L_{A'})(X)$$

이므로 OK. 그리고, $\Phi(cA) = c\,\Phi(A)$ 도 성립하는 것은 독자들에게 맡긴다(단, $A \in \mathfrak{M}_{m,n}(F)$, $c \in F$).
(가-ii) $\Psi \circ \Phi = I$ 인가? 즉,

$$[L_A] = \Psi\big(\Phi(A)\big) = I(A) = A, \qquad (A \in \mathfrak{M}_{m,n}(F))$$

인가? 이제 양변의 j-th column 을 비교해 보면, 정의 5.2.2의 (#)에 의해

$$\big([L_A] \text{의 } j\text{-th column}\big) = L_A(\mathbf{e}_j) = A\mathbf{e}_j = [A]^j$$

이다.

[14]독자들은 책을 덮고 '기계'가 되어 증명해 보기 바란다.

(가-iii) $\Phi \circ \Psi = I$ 인가? 즉,

$$L_{[L]} = \Phi\big(\Psi(L)\big) = I(L) = L, \qquad (L \in \mathfrak{L}(F^n, F^m))$$

인가? 다시 말해(관찰 4.3.1 참조),

$$[L] \cdot \mathbf{e}_j = L_{[L]}(\mathbf{e}_j) = L(\mathbf{e}_j), \qquad (j = 1, \ldots, n)$$

인가? 즉, $[L]$의 j-th column이 $L(\mathbf{e}_j)$인가? 당연히.[15]

(나-i) $L_B \circ L_A = L_{BA}$ 인가? 즉,

$$B(AX) = L_B(AX) = L_B\big(L_A(X)\big) = (L_{BA})(X) = (BA)X, \qquad (X \in F^n)$$

인가? 당연.

(나-ii) $[M] \cdot [L] = [M \circ L]$ 인가? 이제 앞 (가)항의 결과를 이용하면, $M = L_B$, $L = L_A$ 인 행렬 B, A가 유일하게 존재한다. 그리고, 이는 $[M] = B$, $[L] = A$ 라고 쓸 수도 있다(왜 그런가?). 그런데, 앞 (나-i)에 의해,

$$[M \circ L] = [L_B \circ L_A] = [L_{BA}] = BA = [M] \cdot [L]$$

이므로 증명 끝.[16] □

우리는 이미 Linear Extension Theorem에 의해 선형사상 L은 행렬 $[L]^{\mathcal{E}}_{\mathcal{F}}$에 의해 completely and uniquely determined되는 것을 알고 있다. 이는 위 증명의 (가-iii) 부분을 달리 표현한 것에 불과하다.

독자들은 무엇보다도 '기본정리'라는 거창한 이름이나 그 내용에 비해 위 증명이 의외로 쉽다는('기계적'이라는) 느낌을 받았을 것이다. 이것이 바로 우리가 새로운 언어를 힘들게 배워 온 이유이다. 우리의 추상적인 언어는 단어들의 뜻만 정확히 이해하고 있다면 — 그리고 표기법을 이해하고 있다면 — 증명은 '**기계**'에게 맡길 수 있게 한다.

위의 증명은 [꼭 필요한 최소한의 증명]이라고 할 수 있다. 이제 우리 기본정리의 내용을 더 깊이 이해하기 위하여, 몇 사항을 추가로 검증해 보자.

추가증명 : (가′) Φ가 injective임을 Ψ의 도움 없이 증명해 보자. 즉, $L_A = 0$ 이면 $A = 0$ 인가? 다시 말해, [모든 $X \in F^n$에 대해 $AX = 0$]이면, $A = 0$ 인가? $X = \mathbf{e}_j$ 인 경우만 생각하면 끝.

[15] (가-ii)와 (가-iii)에 의해 Φ와 Ψ는 isomorphism이고, $\Phi^{-1} = \Psi$. 관찰 4.1.12 참조.

[16] (나-ii)를 한 줄로 줄여 말하면 "곱셈을 '보존'하는 bijection의 inverse도 곱셈을 '보존'한다."

(나-ii′) 위 (나-ii)를 — 즉, $[M]\cdot[L]=[M\circ L]$ 임을 — (가)항의 도움 없이 (정의만 사용하여) 증명해 보자. 먼저, 정의 5.2.2 에서와 같이,

$$M(\mathbf{f}_i)=\sum_k b_{ki}\,\mathbf{g}_k, \qquad L(\mathbf{e}_j)=\sum_i a_{ij}\,\mathbf{f}_i$$

라고 하자. 즉, $[M]=(b_{ki})$, $[L]=(a_{ij})$ 인 셈이다. 이제

$$\big([M]\cdot[L]\text{의 } (k,j)\text{-성분}\big)=\sum_i b_{ki}a_{ij}$$

이므로,

$$\big([M]\cdot[L]\text{의 } j\text{-번째 column}\big)=\sum_k\Big(\sum_i b_{ki}a_{ij}\Big)\mathbf{g}_k$$

가 된다. 한편, $[M\circ L]$의 j-번째 column도

$$(M\circ L)(\mathbf{e}_j)=M\Big(\sum_i a_{ij}\mathbf{f}_i\Big)=\sum_i a_{ij}\Big(\sum_k b_{ki}\mathbf{g}_k\Big)=\sum_k\Big(\sum_i b_{ki}a_{ij}\Big)\mathbf{g}_k$$

이므로, $[M]\cdot[L]=[M\circ L]$. (고것 참 **신기**하다. 앞에서 증명할 때에는 이런 내용 없었는데 ⋯⋯, **어디에 숨겨져 있었을까?**) □

연습문제 5.2.4. Ψ가 linear map 임을 Φ의 도움 없이 증명해 보라.

다음 따름정리는 위 기본정리와 그의 증명에 이미 포함되어 있지만, 자주 사용되므로 기록하여 둔다(증명은 생략).

따름정리 5.2.5. (가) 모든 linear map $L : F^n \to F^m$은 L_A의 꼴이고, 이때 $A\in\mathfrak{M}_{m,n}(F)$는 유일하게 결정된다.
(나) $A\in\mathfrak{M}_{m,n}(F)$이면, $[L_A]=A$.
(다) $L\in\mathfrak{L}(F^n,F^m)$이면, $L_{[L]}=L$. 따라서,

$$L(X)=[L]\cdot X, \qquad (X\in F^n)$$

이다.

이제 독자들은 [행렬과 선형사상은 같은 것]이라는 명제를 (거의) 이해했을 것이다. 또한 행렬의 곱셈은 선형사상의 합성에 대응된다는 사실도 눈치챘을 것이다. 기본정리의 정밀한 해석과 기본정리로부터 얻을 수 있는 결과들은 잠시 후 §5.4에서 다룬다.

5.3. 기본정리: 일반적인 경우

이제 일반적인 경우, 즉 기저가 임의로 주어진 경우를 다룬다. 그런데 [우리의 철학]에 따르면 — 모든 f.d.v.s.는 어떤 F^n과 isomorphic하므로 — 앞 節 표준기저의 경우와 일반적인 경우는 '본질적'으로 같은 이야기일 것이다. 이 節의 내용은 이를 구체적으로 설명한 것이다.

표기법 5.3.1. 이 節에서는 다음과 같은 notation을 사용(고정)한다.

$$\begin{array}{lll} V: & \dim V = n, & [V\text{의 기저}] = \mathfrak{B} = \{v_1, \ldots, v_n\}, \\ W: & \dim W = m, & [W\text{의 기저}] = \mathfrak{C} = \{w_1, \ldots, w_m\}, \\ U: & \dim U = r, & [U\text{의 기저}] = \mathfrak{D} = \{u_1, \ldots, u_r\}. \end{array}$$

정의 5.3.2. $L \in \mathfrak{L}(V, W)$일 때,

$$\begin{cases} L(v_1) = a_{11}w_1 + a_{21}w_2 + \cdots + a_{m1}w_m \\ L(v_2) = a_{12}w_1 + a_{22}w_2 + \cdots + a_{m2}w_m \\ \qquad\vdots \\ L(v_n) = a_{1n}w_1 + a_{2n}w_2 + \cdots + a_{mn}w_m \end{cases}$$

이라고 표기하자(단, $a_{ij} \in F$). 이를 한 줄로 줄이면

$$L(v_j) = \sum_{i=1}^{m} a_{ij}w_i, \qquad (j = 1, \ldots, n)$$

이 된다(다시 한번, i, j의 순서에 조심하자). 이때,

$$[L]_{\mathfrak{C}}^{\mathfrak{B}} = [L] = (a_{ij}) = \begin{pmatrix} a_{11} & a_{12} & a_{13} & \cdots & a_{1n} \\ a_{21} & a_{22} & a_{23} & \cdots & a_{2n} \\ \vdots & \vdots & \vdots & \ddots & \vdots \\ a_{m1} & a_{m2} & a_{m3} & \cdots & a_{mn} \end{pmatrix}$$

으로 정의하고, 우리는 $[L]_{\mathfrak{C}}^{\mathfrak{B}} \in \mathfrak{M}_{m,n}(F)$를 기저 $\mathfrak{B}$와 $\mathfrak{C}$에 관한 **L의 행렬(표현)**이라고 부른다. 영어로는, **matrix (representation) of** L with respect to $\mathfrak{B}$ and $\mathfrak{C}$라고 부른다. 즉, $[L]_{\mathfrak{C}}^{\mathfrak{B}}$는 그의 j-번째 column이 [기저 $\mathfrak{C}$에 관한 $L(v_j)$의 좌표]인 $(m \times n)$-행렬이다. 이를 식으로 표현하면,

$$[L]_{\mathfrak{C}}^{\mathfrak{B}} = \big([L(v_1)]_{\mathfrak{C}}, \ \ldots, \ [L(v_n)]_{\mathfrak{C}}\big) \tag{\#}$$

가 된다.

독자들은 앞 節의 정의5.2.2는 이 정의의 특수한 경우임을 확인할 수 있을 것이다. 이제, 우리 'story'의 **첫 번째 climax**이다.

정리 5.3.3. (선형대수학의 기본정리) 함수 $\Phi_{\mathfrak{C}}^{\mathfrak{B}} : \mathfrak{M}_{m,n}(F) \to \mathfrak{L}(V, W)$를

$$[\Phi_{\mathfrak{C}}^{\mathfrak{B}}(A)(v)]_{\mathfrak{C}} = A[v]_{\mathfrak{B}}, \qquad (A \in \mathfrak{M}_{m,n}(F),\ v \in V)$$

로 정의하자.[17] 또, 함수 $\Psi_{\mathfrak{C}}^{\mathfrak{B}} : \mathfrak{L}(V, W) \to \mathfrak{M}_{m,n}(F)$를

$$\Psi_{\mathfrak{C}}^{\mathfrak{B}}(L) = [L]_{\mathfrak{C}}^{\mathfrak{B}}, \qquad (L \in \mathfrak{L}(V, W))$$

라고 정의하면,

(가) $\Phi_{\mathfrak{C}}^{\mathfrak{B}}$와 $\Psi_{\mathfrak{C}}^{\mathfrak{B}}$는 isomorphism이고, $(\Phi_{\mathfrak{C}}^{\mathfrak{B}})^{-1} = \Psi_{\mathfrak{C}}^{\mathfrak{B}}$.

(나) $B \in \mathfrak{M}_{r,m}(F)$이고 $A \in \mathfrak{M}_{m,n}(F)$이면,

$$\Phi_{\mathfrak{D}}^{\mathfrak{C}}(B) \circ \Phi_{\mathfrak{C}}^{\mathfrak{B}}(A) = \Phi_{\mathfrak{D}}^{\mathfrak{B}}(BA)$$

가 성립한다. 또, $L \in \mathfrak{L}(V, W)$이고 $M \in \mathfrak{L}(W, U)$이면,

$$\Psi_{\mathfrak{D}}^{\mathfrak{C}}(M) \cdot \Psi_{\mathfrak{C}}^{\mathfrak{B}}(L) = \Psi_{\mathfrak{D}}^{\mathfrak{B}}(M \circ L), \quad \text{즉}, \quad [M]_{\mathfrak{D}}^{\mathfrak{C}} \cdot [L]_{\mathfrak{C}}^{\mathfrak{B}} = [M \circ L]_{\mathfrak{D}}^{\mathfrak{B}}$$

가 성립한다.

증명 : 이 증명도 '**기계**'가 맡는다.[18] (가-i) $\Phi_{\mathfrak{C}}^{\mathfrak{B}}$는 linear인가? 즉,

$$\Phi_{\mathfrak{C}}^{\mathfrak{B}}(A + A') = \Phi_{\mathfrak{C}}^{\mathfrak{B}}(A) + \Phi_{\mathfrak{C}}^{\mathfrak{B}}(A'), \qquad (A, A' \in \mathfrak{M}_{m,n}(F))$$

인가? 즉,

$$[\Phi_{\mathfrak{C}}^{\mathfrak{B}}(A + A')(v)]_{\mathfrak{C}} = \big[\big(\Phi_{\mathfrak{C}}^{\mathfrak{B}}(A) + \Phi_{\mathfrak{C}}^{\mathfrak{B}}(A')\big)(v)\big]_{\mathfrak{C}}, \qquad (v \in V)$$

인가? 이제, 좌변은 $\Phi_{\mathfrak{C}}^{\mathfrak{B}}$의 정의에 의해 당연히 $(A + A')[v]_{\mathfrak{B}}$이고, 우변은

$$[\Phi_{\mathfrak{C}}^{\mathfrak{B}}(A)(v) + \Phi_{\mathfrak{C}}^{\mathfrak{B}}(A')(v)]_{\mathfrak{C}} = [\Phi_{\mathfrak{C}}^{\mathfrak{B}}(A)(v)]_{\mathfrak{C}} + [\Phi_{\mathfrak{C}}^{\mathfrak{B}}(A')(v)]_{\mathfrak{C}} = A[v]_{\mathfrak{B}} + A'[v]_{\mathfrak{B}}$$

이므로 OK. 그리고,

$$\Phi_{\mathfrak{C}}^{\mathfrak{B}}(cA) = c\,\Phi_{\mathfrak{C}}^{\mathfrak{B}}(A), \qquad (A \in \mathfrak{M}_{m,n}(F),\ c \in F)$$

도 성립하는 것은 독자들에게 맡긴다.

---

[17] $\Phi_{\mathfrak{C}}^{\mathfrak{B}}$를 묘사하려면, $\Phi_{\mathfrak{C}}^{\mathfrak{B}}(A) \in \mathfrak{L}(V, W)$를 묘사하면 되고, 이를 위해서는 $\Phi_{\mathfrak{C}}^{\mathfrak{B}}(A)(v) \in W$를 알려 주면 된다. 마지막으로, $\big[\Phi_{\mathfrak{C}}^{\mathfrak{B}}(A)(v)\big]_{\mathfrak{C}} \in F^m$을 알면 $\Phi_{\mathfrak{C}}^{\mathfrak{B}}(A)(v)$를 알 수 있다.

[18] 독자들은 지금 책을 덮고 혼자 힘으로 증명해 보라. 먼저 $A \in \mathfrak{M}_{m,n}(F)$일 때, $\Phi_{\mathfrak{C}}^{\mathfrak{B}}(A)$는 linear인 것부터 확인해 보라.

(가-ii) $\Psi_{\mathfrak{C}}^{\mathfrak{B}} \circ \Phi_{\mathfrak{C}}^{\mathfrak{B}} = I$ 인가? 즉,

$$[\Phi_{\mathfrak{C}}^{\mathfrak{B}}(A)]_{\mathfrak{C}}^{\mathfrak{B}} = \Psi_{\mathfrak{C}}^{\mathfrak{B}}\big(\Phi_{\mathfrak{C}}^{\mathfrak{B}}(A)\big) = A, \qquad (A \in \mathfrak{M}_{m,n}(F))$$

인가? 먼저, $\Phi_{\mathfrak{C}}^{\mathfrak{B}}$의 정의는

$$[\Phi_{\mathfrak{C}}^{\mathfrak{B}}(A)(v_j)]_{\mathfrak{C}} = A[v_j]_{\mathfrak{B}} = A\mathbf{e}_j = [A]^j, \qquad (A \in \mathfrak{M}_{m,n}(F),\ j = 1, \ldots, n)$$

와 동치이다(이 '분석'은 (가-iii)에도 필요). 이제 정의 5.3.2의 (#)에 의해,

$$\big([\Phi_{\mathfrak{C}}^{\mathfrak{B}}(A)]_{\mathfrak{C}}^{\mathfrak{B}} \text{의 } j\text{-th column}\big) = [\Phi_{\mathfrak{C}}^{\mathfrak{B}}(A)(v_j)]_{\mathfrak{C}} = [A]^j, \qquad (j = 1, \ldots, n)$$

이므로 OK.

(가-iii) $\Phi_{\mathfrak{C}}^{\mathfrak{B}} \circ \Psi_{\mathfrak{C}}^{\mathfrak{B}} = I$ 인가? 즉,

$$\Phi_{\mathfrak{C}}^{\mathfrak{B}}\big([L]_{\mathfrak{C}}^{\mathfrak{B}}\big) = L, \qquad (L \in \mathfrak{L}(V, W))$$

인가? 다시 말해,

$$\big[\Phi_{\mathfrak{C}}^{\mathfrak{B}}\big([L]_{\mathfrak{C}}^{\mathfrak{B}}\big)(v_j)\big]_{\mathfrak{C}} = [L(v_j)]_{\mathfrak{C}}, \qquad (j = 1, \ldots, n)$$

인가? 이번에도 위 (가-ii)의 $\Phi_{\mathfrak{C}}^{\mathfrak{B}}$의 새로운 '분석'과 정의 5.3.2의 (#)에 의해,

$$\big[\Phi_{\mathfrak{C}}^{\mathfrak{B}}\big([L]_{\mathfrak{C}}^{\mathfrak{B}}\big)(v_j)\big]_{\mathfrak{C}} = \big([L]_{\mathfrak{C}}^{\mathfrak{B}} \text{의 } j\text{-th column}\big) = [L(v_j)]_{\mathfrak{C}}$$

이므로 OK.

(나-i) $\Phi_{\mathfrak{D}}^{\mathfrak{C}}(B) \circ \Phi_{\mathfrak{C}}^{\mathfrak{B}}(A) = \Phi_{\mathfrak{D}}^{\mathfrak{B}}(BA)$ 인가? 즉,

$$\big[\Phi_{\mathfrak{D}}^{\mathfrak{C}}(B)\big(\Phi_{\mathfrak{C}}^{\mathfrak{B}}(A)(v)\big)\big]_{\mathfrak{D}} = \big[\Phi_{\mathfrak{D}}^{\mathfrak{B}}(BA)(v)\big]_{\mathfrak{D}}, \qquad (v \in V)$$

인가? 그런데, 이 식의 우변은 물론 $(BA)[v]_{\mathfrak{B}}$와 같고, 좌변은

$$\big[\Phi_{\mathfrak{D}}^{\mathfrak{C}}(B)\big(\Phi_{\mathfrak{C}}^{\mathfrak{B}}(A)(v)\big)\big]_{\mathfrak{D}} = B[\Phi_{\mathfrak{C}}^{\mathfrak{B}}(A)(v)]_{\mathfrak{C}} = B(A[v]_{\mathfrak{B}})$$

이므로 OK.

(나-ii) $[M]_{\mathfrak{D}}^{\mathfrak{C}} \cdot [L]_{\mathfrak{C}}^{\mathfrak{B}} = [M \circ L]_{\mathfrak{D}}^{\mathfrak{B}}$ 인가? 이제 앞 (가)항의 결과를 이용한다. 따라서, $M = \Phi_{\mathfrak{D}}^{\mathfrak{C}}(B)$, $L = \Phi_{\mathfrak{C}}^{\mathfrak{B}}(A)$인 행렬 B, A가 유일하게 존재할 것이다. 이는 $[M]_{\mathfrak{D}}^{\mathfrak{C}} = B$, $[L]_{\mathfrak{C}}^{\mathfrak{B}} = A$로 쓸 수도 있다(왜 그런가?). 그런데, 앞 (나-i)에 의해,

$$[M \circ L]_{\mathfrak{D}}^{\mathfrak{B}} = [\Phi_{\mathfrak{D}}^{\mathfrak{C}}(B) \circ \Phi_{\mathfrak{C}}^{\mathfrak{B}}(A)]_{\mathfrak{D}}^{\mathfrak{B}} = [\Phi_{\mathfrak{D}}^{\mathfrak{B}}(BA)]_{\mathfrak{D}}^{\mathfrak{B}} = BA = [M]_{\mathfrak{D}}^{\mathfrak{C}} \cdot [L]_{\mathfrak{C}}^{\mathfrak{B}}$$

이므로 증명 끝.[19] □

[19] "곱셈을 '보존'하는 bijection의 inverse도 곱셈을 '보존'한다."

독자들은 위 기본정리의 내용과 증명이 앞 節의 그것과 거의 같음을 알았을 것이다. 이번에도 앞 節과 마찬가지로 몇 가지를 추가로 검증해 보자. 앞 節의 내용을 그대로 흉내 내면 되므로 독자들에게 맡긴다.

추가증명 : (가′) $\Phi^{\mathfrak{B}}_{\mathfrak{C}}$ 가 injective 인 것을 $\Psi^{\mathfrak{B}}_{\mathfrak{C}}$ 의 도움 없이 증명해 보라.
(나-ii′) 위 (나-ii)를 (가)항의 도움 없이 증명해 보라.
(다) $\Psi^{\mathfrak{B}}_{\mathfrak{C}}$ 가 linear map 임을 $\Phi^{\mathfrak{B}}_{\mathfrak{C}}$ 의 도움 없이 증명해 보라. □

다음 따름정리는 위 기본정리와 그의 증명에 이미 포함되어 있지만, 자주 사용되므로 기록하여 둔다.

따름정리 5.3.4. $L \in \mathfrak{L}(V, W)$ 이고 $v \in V$ 이면,

$$[L(v)]_{\mathfrak{C}} = [L]^{\mathfrak{B}}_{\mathfrak{C}} \cdot [v]_{\mathfrak{B}}$$

이다.[20]

증명 : 앞 (가-iii)항에 의해 $\Phi^{\mathfrak{B}}_{\mathfrak{C}}\big([L]^{\mathfrak{B}}_{\mathfrak{C}}\big) = L$ 이고, $\Phi^{\mathfrak{B}}_{\mathfrak{C}}$ 의 정의에 의해

$$[L(v)]_{\mathfrak{C}} = \big[\Phi^{\mathfrak{B}}_{\mathfrak{C}}\big([L]^{\mathfrak{B}}_{\mathfrak{C}}\big)(v)\big]_{\mathfrak{C}} = [L]^{\mathfrak{B}}_{\mathfrak{C}} \cdot [v]_{\mathfrak{B}}$$

이므로. □

기본정리의 정밀한 해석과 기본정리로부터 얻을 수 있는 결과들은 다음 節에서 다룬다. 우선 numerical exercise 두 개.

연습문제 5.3.5. $D : \mathcal{P}_n(F) \to \mathcal{P}_n(F)$ 를 differential operator 라고 표기하자(연습문제 4.2.22 참조). $\mathfrak{B} = \{1, t, \ldots, t^n\}$ 일 때, $[D]^{\mathfrak{B}}_{\mathfrak{B}}$ 를 구하라.

연습문제 5.3.6. $L : F^3 \to F^3$ 을

$$L\big((x, y, z)^{\mathbf{t}}\big) = (x - y, z, 2z)^{\mathbf{t}}, \qquad (x, y, z \in F)$$

로 정의하자. 또

$$\mathfrak{B} = \big\{(1,1,0)^{\mathbf{t}}, (1,0,1)^{\mathbf{t}}, (0,1,1)^{\mathbf{t}}\big\}, \qquad \mathfrak{C} = \big\{(1,0,0)^{\mathbf{t}}, (1,1,0)^{\mathbf{t}}, (1,1,1)^{\mathbf{t}}\big\}$$

로 놓고, 다음을 구하라.

(가) $[L]^{\mathfrak{B}}_{\mathfrak{C}}$, $[L]^{\mathfrak{C}}_{\mathfrak{B}}$, $[L^2]^{\mathfrak{B}}_{\mathfrak{B}}$.
(나) $X = (1, 2, 3)^{\mathbf{t}}$ 일 때, $[X]_{\mathfrak{B}}$, $[LX]_{\mathfrak{C}}$.

---

[20] 이 식은 표준기저의 경우의 $L_A(X) = AX$ 에 해당된다.

5.4. 기본정리의 결과와 우리의 철학

이 節에서는 선형대수학의 기본정리가 우리에게 무엇을 가르쳐 주는지 살펴보기로 한다. (이 節에서도 앞 §5.2와 §5.3의 notation을 그대로 사용하기로 한다. 따라서, 물론 모든 벡터공간은 **f.d.v.s.**.)

먼저 기본정리의 (가)항은 $\mathfrak{M}_{m,n}(F)$와 $\mathfrak{L}(V,W)$가 벡터공간으로서는 이름만 다를 뿐 사실상 같다는 것을 말해 준다. 다시 말해, $\mathfrak{M}_{m,n}(F)$의 벡터들은 행렬이라고 불리우고 $\mathfrak{L}(V,W)$의 벡터들은 선형사상이라고 불리운다는 차이만 있을 뿐, 그들의 덧셈과 상수곱의 구조는 같다는 뜻이다. 그래서 [우리의 철학]은 [**행렬과 선형사상은 같은 것**]이라고 말해 준다.

보기 5.4.1. 이제 관찰5.1.9를 다시 살펴보자(관찰5.1.7은 관찰5.1.9의 특수한 경우). 물론, 기본정리에 의해 $\mathfrak{M}_{m,n}(F)$와 $\mathfrak{L}(V,W)$는 isomorphic하므로,

$$\dim \mathfrak{L}(V,W) = mn = (\dim V)\cdot(\dim W)$$

인 것은 당연하다. 그리고, 관찰5.1.9의 증명에서 (저자가) 어떻게 대뜸 $\{E_{ij}\}$가 $\mathfrak{L}(V,W)$의 기저가 되는 것을 예측하였는지도 이젠 분명하다. 즉, $\mathfrak{M}_{m,n}(F)$의 표준기저(보기3.6.1 참조) $\{\mathbf{e}_{ij}\}$에 대응하는 기저가 바로 $\{E_{ij}\}$인 것이다. 이를 식으로 나타내면(물론 $\mathfrak{B},\mathfrak{C}$는 각각 V,W의 기저),

$$\Phi_{\mathfrak{C}}^{\mathfrak{B}}(\mathbf{e}_{ij}) = E_{ij}, \quad 즉, \quad [E_{ij}]_{\mathfrak{C}}^{\mathfrak{B}} = \mathbf{e}_{ij}$$

가 된다(확인해 보라).

그리고, 선형사상 L은 행렬 $[L]_{\mathfrak{C}}^{\mathfrak{B}}$에 의해 유일하게 결정된다. 이는 기본정리의 증명의 (가-iii) 부분을 달리 표현한 것이기도 하고, Linear Extension Theorem의 결과이기도 하다.

다만 한 가지 주의할 점이 있다. 그것은 우리가 $\mathfrak{M}_{m,n}(F)$와 $\mathfrak{L}(V,W)$를 identify할 수 있도록 해 주는 isomorphism $\Phi_{\mathfrak{C}}^{\mathfrak{B}}$와 그의 inverse $\Psi_{\mathfrak{C}}^{\mathfrak{B}}$는 **ordered basis $\mathfrak{B},\mathfrak{C}$의 선택에 depend**한다는 것이다. 따라서, 우리가 행렬과 선형사상을 identify할 때에는 어떤 기저를 선택했는지 분명히 밝혀야 한다. (그래서 우리는 §5.3에서 添字들 $\mathfrak{B},\mathfrak{C},\mathfrak{D}$를 한번도 생략하지 않는 고집을 부린 것이다. 기저를 明示하지 않으면 §5.2에서와 같이 표준기저를 뜻하는 것으로 약속한다.) 다른 기저를 선택하면 어떤 변화가 있는지는 다음 節에서 論한다.

그런데, 기본정리의 (나)항은 무슨 뜻일까? 표준기저의 경우에 기본정리의 (나)항을 — § 2.4 에서처럼 — 그림으로 설명하면 다음과 같다. 즉, 1층에는 선형사상들이 있고, 2층에는 행렬들이 있다. 이제 3층에서 내려다보면, 1층과 2층의 **곱셈 구조**가 완전히 겹쳐 보인다. 물론, **선형사상의 곱셈은 함수의 합성을 의미**한다.

Matrices

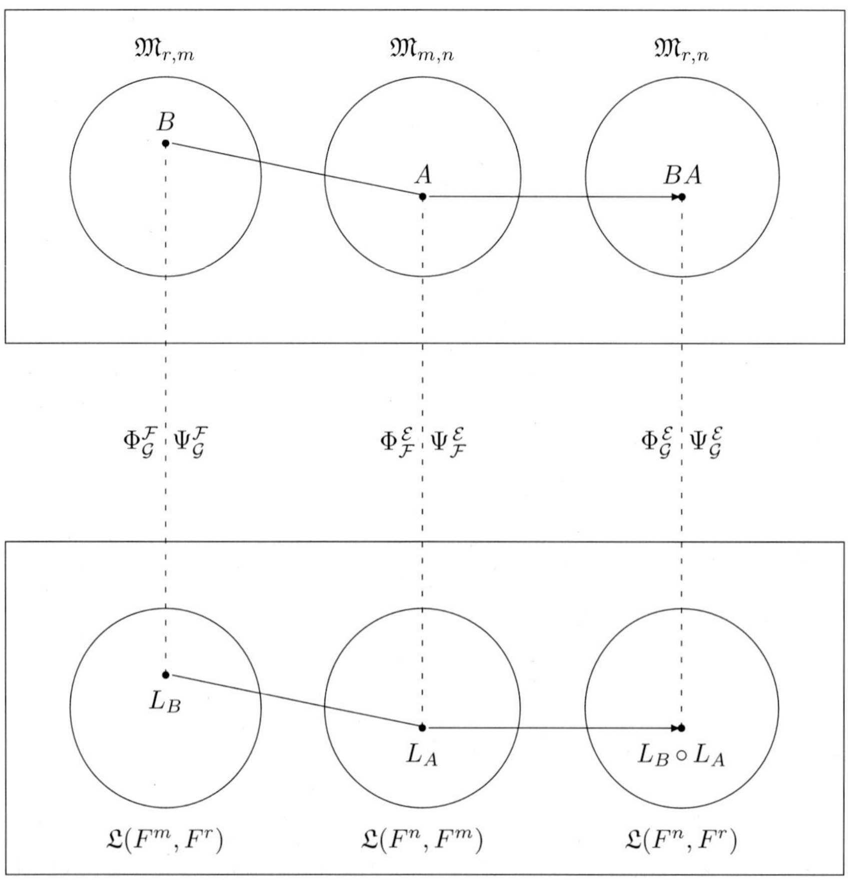

Linear Maps

따라서, $\mathfrak{M}_{m,n}(F)$와 $\mathfrak{L}(V, W)$는 단순히 vector space 로서만 같은 것이 아니고, 행렬들의 집합과 선형사상들의 집합의 **곱셈 구조도 같다**는 뜻이다. 달리 표현하면, 기본정리의 isomorphism $\Phi_{\mathfrak{C}}^{\mathfrak{B}}$와 그의 inverse $\Psi_{\mathfrak{C}}^{\mathfrak{B}}$는 곱셈을 '보존' 하는 isomorphism 이다.

또, 일반적인 경우도 그림으로 그려보자.

Matrices

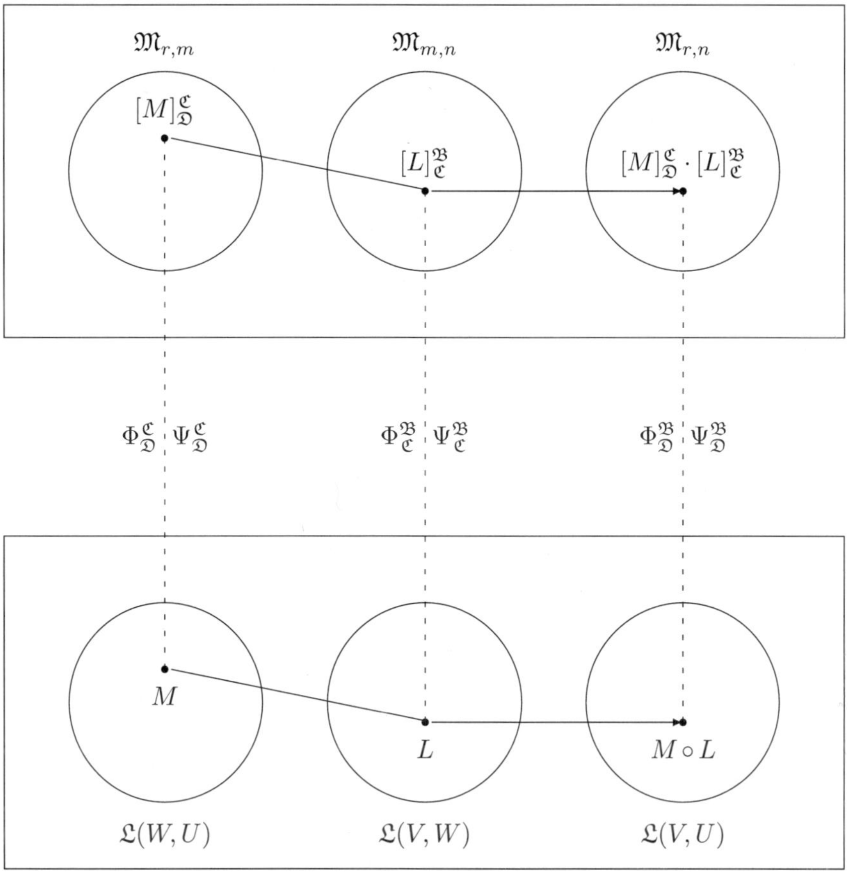

Linear Maps

다만 한 가지 조심할 점이 있다. 우리는 $M \circ L$을 "M 곱하기 L"로 읽을 수도 있지만, 함수로서는 L이 먼저이다. 이는 우리가 left notation을 채택한 대가이다. 어쨌든…….

우리의 철학 III. 행렬과 선형사상은 같은 것이다. (단, 곱셈 = 합성.)

이제 우리의 세 번째 철학을 바탕으로 지금까지의 여러 의문점들과 숙제들을 해결해 보자.

보기 5.4.2. 드디어 §1.1에서부터 갖고 있던 질문에 — 즉, 왜 행렬의 곱셈을 그렇게 부자연스럽게 정의했는가 하는 질문에 — 대답하려고 한다. 답은 간단하다! 우리는 행렬의 곱셈을 선형사상의 합성에 대응되도록(다시 말해, 위 그림의 1층과 2층이 겹쳐지도록) 정의한 것이다. 이를 식으로 표현하면,

$$L_B \circ L_A = L_C \text{ 인 유일한 } C \text{ 를 } BA \text{ 라고 정의}$$

한 것이다. 결국, §5.2의 추가증명 중 (나-ii′) 부분은 [행렬 곱셈의 정의] 속에 숨겨져 있었던 것이다. 따라서, 이제 행렬의 곱셈이 그 size가 적당할 때에만 정의되는 것도 이해할 수 있다. 이는 함수를 아무 때나 합성할 수 없는 것과 같은 이치이다.

이젠 모든 것이 단순 명료하다.

보기 5.4.3. 이번에는 행렬 곱셈의 associativity를 다시 생각해 보자. 독자들은 §1.1에서 행렬 곱셈의 결합법칙은 우연히 성립 운운하며 얼버무린 기억이 날 것이다. 이제 행렬 곱셈의 결합법칙

$$(CB)A = C(BA)$$

는 함수 합성의 결합법칙

$$(L_C \circ L_B) \circ L_A = L_C \circ (L_B \circ L_A)$$

에 대응된다. 그런데 함수 합성의 결합법칙은 너무나 자연스러운 것이다. 즉, 합성이 잘 정의된 임의의 함수 f, g, h에 대해

$$(f \circ g) \circ h = f \circ (g \circ h)$$

가 성립하는 것은 아무런 설명이 필요 없을 정도로 자명하다. (화살표 세 개를 따라가는 데 순서는 상관없다.)

위 보기는 앞으로 우리가 **선형대수학을 공부하는 전략**을 제공한다. 즉, [행렬과 선형사상은 같은 것]이니, 행렬이 다루기 쉬울 때는 행렬을 다루고, 선형사상을 생각하는 것이 더 쉬울 때는 선형사상을 생각하는 것이 우리의 작전이다.

연습문제 5.4.4. (3×3)-matrix C가 제1장의 연습문제1.1.4에서와 같다고 하자. 만약, $L \in \mathfrak{L}(V, V)$이고 $[L]_{\mathfrak{B}}^{\mathfrak{B}} = C$이면, L^3은?

흥미로운 소재를 만났으니 잠시 옆길로 샌다.

보기 5.4.5. (연습문제1.1.7(다)항의 복습) $A = (a_{ij}) \in \mathfrak{M}_{n,n}(F)$가 strictly upper-triangular matrix일 때, $A^n = 0$임을 보이기 위해 §1.1에서와 같이 (무식하게 힘으로) 행렬을 곱해 보는 것은 체면이 영 말이 아니다. 이제는 A를 선형사상으로 이해하여,

$$\begin{cases} L_A\mathbf{e}_1 = A\mathbf{e}_1 = 0 \\ L_A\mathbf{e}_2 = A\mathbf{e}_2 = a_{12}\mathbf{e}_1 \\ L_A\mathbf{e}_3 = A\mathbf{e}_3 = a_{13}\mathbf{e}_1 + a_{23}\mathbf{e}_2 \\ \qquad\qquad \vdots \\ L_A\mathbf{e}_n = A\mathbf{e}_n = a_{1n}\mathbf{e}_1 + a_{2n}\mathbf{e}_2 + a_{3n}\mathbf{e}_3 + \cdots + a_{n-1,n}\mathbf{e}_{n-1} \end{cases}$$

로 놓고, 차례로

$$(L_A)^j\mathbf{e}_j = A^{j-1}A\mathbf{e}_j = 0, \qquad (j = 2, \ldots, n)$$

임을 보이면 된다(확인해 보라).

흥미로운 소재라고 말한 것은 다음 질문 때문이다.

질문 5.4.6. 앞 보기에서와 같이 $A \in \mathfrak{M}_{n,n}(F)$가 nilpotent이면, 실제로는 항상 $[A^r = 0$ for some $r \le n]$이 성립한다. 왜 그럴까?[21]

다시 우리의 주제로 돌아가자.

보기 5.4.7. 기본정리에서 $V = W$이고 $\mathfrak{B} = \mathfrak{C}$인 경우에는 모든 것이 더욱 분명하다. 이 경우에는 $\mathfrak{M}_{n,n}(F)$와 $\mathfrak{L}(V,V)$ 자신이 곱셈(합성)이라는 연산을 갖고 있기 때문이다.[22] 즉, $\Phi_{\mathfrak{B}}^{\mathfrak{B}}$와 $\Psi_{\mathfrak{B}}^{\mathfrak{B}}$는 $\mathfrak{M}_{n,n}(F)$와 $\mathfrak{L}(V,V)$의 덧셈, 상수곱, 그리고 곱셈의 구조를 그대로 옮겨 준다. 예를 들면, **곱셈에 관한 항등원** I_n과 I_V는 같은 역할을 한다. 즉,

$$\Phi_{\mathfrak{B}}^{\mathfrak{B}}(I_n) = I_V, \qquad \Psi_{\mathfrak{B}}^{\mathfrak{B}}(I_V) = I_n$$

이다.

---

[21] 해답은 참고7.3.7에서 배우게 된다. 이 질문을 선형사상의 언어로도 번역해 보라.

[22] 내년에는 $\mathfrak{M}_{n,n}(F)$와 $\mathfrak{L}(V,V)$를 F-algebra라고 부르게 될 것이다. 이때, $\Phi_{\mathfrak{B}}^{\mathfrak{B}}$와 $\Psi_{\mathfrak{B}}^{\mathfrak{B}}$는 F-algebra isomorphism이 된다.

위 보기를 읽고, 역행렬과 역사상이 저절로 생각나지 않으면 오히려 이상하다. 사실 우리는 이 순간을 정말 오랫동안 기다려 왔다. 이제 우리는 엇비슷한 주변 구경은 끝내고, 드디어 — 마침내 — 중심부(문제의 본질)로 향한다!

따름정리 5.4.8. $A \in \mathfrak{M}_{n,n}(F)$일 때, 다음 조건은 동치이다.

(1) A는 invertible matrix.

(2) $L_A : F^n \to F^n$은 (invertible) isomorphism.

이때, $(L_A)^{-1} = L_{A^{-1}}$.[23] (따라서, L_A^{-1}의 표기법이 가능하다.)

증명 : [우리의 철학]! 같은 것은 같다! (아무리 생각해 보아도 증명이라고 쓸 게 없다. 그래도 좀 섭섭해서 한 줄만 쓰면: $L_I = I$이므로, $[AB = I = BA]$ if and only if $[L_A \circ L_B = I = L_B \circ L_A]$.) □

다음 연습문제는 정말 기초 중의 기초. 종이가 아깝지만, 노파심에서 기록해 둔다.

연습문제 5.4.9. $f : S \to T$와 $g : T \to S$가 함수이고 $f \circ g = I$일 때, 다음을 보여라.

(가) f는 surjection.

(나) g는 injection.

다음에는 오래 전부터 예고되어 왔던 **질문 1.1.22의 '고상한' 증명**을 다룰 차례이다.

따름정리 1.3.7의 두 번째 증명 : $BA = I$이면, $B = A^{-1}$임을 보여야 한다. 우선 $BA = I$이면, $L_B \circ L_A = I$이고, 따라서 L_A는 injective이다. 그러므로, '전가의 보도' Dimension Theorem(또는 'f.d.v.s.의 비둘기집 원리')에 의해 L_A는 bijective이고, 따라서 위 따름정리 5.4.8에 의해 A는 가역이다. 이제, $BA = I$의 양변(오른쪽)에 A^{-1}를 곱해 주면 된다.[24] □

위 증명은 한마디로 전가의 보도 Dimension Theorem(또는 'f.d.v.s.의 비둘기집 원리')과 기본정리(또는 [우리의 철학 III]). 과연 이 둘은 '전가의 보도'와 '기본정리'라는 특별한 이름을 가질 만하다.

---
[23] 따름정리 5.4.8은 기본정리의 따름정리.

[24] L_B가 surjective라고 시작해도 마찬가지.

다음 총정리의 조건 (1)을 제외한 내용 대부분은 이미 여러 번 언급되었던 것들이다. 다음 증명에는 정리 1.3.6의 '고상한' 증명(행 간소 사다리 꼴을 이용하지 않는 증명)이 포함되어 있다.

총정리 5.4.10. $A \in \mathfrak{M}_{n,n}(F)$일 때, 다음 조건들은 동치이다.[25]

(1) A는 invertible matrix.

(2) A는 right inverse를 갖는다. 즉, $AB = I$인 $B \in \mathfrak{M}_{n,n}(F)$ 존재.

(3) A는 left inverse를 갖는다. 즉, $BA = I$인 $B \in \mathfrak{M}_{n,n}(F)$ 존재.

(4) $L_A : F^n \to F^n$은 isomorphism.

(5) $L_A : F^n \to F^n$은 epimorphism.

(6) $L_A : F^n \to F^n$은 monomorphism.

(7) $\{[A]^1, \ldots, [A]^n\}$은 F^n의 basis.

(8) $\langle [A]^1, \ldots, [A]^n \rangle = F^n$.

(9) $\{[A]^1, \ldots, [A]^n\}$은 일차독립.

(10) 임의의 $B \in F^n$에 대하여 $(**)$ $AX = B$는 unique solution을 갖는다.

(11) 임의의 $B \in F^n$에 대하여 $(**)$ $AX = B$는 solution을 갖는다.

(12) $(*)$ $AX = 0$은 trivial solution만을 갖는다.

(13) $\mathrm{rk}(A) = n$.

(14–26) 위 (1)–(13)에 A 대신 A^{t}를 대입해도 좋다. 이때, 특히 (7)–(9)는 A의 row들 $\{[A]_1, \ldots, [A]_n\}$에 관한 statement로 바뀐다. 즉,

(20) $\{[A]_1, \ldots, [A]_n\}$은 $\mathfrak{M}_{1,n}(F)$의 basis.

(21) $\langle [A]_1, \ldots, [A]_n \rangle = \mathfrak{M}_{1,n}(F)$.

(22) $\{[A]_1, \ldots, [A]_n\}$은 일차독립.

증명 : 이미 앞에서 모두 증명하였다. 총정리의 의미에서 다시 확인해 보자.
[(1)⇔(4)]: [우리의 철학 III](기본정리) 또는 따름정리 5.4.8.
[(1)⇔(2)⇔(3)]: 앞 쪽 [따름정리 1.3.7의 두번째 증명].
[(4)⇔(5)⇔ ⋯ ⇔(12)]: 연습문제 4.2.16(Dimension Theorem 또는 'f.d.v.s.의 비둘기집 원리'가 포함되어 있다).
[(7)⇔(13)]: Rank Theorem과 (column) rank의 정의.
[(1)⇔(14–26)]: A가 가역일 필요충분조건은 A^{t}도 가역(연습문제 1.1.16). □

[25] 총정리는 summary라는 뜻.

우리는 이미 연습문제 4.2.16의 앞 단락에서 $[(4) \Leftrightarrow (5) \Leftrightarrow \cdots \Leftrightarrow (12)]$ 부분을 여러 가지 방법으로 설명할 수 있음을 살펴보았다. 이번에도, 실제 필요한 것만 보이는 데 그치지 않고 몇 가지 흥미로운 추가증명을 해 보자.

연습문제 5.4.11. (가) 위 총정리의 $[(2) \Rightarrow (5)]$ 부분과 $[(3) \Rightarrow (6)]$ 부분을 [우리의 철학 III](과 연습문제 5.4.9)을 이용해 증명하라.
(나) 총정리의 $[(11) \Rightarrow (2)]$ 부분을 [정리 1.3.6의 $[(4) \Rightarrow (1)]$ 부분의 직접 증명 시도]를 참조하여 증명하라.
(다) 총정리의 $[(1) \Rightarrow (7)]$ 부분은 다름 아닌 명제 3.3.11이다. 이제 명제 3.3.12의 증명($V = F^n$, $v_i = \mathbf{e}_i$ 일 때)에는 총정리의 $[(2) \Rightarrow (8)]$ 부분과 $[(3) \Rightarrow (9)]$ 부분이 포함되어 있음을 확인하라.

다음은 제 1장에서 예고된 정리 1.3.6의 두 번째 '고상한' 증명.

정리 1.3.6의 두 번째 증명 : 정리 1.3.6의 essence는 그때도 언급하였듯이, 위 총정리의 $[(12) \Rightarrow (1)]$ 부분이다. 우리는 이를 $[(12) \Rightarrow (6) \Rightarrow (4) \Rightarrow (1)]$의 순서로 설명한다. (이 증명도 한마디로 Dimension Theorem과 기본정리.) □

따름정리 5.4.8과 따름정리 1.3.7의 두 번째 증명, 그리고 총정리 5.4.10을 읽으면서, 독자들은 다시 항의를 시작할지도 모른다. Climax 어쩌고 하더니만, 아무것도 증명할 것 없는 당연한 명제들을 굵은 글씨체로 나열하고 있다고, 좀 더 어려운 걸 공부하자고······!? ······?! 이젠 항의하기에도 지친 독자들도 따름정리 5.4.8이 너무나 당연한 명제로 — 즉, 전혀 증명이 필요 없는 명제로 — 느껴지는 데에 조금은 놀라워하고 있을 것이다.

우리는 위의 따름정리 1.3.7과 정리 1.3.6의 두 번째 증명들을 제 1장의 증명(행 간소 사다리 꼴을 이용한 증명)보다 고상하고 세련된 증명으로 여긴다.

우선 이 두 번째 증명들은 길이가 짧고 단순 명료하다. 독자들은 단순 명료하다는 데에는 그런대로 동의하겠지만, 길이가 짧다는 데에는 고개를 갸우뚱할지도 모른다. 왜냐하면, 우리는 Dimension Theorem과 기본정리를 위해 벡터공간, 기저, 차원, 선형사상 등을 설명하는 데 이미 수십 쪽을 사용하였기 때문이다. 독자들이 저자의 주장에 동의하기 위해서는 먼저 Dimension Theorem과 기본정리를 위해 사용한 수십 쪽이 골치 아픈 수학이 아니라 재미있는 '이야기'였다는 데에 동의해 주어야 한다.

아무리 생각해 보아도 재미있었다고는 여겨지지 않는다면, 적어도 우리가 제2장 이후에 배운 것이 새로운 수학이 아니라 새로운 言語였다고 생각을 바꾸기 바란다. 즉, 우리가 새로 배운 추상적인 단어들로 이루어진 새로운 언어를 사용하면 따름정리1.3.7과 정리1.3.6은 이제 너무나 당연하여 증명할 필요도 없는 명제가 되고 만 것이다.

또, 이 節의 증명은 매우 체계적이다. 제1장에서처럼 "(증명을 기억하지도 못하지만) 어쩌다 보니 어떻게 그렇게 되더라"하는 식이 아니다. 우리의 '이야기의 줄거리'에는 벡터공간, 기저, 차원, 선형사상, Dimension Theorem, 기본정리로 이어지는 분명한 순서와 체계가 있다.

그렇지만, 물론 저자는 이 節의 증명이 앞 제1장의 증명보다 더 좋은 — 가치 있는 — 증명이라고 주장하는 것은 아니다. 모든 증명은 언제나 그 나름의 아름다움을 지니고 있으며 본질적인 내용을 담고 있다. 다만 저자는 우리가 배운 새로운 언어가 매우 강력한 도구가 되었음을 강조하자는 것이다. 게다가 우리의 새로운 언어는 우리의 'story'가 전개되어 나갈수록 점점 더 강력해질 것이라는 점은 독자들도 예상할 수 있을 것이다.

辭說이 길었다. 그럼, 기본정리의 결과들을 계속 더 알아보자.

보기 5.4.12. 왜 역행렬을 square matrix의 경우에만 정의한 것일까? 이 질문에 답하기 위해, $A \in \mathfrak{M}_{m,n}(F)$, $B \in \mathfrak{M}_{n,m}(F)$이고, $AB = I_m$, $BA = I_n$이라고 가정해 보자. 이제 $L_A \circ L_B = I$이므로 L_A는 surjection이고, 동시에 $L_B \circ L_A = I$이므로 L_A가 injection인 것은 익숙하다. 즉, $L_A : F^n \to F^m$은 isomorphism이므로, $m = n$일 수밖에 없다.

연습문제 5.4.13. $A \in \mathfrak{M}_{m,n}(F)$, $B \in \mathfrak{M}_{n,m}(F)$일 때, 만약 $AB = I_m$이면, $\mathrm{rk}(A) = \mathrm{rk}(B)$임을 보여라.

연습문제 5.4.14. $A \in \mathfrak{M}_{m,n}(F)$, $B \in \mathfrak{M}_{n,m}(F)$일 때, 만약 $AB = 0$이면, $\mathrm{im}\, L_B \le \ker L_A$임을 보여라. 따라서, $\mathrm{rk}(A) + \mathrm{rk}(B) \le n$.

연습문제 5.4.15. $A \in \mathfrak{M}_{m,n}(F)$일 때, 만약 $\mathrm{rk}(A) = m$이면, $AB = I_m$인 $B \in \mathfrak{M}_{n,m}(F)$가 존재함을 보여라.[26]

[26] Hint: A의 row들의 집합이 일차독립이므로, 이를 $\mathfrak{M}_{1,n}(F)$의 basis로 extend한 후, …….

이제 Rank Theorem을 다시 생각해 보자.

보기 5.4.16. (Elementary row operation과 column rank) 행렬 A에 elementary row operation을 시행하여 $EA = B$가 되었다고 하자(물론 E는 elementary matrix). 그러면 E는 가역이므로(관찰 1.3.2), $A = E^{-1}B$이고,

$$L_A = L_{(E^{-1})} \circ L_B = L_E^{-1} \circ L_B$$

가 된다. 따라서

$$\operatorname{im} L_A = \operatorname{im}(L_E^{-1} \circ L_B) = L_E^{-1}(\operatorname{im} L_B)$$

이고, L_E^{-1}는 isomorphism이므로, $\operatorname{im} L_B \approx \operatorname{im} L_A$가 된다. 결국, A와 B의 column rank는 같다(즉, elementary row operation을 시행해도 (column space는 달라지겠지만) column rank는 불변).

Rank Theorem의 두 번째 증명 : ([꿈속의 증명]의 '현실화') 위 보기 5.4.16이 바로 §4.5의 [꿈속의 증명]의 gap이었다! □

보기 5.4.17. ($\operatorname{im} L_A$의 basis 찾기) $A \in \mathfrak{M}_{m,n}(F)$일 때 $\operatorname{im} L_A$의 기저를 찾는 체계적인 방법을 알아보자. 이를 위해 A로부터 만들어진 행 간소 사다리 꼴 R을 생각한다. 따라서 $EA = R$인 가역행렬(elementary matrix들의 곱) $E \in \mathfrak{M}_{m,m}(F)$가 존재한다. 다음, $\operatorname{rk}(R) = r$이라고 놓고, [최초의 1]이 나타나는 R의 column들을 $\{[R]^{k_1}, \ldots, [R]^{k_r}\}$이라고 표기하면, $\{\mathbf{f}_1, \ldots, \mathbf{f}_r\}$이 $\operatorname{im} L_R$의 basis가 되는 것은 당연하다(단, $\{\mathbf{f}_1, \ldots, \mathbf{f}_m\}$은 F^m의 표준기저). 이제 위 보기 5.4.16을 조금 modify하면, isomorphism L_E^{-1}는 $\operatorname{im} L_R$의 기저를 $\operatorname{im} L_A$의 기저로 옮긴다. 그런데,

$$L_E^{-1}\mathbf{f}_i = L_E^{-1}(L_R\mathbf{e}_{k_i}) = L_A\mathbf{e}_{k_i} = [A]^{k_i}, \qquad (i = 1, \ldots, r)$$

이므로, $\{[A]^{k_1}, \ldots, [A]^{k_r}\}$이 $\operatorname{im} L_A$의 basis가 된다.

연습문제 5.4.18. 행렬 A가

$$A = \begin{pmatrix} 0 & 1 & -1 & 2 & 0 \\ 1 & 0 & 1 & 0 & 1 \\ 2 & -1 & 3 & 1 & 1 \\ -1 & 1 & -2 & 2 & 0 \end{pmatrix}$$

라고 할 때, $\ker L_A$와 $\operatorname{im} L_A$의 기저를 구하라.

따름정리 5.4.8은 우리의 오랜 숙제를 위해 먼저 등장했지만, 사실은 다음 따름정리의 특수한 경우일 뿐이다. 즉, 다음도 [우리의 철학 III]의 일부이다.

따름정리 5.4.19. $\dim V = \dim W$ 일 때, $L \in \mathfrak{L}(V,W)$ 이고 $\mathfrak{B}, \mathfrak{C}$ 가 각각 V, W 의 basis 이면, 다음 조건은 동치이다.

(1) L 은 (invertible) isomorphism.

(2) $[L]^{\mathfrak{B}}_{\mathfrak{C}}$ 는 invertible matrix.

이때, $\left([L]^{\mathfrak{B}}_{\mathfrak{C}}\right)^{-1} = [L^{-1}]^{\mathfrak{C}}_{\mathfrak{B}}$.

증명 : [(1)⇒(2)] $L^{-1} = M$ 으로 놓으면, $M \circ L = I_V$, $L \circ M = I_W$ 이므로,

$$[M]^{\mathfrak{C}}_{\mathfrak{B}} \cdot [L]^{\mathfrak{B}}_{\mathfrak{C}} = [M \circ L]^{\mathfrak{B}}_{\mathfrak{B}} = [I_V]^{\mathfrak{B}}_{\mathfrak{B}} = I = [I_W]^{\mathfrak{C}}_{\mathfrak{C}} = [L \circ M]^{\mathfrak{C}}_{\mathfrak{C}} = [L]^{\mathfrak{B}}_{\mathfrak{C}} \cdot [M]^{\mathfrak{C}}_{\mathfrak{B}}$$

가 된다.

[(2)⇒(1)] $\left([L]^{\mathfrak{B}}_{\mathfrak{C}}\right)^{-1} = [M]^{\mathfrak{C}}_{\mathfrak{B}}$ 인 $M \in \mathfrak{L}(W,V)$ 가 (유일하게) 존재한다. 이제

$$[M \circ L]^{\mathfrak{B}}_{\mathfrak{B}} = [M]^{\mathfrak{C}}_{\mathfrak{B}} \cdot [L]^{\mathfrak{B}}_{\mathfrak{C}} = I = [I_V]^{\mathfrak{B}}_{\mathfrak{B}}, \qquad [L \circ M]^{\mathfrak{C}}_{\mathfrak{C}} = [L]^{\mathfrak{B}}_{\mathfrak{C}} \cdot [M]^{\mathfrak{C}}_{\mathfrak{B}} = I = [I_W]^{\mathfrak{C}}_{\mathfrak{C}}$$

이므로, 따라서 $M \circ L = I_V$, $L \circ M = I_W$. 종이와 잉크가 아깝다! □

다음 증명은 정말 산뜻하다.

보기 5.4.20. (명제 3.3.12의 세 번째 증명) $A = (a_{ij})$ 가 가역이고 $\mathfrak{B} = \{v_i\}$ 가 V 의 basis 일 때, $w_j = \sum_i a_{ij} v_i$ 로 놓으면, $\{w_j\}$ 도 V 의 basis 임을 보여야 한다. 이제 $L \in \mathfrak{L}(V,V)$ 를

$$L(v_j) = w_j, \qquad (j = 1, \ldots, n)$$

으로 정의하면, $[L]^{\mathfrak{B}}_{\mathfrak{B}} = A$ 가 된다. A 가 가역이므로 L 도 가역이고, isomorphism 은 basis 를 basis 로 보내므로 증명 끝.

'이야기'를 계속하자.

연습문제 5.4.21. 연습문제 1.1.16(가)–(라)항을 선형사상의 언어로 번역하라.

그런데, 연습문제 1.1.16(마)항은? 애당초 연습문제 1.1.8은?

질문 5.4.22. $L \in \mathfrak{L}(V,W)$ 일 때, L^{t} 는 무엇일까? 행렬 A^{t} 는 어떻게 선형사상의 언어로 번역할 수 있을까?[27]

[27] A^{t} 는 §1.1에서부터 등장한 주요 등장인물로 추정되지만, 아직은 별 역할이 없어 보인다.

참고 5.4.23. $L \in \mathfrak{L}(V,W)$일 때, matrix size를 고려하면, $L^{\mathsf{t}} \in \mathfrak{L}(W,V)$라고 해야 할 것이다. 물론 선형사상은 그의 행렬 표현이 결정해 주므로, 독자들은 L^{t}를 $[L^{\mathsf{t}}]^{\mathfrak{C}}_{\mathfrak{B}} = ([L]^{\mathfrak{B}}_{\mathfrak{C}})^{\mathsf{t}}$로 정의해 보고 싶을 것이다. 그러나 이 방법으로는 기저 $\mathfrak{B}, \mathfrak{C}$가 바뀔 때마다 다른 선형사상 L^{t}를 얻게 된다(관찰 5.5.1 참조). 기저의 선택과 무관한 선형사상 L^{t}를 이해하는 것은 이 책 후반부의 climax이다.

그런데, 우리가 看過한 점이 하나 있다. 지금까지 우리는 행렬들(선형사상들) 간의 연산에만 초점을 맞추어 왔다. 그렇지만, 기본정리는 한 개의 선형사상 그 자신도 한 개의 행렬과 같은 역할을 한다는 것을 말해 준다. 즉, 선형사상 $L : V \to W$는 무엇보다도 함수이고, L을 (적당한) 함수 $L_A : F^n \to F^m$과 identify할 수 있다는 것이다. 이는 $V \approx F^n$, $W \approx F^m$이고, F^n에서 F^m으로의 선형사상은 모두 L_A 꼴이므로, 같은 것은 같다는 [우리의 철학]이다.

위 사실을 구체적으로 설명해 보자. 물론, §5.3의 표기법을 계속 사용하고, isomorphism $\alpha_{\mathfrak{B}} : V \to F^n$과 $\alpha_{\mathfrak{C}} : W \to F^m$을 보기 4.1.13에서와 같이

$$\alpha_{\mathfrak{B}}(v) = [v]_{\mathfrak{B}}, \qquad \alpha_{\mathfrak{C}}(w) = [w]_{\mathfrak{C}}, \qquad (v \in V,\ w \in W)$$

로 정의하자. 이제 선형사상 $L \in \mathfrak{L}(V,W)$가 주어지면, 우리의 상황은 다음 commutative diagram으로 이해할 수 있다. 즉, 아래 그림은 $A = [L]^{\mathfrak{B}}_{\mathfrak{C}}$일 때, L은 2층에 L_A는 1층에 놓고, 3층에서 내려다본 그림이다.

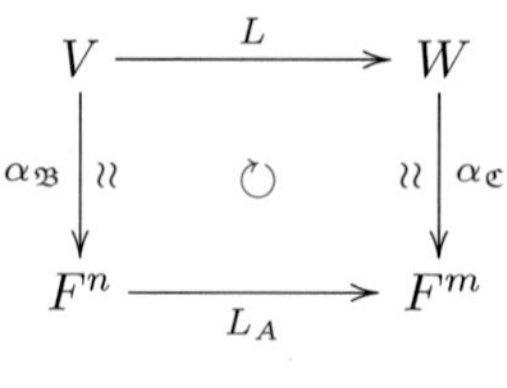

(단, $A = [L]^{\mathfrak{B}}_{\mathfrak{C}}$)

앞에서도 설명했었지만, 위 diagram이 commute한다는 말(↻ 표시)은 어떤 방향으로 화살표를 따라가도 그 결과가 같다는 뜻이다. 다시 말해, 지금은

$$\alpha_{\mathfrak{C}} \circ L = L_A \circ \alpha_{\mathfrak{B}}$$

가 성립한다는 뜻이고, 이 식은 따름정리 5.3.4의

$$[L(v)]_{\mathfrak{C}} = [L]^{\mathfrak{B}}_{\mathfrak{C}} \cdot [v]_{\mathfrak{B}}, \qquad (v \in V)$$

와 동치이다. 따라서, 3층에서 보면 L과 L_A는 **완전히 겹쳐** 보일 것이다.[28]

---

[28] 이 책에는 수많은 commutative diagram이 등장한다. Commutative diagram의 정확한 이해는 수학 전체에서 매우 중요하다.

그리고(종이가 좀 아깝다는 느낌이지만), 위에서 論議한 내용의 역도 성립한다. 즉, 이번에는 선형사상 $L_A : F^n \to F^m$이 주어져 있다면, 우리는 $\Phi_{\mathfrak{C}}^{\mathfrak{B}}(A) = L \in \mathfrak{L}(V, W)$를 L_A와 identify할 수 있다. 앞 그림을 지하실에서 올려다보면 된다. ($A = [L]_{\mathfrak{C}}^{\mathfrak{B}}$ 라는 말과 $\Phi_{\mathfrak{C}}^{\mathfrak{B}}(A) = L$이라는 말은 동치이다.)

따라서, 우리의 네 번째(마지막) 철학이 등장한다.

우리의 철학 IV. 선형사상 $L : V \to W$는 $L_A : F^n \to F^m$과 같은 함수이다.

예를 들면:

관찰 5.4.24. $L \in \mathfrak{L}(V, W)$일 때, $A = [L]_{\mathfrak{C}}^{\mathfrak{B}}$로 놓으면,

$$\dim \ker L = \dim \ker L_A, \qquad \dim \operatorname{im} L = \dim \operatorname{im} L_A$$

이다.

증명 : 3층에서 내려다보면 같은 것은 같을 뿐이다. 꼭 뭘 써야만 한다면: $\alpha_{\mathfrak{C}} \circ L = L_A \circ \alpha_{\mathfrak{B}}$이므로, $\alpha_{\mathfrak{B}}(\ker L) = \ker L_A$이고, $\alpha_{\mathfrak{C}}(\operatorname{im} L) = \operatorname{im} L_A$. □

[우리의 철학IV]는 [우리의 철학III]과 마찬가지로 basis의 선택에 depend하는 것에 유의하기 바란다. 이제 [우리의 철학IV]는 선형대수학을 공부하는 또 하나의 **전략**을 마련해 준다. 다시 말해, $L_A : F^n \to F^m$을 다루기 편할 때에는 L_A를 다루고, $L : V \to W$를 다루기가 더 쉬울 때에는 L을 생각하려고 한다. (독자들에게는 아직 [$L : V \to W$를 다루기가 더 쉬울 때]라는 말이 잘 이해되지 않을 수도 있다. 참고 기다리길 바란다. 이 節의 앞 부분에서는 이미 행렬보다 선형사상이 더 다루기 쉬울 때가 있다는 것을 경험하지 않았는가!)

어쨌든, 제1장에서부터 우리가 갖고 있던 질문들과 숙제들이 대부분 해결되었다. 벌써 새로운 질문들이 나오긴 했지만……. 그렇지만, 아직 우리는 §1.1에서 잠깐 언급하였던 determinant는 손을 대지 못하였다.

5.5. Change of Bases

앞 § 5.2–§ 5.4에서는 벡터공간의 기저가 항상 fixed되어 있었다. 이 節에서는 기저를 바꾸면 어떻게 되는지 살펴본다. (계속 모두 **f.d.v.s.**.)

관찰 5.5.1. (가) $L \in \mathfrak{L}(V, W)$이면,

$$[L]_{\mathfrak{C}'}^{\mathfrak{B}'} = [I_W]_{\mathfrak{C}'}^{\mathfrak{C}} \cdot [L]_{\mathfrak{C}}^{\mathfrak{B}} \cdot [I_V]_{\mathfrak{B}}^{\mathfrak{B}'}$$

이다(단, $\mathfrak{B}, \mathfrak{B}'$은 V의 basis이고, $\mathfrak{C}, \mathfrak{C}'$은 W의 basis).
(나) $A \in \mathfrak{M}_{m,n}(F)$이면,

$$[L_A]_{\mathfrak{C}}^{\mathfrak{B}} = [I]_{\mathfrak{C}}^{\mathcal{F}} \cdot [L_A]_{\mathcal{F}}^{\mathcal{E}} \cdot [I]_{\mathcal{E}}^{\mathfrak{B}} = [I]_{\mathfrak{C}}^{\mathcal{F}} \cdot A \cdot [I]_{\mathcal{E}}^{\mathfrak{B}}$$

이다(단, $\mathfrak{B}, \mathfrak{C}$는 각각 F^n, F^m의 기저이고, $\mathcal{E}, \mathcal{F}$는 각각 F^n, F^m의 표준기저).

증명 : (가)항의 증명은 한 줄이면 충분하다. 즉, 기본정리 (나)항에 의해,

$$[I]_{\mathfrak{C}'}^{\mathfrak{C}} \cdot [L]_{\mathfrak{C}}^{\mathfrak{B}} \cdot [I]_{\mathfrak{B}}^{\mathfrak{B}'} = [I \circ L]_{\mathfrak{C}'}^{\mathfrak{B}} \cdot [I]_{\mathfrak{B}}^{\mathfrak{B}'} = [I \circ L \circ I]_{\mathfrak{C}'}^{\mathfrak{B}'} = [L]_{\mathfrak{C}'}^{\mathfrak{B}'}$$

이다.[29] (나)항은 이제 자명. □

위 관찰에 등장한 $[I]_{\mathfrak{B}}^{\mathfrak{B}'}$ 혹은 $[I]_{\mathfrak{C}'}^{\mathfrak{C}}$ 꼴의 행렬은 특별한 의미를 가지며, 앞으로 중요한 역할을 하게 된다.

정의 5.5.2. Square matrix $[I]_{\mathfrak{B}}^{\mathfrak{B}'}$ 혹은 $[I]_{\mathfrak{B}'}^{\mathfrak{B}}$을 **transition matrix**(**推移행렬**)라고 부른다. 추이행렬은 **기저 변환**(change of bases)의 정보를 갖고 있다.

Transition matrix가 "기저 변환의 정보를 갖고 있다"는 말의 의미는, 예를 들어, $\mathfrak{B} = \{v_i\}$, $\mathfrak{B}' = \{v_i'\}$, $[I]_{\mathfrak{B}}^{\mathfrak{B}'} = (c_{ij})$로 놓을 때,

$$v_j' = I(v_j') = \sum_i c_{ij} v_i$$

이므로, $[I]_{\mathfrak{B}}^{\mathfrak{B}'}$를 알면 $\mathfrak{B}$를 $\mathfrak{B}'$으로 변환할 수 있다는 뜻이다. 따라서, 다음 연습문제 5.5.3은 "$\mathfrak{B}$에서 $\mathfrak{B}'$으로의 변환의 'inverse'는 $\mathfrak{B}'$에서 $\mathfrak{B}$로의 변환"이라고 해석할 수 있다.

연습문제 5.5.3. 추이행렬은 가역이고, $\left([I]_{\mathfrak{B}'}^{\mathfrak{B}}\right)^{-1} = [I]_{\mathfrak{B}}^{\mathfrak{B}'}$임을 보여라.

---

[29] 예를 들어, $[I_V]_{\mathfrak{B}}^{\mathfrak{B}'} = [I]_{\mathfrak{B}}^{\mathfrak{B}'}$로 쓰기로 한다. V의 기저 $\mathfrak{B}, \mathfrak{B}'$에 관한 것이므로 V의 identity map인 것을 충분히 짐작할 수 있다.

역으로, 가역행렬은 항상 transition matrix로 認識할 수 있다. 이는 다름 아닌 명제 3.3.12의 내용이다.

관찰 5.5.4. $U \in \mathfrak{M}_{n,n}(F)$가 가역행렬이고 $\mathfrak{B} = \{v_i\}$가 V의 기저이면, 다음이 성립한다(단, $\dim V = n$).

(가) $U = [I]_{\mathfrak{B}}^{\mathfrak{B}'}$인 V의 기저 $\mathfrak{B}' = \{v_i'\}$이 존재.

(나) 따라서, $U = [I]_{\mathfrak{B}''}^{\mathfrak{B}}$인 V의 기저 $\mathfrak{B}''$도 존재.

증명 : (가)항은 $U = (c_{ij})$로 놓고, $v_j' = \sum_i c_{ij} v_i$로 정의하면 된다. 명제 3.3.12 및 보기 5.4.20 참조. (나)항은 (가)항에서 U 대신 U^{-1}를 생각. □

연습문제 5.5.5. $A = \begin{pmatrix} 1 & 1 & 1 \\ 1 & 1 & 0 \\ 1 & 0 & 0 \end{pmatrix}$이라고 할 때,

(가) $[I]_{\mathcal{E}}^{\mathfrak{B}} = A$인 F^3의 basis $\mathfrak{B}$를 구하라.

(나) $[L_A]_{\mathfrak{C}}^{\mathfrak{B}} = I$인 F^3의 basis $\mathfrak{C}$를 구하라.

(다) $[I]_{\mathfrak{C}}^{\mathfrak{C}'} = A$인 F^3의 basis $\mathfrak{C}'$을 구하라.

이제 '전환점'이 앞에 보인다. 분위기를 좀 바꿔 **새로운 '이야기'를 시작**하자. 선형사상의 rank를 정의한다면, 어떻게 해야 할까? 답은 단순하다: 선형사상은 행렬과 같으니 대응하는 행렬의 rank로 정의할 수밖에 없다.

정의 5.5.6. $L \in \mathfrak{L}(V, W)$이고 $\mathfrak{B}, \mathfrak{C}$가 각각 V, W의 basis일 때, L의 **rank**를 $\mathrm{rk}(L) = \mathrm{rk}\left([L]_{\mathfrak{C}}^{\mathfrak{B}}\right)$로 정의한다.[30] (예를 들어, $\mathrm{rk}(L_A) = \mathrm{rk}\left([L_A]_{\mathcal{F}}^{\mathcal{E}}\right) = \mathrm{rk}(A)$.)

독자들은 위 정의를 읽자마자 이미 종이를 꺼내 다음 관찰을 스스로 확인했을 것으로 믿는다!

관찰 5.5.7. $L \in \mathfrak{L}(V, W)$일 때, L의 rank는 basis의 선택과 무관하다.

증명 : Basis $\mathfrak{B}, \mathfrak{C}$를 $\mathfrak{B}', \mathfrak{C}'$으로 바꾸면, $[L]_{\mathfrak{C}'}^{\mathfrak{B}'} = Q \cdot [L]_{\mathfrak{C}}^{\mathfrak{B}} \cdot P$의 형태가 된다. 이때 Q와 P는 transition matrix이고, 따라서 가역행렬이다. 이제 Rank Theorem (특별히 연습문제 4.5.8)에 의해 증명 끝. □

그렇지만:

질문 5.5.8. $L \in \mathfrak{L}(V, V)$일 때, L의 trace는 어떻게 정의할까?

[30] 따라서, 관찰 5.4.24에 의하면, $\mathrm{rk}(L) = \dim \mathrm{im}\, L$.

어쩐지 안갯속을 헤매는 기분이다. [우리의 철학IV]를 생각하면, $\mathrm{rk}(L)$의 경우에는 "같은 것은 같다"라고 말해 보고 싶은 유혹도 있지만, L의 trace를 생각하면 그리 만만한 일이 아니다. 그런데, [우리의 철학IV]에서 "두 선형사상이 '본질적'으로 같다"라고 한 것은 정확히 무슨 뜻일까? 애당초 "두 함수가 '사실상' 같다"는 말은? 독자들은 — 지금까지의 훈련을 통하여 — 이미 3층으로 올라가고 있을 것이다.

정의 5.5.9. (가) $f, g : S \to T$가 (단순히) 함수일 때, 아래 왼쪽 commutative diagram을 갖는 bijection $\varphi : S \to S$, $\psi : T \to T$가 존재하면, $f \asymp g$로 표기하고, f, g는 '**닮은**' **함수**라고 부르자.[31] [32]

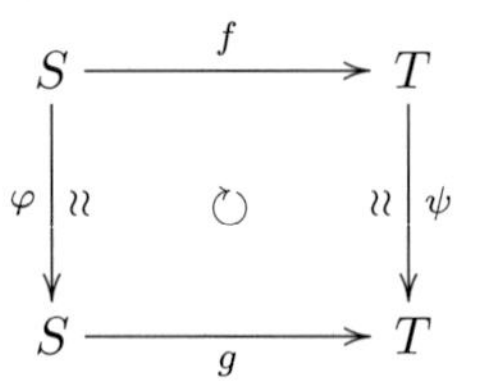

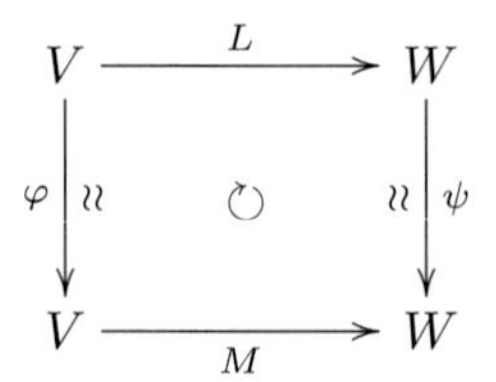

(나) 그리고, $L, M \in \mathfrak{L}(V, W)$일 때, 위 오른쪽 commutative diagram을 갖는 automorphism $\varphi \in \mathfrak{L}(V, V)$, $\psi \in \mathfrak{L}(W, W)$가 존재하면, $L \asymp M$으로 표기하고, L, M은 '**닮은**' **선형사상**이라고 부르자.
(다) 위 (가)항과 (나)항의 $\asymp$은 물론 equivalence relation이다(확인해 보라).

어떤 equivalence relation이 주어졌을 때, 우리의 최종 **목표는 equivalence class들을 모두 찾는 것**이다. 즉, a complete set of representatives('대표자 회의')를 묘사하는 것이다. §1.4 참조.

우리가 이미 알고 있는 예를 들면:

보기 5.5.10. (가) Row equivalence $\sim_{\mathsf{r}}$의 a complete set of representatives는 행 간소 사다리 꼴들의 집합이다. 물론 이를 설명하기 위해서는 행 간소 사다리 꼴의 uniqueness가 필요하다.
(나) Classification Theorem(따름정리 4.3.8)에 의하면, 벡터공간의 isomorphic relation $\approx$의 equivalence class는 dimension이 같은 벡터공간들의 모임이다.

[31] $f : S \to T$이고 $g : S' \to T'$이라고 해도 별 차이는 없을뿐더러, 이는 좀 지나친 일반화로 생각된다.

[32] $\asymp$의 표기법이나 '닮은'이라는 용어는 이 節에서만 잠시 사용하기 위해 임시로 급조한 것이다(가끔 'equivalent'라는 용어도 사용하는 듯하다). 정의 5.6.4의 similarity relation $\sim$과는 분명히 구분해야 한다.

우리는 equivalence class의 원소들이 共有하는 성질을 **invariant**라고 부른다. 그러면, 예를 들어, 위 보기의 (나)항은 "dimension은 벡터공간의 isomorphic relation $\approx$을 완전히 결정하는 invariant"라고 말할 수 있다. 또는 "이때 '대표자 회의'의 member들과 cardinal number들 사이에는 one-to-one correspondence가 있다"고 할 수도 있다.

연습문제 5.5.11. '닮은' 함수들의 equivalence class를 (모두) 묘사하라.

물론 우리는 '닮은' 선형사상들의 equivalence class를 결정하는 invariant를 찾으려고 한다. 그에 앞서 — 선형사상과 행렬은 같은 것이므로 — '닮은' 행렬부터 정의하자.

정의 5.5.12. $A, B \in \mathfrak{M}_{m,n}(F)$일 때, $QAP = B$인 가역행렬 $Q \in \mathfrak{M}_{m,m}(F)$, $P \in \mathfrak{M}_{n,n}(F)$가 존재하면,[33] $A \asymp B$로 표기하고 A, B는 **'닮은' 행렬**이라고 부르자. 물론 $\asymp$은 equivalence relation이다(확인해 보라).

위 정의는 독자들도 충분히 예상할 수 있었을 것이다. 우리는 물론 '닮은' 선형사상들의 행렬 표현이 '닮은' 행렬이 되도록 정의한 것이다.

관찰 5.5.13. $L, M \in \mathfrak{L}(V, W)$일 때, 다음 조건은 동치이다.

(1) $L \asymp M$.

(2) $[L]_{\mathfrak{C}}^{\mathfrak{B}} \asymp [M]_{\mathfrak{C}'}^{\mathfrak{B}'}$ (단, $\mathfrak{B}, \mathfrak{B}'$은 V의 basis이고, $\mathfrak{C}, \mathfrak{C}'$은 W의 basis).

증명 : [(1)⇒(2)] 정의 5.5.9에서 $\psi \circ L = M \circ \varphi$이므로,

$$[\psi]_{\mathfrak{C}'}^{\mathfrak{C}} \cdot [L]_{\mathfrak{C}}^{\mathfrak{B}} = [\psi \circ L]_{\mathfrak{C}'}^{\mathfrak{B}} = [M \circ \varphi]_{\mathfrak{C}'}^{\mathfrak{B}} = [M]_{\mathfrak{C}'}^{\mathfrak{B}'} \cdot [\varphi]_{\mathfrak{B}'}^{\mathfrak{B}}$$

이 된다. 그리고 φ와 ψ는 가역이므로, $[\varphi]_{\mathfrak{B}'}^{\mathfrak{B}}$과 $[\psi]_{\mathfrak{C}'}^{\mathfrak{C}}$도 가역.

[(2)⇒(1)] $Q \cdot [L]_{\mathfrak{C}}^{\mathfrak{B}} = [M]_{\mathfrak{C}'}^{\mathfrak{B}'} \cdot P^{-1}$인 가역행렬 P, Q가 존재하면, 기본정리에 의해, $P^{-1} = [\varphi]_{\mathfrak{B}'}^{\mathfrak{B}}$인 automorphism φ와, $Q = [\psi]_{\mathfrak{C}'}^{\mathfrak{C}}$인 automorphism ψ가 (유일하게) 존재한다. 그러면, $\psi \circ L = M \circ \varphi$. (종이가 아깝다.) □

연습문제 5.5.14. $A, B \in \mathfrak{M}_{m,n}(F)$일 때, 다음 조건

(1) $A \asymp B$.

(2) $L_A \asymp L_B$.

은 동치임을 보여라.

[33] $Q^{-1}AP = B$ 또는 $QA = BP$로 쓰지 않고, $QAP = B$로 쓰는 것이 관례.

이제 '닮은' 선형사상(행렬)들을 결정해 주는 invariant를 생각해 보자. 이를 위해, 먼저 '닮음' relation의 equivalence class를 대표하는 제일 '예쁜' 행렬부터 찾아보자.

관찰 5.5.15. $A \in \mathfrak{M}_{m,n}(F)$이면, $A \asymp \begin{pmatrix} I_r & \mathbf{0} \\ \mathbf{0} & \mathbf{0} \end{pmatrix}$. 물론 이때 $r = \mathrm{rk}(A)$. (단, 아래쪽과 오른쪽의 $\mathbf{0}$들은 있을 수도 있고 없을 수도 있다.)

첫 번째 증명 : 이미 연습문제 1.3.11에서 증명하였다. (행렬 $A \in \mathfrak{M}_{m,n}(F)$의 왼쪽(오른쪽)에 가역행렬을 곱하는 것은 elementary row(column) operation을 유한 번 시행하는 것과 같다.) □

두 번째 증명 : 이 관찰은 Dimension Theorem(의 증명)의 결과이다. 즉, $\{X_{r+1}, \ldots, X_n\}$을 $\ker L_A$의 basis라고 놓을 때, 이를 extend하여 F^n의 basis $\mathfrak{B} = \{X_1, \ldots, X_n\}$을 만들면, $\mathfrak{C}_0 = \{AX_1, \ldots, AX_r\}$이 $\mathrm{im}\, L_A$의 basis가 된다. 이제 $\mathfrak{C}_0$를 F^m의 basis $\mathfrak{C}$로 extend하면, $[L_A]^{\mathfrak{B}}_{\mathfrak{C}}$가 바로 원하는 행렬이다. □

즉, '닮음' 관계를 결정해 주는 invariant는 rank이다.

명제 5.5.16. $A, B \in \mathfrak{M}_{m,n}(F)$일 때, 다음 조건은 동치이다.

(1) $A \asymp B$.

(2) $\mathrm{rk}(A) = \mathrm{rk}(B)$.

증명 : [(1)⇒(2)] [우리의 철학IV]. $L_A \asymp L_B$이므로, $\mathrm{im}\, L_A \approx \mathrm{im}\, L_B$.[34]
[(2)⇒(1)] 위 관찰 5.5.15에 의해 자명. □

명제 5.5.17. $L, M \in \mathfrak{L}(V, W)$일 때, 다음 조건

(1) $L \asymp M$.

(2) $\mathrm{rk}(L) = \mathrm{rk}(M)$.

은 동치이다.

증명 : 선형사상 = 행렬. □

연습문제 5.5.18. $L, M \in \mathfrak{L}(V, W)$이고 $\mathrm{rk}(L) = \mathrm{rk}(M)$일 때, $\psi \circ L = M \circ \varphi$인 automorphism $\varphi \in \mathfrak{L}(V, V)$, $\psi \in \mathfrak{L}(W, W)$를 찾아라.[35]

[34] Rank Theorem(특별히 연습문제 4.5.8)을 생각할 수도 있지만······.

[35] $\dim\, \mathrm{im}\, L = \dim\, \mathrm{im}\, M$이므로, $\dim\, \ker L = \dim\, \ker M$. 관찰 5.5.15의 두 번째 증명 및 연습문제 4.4.2 참조. (연습문제 5.5.11의 결과와도 비교해 보라.)

5.6. Similarity Relation

여기가 바로 '**선형대수학의 轉換點**'이다! 이 '전환점'은 이후의 motivation을 말할 때 빠져서는 안 되는 내용이므로 확실히 해 두기 바란다. '전환점'을 지나면, non-square matrix나 $\mathfrak{L}(V, W)$, $[L]_{\mathfrak{C}}^{\mathfrak{B}}$ 등은 (특수한 경우를 제외하면) 더 이상 등장하지 않을 것이다.

전환점 5.6.1. (가) 만약에 elementary row operation과 elementary column operation을 모두 허용하면, 모든 선형사상의 행렬 표현을 너무나(가장) 예쁜 형태로 — 즉, $\begin{pmatrix} I & \mathbf{0} \\ \mathbf{0} & \mathbf{0} \end{pmatrix}$ 형태로 — 바꿀 수 있으므로, 별로 '재미'가 없다.[36] 즉, '닮음' 관계 $\asymp$의 공부는 **이것으로 끝!**
(나) **지금부터는** 주로 square matrix와 linear operator를 다루게 된다. 또, $L \in \mathfrak{L}(V, V)$의 matrix는 주로 $[L]_{\mathfrak{B}}^{\mathfrak{B}}$의 꼴을 생각하게 된다. 다시 말해, 이는 정의 5.6.4의 similarity relation이 가장 '재미'있다는 뜻이다.

이제 '전환점'을 지났으니, 새로운 기분으로 $L \in \mathfrak{L}(V, V)$와 $[L]_{\mathfrak{B}}^{\mathfrak{B}}$, 그리고 square matrix에 관한 결과들을 다시 정리해 보자. 증명은 생략한다.

관찰 5.6.2. (가) $L \in \mathfrak{L}(V, V)$이면,

$$[L]_{\mathfrak{C}}^{\mathfrak{C}} = [I]_{\mathfrak{C}}^{\mathfrak{B}} \cdot [L]_{\mathfrak{B}}^{\mathfrak{B}} \cdot [I]_{\mathfrak{B}}^{\mathfrak{C}} = \left([I]_{\mathfrak{B}}^{\mathfrak{C}}\right)^{-1} \cdot [L]_{\mathfrak{B}}^{\mathfrak{B}} \cdot [I]_{\mathfrak{B}}^{\mathfrak{C}}$$

이다(단, $\mathfrak{B}, \mathfrak{C}$는 V의 basis).
(나) $A \in \mathfrak{M}_{n,n}(F)$이면,

$$[L_A]_{\mathfrak{B}}^{\mathfrak{B}} = [I]_{\mathfrak{B}}^{\mathcal{E}} \cdot A \cdot [I]_{\mathcal{E}}^{\mathfrak{B}} = \left([I]_{\mathcal{E}}^{\mathfrak{B}}\right)^{-1} \cdot A \cdot [I]_{\mathcal{E}}^{\mathfrak{B}}$$

이다(물론 $\mathfrak{B}$는 F^n의 basis이고, $\mathcal{E}$는 F^n의 standard basis).

이제 linear operator의 trace를 정의할 수 있다.

연습문제 5.6.3. $L \in \mathfrak{L}(V, V)$이고 $\mathfrak{B}$가 V의 basis일 때, operator L의 **trace**를 $\operatorname{tr}(L) = \operatorname{tr}\left([L]_{\mathfrak{B}}^{\mathfrak{B}}\right)$로 정의한다(따라서 $\operatorname{tr}(L_A) = \operatorname{tr}\left([L_A]_{\mathcal{E}}^{\mathcal{E}}\right) = \operatorname{tr}(A)$). L의 trace는 basis의 선택과 무관함을 보여라.

다음에 정의할 similarity relation은 제 7–8장의 주제이다. 아껴 두었던 표기법 $\sim$이 드디어 등장한다.

[36] 중요하지 않다는 뜻은 아니다. 단지, 이 방향으로는 더 공부할 것이 없다는 뜻이다.

정의 5.6.4. (가) $L, M \in \mathfrak{L}(V,V)$ 일 때, 다음 commutative diagram

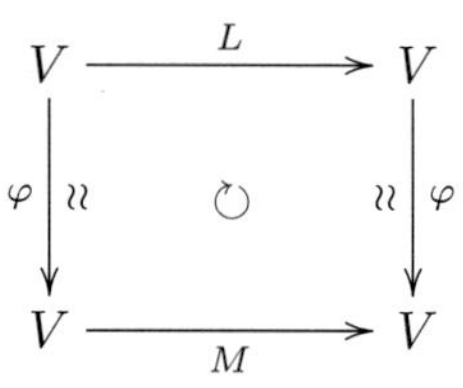

을 갖는 automorphism $\varphi \in \mathfrak{L}(V,V)$ 가 존재하면, $L \sim M$ 으로 표기하고, "L is **similar** to M" 이라고 읽는다. (주의 : V 의 automorphism 은 φ 로 고정.)
(나) $A, B \in \mathfrak{M}_{n,n}(F)$ 일 때, 만약 $U^{-1}AU = B$ 인 가역행렬 $U \in \mathfrak{M}_{n,n}(F)$ 가 존재하면,[37] $A \sim B$ 로 표기하고, "A is **similar** to B" 라고 읽는다.
(다) 위 (가)항과 (나)항의 $\sim$ 은 물론 equivalence relation 이다(확인해 보라).

다음은 관찰 5.5.13과 연습문제 5.5.14의 modification 이다. 증명은 생략.

관찰 5.6.5. (가) $L, M \in \mathfrak{L}(V,V)$ 일 때, 다음 조건

(1) $L \sim M$.
(2) $[L]_{\mathfrak{B}}^{\mathfrak{B}} \sim [M]_{\mathfrak{C}}^{\mathfrak{C}}$ (단, $\mathfrak{B}, \mathfrak{C}$는 V 의 basis).

은 동치이다.
(나) $A, B \in \mathfrak{M}_{n,n}(F)$ 이면, 다음 조건

(1) $A \sim B$.
(2) $L_A \sim L_B$.

은 동치이다.

따라서, similar operator 나 similar matrix 나 그 말이 그 말. 앞으로는 — 그래도 행렬이 눈에 더 잘 보이니(좀 더 익숙하니) — 주로 similar matrix 를 다루기로 한다.

만약 $A \sim B$ 이면(당연히 $A \asymp B$ 이기도 하므로), $\mathrm{rk}(A) = \mathrm{rk}(B)$ 인 것은 당연하다. 따라서 rank 는 similarity relation 의 invariant 이다. 그리고 trace 도 similarity relation 의 invariant 가 된다.

관찰 5.6.6. $A \sim B \in \mathfrak{M}_{n,n}(F)$ 이면, $\mathrm{tr}(A) = \mathrm{tr}(B)$.

증명 : 연습문제 1.1.19와 연습문제 1.1.11(라)항 참조. □

[37] U는 unit의 첫 글자이고, unit의 의미는 invertible element.

어쨌든, $L \sim M$이면, L과 M은 — 3층으로 올라가서 내려다보면 — '본질적'으로 같은 선형사상이다.[38] 뿐만 아니라, 원래 linear operator는 square matrix와 같고, L은 L_A와 같고(단, $A = [L]_{\mathfrak{B}}^{\mathfrak{B}}$), $A \sim B$이면 A와 B는 같고, 같은 것은 같고, 온통 다 같다……, ㅎㅎ. 그렇지만…….

연습문제 5.6.7. $A \sim B$, $C \sim D \in \mathfrak{M}_{n,n}(F)$이고, r은 자연수, $c \in F$이면,

(가) $A^r \sim B^r$인가? $cA \sim cB$인가?

(나) $(A+C) \sim (B+D)$인가? $AC \sim BD$인가?[39]

위 연습문제는 "같은 것은 같다"는 [우리의 철학]을 마구 남용하면 위험하다는 경고이다. 즉, 어떤 identification을(또는 어떤 transition matrix를) 선택하였는지 혼동이 있으면 안 된다. 뿐만 아니라:

주의 5.6.8. $A \sim B$일 때, "L_A와 L_B는 '본질적'으로 같으므로, A와 B도 '본질적'으로 같고, 따라서 $\mathrm{tr}(A) = \mathrm{tr}(B)$"라고 하는 것은 한마디로 **non-sense**이다.[40] Trace는 행렬의 좌표를 사용하여 정의했기 때문이다. 그러므로, [$A \sim B$이면 $\mathrm{tr}(A) = \mathrm{tr}(B)$]가 true인 것은 [우리의 철학]과는 무관하다.[41]

결론적으로, [우리의 철학]을 自由自在로 그리고 올바르게 사용할 수 있어야 한다. 이러한 능력이 바로 'mathematical maturity'이다.

이제, 당연히, 새로운 질문이 생겼다.

연습문제 5.6.9. 세 행렬 A, B, C가 다음과 같이 주어졌을 때, 각각의 경우에 A, B, C가 서로 similar한지 판정하라.[42]

(가) $A = \begin{pmatrix} 1 & 0 \\ 0 & 1 \end{pmatrix}$, $B = \begin{pmatrix} 1 & 1 \\ 0 & 1 \end{pmatrix}$, $C = \begin{pmatrix} 1 & 0 \\ 2 & 1 \end{pmatrix}$.

(나) $A = \begin{pmatrix} 1 & 1 \\ 0 & 2 \end{pmatrix}$, $B = \begin{pmatrix} 1 & 0 \\ 0 & 2 \end{pmatrix}$, $C = \begin{pmatrix} 2 & 0 \\ 0 & 1 \end{pmatrix}$.

(다) $A = \begin{pmatrix} 3 & 2 \\ 2 & 3 \end{pmatrix}$, $B = \begin{pmatrix} 2 & 1 \\ 3 & 4 \end{pmatrix}$, $C = \begin{pmatrix} 1 & -2 \\ 2 & 5 \end{pmatrix}$.

---

[38] 물론 $L \asymp M$인 경우에도 L, M은 '본질적'으로 같은 선형사상이다. 다만 $L \sim M$인 경우와는 '본질적'이라는 단어의 뜻이 약간 다를 뿐이다.

[39] 아직 counter-example을 찾기는 쉽지 않을 것이다. 제7장을 공부한 후에 찾아보라.

[40] 이런 식으로 말할 수 있다면, "similar matrix의 대각성분들의 곱이 같다"거나 "similar matrix의 $(1,2)$-좌표가 같다"는 엉터리 주장도 가능할 것이다.

[41] 제6장에서 배울 determinant의 경우도 마찬가지.

[42] Hint: $AU = UB$인 가역행렬 U를 찾아본다.

위 연습문제는 행렬의 size 가 작아 어떻게 해볼 만하다. 그러나, 다음 질문에 대한 대답은 제 8장이 끝날 때에나 가능하다. (위 연습문제는 지금까지 우리가 알고 있는 invariant 들인 rank 와 trace 만으로는 similarity class 를 완전히 결정할 수 없음을 보여주고 있다. Invariant 들을 추가해야만 한다.)

질문 5.6.10. 어떻게 주어진 두 행렬의 similar 여부를 효과적으로 판정할 수 있을까? 즉, similarity relation $\sim$을 결정해 주는 invariant 들은 무엇일까?

관찰 5.6.5를 조금 다르게 표현하면 다음 관찰과 같이 말할 수도 있다. 즉, "$A \sim B$일 필요충분조건은 A, B가 하나의 선형사상의 (두 가지) 행렬표현인 것이다." 다음 관찰은 앞으로 우리의 '**사고방식**'이 된다.

관찰 5.6.11. $A, B \in \mathfrak{M}_{n,n}(F)$이면, 다음 조건은 동치이다.

(1) $A \sim B$.
(2) (물론 $[L_A]_{\mathcal{E}}^{\mathcal{E}} = A$이고) $[L_A]_{\mathfrak{B}}^{\mathfrak{B}} = B$인 F^n의 basis $\mathfrak{B}$ 존재.
(3) $[L]_{\mathfrak{C}}^{\mathfrak{C}} = A$이고 $[L]_{\mathfrak{D}}^{\mathfrak{D}} = B$인 $L \in \mathfrak{L}(V, V)$와 V의 basis $\mathfrak{C}, \mathfrak{D}$ 존재.

증명 : [(1)⇒(2)] $U^{-1}AU = B$일 때, 가역행렬 U를 transition matrix $[I]_{\mathcal{E}}^{\mathfrak{B}}$로 인식하면(관찰 5.5.4),

$$B = U^{-1}AU = [I]_{\mathfrak{B}}^{\mathcal{E}} \cdot [L_A]_{\mathcal{E}}^{\mathcal{E}} \cdot [I]_{\mathcal{E}}^{\mathfrak{B}} = [L_A]_{\mathfrak{B}}^{\mathfrak{B}}$$

가 된다.
[(2)⇒(3)] 자명.
[(3)⇒(1)] 관찰 5.6.2(가) 항. □

따라서, 앞으로 우리의 또 하나의 strategy 는 기저를 바꾸어서 '예쁜'(다루기 쉬운) similar matrix 로 만들자는 것이다. 구체적으로, $A \in \mathfrak{M}_{n,n}(F)$가 주어졌을 때, 다음 식

$$\left([I]_{\mathcal{E}}^{\mathfrak{B}}\right)^{-1} \cdot [L_A]_{\mathcal{E}}^{\mathcal{E}} \cdot [I]_{\mathcal{E}}^{\mathfrak{B}} = [I]_{\mathfrak{B}}^{\mathcal{E}} \cdot A \cdot [I]_{\mathcal{E}}^{\mathfrak{B}} = [L_A]_{\mathfrak{B}}^{\mathfrak{B}}$$

을 이용해 $[L_A]_{\mathfrak{B}}^{\mathfrak{B}}$가 '예쁜' 행렬인 F^n의 basis $\mathfrak{B}$를 찾자는 것이다. 제 1장의 연습문제 1.1.20 이 이런 strategy 의 전형적인 보기이다. 가장 '예쁜' 행렬은 대각행렬이기 때문이다. 연습문제 1.1.20에 관해서는 제 7장에서 자세히 다룬다.

제 6 장 행렬식

이 章의 목표는 square matrix의 determinant(決定者? 판별식?)를 정의하고, 그 성질들을 공부하는 것이다. 그렇다면, determinant는 무엇을 결정해 주는 것일까?

Determinant를 엄밀하게 정의(construct)하는 것은 조금 복잡하다. 우리는 이 章에서 determinant를 두 가지 방법으로 construct하게 되는데, 그 첫째 방법은 symmetric group의 개념을 필요로 한다. 우리는 다음 학기에 group의 개념을 공부하게 되므로, 지금 symmetric group을 경험해 두는 것이 큰 도움이 될 것이다. Determinant를 실제 계산할 때에는 둘째 방법이 매우 효과적이다.

이 章이 끝나면 우리의 무대장치가 완성된다.

6.1. Alternating Multilinear Form

이 節에서는 multilinear form과 alternating multilinear form의 개념을 간단히 살펴보고, determinant를 정의한다.

정의 6.1.1. $V_1,\ldots,V_k$가 벡터공간일 때, 함수 $\mu: V_1\times\cdots\times V_k \to F$가 모든 k-개의 좌표 각각에 대하여 linear일 때, 즉 모든 $i=1,\ldots,k$에 대하여

$$\mu(\ldots,u_i+w_i,\ldots)=\mu(\ldots,u_i,\ldots)+\mu(\ldots,w_i,\ldots),\qquad (u_i,w_i\in V_i)$$
$$\mu(\ldots,av_i,\ldots)=a\mu(\ldots,v_i,\ldots),\qquad (v_i\in V_i,\ a\in F)$$

일 때, 우리는 μ를 **k-linear form**이라고 부른다. 특히, $k=2$일 때에는 μ를 **bilinear form**이라고 부른다. (우리는 주로 $V_1=\cdots=V_k=V$인 경우를 다룰 것이다. 이때에는 μ를 k-linear form on V라고 부른다.)

예를 들어, $\mu: V\times V\times V\times V\to F$가 4-linear form이면,

$$\mu(v_1,3u_2-w_2,v_3,v_4)=3\mu(v_1,u_2,v_3,v_4)-\mu(v_1,w_2,v_3,v_4)$$

가 된다.

보기 6.1.2. $\mu : V \times V \to F$가 bilinear form이면,

$$\begin{aligned}\mu(v_1+w_1, v_2+w_2) &= \mu(v_1, v_2+w_2)+\mu(w_1, v_2+w_2)\\ &= \mu(v_1,v_2)+\mu(v_1,w_2)+\mu(w_1,v_2)+\mu(w_1,w_2)\end{aligned}$$

가 된다. 그런데 $V \times V$도 벡터공간이므로(보기 2.3.7의 product space 참조), linear map $L : V \times V \to F$도 생각할 수 있다. 이때는

$$L(v_1+w_1, v_2+w_2) = L\big((v_1,v_2)+(w_1,w_2)\big) = L(v_1,v_2)+L(w_1,w_2)$$

이므로, 이는 bilinear form과는 다른 개념이다.

다음 연습문제는 이젠 너무나 익숙하다. 손이 먼저 움직인다…….

연습문제 6.1.3. $\mu : V \times \cdots \times V \to F$가 k-linear form이면,

$$\mu(\ldots, 0, \ldots) = 0$$

임을 보여라.

다음에는 alternating form을 정의한다.

정의 6.1.4. $\mu : V \times \cdots \times V \to F$가 k-linear form일 때, 만약

$$\mu(\ldots, v, \ldots, v, \ldots) = 0, \qquad (v \in V)$$

이면, 우리는 μ를 **alternating** k-linear form on V라고 부른다. (따라서, 물론, 1-linear form(즉, linear form)은 항상 alternating이다.)

관찰 6.1.5. $\mu : V \times \cdots \times V \to F$가 alternating k-linear form이면,

$$\mu(\ldots, v, \ldots, w, \ldots) = -\mu(\ldots, w, \ldots, v, \ldots), \qquad (v, w \in V)$$

이다. (즉, 두 좌표의 위치를 교환하면 부호가 바뀐다.[1])

증명 : 이 증명을 위해서는 (편의상) $k=2$인 경우만 생각하면 충분하다. 이제 왠지 모르게 '본능적'으로 $\mu(v+w, v+w)$라고 써 보고 싶다.[2] 그러면,

$$0 = \mu(v+w, v+w) = \mu(v,v)+\mu(v,w)+\mu(w,v)+\mu(w,w) = \mu(v,w)+\mu(w,v)$$

이므로 증명 끝. □

[1] 이런 이유에서 'alternating'이라고 부른다.
[2] '본능적'이 무슨 뜻이었더라?

표기법 6.1.6. 이 章에서는, [identification의 철학]에 따라,

$$\mathfrak{M}_{n,n}(F) = \underbrace{F^n \times \cdots \times F^n}_{n\text{-번}}$$

의 표기법을 사용한다. 즉, $A \in \mathfrak{M}_{n,n}(F)$일 때, $A = \big([A]^1, \ldots, [A]^n\big)$의 표기법은 이미 익숙하고, 예를 들어, $n=3$일 때,

$$I_3 = (\mathbf{e}_1, \mathbf{e}_2, \mathbf{e}_3), \qquad I_{[1]\leftrightarrow[2]} = (\mathbf{e}_2, \mathbf{e}_1, \mathbf{e}_3)$$

등의 표기법을 사용한다.[3]

행렬식의 정의는 (의외로) 간단하다.

정의 6.1.7. 다음 조건

$$\det(I_n) = \det(\mathbf{e}_1, \ldots, \mathbf{e}_n) = 1$$

을 만족시키는 alternating n-linear form

$$\det : F^n \times \cdots \times F^n \to F$$

를 **determinant (행렬식)** 라고 부른다. 그리고,

$$\det(A) = |A|, \qquad (A \in \mathfrak{M}_{n,n}(F))$$
$$\det(X_1, \ldots, X_n) = |X_1, \ldots, X_n|, \qquad (X_1, \ldots, X_n \in F^n)$$

의 표기법도 사용한다.[4]

Existence 와 uniqueness! 다음 정리가 없다면 위 정의는 무의미하다.

정리 6.1.8. $\det : F^n \times \cdots \times F^n \to F$ 는 존재하고 하나뿐이다.

정리 6.1.8의 엄밀한 증명은 §6.3에서 다룰 것이다. 그런데, 이를 위해서는 §6.2의 symmetric group이라는 개념이 필요하다. 정리 6.1.8의 증명에는 — determinant의 매우 간단한 정의에 비해 — 의외로 복잡한 표기법이 필요하다. Symmetric group이 이를 위한 세련된 표기법을 제공해 줄 것이다.

이 節에서는 왜 symmetric group의 개념이 필요한지, 먼저 $n=2$인 경우와 $n=3$인 경우부터 생각해 봄으로써 motivation을 얻고자 한다.

[3] §1.3의 elementary matrix의 표기법 참조.

[4] 집합 S의 cardinality $|S|$와 혼동할 일은 없을 것이다.

보기 6.1.9. (2×2)-matrix 의 determinant 를

$$\det(A) = \det\begin{pmatrix} a & c \\ b & d \end{pmatrix} = ad - bc$$

로 정의하면, 물론 $\det(I_2) = 1$ 이고, det 가 alternating bilinear form 인 것은 쉽게 확인할 수 있다. 이제 그 유일성을 증명해 보자. 그런데,

$$\det(\mathbf{e}_2, \mathbf{e}_1) = -\det(\mathbf{e}_1, \mathbf{e}_2) = -1$$

이어야만 하므로,

$$\begin{aligned}\det(A) &= \det(a\mathbf{e}_1 + b\mathbf{e}_2,\ c\mathbf{e}_1 + d\mathbf{e}_2) \\ &= ac\det(\mathbf{e}_1, \mathbf{e}_1) + ad\det(\mathbf{e}_1, \mathbf{e}_2) + bc\det(\mathbf{e}_2, \mathbf{e}_1) + bd\det(\mathbf{e}_2, \mathbf{e}_2) \\ &= ad - bc\end{aligned}$$

이어야만 하는 것을 확인할 수 있다.

보기 6.1.10. (3×3)-matrix 의 determinant 를

$$\det(A) = \det\begin{pmatrix} a_{11} & a_{12} & a_{13} \\ a_{21} & a_{22} & a_{23} \\ a_{31} & a_{32} & a_{33} \end{pmatrix}$$
$$= a_{11}a_{22}a_{33} + a_{21}a_{32}a_{13} + a_{31}a_{12}a_{23} - a_{31}a_{22}a_{13} - a_{21}a_{12}a_{33} - a_{11}a_{32}a_{23}$$

로 정의하면,[5] 물론 $\det(I_3) = 1$ 이고, det 가 alternating trilinear form 인 것은 쉽게(?) 확인할 수 있다.[6] 이번에도 유일성을 증명해 보자. 이제, 예를 들어,

$$\det(\mathbf{e}_3, \mathbf{e}_2, \mathbf{e}_1) = |\mathbf{e}_3, \mathbf{e}_2, \mathbf{e}_1| = -1,$$
$$|\mathbf{e}_3, \mathbf{e}_1, \mathbf{e}_2| = -|\mathbf{e}_1, \mathbf{e}_3, \mathbf{e}_2| = (-1)\cdot(-1)\cdot|I_3| = 1$$

이어야만 하므로,

$$\begin{aligned}|A| &= |a_{11}\mathbf{e}_1 + a_{21}\mathbf{e}_2 + a_{31}\mathbf{e}_3,\ a_{12}\mathbf{e}_1 + a_{22}\mathbf{e}_2 + a_{23}\mathbf{e}_3,\ a_{13}\mathbf{e}_1 + a_{23}\mathbf{e}_2 + a_{33}\mathbf{e}_3| \\ &= (\text{27-개 항 중에서 21-개는 zero 이고, 6-개만 남는다}) \\ &= a_{11}a_{22}a_{33}|\mathbf{e}_1, \mathbf{e}_2, \mathbf{e}_3| + a_{21}a_{32}a_{13}|\mathbf{e}_2, \mathbf{e}_3, \mathbf{e}_1| + a_{31}a_{12}a_{23}|\mathbf{e}_3, \mathbf{e}_1, \mathbf{e}_2| \\ &\quad + a_{31}a_{22}a_{13}|\mathbf{e}_3, \mathbf{e}_2, \mathbf{e}_1| + a_{21}a_{12}a_{33}|\mathbf{e}_2, \mathbf{e}_1, \mathbf{e}_3| + a_{11}a_{32}a_{23}|\mathbf{e}_1, \mathbf{e}_3, \mathbf{e}_2| \\ &= a_{11}a_{22}a_{33} + a_{21}a_{32}a_{13} + a_{31}a_{12}a_{23} - a_{31}a_{22}a_{13} - a_{21}a_{12}a_{33} - a_{11}a_{32}a_{23}\end{aligned}$$

이어야만 한다.

---

[5] 위 식은 기억하기 쉽도록 쓰여졌다. 즉 ↘방향은 더하기로, ↙방향은 빼기로 기억하면 된다.
[6] 저자를 믿고 확인해 보지 않는 편이 현명하다. 어차피 뒤 정리 6.3.2에서 증명할 것이다.

독자들은 이제 $n=4,\ n=5,\ n=6,\ \cdots$ 의 경우도 예상할 수 있을 것이다. 다만 24-개, 120-개, 720-개, $\cdots$ 로 늘어나는 항들을 모두 나열할 시간도 인내력도 없는 것이 문제이다. 무언가 세련된 방법을 찾아야 할 것이다.

어쨌든 determinant의 uniqueness의 문제는, 예를 들어,

$$\det(\mathbf{e}_3, \mathbf{e}_2, \mathbf{e}_4, \mathbf{e}_1) = 1 \ \text{ or } \ -1\,?$$

의 질문에 답하는 문제가 된다. 물론,

$$(\mathbf{e}_3, \mathbf{e}_2, \mathbf{e}_4, \mathbf{e}_1) \rightsquigarrow (\mathbf{e}_1, \mathbf{e}_2, \mathbf{e}_4, \mathbf{e}_3) \rightsquigarrow (\mathbf{e}_1, \mathbf{e}_2, \mathbf{e}_3, \mathbf{e}_4)$$

이므로, 위 질문의 답은 1이다. 즉, 몇 번의 **자리바꿈**(두 좌표간의 자리바꿈)을 시행하여 **원위치**로 돌아오는지를 알면 된다. 그러나, 어떤 이들은

$$\begin{aligned}(\mathbf{e}_3, \mathbf{e}_2, \mathbf{e}_4, \mathbf{e}_1) &\rightsquigarrow (\mathbf{e}_3, \mathbf{e}_4, \mathbf{e}_2, \mathbf{e}_1) \rightsquigarrow (\mathbf{e}_1, \mathbf{e}_4, \mathbf{e}_2, \mathbf{e}_3) \rightsquigarrow (\mathbf{e}_1, \mathbf{e}_2, \mathbf{e}_4, \mathbf{e}_3)\\ &\rightsquigarrow (\mathbf{e}_1, \mathbf{e}_4, \mathbf{e}_2, \mathbf{e}_3) \rightsquigarrow (\mathbf{e}_1, \mathbf{e}_2, \mathbf{e}_4, \mathbf{e}_3) \rightsquigarrow (\mathbf{e}_1, \mathbf{e}_2, \mathbf{e}_3, \mathbf{e}_4)\end{aligned}$$

로 생각할 수도 있다.[7] 다시 말해, 어떤 방법으로 자리바꿈을 시행하여도 원위치로 돌아오는 자리바꿈 횟수의 **홀짝 여부**는 변화가 없는 것을 설명해야 할 것이다.[8] Symmetric group은 이러한 자리바꿈을 체계적으로 분석할 수 있게 해줄 것이다.

연습문제 6.1.11. (함수 det가 존재한다고 가정하고) 다음 행렬식을 계산하라(단, $a, b, c \in F$).[9]

(가) $\begin{vmatrix} 1 & 2 & 1 \\ -1 & 1 & 3 \\ 5 & 1 & -2 \end{vmatrix}$, (나) $\begin{vmatrix} -1 & 1 & 4 \\ 1 & 4 & 2 \\ 1 & 1 & 0 \end{vmatrix}$, (다) $\begin{vmatrix} a & b & c \\ c & a & b \\ b & c & a \end{vmatrix}$.

연습문제 6.1.12. (함수 det가 존재한다고 가정하고) $A \in \mathfrak{M}_{n,n}(F)$, $c \in F$ 일 때, 다음을 보여라.

(가) $\det(cA) = c^n \det(A)$.

(나) $\det(A) \neq 0$ 이고 $c^n = \big(\det(A)\big)^{-1}$ 이면, $\det(cA) = 1$.

---

[7] '왔다리 갔다리.'

[8] 0도 짝수.

[9] (다)항과 같은 꼴을 circulant determinant(cyclic determinant)라고 부르는데, 행렬의 size가 커지면…….

6.2. Symmetric Group

이 節에서는 symmetric group과 그 성질을 공부한다. (이는 우리가 뒤 제11장에서 group을 공부하기 위한 좋은 연습도 될 것이다.) Symmetric group은 우리 'story'의 또 하나의 주인공이며, 대수학 전체에서 마치 '약방의 감초'와 같은 역할을 하게 된다. §1.1 시작 부분의 명제(주장?)를 흉내 내면: **"우리는 permutation도 좀 안다."**

정의 6.2.1. ($n \geq 1$일 때) 함수 $\sigma : \{1, \ldots, n\} \to \{1, \ldots, n\}$ 전체의 집합을 T_n으로 표기하고,

$$S_n = \{\sigma \in T_n \,|\, \sigma \text{는 bijection}\}$$

으로 정의한다. S_n은 **symmetric group**이라고 부른다.[10] [11] Symmetric group의 원소는 **permutation**이라고 부른다. 우리는

$$|T_n| = n^n, \qquad |S_n| = n!$$

인 것을 잘 알고 있다.

물론, 우리는 $\sigma \in S_n$과 앞 節의 행렬 $(\mathbf{e}_{\sigma(1)}, \mathbf{e}_{\sigma(2)}, \ldots, \mathbf{e}_{\sigma(n)})$을 동일시하려고 한다. 따라서 '원 위치' $I_n = (\mathbf{e}_1, \mathbf{e}_2, \ldots, \mathbf{e}_n)$은 항등함수(identity function) $id \in S_n$에 대응된다.[12] $\sigma \in S_n$의 역함수는 물론 σ^{-1}로 표기한다.

S_n은 함수의 합성에 대해 '닫혀' 있으므로, 우리는 함수의 합성을 — $\mathfrak{L}(V, V)$에서처럼 — S_n의 곱셈으로 생각할 것이다. 따라서 S_n은 곱셈에 관한 항등원 id와 σ의 역원소 σ^{-1}를 갖고 있다.

다음 간단한 연습문제들은 곧 중요 장면에서 사용될 것이다.

연습문제 6.2.2. 다음을 보여라.

(가) $\{\sigma^{-1} \,|\, \sigma \in S_n\} = S_n$.
(나) $\tau \in S_n$을 고정하면, $\{\sigma \circ \tau \,|\, \sigma \in S_n\} = S_n$.

연습문제 6.2.3. (Cancellation Law) $\sigma, \tau, \tau' \in S_n$일 때, $\sigma \circ \tau = \sigma \circ \tau'$이면, $\tau = \tau'$임을 보여라. (물론 $\tau \circ \sigma = \tau' \circ \sigma$ 이어도 마찬가지.)

---

[10] S_n은 'universal'한 표기법이지만, T_n은 잠시 동안만 사용될 임시 표기법이다.
[11] Group의 뜻은 뒤 제11장에서 설명한다.
[12] S_n의 항등함수는 identity linear map I와 구분하기 위하여 id로 표기하기로 한다.

다음에는 S_n의 permutation을 나타내는 표기법을 소개한다.

표기법 6.2.4. (가) $\sigma \in S_n$일 때, 우리는 다음

$$\sigma = \begin{pmatrix} 1 & 2 & \cdots & n \\ \sigma(1) & \sigma(2) & \cdots & \sigma(n) \end{pmatrix}$$

의 표기법을 사용한다. 그 의미는 자명하다.
(나) (Cycle notation) $2 \leq k \leq n$이고 $1 \leq i_1, i_2, \ldots, i_k \leq n$이 서로 다른 k-개의 자연수일 때, $\sigma = (i_1, i_2, \ldots, i_k) \in S_n$은 다음

$$\begin{cases} \sigma(i_h) = i_{h+1}, & (h = 1, 2, \ldots, k-1) \\ \sigma(i_k) = i_1, & \\ \sigma(j) = j, & (j \notin \{i_1, i_2, \ldots, i_k\}) \end{cases}$$

과 같이 정의된 permutation을 의미한다. 예를 들면, $(1,2)$, $(1,4,3,5) \in S_5$는

$$(1,2) = \begin{pmatrix} 1 & 2 & 3 & 4 & 5 \\ 2 & 1 & 3 & 4 & 5 \end{pmatrix}, \qquad (1,4,3,5) = \begin{pmatrix} 1 & 2 & 3 & 4 & 5 \\ 4 & 2 & 5 & 3 & 1 \end{pmatrix}$$

을 뜻한다. 따라서, 예를 들어, $(1,4,3,5)$와 $(5,1,4,3)$은 같은 permutation이다. 우리는 $(i_1, i_2, \ldots, i_k)$를 k-**cycle**이라고 부른다. 특별히, $k=2$인 경우에는 (i_1, i_2)를 **transposition**이라고 부른다.[13]

연습문제 6.2.5. (가) $\sigma, \tau \in S_6$가 각각

$$\sigma = \begin{pmatrix} 1 & 2 & 3 & 4 & 5 & 6 \\ 3 & 2 & 5 & 4 & 1 & 6 \end{pmatrix}, \qquad \tau = \begin{pmatrix} 1 & 2 & 3 & 4 & 5 & 6 \\ 6 & 2 & 4 & 3 & 1 & 5 \end{pmatrix}$$

로 주어졌을 때, $\sigma \circ \tau$와 $\tau \circ \sigma$를 구하고, $\sigma \circ \tau \neq \tau \circ \sigma$임을 보여라.
(나) $n \geq 3$이면, $\sigma \circ \tau \neq \tau \circ \sigma$인 $\sigma, \tau \in S_n$이 존재함을 보여라.

연습문제 6.2.6. 다음을 보여라.[14]

(가) σ가 transposition이면, $\sigma \circ \sigma = id$이고, 따라서, $\sigma^{-1} = \sigma$.
(나) σ가 k-cycle이면, $\sigma^k = id$.[15] 또, 만약 $1 \leq \ell < k$이면, $\sigma^\ell \neq id$.
(다) $(1,2) \circ (1,2,3) \circ (1,2) = (1,3,2) = (1,2,3)^2 = (1,2,3)^{-1}$.[16]

[13] 만약 $k=1$인 경우도 허용한다면, 1-cycle은 id로 보는 것이 자연스럽다.
[14] 주어진 permutation들이 S_3의 원소이건 S_6의 원소이건 상관없다.
[15] σ^k는 물론 σ를 k-번 합성한 것이다. 함수 합성의 associativity는 항상 자명.
[16] "뒤집고 돌리고 다시 뒤집으면 거꾸로 돌린 것과 같다." 보기11.8.4 참조.

보기 6.2.7. $\sigma = \begin{pmatrix} 1 & 2 & 3 & 4 & 5 & 6 & 7 & 8 & 9 \\ 3 & 9 & 6 & 5 & 7 & 1 & 4 & 8 & 2 \end{pmatrix}$ 라고 놓을 때, σ를 disjoint cycle들의 합성으로 나타내 보자. (Disjoint cycle의 의미는 분명하므로, 정의는 생략한다.) 먼저 $1 \mapsto 3 \mapsto 6 \mapsto 1$이므로 3-cycle $(1,3,6)$을, $2 \mapsto 9 \mapsto 2$이므로 2-cycle $(2,9)$를 얻고, 마지막으로 $4 \mapsto 5 \mapsto 7 \mapsto 4$이므로 3-cycle $(4,5,7)$을 얻는다. 한편 σ는 8을 고정한다. 따라서,

$$\sigma = (1,3,6) \circ (2,9) \circ (4,5,7)$$

이 된다.

관찰 6.2.8. (가) σ와 τ가 disjoint cycle이면, $\sigma \circ \tau = \tau \circ \sigma$.
(나) 모든 permutation은 disjoint cycle들의 곱(합성)으로 나타낼 수 있고, 그 방법은 (합성의 순서를 제외하고) 유일하다.
(다) 모든 permutation은 transposition들의 곱(합성)으로 나타낼 수 있다.[17]

증명 : (가)항은 자명. (나)항의 증명은 위 보기 6.2.7이 대신한다.[18] (다)항은

$$(i_1, i_2, \ldots, i_k) = (i_1, i_k) \circ (i_1, i_{k-1}) \circ \cdots \circ (i_1, i_3) \circ (i_1, i_2)$$

인 것만 확인하면 된다. 확인해 보라. □

위 관찰의 (나)항도 물론 의미가 있지만, 행렬식을 정의하는 데에는 (다)항이 필요하다. 그런데, 사실은 위 (다)항은 우리가 교실에서도 간단히 실험해 볼 수 있으며, 이미 경험으로 잘 알고 있는 사실에 불과하다. 즉, 창가 쪽 한 줄의 학생들이 동시에 일어나 자리를 바꾸어 앉은 것을 사실은 두 명씩 자리 바꾸기를 여러 번 하면 이룰 수 있다는 뜻이다.

다음 소개하는 signum function은 우리가 행렬식을 정의할 때 열쇠의 역할을 한다.

정의 6.2.9. 함수 $\mathrm{sgn} : S_n \to \{\pm 1\}$을

$$\mathrm{sgn}(\sigma) = (-1)^r, \qquad (\text{단, } \sigma \text{는 } r\text{-개 transposition의 합성})$$

이라고 정의하자. 우리는 sgn을 **signum** 혹은 **sign**이라고 읽는다.

---

[17] id는 0-개 transposition의 곱(합성)으로 본다.
[18] 이 정도로는 만족할 수 없는 독자는 형식적인 증명을 해 보기 바란다. 저자는 시간 낭비할 생각이 없다.

그러나 앞 節에서 설명한 것과 같이 주어진 permutation을 transposition들의 합성으로 나타내는 방법은 여럿 있을 수 있다. 따라서, 정의 6.2.9가 의미를 가지려면, σ를 transposition들의 합성으로 나타낼 때 그 개수의 **홀짝 여부가 불변**이라는 사실을 (먼저) 증명해야 한다.

명제 6.2.10. 위 정의 6.2.9의 $\mathrm{sgn} : S_n \to \{\pm 1\}$은 well-defined 되어 있다.[19]

증명 : 우리는 transposition $\tau_1, \ldots, \tau_k, \tau_1', \ldots, \tau_\ell'$이

$$\tau_k \circ \cdots \circ \tau_1 = \tau_\ell' \circ \cdots \circ \tau_1'$$

을 만족시킬 때, $(k+\ell)$이 짝수인 것을 보여야 한다. 그런데, 이 식은

$$\tau_1' \circ \cdots \circ \tau_\ell' \circ \tau_k \circ \cdots \circ \tau_1 = id$$

와 같은 식이므로(연습문제 6.2.6(가)항 참조), notation을 간단히 하기 위하여,

$$\tau_k \circ \cdots \circ \tau_1 = id$$

일 때, k가 짝수임을 보이면 된다. 이제 $m \in \{1, \ldots, n\}$이 $\tau_1, \ldots, \tau_k$ 중에 적어도 한 번은 나타난다고 하고, j를 [m이 τ_j에 나타나는] 가장 작은 j라고 하자. 그러면, $j \neq k$이다. 왜냐하면, 만약 $j = k$이면, $\tau_k \circ \cdots \circ \tau_1$은 m을 고정하지 않기 때문이다. 따라서, $j+1 \leq k$이고, 이때 $\tau_{j+1} \circ \tau_j$는 다음 네 가지 형태 중 하나이다($\tau_j = (m, x)$로 놓았고, $m, x, y, z \in \{1, \ldots, n\}$은 모두 다른 수):

$$\begin{aligned}
(m,x) \circ (m,x) &= id, \\
(m,y) \circ (m,x) &= (m,x) \circ (x,y), \\
(y,x) \circ (m,x) &= (m,y) \circ (x,y), \\
(y,z) \circ (m,x) &= (m,x) \circ (y,z).
\end{aligned}$$

이 결과를 원래의 식 $\tau_k \circ \cdots \circ \tau_1 = id$에 대입하면, transposition의 개수를 **두 개** 줄일 수 있거나, 혹은 m이 처음 나타나는 위치(오른쪽으로부터 생각해서)를 왼쪽으로 한 자리 옮길 수 있다. 따라서, 이 과정을 반복하면 — m이 τ_k에 제일 먼저(오른쪽으로부터 생각해서) 나타날 수는 없으므로 — transposition의 개수를 **짝수 개** 줄이면서 (모든) m을 사라지게 할 수 있다. 증명 끝.[20] □

---

[19] 저자는 아래의 명쾌하고 산뜻한 증명을 오래 전 어느 journal paper에서 배웠으나, 기록을 남기지 않아 그 journal paper의 저자를 밝히지 못하는 것이 유감이다. 예를 들어, [3, 정리 4.1]과 [4, "Old Version", p. 189]의 증명이 매우 명쾌하고 산뜻했다고는 말하기 힘들다.

[20] 명제 6.2.10의 증명 방법은 수없이 많다. 독자들이 이 증명을 외울 필요는 없다.

연습문제 6.2.11. $\sigma, \tau \in S_n$ 일 때, 다음을 보여라.

(가) $\mathrm{sgn}(\sigma \circ \tau) = \mathrm{sgn}(\sigma) \cdot \mathrm{sgn}(\tau)$.

(나) $\mathrm{sgn}(\sigma^{-1}) = \mathrm{sgn}(\sigma)$.

연습문제 6.2.12. (가) τ가 k-cycle 이면, $\mathrm{sgn}(\tau) = (-1)^{k-1}$ 임을 보여라.

(나) $\sigma \in S_9$이 보기 6.2.7과 같을 때, $\mathrm{sgn}(\sigma)$를 구하라.

독자들은 이제 determinant 의 existence 와 uniqueness 를 어떻게 설명할지 idea 가 떠올라 마음이 급하겠지만, 우선 symmetric group 과 관련된 내용부터 마저 정리하자.

정의 6.2.13. $\sigma \in S_n$ 일 때, $\mathrm{sgn}(\sigma) = 1$ 이면 σ를 **even permutation** 이라고 부르고, $\mathrm{sgn}(\sigma) = -1$ 이면 σ를 **odd permutation** 이라고 부른다. 또,

$$A_n = \{\sigma \in S_n \mid \mathrm{sgn}(\sigma) = 1\}$$

로 표기하고, A_n을 **alternating group** 이라고 부른다.

연습문제 6.2.14. 다음을 보여라.

(가) $id \in A_n$.

(나) $\sigma, \tau \in A_n$ 이면, $\sigma \circ \tau \in A_n$.

(다) $\sigma \in A_n$ 이면, $\sigma^{-1} \in A_n$.

다음 연습문제는 지금은 좀 서먹하지만, 뒤 제 12 장에서는 coset decomposition 이라는 매우 친숙한 개념이 된다.

연습문제 6.2.15. $n \geq 2$ 일 때, $\tau \in S_n$을 고정된 transposition 이라고 하고, 다음을 보여라.

(가) $A_n \circ \tau = \{\sigma \circ \tau \mid \sigma \in A_n\} \subset S_n$ 으로 표기하고, 함수 $\rho_\tau : A_n \to A_n \circ \tau$를

$$\rho_\tau(\sigma) = \sigma \circ \tau, \qquad (\sigma \in A_n)$$

이라고 정의하면, ρ_τ는 bijection.[21]

(나) $S_n - A_n = A_n \circ \tau$. 즉, $S_n = A_n \amalg (A_n \circ \tau)$.[22]

(다) $|A_n| = n!/2$.

---

[21] ρ는 right multiplication 의 첫 글자에서 따왔다.

[22] $\amalg$는 disjoint union 을 뜻한다.

이번에는 symmetric group 을 조금 다른 측면에서 살펴보자.

정의 6.2.16. $\mathfrak{B} = \{v_1, \ldots, v_n\}$ 이 V 의 ordered basis 이고, $\sigma \in S_n$ 일 때, V 의 새로운 ordered basis $\mathfrak{B}_\sigma = \{v_{\sigma(1)}, v_{\sigma(2)}, \ldots, v_{\sigma(n)}\}$ 을 생각하자. 이때의 기저 변환을 나타내는 $(n \times n)$-transition matrix 를 $I_\sigma = [I]_{\mathfrak{B}}^{\mathfrak{B}_\sigma}$ 로 표기하고, I_σ 를 σ 에 대응하는 **permutation matrix** 라고 부른다.[23]

보기 6.2.17. (가) 예를 들어, $\sigma = \begin{pmatrix} 1 & 2 & 3 \\ 3 & 1 & 2 \end{pmatrix} \in S_3$ 이면, $I_\sigma = (\mathbf{e}_3, \mathbf{e}_1, \mathbf{e}_2)$.
(나) 또, 예를 들어, $\sigma = (i, j)$ 가 transposition 이면, I_σ 는 항등행렬 I 의 i-번째 열과 j-번째 열의 위치를 바꾼 elementary matrix $I_{[i] \leftrightarrow [j]}$ 와 같다.[24]

연습문제 6.2.18. $\sigma \in S_n$ 일 때, 다음을 보여라.
(가) I_σ 의 j-th column 은 $\mathbf{e}_{\sigma(j)}$. 즉, $I_\sigma = (\mathbf{e}_{\sigma(1)}, \ldots, \mathbf{e}_{\sigma(n)})$.[25]
(나) $A \in \mathfrak{M}_{n,n}(F)$ 이면, $AI_\sigma = \big([A]^{\sigma(1)}, \ldots, [A]^{\sigma(n)}\big)$.

따라서 permutation matrix I_σ 는 두 개 column 의 위치를 바꾸는 elementary column operation 을 일반화한 것이다.

관찰 6.2.19. $\sigma, \tau \in S_n$ 일 때, 다음이 성립한다.
(가) $I_{id} = I_n$.
(나) $I_\sigma I_\tau = I_{\sigma \circ \tau}$.
(다) $(I_\sigma)^{-1} = I_{\sigma^{-1}} = (I_\sigma)^{\mathbf{t}}$. 따라서, $I_\sigma \in \mathbf{O}(n)$.[26]
(라) $I_\sigma = I_\tau$ 이면, $\sigma = \tau$.

증명 : (가) 자명.
(나) 앞 연습문제에 의해, $[I_\sigma I_\tau]^j = [I_\sigma]^{\tau(j)} = [I]^{\sigma(\tau(j))} = \mathbf{e}_{(\sigma \circ \tau)(j)}$.
(다) $I_\sigma I_{\sigma^{-1}} = I_{\sigma \circ \sigma^{-1}} = I_{id} = I$ 이므로, $(I_\sigma)^{-1} = I_{\sigma^{-1}}$. 그리고,

$$\big((I_\sigma)^{\mathbf{t}} \cdot I_\sigma \text{ 의 } (i,j)\text{-성분}\big) = (\mathbf{e}_{\sigma(i)})^{\mathbf{t}} \cdot \mathbf{e}_{\sigma(j)} = \delta_{\sigma(i),\sigma(j)} = \delta_{ij}$$

이므로, $(I_\sigma)^{-1} = (I_\sigma)^{\mathbf{t}}$.
(라) 자명. □

---

[23] I_σ 는 ordered basis $\mathfrak{B}$ 의 선택과는 무관하다. 연습문제 6.2.18(가) 항 참조.
[24] 이제는 행보다 열이 더 익숙하다. 연습문제 6.2.23 참조.
[25] 따라서, 처음부터 $I_\sigma = (\mathbf{e}_{\sigma(1)}, \ldots, \mathbf{e}_{\sigma(n)})$ 으로 정의할 수도 있겠지만⋯⋯. 보기 6.2.24(가) 항 참조.
[26] 연습문제 1.1.18 및 관찰 9.3.6 참조.

위 관찰 6.2.19의 결과는, 특별히, symmetric group S_n과 $\mathfrak{M}_{n,n}(F)$의 subset $\{I_\sigma \in \mathfrak{M}_{n,n}(F) \mid \sigma \in S_n\}$이 **곱셈에 관하여 '같은 구조'**를 갖고 있음을 말하고 있다.[27] 그래서 우리는 permutation $\sigma \in S_n$과 permutation matrix I_σ를 identify 할 수 있다.

그런데, 행렬과 선형사상이 같은 것이라면, permutation에 대응하는 선형사상도 있어야 할 것이다.

정의 6.2.20. $\mathfrak{B} = \{v_1, \ldots, v_n\}$이 V의 고정된 ordered basis이고 $\sigma \in S_n$일 때, Linear Extension Theorem을 이용하여, 선형사상 $P_\sigma : V \to V$를

$$P_\sigma(v_i) = v_{\sigma(i)}, \qquad (i = 1, \ldots, n)$$

으로 정의하자.[28]

연습문제 6.2.21. $\sigma \in S_n$일 때, $[P_\sigma]_{\mathfrak{B}}^{\mathfrak{B}} = I_\sigma$임을 보여라.

연습문제 6.2.22. $\sigma, \tau \in S_n$일 때, 다음을 보여라.

(가) $P_{id} = I_V$.

(나) $P_\sigma \circ P_\tau = P_{\sigma \circ \tau}$.

(다) $(P_\sigma)^{-1} = P_{(\sigma^{-1})}$.

(라) $P_\sigma = P_\tau$이면, $\sigma = \tau$.

따라서 symmetric group S_n, $\mathfrak{M}_{n,n}(F)$의 subset $\{I_\sigma \in \mathfrak{M}_{n,n}(F) \mid \sigma \in S_n\}$, 그리고 $\mathfrak{L}(V, V)$의 subset $\{P_\sigma \in \mathfrak{L}(V, V) \mid \sigma \in S_n\}$은 모두 곱셈에 관하여 '같은 구조'를 갖고 있다고 말할 수 있다.

한 가지 주의할 점이 있다. Permutation matrix를 생각할 때, elementary column operation 대신 (제1장에서처럼) elementary row operation을 고집한다면, 약간 거북스러운 일이 일어난다. 왜냐하면:

연습문제 6.2.23. $\sigma \in S_n$이고, $A \in \mathfrak{M}_{n,n}(F)$일 때, 다음을 보여라.

(가) I_σ의 i-th row는 $(\mathbf{e}_{\sigma^{-1}(i)})^{\mathbf{t}}$.

(나) $I_\sigma A$의 i-th row는 $[A]_{\sigma^{-1}(i)}$.

[27] '곱셈에 관하여 같은 구조'라는 말의 엄밀한 뜻은 제11장까지 기다려야 한다.

[28] P_σ는 ordered basis $\mathfrak{B}$의 선택에 depend함에 유의하라. 좀 어색하기는 하지만, P_σ를 σ에 대응하는 permutation operator라고 부르기도 한다.

Permutation matrix를 소개한 김에 — 우리의 최대 관심사인 — similarity relation에 관해 언급할 것이 있다.

보기 6.2.24. (가) $\mathfrak{B}=\{v_1,\ldots,v_n\}$이 V의 ordered basis이고, $\sigma\in S_n$이라고 하자. 이때 $L\in\mathfrak{L}(V,V)$이면,

$$[L]_{\mathfrak{B}_\sigma}^{\mathfrak{B}_\sigma}=[I]_{\mathfrak{B}_\sigma}^{\mathfrak{B}}\cdot[L]_{\mathfrak{B}}^{\mathfrak{B}}\cdot[I]_{\mathfrak{B}}^{\mathfrak{B}_\sigma}=(I_\sigma)^{-1}\cdot[L]_{\mathfrak{B}}^{\mathfrak{B}}\cdot I_\sigma$$

인 것은 익숙하다. (물론 $\mathfrak{B}_\sigma=\{v_{\sigma(1)},\, v_{\sigma(2)},\,\ldots,\, v_{\sigma(n)}\}$.)
(나) 즉, 예를 들어, $\sigma=(1,2)\in S_3$일 때, $[L]_{\mathfrak{B}}^{\mathfrak{B}}=(a_{ij})$로 놓으면(단, $a_{ij}\in F$),

$$[L]_{\mathfrak{B}_\sigma}^{\mathfrak{B}_\sigma}=I_{[1]\leftrightarrow[2]}\cdot(a_{ij})\cdot I_{[1]\leftrightarrow[2]}=\begin{pmatrix}a_{22}&a_{21}&a_{23}\\a_{12}&a_{11}&a_{13}\\a_{32}&a_{31}&a_{33}\end{pmatrix}$$

가 된다. 그러나, $[L]_{\mathfrak{B}_\sigma}^{\mathfrak{B}_\sigma}$를 이렇게 계산하는 것보다, $\mathfrak{B}_\sigma$는 $\mathfrak{B}$의 첫 번째 basis vector와 두 번째 basis vector의 순서를 바꾼 것이므로, $[L]_{\mathfrak{B}_\sigma}^{\mathfrak{B}_\sigma}$는 [$[L]_{\mathfrak{B}}^{\mathfrak{B}}$의 첫 번째 행과 두 번째 행의 순서를 바꾼 후, 다시 첫 번째 열과 두 번째 열의 순서를 바꾼 행렬]이 된다고 생각하는 쪽이 간편하다.
(다) 따라서, 예를 들어, $\sigma=(1,2)\in S_3$이고, $[L]_{\mathfrak{B}}^{\mathfrak{B}}=\mathrm{diag}(\lambda_1,\lambda_2,\lambda_3)$이면(아래 표기법 참조),

$$[L]_{\mathfrak{B}_\sigma}^{\mathfrak{B}_\sigma}=\mathrm{diag}(\lambda_2,\lambda_1,\lambda_3)=\mathrm{diag}(\lambda_{\sigma(1)},\lambda_{\sigma(2)},\lambda_{\sigma(3)})$$

가 된다.

다음 표기법은 매우 유용하다. 종이를 많이 절약해 주기도 한다.[29]

표기법 6.2.25. $\lambda_i\in F$일 때, (i,i)-성분이 λ_i인 $(n\times n)$-diagonal matrix를 $\mathrm{diag}(\lambda_1,\ldots,\lambda_n)$으로 표기한다.

다음 결과도 기억해 둘 필요가 있다.

연습문제 6.2.26. $\lambda_i\in F$이고, $\sigma\in S_n$일 때,

$$\mathrm{diag}(\lambda_1,\ldots,\lambda_n)\sim\mathrm{diag}(\lambda_{\sigma(1)},\ldots,\lambda_{\sigma(n)})$$

임을 증명하라.

[29] 이미 연습문제1.1.21에서 정의했다고 말할 수도 있다.

6.3. Determinant 의 정의 I

이제 우리는 앞 節의 정리 6.1.8을 — 즉, 행렬식의 존재성과 유일성을 — 증명할 준비가 되었다. 먼저, 보기 6.1.10 다음 단락의 논의를 permutation matrix의 관점에서 분석하면:

관찰 6.3.1. ($\det : \mathfrak{M}_{n,n}(F) \to F$가 존재한다면) $A \in \mathfrak{M}_{n,n}(F)$이고 $\sigma \in S_n$일 때, 다음이 성립한다.

(가) $\det\left([A]^{\sigma(1)}, \ldots, [A]^{\sigma(n)}\right) = \mathrm{sgn}(\sigma) \cdot \det(A)$.

(나) $\det(\mathbf{e}_{\sigma(1)}, \ldots, \mathbf{e}_{\sigma(n)}) = \mathrm{sgn}(\sigma)$.

증명 : (나)항은 (가)항에서 $A = I$인 경우이므로, (가)항만 증명하면 충분하다. 우선, 만약 τ가 transposition이면, 행렬 AI_τ는 행렬 A의 두 column의 위치를 뒤바꾼 것이므로(연습문제 6.2.18(나)항), $\det(AI_\tau)$는 $\det(A)$의 부호를 바꾼 것이다(관찰 6.1.5). 따라서, 만약 σ가 r-개 transposition의 합성이라면, $\det(AI_\sigma)$는 $\det(A)$의 부호를 r-번 바꾼 것이 된다. 물론 이때 $\mathrm{sgn}(\sigma) = (-1)^r$.
□

이제 행렬식의 유일성이 눈에 보인다. 즉, 보기 6.1.10을 조금만 일반화하면 된다. 만약 $\det : \mathfrak{M}_{n,n}(F) \to F$가 존재한다면, $A = (a_{ij}) \in \mathfrak{M}_{n,n}(F)$ 일 때,

$$
\begin{aligned}
\det(A) &= \det\left([A]^1, \ldots, [A]^n\right) \\
&= \det(a_{11}\mathbf{e}_1 + \cdots + a_{n1}\mathbf{e}_n,\ \ldots,\ a_{1n}\mathbf{e}_1 + \cdots + a_{nn}\mathbf{e}_n) \\
&= \sum_{\sigma \in T_n} a_{\sigma(1),1} \cdots a_{\sigma(n),n} \cdot \det(\mathbf{e}_{\sigma(1)}, \ldots, \mathbf{e}_{\sigma(n)}) \\
&= (\det \text{는 alternating form이므로, } n^n\text{-개 항 중에서 } n!\text{-개만 남는다}) \\
&= \sum_{\sigma \in S_n} a_{\sigma(1),1} \cdots a_{\sigma(n),n} \cdot \det(\mathbf{e}_{\sigma(1)}, \ldots, \mathbf{e}_{\sigma(n)}) \\
&= \sum_{\sigma \in S_n} \mathrm{sgn}(\sigma) \cdot a_{\sigma(1),1} \cdots a_{\sigma(n),n}
\end{aligned}
$$

이어야만 한다. 따라서, 정리 6.1.8을 다시 state하면:

정리 6.3.2. $A = (a_{ij}) \in \mathfrak{M}_{n,n}(F)$일 때,

$$\det(A) = \sum_{\sigma \in S_n} \mathrm{sgn}(\sigma) \cdot a_{\sigma(1),1} a_{\sigma(2),2} \cdots a_{\sigma(n),n}$$

으로 주어진다.

증명 : 바로 앞 단락의 "이어야만" 이라는 단어가 det의 uniqueness를 설명하고 있다. 그러므로 우리는 (summation으로 주어진) det가 정의 6.1.7의 조건들을 만족시키는 것만 보이면 된다.

(i) det는 n-linear인가? 즉, $1 \le k \le n$일 때, det는 k-번째 열에 관한 함수로서 linear인가? 이제, fixed k에 관하여,

$$a_{ik} = rb_{ik} + sc_{ik}, \qquad (r, s, b_{ik}, c_{ik} \in F, \;\; i = 1, \ldots, n)$$

이라고 하면,

$$\begin{aligned}
&\sum_{\sigma \in S_n} \operatorname{sgn}(\sigma) \cdot a_{\sigma(1),1} \cdots a_{\sigma(k),k} \cdots a_{\sigma(n),n} \\
&= \sum_{\sigma \in S_n} \operatorname{sgn}(\sigma) \cdot a_{\sigma(1),1} \cdots (rb_{\sigma(k),k} + sc_{\sigma(k),k}) \cdots a_{\sigma(n),n} \\
&= r \sum_{\sigma \in S_n} \operatorname{sgn}(\sigma) \cdots b_{\sigma(k),k} \cdots + s \sum_{\sigma \in S_n} \operatorname{sgn}(\sigma) \cdots c_{\sigma(k),k} \cdots
\end{aligned}$$

이므로, det는 k-번째 열에 관해 linear이다.

(ii) det는 alternating form인가? 즉, $[A]^k = [A]^\ell$이면(단, $k < \ell$), $\det(A) = 0$인가? 이제 연습문제 6.2.15에서 $\tau = (k, \ell)$이라고 놓으면,

$$S_n = A_n \amalg \left(A_n \circ (k, \ell)\right)$$

이고,

$$\sigma \circ (k, \ell) = \begin{pmatrix} 1 & \cdots & k & \cdots & \ell & \cdots & n \\ \sigma(1) & \cdots & \sigma(\ell) & \cdots & \sigma(k) & \cdots & \sigma(n) \end{pmatrix}$$

이므로,

$$\begin{aligned}
&\sum_{\sigma \in S_n} \operatorname{sgn}(\sigma) \cdot a_{\sigma(1),1} \cdots a_{\sigma(n),n} \\
&= \sum_{\sigma \in A_n} \operatorname{sgn}(\sigma) \cdot a_{\sigma(1),1} \cdots a_{\sigma(n),n} \\
&\qquad + \sum_{\sigma \in A_n} \operatorname{sgn}(\sigma \circ (k, \ell)) \cdot a_{(\sigma \circ (k,\ell))(1),1} \cdots a_{(\sigma \circ (k,\ell))(n),n} \\
&= \sum_{\sigma \in A_n} \operatorname{sgn}(\sigma) \cdot a_{\sigma(1),1} \cdots a_{\sigma(k),k} \cdots a_{\sigma(\ell),\ell} \cdots a_{\sigma(n),n} \\
&\qquad + \sum_{\sigma \in A_n} (-1) \cdot \operatorname{sgn}(\sigma) \cdot a_{\sigma(1),1} \cdots a_{\sigma(\ell),k} \cdots a_{\sigma(k),\ell} \cdots a_{\sigma(n),n}
\end{aligned}$$

이다. 그런데, 우리는 $[A]^k = [A]^\ell$이라고 가정하고 있으므로, $a_{\sigma(k),k} = a_{\sigma(k),\ell}$이고 $a_{\sigma(\ell),\ell} = a_{\sigma(\ell),k}$. 증명 끝.

(iii) $\det(I_n) = 1$ 인가? 만약 $a_{ij} = \delta_{ij}$ 이면, $a_{\sigma(1),1} \cdots a_{\sigma(n),n}$ 은 $\sigma = id$ 일 때에만 non-zero 이고, 그때 $\delta_{1,1} \cdots \delta_{n,n} = 1$. □

이제 우리는 잘 정의된 함수 $\det : \mathfrak{M}_{n,n}(F) \to F$를 갖게 되었다. 그렇지만, 지금은 기껏해야 (3×3)-행렬의 행렬식을 계산할 수 있을 뿐이다. 실제 그럴듯한 행렬식의 계산은 §6.5에서 — 행렬식의 두 번째 construction을 공부한 후에 — 다룬다.

주의 6.3.3. 주의 사항 하나. $a \in F$ 일 때, 정리 6.3.2에 의해, (1×1)-행렬 (a)의 determinant는 a 이다. 따라서, 이 경우에는 $\det(a)$를 $|a|$로 표기하는 것은 위험하다.

연습문제 6.3.4. (7×7)-matrix (a_{ij})의 행렬식을 정의하는 데 필요한 5040-개의 summand 중에서 $\pm a_{41}a_{52}a_{13}a_{64}a_{35}a_{26}a_{77}$ 의 부호를 결정하라.

물론 삼각행렬과 대각행렬처럼 '예쁜' 행렬들의 행렬식은 지금 계산할 수 있다. (§6.5에서는 더 쉽지만…….)

연습문제 6.3.5. 다음 행렬의 행렬식을 구하라.

(가) Diagonal matrix $\mathrm{diag}(d_1, \ldots, d_n)$.
(나) Upper-triangular $(n \times n)$-matrix (a_{ij}).

다음 연습문제는 정리 6.3.2(또는 정리 6.1.8)의 '현학적인 재해석'이다. 제법 품위 있어 보인다…….

연습문제 6.3.6. V가 벡터공간일 때, [k-linear form on V] 전체의 집합은 $\mathfrak{Mul}^k(V)$로 표기하고, [alternating k-linear form on V] 전체의 집합은 $\mathfrak{Alt}^k(V)$라고 표기하자.

(가) $\mathfrak{Mul}^k(V)$ 위에 벡터공간의 구조를 정의하라.[30]
(나) $\mathfrak{Alt}^k(V)$는 $\mathfrak{Mul}^k(V)$의 부분공간임을 보여라.
(다) 정리 6.1.8은 $\dim\left(\mathfrak{Alt}^n(F^n)\right) = 1$과 동치임을 설명하라. (Non-zero alternating n-linear form은 I에서의 함숫값이 non-zero 임을 먼저 보여야 한다.)

[30] 당연히, 정의 5.1.1을 흉내 내면 된다.

다음에는 정리 6.3.2의 따름정리를 둘 증명한다. 이들은 앞으로 매우 중요한 역할을 하게 된다.

따름정리 6.3.7. $A \in \mathfrak{M}_{n,n}(F)$ 이면, $\det(A^{\mathsf{t}}) = \det(A)$.

증명 : 언제나처럼, $A = (a_{ij})$ 라고 하자. 앞 節의 연습문제 6.2.2(가)항에 의해 $S_n = \{\sigma^{-1} \mid \sigma \in S_n\}$ 이고, $\mathrm{sgn}(\sigma^{-1}) = \mathrm{sgn}(\sigma)$ 이므로,

$$\begin{aligned}\det(A^{\mathsf{t}}) &= \sum_{\sigma \in S_n} \mathrm{sgn}(\sigma) \cdot a_{1,\sigma(1)} \cdots a_{n,\sigma(n)} \\ &= \sum_{\sigma \in S_n} \mathrm{sgn}(\sigma^{-1}) \cdot a_{1,\sigma^{-1}(1)} \cdots a_{n,\sigma^{-1}(n)} \\ &= \sum_{\sigma \in S_n} \mathrm{sgn}(\sigma) \cdot \prod_{j=1}^{n} a_{j,\sigma^{-1}(j)}\end{aligned}$$

가 된다. 이제, $\sigma(i) = j$ 라고 표기하면,

$$\sum_{\sigma \in S_n} \mathrm{sgn}(\sigma) \cdot \prod_{j=1}^{n} a_{j,\sigma^{-1}(j)} = \sum_{\sigma \in S_n} \mathrm{sgn}(\sigma) \cdot \prod_{i=1}^{n} a_{\sigma(i),i} = \det(A)$$

이므로 증명 끝. □

다음은 이제 거의 자명.

따름정리 6.3.8. $\det : \mathfrak{M}_{n,n}(F) \to F$ 를 n-개의 row 들에 관한 함수로 보더라도, det 는 $\det(I) = 1$ 인 유일한 alternating n-linear form 이다.

증명 : 앞 정리 6.1.8과 정리 6.3.2에서, A 대신 A^{t} 를 생각. □

6.4. Determinant 의 성질

이 節에서는 $\det : \mathfrak{M}_{n,n}(F) \to F$ 의 추가 성질들을 공부한다.

명제 6.4.1. $A, B \in \mathfrak{M}_{n,n}(F)$ 이면,

$$\det(AB) = \det(A) \cdot \det(B)$$

이다. (즉, determinant 는 곱셈을 '보존'한다.)

증명 : $A = (a_{ij})$, $B = (b_{jk})$ 라고 표기하자. 또, $AB = C$ 라고 놓으면,

$$[C]^k = b_{1k}[A]^1 + \cdots + b_{nk}[A]^n$$

이 된다(확인해 보라).[31] 따라서,

$$\begin{aligned}
\det(C) &= \det\left([C]^1, \ldots, [C]^n\right) \\
&= \det\left(b_{11}[A]^1 + \cdots + b_{n1}[A]^n,\ \ldots,\ b_{1n}[A]^1 + \cdots + b_{nn}[A]^n\right) \\
&= \sum_{\sigma \in S_n} b_{\sigma(1),1} \cdots b_{\sigma(n),n} \cdot \det\left([A]^{\sigma(1)}, \ldots, [A]^{\sigma(n)}\right) \\
&= \sum_{\sigma \in S_n} b_{\sigma(1),1} \cdots b_{\sigma(n),n} \cdot \operatorname{sgn}(\sigma) \cdot \det\left([A]^1, \ldots, [A]^n\right) \\
&= \sum_{\sigma \in S_n} \operatorname{sgn}(\sigma) \cdot b_{\sigma(1),1} \cdots b_{\sigma(n),n} \cdot \det(A) \\
&= \det(A) \cdot \det(B)
\end{aligned}$$

이므로, 증명 끝. □

따름정리 6.4.2. 특별히, A 가 invertible 이면, 물론 $\det(A) \neq 0$ 이고,

$$\det(A^{-1}) = \frac{1}{\det(A)} = \det(A)^{-1}$$

이다. (따라서, $\det A^{-1}$ 의 표현이 가능하다.)

증명 : $1 = \det(I) = \det(A^{-1}A) = \det(A^{-1}) \cdot \det(A)$. □

우리의 최대 관심사는 여전히 similarity relation 이다.

연습문제 6.4.3. (가) $A, B \in \mathfrak{M}_{n,n}(F)$ 일 때, $A \sim B$ 이면, $\det(A) = \det(B)$ 임을 보여라. (따라서 determinant 는 similarity relation 의 invariant.)
(나) $L \in \mathfrak{L}(V, V)$ 일 때, $\det(L)$ 을 정의하라.

[31] 이 식은 기억해 둘 만하다. 이 책에서 다시 등장할 일은 없겠지만.

연습문제 6.4.4. $A \in \mathbf{O}(n)$ 이면, $\det(A) = \pm 1$ 임을 보여라.[32]

연습문제 6.4.5. $A \in \mathfrak{M}_{n,n}(F)$ 일 때, 정리1.3.6의 조건(3)과 명제6.4.1을 이용하여 $\det(A^{\mathrm{t}}) = \det(A)$ 임을 한번 더 증명하라.

우리는 물론 $\det(A) \neq 0$ 인 것과 A가 가역인 것이 동치이기를 기대한다. 그 증명은 매우 명쾌하다.

관찰 6.4.6. $A \in \mathfrak{M}_{n,n}(F)$ 일 때, 만약 $\{[A]^1, \dots, [A]^n\}$ 이 linearly dependent 이면, $\det(A) = 0$.

증명 : $\{[A]^1, \dots, [A]^n\}$ 이 일차종속이므로,

$$a_1[A]^1 + \cdots + a_n[A]^n = 0$$

인 적어도 하나는 non-zero 인 $a_1, \dots, a_n \in F$ 가 존재한다. 이번에도, 편의상 $a_1 \neq 0$ 이라고 가정하자. 그러면,

$$[A]^1 = b_2[A]^2 + \cdots + b_n[A]^n$$

인 $b_2, \dots, b_n \in F$ 가 존재한다. 증명의 다음 단계는 이젠 제법 익숙하다. 즉,

$$\begin{aligned}
\det(A) &= \det\left([A]^1, [A]^2, \dots, [A]^n\right) \\
&= \det\left(b_2[A]^2 + \cdots + b_n[A]^n,\ [A]^2,\ \dots,\ [A]^n\right) \\
&= \sum_{j=2}^{n} b_j \det\left([A]^j, \dots, [A]^j, \dots\right) \\
&= 0
\end{aligned}$$

이므로 증명이 끝난다. □

다음 정리6.4.7은 우리의 또 하나의 climax 라고 할 수 있다. 이 명제를 위해서 우리는 실로 많은 준비를 해 온 셈이다.

정리 6.4.7. 다음은 동치이다.

(1) A는 invertible.

(2) $\det(A) \neq 0$.

증명 : 위 따름정리6.4.2와 관찰6.4.6, 그리고 앞 章의 총정리5.4.10(본질적으로 선형대수학의 기본정리)에 의해 당연. □

[32] 연습문제1.1.18의 표기법 참조.

그런데, 관찰 6.4.6의 도움 없이 정리 6.4.7을 쉽게 증명하는 방법을 저자는 알지 못한다(주의 6.6.2 참조). 바꾸어 말하면, 다시 한번 우리의 기본정리가 힘을 발휘하는 것을 알 수 있다. Adjoint matrix를 이용하는 [정리 6.4.7의 두 번째 증명]은 §6.7에서 찾을 수 있다.

연습문제 6.4.8. Upper-triangular $(n\times n)$-matrix (a_{ij})가 invertible이기 위한 필요충분조건은?

연습문제 6.4.9. $a,b,c \in F$일 때, $S = \{(a,b,c)^{\mathbf{t}}, (c,a,b)^{\mathbf{t}}, (b,c,a)^{\mathbf{t}}\}$로 놓자. S가 일차종속이기 위한 필요충분조건은 다음과 같음을 보여라.[33]

(가) $a+b+c=0$ or $a^2+b^2+c^2-ab-bc-ca=0$.

(나) ($F=\mathbb{R}$일 때) $a+b+c=0$ or $a=b=c$.

연습문제 6.4.10. $\mathbf{SL}_n(F)=\{A\in\mathfrak{M}_{n,n}(F) \mid \det(A)=1\}$이라고 정의할 때, 다음을 보여라.[34]

(가) $A,B\in\mathbf{SL}_n(F)$이면, $AB\in\mathbf{SL}_n(F)$.

(나) $A\in\mathbf{SL}_n(F)$이면, $A^{-1}\in\mathbf{SL}_n(F)$.

어쨌든, 예상했던 대로, determinant는 행렬의 가역 여부를 결정(판별)해 주는 것을 알게 되었다. 물론, determinant는 invertibility 이외의 다른 정보도 갖고 있다.

참고 6.4.11. $F=\mathbb{R}$일 때, $A\in\mathfrak{M}_{n,n}(\mathbb{R})$이라고 하자. 이때 determinant의 **기하적 의미는 volume**이다. 즉, $\mathbb{R}^n$의 n-개의 vector $\{[A]^1,\ldots,[A]^n\}$이 결정하는 n-dimensional parallelogram의 부피는

$$\mathrm{Vol}\left([A]^1,\ldots,[A]^n\right) = \left|\det(A)\right|$$

이다. 이를 증명하기 위해서는 '부호를 무시한' 부피 $\mathrm{Vol}_0 : \mathfrak{M}_{n,n}(\mathbb{R}) \to \mathbb{R}$이 alternating n-linear form인 것을 보여야 할 것이다.[35] 우선 Vol_0가 n-linear임을 그림으로(기하적으로) 보이자……. 근데, 부피가 뭐였지……? 아무래도 아래 여백이 부족한 듯하다! 궁금한 독자는 [4, Ch. VII, §6]을 **꼭 참조**하라. S. Lang은 이 부분을 매우 강조하였다.

---

[33] 행렬식 없이 이 연습문제를 푸는 것은 좀 답답한 일이다.

[34] 지금은 $\mathbf{SL}_n(F)$의 현란한 notation에 신경 쓸 필요는 없다. $\mathbf{SL}_n(F)$는 연습문제 3.7.3(마)항의 vector space $\mathfrak{sl}_n(F)$와는 물론 다르다.

[35] 미적분학[2]의 치환적분도 생각난다.

참고 6.4.12. 주어진 행렬의 rank를 계산하는 가장 효과적인 방법은 row-reduced echelon form을 — 즉, Gaussian Elimination을 — 이용하는 것이다. Determinant와 sub-determinant를 이용하는 계산법도 Lang[4, Ch. VII, § 3]을 참조하라.

행렬식의 다음 성질은 다음 節에서 행렬식을 실제 계산할 때 매우 긴요하다. 그 기본 idea는, 다시, 제1장의 Gaussian Elimination이다.

명제 6.4.13. (Gaussian Elimination과 Determinant) (가) 어떤 한 column에 다른 column의 상수배를 더해 주어도,[36] 행렬식은 변하지 않는다. 즉, $i \neq j$이고 $c \in F$일 때, i-th column에 [j-th column의 c-배]를 더해 주면,

$$\det\big(\ldots, [A]^i + c[A]^j, \ldots, [A]^j, \ldots\big) = \det(A)$$

이다.
(나) 위 (가)항에서, 'column'을 'row'로 바꾸어도 좋다.[37]

증명 : (가) 행렬식은 alternating n-linear form이므로,

$$\begin{aligned}
&\det\big(\ldots, [A]^i + c\,[A]^j, \ldots, [A]^j, \ldots\big) \\
&= \det\big(\ldots, [A]^i, \ldots, [A]^j, \ldots\big) + c\det\big(\ldots, [A]^j, \ldots, [A]^j, \ldots\big) \\
&= \det\big(\ldots, [A]^i, \ldots, [A]^j, \ldots\big) + 0 \\
&= \det(A)
\end{aligned}$$

이다.
(나) 따름정리 6.3.8. 즉 A 대신 A^{t}를 생각. □

[36] Elementary column operation.
[37] Elementary row operation.

6.5. Determinant 의 정의 II

Determinant 의 두 번째 construction 은 **inductive method** 라고 불리운다. 즉, $n=1,2,3,\ldots$ 일 때 차례로 determinant 를 정의하는 방법이다. 다시 말해, 우리는 $\big((n-1)\times(n-1)\big)$-matrix 의 determinant 를 이용하여, $(n\times n)$-matrix 의 determinant 를 construct 하려고 한다.

물론, $a\in F$ 일 때, (1×1)-행렬 (a) 의 determinant 는 a 이다. 이제부터는 $n\geq 2$ 라고 가정하자.

표기법 6.5.1. $A=(a_{ij})\in\mathfrak{M}_{n,n}(F)$ 일 때, M_{ij} 를 [A 에서 i-th row 와 j-th column 을 **제거**한] $\big((n-1)\times(n-1)\big)$-행렬이라고 하고, $\widehat{A}_{ij}=\det(M_{ij})$ 로 표기한다. 우리는 $\widehat{A}_{ij}$ 를 A 의 (i,j)-**minor** 라고 부른다.[38]

이제 $2n$-개의 새로운 함수를 정의한다.

정의 6.5.2. j**-th column 에 관한 전개**(**expansion**) $D^j:\mathfrak{M}_{n,n}(F)\to F$ 를

$$D^j(A)=\sum_{i=1}^{n}(-1)^{i+j}a_{ij}\widehat{A}_{ij},\qquad (j=1,\ldots,n)$$

으로 정의하고, 마찬가지로 i**-th row 에 관한 expansion** $D_i:\mathfrak{M}_{n,n}(F)\to F$ 를

$$D_i(A)=\sum_{j=1}^{n}(-1)^{i+j}a_{ij}\widehat{A}_{ij},\qquad (i=1,\ldots,n)$$

으로 정의한다.

우리의 목표는 이 $2n$-개의 함수가 모두 alternating n-linear form 이고, I 에서의 값이 1임을 보이는 것이다. 그러면, 우리는 이미 정리 6.3.2 에서 det 의 uniqueness 를 증명하였으므로, 이 $2n$-개의 함수가 모두 det 와 같은 함수라는 결론을 얻게 된다.

증명은 잠시 뒤로 미루고, 우선 위 정의를 풀어 써 보자. 예를 들어, 첫 번째 열에 관한 전개 D^1 과 두 번째 행에 관한 전개 D_2 는 각각

$$D^1(A)=a_{11}\widehat{A}_{11}-a_{21}\widehat{A}_{21}+a_{31}\widehat{A}_{31}-\cdots+(-1)^{n+1}a_{n1}\widehat{A}_{n1}$$
$$D_2(A)=-a_{21}\widehat{A}_{21}+a_{22}\widehat{A}_{22}-a_{23}\widehat{A}_{23}+\cdots+(-1)^{2+n}a_{2n}\widehat{A}_{2n}$$

이 된다.

[38] $(-1)^{i+j}\widehat{A}_{ij}$ 는 (i,j)-cofactor 라고 부른다.

위에서 부호 $(-1)^{i+j}$를 定하는 데에는 다음

$$\begin{pmatrix} + & - & + & \cdots & \cdot & \cdot \\ - & + & - & \cdots & \cdot & \cdot \\ + & - & + & \cdots & \cdot & \cdot \\ \vdots & \vdots & \vdots & \ddots & \vdots & \vdots \\ \cdot & \cdot & \cdot & \cdots & + & - \\ \cdot & \cdot & \cdot & \cdots & - & + \end{pmatrix}$$

과 같이 '+'와 '−'가 교대로 나타나는 '**부호 배정표**'를 기억하고 있으면 도움이 된다. 즉, '부호 배정표'의 (i,j)-좌표는 $(-1)^{i+j}$.

이제 행렬식을 실제로 계산해 보자.

보기 6.5.3. (가) 첫 번째 열에 관한 전개 D^1을 사용하여 (4×4)-matrix의 행렬식을 구해 보자. (어차피 뒤에 $D^1 = \det$가 될 것이므로, 그렇게 표기한다.)

$$\begin{vmatrix} 2 & 1 & -1 & 3 \\ -2 & 1 & 3 & 1 \\ 0 & 5 & 1 & 4 \\ 4 & 2 & -3 & 5 \end{vmatrix} = 2\cdot\begin{vmatrix} 1 & 3 & 1 \\ 5 & 1 & 4 \\ 2 & -3 & 5 \end{vmatrix} - (-2)\cdot\begin{vmatrix} 1 & -1 & 3 \\ 5 & 1 & 4 \\ 2 & -3 & 5 \end{vmatrix} + 0 - 4\cdot\begin{vmatrix} 1 & -1 & 3 \\ 1 & 3 & 1 \\ 5 & 1 & 4 \end{vmatrix}$$

이고, 이제 (3×3)-행렬의 행렬식을 계산하면 된다.

(나) 그런데, 누구나 알 수 있듯이, 어떤 행이나 열에 관한 전개를 할 때, 그 행이나 열에 0이 많을수록 좋은 것은 당연하다. 물론, 우리는 0이 아닌 성분들을 강제로 0으로 바꿀 수 있다. 즉, 앞 節 명제 6.4.13의 **Gaussian Elimination**을 이용한다. 이제 위 (가)항을 다시 계산해 보면(두 번째 행과 네 번째 행에 첫 번째 행의 상수배를 더해 주었다),

$$\begin{vmatrix} 2 & 1 & -1 & 3 \\ -2 & 1 & 3 & 1 \\ 0 & 5 & 1 & 4 \\ 4 & 2 & -3 & 5 \end{vmatrix} = \begin{vmatrix} 2 & 1 & -1 & 3 \\ 0 & 2 & 2 & 4 \\ 0 & 5 & 1 & 4 \\ 0 & 0 & -1 & -1 \end{vmatrix} = 2\cdot\begin{vmatrix} 2 & 2 & 4 \\ 5 & 1 & 4 \\ 0 & -1 & -1 \end{vmatrix}$$

이고, 다음에는 세 번째 행에 관한 전개 D_3를 이용하면,

$$\begin{vmatrix} 2 & 2 & 4 \\ 5 & 1 & 4 \\ 0 & -1 & -1 \end{vmatrix} = \begin{vmatrix} 2 & 2 & 2 \\ 5 & 1 & 3 \\ 0 & -1 & 0 \end{vmatrix} = -(-1)\cdot\begin{vmatrix} 2 & 2 \\ 5 & 3 \end{vmatrix} = -4$$

가 된다.

이제, 행렬식을 계산하는 **strategy**가 분명해졌다. 즉:

(i) 어떤 열에 다른 열의 상수배를 더하거나, 어떤 행에 다른 행의 상수배를 더하는 작업을 반복하여 0이 많이 나타나도록 한다.
(ii) 0이 가장 많은 행이나 열에 관해 전개한다.

연습문제 6.5.4. 다음 행렬식을 구하라.

(가) $\begin{vmatrix} 2 & -1 & 0 & 0 \\ -1 & 2 & -1 & 0 \\ 0 & -1 & 2 & -1 \\ 0 & 0 & -1 & 2 \end{vmatrix}$ (나) $\begin{vmatrix} 2 & 2 & -3 & -2 \\ 2 & 1 & -2 & 5 \\ 1 & 1 & -2 & 2 \\ -1 & -2 & 4 & 3 \end{vmatrix}$

연습문제 6.5.5. 한번쯤은 (6×6)-matrix의 행렬식을 구해 보아도 좋다. 다음

$$\begin{vmatrix} 2 & 0 & -1 & 0 & 0 & 0 \\ 0 & 2 & 0 & -1 & 0 & 0 \\ -1 & 0 & 2 & -1 & 0 & 0 \\ 0 & -1 & -1 & 2 & -1 & 0 \\ 0 & 0 & 0 & -1 & 2 & -1 \\ 0 & 0 & 0 & 0 & -1 & 2 \end{vmatrix}$$

행렬식을 구하라.[39]

이제 남겨 두었던 증명을 할 차례가 되었다.

정리 6.5.6. 정의 6.5.2에서 정의한 $2n$-개의 함수 $D_i, D^j : \mathfrak{M}_{n,n}(F) \to F$는 모두 alternating n-linear form이고, I_n에서의 값이 1이다. 따라서, 이 $2n$-개의 함수는 모두 $\det : \mathfrak{M}_{n,n}(F) \to F$와 같은 함수이다.

증명 : (i) D_i의 경우만 보이면 충분하다. 왜냐하면, 만약 모든 $i=1,\ldots,n$에 대해 $D_i = \det$인 것을 안다면, 모든 $j=1,\ldots,n$과 $A \in \mathfrak{M}_{n,n}(F)$에 대해

$$\begin{aligned} D_j(A) = D_j(A^{\mathbf{t}}) &= \sum_i (-1)^{i+j} \cdot \left(A^{\mathbf{t}}\text{의 } (j,i)\text{-좌표}\right) \cdot \widehat{A^{\mathbf{t}}}_{ji} \\ &= \sum_i (-1)^{i+j} a_{ij} \widehat{A}_{ij} \\ &= D^j(A) \end{aligned}$$

이므로, $D^j = D_j = \det$이기 때문이다.

[39] 이 행렬은 Cartan matrix of type E_6라는 '거룩한' 이름을 갖고 있다.

(ii–iv) 이제 $\widehat{A}_{ij}$를 정의할 때 사용된 $\big((n-1)\times(n-1)\big)$-matrix의 determinant의 성질을 이용한다. 예를 들어, $\widehat{A}_{ij}=\det(M_{ij})$는 M_{ij}의 각 열에 대해 linear이므로(표기법 6.5.1 참조), $k\neq j$ 일 때, $\widehat{A}_{ij}$는 $[A]^k$에 관해서도 linear이다.

(ii) 모든 D_i는 n-linear인가? 즉, D_i는 k-번째 열에 관한 함수로서 linear인가? 이제 i와 k를 고정하면,

$$D_i(A)=\sum_j(-1)^{i+j}a_{ij}\widehat{A}_{ij}$$

의 summand 중 $(-1)^{i+k}a_{ik}\widehat{A}_{ik}$의 a_{ik} 부분은 k-번째 열에 관해 linear이고, $\widehat{A}_{ik}$ 부분은 $[A]^k$가 제거되었으므로 $[A]^k$와는 무관하다. 한편, $k\neq j$ 일 때에는 $(-1)^{i+j}a_{ij}\widehat{A}_{ij}$의 a_{ij} 부분은 $[A]^k$와는 무관하고, $\widehat{A}_{ij}$ 부분은 $[A]^k$가 살아 있으므로 $[A]^k$에 관해 linear이다. 따라서, $D_i(A)$의 모든 summand가 $[A]^k$에 관해 linear이므로, $D_i(A)$도 $[A]^k$에 관해 linear이다.

(iii) D_i는 alternating form인가? 즉, $[A]^k=[A]^{k+\ell}$이면(단, $\ell>0$), $D_i(A)=0$인가? 그런데 만약 $j\neq k,k+\ell$이면 M_{ij}에는 같은 열이 두 개 있으므로, $\widehat{A}_{ij}$의 정의에 의해 $\widehat{A}_{ij}=0$이다. 따라서

$$D_i(A)=(-1)^{i+k}a_{ik}\widehat{A}_{ik}+(-1)^{i+(k+\ell)}a_{i,k+\ell}\widehat{A}_{i,k+\ell}$$

의 두 개 summand만이 남는다. 그러나, $a_{ik}=a_{i,k+\ell}$이고,

$$\widehat{A}_{i,k+\ell}=(-1)^{\ell-1}\widehat{A}_{ik}$$

이므로(왜 그런가?), $D_i(A)=0$.

(iv) $D_i(I_n)=1$인가? $D_i(I_n)=(-1)^{i+i}\det(I_{n-1})=1$. □

참고 6.5.7. (가) 따름정리 6.3.7의 도움 없이, D^j가 alternating form인 것을 직접 보이는 것은 쉽지 않다(한번 시도해 보라). 결론적으로, §6.3–§6.6의 증명 순서

$$\text{정리 } 6.3.2 \to \text{따름정리 } 6.3.7 \to \text{정리 } 6.5.6 \to \text{명제 } 6.6.3$$

는 매우 精巧하게 구성되었다고 말할 수 있다.

(나) $D_i=\det=D^j$를 정리 6.3.2의

$$\det(A)=\sum_{\sigma\in S_n}\operatorname{sgn}(\sigma)\cdot a_{\sigma(1),1}a_{\sigma(2),2}\cdots a_{\sigma(n),n}$$

에서 직접 유도할 수도 있다(이일해 [3, pp. 124–126] 참조). 그러나, 이 방법은 S_n의 signum function을 S_{n-1}로 '끌어내리는' 데에 어려움이 따른다.

이 책에서 처음으로 무언가 계산할 거리가 생겼다.

연습문제 6.5.8. (Cartan Matrix) $n \geq 1$일 때 $A_n \in \mathfrak{M}_{n,n}(F)$, $n \geq 2$일 때 $B_n \in \mathfrak{M}_{n,n}(F)$, 그리고 $n \geq 4$일 때 $D_n \in \mathfrak{M}_{n,n}(F)$를 각각 다음과 같이 정의하고, 그 행렬식을 구하라.

(가) $A_n = (a_{ij})$, 단, $a_{ij} = \begin{cases} 2 & (\text{if } i=j) \\ -1 & (\text{if } |i-j|=1) \\ 0 & (\text{otherwise}) \end{cases}$

(나) $B_n = \left(\begin{array}{cccc|c} & & & & 0 \\ & & A_{n-1} & & \vdots \\ & & & & 0 \\ & & & & -2 \\ \hline 0 & \cdots & 0 & -1 & 2 \end{array}\right)$,

(다) $D_n = \left(\begin{array}{ccccc|c} & & & & & 0 \\ & & & & & \vdots \\ & & A_{n-1} & & & 0 \\ & & & & & -1 \\ & & & & & 0 \\ \hline 0 & \cdots & 0 & -1 & 0 & 2 \end{array}\right)$.

다음 연습문제는 — 특히 (가)항은 — 앞으로 주요 장면에서 자주 이용될 것이다.

연습문제 6.5.9. (가) $B \in \mathfrak{M}_{m,m}(F)$이고, $C \in \mathfrak{M}_{n,n}(F)$일 때,

$$A = \left(\begin{array}{c|c} B & * \\ \hline \mathbf{0} & C \end{array}\right) \in \mathfrak{M}_{m+n,m+n}(F)$$

로 놓으면,[40] $\det(A) = \det(B) \cdot \det(C)$임을 보여라.[41]

(나) $B, C \in \mathfrak{M}_{m,m}(F)$일 때,

$$A = \left(\begin{array}{c|c} \mathbf{0} & B \\ \hline C & * \end{array}\right) \in \mathfrak{M}_{2m,2m}(F)$$

라고 하면, $\det(A) = (-1)^m \cdot \det(B) \cdot \det(C)$임을 보여라.

[40] $*$는 단순히 무언가 있다는 뜻이다.

[41] Hint: 첫째 열에 관한 전개. 귀납법.

방학숙제 6.5.10. (Skew-symmetric Matrix와 Pfaffian) $A \in \mathfrak{M}_{n,n}(F)$가 skew-symmetric matrix라고 하자. 즉, $A^{\mathsf{t}} = -A$일 때,

$$A = \begin{pmatrix} 0 & x_{12} & x_{13} & \cdots & x_{1n} \\ -x_{12} & 0 & x_{23} & \cdots & x_{2n} \\ -x_{13} & -x_{23} & 0 & \cdots & x_{3n} \\ \vdots & \vdots & \vdots & \ddots & \vdots \\ -x_{1n} & -x_{2n} & -x_{3n} & \cdots & 0 \end{pmatrix}$$

으로 나타내고, 다음을 보여라.

(가) n이 홀수이면, $\det(A) = 0$.

(나) n이 짝수이면, $\det(A) = P_n(x_{12}, \ldots, x_{n-1,n})^2$ for some polynomial function P_n.[42] [43]

(다) 앞 (나)항에서 Pfaffian $P_n(x_{12}, \ldots, x_{n-1,n})$은

$$\sum_{\substack{\sigma \in S_n \\ \sigma(1)<\sigma(2),\, \sigma(3)<\sigma(4),\, \ldots,\, \sigma(n-1)<\sigma(n) \\ \sigma(1)<\sigma(3)<\cdots<\sigma(n-1)}} \operatorname{sgn}(\sigma)\, x_{\sigma(1),\sigma(2)}\, x_{\sigma(3),\sigma(4)} \cdots x_{\sigma(n-1),\sigma(n)}$$

이다(up to sign).

Vandermonde matrix는 보기 4.5.9에서 만났었다.

연습문제 6.5.11. (Vandermonde Determinant) $a_1, \ldots, a_n \in F$일 때,

$$\begin{vmatrix} 1 & a_1 & {a_1}^2 & \cdots & {a_1}^{n-1} \\ 1 & a_2 & {a_2}^2 & \cdots & {a_2}^{n-1} \\ \vdots & \vdots & \vdots & \ddots & \vdots \\ 1 & a_n & {a_n}^2 & \cdots & {a_n}^{n-1} \end{vmatrix} = \prod_{1 \le i < j \le n} (a_j - a_i)$$

임을 보여라.

보기 6.5.12. (Lagrange Interpolation Formula의 再해석) 사실 보기 4.5.9는 지금 등장하는 것이 더 어울렸을 것이다.[44] 보기 4.5.9에서 $a_0, a_1, \ldots, a_n \in F$는 **서로 다른** scalar들이므로, Vandermonde matrix의 determinant는 non-zero이고 따라서 invertible이다. 물론, invertible matrix를 coefficient matrix로 갖는 연립방정식은 유일한 해를 갖는다.

[42] 다항함수의 이름 P는 Pfaffian의 첫 글자.

[43] Hint: n에 관한 귀납법. i-번째 행에 첫 번째 행의 $\frac{x_{2i}}{x_{12}}$-배와 두 번째 행의 $-\frac{x_{1i}}{x_{12}}$-배를 더해준다(단, $i \geq 3$).

[44] 다만 §4.5에서 Rank Theorem의 힘을 과시하기 위하여 일찍 선을 보였을 뿐이다.

독자들은 질문 3.4.2 다음 단락의 논의를 다시 吟味하면서, 아래 연습문제를 풀어 보기 바란다.

연습문제 6.5.13. 연속함수 $f_i, g_i \in \mathfrak{F}(\mathbb{R})$을 다음과 같이

$$f_i(x) = x^i, \qquad g_i(x) = \exp(ix), \qquad (x \in \mathbb{R},\ i = 0, 1, 2, \dots)$$

정의할 때,[45] 다음을 보여라(물론 $n \geq 2$).

(가) $\{f_0, f_1, \dots, f_{n-1}\}$은 일차독립.

(나) $\{g_0, g_1, \dots, g_{n-1}\}$은 일차독립.

(다) $\{f_0, f_1, \dots, f_{n-1}, g_1, \dots, g_{n-1}\}$은 일차독립.

풀이 : (가) 언제나처럼, $a_0, a_1, \dots, a_{n-1} \in \mathbb{R}$일 때,

$$a_0 f_0 + a_1 f_1 + \cdots + a_{n-1} f_{n-1} = 0$$

이라고 하자.

[첫째 방법]: 다음 항등식

$$a_0 + a_1 x + \cdots + a_{n-1} x^{n-1} = 0, \qquad (\text{for all } x \in \mathbb{R})$$

의 양변을 계속 미분하면, $a_{n-1} = \cdots = a_0 = 0$을 얻는다.

[둘째 방법]: 서로 다른 n-개의 실수 $x_1, \dots, x_n$에 대해, 다음 연립방정식

$$a_0 + x_i a_1 + {x_i}^2 a_2 + \cdots + {x_i}^{n-1} a_{n-1} = 0, \qquad (i = 0, 1, \dots, n-1)$$

은 Vandermonde matrix를 coefficient matrix로 갖는다.

(나) 미분법은 별로 ⋯⋯.

(다) 우선 미분한 뒤, (나)항의 결과를 이용. □

Size가 (매우) 큰 행렬의 계산에 관심을 갖지 않을 수 없다.

연습문제 6.5.14. Computer programming에 관심이 있는 독자들은 1-차 연립방정식을 푸는 program과 행렬식을 계산하는 program을 만들어 보라. 그리고 전문가가 만든 것과도 비교해 보라. (100×100)-matrix의 행렬식도 계산할 수 있는가?

---

[45] 보기 2.3.15 참조.

6.6. Cramer's Rule

우리는 중학교 때부터, 다음 (익숙한) 연립방정식

$$\begin{cases} ax + cy = s \\ bx + dy = t \end{cases}$$

를 풀면, $(ad - bc)x = sd - tc$를 얻는 것을 알고 있다. 이를 일반화한 것이 Cramer's Rule 이다.

정리 6.6.1. (Cramer's Rule) $A \in \mathfrak{M}_{n,n}(F)$일 때, $X = (x_1, \ldots, x_n)^{\mathbf{t}} \in F^n$이 연립방정식 $(**)$ $AX = B$의 solution이라고 가정하면,

$$x_i \det(A) = \det\big([A]^1, \ldots, B, \ldots, [A]^n\big), \qquad (i = 1, \ldots, n)$$

이어야 한다. 이 식에서 $\big([A]^1, \ldots, B, \ldots, [A]^n\big)$은 A의 i-th column을 B로 바꿔치기한 행렬을 뜻한다.

증명 : 연립방정식 $(**)$ $AX = B$를

$$x_1[A]^1 + \cdots + x_n[A]^n = B$$

로 고쳐 쓰면, det는 alternating n-linear form 이므로,

$$\begin{aligned}\det\big([A]^1, \ldots, B, \ldots, [A]^n\big) &= \det\big([A]^1,\ \ldots,\ x_1[A]^1 + \cdots + x_n[A]^n,\ \ldots,\ [A]^n\big) \\ &= \sum_j x_j \det\big([A]^1, \ldots, [A]^j, \ldots, [A]^n\big) \\ &= x_i \det(A)\end{aligned}$$

이어야 한다. □

한 가지 주의할 점이 있다.

주의 6.6.2. (가) 위 정리 6.6.1의 표기법을 계속 사용하자. 만약 $\det(A) \neq 0$이라면, A는 invertible 이므로(정리 6.4.7), 연립방정식 $(**)$ $AX = B$는 unique solution을 갖는다(총정리 5.4.10). 그러므로 Cramer's Rule 이 가르쳐 주는 solution의 **후보**

$$x_i = \frac{\det\big([A]^1, \ldots, B, \ldots, [A]^n\big)}{\det(A)}, \qquad (i = 1, \ldots, n)$$

가 당연히 $(**)$ $AX = B$의 unique solution 이 된다.

(나) 그런데, 위 (가)항의 논의에서 사용한 총정리 5.4.10과 정리 6.4.7은 모두 기본정리의 결과이다. 기본정리의 도움 없이 위 (가)항을 증명하는 것은 (정말) 쉽지 않다. 즉, Cramer's Rule이 가르쳐 준 x_i의 값들을 AX에 대입하면 실제로 B가 되는지 확인하는 것은 쉽지 않다는 뜻이다.[46]

Cramer's Rule은 연립방정식 (∗∗) $AX = B$의 solution을 A와 B의 좌표들의 식으로 나타내 준다. 따라서, 드디어, A의 역행렬의 좌표를 A의 좌표의 식으로 나타낼 수도 있을 것이다.

이제 $A = (a_{ij}) \in \mathfrak{M}_{n,n}(F)$가 가역행렬이라고 하자. 역행렬을 구하기 위해

$$AX_j = \mathbf{e}_j, \qquad (j = 1, \ldots, n)$$

인 $X_j \in F^n$을 찾아,

$$B = (b_{ij}) = (X_1, \ldots, X_n) \in \mathfrak{M}_{n,n}(F)$$

라고 놓으면, $AB = I$, 즉 $B = A^{-1}$가 된다. 그리고 Cramer's Rule에 의해

$$b_{ij} = \frac{\det\left([A]^1, \ldots, \mathbf{e}_j, \ldots, [A]^n\right)}{\det(A)}, \qquad (i, j = 1, \ldots, n)$$

인 것을 알 수 있다. 이때 $\left([A]^1, \ldots, \mathbf{e}_j, \ldots, [A]^n\right)$은 A의 i-th column을 $\mathbf{e}_j$로 바꿔치기한 행렬, 즉

$$\begin{array}{c} \\ \\ \\ j \to \\ \\ \\ \end{array} \begin{matrix} & & i & & \\ & & \downarrow & & \end{matrix}$$

$$j \to \begin{pmatrix} a_{11} & \cdots & 0 & \cdots & a_{1n} \\ \vdots & \ddots & \vdots & \ddots & \vdots \\ a_{j1} & \cdots & 1 & \cdots & a_{jn} \\ \vdots & \vdots & \vdots & \ddots & \vdots \\ a_{n1} & \cdots & 0 & \cdots & a_{nn} \end{pmatrix}$$

을 뜻한다. 한편, 이 행렬의 행렬식을 i-th column에 관해 전개하면,

$$b_{ij} = \frac{(-1)^{i+j}\,\widehat{A}_{ji}}{\det(A)}$$

가 된다. 따라서, 다음 명제가 증명되었다.

[46]독자들도 10분만 투자하여 이 계산을 시도해 보기 바란다. 이 계산은, 물론 불가능하지는 않지만, 10분 이상의 시간낭비 금지!

명제 6.6.3. $n \geq 2$일 때, $A = (a_{ij}) \in \mathfrak{M}_{n,n}(F)$가 invertible matrix이면,

$$A^{-1} = \left(\frac{(-1)^{i+j} \widehat{A}_{ij}}{\det(A)} \right)^{\mathbf{t}}$$

이다. 즉, A^{-1}의 (i,j)-좌표는 $\dfrac{(-1)^{i+j} \widehat{A}_{ji}}{\det(A)}$ 이다.

연습문제 6.6.4. 연습문제 6.5.4의 행렬들의 역행렬을 명제 6.6.3을 이용하여 구해 보라.[47]

명제 6.6.3은 드디어 역행렬의 좌표를 식으로 표현할 수 있음을 의미한다. 그렇지만, 그저 그렇다는 것일 뿐 — 위 연습문제 6.6.4에서 알 수 있는 것처럼 — 당장 우리에게 큰 도움이 되지는 못한다.[48] 또, 예를 들어, 다음 연습문제를 명제 6.6.3의 결과로 이해할 수도 있다.

연습문제 6.6.5. $\mathbf{T}_n(F)$와 $\mathbf{V}_n(F)$를

$$\mathbf{T}_n(F) = \{A \in \mathfrak{M}_{n,n}(F) \mid A\text{는 upper-triangular이고 가역}\},$$
$$\mathbf{V}_n(F) = \{A = (a_{ij}) \in \mathbf{T}_n(F) \mid a_{ii} = 1 \text{ for all } i = 1, \ldots, n\}$$

으로 정의할 때,[49] 다음을 보여라.

(가) $A, B \in \mathbf{T}_n(F)$이면, $AB \in \mathbf{T}_n(F)$.

(나) $A, B \in \mathbf{V}_n(F)$이면, $AB \in \mathbf{V}_n(F)$.

(다) $A \in \mathbf{T}_n(F)$이면, $A^{-1} \in \mathbf{T}_n(F)$.

(라) $A \in \mathbf{V}_n(F)$이면, $A^{-1} \in \mathbf{V}_n(F)$.

그러나, 이번에도, 위 연습문제 (다)항과 (라)항에 명제 6.6.3이 꼭 필요한 것은 아니다. 예를 들어,

$$A\mathbf{e}_j = \sum_{i=1}^{j} a_{ij} \mathbf{e}_i, \qquad (j = 1, \ldots, n)$$

의 양변에 A^{-1}를 곱해 보는 쪽이 사실은 더 쉬워 보인다(확인해 보라).[50]

[47] 한가한 시간에, 마음에 드는 행렬 하나만 골라·······.
[48] Cramer's Rule도 마찬가지.
[49] $\mathbf{V}_n(F)$의 행렬들은 unipotent matrix라고 부른다. 연습문제 1.1.7 참조.
[50] 보기 5.4.5에서 비슷한 경험을 했었다.

6.7. Adjoint Matrix

이 節의 목표는 아래의 정리 6.7.2를 증명하는 것이다. 사실은, 정리 6.7.2는 §6.5에서도 증명할 수 있었지만, adjoint matrix의 motivation(명제 6.6.3)을 기다려 이 節에서 다룬다. (이 節에서는 항상 $n \geq 2$라고 가정한다.)

명제 6.6.3으로 인하여, 다음 정의는 매우 자연스럽다.

정의 6.7.1. $A \in \mathfrak{M}_{n,n}(F)$일 때,

$$\operatorname{adj}(A) = \left((-1)^{i+j}\widehat{A}_{ij}\right)^{\mathbf{t}}$$

로 표기하고(즉, $\operatorname{adj}(A)$의 (i,j)-좌표는 $(-1)^{i+j}\widehat{A}_{ji}$), 우리는 $\operatorname{adj}(A)$를 A의 **(classical) adjoint matrix**라고 부른다.[51]

새로운 표기법을 사용해, A가 가역일 때, 명제 6.6.3을 다시 記述하면,

$$A^{-1} = \frac{1}{\det(A)}\operatorname{adj}(A)$$

가 된다.

다음 정리는 이 章의 **결정판**이다. 다음 정리는 정리 6.4.7과 정리 6.5.6, 그리고 명제 6.6.3을 모두 포함하고 있다.[52] 그러므로 이 정리의 증명은 결코 자명할 수 없다.

정리 6.7.2. $A \in \mathfrak{M}_{n,n}(F)$이면,

$$A \cdot \operatorname{adj}(A) = \det(A) \cdot I_n = \operatorname{adj}(A) \cdot A$$

이다. (A가 가역일 필요는 없다.)

증명 : (i) 첫 번째 equality만 보이면 충분하다. 왜냐하면, 첫 번째 equality에서 A 대신 $A^{\mathbf{t}}$를 생각하면, 우선

$$\operatorname{adj}(A^{\mathbf{t}}) = \left(\operatorname{adj}(A)\right)^{\mathbf{t}}$$

인 것은 분명하고, 따라서

$$\det(A) \cdot I_n = \det(A^{\mathbf{t}}) \cdot I_n = A^{\mathbf{t}} \cdot \operatorname{adj}(A^{\mathbf{t}}) = A^{\mathbf{t}} \cdot \left(\operatorname{adj}(A)\right)^{\mathbf{t}} = \left(\operatorname{adj}(A) \cdot A\right)^{\mathbf{t}}$$

이기 때문이다. (양변에 transpose를 취하면 두 번째 equality를 얻는다.)

---

[51] 이 책 후반부의 A^*와 구분하기 위하여, 'classical' adjoint라고 부른다.

[52] 정리 6.5.6에 관해서는 따름정리 6.7.3 참조.

(ii) 이제 $A\cdot \operatorname{adj}(A)=\det(A)\cdot I_n$ 임을 보이기 위해, 이 식의 양변의 (i,j)-좌표를 비교해 보자. 좌변의 (i,j)-좌표는

$$[A]_i\cdot[\operatorname{adj}(A)]^j=\sum_{k=1}^{n}a_{ik}\big((-1)^{k+j}\widehat{A}_{jk}\big)$$

이고, 우변의 (i,j)-좌표는 $\delta_{ij}\det(A)$이다. 따라서,

$$\sum_{k=1}^{n}(-1)^{k+j}a_{ik}\widehat{A}_{jk}=\delta_{ij}\det(A)$$

인 것을 보이면 된다. 그런데, 만약 $i=j$ 이면, 이 식은 정리 6.5.6과 동치이므로 이미 알고 있는 사실이다. 그러므로, 이제 $i\neq j$ 라고 하자. [**연습장:** 별 뾰족한 수가 보이지 않는다⋯⋯. 한참 동안 시간을 허비한 후⋯⋯, 궁여지책 막무가내로,[53] 위 식에서 마음에 안 드는 부분을 — 즉, a_{ik}의 index (i,k)를 — 강제로라도 (j,k)로 바꿀 생각을 해 본다. 다시 말해

$$a_{ik}\widehat{A}_{jk}=b_{jk}\widehat{B}_{jk},\qquad (k=1,\dots,n)$$

인 새로운 행렬 B를 찾아보자는 뜻이다. 이때, $\det(B)=0$ 이면 금상첨화. 아, 感 잡았다.] 이제, 연습장은 뒤에 숨기고, 태연히 행렬 $B=(b_{ij})\in\mathfrak{M}_{n,n}(F)$를 [$A$의 j-th row $[A]_j$를 i-th row $[A]_i$로 바꿔치기한 행렬], 즉,

$$B=\begin{pmatrix} a_{11} & a_{12} & \cdots & a_{1n}\\ \vdots & \vdots & \ddots & \vdots\\ a_{i1} & a_{i2} & \cdots & a_{in}\\ \vdots & \vdots & \ddots & \vdots\\ a_{i1} & a_{i2} & \cdots & a_{in}\\ \vdots & \vdots & \ddots & \vdots\\ a_{n1} & a_{n2} & \cdots & a_{nn}\end{pmatrix}\begin{matrix} \\ \\ \leftarrow i\\ \\ \leftarrow j\\ \\ \\ \end{matrix}$$

이라고 정의하자. 그러면, B는 i-th row와 j-th row가 같으므로, 따름정리 6.3.8에 의해 $\det(B)=0$이다. 또, $b_{ik}=a_{ik}=b_{jk}$이고, $\widehat{A}_{jk}=\widehat{B}_{jk}$이므로,

$$\sum_{k=1}^{n}(-1)^{k+j}a_{ik}\widehat{A}_{jk}=\sum_{k=1}^{n}(-1)^{k+j}b_{jk}\widehat{B}_{jk}=\det(B)=0$$

이 된다. 증명 끝.[54] □

[53] 이렇게 무리한 방법이라도 시도할 수 있는 것은 우리에게 주어진 명제가 true라는 사실을 알기 때문이다. 만약 'true or false'의 질문이었다면⋯⋯.

[54] 이 증명에는 정리 6.5.6의 결과를 두 번 이용하였다. 확인해 보라.

정리 6.7.2는 정리 6.4.7의 새로운 증명을 제공한다. 이 증명은 우리의 기본 정리(와 Dimension Theorem)를 필요로 하지 않는다. 아마 이 증명이 바로 우리가 제1장에서 추구했던 'classical' proof 일 것이다!

정리 6.4.7의 두 번째 증명 : $\det(A) \neq 0$일 때, A가 가역임을 보여야 한다. 그런데, 정리 6.7.2는, 한발 더 나가, 구체적으로 A^{-1}의 좌표들까지 알려준다. (다만, 독자들은 정리 6.7.2의 증명 과정에 우리의 기본정리를 사용하지 않은 것을 확인하여야 할 것이다.) □

다음 따름정리는 위 정리 6.7.2를 다시 기술한 것에 불과하다. (정리 6.5.6은 다음 따름정리에서 $i = j$인 경우.[55])

따름정리 6.7.3. $A = (a_{ij}) \in \mathfrak{M}_{n,n}(F)$이면,

$$\sum_{k=1}^{n}(-1)^{k+j}a_{ik}\widehat{A}_{jk} = \delta_{ij}\cdot\det(A) = \sum_{k=1}^{n}(-1)^{k+j}a_{ki}\widehat{A}_{kj}, \qquad (i,j=1,\ldots,n)$$

이 성립한다.

증명 : 정리 6.7.2에서 왼쪽 등식의 (i,j)-좌표와, 오른쪽 등식의 (j,i)-좌표를 비교한 결과이다. 독자들에게 맡긴다. □

연습문제 하나.

연습문제 6.7.4. $A \in \mathfrak{M}_{n,n}(F)$가 가역이면,

$$\det\big(\operatorname{adj}(A)\big) = \det(A)^{n-1}$$

임을 보여라. 만약 $A \in \mathfrak{M}_{n,n}(F)$가 가역이 아니면?

정리 6.7.2와 adjoint matrix의 올해 역할은 여기까지이다. 정리 6.7.2는 내년에도 중요한 역할을 하게 될 것이다.

여기에서 우리의 첫 이야기를 마무리한다. 그러나, '마무리'란 — 언제나 그러하듯이 — 새로운 여행의 시작일 뿐이다. 이제 우리 '이야기'의 무대장치가 완성된 정도…….

---

[55] 그렇지만, 정리 6.7.2의 증명에 정리 6.5.6의 결과를 이용하였으므로, 따름정리 6.7.3을 정리 6.5.6의 새로운 증명이라고 할 수는 없다.

제 7 장 특성다항식과 대각화

이제 준비는 끝났다. 따라서, 독자들 또한 이제 어떤 선형대수학의 應用도 받아들일 수 있는 준비가 되었다.

그런데, 선형대수학에는 square matrix(즉, linear operator)에 관한 더욱 풍부한 理論이 우리를 기다리고 있다(전환점 5.6.1 참조). 이 章에서는, characteristic polynomial, eigen-vector와 eigen-value, diagonalization과 triangularization 그리고 Cayley-Hamilton Theorem과 minimal polynomial 등의 다양한 개념 — 새로운 등장인물들 — 을 만난다.

7.1. Eigen-vector 와 Eigen-value

먼저, 제1장의 연습문제 1.1.20 에서

$$\begin{pmatrix} 1 & 1 \\ -1 & 3 \end{pmatrix}^{-1} \begin{pmatrix} 2 & 1 \\ 3 & 4 \end{pmatrix} \begin{pmatrix} 1 & 1 \\ -1 & 3 \end{pmatrix} = \begin{pmatrix} 1 & 0 \\ 0 & 5 \end{pmatrix}$$

인 것을 어떻게 알아냈는지 분석해 보자. 이 식은 주어진 행렬을 그와 similar 한 가장 간단한 꼴로 만든다는 §5.6의 strategy를 실현한 것이다. 사실, 이 연습문제는 거의 모든 고등학교 교과서와 참고서에 실려 있는 유명한(?) 문제이다. 그러나, 고등학생들이 이 식을

$$\begin{pmatrix} 2 & 1 \\ 3 & 4 \end{pmatrix} \begin{pmatrix} 1 & 1 \\ -1 & 3 \end{pmatrix} = \begin{pmatrix} 1 & 1 \\ -1 & 3 \end{pmatrix} \begin{pmatrix} 1 & 0 \\ 0 & 5 \end{pmatrix} = \begin{pmatrix} 1 & 5 \\ -1 & 15 \end{pmatrix}$$

로 變形하여,

$$\begin{pmatrix} 2 & 1 \\ 3 & 4 \end{pmatrix} \begin{pmatrix} 1 \\ -1 \end{pmatrix} = 1 \begin{pmatrix} 1 \\ -1 \end{pmatrix}, \qquad \begin{pmatrix} 2 & 1 \\ 3 & 4 \end{pmatrix} \begin{pmatrix} 1 \\ 3 \end{pmatrix} = \begin{pmatrix} 5 \\ 15 \end{pmatrix} = 5 \begin{pmatrix} 1 \\ 3 \end{pmatrix}$$

으로 해석할 수는 없었을 것이다. 어쨌든, 위 식은 무수한 시행착오 끝에 우연히 찾아낸 것이 아니고, 그 뒤에는 이제 우리가 공부할 내용이 자리잡고 있다.

정의 7.1.1. $A \in \mathfrak{M}_{n,n}(F)$일 때,

$$AX = \lambda X$$

인 $\lambda \in F$와 $0 \neq X \in F^n$이 존재하면, 우리는 X를 **eigen-value** λ를 갖는(λ에 대응하는) A의 **eigen-vector**라고 부른다. 마찬가지로, $L \in \mathfrak{L}(V, V)$이고,

$$Lv = \lambda v$$

인 $\lambda \in F$와 $0 \neq v \in V$가 존재할 때, 우리는 v를 eigen-value λ를 갖는 L의 eigen-vector라고 부른다.

그런데, [우리의 철학III]에 의하면 위 정의는 같은 말을 두 번 쓴 셈이다. 이제 종이를 절약하기 위하여, 다음 표기법을 약속하자.

표기법 7.1.2. 이 책에서, 앞으로 $[T \in \mathfrak{LM}]$이라고 하면, 항상 $[T \in \mathfrak{L}(V, V)$ 또는 $T \in \mathfrak{M}_{n,n}(F)]$를 뜻하기로 약속한다.[1] 이때, $\dim V = n$이고, vector들은 u, v, w 등으로 표기하며, $I_V = I_n = I$는 혼동하기로 한다. 물론 T가 행렬이면 $V = F^n$으로 이해하고, $T = L_T$로 혼동한다. (따라서, $A \in \mathfrak{M}_{n,n}(F)$일 때, $\ker A = \ker L_A$ 등의 표기법도 가능할 것이다.) 또, 혹시 모르니, $V \neq 0$이라고 가정하자.

이제 다음의 再정의가 가능하다.

再정의 7.1.3. $T \in \mathfrak{LM}$일 때,

$$Tv = \lambda v$$

인 $\lambda \in F$와 $0 \neq v \in V$가 존재하면, 우리는 v를 **eigen-value** λ를 갖는 T의 **eigen-vector**라고 부른다.

연습문제 7.1.4. $T \in \mathfrak{LM}$이고 $\lambda \in F$가 T의 eigen-value일 때, 다음을 보여라.

(가) v가 λ에 대응하는 T의 eigen-vector이고, $0 \neq c \in F$이면, cv도 λ에 대응하는 T의 eigen-vector.

(나) v, w가 λ에 대응하는 T의 eigen-vector이고, $v + w \neq 0$이면, $(v + w)$도 λ에 대응하는 T의 eigen-vector.

(다) $\{v \in V \mid Tv = \lambda v\} \leq V$.

[1] T는 (linear) transformation의 첫 글자인 듯하다.

연습문제 7.1.5. 다음을 보여라: $T \in \mathfrak{LM}$이 invertible이기 위한 필요충분조건은 0이 T의 eigen-value가 아닌 것이다.

연습문제 7.1.6. $T \in \mathfrak{LM}$이고, v가 λ에 대응하는 T의 eigen-vector라고 할 때, 다음을 보여라.

(가) v는 λ^k에 대응하는 T^k의 eigen-vector(단, $k = 1, 2, \ldots$).

(나) 만약 T가 invertible이면, ($\lambda \neq 0$이고) v는 eigen-value λ^{-1}를 갖는 T^{-1}의 eigen-vector.

연습문제 7.1.7. (연습문제 4.2.22 참조.) $\lambda \in \mathbb{R}$일 때, 실변수 함수 $\exp(\lambda x)$는 differential operator $D : C^\infty(\mathbb{R}) \to C^\infty(\mathbb{R})$의 eigen-vector임을 보여라.[2]

그러면, 주어진 $T \in \mathfrak{LM}$의 eigen-vector와 eigen-value를 어떻게 찾을 수 있을까? 우선, $Tv = \lambda v$를

$$\lambda v - Tv = (\lambda I - T)v = 0$$

으로 생각하면, $v \neq 0$이기 위해서는 $(\lambda I - T)$가 invertible이 아니어야만 한다. 따라서, T가 square matrix일 때에는, $\det(\lambda I - T) = 0$이어야 한다. 그리고, T가 linear operator일 때에는 $\cdots\cdots$, linear operator의 determinant $\cdots\cdots$. 이제 '달리기 훈련'이었던 연습문제 6.4.3을 관찰로 格上시키자.

관찰 7.1.8. (가) $A, B \in \mathfrak{M}_{n,n}(F)$일 때, $A \sim B$이면, $\det(A) = \det(B)$. (따라서 determinant는 similarity relation의 invariant.)

(나) $L \in \mathfrak{L}(V, V)$일 때, V의 임의의 basis $\mathfrak{B}$에 대해 L의 **determinant**를 $\det(L) = \det\left([L]_{\mathfrak{B}}^{\mathfrak{B}}\right)$로 정의하자. 그러면, $\det(L)$은 well-defined되어 있다 (즉, 기저의 선택과 무관하다).

증명 : (가) $B = U^{-1}AU$이면,

$$\det(B) = \det(U^{-1}AU) = \det(U)^{-1} \cdot \det(A) \cdot \det(U) = \det(A)$$

이므로.

(나) 기저가 $\mathfrak{C}$로 바뀌면, $[L]_{\mathfrak{B}}^{\mathfrak{B}} \sim [L]_{\mathfrak{C}}^{\mathfrak{C}}$. □

[2] 이 연습문제는 "Theory of Linear Differential Equations"의 출발점이 된다. 아마도 독자들이 처음 만나게 되는 선형대수의 응용은 미분방정식일 것으로 생각된다. 미분방정식 강좌가 따로 존재하는 것을 존중하여, 이 책에서는 의도적으로 미분방정식에 관한 comment는 아끼기로 한다.

이제 또 하나의 주인공이 등장한다. 다음 정의는 매우 자연스럽다.

정의 7.1.9. $T \in \mathfrak{LM}$ 이고, [T 혹은 $[T]_{\mathfrak{B}}^{\mathfrak{B}}$ 의 (i,j)-좌표]를 a_{ij} 로 표기할 때, T 의 **characteristic polynomial** (특성다항식) $\phi_T(t) \in F[t]$ 를

$$\phi_T(t) = \det(tI - T) = \begin{vmatrix} t-a_{11} & -a_{12} & \cdots & -a_{1n} \\ -a_{21} & t-a_{22} & \cdots & -a_{2n} \\ \vdots & \vdots & \ddots & \vdots \\ -a_{n1} & -a_{n2} & \cdots & t-a_{nn} \end{vmatrix}$$

으로 정의한다.[3]

이번에도, characteristic polynomial 이 similarity relation 의 invariant 인 것을 먼저 설명해야 한다.

관찰 7.1.10. Characteristic polynomial 은 similarity relation 의 invariant. 따라서, $T \in \mathfrak{LM}$ 일 때, $\phi_T(t)$ 는 well-defined 된다.

증명 : $S = U^{-1}TU$ 라고 하면,

$$\phi_S(t) = \det(tI - U^{-1}TU) = \det\left(U^{-1}(tI-T)U\right) = \det(tI-T) = \phi_T(t)$$

이므로. □

그러면, 다시 eigen-vector 와 eigen-value 로 돌아가자. 독자들은 다음 명제의 증명에는 총정리 5.4.10 이 필요함을 확인하기 바란다.

명제 7.1.11. $T \in \mathfrak{LM}$ 일 때, $\lambda \in F$ 가 T 의 eigen-value 이기 위한 필요충분조건은 $\phi_T(\lambda) = 0$.

증명 : [λ 는 T 의 eigen-value] $\iff$ [$(\lambda I - T)v = 0$ 인 $0 \neq v \in V$ 가 존재] $\iff$ [$\ker(\lambda I - T) \neq 0$] $\iff$ [$(\lambda I - T)$ 는 not invertible] $\iff$ [$\det(\lambda I - T) = 0$]. □

따라서, 다음은 당연.

관찰 7.1.12. Eigen-value 는 similarity relation 의 invariant 이다.

증명 : Characteristic polynomial 이 invariant 이므로, 그의 root 인 eigen-value 도 당연히 invariant. □

---

[3] $\det(T - tI)$ 가 조금 더 자연스러워 보이기도 하지만, $\phi_T(t)$ 를 항상 **monic** polynomial 로 만들기 위해 $\det(tI - T)$ 를 사용한다.

우리는 이미 similar matrix의 다른 invariant들도 알고 있다. 정리해 보면, 그 list는 다음과 같다(eigen-value는 characteristic polynomial의 root이므로 포함시키지 않았다):

rank, trace, determinant, characteristic polynomial.

한편, eigen-vector는 similar matrix의 invariant가 될 수 없다(확인해 보라). 그러나 방금 열거한 invariant들만으로는 similarity class를 결정하지 못한다. 이를 보여주는 가장 간단한 보기는

$$I_2 = \begin{pmatrix} 1 & 0 \\ 0 & 1 \end{pmatrix} \not\sim \begin{pmatrix} 1 & 1 \\ 0 & 1 \end{pmatrix}$$

이다. 왜냐하면, I와 similar한 것은 I 자신뿐이기 때문이다. Invariant가 더 필요하다.

연습문제 7.1.13. 다음 행렬의 characteristic polynomial과 eigen-value(들) 및 eigen-vector(들)을 구하라.

(가) $\begin{pmatrix} 2 & 0 \\ 0 & 2 \end{pmatrix}$, (나) $\begin{pmatrix} 2 & 1 \\ 3 & 4 \end{pmatrix}$, (다) $\begin{pmatrix} 1 & 1 \\ 0 & 1 \end{pmatrix}$, (라) $\begin{pmatrix} 1 & 2 \\ 0 & 3 \end{pmatrix}$.

독자들은 지금 연습문제 7.2.5(다)항과 연습문제 7.2.7(바)항의 행렬을 살짝 살펴보기 바란다.

참고 7.1.14. (가) 각 좌표가 non-negative이고 좌표들의 합이 1인 real (row) vector를 **probability vector**라고 부른다. 또 모든 row가 probability vector인 square matrix는 **Markov matrix**라고 부른다.[4]
(나) 한 가지 흥미로운 사실은 Markov matrix A는 항상 eigen-value 1을 갖는다는 것이다. ($A\cdot(1,\ldots,1)^{\mathbf{t}} = 1\cdot(1,\ldots,1)^{\mathbf{t}}$이므로 당연.)

[4] Markov matrix는 다양한 분야에서 이용된다. 그 이름도 분야마다 제각각.

7.2. Diagonalization

앞 節의 시작 부분에서 소개한 다음 보기는 — 비록 (2×2)-matrix를 다루고 있지만 — 이 節의 주요 내용을 모두 담고 있는 중요한 보기이다.

보기 7.2.1. $A = \begin{pmatrix} 2 & 1 \\ 3 & 4 \end{pmatrix}$ 일 때, A의 characteristic polynomial $\phi_A(t)$는

$$\phi_A(t) = \begin{vmatrix} t-2 & -1 \\ -3 & t-4 \end{vmatrix} = t^2 - 6t + 5 = (t-1)(t-5)$$

이다. 따라서, A의 eigen-value는 1과 5이다. 그러면, 먼저 eigen-value 1에 대응하는 eigen-vector를 찾아보자. 이를 위해

$$\begin{pmatrix} 2 & 1 \\ 3 & 4 \end{pmatrix} \begin{pmatrix} x \\ y \end{pmatrix} = 1 \begin{pmatrix} x \\ y \end{pmatrix}$$

라고 하면, $2x + y = x$, 즉 $x + y = 0$ 이므로, eigen-vector는 $\begin{pmatrix} 1 \\ -1 \end{pmatrix}$과 그의 (0 아닌) 상수배가 된다(연습문제 7.1.4 참조). 같은 방법으로, eigen-value 5에 대응하는 eigen-vector $\begin{pmatrix} 1 \\ 3 \end{pmatrix}$도 찾을 수 있다. 이제, $\mathfrak{B} = \left\{ \begin{pmatrix} 1 \\ -1 \end{pmatrix}, \begin{pmatrix} 1 \\ 3 \end{pmatrix} \right\}$으로 놓으면, $\mathfrak{B}$는 A의 **eigen-vector로 이루어진** F^2**의 basis**이다. 그러면, 관찰 5.6.2(혹은 관찰 5.5.1)에 의해,

$$[I]_{\mathfrak{B}}^{\mathcal{E}} \cdot [L_A]_{\mathcal{E}}^{\mathcal{E}} \cdot [I]_{\mathcal{E}}^{\mathfrak{B}} = [L_A]_{\mathfrak{B}}^{\mathfrak{B}}$$

즉,

$$\begin{pmatrix} 1 & 1 \\ -1 & 3 \end{pmatrix}^{-1} \begin{pmatrix} 2 & 1 \\ 3 & 4 \end{pmatrix} \begin{pmatrix} 1 & 1 \\ -1 & 3 \end{pmatrix} = \begin{pmatrix} 1 & 0 \\ 0 & 5 \end{pmatrix}$$

가 된다.

연습문제 7.2.2. 위 보기에서 F^2의 basis $\mathfrak{B} = \{(1,-1)^{\mathbf{t}}, (1,3)^{\mathbf{t}}\}$ 대신 F^2의 basis $\mathfrak{C} = \{(2,6)^{\mathbf{t}}, (1,-1)^{\mathbf{t}}\}$를 생각하면, 결과는 어떻게 달라지는가?

우선 terminology부터 소개한다. 다음 정의는 모두가 예상하고 있었을 것이다.

정의 7.2.3. $A \in \mathfrak{M}_{n,n}(F)$일 때, 만약 $A \sim D$인 diagonal matrix $D \in \mathfrak{M}_{n,n}(F)$가 존재하면, A를 **diagonalizable matrix**라고 부른다.

연습문제 7.2.4. $A \in \mathfrak{M}_{n,n}(F)$일 때, 만약 $(A-I)$가 nilpotent이면,[5] 우리는 A를 **unipotent matrix**라고 부른다.[6] 다음을 보여라.

(가) A가 nilpotent이고 diagonalizable이면, $A=0$.

(나) A가 unipotent이고 diagonalizable이면, $A=I$.

연습문제 7.2.5. 다음 행렬 A는 **대각화 가능**함을 보여라. 즉, $U^{-1}AU = D$인 대각행렬 D와 가역행렬 U를 구하라.

(가) $\begin{pmatrix} 0 & 1 \\ 1 & 0 \end{pmatrix}$, (나) $\begin{pmatrix} 1 & 2 \\ 2 & 1 \end{pmatrix}$, (다) $\begin{pmatrix} 0.75 & 0.25 \\ 0.5 & 0.5 \end{pmatrix}$.

다음 보기는 characteristic polynomial이 重根(multiple root)을 갖는 경우이다. 독자들도 이제 이런 경우가 등장할 차례라고 기대하고 있었을 것이다.

보기 7.2.6. $A = \begin{pmatrix} 1 & 0 & 1 \\ 0 & 3 & 0 \\ 0 & 0 & 3 \end{pmatrix}$이라고 하면, $\phi_A(t) = (t-1)(t-3)^2$이므로, A의 eigen-value는 $\lambda_1 = 1$과 $\lambda_2 = 3$이다. 보기 7.2.1과 같은 방법으로 λ_1의 eigen-vector를 구하면 $X_1 = (1,0,0)^{\mathbf{t}}$이다. 그리고, λ_2의 eigen-vector를 구하면, 두 개의 일차독립인 벡터 — 예를 들어 — $X_2 = (0,1,0)^{\mathbf{t}}$와 $X_2' = (1,0,2)^{\mathbf{t}}$를 얻는다. ($X_1$은 (up to scalar multiple) 유일하지만, X_2, X_2'을 고르는 방법은 수없이 많다.) 따라서, 이번에도 A의 eigen-vector로 이루어진 F^3의 basis $\mathfrak{B} = \{X_1, X_2, X_2'\}$을 생각하면,

$$[I]_{\mathfrak{B}}^{\mathcal{E}} \cdot [L_A]_{\mathcal{E}}^{\mathcal{E}} \cdot [I]_{\mathcal{E}}^{\mathfrak{B}} = [L_A]_{\mathfrak{B}}^{\mathfrak{B}}$$

즉,

$$\begin{pmatrix} 1 & 0 & 1 \\ 0 & 1 & 0 \\ 0 & 0 & 2 \end{pmatrix}^{-1} \begin{pmatrix} 1 & 0 & 1 \\ 0 & 3 & 0 \\ 0 & 0 & 3 \end{pmatrix} \begin{pmatrix} 1 & 0 & 1 \\ 0 & 1 & 0 \\ 0 & 0 & 2 \end{pmatrix} = \begin{pmatrix} 1 & 0 & 0 \\ 0 & 3 & 0 \\ 0 & 0 & 3 \end{pmatrix}$$

이 된다.

연습문제 7.2.7. 연습문제 7.2.5 계속.

(라) $\begin{pmatrix} 1 & 0 & 1 \\ 0 & 2 & 0 \\ 0 & 0 & 3 \end{pmatrix}$, (마) $\begin{pmatrix} 0 & 0 & 1 \\ 0 & 1 & 0 \\ 1 & 0 & 0 \end{pmatrix}$, (바) $\begin{pmatrix} 1 & 0 & 0 \\ 0 & 1 & 0 \\ 0.25 & 0.5 & 0.25 \end{pmatrix}$.

[5] 연습문제 5.1.4 및 질문 5.4.6 참조.

[6] 연습문제 1.1.7의 unipotent upper-triangular matrix 참조.

말할 필요도 없겠지만, '대각화 가능'이라는 말은 '대각화 불가능'한 것도 있어야만 의미가 있을 것이다.

보기 7.2.8. $\lambda \in F$이고 $0 \neq \mu \in F$일 때, 행렬 $A = \begin{pmatrix} \lambda & \mu \\ 0 & \lambda \end{pmatrix}$는 ($F$가 무엇이건 상관없이) 대각화가 불가능하다. 왜냐하면: 만약 $A \sim D$인 대각행렬 D가 존재한다면, similar matrix의 characteristic polynomial은 같으므로

$$\phi_D(t) = \phi_A(t) = (t - \lambda)^2$$

일 것이다. 따라서 대각행렬 D는 λI일 수밖에 없고, λI와 similar한 행렬은 λI 자기 자신뿐이므로, 모순.

아마 독자들도 다음 comment를 기다리고 있었을 것이다.

주의 7.2.9. 이 책에서 **처음으로** 우리는 $F = \mathbb{R}$인지 또는 $F = \mathbb{C}$인지에 관심을 갖게 되었다. 왜냐하면 characteristic polynomial의 **root의 개수**는 $F = \mathbb{R}$인지 또는 $F = \mathbb{C}$인지에 따라 달라지기 때문이다.[7]

지금이 독자들이 이미 잘 알고 있는 다음 정리를 다룰 적당한 기회이다. 증명은 아래 註 참조.[8]

정리 7.2.10. 모든 non-constant polynomial $f(t) \in \mathbb{C}[t]$는 ($\mathbb{C}$에서) 근(root)을 갖는다. (따라서, 인수정리에 의해,[9] $f(t) \in \mathbb{C}[t]$는 $\mathbb{C}$-위의 1-차식들의 곱으로 인수분해된다.)

Eigen-value는 characteristic polynomial의 root이므로, diagonalizability도 물론 F에 따라 달라진다.

연습문제 7.2.11. 다음 행렬은 대각화 가능한가? (가)항과 (다)항은 $F = \mathbb{R}$인 경우와 $F = \mathbb{C}$인 경우를 구분해야 한다. 단, $\mathbf{i} = \sqrt{-1} \in \mathbb{C}$.[10]

(가) $\begin{pmatrix} 0 & -1 \\ 1 & 0 \end{pmatrix}$, (나) $\begin{pmatrix} 2 & \mathbf{i} \\ \mathbf{i} & 4 \end{pmatrix}$, (다) $\begin{pmatrix} 0 & 0 & 1 \\ 1 & 0 & 0 \\ 0 & 1 & 0 \end{pmatrix}$.

---

[7] 다시 강조하거니와, F는 항상 고정되어 있다.

[8] 정리 7.2.10은 흔히 'Fundamental Theorem of Algebra'라고 불리운다. [Liouville's Theorem을 이용한 증명]은 내년에 "복소해석학" 시간에, 그리고 [Galois Theory를 이용한 대수적 증명]은 "현대대수학2" 시간에 공부한다.

[9] 인수정리는 고등학교 때 배웠다.

[10] 허수 단위 $\mathbf{i}$는 index i와 구분하기 위하여 다른 font를 사용하였다.

연습문제 7.2.12. 회전변환 $R_\theta = \begin{pmatrix} \cos\theta & -\sin\theta \\ \sin\theta & \cos\theta \end{pmatrix}$를 생각하고(단, $\theta \in \mathbb{R}$), 다음을 보여라.

(가) 만약 $R_\theta \neq \pm I$이면, R_θ의 characteristic polynomial은 real root을 갖지 않는다. (그림으로도 설명해 보라.) 따라서 R_θ는 not diagonalizable over $\mathbb{R}$.
(나) 그러나, R_θ는 diagonalizable over $\mathbb{C}$.

이제 다시 임의의 F로 돌아가자. 이미 독자들은 다음 명제도 눈치채고 있을 것이다.

관찰 7.2.13. $A \in \mathfrak{M}_{n,n}(F)$일 때, 다음 조건은 동치이다.

(1) A는 diagonalizable.
(2) A의 eigen-vector들로 이루어진 F^n의 basis가 존재.

초보자의 증명 : [(2)⇒(1)]: A의 eigen-vector들로 이루어진 F^n의 기저를 $\mathfrak{B} = \{X_1, \ldots, X_n\}$이라고 하면,

$$AX_i = \lambda_i X_i, \qquad (i = 1, \ldots, n)$$

인 $\lambda_i \in F$가 존재한다.[11] 이제

$$[I]^{\mathcal{E}}_{\mathfrak{B}} \cdot [L_A]^{\mathcal{E}}_{\mathcal{E}} \cdot [I]^{\mathfrak{B}}_{\mathcal{E}} = [L_A]^{\mathfrak{B}}_{\mathfrak{B}} = \operatorname{diag}(\lambda_1, \ldots, \lambda_n)$$

이다. 즉, $U = [I]^{\mathfrak{B}}_{\mathcal{E}}$로 놓으면,

$$U^{-1}AU = \operatorname{diag}(\lambda_1, \ldots, \lambda_n)$$

이 된다. (이 증명은 보기 7.2.1과 보기 7.2.6을 다시 쓴 것에 불과하다.)
[(1)⇒(2)]: $U^{-1}AU = \operatorname{diag}(\lambda_1, \ldots, \lambda_n)$인 invertible matrix U와 $\lambda_i \in F$가 존재한다고 하자. 이제, U를 transition matrix로 인식하자(관찰 5.5.4). 다시 말해, $U = [I]^{\mathfrak{B}}_{\mathcal{E}}$인 F^n의 basis $\mathfrak{B} = \{X_1, \ldots, X_n\}$이 존재한다. 앞 부분의 증명에서와 마찬가지로

$$\operatorname{diag}(\lambda_1, \ldots, \lambda_n) = U^{-1}AU = [I]^{\mathcal{E}}_{\mathfrak{B}} \cdot [L_A]^{\mathcal{E}}_{\mathcal{E}} \cdot [I]^{\mathfrak{B}}_{\mathcal{E}} = [L_A]^{\mathfrak{B}}_{\mathfrak{B}}$$

이어야 하므로,[12] $AX_i = \lambda_i X_i$이다. 즉, X_i는 A의 eigen-vector. (이 증명은 U를 transition matrix로 인식한 후, 앞 증명을 거꾸로(밑에서부터 위로) 읽은 것이다.) □

[11] 이때, 물론, $\lambda_i \in F$들이 모두 다를 필요는 없다.
[12] 이 등식을 벌써 몇 번째 타자 치고 있는지 모르겠다!

독자들은 위 증명을 두 부분으로 나눈 것이 종이가 아깝다는 생각이 들지 않는가? 이제, 관찰5.6.11을 생각하면:

숙련된 증명 : 관찰5.6.11에 의해, $A \sim \mathrm{diag}$일 필요충분조건은 $[L_A]_{\mathfrak{B}}^{\mathfrak{B}}$가 대각행렬인 F^n의 기저 $\mathfrak{B}$가 존재하는 것이다. 그리고, 이것은 $\mathfrak{B}$가 A의 eigen-vector들로 이루어졌다는 것과 동치이다. □

앞 [초보자의 증명]과 [숙련된 증명]을 두 번씩만 더 읽어 보라. 그리고 관찰5.6.11을 우리의 '사고방식'으로 받아들이면, 독자들은 다음 수준에 도달하게 된다. 그리고, 도달해야만 한다!

관찰7.2.13의 증명 : 당연. (정말 아무리 생각해 보아도 쓸 것이 없다.) □

한편, [우리의 철학IV]에 의하면, 원래 행렬과 선형사상은 같은 함수이므로, diagonalizable linear operator도 (저절로) 정의될 것이다.

정의 7.2.14. Linear operator $L \in \mathfrak{L}(V,V)$의 (V의 임의의 기저 $\mathfrak{B}$에 관한) 행렬 $[L]_{\mathfrak{B}}^{\mathfrak{B}}$가 diagonalizable이면, L도 **diagonalizable**이라고 말한다.[13]

종이가 아깝지만…….

관찰 7.2.15. Linear operator $L \in \mathfrak{L}(V,V)$가 diagonalizable이기 위한 필요충분조건은 $[L]_{\mathfrak{B}}^{\mathfrak{B}}$가 diagonal matrix인 V의 기저 $\mathfrak{B}$가 존재하는 것이다.

증명 : 당연. □

이제 다음의 再정의가 가능하다.

再정의 7.2.16. $T \in \mathfrak{L}\mathfrak{M}$일 때, $[T]_{\mathfrak{B}}^{\mathfrak{B}}$가 diagonal matrix인 V의 기저 $\mathfrak{B}$가 존재하면 — 즉, T의 eigen-vector들로 이루어진 V의 기저 $\mathfrak{B}$가 존재하면 — T는 **diagonalizable**이라고 말한다.

연습문제 7.2.17. 선형사상 $L : F^3 \to F^3$이

$$L\big((x,y,z)^{\mathbf{t}}\big) = (2x,\ 2y,\ x+2z)^{\mathbf{t}}, \qquad (x,y,z \in F)$$

로 정의되어 있다면, L은 대각화 가능한가?

[13] 기저가 바뀌면……. 생략.

그런데, eigen-vector로 이루어진 기저를 찾지 않고도 대각화 가능성을 판정할 수 있을까? 다음 명제는 diagonalizability의 충분조건을 하나 제시하고 있다.

명제 7.2.18. $T \in \mathfrak{LM}$일 때, $\phi_T(t)$가 F에서 서로 다른 n-개의 root을 가지면, T는 diagonalizable이다(물론, $n = \dim V$).

이 명제의 증명은 다음 보조정리를 보이면 충분하다.

보조정리 7.2.19. $T \in \mathfrak{LM}$일 때, $v_1, \ldots, v_k$가 T의 eigen-vector라고 하자. 만약, v_i의 eigen-value λ_i들이 mutually distinct(즉, $\lambda_i \neq \lambda_j$ if $i \neq j$)이면, $\{v_1, \ldots, v_k\}$는 일차독립이다.[14]

첫 번째 증명 : (Artin style proof) $\{v_1, \ldots, v_k\}$가 일차종속이라고 가정하면,

$$a_{i_1}v_{i_1} + \cdots + a_{i_h}v_{i_h} = 0, \qquad (\text{단, } 0 \neq a_{i_j} \in F,\ 1 \leq i_1 < \cdots < i_h \leq k)$$

의 linear dependence를 만족하는 **최소의** 자연수 $h > 1$이 존재할 것이다. 이제, 표기법을 간단히 하기 위하여 이를, after renumbering,

$$a_1v_1 + a_2v_2 + \cdots + a_hv_h = 0$$

으로 표기하자. 만약, 이보다 길이가 짧은 linear dependence를 찾을 수 있다면 우리의 증명은 끝난다.[15] 그런데, 이 식의 양변에 λ_1을 곱해 주면,

$$a_1\lambda_1v_1 + a_2\lambda_1v_2 + \cdots + a_h\lambda_1v_h = 0$$

을 얻고, 다른 한편, 양변에 T를 작용하면,

$$a_1\lambda_1v_1 + a_2\lambda_2v_2 + \cdots + a_h\lambda_hv_h = 0$$

을 얻는다. 따라서,

$$a_2(\lambda_2 - \lambda_1)v_2 + \cdots + a_h(\lambda_h - \lambda_1)v_h = 0$$

이 되고, eigen-value들이 mutually distinct하다고 했으므로,

$$a_j(\lambda_j - \lambda_1) \neq 0, \qquad (j = 2, \ldots, h)$$

이다. 이제, 길이가 $(h-1)$인 linear dependence를 얻었으므로, 증명 끝. □

---

[14] 첫 번째와 두 번째 증명의 순서는 저자의 개인적인 선호도에 따라 정하였다.

[15] 이 증명에서와 같은 'fancy'한 induction을 아마도 Emil Artin이 처음 생각한 모양이다.

두 번째 증명 : (Vandermonde determinant를 이용한 증명) 앞 첫 번째 증명에서와 같이,

$$a_1v_1 + \cdots + a_kv_k = 0$$

이라고 하고, Artin을 쪼끔 흉내 내어 a_j는 모두 non-zero라고 하자(그렇게 가정해도 괜찮은 이유는?). 이 식에 계속 T를 작용하면,

$$a_1\lambda_1^\ell v_1 + a_2\lambda_2^\ell v_2 + \cdots + a_k\lambda_k^\ell v_k = 0, \qquad (\ell = 0, 1, \ldots, k-1)$$

을 얻는다. 이제, (임의의) 기저 $\mathfrak{B}$에 관한 v_j의 좌표를

$$[v_j]_{\mathfrak{B}} = (b_{1j}, \ldots, b_{nj})^{\mathbf{t}}, \qquad (j = 1, \ldots, k)$$

로 표기하고(단, $b_{ij} \in F$), 위 식을 보기 좋게 정리하면,

$$\lambda_1^\ell a_1 b_{i1} + \lambda_2^\ell a_2 b_{i2} + \cdots + \lambda_k^\ell a_k b_{ik} = 0, \qquad (0 \le \ell \le k-1,\ 1 \le i \le n)$$

이 된다. 따라서, Vandermonde determinant의 성질에 의해

$$a_j b_{ij} = 0, \qquad (1 \le i \le n,\ 1 \le j \le k)$$

를 얻는다. 그런데, a_j는 모두 non-zero이고 v_j들도 모두 non-zero이므로, 모순. □

다시 강조하면, 위 명제 7.2.18은 diagonalizability의 충분조건을 하나 제시하고 있다. 마찬가지로 real symmetric matrix도 항상 대각화가 가능하다.[16] (Real symmetric matrix의 대각화는 제15장에서 공부한다.) 그러나 위 명제 7.2.18의 역은 물론 성립하지 않는다. 즉, characteristic polynomial이 중근을 갖지만 diagonalizable인 보기는 수없이 많다. 그리고 대각화 가능하다고 꼭 symmetric matrix여야 하는 것도 물론 아니다.

그렇다면 diagonalizability의 필요충분조건은 무엇일까? 대각화 가능성을 말해 주는 invariant는 무엇일까?

질문 7.2.20. $T \in \mathfrak{LM}$의 diagonalizability를 결정해 주는 invariant는 무엇일까?

이 질문에의 답을 얻기 위해 우리의 이야기는 계속된다.

[16] 연습문제 7.2.5 참조. 연습문제 7.2.11(나)항도 참조.

행렬의 대각화는 매우 다양한 응용을 갖고 있다.[17]

보기 7.2.21. (Linear Recurrence Sequence) F-위의 수열 $\{x_n\}_{n=1}^{\infty}$이 다음 조건

$$x_{n+2} = ax_n + bx_{n+1}, \qquad (n \geq 1)$$

을 만족시킨다고 하자(단, $a, b \in F$). 이 식을 변형하면,

$$\begin{pmatrix} 0 & 1 \\ a & b \end{pmatrix}^n \begin{pmatrix} x_1 \\ x_2 \end{pmatrix} = \begin{pmatrix} x_{n+1} \\ x_{n+2} \end{pmatrix}, \qquad (n \geq 1)$$

이 된다. 이제 위 식의 (2×2)-행렬을 A라고 놓을 때, 만약 $\phi_A(t) = t^2 - bt - a$가 서로 다른 두 root $\lambda \neq \mu$를 갖는다면, A는 대각화 가능하고,

$$U^{-1}AU = \operatorname{diag}(\lambda, \mu), \qquad A^n = U \cdot \operatorname{diag}(\lambda^n, \mu^n) \cdot U^{-1}$$

인 가역행렬 U가 존재하므로, 수열 $\{x_n\}$의 일반항을 구할 수 있다.[18]

연습문제 7.2.22. (Fibonacci Sequence) 수열 $\{x_n\}_{n=1}^{\infty}$이 조건

$$x_{n+2} = x_n + x_{n+1}, \qquad (n \geq 1)$$

을 만족시키면,

$$\lambda = \frac{1+\sqrt{5}}{2}, \qquad \mu = \frac{1-\sqrt{5}}{2}$$

로 놓을 때,

$$x_{n+2} = \frac{1}{\sqrt{5}}\left\{(\lambda^n - \mu^n)x_1 + (\lambda^{n+1} - \mu^{n+1})x_2\right\}, \qquad (n \geq 1)$$

임을 보여라.

---

[17] 남성과 여성의 색맹 유전자 보유 비율에 관한 흥미로운 보기(Markov matrix에 관한 보기)는 이일해[3, 보기6, p.157]를 참조하기 바란다.

[18] 재미 있는 사실은 $a, b \in \mathbb{R}$인 경우에도 $\lambda, \mu \notin \mathbb{R}$일 수 있다는 것이다.

7.3. Triangularization

이 節에서는 **삼각화**를 공부한다. "선형대수학" 전체에서 triangularization 의 개념은 매우 중요한 의미를 갖는다. 한 가지 주의할 점은 triangularization 이 항상 가능하려면 $F=\mathbb{C}$ 이어야만 한다는 것이다.[19]

행렬 $A\in\mathfrak{M}_{n,n}(F)$ 의 characteristic polynomial 을

$$\phi_A(t)=t^n+a_{n-1}t^{n-1}+\cdots+a_1t+a_0$$

로 놓을 때(단, $n\geq 2$), 이미 독자들은 어쩐 일인지

$$a_{n-1}=-\operatorname{tr}(A),\qquad a_0=(-1)^n\det(A)$$

가 항상 성립하는 것을 눈치채고 있었을 것이다. 이는 물론 우연이 아니며, 이를 설명하려면 triangularization 의 개념이 필요하다.[20]

정리 7.3.1. (Triangularization) $F=\mathbb{C}$ 이고, $T\in\mathfrak{LM}$ 이면, $[T]^{\mathfrak{B}}_{\mathfrak{B}}$ 가 upper-triangular matrix 인 V 의 basis $\mathfrak{B}$ 가 존재한다.[21]

증명에 앞서 우선 중요한 comment 하나. 위 정리의 (ordered) basis $\mathfrak{B}$ 의 첫 번째 basis vector 를 v_1 으로 표기할 때, upper-triangular matrix $[T]^{\mathfrak{B}}_{\mathfrak{B}}$ 의 첫 번째 column 은 $(\lambda,0,\ldots,0)^{\mathbf{t}}$ 꼴이므로, v_1 은 T 의 eigen-vector 가 된다. 즉, T 의 삼각화가 가능하려면, 적어도 T 의 eigen-value 가 하나는 존재해야만 한다. 따라서 위 정리가 모든 F 에 대해 성립할 수는 없다.[22]

다음 연습문제는 우리의 '사고방식'이다. 종이가 아깝지만……. 독자들은 이번이 정말 마지막이라는 심정으로 확실히 하기 바란다.

연습문제 7.3.2. 위 정리 7.3.1은 다음 명제들

(1) $A\in\mathfrak{M}_{n,n}(\mathbb{C})$ 이면, $U^{-1}AU$ 가 upper-triangular matrix 인 invertible matrix $U\in\mathfrak{M}_{n,n}(\mathbb{C})$ 가 존재한다.

(2) $A\in\mathfrak{M}_{n,n}(\mathbb{C})$ 와 similar 한 upper-triangular matrix 가 존재한다.

과 동치임을 보여라.

---

[19] 연습문제 7.5.11 참조.

[20] 물론 "삼각화 가능"이나 "triangularizable"이라는 용어를 정의할 수도 있겠지만, 시간 낭비!

[21] 물론 꼭 upper-triangular matrix를 고집할 이유는 없다. Lower-triangular matrix를 생각할 수도 있다. 참고 8.7.3 참조.

[22] 정리 7.2.10 참조. 내년에 algebraically closed field를 배우게 되면, …….

정리 7.3.1의 증명 : Matrix size(또는 $\dim V$) n에 관한 귀납법을 사용한다. 우선 모든 (1×1)-matrix는 upper-triangular matrix이므로, 지금부터는 $n\geq 2$라고 하자. 먼저, $F=\mathbb{C}$라고 가정하고 있으므로, $Tv_1=\lambda v_1$인 T의 eigen-vector $v_1\in V$와 $\lambda\in\mathbb{C}$가 항상 존재할 것이다. 다음 $\mathfrak{C}=\{v_1,v_2,\ldots,v_n\}$을 V의 basis라고 하면(Basis Extension Theorem), $[T]_{\mathfrak{C}}^{\mathfrak{C}}$는 $\left(\begin{array}{c|c}\lambda & * \\ \hline 0 & B\end{array}\right)$의 형태가 된다(단, $B\in\mathfrak{M}_{n-1,n-1}(\mathbb{C})$). 이제 induction hypothesis에 의해, $P^{-1}BP$가 upper-triangular matrix인 invertible matrix $P\in\mathfrak{M}_{n-1,n-1}(\mathbb{C})$가 존재한다. 마지막으로 $U=\left(\begin{array}{c|c}1 & 0 \\ \hline 0 & P\end{array}\right)$로 놓으면, 당연히 $U^{-1}=\left(\begin{array}{c|c}1 & 0 \\ \hline 0 & P^{-1}\end{array}\right)$이므로,

$$[T]_{\mathfrak{C}}^{\mathfrak{C}}\sim U^{-1}\left(\begin{array}{c|c}\lambda & * \\ \hline 0 & B\end{array}\right)U=\left(\begin{array}{c|c}1 & 0 \\ \hline 0 & P^{-1}\end{array}\right)\left(\begin{array}{c|c}\lambda & * \\ \hline 0 & B\end{array}\right)\left(\begin{array}{c|c}1 & 0 \\ \hline 0 & P\end{array}\right)=\left(\begin{array}{c|c}\lambda & * \\ \hline 0 & P^{-1}BP\end{array}\right)$$

가 된다(확인해 보라). 그런데, $P^{-1}BP$는 upper-triangular matrix이므로, 증명 끝. □

위 증명은 — $\dim V$에 관한 귀납법이라고 하기는 좀 어색하고 — matrix size에 관한 귀납법이다. 독자들은 특히 $((n-1)\times(n-1))$-가역행렬 P로부터 $(n\times n)$-가역행렬 U를 만드는 방법을 기억해 두기 바란다.

다음 따름정리는 triangularization의 중요한 direct consequence이다. (물론 F는 여전히 $\mathbb{R}$ 또는 $\mathbb{C}$이다. 다음 따름정리에서처럼 우리는 앞으로 가끔 F-위의 세계에서 $\mathbb{C}$-위의 세계로 옮겨 가기도 할 것이다. $F\subseteq\mathbb{C}$이므로, 뭐 그래서 안 될 건 없다.)

따름정리 7.3.3. $T\in\mathfrak{L}\mathfrak{M}$일 때, T의 characteristic polynomial

$$\phi_T(t)=t^n+a_{n-1}t^{n-1}+\cdots+a_1t+a_0,\qquad (\text{단, } a_0,\ldots,a_{n-1}\in F)$$

가 $\mathbb{C}$-위에서

$$\phi_T(t)=(t-\lambda_1)(t-\lambda_2)\cdots(t-\lambda_n),\qquad (\text{단, } \lambda_1,\ldots,\lambda_n\in\mathbb{C})$$

로 인수분해되면,[23]

$$\mathrm{tr}(T)=\lambda_1+\lambda_2+\cdots+\lambda_n=-a_{n-1},\qquad \det(T)=\lambda_1\lambda_2\cdots\lambda_n=(-1)^n a_0$$

이다.

[23] λ_i들이 모두 다를 필요는 없다.

증명 : 서로 similar한 행렬은 characteristic polynomial 및 determinant와 trace가 같으므로, T를 $\mathbb{C}$-위에서 triangularize하여

$$T \sim \begin{pmatrix} \lambda_1 & & & & \\ & \lambda_2 & & * & \\ & & \ddots & & \\ & \mathbf{0} & & \ddots & \\ & & & & \lambda_n \end{pmatrix}$$

으로 생각하면,[24] 더 설명할 것이 없다. □

'근과 계수와의 관계'는 독자들에게 익숙한 것이기에 위 증명에서는 언급하지 않았다.

연습문제 7.3.4. ($n \geq 3$ 일 때) 따름정리 7.3.3에서

$$\sum_{i<j} \lambda_i \lambda_j, \qquad \sum_{i<j<k} \lambda_i \lambda_j \lambda_k$$

등은 similarity relation의 invariant인가? 이들은 F의 원소인가?

다음 comment도 생략하기는 아깝다.

참고 7.3.5. 위 따름정리 7.3.3의 일부분은 사실 다음과 같이 조금 '유치'한 방법으로 설명할 수도 있을 것이다. (그러나, 물론 triangularization을 생각하는 것이 正道이다.)

(가) Characteristic polynomial을 $0 \in F$에서 evaluate하면,

$$a_0 = \phi_T(0) = \det(0I - T) = \det(-T) = (-1)^n \det(T)$$

가 된다.

(나) $T = (a_{ij})$라고 놓으면,

$$\phi_T(t) = (t - a_{11})(t - a_{22}) \cdots (t - a_{nn}) + \psi_T(t)$$

이고, $\deg(\psi_T) \leq n-2$ 인 $\psi_T(t) \in F[t]$가 존재함을 determinant의 정의(정리 6.3.2)로부터 보일 수 있다(확인해 보라). 따라서,

$$\operatorname{tr}(T) = a_{11} + a_{22} + \cdots + a_{nn} = -a_{n-1}$$

임을 알 수 있다.

---

[24] 이제부터는 T와 $[T]_{\mathfrak{B}}^{\mathfrak{B}}$도 혼동하기로 한다. 별 문제는 없을 것이다.

다음 명제는 보기 8.1.9에서 한번 더 증명할 것이다.

따름정리 7.3.6. $T \in \mathfrak{L}\mathfrak{M}$이 nilpotent이면, $\phi_T(t) = t^n$.

증명 : T가 nilpotent이므로, $T^r = 0$인 자연수 r이 존재할 것이다. 이번에도, 따름정리 7.3.3에서처럼 $\mathbb{C}$-위에서 triangularize하면,

$$0 = T^r \sim \begin{pmatrix} {\lambda_1}^r & & & & \\ & {\lambda_2}^r & & * & \\ & & \ddots & & \\ & \mathbf{0} & & \ddots & \\ & & & & {\lambda_n}^r \end{pmatrix}$$

이 된다(왜 그런가?). 따라서,

$$\lambda_1 = \cdots = \lambda_n = 0$$

이다. 한편, **strictly** upper-triangular matrix의 characteristic polynomial이 t^n인 것은 당연하다. □

다음은 독자들도 눈치챘을 것이다.

참고 7.3.7. (질문 5.4.6의 답) 위 증명은 $T \in \mathfrak{L}\mathfrak{M}$이 nilpotent이면, $[T^r = 0$ for some $r \leq n]$임을 보여주고 있다. 왜냐하면, 위 증명에서 T는 어떤 strictly upper-triangular matrix N과 similar하고, $N^n = 0$이므로(보기 5.4.5), $T^n = 0$이기 때문이다.[25]

다음 연습문제에서는 $F = \mathbb{C}$라는 가정의 역할을 조심스럽게 생각해 보아야 한다.

연습문제 7.3.8. $F = \mathbb{C}$이고 $T \in \mathfrak{L}\mathfrak{M}$일 때, 다음을 보여라.

(가) T가 nilpotent일 필요충분조건은 T의 모든 eigen-value가 zero.

(나) T가 unipotent일 필요충분조건은 T의 모든 eigen-value가 1.

연습문제 7.3.9. 앞 연습문제 7.3.8의 명제는 $F = \mathbb{R}$일 때에도 true인가?

[25] 물론, 다음 節의 Cayley-Hamilton Theorem을 이용할 수도 있다.

7.4. Cayley-Hamilton Theorem

이 節에서는 고등학교 때부터 — 그 이름만은 — 익숙한 Cayley-Hamilton Theorem을 증명한다.

우선 표기법을 복습하자. (연습문제 2.3.13과 연습문제 5.1.5를 복습하라.) $T \in \mathfrak{LM}$이고

$$f(t) = a_n t^n + \cdots + a_1 t + a_0, \qquad (\text{단, } a_n, \ldots, a_1, a_0 \in F)$$

가 $F[t]$의 polynomial일 때,

$$f(T) = a_n T^n + \cdots + a_1 T + a_0 I$$

로 표기하는 것은 이제 익숙하다. 우리는 $f(T)$를 [evaluation of $f(t)$ at T]라고 부른다. 독자들은 "다항식을 더한(곱한) 후 T에서 evaluate한 것이나, T에서 evaluate한 후에 더한(곱한) 것이나 같다" 등의 표현도 기억할 것이다.

연습문제 7.4.1. $T \in \mathfrak{LM}$이고 $f(t) \in F[t]$일 때, 만약 v가 λ에 대응하는 T의 eigen-vector이면, v는 $f(\lambda)$에 대응하는 $f(T)$의 eigen-vector임을 보여라.

연습문제 7.4.2. $T, U \in \mathfrak{LM}$이고 U는 invertible일 때, $f(t) \in F[t]$이면,

$$f(U^{-1}TU) = U^{-1} f(T) U$$

임을 보여라. 따라서, $T \sim S \in \mathfrak{LM}$이면, $f(T) \sim f(S)$.

새로운 표기법을 하나 도입한다.

정의 7.4.3. $T \in \mathfrak{LM}$일 때,

$$\mathcal{I}_T = \{f(t) \in F[t] \mid f(T) = 0\}$$

으로 표기하고, 이를 (T에 관한) **annihilator ideal**이라고 부른다.[26]

연습문제 7.4.4. $T \in \mathfrak{LM}$일 때, 다음을 보여라.

(가) $\mathcal{I}_T \leq F[t]$.

(나) $g(t) \in F[t]$이고 $f(t) \in \mathcal{I}_T$이면, $g(t)f(t) \in \mathcal{I}_T$.

[26] 좀 섬뜩한 이름이지만……. $\mathcal{I}$는 ideal의 첫 글자이며, ideal의 뜻은 내년에 공부한다.

관찰 7.4.5. $S \sim T \in \mathfrak{LM}$ 이면, $\mathcal{I}_S = \mathcal{I}_T$. 따라서 annihilator ideal 은 similarity relation 의 invariant.

증명 : 언제나처럼 $S = U^{-1}TU$ 라고 하면, 임의의 $f(t) \in F[t]$ 에 대해

$$f(S) = f(U^{-1}TU) = U^{-1}f(T)U$$

가 된다(연습문제 7.4.2). 따라서, $f(S) = 0$ if and only if $f(T) = 0$. □

독자들도 이미 알고 있겠지만, 우리가 §7.1 끝 부분에서 작성한 similarity relation 의 invariant 네 개 중 둘(trace 와 determinant)을 따름정리 7.3.3 에서 characteristic polynomial 에게 빼앗겼었다. 위 관찰로 인해 현재 우리가 갖고 있는 invariant 는 세 개가 되었다.

다음 명제는 새로운 출발점이며, 그 증명은 매우 인상적이다(아름답다).

명제 7.4.6. $T \in \mathfrak{LM}$ 이면, $\mathcal{I}_T \neq \{0\}$.

증명 : $\dim V = n$ 이면,

$$\dim \mathfrak{L}(V, V) = n^2 = \dim \mathfrak{M}_{n,n}(F)$$

이므로, 집합 $\{I, T, T^2, \ldots, T^{n^2}\}$ 은 일차종속일 수밖에 없다(보조정리 3.5.3). 따라서,

$$a_{n^2}T^{n^2} + \cdots + a_1T + a_0I = 0$$

인 적어도 하나는 non-zero 인 scalar $a_0, a_1, \ldots, a_{n^2}$ 이 존재한다. 이때,

$$f(t) = a_{n^2}t^{n^2} + \cdots + a_1t + a_0$$

라고 놓으면, 우리는 $f(T) = 0$ 인 non-zero polynomial $f(t)$ 가 적어도 하나 존재하는 것을 알 수 있다. □

그러면, 이제 $\mathcal{I}_T$ 에 속하는 non-zero polynomial 을 찾아보자. 우리는 이미 고등학교(참고서)에서 (2×2)-행렬 A 는 항상

$$A^2 - \operatorname{tr}(A)A + \det(A)I = 0, \quad \text{즉,} \quad \phi_A(t) \in \mathcal{I}_A$$

를 만족하는 것을 배웠다. Cayley-Hamilton Theorem 은 이를 일반화한 것이다.

정리 7.4.7. (Cayley-Hamilton Theorem) $T \in \mathfrak{L}\mathfrak{M}$ 이면, $\phi_T(T) = 0$ 이다. 즉, $\phi_T(t) \in \mathcal{I}_T$.

Cayley-Hamilton Theorem은 그 거창한 명칭이 시사하는 바와 같이 그 증명은 결코 자명하지 않다.[27]

막가파式 증명 : $\phi_T(t) = \det(tI - T)$ 이므로, $t = T$를 대입하면, $\phi_T(T) = \det(TI - T) = \det(0) = 0$ 이다. ㅋㅋ.[28] ($T \sim (a_{ij})$로 놓을 때, $(tI - T)$는 원래 행렬 $(t\delta_{ij} - a_{ij})$를 간략히 표기한 것이다. 행렬 $(t\delta_{ij} - a_{ij})$의 좌표들을 T에서 evaluate하더라도, 증명은 이제부터 시작이다.) ⊠ □

첫 번째 증명 : (Triangularization을 이용한 증명) Characteristic polynomial과 annihilator ideal이 모두 similarity relation의 invariant이므로, 우리는 이번에도 T를 $\mathbb{C}$-위에서 triangularize하여

$$T = \begin{pmatrix} \lambda_1 & & & * \\ & \lambda_2 & & \\ & & \ddots & \\ & \mathbf{0} & & \ddots & \\ & & & & \lambda_n \end{pmatrix}$$

이라고 생각하면 된다. 따라서, Cayley-Hamilton Theorem은 다음 식

$$\phi_T(T) = (T - \lambda_1 I)(T - \lambda_2 I) \cdots (T - \lambda_n I) = 0$$

과 동치임을 알 수 있다. 이 식은, 예를 들어 $n = 4$일 때, 다음 항등식

$$\begin{pmatrix} 0 & * & * & * \\ 0 & * & * & * \\ 0 & 0 & * & * \\ 0 & 0 & 0 & * \end{pmatrix} \begin{pmatrix} * & * & * & * \\ 0 & 0 & * & * \\ 0 & 0 & * & * \\ 0 & 0 & 0 & * \end{pmatrix} \begin{pmatrix} * & * & * & * \\ 0 & * & * & * \\ 0 & 0 & 0 & * \\ 0 & 0 & 0 & * \end{pmatrix} \begin{pmatrix} * & * & * & * \\ 0 & * & * & * \\ 0 & 0 & * & * \\ 0 & 0 & 0 & 0 \end{pmatrix} = 0$$

으로 쓸 수 있다. 그리고 이 항등식은 n에 관한 귀납법으로 간단히 보일 수 있다. (확인해 보라. 요령은 왼쪽 k-개 행렬을 곱한 행렬의 왼쪽 k-개 column이 모두 zero column임을 귀납법으로 보이는 것이다.) 즉, triangularization이라는 강력한 tool에 의해 (거창한 이름의) Cayley-Hamilton Theorem은 행렬의 간단한 곱셈 문제가 된다. □

[27] 이 책에서 '증명은 결코 자명하지 않다'라는 표현은 처음이 아니다. 어디에 처음 나왔더라?
[28] 저자의 경험에 의하면, 한 교실에 한 명쯤은 이 증명이 옳다고 끝까지 우긴다…….

Cayley-Hamilton Theorem의 증명은 몇 가지가 더 알려져 있다. Adjoint matrix(정리 6.7.2)를 이용하는 증명은 [3, p. 165] 참조. 또 T-cyclic subspace를 이용하는 증명은 우리 'story'의 整然한 논리체계를 마구 뒤섞어 놓으므로,[29] 뒤 §8.5에 숨긴다.

연습문제 7.4.8. $T \in \mathfrak{LM}$이고 $0 \neq a \in F$일 때, 1-차 다항식 $at+b \in F[t]$가 $\mathcal{I}_T$에 속한다면, $T = \lambda I$인 $\lambda \in F$가 존재함을 보여라.

다음은 새로운 motivation이다. Annihilator ideal 전부를 묘사하는 방법은 무엇일까?

보기 7.4.9. $A = \begin{pmatrix} 1 & 0 & 1 \\ 0 & 3 & 0 \\ 0 & 0 & 3 \end{pmatrix}$이라고 놓으면, Cayley-Hamilton Theorem에 의해, $\phi_A(t) = (t-1)(t-3)^2 \in \mathcal{I}_A$이다. 따라서 $\phi_A(A) = (A-I)(A-3I)^2 = 0$. 그런데, 직접 계산해 보면, $(A-I)(A-3I) = 0$인 것도 확인할 수 있다. 즉, $(t-1)(t-3) \in \mathcal{I}_A$. 그리고, 연습문제 7.4.8에 따르면, $(t-1)(t-3)$은 $\mathcal{I}_A$에 속하는 non-zero polynomial 중 최소 차수인 것도 알 수 있다. 왠지 모르게 이 최소 차수의 다항식으로 임의의 $f(t) \in \mathcal{I}_A$를 나누어 보고 싶다…….[30] 이제 $f(t) \in \mathcal{I}_A$를 $(t-1)(t-3)$으로 나누면,[31] $q(t)$는 몫이고 $r(t)$는 나머지라고 표기할 때,

$$f(t) = (t-1)(t-3)\,q(t) + r(t)$$

가 된다. 이때 우리는 특별히 $\deg(r) < 2$인 것을 잘 알고 있다. 이제 위 식의 양변을 A에서 evaluate하면,

$$0 = f(A) = (A-I)(A-3I)\,q(A) + r(A) = r(A)$$

가 된다. 즉, $r(t) \in \mathcal{I}_A$이고, 따라서 $r(t) = 0$일 수밖에 없다(왜 그런가?). 결론: $\mathcal{I}_A$는 $(t-1)(t-3)$의 배수들 전체의 집합이다.

위 보기로부터 우리는 annihilator ideal에 속하는 다항식 중 **최소 차수의 다항식**에 관심을 갖게 된다.

---

[29] 그렇지만, 증명의 motivation은 매우 뛰어나 보인다.
[30] 왜 그런지는 내년에 "현대대수학" 강좌에서 깊이(정말 밑바닥까지) 공부하게 된다.
[31] 다항식의 나눗셈은 고등학교에서 배웠다.

7.5. Minimal Polynomial

이 節에서는 $T \in \mathfrak{LM}$의 minimal polynomial을 소개하고 그의 성질들을 공부한다. Minimal polynomial은 우리 'story'의 주인공 중 하나이다.

정의 7.5.1. $T \in \mathfrak{LM}$의 annihilator ideal $\mathcal{I}_T$의 **non-zero** polynomial 중에서 [**최소의 degree**를 갖는 **monic** polynomial]을 T의 **minimal polynomial**이라고 부르고, $m_T(t)$로 표기한다. (따라서, 당연히 $\deg(m_T) \geq 1$.)

당연히 우리의 관심사는 minimal polynomial의 **존재성과 유일성**이다. 만약 existence와 uniqueness를 설명하지 못한다면 위 정의는 무의미할 것이다.

정리 7.5.2. $T \in \mathfrak{LM}$의 minimal polynomial은 존재하고 하나뿐이다.

증명 : [존재성] 명제 7.4.6에 의해 $\mathcal{I}_T \neq \{0\}$이므로 당연.[32]
[유일성] $\mathcal{I}_T$의 non-zero polynomial 중에서 최소 차수를 갖는 monic polynomial이 두 개 — $m_T(t)$와 $f(t)$ — 있었다고 하고, $m_T(t) = f(t)$임을 보이면 된다. 이제 $f(t)$를 $m_T(t)$로 나누면, $q(t)$는 몫이고 $r(t)$는 나머지라고 할 때,

$$f(t) = m_T(t)\, q(t) + r(t)$$

로 쓸 수 있다. 이때 우리는 특별히 $\deg(r) < \deg(m_T)$인 것을 잘 알고 있다. 이제 위 식의 양변을 T에서 evaluate하면,

$$0 = f(T) = m_T(T)\, q(T) + r(T) = r(T)$$

가 된다. 즉, $r(t) \in \mathcal{I}_T$이다. 그런데 이 결과가 $m_T(t)$가 non-zero polynomial 중 최소 차수를 갖는다는 가정에 모순되지 않으려면, 결국 유일한 가능성은 $r(t) = 0$인 경우뿐이다. 따라서 $f(t)$는 $m_T(t)$의 배수이다. 같은 이유로, $m_T(t)$도 $f(t)$의 배수이어야 하므로 $m_T(t)$와 $f(t)$는 같다. (서로가 서로를 나누는 두 monic polynomial은 같을 수밖에 없다.) □

다음 관찰을 먼저 증명했더라면, 종이를 조금 절약할 수 있었을 것이다.

관찰 7.5.3. $T \in \mathfrak{LM}$일 때, $f(t) \in \mathcal{I}_T$이면, $f(t)$는 $m_T(t)$의 배수이다.

증명 : ……. □

[32] Minimal polynomial의 존재성 증명을 위해 Cayley-Hamilton Theorem을 동원하는 것은 마치 파리를 잡는 데 탱크를 동원하는 格이다.

다음 관찰도 종이가 아깝지만, 분명히 기록해 두자. 증명은 생략. 아래 (가) 항은 minimal polynomial $m_T(t)$가 annihilator ideal $\mathcal{I}_T$를 완전히 describe하는 것을 말해 준다.

관찰 7.5.4. (가) $T \in \mathfrak{LM}$일 때, $\mathcal{I}_T$는 $m_T(t)$의 배수들 전체의 집합이다.
(나) 특별히, $\phi_T(t)$도 $m_T(t)$의 배수. (따라서 $1 \leq \deg(m_T) \leq \deg(\phi_T) = n$.)

다항식의 division algorithm을 사용하는 위 유일성 증명의 idea는 사실 저자가 [**학부 대수학의 半**]이라고 부르는 argument이다(§11.4 참조). 이것만 완전히 이해하면 "학부 대수학"의 半을 이해한 것과 같다는 뜻이다.[33] 그런데, [학부 대수학의 半]은 무수히 많은 아바타를 保有하고 있다. 그는, 특히 내년에, 우리에게 수십 개의 아바타를 선보일 것이다.

그러고 보니, 슬슬 polynomial과 그의 division algorithm이 우리 '이야기'의 주인공 행세를 하기 시작한 것 같다. 다음 보기도 같은 맥락.

보기 7.5.5. $A = \begin{pmatrix} 2 & 1 \\ 3 & 4 \end{pmatrix}$이면,

$$m_A(t) = t^2 - 6t + 5 = \phi_A(t)$$

이다(확인해 보라). 따라서, $A^2 = 6A - 5I$이고, 예를 들어,

$$A^3 = AA^2 = A(6A - 5I) = 6A^2 - 5A = 6(6A - 5I) - 5A = 31A - 30I$$

를 얻을 수 있다. 이로부터 우리는 A에 관한 어떤 다항식도 A의 1-차식으로 — 정확히는 1-차 이하의 식으로 — 쓸 수 있음을 알 수 있다. 구체적으로 말하면, $g(t) \in F[t]$이면, $g(A) = aA + bI$인 $a, b \in F$가 존재한다는 뜻이다. 이를 증명하려면 이번에도 division algorithm이 필요하다. 즉, $g(t) \in F[t]$를 $m_A(t)$로 나누면, 나머지는 1-차 이하이어야 하므로,

$$g(t) = m_A(t)\, q(t) + at + b$$

로 쓸 수 있다. 물론 이때 $q(t)$는 몫이고 $(at + b)$는 나머지이다(단, $a, b \in F$). 이제, 위 식의 양변을 A에서 evaluate하면,

$$g(A) = m_A(A)\, q(A) + aA + bI = aA + bI$$

를 얻는다.

[33] 그러니, minimal polynomial의 유일성 증명은 지금은 新奇하고 어색할 따름이다.

다음 연습문제는 정말 멋지다!

연습문제 7.5.6. $T \in \mathfrak{LM}$ 일 때, 다음을 보여라.

(가) $f(t) \in F[t]$ 이면, $\deg(r) < \deg(m_T)$ 이면서 $f(T) = r(T)$ 인 $r(t) \in F[t]$ 존재.

(나) $\dim \{ f(T) \mid f(t) \in F[t] \} = \deg(m_T)$.

다음 관찰은 이미 알고 있는 것이다.

관찰 7.5.7. $S \sim T \in \mathfrak{LM}$ 이면, $m_S(t) = m_T(t)$. 따라서 minimal polynomial 은 similarity relation 의 invariant.

증명 : $\mathcal{I}_S = \mathcal{I}_T$. 관찰 7.4.5 참조. □

그럼 여기서 한번 더 현재 우리가 갖고 있는 similarity relation 의 invariant 들의 list 를 만들어 보자. 그 list 는:

rank, characteristic polynomial, minimal polynomial

이다. 그러고 보니, §7.1 에서보다 오히려 invariant 의 個數는 줄었다. 왜냐하면, 물론, trace 와 determinant 는 characteristic polynomial 의 계수이기 때문이다(따름정리 7.3.3). 물론 이 invariant 들만으로는 similarity class 를 완전히 결정하지는 못한다(연습문제 7.6.26 참조).

연습문제 7.5.8. 다음 세 행렬

$$\begin{pmatrix} 1 & 0 & 0 \\ 0 & 1 & 0 \\ 0 & 0 & 1 \end{pmatrix}, \quad \begin{pmatrix} 1 & 1 & 0 \\ 0 & 1 & 0 \\ 0 & 0 & 1 \end{pmatrix}, \quad \begin{pmatrix} 1 & 1 & 0 \\ 0 & 1 & 1 \\ 0 & 0 & 1 \end{pmatrix}$$

이 서로 similar 한지 판정하라.

실제로 minimal polynomial 을 구할 때에는 — 우선 characteristic polynomial 을 구한 후 — characteristic polynomial 의 divisor 들을 조사해 보아야 한다. 몇몇 특수한 경우(예를 들어, 보기 8.4.4)를 제외하면, minimal polynomial 을 구하는 방법은 이러한 trial-and-error method 뿐이다. 그리고, characteristic polynomial 의 divisor 들을 조사할 때, 명제 8.1.5 의 결과를 미리 알고 있으면 도움이 되니 지금 살짝 살펴보기 바란다.

보기 7.5.9. (질문 5.4.6의 두 번째 답) 만약 $N \in \mathfrak{LM}$ 이 nilpotent 이면(즉, $N^s = 0$ 인 $1 \le s$ 가 존재하면), $N^r = 0$ 인 $r \le n$ 이 존재하는 것을 간단히 보일 수 있다: $t^s \in \mathcal{I}_N$ 이므로, $m_N(t)$는 t^s의 약수이고, 따라서 $m_N(t) = t^r$ 인 $r \le s$ 가 존재한다. 물론 $r = \deg(m_N) \le n$.[34] (이 방법으로는 아직 $\phi_N(t)$에 대해서는 알 수 있는 것이 없다.)

다음 연습문제 7.5.10은 우리 'story'에서 중요한 위치를 차지하고 있다.

연습문제 7.5.10. $B \in \mathfrak{M}_{m,m}(F)$, $C \in \mathfrak{M}_{n,n}(F)$, $D \in \mathfrak{M}_{m,n}(F)$ 라고 할 때,

$$A = \begin{pmatrix} B & D \\ 0 & C \end{pmatrix} \in \mathfrak{M}_{m+n,m+n}(F)$$

로 놓고, 다음을 보여라. (연습문제 6.5.9 참조.)

(가) $\phi_A(t) = \phi_B(t)\phi_C(t)$.

(나) $m_A(t)$는 $\operatorname{lcm}\big(m_B(t), m_C(t)\big)$의 배수.

(다) $D = 0$ 이면, $m_A(t) = \operatorname{lcm}\big(m_B(t), m_C(t)\big)$.

연습문제 7.5.11. (꼭 $F = \mathbb{C}$ 가 아니어도) $T \in \mathfrak{LM}$ 일 때, 만약 $\phi_T(t)$가 F - 위에서 1-차식들의 곱으로 인수분해된다면, (정리 7.3.1의 증명을 흉내 내어) $[T]_{\mathfrak{B}}^{\mathfrak{B}}$ 가 upper-triangular matrix 인 V의 basis $\mathfrak{B}$ 가 존재함을 보여라.

최소공배수가 등장한 김에, 재미있는 연습문제 하나.[35]

연습문제 7.5.12. $T \in \mathfrak{LM}$ 이 unipotent 이면서 $T^m = I$ 인 자연수 m 이 존재하면, $T = I$ 임을 보여라.[36]

이제 numerical example 들의 차례이다.

연습문제 7.5.13. 다음 (4×4)-행렬

$$A = \begin{pmatrix} \mathbf{0} & \begin{matrix} 1 & 0 \\ 0 & 1 \end{matrix} \\ \begin{matrix} 0 & 1 \\ 1 & 0 \end{matrix} & \mathbf{0} \end{pmatrix}$$

에 대해 $\phi_A(t)$와 $m_A(t)$를 구하라. A는 대각화 가능한가?

[34] 따름정리 7.3.6 및 참고 7.3.7 참조.

[35] 다항식의 최대공약수(gcd)와 최소공배수(lcm)는 고등학교에서 배웠다.

[36] Hint: $\gcd\big((t-1)^n, t^m - 1\big) = t - 1$.

연습문제 7.5.14. Differential operator $D : \mathcal{P}_n(F) \to \mathcal{P}_n(F)$ 의 characteristic polynomial과 minimal polynomial을 구하라. (연습문제 4.2.22 참조.)

연습문제 7.5.15. Upper triangular matrix $A \in \mathfrak{M}_{n,n}(F)$ 가

$$A = \begin{pmatrix} 1 & & & & \\ & 2 & & * & \\ & & \cdot & & \\ & & & \cdot & \\ & \mathbf{0} & & & \cdot & \\ & & & & & n \end{pmatrix}$$

의 꼴일 때, A 의 characteristic polynomial과 minimal polynomial을 구하라. A 는 diagonalizable 인가?

연습문제 7.5.16. $\lambda_1, \ldots, \lambda_k \in F$ 가 서로 다른 scalar 이고, $n_1 + \cdots + n_k = n$ 이라고 하자. 대각행렬 $D \in \mathfrak{M}_{n,n}(F)$ 가

$$D = \begin{pmatrix} \lambda_1 I_{n_1} & & & & \\ & \lambda_2 I_{n_2} & & \mathbf{0} & \\ & & \cdot & & \\ & & & \cdot & \\ & \mathbf{0} & & & \cdot & \\ & & & & & \lambda_k I_{n_k} \end{pmatrix}$$

일 때, D 의 characteristic polynomial과 minimal polynomial을 구하라.

연습문제 7.5.17. $A \in \mathfrak{M}_{m,m}(F)$ 가 fixed 되어 있다고 할 때, linear operator $\lambda_A : \mathfrak{M}_{m,n}(F) \to \mathfrak{M}_{m,n}(F)$ 를

$$\lambda_A(B) = AB, \qquad (B \in \mathfrak{M}_{m,n}(F))$$

로 정의하자(연습문제 4.2.21 참조).

(가) $\mathfrak{M}_{m,n}(F)$ 의 표준기저(보기 3.6.1 참조) $\mathcal{H}$ 의 나열 순서를

$$\mathcal{H} = \{\mathbf{e}_{11}, \ldots, \mathbf{e}_{m1}, \mathbf{e}_{12}, \ldots, \mathbf{e}_{m2}, \ldots, \ldots, \ldots, \mathbf{e}_{1n}, \ldots, \mathbf{e}_{mn}\}$$

으로 定할 때, $[\lambda_A]_{\mathcal{H}}^{\mathcal{H}}$ 를 구하라.

(나) λ_A 의 characteristic polynomial과 minimal polynomial을 $A \in \mathfrak{M}_{m,m}(F)$ 의 characteristic polynomial과 minimal polynomial을 이용하여 묘사하라.

7.6. Direct Sum과 Eigen-space Decomposition

이 節에서는 먼저 direct sum을 공부하고, diagonalizable operator의 eigen-space decomposition에 대해 알아본다. 사실 direct sum의 개념은 제3장 정도에서도 소개할 수 있었지만, 독자들의 '成熟'을 기다려 이 節에서 다룬다.

정의 7.6.1. V가 벡터공간이고, U, W가 V의 부분공간이라고 하자. 이때, 만약 $U \cap W = 0$이면,

$$U + W = U \oplus W$$

로 표기하고, "$(U+W)$는 U, W의 **direct sum**이다"라고 말한다.

위 정의에서 우리가 특히 관심이 있는 것은 $U + W = V$인 경우이다. 어차피 $(U+W)$도 벡터공간이므로, 아예 처음부터 $(U+W)$의 內部에서 생각해도 좋다. 다음 관찰은 이 경우에 위 정의를 다시 쓴 것이다(증명은 생략).

관찰 7.6.2. V가 vector space이고, U, W가 V의 subspace라고 할 때, 다음 조건은 동치이다.

(1) $V = U \oplus W$.

(2) $V = U + W$이고, $U \cap W = 0$.

이때, W를 U의 **direct complement**라고 부른다.

우리는 이미 다음 관찰과 비슷한 경험이 여러 번 있다. (관찰3.2.7과 관찰3.3.2 및 연습문제3.7.7 참조.)

관찰 7.6.3. V가 vector space이고, U, W가 V의 subspace라고 할 때, 다음은 동치이다.

(1) $V = U \oplus W$.

(2) V의 모든 vector는 $u + w$(단, $u \in U$, $w \in W$)의 꼴로 쓸 수 있고, 그 방법은 하나뿐이다.

(3) $V = U + W$이고, V의 zero vector 0을 $u + w$(단, $u \in U$, $w \in W$)의 꼴로 쓰는 방법은 하나(즉, $0 = 0 + 0$)뿐이다.

증명 : ······. □

관찰 7.6.4. V가 **f.d.v.s.** 이고, $U, W \le V$일 때, 다음 조건은 동치이다.

(1) $V = U \oplus W$.

(2) $\dim V = \dim U + \dim W$이고, $U \cap W = 0$.

증명 : 명제 3.7.5 및 따름정리 3.5.11(나)항. □

보기부터 몇 개 생각해 보자.

연습문제 7.6.5. $U, W \le V$일 때, 만약 $U \cap W = 0$이면,

$$U \times W \approx U \oplus W$$

임을 보여라.

연습문제 7.6.6. 다음 '그럴듯한' direct sum decomposition

$$\mathfrak{M}_{n,n}(F) = \mathfrak{Sym}_n(F) \oplus \mathfrak{Alt}_n(F)$$

를 증명하라. (연습문제 3.7.3의 표기법 참조.)

보기 7.6.7. $\{v_1, \ldots, v_5\}$가 V의 basis이면, 예를 들어,

$$V = \langle v_1, v_3 \rangle \oplus \langle v_2, v_4, v_5 \rangle$$

인 것은 이제 자명하다. ($V = \langle v_1, v_3 \rangle + \langle v_2, v_4, v_5 \rangle$ 라는 말은 $\{v_1, \ldots, v_5\}$가 V 전체를 생성한다는 말과 동치이고, 한편 $\langle v_1, v_3 \rangle \cap \langle v_2, v_4, v_5 \rangle = 0$이라는 말은 $\{v_1, \ldots, v_5\}$가 일차독립이라는 말과 동치이다.)

그런데, 다시 생각해 보면, 모든 direct sum은 위 보기와 같은 꼴뿐임을 알 수 있다.

관찰 7.6.8. V가 벡터공간이고, $\mathfrak{B}_1, \mathfrak{B}_2$가 각각 V의 subspace W_1, W_2의 기저라고 하면, 다음 조건은 동치이다.

(1) $V = W_1 \oplus W_2$.

(2) $\mathfrak{B} = \mathfrak{B}_1 \amalg \mathfrak{B}_2$는 V의 basis. (단, $\amalg$는 disjoint union을 의미한다.)

증명 : [(1)⇒(2)]: $\mathfrak{B}$는 V 전체를 generate하는가? $V = W_1 + W_2$이므로. $\mathfrak{B}$는 일차독립인가? $W_1 \cap W_2 = 0$이므로.
[(2)⇒(1)]: 종이를 아끼자. □

다음은 Basis Extension Theorem을 새로운 language를 사용하여 다시 state 한 것이다. (증명은 생략.)

정리 7.6.9. (Basis Extension Theorem) $U \leq V$이면, U의 direct complement가 존재한다. 즉, $V = U \oplus W$인 $W \leq V$가 존재한다.

다음 주의는 (절대로) 잊으면 안 된다.

주의 7.6.10. $U, W_1, W_2 \leq V$이고, $U \oplus W_1 = U \oplus W_2$라고 해서, $W_1 = W_2$인 것은 **물론 아니다**(왜 그런가?). 어림도 없는 말이다. 그러나, 의외로 이를 착각하는 이들이 많으니, 조심하기 바란다.

지금까지, 前例 없이(?), direct sum을 비교적 자세히 설명한 이유는 이제 direct sum의 개념을 여러 개 부분공간으로 확장하기 위해서였다.

정의 7.6.11. $W_1, \ldots, W_k \leq V$일 때, $W_1 + \cdots + W_k$의 임의의 vector v를 $w_1 + \cdots + w_k$(단, $w_i \in W_i$)의 꼴로 표현하는 방법이 unique하면,[37]

$$\sum_{i=1}^{k} W_i = W_1 + \cdots + W_k = W_1 \oplus \cdots \oplus W_k = \bigoplus_{i=1}^{k} W_i$$

로 표기하고, 이런 경우에 "$\sum_{i=1}^{k} W_i$는 $W_1, \ldots, W_k$의 **direct sum**이다"라고 말한다. 또, 각각의 $W_1, \ldots, W_k$는 $\oplus_{i=1}^{k} W_i$의 **direct summand**라고 부른다.

독자들은 위 정의가 앞 정의 7.6.1과 같은 모습이 아니고, 관찰 7.6.3의 모습인 점에 주의하기 바란다. 다음 참고는 **읽는 즉시** 잊어버리기 바란다. 싸인펜으로 지워도 좋다.

참고 7.6.12. 앞 정의 7.6.1을 흉내 내어, $U \cap W = 0$ 대신 다음 조건, 즉

$$W_j \cap (W_1 + \cdots + W_{j-1}) = 0, \qquad (2 \leq j \leq k),$$

혹은

$$W_j \cap (W_1 + \cdots + W_{j-1} + W_{j+1} + \cdots + W_k) = 0, \qquad (1 \leq j \leq k)$$

를 사용하여 $W_1 \oplus \cdots \oplus W_k$를 정의할 수도 있다. 그러나, 이런 정의는 기억하기도 힘들 뿐만 아니라 본질을 흐리고 있다는 느낌이 든다. **잊어버리자.**

[37] 이때 $W_1, \ldots, W_k$를 "일차독립인 부분공간"이라고 부르고 싶다.

우리가 관심이 있는 것은 이번에도 $W_1 + \cdots + W_k = V$ 인 경우이다. 이제 앞 $k = 2$ 의 경우와 같은 순서로 우리의 이야기를 진행하자. 다음 관찰은 너무 익숙하므로 증명은 생략한다.

관찰 7.6.13. V 가 vector space 이고, $W_1, \ldots, W_k$ 가 V 의 subspace 이면, 다음은 동치이다.

(1) $V = W_1 \oplus \cdots \oplus W_k$.

(2) V 의 모든 vector 는 $w_1 + \cdots + w_k$ (단, $w_i \in W_i$)의 꼴로 쓸 수 있고, 그 방법은 하나뿐이다.

(3) $V = W_1 + \cdots + W_k$ 이고, V 의 zero vector 0 을 $w_1 + \cdots + w_k$ (단, $w_i \in W_i$)의 꼴로 쓰는 방법은 하나(즉, $0 = 0 + \cdots + 0$)뿐이다.

다음은 보기들을 생각할 차례이다.

연습문제 7.6.14. $W_i \leq V$ 일 때, $W_1 + \cdots + W_k = W_1 \oplus \cdots \oplus W_k$ 이면,

$$W_1 \times \cdots \times W_k \approx W_1 \oplus \cdots \oplus W_k$$

임을 보여라.

보기 7.6.15. $\{v_1, \ldots, v_7\}$ 이 V 의 basis 이면, 예를 들어,

$$V = \langle v_1, v_3 \rangle \oplus \langle v_2, v_4, v_5 \rangle \oplus \langle v_6, v_7 \rangle$$

인 것은 자명하다.

관찰 7.6.16. $\mathfrak{B}_i$ 가 각각 V 의 subspace W_i 의 기저라고 할 때(단, $i = 1, \ldots, k$), 다음 조건

(1) $V = W_1 \oplus \cdots \oplus W_k$.

(2) $\mathfrak{B} = \mathfrak{B}_1 \amalg \cdots \amalg \mathfrak{B}_k$ 는 V 의 basis. (이때, $\amalg$ 는 **mutually** disjoint union 을 의미한다. 즉, $\mathfrak{B}_i \cap \mathfrak{B}_j = \emptyset$ if $i \neq j$ 인 union 이라는 뜻이다.)

은 동치이다. 따라서, 이 경우

$$\dim V = \dim W_1 + \cdots + \dim W_k$$

가 성립한다.

증명 : 독자들이 심심해 하는 것 같다. □

위 관찰을 달리 표현하면,

[V를 subspace들의 direct sum으로 나타냄] $=$ [V의 basis에 partition을 줌]

이라고 할 수 있다.[38]

다음 관찰은 중요 장면에서 여러 번 사용될 것이다.

관찰 7.6.17. 만약 $U_i \le W_i \le V$이고(단, $i = 1, \ldots, k$),

$$U_1 \oplus \cdots \oplus U_k = W_1 \oplus \cdots \oplus W_k$$

이면, 사실은

$$U_i = W_i, \qquad (i = 1, \ldots, k)$$

가 된다.

증명 : 예를 들어, 만약 $w_1 \in W_1$이면, $w_1 \in U_1 \oplus \cdots \oplus U_k$이므로,

$$w_1 = u_1 + u_2 + \cdots + u_n$$

인 $u_i \in U_i$가 유일하게 존재한다. 그런데, 동시에 $w_1 \in W_1 \oplus \cdots \oplus W_k$이고, $u_1 \in U_1 \le W_1$이므로, $(w_1 + 0 + \cdots + 0)$과 $(u_1 + u_2 + \cdots + u_n)$은 '같은 표현' 이어야 한다. 특별히, $w_1 = u_1 \in U_1$이고, 따라서 $W_1 \le U_1$. (증명이 재미있다. 만약 V가 유한 차원이라면, dimension argument를 사용할 수도 있다.) □

어차피 $W_1 \oplus \cdots \oplus W_k \approx W_1 \times \cdots \times W_k$이므로(연습문제 7.6.14), product space의 natural projection(보기 4.2.5)을 흉내 내는 것도 자연스럽다.[39]

연습문제 7.6.18. $W_1, \ldots, W_k \le V$이고, $V = W_1 \oplus \cdots \oplus W_k$라고 하자. 이때 i-th **natural projection** $\pi_i : V \to W_i$를

$$\pi_i(w_1 + \cdots + w_k) = w_i, \qquad (\text{단, } w_1 \in W_1, \ldots, w_k \in W_k)$$

로 정의한다(단, $1 \le i \le k$). 또 $\imath_i = \imath_{W_i} : W_i \to V$는 natural embedding이라고 표기하자(보기 4.2.3 참조).

(가) π_i가 well-defined되어 있는 이유는?

(나) $\ker \pi_i$를 묘사하라.

(다) $i \neq j$이면, $\pi_i \circ \imath_j = 0$임을 보여라.

---

[38] Partition의 뜻은 정의 1.4.6 참조.

[39] 그러나, 같은 것을 두 번째 쓰는 종이 낭비이기도 하다.

이제 우리의 (정말) 오래된 숙제인 질문2.2.6에 답할 수 있다.[40]

관찰 7.6.19. F^n의 모든 subspace는 solution space of $(*)$ $AX = 0$ for some $A \in \mathfrak{M}_{m,n}(F)$. (물론 이런 A와 m은 유일하지 않다.)

증명 : $W \le F^n$일 때, $W = \ker L_A$인 행렬 $A \in \mathfrak{M}_{m,n}(F)$를 찾아야 한다. 우선 W의 direct complement $U \le F^n$을 하나 찾는다(정리 7.6.9). 즉, $F^n = W \oplus U$. 그리고 second natural projection $\pi_2 : F^n \to U$를 생각하면, 물론 $\ker \pi_2 = W$가 된다. 한편 $\dim U = m$으로 놓으면, isomorphism $\psi : U \to F^m$이 존재할 것이다.[41] 이제 아래 commutative diagram에서

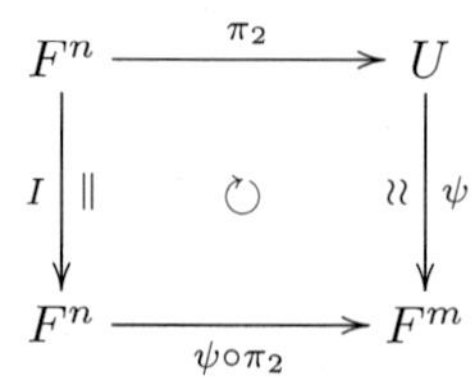

선형사상 $\psi \circ \pi_2 : F^n \to F^m$을 생각하면,

$$\ker(\psi \circ \pi_2) = \ker \pi_2 = W$$

임은 당연하므로, $\psi \circ \pi_2 = L_A$인 A를 찾으면 증명 끝. (이 사각형은 §5.5의 language로 말하자면, π_2와 $\psi \circ \pi_2$는 '거의 닮은' 선형사상이라는 뜻.[42]) □

이 節의 목표는 다음 정의와 관찰을 이해하는 것이다.

정의 7.6.20. $T \in \mathfrak{LM}$이고, $\lambda \in F$일 때,

$$E_\lambda = E_\lambda^T = \ker(T - \lambda I) = \{v \in V \mid Tv = \lambda v\}$$

로 표기하고, $E_\lambda = E_\lambda^T$를 λ에 대응하는 T의 **eigen-space**라고 부른다. 물론 $E_\lambda \le V$인 것은 당연.

물론 $E_\lambda = 0$일 수도 있다. 즉, $E_\lambda \ne 0$일 필요충분조건은 λ가 T의 eigen-value인 것이다. 이때 E_λ는 eigen-value λ를 갖는 T의 eigen-vector들(zero vector는 제외)의 집합이다. 다만, $E_\lambda \ne 0$이라고 해서, 반드시 $\dim E_\lambda = 1$이어야 하는 것은 물론 **아니다**.

[40]관찰12.3.7도 참조.
[41]$F^0 = 0$으로 이해한다.
[42]지금은 사각형의 왼쪽이 identity map이므로, 삼각형을 그릴 수도 있었겠지만, 3층에 올라가 내려다보는 그림임을 강조하기 위하여 사각형을 그렸다.

다음 관찰은 diagonalizability의 정의를 direct sum의 language로 다시 쓴 것에 불과하다.

관찰 7.6.21. $T \in \mathfrak{LM}$일 때, 다음은 동치이다.

(1) T는 diagonalizable.

(2) $V = E_{\lambda_1} \oplus \cdots \oplus E_{\lambda_k}$인 T의 (서로 다른) eigen-value $\lambda_1, \ldots, \lambda_k$ 존재.

이때, direct sum decomposition $V = E_{\lambda_1} \oplus \cdots \oplus E_{\lambda_k}$를 diagonalizable T에 관한 (V의) **eigen-space decomposition**이라고 부른다.

증명 : Diagonalizability의 정의(관찰 7.2.13)와 관찰 7.6.16으로부터 자명. □

T가 diagonalizable일 때, V를 eigen-space들로 decompose하는 idea는 다음 제8장에서 Primary Decomposition Theorem을 생각하는 첫 motivation이 된다. 간단한 보기부터 생각해 보자.

보기 7.6.22. (보기 7.2.6 참조.) $A = \begin{pmatrix} 1 & 0 & 1 \\ 0 & 3 & 0 \\ 0 & 0 & 3 \end{pmatrix}$이라고 하면, A의 eigen-value는 1과 3이다. 그리고,

$$E_1^A = \langle (1,0,0)^{\mathbf{t}} \rangle, \qquad E_3^A = \langle (0,1,0)^{\mathbf{t}}, (1,0,2)^{\mathbf{t}} \rangle$$

이므로, A는 diagonalizable이고,

$$F^3 = E_1^A \oplus E_3^A = \langle (1,0,0)^{\mathbf{t}} \rangle \oplus \langle (0,1,0)^{\mathbf{t}}, (1,0,2)^{\mathbf{t}} \rangle$$

가 A에 관한 eigen-space decomposition이 된다.

연습문제 7.6.23. (가) $A \in \mathfrak{M}_{n,n}(F)$가 연습문제 7.5.15에서와 같다고 할 때, A의 (non-zero) eigen-space의 차원은 모두 1임을 보여라.
(나) Diagonal matrix $D \in \mathfrak{M}_{n,n}(F)$가 연습문제 7.5.16에서와 같다고 할 때, D의 eigen-space들의 차원을 구하라.

연습문제 7.6.24. $A \in \mathfrak{M}_{n,n}(F)$일 때, 다음을 보여라.

(가) $\phi_A(t) = \phi_{A^{\mathbf{t}}}(t)$. (따라서, A와 $A^{\mathbf{t}}$는 같은 eigen-value를 갖는다.)

(나) $m_A(t) = m_{A^{\mathbf{t}}}(t)$.

(다) $\lambda \in F$이면, $\dim E_\lambda^A = \dim E_\lambda^{A^{\mathbf{t}}}$.[43]

[43] Hint: $E_\lambda^A = \ker(A - \lambda I)$로 이해한 후, Dimension Theorem과 Rank Theorem……

물론 eigen-space는 similarity relation의 invariant가 아니다(왜 그런가?). 그렇지만:

관찰 7.6.25. $\lambda \in F$일 때, $S \sim T \in \mathfrak{LM}$이면, $\dim E_\lambda^S = \dim E_\lambda^T$. 따라서, $\dim E_\lambda$는 similarity relation의 invariant.

증명 : $S \sim T$이면, $(S - \lambda I) \sim (T - \lambda I)$이다. 이제

$$\ker(S - \lambda I) \approx \ker(T - \lambda I)$$

인 것은 [우리의 철학IV]. □

이제 similarity relation의 invariant들의 list는:

characteristic polynomial, minimal polynomial, $\dim E_\lambda$

이다. ($\lambda = 0$이면 $E_0 = \ker(T - 0I) = \ker T$이므로,

$$\mathrm{rk}(T) = n - \dim E_0$$

가 된다. 따라서 이젠 위 list에 rank를 포함시킬 필요가 없다.) 그렇지만, 아직 이 invariant들만으로는 similarity class를 완전히 결정하지는 못한다(연습문제 8.7.7 참조).

연습문제 7.6.26. Rank와 characteristic polynomial 및 minimal polynomial을 共有하는 다음 두 행렬

$$\begin{pmatrix} 1 & 1 & 0 & 0 \\ 0 & 1 & 0 & 0 \\ 0 & 0 & 1 & 0 \\ 0 & 0 & 0 & 1 \end{pmatrix} \not\sim \begin{pmatrix} 1 & 1 & 0 & 0 \\ 0 & 1 & 0 & 0 \\ 0 & 0 & 1 & 1 \\ 0 & 0 & 0 & 1 \end{pmatrix}$$

은 서로 similar하지 않음을 보여라.[44]

[44] 이런 꼴의 행렬 A의 경우에는 $\dim\ker(A - I)$보다 $\mathrm{rk}(A - I)$를 생각하는 것이 편하다.

제 8 장 분해정리

이 章에서는 제 7장에서 시작된 우리의 두 번째 이야기를 마무리한다. 다만, Cyclic Decomposition Theorem의 증명은 내년으로 미룬다.

사실 앞 章에서 제기된 몇 개의 질문에 대한 답으로, 대뜸, primary decomposition과 cyclic decomposition을 생각하기는 쉽지 않다. 독자들은 **얼마나 많은 天才들이 얼마나 많은 시간 동안** 공을 들여 이러한 理論을 만들어 냈을지 상상해 보기 바란다.

8.1. Polynomial

사실 우리는 이미 앞 章에서 여러 번 다항식의 약수와 배수(및 최대공약수와 최소공배수)의 개념을 사용하였다. 그리고 [학부 대수학의 半]의 토대가 되는 [다항식의 division algorithm]도 아무런 걱정 없이 사용하였다. 이는 독자들이 고등학교 때 수학을 열심히 공부한 덕택이다! 그렇지만, 아무래도 조끔 걱정이 되어, 표기법도 정리할 겸 복습을 해 보기로 한다.

그러나, 우리는 내년 일 년 내내 이걸 공부할 예정이므로, 여기에서는 엄밀한 논의는 피하기로 하고 몇 가지 조심할 점들을 지적하는 데 그치고자 한다.

무엇보다도 인수분해의 뜻을 분명히 할 필요가 있다. 고등학교 때에는 유리수(혹은 정수) 위에서 인수분해를 하였으므로, 예를 들어, $(t^2-2)(t^2+2)$는 더 이상 인수분해할 수 없었다. 그러나 $\mathbb{R}$-위에서는

$$t^4-4=(t+\sqrt{2})(t-\sqrt{2})(t^2+2)$$

로 분해된다. 뿐만 아니라, $\mathbb{C}$-위에서는

$$t^4-4=(t+\sqrt{2})(t-\sqrt{2})(t+\sqrt{2}\,\mathbf{i})(t-\sqrt{2}\,\mathbf{i})$$

로 인수분해할 수 있다(단, $\mathbf{i}=\sqrt{-1}$).

그런데, 인수분해의 뜻을 분명히 하려면, 먼저 irreducible polynomial(**기약다항식**)을 — 즉, 더 이상 인수분해할 수 없는 다항식을 — 정확히 정의해야 한다. 우선 $a \in F$는 기약다항식이라고 부르지 않는다. 이는 마치 정수 1을 prime number라고 하지 않는 것과 같은 이치이다. 다시 말해, irreducible polynomial은 우선 그 degree가 1 이상이어야 한다.

보기 8.1.1. 다항식 $(2t^2+6t+4)$는 $(2t+2)(t+2)$로 인수분해할 수도 있고 $(t+1)(2t+4)$로 인수분해할 수도 있다. 그리고, 1-차식 $(t+1)$과 $(2t+2)$는 모두 $F[t]$의 irreducible polynomial이다.

주의 8.1.2. 제 7장의 論議에서, T의 minimal polynomial이 irreducible polynomial일 이유는 어디에서도 찾을 수 없다. 그러나, 참으로 妙한 것은, 내년에 field theory를 배우고 나면 적지 않은 독자들이 minimal polynomial이 기약다항식이라고 착각하게 된다는 것이다. 조심하기 바란다.

우리는 정리 7.2.10에서 $\mathbb{C}[t]$의 irreducible polynomial은 1-차식뿐이라는 사실을 배웠다.

보기 8.1.3. 이 보기에서는 $\mathbb{R}[t]$의 irreducible polynomial들을 찾아보자. 이제 만약 $\alpha \in \mathbb{C}$가 $\mathbb{R}[t]$의 다항식

$$f(t) = a_n t^n + a_{n-1} t^{n-1} + \cdots + a_1 t + a_0, \qquad (\text{단, } a_0, \ldots, a_n \in \mathbb{R})$$

의 根(root)이면, 즉 $f(\alpha)=0$이면, α의 conjugate(**켤레복소수**) $\overline{\alpha}$도 $f(t)$의 root이 된다. 그 이유는

$$\begin{aligned} 0 = \overline{0} = \overline{f(\alpha)} &= \overline{a_n\alpha^n + a_{n-1}\alpha^{n-1} + \cdots + a_1\alpha + a_0} \\ &= a_n\overline{\alpha}^n + a_{n-1}\overline{\alpha}^{n-1} + \cdots + a_1\overline{\alpha} + a_0 = f(\overline{\alpha}) \end{aligned}$$

이기 때문이다. 따라서, $f(t)$의 non-real root들의 개수는 짝수이다. 이로써, 홀수 차수의 실계수 다항식은 항상 real root을 갖는다는 것도 알 수 있다.[1] 그런데, α와 $\overline{\alpha}$를 root으로 갖는 2-차식은

$$(t-\alpha)(t-\overline{\alpha}) = t^2 - (\alpha+\overline{\alpha})t + \alpha\overline{\alpha} \in \mathbb{R}[t]$$

이므로, 결국 $\mathbb{R}[t]$의 irreducible polynomial들은 1-차식과 2-차식뿐임을 알 수 있다.

[1] 물론, 중간값 정리를 이용해도 된다.

이 章의 목표의 하나인 Primary Decomposition Theorem의 증명에는 다항식들의 최대공약수(gcd)에 관한 다음 성질이 **決定的**으로 이용된다.

명제 8.1.4. $f_1(t), f_2(t), \ldots, f_k(t) \in F[t]$의 최대공약수를 $d(t)$라고 하면,

$$d(t) = g_1(t)f_1(t) + g_2(t)f_2(t) + \cdots + g_k(t)f_k(t)$$

가 성립하는 $F[t]$의 polynomial $g_1(t), g_2(t), \ldots, g_k(t)$가 존재한다.

증명에의 comment : 어차피 내년에 지겹도록 이걸 공부할 것이므로, 지금은 독자들에게 연습문제로 남긴다.[2] 먼저, $k=2$일 때, 정수들의 최대공약수도 같은 성질을 갖는 것부터 보이는 것이 현명하다. (일부 고등학교 수학 교과서에도 '교과과정 外 참고'라는 제목 밑에 Euclidean algorithm(유클리드의 호제법)이 설명되어 있다.) □

그리고 $F[t]$의 다항식 $f_1(t), \ldots, f_k(t)$의 최대공약수가 $1 \in F[t]$이면, 우리는 $f_1(t), \ldots, f_k(t)$가 relatively prime이라고 말한다. 또, $[\gcd\big(f_i(t), f_j(t)\big) = 1$ if $i \neq j]$이면, $f_1(t), \ldots, f_k(t)$가 mutually relatively prime이라고 말한다.

이 節의 목표는 다음 명제를 보이는 것이다.

명제 8.1.5. $T \in \mathfrak{L}\mathfrak{M}$의 characteristic polynomial $\phi_T(t)$와 minimal polynomial $m_T(t)$의 [F-위의 monic irreducible divisor의 집합]은 같다.

증명 : 먼저, monic irreducible polynomial $p(t) \in F[t]$가 $m_T(t)$의 약수이면, $m_T(t)$는 $\phi_T(t)$의 약수이므로(따름정리 7.5.4(나)항), $p(t)$는 $\phi_T(t)$의 약수인 것은 당연하다. 이제, 역으로, monic irreducible polynomial $p(t) \in F[t]$가 $\phi_T(t)$의 약수이면 저절로 $m_T(t)$의 약수가 되는 것을 보여야 한다. 이를 두 가지 경우로 나누어 생각해 보자.

(i) $F = \mathbb{C}$인 경우: $p(t) \in \mathbb{C}[t]$는 항상 root $\lambda \in \mathbb{C}$를 가지므로, 이 경우에는 $p(t) = t - \lambda$라고 가정할 수 있다. 지금 $p(t)$가 $\phi_T(t)$의 약수라고 가정하고 있으므로, λ는 T의 eigen-value이다. 이제 λ에 대응하는 eigen-vector를 $v \in V$라고 하자. 그러면, minimal polynomial의 정의와 연습문제 7.4.1에 의해

$$0 = m_T(T)v = m_T(\lambda)v$$

이므로, $m_T(\lambda) = 0$이어야 한다. 따라서 $p(t) = t - \lambda$가 $m_T(t)$의 약수인 것은 분명하다(인수정리).

[2] Euclid가 기원전 4세기에 알던 것이니, 독자들에게 맡길 수 있다!

(ii) $F = \mathbb{R}$ **인 경우**: $p(t) \in \mathbb{R}[t]$가 1-차식인 경우는 앞 (i)의 증명과 같다. 따라서 $p(t) \in \mathbb{R}[t]$가 2-차식이라고 가정하자. 그러면 $p(t)$는 real root은 갖지 않지만 non-real root $\lambda \in \mathbb{C}$를 갖는다. (표기법상에 약간 subtle한 문제가 있어, $T \in \mathfrak{M}_{n,n}(\mathbb{R})$이라고 가정하자. 물론 이 경우만 생각하면 충분하다.) 이제 T를 $\mathfrak{M}_{n,n}(\mathbb{C})$의 complex matrix로 생각하자. (뭐 그래서 안 될 이유는 없다!) 이제 경우(i)에서와 같이 λ에 대응하는 eigen-vector $X \in \mathbb{C}^n$을 찾으면, $m_T(T)$는 zero matrix이므로, 여전히 $m_T(\lambda) = 0$이 성립한다. 뿐만 아니라, 같은 이유로, $m_T(\overline{\lambda}) = 0$도 성립하므로, 두 non-real root λ와 $\overline{\lambda}$를 갖는 2-차식 $p(t)$가 $m_T(t)$의 약수임을 알 수 있다.[3] [4] □

연습문제 8.1.6. 위 명제 8.1.5의 증명 (ii)에서 "표기법상에 약간 subtle한 문제"란 무엇일지 생각해 보라.

보기 8.1.7. (가) $T \in \mathfrak{LM}$의 characteristic polynomial $\phi_T(t)$가, 예를 들어, $(t-1)^2(t-2)$라고 하면, T의 minimal polynomial $m_T(t)$는 $(t-1)^2(t-2)$ 또는 $(t-1)(t-2)$ 둘 중 하나이다. 이는, 예를 들어, $(t-1)^2$은 $m_T(t)$의 후보가 될 수 없다는 뜻이다.

(나) 거꾸로, $n = 3$이고, 만약 $m_T(t) = (t-1)(t-2)$이면, $\phi_T(t)$의 후보는 $(t-1)^2(t-2)$와 $(t-1)(t-2)^2$ 둘뿐이다.

연습문제 8.1.8. $T \in \mathfrak{LM}$의 characteristic polynomial이

$$\phi_T(t) = p_1(t)^{e_1} p_2(t)^{e_2} \cdots p_k(t)^{e_k}$$

이면 (단, $p_1(t), \ldots, p_k(t)$는 F-위의 서로 다른 기약다항식이고, e_i는 모두 자연수), T의 minimal polynomial $m_T(t)$는 모두 몇 개의 가능성을 갖는가?

다음은 triangularization의 결과인 따름정리 7.3.6을 명제 8.1.5를 이용해 다시 설명한 것이다.

보기 8.1.9. $N \in \mathfrak{LM}$이 nilpotent이면, $m_N(t) = t^r$인 자연수 r이 존재하므로 (보기 7.5.9 참조), $\phi_N(t) = t^n$인 것은 이제 자명하다.

---

[3] 이 증명을 임의의 field 위에서 하려면 "field theory"를 알아야 하므로, 대부분의 선형대수 교재에서는 이 명제를 Primary Decomposition Theorem의 결과로 보거나 (연습문제 8.3.6 참조), 아니면 적당히 은근슬쩍 넘어가는 방법을 택하고 있다. 우리에게는 $F = \mathbb{R}$이거나 $F = \mathbb{C}$이므로 아무 문제가 없다.

[4] E. Galois (1811–1832)는 이런 증명의 argument에서 느낀 바 있어 — 독자들과 비슷한 나이에 — "Galois Theory"를 만들었다. 독자들은 지금 무엇을 느끼는가?

그런데, 위 명제 8.1.5의 증명 (ii)의 경우에서 독자들은 $m_T(t)$가 $\mathbb{C}$-위에서도 T의 minimal polynomial 인지 의문을 가졌을 수 있다. 위 증명에서는 $m_T(T)$가 zero matrix 인 사실만 이용하므로, 이 질문이 꼭 필요했던 것은 아니다. 그렇지만, 이렇게 흥미로운 문제를 그냥 넘어갈 수는 없다. 이를 설명하기 위해서는 새로운(그러나 자명한) notation 이 필요하다. 그리고, 이 notation 은 이 책의 후반부에서 자주 쓰이게 된다.

표기법 8.1.10. $f(t) \in \mathbb{C}[t]$가

$$f(t) = \alpha_n t^n + \alpha_{n-1} t^{n-1} + \cdots + \alpha_1 t + \alpha_0, \qquad (\text{단, } \alpha_0, \ldots, \alpha_n \in \mathbb{C})$$

로 주어졌을 때, $\overline{f}(t) \in \mathbb{C}[t]$를

$$\overline{f}(t) = \overline{\alpha_n}\ t^n + \overline{\alpha_{n-1}}\ t^{n-1} + \cdots + \overline{\alpha_1}\ t + \overline{\alpha_0}$$

로 정의한다. 또, $A = (\alpha_{ij}) \in \mathfrak{M}_{m,n}(\mathbb{C})$ 일 때,

$$\overline{A} = (\overline{\alpha_{ij}}) \in \mathfrak{M}_{m,n}(\mathbb{C})$$

로 정의한다.

다음 연습문제들은 종이가 아깝다는 생각이 간절하다.

연습문제 8.1.11. $f(t), g(t) \in \mathbb{C}[t]$, $\alpha \in \mathbb{C}$ 일 때, 다음을 보여라.

(가) $\overline{f+g}(t) = \overline{f}(t) + \overline{g}(t)$.
(나) $\overline{\alpha f}(t) = \overline{\alpha}\ \overline{f}(t)$.
(다) $\overline{fg}(t) = \overline{f}(t)\,\overline{g}(t)$.

연습문제 8.1.12. $A, B \in \mathfrak{M}_{m,n}(\mathbb{C})$, $C \in \mathfrak{M}_{n,r}(\mathbb{C})$, $\alpha \in \mathbb{C}$ 일 때, 다음을 보여라.

(가) $\overline{A+B} = \overline{A} + \overline{B}$. (나) $\overline{\alpha A} = \overline{\alpha}\ \overline{A}$.
(다) $\overline{AC} = \overline{A}\ \overline{C}$. (라) $\overline{A^{\mathbf{t}}} = \overline{A}^{\mathbf{t}}$.

연습문제 8.1.13. $A \in \mathfrak{M}_{n,n}(\mathbb{C})$ 일 때, 다음을 보여라.

(가) m 이 자연수이면, $\overline{A^m} = \overline{A}^m$.
(나) $f(t) \in \mathbb{C}[t]$ 이면, $\overline{f(A)} = \overline{f}(\overline{A})$.
(다) A가 가역이면, $\overline{A}$도 가역이고, $\overline{A}^{-1} = \overline{A^{-1}}$.

연습문제 8.1.14. $A \in \mathfrak{M}_{n,n}(\mathbb{C})$ 일 때, 다음을 보여라.

(가) $\mathrm{tr}(\overline{A}) = \overline{\mathrm{tr}(A)}$, $\det(\overline{A}) = \overline{\det(A)}$.

(나) $\phi_{\overline{A}}(t) = \overline{\phi_A}(t)$.

(다) $m_{\overline{A}}(t) = \overline{m_A}(t)$.

이제 우리의 질문으로 되돌아가자.

관찰 8.1.15. $A \in \mathfrak{M}_{n,n}(\mathbb{R})$을 real matrix로 생각하나 complex matrix로 생각하나 characteristic polynomial과 minimal polynomial은 변함이 없다.

증명 : 우선 characteristic polynomial이 같은 것은 당연하다. 이제, 차이를 분명히 하기 위하여, [$A \in \mathfrak{M}_{n,n}(\mathbb{R})$을 complex matrix로 보았을 때의 minimal polynomial]을 $m_A^{\mathbb{C}}(t) \in \mathbb{C}[t]$로 표기하도록 하자. 우리는 $m_A^{\mathbb{C}}(t) \in \mathbb{R}[t]$인 것만 보이면 된다. 왜냐하면,

(i) 원래 $m_A(t) \in \mathbb{C}[t]$로도 볼 수 있으므로, $m_A(t)$는 $m_A^{\mathbb{C}}(t)$의 배수

(ii) 만약 $m_A^{\mathbb{C}}(t) \in \mathbb{R}[t]$이면, $m_A^{\mathbb{C}}(t)$는 $m_A(t)$의 배수

이기 때문이다. 이제 $A = \overline{A}$이므로, 위 연습문제 8.1.13(다)항에 의해,

$$0 = \overline{0} = \overline{m_A^{\mathbb{C}}(A)} = \overline{m_A^{\mathbb{C}}}(\overline{A}) = \overline{m_A^{\mathbb{C}}}(A)$$

임을 알 수 있다. 그런데, $m_A^{\mathbb{C}}(t)$와 $\overline{m_A^{\mathbb{C}}}(t)$는 degree가 같으므로, 이는 $\overline{m_A^{\mathbb{C}}}(t)$도 [$A$를 complex matrix로 보았을 때의 minimal polynomial]이라는 뜻이 된다. 따라서 minimal polynomial의 uniqueness로부터 $m_A^{\mathbb{C}}(t) = \overline{m_A^{\mathbb{C}}}(t)$를 얻는다.[5] 즉, $m_A^{\mathbb{C}}(t) \in \mathbb{R}[t]$이다. 증명 끝. □

다항식에 관한 (미묘한) 질문이 아직 남아 있을 수 있지만……, 내년을 기약하자.

[5]연습문제 8.1.14(다)항을 이용할 수도 있을 것이다.

8.2. T-Invariant Subspace

이 節에서는 T-invariant subspace의 개념을 소개한다.

정의 8.2.1. $T \in \mathfrak{L}\mathfrak{M}$이고 $W \leq V$일 때, 만약 $T(W) \leq W$이면 — 다시 말해, $T|_W : W \to W$가 의미가 있으면 — 우리는 W를 V의 T-**invariant subspace**(또는 T-**stable subspace**)라고 부른다. (만약 $T \in \mathfrak{M}_{n,n}(F)$이면, 물론 $T = L_T$, $V = F^n$으로 이해한다.)

우리는 항상 example부터 먼저 생각한다.

연습문제 8.2.2. $T \in \mathfrak{L}\mathfrak{M}$이고 $\lambda \in F$이면, T의 eigen-space E_λ^T는 T-stable 임을 보여라.

연습문제 8.2.3. $T \in \mathfrak{L}\mathfrak{M}$이고 U, W가 V의 T-invariant subspace라고 하면, $(U \cap W)$와 $(U + W)$도 T-invariant 임을 보여라.

연습문제 8.2.4. $T \in \mathfrak{L}\mathfrak{M}$이고 $v \in V$일 때, 다음을 보여라.

(가) $\{f(T)v \in V \mid f(t) \in F[t]\} = \langle v, Tv, T^2v, \ldots \rangle$.

(나) (가)항의 부분공간은 T-invariant subspace.[6]

연습문제 8.2.5. $T \in \mathfrak{L}\mathfrak{M}$이고 W가 V의 T-invariant subspace라고 하자. 만약 T가 invertible이면, $T|_W : W \to W$도 invertible 임을 보여라. 그리고 (W는 T^{-1}-invariant이고) 이때 $(T|_W)^{-1} = T^{-1}|_W$ 임을 보여라.

T-invariant subspace가 있을 때, T의 행렬 표현의 특징부터 알아보자.

보기 8.2.6. $T \in \mathfrak{L}\mathfrak{M}$이고 W가 V의 T-invariant subspace일 때, W의 기저 $\mathfrak{C}$를 V의 기저 $\mathfrak{B}$로 확장하면(Basis Extension Theorem),

$$[T]_{\mathfrak{B}}^{\mathfrak{B}} = \begin{pmatrix} [T|_W]_{\mathfrak{C}}^{\mathfrak{C}} & * \\ 0 & * \end{pmatrix}$$

의 형태가 된다. 이때, $T|_W$의 characteristic polynomial은 T의 characteristic polynomial에 관한 결정적인 정보를 주지만, minimal polynomial의 경우는 그렇게 결정적이진 않다(연습문제 7.5.10 참조).

[6] 이 부분공간의 dimension은 어떻게 묘사할 수 있을까? 관찰 8.5.11 참조.

T-invariant subspace를 생각하는 이유 중 하나는 [무언가 T에 관해 알고 싶은 것이 있을 때, $\dim V$ **에 관한 귀납법**을 사용하고 싶기 때문]이라고 할 수 있다. 우리는 $\dim V$에 관한 귀납법을 사용하는 그럴듯한 보기를 명제 8.4.10에서 만날 것이다. 그에 앞서, 우선 매우 중요한 주의 사항이 하나 있다.

주의 8.2.7. 정리 7.3.1 ($F = \mathbb{C}$일 때, $T \in \mathfrak{LM}$이면, T는 triangularizable)의 $\dim V$에 관한 [엉터리 귀납법] 증명을 하나 소개하기로 한다. **[엉터리 귀납법:** 우선 $n = 1$이면 OK. 이제 $n \geq 2$라고 하자. 다음 $v_1 \in V$를 eigen-value $\lambda \in \mathbb{C}$에 대응하는 T의 eigen-vector라고 하자. 그리고 언제나처럼 $\{v_1\}$을 V의 basis $\mathfrak{B} = \{v_1, \ldots, v_n\}$으로 확장하자. 그러면, $[T]_{\mathfrak{B}}^{\mathfrak{B}}$는

$$[T]_{\mathfrak{B}}^{\mathfrak{B}} = \begin{pmatrix} \lambda & * \\ 0 & B \end{pmatrix}, \qquad (\text{단, } B \in \mathfrak{M}_{n-1,n-1}(\mathbb{C}))$$

의 모습이 된다. So far so good! 다음에는 V의 subspace $W = \langle v_2, \ldots, v_n \rangle$을 생각한다. ($n \geq 2$이므로, $W \neq 0$이다.) 이제 $\dim W < n$이므로, 귀납법의 가정에 의해 $\big((n-1) \times (n-1)\big)$-matrix B를 upper-triangular matrix로 바꿀 수 있다. 만세! ⊠ □] 독자들은 이 [엉터리 귀납법]이 T-invariant subspace의 중요성을 과소평가하고 있음을 알 수 있을 것이다.[7]

우리가 T-invariant subspace를 생각하는 더 중요한 이유가 있다. 즉, T의 행렬 표현을 block diagonal matrix의 형태로 분해(decompose)하려는 것이다.

보기 8.2.8. $T \in \mathfrak{LM}$이고 U, W가 V의 T-invariant subspace라고 하자. 또, $V = U \oplus W$라고 가정하고, $\mathfrak{C}, \mathfrak{D}$를 각각 U, W의 basis라고 하자. 그러면, 관찰 7.6.16에 의해, $\mathfrak{B} = \mathfrak{C} \amalg \mathfrak{D}$는 V의 basis가 된다. 이제, $[T]_{\mathfrak{B}}^{\mathfrak{B}}$는

$$[T]_{\mathfrak{B}}^{\mathfrak{B}} = \begin{pmatrix} [T|_U]_{\mathfrak{C}}^{\mathfrak{C}} & 0 \\ 0 & [T|_W]_{\mathfrak{D}}^{\mathfrak{D}} \end{pmatrix}$$

와 같은 **block diagonal matrix**의 형태가 된다.[8] 이 경우에는

$$\phi_T(t) = \phi_{T|_U}(t) \cdot \phi_{T|_W}(t), \qquad m_T(t) = \operatorname{lcm}\big(m_{T|_U}(t), m_{T|_W}(t)\big)$$

가 성립한다. (연습문제 7.5.10 참조.)

---

[7] 만약 $T \in \mathfrak{M}_{n,n}(F)$로 생각하면, W는 F^m의 형태가 아니므로, 귀납법 사용 불가. 또, 만약 $T \in \mathfrak{L}(V, V)$로 생각하면, $T|_W$를 일반적으로 linear operator로 볼 수 없으므로, 역시 귀납법 사용 불가. 즉, W가 T-invariant이어야만 $\dim V$에 관한 귀납법을 시도할 수 있다. (정리 7.3.1의 증명은 "matrix size에 관한 귀납법"이다.)

[8] Block diagonal matrix의 뜻은 연습문제 1.1.21 참조.

연습문제 8.2.9. 위 보기를 V가 k-개의 T-invariant subspace 들의 direct sum 인 경우로 확장하라.

다음 관찰과 연습문제들은 앞으로 자주 이용된다.

관찰 8.2.10. $T \in \mathfrak{LM}$이고 $f(t) \in F[t]$라고 하면, 다음이 성립한다.

(가) $\ker T$와 $\operatorname{im} T$는 T-invariant.

(나) $\ker f(T)$와 $\operatorname{im} f(T)$도 T-invariant.

증명 : $v \in \ker f(T)$ 이면, $f(t)t = tf(t)$ 이므로,

$$f(T)(Tv) = Tf(T)v = 0$$

이다. 따라서 $\ker f(T)$는 T-invariant 이다. $\operatorname{im} f(T)$ 부분은 독자들에게 맡긴다. □

연습문제 8.2.11. $T \in \mathfrak{LM}$ 이고 W가 V의 T-stable subspace 라고 하자. 그러면, 임의의 $f(t) \in F[t]$에 대해, W는 $f(T)$-stable subspace 임을 보여라.

연습문제 8.2.12. $T \in \mathfrak{LM}$ 이고 $W \leq V$가 T-invariant subspace 일 때, 다음을 증명하라.

(가) 임의의 $f(t) \in F[t]$에 대해, $f(T|_W) = f(T)|_W$.

(나) $g(t) \in F[t]$ 일 때, $W = \ker g(T)$ 라고 놓으면(W는 T-stable 이고), $g(t)$는 $m_{T|_W}(t)$의 배수.

연습문제 8.2.13. $S, T \in \mathfrak{LM}$ 이고 $ST = TS$ 이면, $\ker S$와 $\operatorname{im} S$는 T-stable 임을 보여라.

8.3. Primary Decomposition Theorem

이 章의 序論에서도 언급하였듯이, 사실 앞 章에서 제기된 몇 개의 질문에 대한 답으로, 대뜸 primary decomposition과 cyclic decomposition을 생각하기는 쉽지 않다. 독자들은 얼마나 많은 천재들이 얼마나 많은 시간 동안 이 문제를 고민하였을지 상상해 보기 바란다.

이 節에서는 Primary Decomposition Theorem을 증명한다. 그러나 그 증명은 의외로 쉽다. 그러므로 왜 그리고 어떻게 Primary Decomposition Theorem을 생각하게 되었는지 그 motivation을 이해하는 것이 중요할 것이다.

보기 8.3.1. (가) 우리는 §7.6에서 $T \in \mathfrak{L}\mathfrak{M}$이 diagonalizable이고, $\lambda_1, \ldots, \lambda_k$가 T의 (서로 다른) eigen-value일 때, eigen-space decomposition

$$V = E_{\lambda_1} \oplus \cdots \oplus E_{\lambda_k} = \ker(T - \lambda_1 I) \oplus \cdots \oplus \ker(T - \lambda_k I)$$

를 배웠다.[9] 그리고, 물론 $E_{\lambda_i} = \ker(T - \lambda_i I)$들은 V의 T-invariant subspace이다(연습문제 8.2.2).

(나) 이번에는 $T \in \mathfrak{L}\mathfrak{M}$이 diagonalizable이 아닌 경우를 생각해 보자. 예를 들어, $A = \left(\begin{array}{cc|c} 1 & 1 & 0 \\ 0 & 1 & 0 \\ \hline 0 & 0 & 3 \end{array}\right)$이라고 할 때,

$$\phi_A(t) = (t-1)^2(t-3) = m_A(t)$$

인 것은 이제 너무 쉽다. 그리고,

$$E_1 = \ker(A - I) = \langle (1,0,0)^{\mathbf{t}} \rangle, \qquad E_3 = \ker(A - 3I) = \langle (0,0,1)^{\mathbf{t}} \rangle$$

이므로, 따라서 A는 대각화가 불가능하다. 이제, ⋯⋯, 손해 보는 셈 치고 $\ker(A-I)^2$을 생각해 보자. 그러면 $(A-I)^2 = \mathrm{diag}(0,0,4)$이므로,

$$\ker(A-I)^2 = \langle (1,0,0)^{\mathbf{t}}, (0,1,0)^{\mathbf{t}} \rangle$$

인 것을 확인할 수 있다. 또 $\ker(A-I)^2$이 A-invariant subspace인 것은 관찰 8.2.10의 결과이다. 따라서, F^3을

$$F^3 = \ker(A-I)^2 \oplus \ker(A-3I)$$

로 — 즉, A-invariant subspace들의 direct sum으로 — 분해할 수 있다.[10]

---

[9] 이제부터는 $(\lambda I - T)$ 대신 $(T - \lambda I)$를 사용하기로 한다.

[10] 한편, 예를 들어, $\ker(A-3I)^2 = \ker(A-3I)$. 확인해 보라.

(다) $F = \mathbb{R}$ 일 때, $A = \begin{pmatrix} 1 & 1 & 1 \\ -1 & 0 & 1 \\ 0 & 1 & 0 \end{pmatrix} \in \mathfrak{M}_{3,3}(\mathbb{R})$ 로 놓으면,

$$\phi_A(t) = m_A(t) = (t+1)(t^2-2t+2)$$

임을 확인할 수 있다. (물론 (t^2-2t+2)는 $\mathbb{R}$-위의 기약다항식이다.) 또,

$$\ker(A+I) = \langle (0,1,-1)^{\mathbf{t}} \rangle$$

인 것도 쉽게 확인할 수 있다. 대각화는 불가능하므로, 앞 보기에서와 마찬가지로(손해 보는 셈 치고), $\ker(A^2-2A+2I)$를 계산해 보자. 우선

$$A^2-2A+2I = \begin{pmatrix} 0 & 0 & 0 \\ 1 & 2 & -3 \\ -1 & -2 & 3 \end{pmatrix}$$

을 계산한 후, 연립방정식을 풀면,

$$\ker(A^2-2A+2I) = \langle (3,0,1)^{\mathbf{t}}, (4,-2,0)^{\mathbf{t}} \rangle$$

임을 알 수 있다(확인해 보라).[11] 따라서,

$$F^3 = \ker(A^2-2A+2I) \oplus \ker(A+I)$$

로 분해할 수 있다. 한편,

$$X_1 = (3,0,1)^{\mathbf{t}}, \quad X_2 = (4,-2,0)^{\mathbf{t}}, \quad X_3 = (0,1,-1)^{\mathbf{t}}$$

로 놓고, $\mathfrak{B} = \{X_1, X_2, X_3\}$ 라고 하면,

$$AX_1 = X_2, \quad AX_2 = -2X_1 + 2X_2, \quad AX_3 = -X_3$$

이므로, $[I]_{\mathfrak{B}}^{\mathcal{E}} \cdot A \cdot [I]_{\mathcal{E}}^{\mathfrak{B}} = [L_A]_{\mathfrak{B}}^{\mathfrak{B}}$, 즉

$$\begin{pmatrix} 3 & 4 & 0 \\ 0 & -2 & 1 \\ 1 & 0 & -1 \end{pmatrix}^{-1} \begin{pmatrix} 1 & 1 & 1 \\ -1 & 0 & 1 \\ 0 & 1 & 0 \end{pmatrix} \begin{pmatrix} 3 & 4 & 0 \\ 0 & -2 & 1 \\ 1 & 0 & -1 \end{pmatrix} = \left(\begin{array}{cc|c} 0 & -2 & 0 \\ 1 & 2 & 0 \\ \hline 0 & 0 & -1 \end{array}\right)$$

의 block diagonal matrix를 얻는다.

위 보기를 일반화한 것이 다름 아닌 Primary Decomposition Theorem이다. 그렇지만, "손해 보는 셈 치고 계산해 보았더니 그렇게 되더라"를 motivation 이라고 할 수는 없다. 더 명확한 motivation은 내년으로 미룬다…….

[11] $(2,-1,0)^{\mathbf{t}}$ 대신 $(4,-2,0)^{\mathbf{t}}$을 사용한 이유는 정의 8.5.4 참조.

물론 더 많은 example들을 생각해 보아야 心證을 굳힐 수 있겠지만, 종이를 아끼자. 먼저 표기법을 고정한다.

표기법 8.3.2. $T \in \mathfrak{LM}$ 일 때(물론 $k \geq 1$),

$$\phi_T(t) = p_1(t)^{e_1} p_2(t)^{e_2} \cdots p_k(t)^{e_k},$$
$$m_T(t) = p_1(t)^{f_1} p_2(t)^{f_2} \cdots p_k(t)^{f_k}$$

로 (F-위에서) 인수분해된다고 하자. 이때 $p_i(t)$는 $F[t]$의 서로 다른 **monic** irreducible polynomial이고, $1 \leq f_i \leq e_i$이다(명제 8.1.5 참조). 또,

$$W_i = \ker p_i(T)^{e_i}, \qquad T_i = T|_{W_i}, \qquad (i = 1, \ldots, k)$$

로 간단히 표기하기로 한다. W_i가 T-invariant subspace인 것은 익숙하다.

드디어, 제1분해정리를 소개할 차례이다.

정리 8.3.3. (Primary Decomposition Theorem) $T \in \mathfrak{LM}$ 이면,

$$\begin{aligned} V &= \ker p_1(T)^{e_1} \oplus \ker p_2(T)^{e_2} \oplus \cdots \oplus \ker p_k(T)^{e_k} \\ &= \ker p_1(T)^{f_1} \oplus \ker p_2(T)^{f_2} \oplus \cdots \oplus \ker p_k(T)^{f_k} \end{aligned}$$

로 decompose할 수 있다. (이를 V의 T에 관한 primary decomposition이라고 부르는 것은 물론이다.) 그리고, 모든 $i = 1, \ldots, k$에 대해, 다음이 성립한다.

(가) $W_i = \ker p_i(T)^{e_i} = \ker p_i(T)^{f_i}$.

(나) $\phi_{T_i}(t) = p_i(t)^{e_i}$. 따라서, $\dim W_i = e_i \deg(p_i)$.

(다) $m_{T_i}(t) = p_i(t)^{f_i}$.

제1분해정리의 증명을 위해서는 다음 보조정리를 먼저 증명하면 종이를 절약할 수 있다.

보조정리 8.3.4. $T \in \mathfrak{LM}$ 일 때, $f_1(t), \ldots, f_k(t) \in F[t]$는 monic이고 mutually relatively prime이라고 하자. 만약

$$\xi(t) = f_1(t) f_2(t) \cdots f_k(t) \in \mathcal{I}_T$$

이면,

$$V = \ker f_1(T) \oplus \ker f_2(T) \oplus \cdots \oplus \ker f_k(T)$$

로 분해할 수 있다.

증명 : 이 증명은 **명제 8.1.4의 결과**라고만 기억하면 나머지는 '기계'가 맡는다. (독자들은 혼자 힘으로 $k=2$ 인 경우를 먼저 증명해 보기 바란다.) 이제

$$h_i(t)f_i(t) = f_1(t)f_2(t)\cdots f_k(t) = \xi(t), \qquad (i=1,\ldots,k)$$

라고 하면,[12] $\gcd\big(h_1(t),\ldots,h_k(t)\big)=1$ 임은 자명하다. 그러므로,

$$h_1(t)g_1(t)+h_2(t)g_2(t)+\cdots+h_k(t)g_k(t)=1$$

이고(명제 8.1.4), 따라서

$$h_1(T)g_1(T)+h_2(T)g_2(T)+\cdots+h_k(T)g_k(T)=I$$

인 $F[t]$의 다항식 $g_1(t), g_2(t), \ldots, g_k(t)$ 가 존재할 것이다.[13] 이제,

$$V = \ker f_1(T)\oplus \ker f_2(T)\oplus\cdots\oplus\ker f_k(T)$$

임을 보이기 위해, v를 V의 임의의 vector라고 하자. 그러면,

$$v = Iv = h_1(T)g_1(T)v+h_2(T)g_2(T)v+\cdots+h_k(T)g_k(T)v$$

로 쓸 수 있다. 이때 $f_i(t)h_i(t)=\xi(t)\in\mathcal{I}_T$ 이므로,

$$f_i(T)\big(h_i(T)g_i(T)v\big)=\xi(T)\big(g_i(T)v\big)=0, \qquad (i=1,\ldots,k)$$

이다. 즉, $h_i(T)g_i(T)v\in\ker f_i(T)$ 이므로, V가 $\ker f_i(T)$들의 sum인 것을 알 수 있다. 다음에는, 위 sum이 direct sum임을 보이자. 이를 위해서는

$$v_1+v_2+\cdots+v_k=0, \qquad (\text{단, } v_i\in\ker f_i(T))$$

이면, $v_1=\cdots=v_k=0$ 인 것만 보이면 충분하다(관찰 7.6.13). 그런데, 만약 $i\neq j$ 라면, $h_i(t)$는 $f_j(t)$의 multiple이므로, $h_i(T)v_j=0$ 이다. 따라서,

$$0=h_i(T)(v_1+v_2+\cdots+v_k)=h_i(T)v_i, \qquad (i=1,\ldots,k)$$

가 된다. 마지막으로, 명제 8.1.4를 한번 더 이용하여

$$a_i(t)h_i(t)+b_i(t)f_i(t)=1, \qquad (i=1,\ldots,k)$$

인 다항식 $a_i(t), b_i(t)\in F[t]$를 찾으면,

$$v_i=a_i(T)h_i(T)v_i+b_i(T)f_i(T)v_i=a_i(T)h_i(T)v_i=0, \qquad (i=1,\ldots,k)$$

이므로 증명 끝. □

---

[12] 즉, $h_i(t)$는 $\xi(t)$에서 $f_i(t)$를 '제거'한 다항식.

[13] $k=1$이면 증명할 것이 없으므로, $k\geq 2$라고 가정한다.

독자들은 증명이 의외로 — 정리의 거창한 이름에 비해 — 간단한 데 오히려 놀랐을 것이다. 다시 강조하면, 보조정리 8.3.4는 한마디로 "명제 8.1.4의 결과"이다.

정리 8.3.3 (가) 항의 증명 : 앞 보조정리 8.3.4에 의해 V의 (두 가지 형태의) primary decomposition은 자명하다. 뿐만 아니라, $f_i \leq e_i$이므로,

$$\ker p_i(T)^{f_i} \leq \ker p_i(T)^{e_i}, \qquad (i = 1, \ldots, k)$$

는 당연하고, 따라서 관찰 7.6.17에 의해

$$\ker p_i(T)^{f_i} = \ker p_i(T)^{e_i}, \qquad (i = 1, \ldots, k)$$

가 된다. □

그런데, 보조정리 8.3.4는 Primary Decomposition Theorem이 필요로 하는 것보다 더 일반적인 경우를 다루고 있다. 따라서 다음 연습문제들이 가능하다.

연습문제 8.3.5. $1 \leq i \leq k$일 때, 다음을 보여라.

(가) 만약 $f_i \leq c_i$이면, $\ker p_i(T)^{c_i} = \ker p_i(T)^{f_i}$.

(나) $\bigcup_{c=1}^{\infty} \ker p_i(T)^c = \ker p_i(T)^{f_i}$.

연습문제 8.3.6. (가) 명제 8.1.5를 모른다고 하고, 보조정리 8.3.4를 증명하라.
(나) 보조정리 8.3.4로부터 명제 8.1.5를 유도하라.

한편, $\mathfrak{B}_i$를 $W_i = \ker p_i(T)^{f_i}$의 basis라고 하면, $\mathfrak{B} = \mathfrak{B}_1 \amalg \cdots \amalg \mathfrak{B}_k$는 V의 basis이다(관찰 7.6.16). 그리고 W_i는 T-invariant이므로, T의 행렬표현은

$$(\bigstar) \qquad [T]_{\mathfrak{B}}^{\mathfrak{B}} = \begin{pmatrix} [T_1]_{\mathfrak{B}_1}^{\mathfrak{B}_1} & & & \\ & [T_2]_{\mathfrak{B}_2}^{\mathfrak{B}_2} & & \mathbf{0} \\ & & \ddots & \\ & \mathbf{0} & & \\ & & & [T_k]_{\mathfrak{B}_k}^{\mathfrak{B}_k} \end{pmatrix}$$

의 **block diagonal** 형태가 된다(물론 $T_i = T|_{W_i}$). 따라서

$$\phi_T(t) = \phi_{T_1}(t) \cdots \phi_{T_k}(t), \qquad m_T(t) = \operatorname{lcm}\big(m_{T_1}(t), \ldots, m_{T_k}(t)\big)$$

임도 알 수 있다(보기 8.2.8 및 연습문제 8.2.9 참조).

그럼 Primary Decomposition Theorem의 증명을 마무리하자.

정리 8.3.3 (나) 항과 (다) 항의 증명 : $W_i = \ker p_i(T)^{f_i}$, $T_i = T|_{W_i}$ 이므로,

$$p_i(T_i)^{f_i} = p_i(T)^{f_i}|_{W_i} = 0$$

이다(연습문제 8.2.12 참조). 따라서 $m_{T_i}(t)$는 $p_i(t)^{f_i}$의 약수이고, 당연히, $m_{T_1}(t), \ldots, m_{T_k}(t)$는 mutually relatively prime이다. 이제

$$\mathrm{lcm}\big(m_{T_1}(t), \ldots, m_{T_k}(t)\big) = m_{T_1}(t) \cdots m_{T_k}(t)$$

이므로, T의 행렬 표현 (★)을 생각하면,

$$p_1(t)^{f_1} \cdots p_k(t)^{f_k} = m_T(t) = m_{T_1}(t) \cdots m_{T_k}(t)$$

가 된다. 이 등식이 성립하려면, 모든 i에 대해, $m_{T_i}(t) = p_i(t)^{f_i}$일 수밖에 없다. 한편, $\phi_{T_i}(t)$는 $m_{T_i}(t)$의 irreducible factor 이외의 irreducible factor는 가질 수 없으므로(명제 8.1.5), $\phi_{T_i}(t)$도 $p_i(t)^{d_i}$의 형태이다(단, d_i는 자연수). 이제 다시 T의 행렬 표현 (★)을 생각하면,

$$p_1(t)^{e_1} \cdots p_k(t)^{e_k} = \phi_T(t) = \phi_{T_1}(t) \cdots \phi_{T_k}(t)$$

이므로, 이번에도, 모든 i에 대해, $\phi_{T_i}(t) = p_i(t)^{e_i}$이어야만 한다. 증명 끝. □

주의 8.3.7. $\phi_T(t)$와 $m_T(t)$가 similar matrix의 invariant이므로, $p_i(t)$, e_i, f_i도 similar matrix의 invariant인 것은 당연하다. 따라서, $\dim W_i$, $m_{T_i}(t)$, $\phi_{T_i}(t)$도 모두 similar matrix의 invariant이다. 그러나, T-invariant subspace W_i는 similar matrix의 invariant가 아니다. 어림도 없다.

Numerical example 하나만.

연습문제 8.3.8. $A = \begin{pmatrix} 0 & 4 & 0 & -2 \\ 0 & 2 & 0 & 0 \\ 0 & -2 & 1 & 0 \\ 1 & 0 & 1 & 3 \end{pmatrix}$ 일 때,

(가) $\phi_A(t) = (t-1)^2(t-2)^2$ 임을 보이고, $m_A(t)$를 구하라.

(나) (§8.4를 읽고) A의 diagonalizability를 판정하라.

(다) F^4의 primary decomposition을 묘사하고, 이에 관한 L_A의 행렬표현 (★)을 구하라.

8.4. Diagonalizability

이 節은 앞 節의 일부분으로 포함시킬 수도 있었겠지만, 그 중요성을 감안하여 독립된 節로 다룬다. 이 節에서도 앞 節의 표기법 8.3.2를 계속 사용한다.

이 節에서는 질문 7.2.20에 — 즉, diagonalizability를 결정해 주는 invariant는 무엇일까 하는 질문에 — 답할 차례이다. 다음은 **Primary Decomposition Theorem의 따름정리**이다.

따름정리 8.4.1. $T \in \mathfrak{L}\mathfrak{M}$이 diagonalizable이기 위한 필요충분조건은 T의 MINIMAL polynomial $m_T(t)$가 (F-위에서) 1-차식들로 인수분해되고 multiple root을 갖지 않는 것이다.[14] (즉, 모든 $i=1,\ldots,k$에 대하여, $\deg(p_i)=1$이고 $f_i=1$인 것이다.)

증명 : (i) 먼저 T가 diagonal matrix D와 similar하면, 연습문제 6.2.26에 의해, D의 대각성분들의 순서를 바꿀 수 있으므로,

$$T \sim D = \begin{pmatrix} \lambda_1 I_{n_1} & & & & \\ & \lambda_2 I_{n_2} & & \mathbf{0} & \\ & & \cdot & & \\ & & & \cdot & \\ & \mathbf{0} & & \cdot & \\ & & & & \lambda_k I_{n_k} \end{pmatrix}$$

로 놓을 수 있다(단, $\lambda_i \neq \lambda_j$ if $i \neq j$). 그러면, 연습문제 7.5.16에 의해,

$$m_D(t) = (t-\lambda_1)(t-\lambda_2)\cdots(t-\lambda_k)$$

이므로 한쪽 방향은 증명 끝.

(ii) 역으로,

$$m_T(t) = (t-\lambda_1)(t-\lambda_2)\cdots(t-\lambda_k), \qquad (\text{단, } \lambda_i \neq \lambda_j \text{ if } i \neq j)$$

이면, Primary Decomposition Theorem에 의해

$$V = \ker(T-\lambda_1 I) \oplus \ker(T-\lambda_2 I) \oplus \cdots \oplus \ker(T-\lambda_k I)$$

이고, $\ker(T-\lambda_i I) = E_{\lambda_i}$이므로 T는 diagonalizable이다. □

[14] 저자의 경험(통계)에 의하면, 이렇듯 따름정리 8.4.1을 강조하여도, 몇 년 후에는 수강생 중에 따름정리 8.4.1의 MINIMAL polynomial을 characteristic polynomial로 착각하는 이들이 반드시 나온다.

노파심에서, 위 따름정리를 한번 더 써보면, $T \in \mathfrak{L}\mathfrak{M}$ 이 diagonalizable 일 필요충분조건은

$$m_T(t) = (t-\lambda_1)(t-\lambda_2)\cdots(t-\lambda_k), \qquad (\text{단, } \lambda_i \in F \text{ 이고, } \lambda_i \neq \lambda_j \text{ if } i \neq j)$$

인 것이다. 따라서, $T \in \mathfrak{L}\mathfrak{M}$ 이 diagonalizable 일 때에는 eigen-space decomposition 과 primary decomposition 은 **같다**. 또 이때

$$\phi_T(t) = (t-\lambda_1)^{e_1}(t-\lambda_2)^{e_2}\cdots(t-\lambda_k)^{e_k}, \qquad (\text{단, } e_1, \ldots, e_k \geq 1)$$

이고 (명제 8.1.5), 당연히 $e_i = \dim E_{\lambda_i}$.

이제 우리는 minimal polynomial 만 쳐다보면 diagonalizability 를 알 수 있게 되었다. 즉, $T \in \mathfrak{L}\mathfrak{M}$ 의 diagonalizability 를 결정해 주는 invariant 는 다름 아닌 $m_T(t)$ 이다. (질문 7.2.20 참조.)

연습문제 8.4.2. $F = \mathbb{C}$ 일 때, $T \in \mathfrak{L}\mathfrak{M}$ 이 조건 $T^m = I$ 를 만족시킨다고 하자 (단, m 은 자연수). T 는 diagonalizable over $\mathbb{C}$ 임을 보여라.

저자는 다음 따름정리를 Primary Decomposition Theorem 의 도움 없이 증명하는 방법을 모른다.

따름정리 8.4.3. $T \in \mathfrak{L}\mathfrak{M}$ 이 diagonalizable 이고, W 가 V 의 T-invariant subspace 이면, $T|_W$ 도 diagonalizable 이다.

증명 : 따름정리 7.5.4 에 의해 $m_{T|_W}(t)$ 는 $m_T(t)$ 의 divisor 이므로 (연습문제 8.2.12 참조), 위 따름정리 8.4.1 에 의해 당연. □

다음 보기와 연습문제들은 제 7 장에서 등장할 수도 있었다. 이들을 지금까지 아끼고 (또 아끼고) 참아온 것은 오직 "따름정리 8.4.1 에 의해"라는 말 한마디를 더하기 위해서였다.

$T \in \mathfrak{L}\mathfrak{M}$ 의 diagonalizability 를 판정하려면, 원래 보통은 $\phi_T(t)$ 부터 계산하게 된다. 그러나 $(n\times n)$-행렬의 characteristic polynomial 의 계산은 — 뭐 못할 거야 없지만 — 가능하면 피하고 싶은 심정이다. 어떻게 determinant 를 계산하지 않고도 $\phi_T(t)$ 를 구할 수 있을까? 흥미로운 보기와 연습문제들을 소개한다.

보기 8.4.4. $0 \neq c \in F$ 일 때, $A = (a_{ij}) \in \mathfrak{M}_{n,n}(F)$ 를 $[a_{ij} = c \text{ for all } i, j]$ 로 정의하자.

(가) Eigen-value 와 eigen-vector (또는 eigen-space) 를 먼저 구해 보자. 우선 $(1, 1, \ldots, 1)^{\mathbf{t}}$ 이 eigen-vector 인 것은 눈치로 (by inspection) 알 수 있을 것이다. 물론 $(1, 1, \ldots, 1)^{\mathbf{t}}$ 의 eigen-value 는 nc. 다른 eigen-value 는? 아! A 는 가역행렬이 아니므로, eigen-value 0 을 갖는다. 그리고

$$\dim E_0 = \dim \ker L_A = n - \operatorname{rk}(A) = n - 1$$

임을 알 수 있다 (Dimension Theorem). 따라서 eigen-space decomposition

$$F^n = \langle (1, 1, \ldots, 1)^{\mathbf{t}} \rangle \oplus \ker L_A = E_{nc} \oplus E_0$$

을 얻을 수 있다 (예를 들어, 관찰 7.6.4 참조). 물론 A 는 diagonalizable 이고,

$$A \sim \operatorname{diag}(nc, 0, \ldots, 0)$$

이 된다.

(나) 이제 대각행렬 $\operatorname{diag}(nc, 0, \ldots, 0)$ 의 characteristic polynomial 은 자명하므로, $\phi_A(t) = (t - nc)t^{n-1}$ 을 얻을 수 있다.[15] 그리고 따름정리 8.4.1 에 의해, $m_A(t) = (t - nc)t$. (이때 $(A - ncI)A = 0$ 임을 (직접 계산으로) 확인해 볼 필요조차 없다.)

비슷한 연습문제 두 개만.

연습문제 8.4.5. $A = \begin{pmatrix} 0 & I_n \\ I_n & 0 \end{pmatrix} \in \mathfrak{M}_{2n,2n}(F)$ 일 때,

(가) A 는 diagonalizable 인가?

(나) $\phi_A(t)$ 와 $m_A(t)$ 를 구하라.

연습문제 8.4.6. 선형사상 $L : \mathfrak{M}_{n,n}(F) \to \mathfrak{M}_{n,n}(F)$ 를

$$L(A) = A + A^{\mathbf{t}}, \qquad (A \in \mathfrak{M}_{n,n}(F))$$

로 정의할 때,

(가) L 은 diagonalizable 인가?[16]

(나) $\phi_L(t)$ 와 $m_L(t)$ 를 구하라.

---

[15] 마음씨가 좋지 않은 저자였다면, $\phi_A(t)$ 를 계산하는 연습문제를 §7.1 에 등장시켰을 것이다.

[16] 연습문제 7.6.6 참조.

다음 보기도 재미있다.

보기 8.4.7. 만약 $T \in \mathfrak{LM}$ 이 조건 $T^2 = T$를 만족시키면, 우리는 T를 (흔히) projection 이라고 부른다.

(가) $m_T(t)$로 가능한 다항식은 t, $t-1$, $t(t-1)$뿐이다(왜 그런가?). 따라서, 따름정리 8.4.1에 의해, T는 diagonalizable.

(나) $\operatorname{im} T = E_1$ 임을 확인하는 것은 독자들에게 맡긴다.

(다) T는 다음과 같은 (유명한) eigen-space decomposition

$$V = \operatorname{im} T \oplus \ker T = E_1 \oplus E_0$$

을 갖는다.[17] 우선 $\operatorname{im} T \cap \ker T = 0$ 임은 거의 자명하다(확인해 보라). 다음 $V = \operatorname{im} T + \ker T$ 임을 보이기 위해, $v \in V$ 라고 할 때,

$$v = Tv + (v - Tv)$$

라고 쓰는 것이 '천재적'인(즉, '본능적'인) 기교이다.[18] 물론 $v - Tv \in \ker T$ 인 것은 거의 자명.

(라) 그러므로 $T \sim \begin{pmatrix} I_m & 0 \\ 0 & 0 \end{pmatrix}$. 단, $0 \le m \le n$ 이고, $m = \operatorname{rk}(T) = \operatorname{tr}(T)$.

연습문제 8.4.8. $T \in \mathfrak{LM}$ 이 조건 $T^3 = T$를 만족시킬 때, 다음을 보여라.

(가) T는 diagonalizable.

(나) $V = \operatorname{im} T \oplus \ker T$ 이고, $\operatorname{im} T = E_1 \oplus E_{-1}$.

다음에는 새로운 분위기의 명제를 하나 공부한다.

정의 8.4.9. $T, S \in \mathfrak{LM}$ 일 때, V의 **하나의** 기저 $\mathfrak{B}$에 관해 $[T]_{\mathfrak{B}}^{\mathfrak{B}}$와 $[S]_{\mathfrak{B}}^{\mathfrak{B}}$가 모두 대각행렬이면, 우리는 T, S가 **simultaneously diagonalizable** 이라고 말한다. 여러 개(무한 개 포함) linear operator의 경우에도 마찬가지로 정의한다.

다음 명제는 **따름정리 8.4.3의 응용**이라고 할 수 있다. 그리고, 다음 명제는 그 statement보다 invariant subspace의 개념과 **차원에 관한 귀납법**을 이용한 증명 방법이 더 흥미롭다. 이러한 증명법의 idea는 뒤에 — 특히 제15장에서 — 긴요하게 사용될 것이다.

[17]물론 $E_1 = 0$일 수 있고, $E_0 = 0$일 수도 있다.

[18]v로부터 $\operatorname{im} T$의 원소를 만드는 가장 간단한 방법은 Tv이고, $v = Tv + \square$에서 $\square$의 후보도 하나뿐.

명제 8.4.10. $T, S \in \mathfrak{LM}$이 조건 $TS = ST$를 만족시킨다고 하자. 이때 T와 S가 각각 diagonalizable이면, T, S는 simultaneously diagonalizable.

증명 : $\dim V$에 관한 induction을 사용한다. (그리고 $T, S \in \mathfrak{L}(V, V)$로 생각하는 것이 부드럽다.) 우선 $n = 1$이면 모든 것이 diagonalizable이므로 OK. 이제 $n > 1$이라고 하고, T의 eigen-space decomposition

$$V = E^T_{\lambda_1} \oplus \cdots \oplus E^T_{\lambda_k}$$

를 생각하자. 이때, 우리는 $k \geq 2$라고 가정해도 된다. (왜냐하면, 만약 $k = 1$이라면, $T = \lambda_1 I$이고, $\lambda_1 I$는 임의의 기저에 대해 diagonal matrix로 나타나므로 論外.) 따라서,

$$\dim E^T_{\lambda_i} < \dim V, \qquad (i = 1, \ldots, k)$$

이고, dimension에 관한 induction이 가능해진다. 이 장면에서 $E^T_{\lambda_i}$는 물론 V의 T-invariant subspace일뿐더러, V의 **S-invariant subspace**인 것이 이 **증명의 point**이다. 이를 보이기 위해 $v \in E^T_{\lambda_i}$이면, $Sv \in E^T_{\lambda_i}$인 것을 보여야 한다. 그런데, $Tv = \lambda_i v$라고 하면, 조건 $T \circ S = S \circ T$로부터

$$T(Sv) = S(Tv) = S(\lambda_i v) = \lambda_i (Sv)$$

이므로, $Sv \in E^T_{\lambda_i}$이다. 따라서 $E^T_{\lambda_i}$는 V의 S-invariant subspace이다. 이제, 각각의 $E^T_{\lambda_i}$에서 $T|_{E^T_{\lambda_i}}$와 $S|_{E^T_{\lambda_i}}$에 대해 귀납법을 적용하기 위해 induction hypothesis를 확인해 보자. 필요한 induction hypothesis는 다음 세 가지

(i) $T|_{E^T_{\lambda_i}} : E^T_{\lambda_i} \to E^T_{\lambda_i}$이고, $S|_{E^T_{\lambda_i}} : E^T_{\lambda_i} \to E^T_{\lambda_i}$,

(ii) $T|_{E^T_{\lambda_i}} \circ S|_{E^T_{\lambda_i}} = S|_{E^T_{\lambda_i}} \circ T|_{E^T_{\lambda_i}}$ (이건 말장난),

(iii) $T|_{E^T_{\lambda_i}}$와 $S|_{E^T_{\lambda_i}}$도 diagonalizable (따름정리 8.4.3)

이다. 증명 끝. ($E^T_{\lambda_i}$에서는 $T|_{E^T_{\lambda_i}}$는 이미 대각화되어 있으므로, $S|_{E^T_{\lambda_i}}$만 대각화하면 된다. 그러므로, 이 증명은 엄밀하게 말하면 귀납법도 아니다. 우리가 귀납법을 강조한 이유는 아래 연습문제 때문이다.) □

연습문제 8.4.11. I가 index set일 때, $\{T_i\}_{i \in I} \subset \mathfrak{LM}$이라고 하자. 이때 만약 $[T_i T_j = T_j T_i \text{ for all } i, j \in I]$이고, 모든 T_i가 각각 diagonalizable이면, $\{T_i\}_{i \in I}$는 simultaneously diagonalizable임을 보여라.

8.5. T-Cyclic Subspace

이 節에서는 Cyclic Decomposition Theorem에 필요한 'cyclic'이라는 단어의 뜻을 설명한다.

정의 8.5.1. $T \in \mathfrak{LM}$일 때, $V = \{f(T)v \in V \mid f(t) \in F[t]\}$인 $v \in V$가 존재하면, V를 T-**cyclic space**라고 부르고,

$$V = F[t]v = \{f(T)v \in V \mid f(t) \in F[t]\}$$

로 표기한다.

그러면, T-cyclic space의 성질을 공부해 보자. 당연히 우리의 최대 관심사는 dimension이다.

명제 8.5.2. $T \in \mathfrak{LM}$이고 $V = F[t]v$가 T-cyclic이면, 다음이 성립한다.

(가) $d = \deg(m_T)$로 놓으면, $\mathfrak{B} = \{v, Tv, T^2v, \ldots, T^{d-1}v\}$는 V의 basis.

(나) $\dim V = \deg(m_T)$.

(다) $\phi_T(t) = m_T(t)$.[19]

증명 : (가)항만 증명하면 충분하다. 먼저, $\mathfrak{B} = \{v, Tv, T^2v, \ldots, T^{d-1}v\}$가 V 전체를 생성함을 보이자. 이를 위해 $f(T)v$를 $F[t]v$의 임의의 원소라고 하자 (단, $f(t) \in F[t]$). 그런데, 연습문제 7.5.6에 의하면, $\deg(r) < \deg(m_T)$이면서 $f(T) = r(T)$인 다항식 $r(t) \in F[t]$가 존재한다. 이제,

$$f(T)v = r(T)v \in \langle v, Tv, T^2v, \ldots, T^{d-1}v \rangle$$

임을 알 수 있다. 한편, $\mathfrak{B} = \{v, Tv, T^2v, \ldots, T^{d-1}v\}$가 일차종속이라는 말은

$$b_{d-1}T^{d-1}v + \cdots + b_1Tv + b_0v = 0$$

인 적어도 하나는 non-zero인 scalar $b_0, b_1, \ldots, b_{d-1} \in F$가 존재한다는 뜻이다. 그리고, 이는 아래 연습문제 8.5.3에 의해,

$$g(t) = b_{d-1}t^{d-1} + \cdots + b_1t + b_0$$

로 놓을 때, $g(T) = 0$이라는 말과 동치이다. 그러나, 이는 $m_T(t)$가 minimal polynomial이라는 가정에 矛盾이므로, $\mathfrak{B}$는 일차독립이다. □

[19]사실은 이 명제의 역도 성립한다. 즉, $\phi_T(t) = m_T(t)$이면, V는 T-cyclic이다. 증명은 내년 "현대대수학"으로 미룬다.

연습문제 8.5.3. $V=F[t]v$가 T-cyclic이고, $g(t)\in F[t]$일 때, 만약 $g(T)v=0$이면, $g(T)=0$임을 보여라.[20]

다음 관심사는 물론 V가 T-cyclic일 때의 T의 행렬 표현이다.

정의 8.5.4. $\psi(t)=t^n+a_{n-1}t^{n-1}+\cdots+a_1t+a_0\in F[t]$일 때,

$$(\heartsuit)\qquad C(\psi)=\begin{pmatrix} 0 & & & & & -a_0 \\ 1 & 0 & & \mathbf{0} & & -a_1 \\ & 1 & 0 & & & -a_2 \\ & & \cdot & \cdot & & \cdot \\ & & & \cdot & \cdot & \cdot \\ & \mathbf{0} & & 1 & 0 & -a_{n-2} \\ & & & & 1 & -a_{n-1} \end{pmatrix}\in\mathfrak{M}_{n,n}(F)$$

로 표기하고, $C(\psi)$를 polynomial $\psi(t)$의 **companion matrix**라고 부른다. (즉, $n=1$이면 $C(\psi)=(-a_0)$이고, $n=2$이면 $C(\psi)=\begin{pmatrix}0 & -a_0\\ 1 & -a_1\end{pmatrix}$이라는 뜻.)

연습문제 8.5.5. $V=F[t]v$가 T-cyclic일 때, $\mathfrak{B}=\{v,Tv,T^2v,\ldots,T^{n-1}v\}$를 V의 basis라고 하면 $[T]_{\mathfrak{B}}^{\mathfrak{B}}=C(m_T)$임을 보여라.

결국, 'cyclic'이라는 말은 T가 basis $\mathfrak{B}=\{v,Tv,T^2v,\ldots,T^{n-1}v\}$에 '(거의) 순환적'으로 작용(operate)한다는 의미이다.[21] 다음 연습문제는 앞 내용의 converse라고 할 수 있다.

연습문제 8.5.6. 임의의 monic polynomial $\psi(t)\in F[t]$의 companion matrix $C=C(\psi)$가 정의 8.5.4와 같다고 하자. 다음을 보여라.

(가) $F^n=F[t]\mathbf{e}_1$은 C-cyclic space이고, $\mathcal{E}=\{\mathbf{e}_1,C\mathbf{e}_1,C^2\mathbf{e}_1,\ldots,C^{n-1}\mathbf{e}_1\}$.

(나) $m_C(t)=\psi(t)$. 따라서, $\phi_C(t)=m_C(t)$.

위 연습문제로부터 우리는, 특별히, 임의의 monic polynomial $\psi(t)\in F[t]$를 characteristic polynomial(또는 minimal polynomial)로 갖는 행렬 ($\heartsuit$)의 존재를 알 수 있다. 뿐만 아니라, ($\heartsuit$)는 그의 characteristic polynomial과 minimal polynomial을 계산할 필요가 없는 '착한 친구' 행렬임도 알 수 있다.[22]

---

[20] 이때 우리는 "$g(t)$가 v를 죽이면, $g(t)$는 V 전체를 죽인다"라고 말한다. Annihilator와 마찬가지로 kill(죽이다)도 (전문적인) 수학 용어이다. (단, "killer"라는 용어는 사용하지 않는 듯.)

[21] 이 basis를 흔히 T-cyclic basis라고 부른다.

[22] 연습문제 8.5.17 참조.

Cyclic Decomposition Theorem 에는 T-cyclic subspace 의 개념이 필요하다. 그리고, 이 내용은 [Cayley-Hamilton Theorem 의 두 번째 증명] 에 필요할 뿐만 아니라, T-cyclic space 를 구체적으로 이해하는 데에도 도움이 된다.

정의 8.5.7. $T \in \mathfrak{LM}$ 이고, W는 V의 T-invariant subspace 라고 하자. 이때 W가 $(T|_W)$-cyclic space 이면, W를 V의 T-**cyclic subspace** 라고 부른다. 이를 정의 2.2.1 의 언어로 표현하면: T로부터 물려받은 $T|_W$에 관하여 W 自身 'cyclic' space 이면, W는 V의 T-cyclic subspace 라는 뜻이 된다.

$T \in \mathfrak{LM}$ 이고, $0 \neq w \in V$ 일 때,

$$F[t]w = \{f(T)w \in V \mid f(t) \in F[t]\} = \langle w, Tw, T^2w, \dots \rangle$$

로 표기하면 자연스럽다. 그러면, $F[t]w$는 물론 V의 T-invariant subspace 이므로, $F[t]w$가 V의 T-cyclic subspace 인 것은 자명하다. 그리고, §3.1 의 言語(사고방식)를 사용하면, $F[t]w$는 [w를 포함하는 V의 T-invariant subspace 중 가장 작은 것] 임도 확인할 수 있다:

연습문제 8.5.8. $T \in \mathfrak{LM}$ 이고 $0 \neq w \in V$ 일 때,

(가) 보조정리 3.1.5 를 흉내 내어, [w를 포함하는 V의 T-invariant subspace 중 가장 작은 것] 의 존재성과 유일성을 보여라.
(나) 명제 3.1.6 을 흉내 내어, [w를 포함하는 V의 T-invariant subspace 중 가장 작은 것] 은 $F[t]w$ 임을 보여라.

독자들은 §3.1 의 "정의 3.1.4 는 앞으로 두고두고 종이를 절약해 줄 것" 이라는 comment 가 생각났을 것이다.

정의 8.5.9. $T \in \mathfrak{LM}$ 이고, $0 \neq w \in V$ 일 때,

$$F[t]w = \{f(T)w \in V \mid f(t) \in F[t]\} = \langle w, Tw, T^2w, \dots \rangle$$

로 표기하고, $F[t]w$를 [T-cyclic subspace of V **generated by** w] 라고 부른다. 또, font 의 크기 문제(美的 감각)로 因하여, $W = F[t]w$로 놓을 때,

$$m_w(t) = m_{T|_W}(t)$$

로 간략히 표기하고, $m_w(t)$를 [**minimal polynomial** of w] 라고 부른다.

연습문제 8.5.10. $T \in \mathfrak{LM}$ 이고 $0 \neq w \in V$ 일 때, 정의 7.4.3을 흉내 내어

$$\mathcal{I}_w = \{f(t) \in F[t] \mid f(T)w = 0\}$$

으로 표기하자. 다음을 보여라.

(가) $m_w(t)$는 $\mathcal{I}_w$에 속하는 다항식 중에서 최저 차수의 (non-zero) monic polynomial.

(나) $f(t) \in \mathcal{I}_w$ 이면, $f(t)$는 $m_w(t)$의 배수.

이제 다음은 위 명제 8.5.2의 따름정리가 된다. (따라서 증명은 생략.)

관찰 8.5.11. $T \in \mathfrak{LM}$ 이고 $0 \neq w \in V$ 일 때, $W = F[t]\,w$ 라고 놓으면, 다음이 성립한다.

(가) $\mathfrak{C} = \{w, Tw, \ldots, T^{m-1}w\}$는 W의 기저. 단, $m = \dim W = \deg(m_w)$.

(나) $m_w(t) = \phi_{T|W}(t)$.

(다) $[T|_W]^{\mathfrak{C}}_{\mathfrak{C}}$는 $m_w(t)$의 companion matrix.

(라) $m_T(t)$는 $m_w(t)$의 배수.

연습문제 8.5.12. $T \in \mathfrak{LM}$ 이고 $\{v_1, \ldots, v_n\}$ 이 V의 basis 이면,

$$m_T(t) = \mathrm{lcm}\left(m_{v_1}(t), \ldots, m_{v_n}(t)\right)$$

임을 보여라.

간단한 example 부터 시작하자.

연습문제 8.5.13. $T \in \mathfrak{LM}$ 이고 $0 \neq w \in V$ 일 때, 다음 조건

(1) $F[t]w$는 1-dimensional T-cyclic subspace.

(2) w는 T의 eigen-vector.

은 동치임을 보여라.

연습문제 8.5.14. $A = I_2$ 일 때와 $A = \begin{pmatrix} 1 & 0 \\ 0 & 2 \end{pmatrix}$ 일 때, 그리고 $A = \begin{pmatrix} 1 & 1 \\ 0 & 1 \end{pmatrix}$ 일 때, 각각 다음 질문에 답하라.

(가) F^2는 A-cyclic space 인가?

(나) F^2를 A-cyclic subspace 들의 direct sum 으로 분해 (decompose) 할 수 있는가?

다음 연습문제는 §8.6에서 중요한 역할을 하게 된다.

연습문제 8.5.15. $V = F[t]v$가 T-cyclic일 때, $m_T(t) = d(t)e(t)$라고 하자(단, $d(t), e(t) \in F[t]$는 monic이고, $\deg(d) \geq 1$). 다음을 보여라.

(가) $w = e(T)v$로 표기할 때, $\ker d(T) = F[t]w$.

(나) $m_w(t) = d(t)$.

(다) 따라서, $\dim \ker d(T) = \dim(F[t]w) = \deg(d)$.

다음 증명은 앞에서 여러 번 예고했었다.

참고 8.5.16. (Cayley-Hamilton Theorem의 두 번째 증명) 이 증명은 우리 'story'의 **整然한 논리체계를 마구 뒤섞어 놓을 우려**가 있어 매우 조심스럽다.[23] 우리는 $w \in V$이면, $\phi_T(T)w = 0$임을 보이려고 한다. ($w = 0$인 경우는 論外이므로, $w \neq 0$이라고 가정한다.)

(i) $\phi_T(t)$와 $m_T(t)$를 정의한 후, $m_w(t)$의 정의로부터 시작한다.[24]

(ii) 다음에 관찰 8.5.11을 증명하는데 — 아직 Cayley-Hamilton Theorem을 모르므로(즉, characteristic polynomial이 minimal polynomial의 배수임을 모르므로) — 관찰 8.5.11(나)항을 다른 방법으로 설명해야 한다. 즉, companion matrix의 characteristic polynomial을 아래 연습문제 8.5.17에서와 같이 '직접' 계산하여야 한다.

(iii) 마지막으로, cyclic subspace $F[t]w$는 T-invariant이므로, 연습문제 7.5.10 (가)항에 의해 $\phi_T(t)$가 $m_w(t)$의 배수임을 알 수 있다. 따라서, $\phi_T(T)w = 0$이다. □

연습문제 8.5.17. (Cayley-Hamilton Theorem을 모른다고 하고) 정의 8.5.4의 companion matrix $C(\psi)$의 characteristic polynomial을 '직접' 계산하라.[25]

---

[23] 그래도 이 증명은 triangularization을 이용한 증명 못지않게 motivation이 뛰어나 보인다.

[24] $m_T(t)$의 존재성 증명에는 Cayley-Hamilton Theorem이 필요하지 않다. 명제 7.4.6 참조.

[25] Hint: 첫 번째 행에 관해 전개한 후 귀납법. (그러나, companion matrix의 minimal polynomial을 '직접' 계산하는 것은 어려워 보인다.)

8.6. Cyclic Decomposition Theorem

이 節은 제 7 장에서 시작한 우리 '이야기'의 마무리이다. 앞 §8.3의 Primary Decomposition Theorem은 우리에게 $\phi_T(t) = p(t)^e$ 인 경우만 생각하면 된다는 것을 말해 주었다. 우리는 Cyclic Decomposition Theorem을 제 2분해정리라고도 부른다.

정리 8.6.1. (Cyclic Decomposition Theorem) $T \in \mathfrak{LM}$ 일 때, $m_T(t) = p(t)^f$ 라고 가정하자(단, $p(t)$는 $F[t]$의 monic irreducible polynomial). 그러면,

$$V = U_1 \oplus U_2 \oplus \cdots \oplus U_h$$

인 V의 (T-invariant) T-cyclic subspace $U_1, \ldots, U_h$가 존재한다. 그리고,

$$\phi_{T|_{U_j}}(t) = m_{T|_{U_j}}(t) = p(t)^{r_j}, \qquad (j = 1, \ldots, h)$$

로 표기할 때, 다음 조건

$$f = r_1 \geq r_2 \geq \cdots \geq r_h \geq 1$$

을 만족시키는 자연수 h와 $r_1, \ldots, r_h$는 유일하게(!) 결정된다.

Cyclic Decomposition Theorem의 증명에의 comment : (i) 우선 독자들은 선형대수에 어느 때인가부터 polynomial들이 은근슬쩍 주인공 행세를 하는 것을 의아해하고 있을 것이다. 이 점은 $T \in \mathfrak{LM}$이 주어진 V를 $F[t]$-module로 볼 수 있어야 부드러워진다. 증명은 $F[t]$-module을 배운 후로 미룬다.[26]

(ii) Quotient space(제 12 장 참조)의 개념 없이 Cyclic Decomposition Theorem을 증명하는 것은 조금 고통스럽고 증명의 point도 알기 힘들다. Quotient space에 익숙해진 후로 증명을 미룬다.

(iii) 내년에 "현대대수학" 강좌에서 [Fundamental Theorem of Finitely Generated Abelian Groups]와 그의 일반화인 [Fundamental Theorem of Finitely Generated Modules over PID]를 배우고 나면, Cyclic Decomposition Theorem은 後者의 특수한 경우가 된다······. (그러므로, 앞에서도 강조하였듯이, 왜 그리고 어떻게 Cyclic Decomposition Theorem을 생각하게 되었는지 그 motivation을 이해하는 것도 一年 後로 미룬다.) □

[26] Abelian group과 cyclic group의 경험을 쌓은 후에······, 그리고 Chinese Remainder Theorem도 필요하고······.

뭐니 뭐니 해도, Cyclic Decomposition Theorem의 **essence**는 자연수 h와 $r_1, \ldots, r_h$의 **uniqueness** 부분이다. 이때 'uniqueness'가 의미하는 바는 위 정리의 decomposition에서 — T-cyclic subspace U_i들은 unique하지 않을 수 있지만 — 자연수 h와 $r_1, \ldots, r_h$는 유일하게 결정된다는 뜻이다.[27]

뿐만 아니라, 이 uniqueness 부분은 질문 5.6.10의 — 즉, similarity relation을 결정해 주는 invariant들의 집합은 무엇인가 하는 질문의 — 해답을 준다.

이를 구체적으로 살펴보자. (다시 §8.3의 **표기법 8.3.2**를 계속 사용한다.) 이제 $T \in \mathfrak{L}\mathfrak{M}$이 주어지면, $m_T(t)$와 그의 monic irreducible factor $p_i(t)$를 얻고, Primary Decomposition Theorem에 의해

$$V = W_1 \oplus \cdots \oplus W_k, \qquad (\text{단, } W_i = \ker p_i(T)^{f_i})$$

로 decompose할 수 있다. 다음 각각의 $T_i = T|_{W_i}$에 Cyclic Decomposition Theorem을 적용하면,

$$W_i = U_{i1} \oplus U_{i2} \oplus \cdots \oplus U_{ih_i}, \qquad (i = 1, \ldots, k)$$

인 (T-invariant) T-cyclic subspace U_{ij}가 존재한다. 따라서, 물론

$$V = U_{11} \oplus \cdots \oplus U_{1h_1} \oplus \cdots \oplus U_{k1} \oplus \cdots \oplus U_{kh_k}$$

가 된다. 즉, 우리는 V 전체를 T-cyclic subspace들의 direct sum으로 분해한 것이다. 그리고, 무엇보다도

$$\phi_{T|_{U_{ij}}}(t) = m_{T|_{U_{ij}}}(t) = p_i(t)^{r_{ij}}, \qquad (j = 1, \ldots, h_i)$$

로 표기할 때, 다음 조건

$$f_i = r_{i1} \geq \cdots \geq r_{ih_i} \geq 1$$

을 만족시키는 자연수 h_i와 $r_{i1}, \ldots, r_{ih_i}$는 유일하게(!) 결정된다.

그리고, 자연수 h_i와 r_{ij}가 similarity relation의 invariant임은 당연하다. 왜냐하면, $S \sim T \in \mathfrak{L}\mathfrak{M}$이면, S와 T는 '본질적'으로 같은 선형사상이고, 이 자연수들은 **unique**하기 때문이다. (그렇지만, W_i와 마찬가지로(주의 8.3.7 참조), U_{ij}는 similarity relation의 invariant가 아니다. 사실 U_{ij}가 invariant인지 묻는 것 자체가 non-sense이다.)

---

[27] 실제로 existence part의 증명은 dimension에 관한 귀납법이므로 (적당한 tool만 갖추어져 있다면) 본질적으로 trivial. Uniqueness part의 증명이 delicate.

다음은 이 책 前半部의 climax이다.

따름정리 8.6.2. $T \in \mathfrak{L}\mathfrak{M}$의 similarity class는 $p_i(t)$, h_i, r_{ij}에 의해서 완전히 결정된다.[28]

증명 : 위 data $p_i(t)$, h_i, r_{ij}가 T의 행렬 표현을 완전히 결정해 주는 것을 보이면 된다. 먼저, 정리 8.3.3(나)항과 관찰 8.5.11(가)항에 의해

$$e_i \deg(p_i) = \dim W_i = \sum_{j=1}^{h_i} \dim U_{ij} = \sum_{j=1}^{h_i} r_{ij} \deg(p_i), \qquad (i = 1, \ldots, k)$$

가 된다. 이로부터, $e_i = \sum_{j=1}^{h_i} r_{ij}$와 $\dim W_i$, 그리고 $\dim V = \sum_{i=1}^{k} \dim W_i$를 복원할 수 있다.[29] 이제 T의 행렬 표현을 생각해 보자. 우선 Primary Decomposition Theorem에 의해, T의 행렬 표현은

$$(\bigstar) \qquad [T]_{\mathfrak{B}}^{\mathfrak{B}} = \begin{pmatrix} [T_1]_{\mathfrak{B}_1}^{\mathfrak{B}_1} & & & & \\ & [T_2]_{\mathfrak{B}_2}^{\mathfrak{B}_2} & & \mathbf{0} & \\ & & \cdot & & \\ & & & \cdot & \\ & \mathbf{0} & & \cdot & \\ & & & & [T_k]_{\mathfrak{B}_k}^{\mathfrak{B}_k} \end{pmatrix}$$

의 block diagonal 형태가 된다(이때 $T_i = T|_{W_i}$). 그리고 Cyclic Decomposition Theorem에 의해 $(\bigstar)$의 각각의 diagonal block $[T_i]_{\mathfrak{B}_i}^{\mathfrak{B}_i}$가 다시

$$(\clubsuit_i) \qquad [T_i]_{\mathfrak{B}_i}^{\mathfrak{B}_i} \sim \begin{pmatrix} \heartsuit_{i1} & & & & \\ & \heartsuit_{i2} & & \mathbf{0} & \\ & & \cdot & & \\ & & & \cdot & \\ & \mathbf{0} & & \cdot & \\ & & & & \heartsuit_{ih_i} \end{pmatrix}$$

형태의 block diagonal matrix로 표현된다. 이때 $\heartsuit_{ij}$는 polynomial $p_i(t)^{r_{ij}}$의 companion matrix이다. (이렇게 얻은 행렬을 흔히 T의 **rational canonical form**이라고 부른다.) 이젠 더 설명할 것이 없다. □

실제로 — 효과적으로 — T에 관한 cyclic decomposition과 rational canonical form을 구하려면, Cyclic Decomposition Theorem의 증명($\dim V$에 관한 induction)을 알아야 하므로, 이 부분은 내년으로 미룬다.

[28] 물론 r_{ij}의 개수가 h_i이지만, 혼동을 최소화하기 위해 h_i도 포함시켰다.
[29] $f_i = r_{i1}$이므로, $m_T(t)$는 이미 알고 있고, 이제 e_i로부터 $\phi_T(t)$도 알게 되었다.

그런데, 만약 주어진 T의 rational canonical form만을 알고 싶다면, '지름길'이 하나 있다. 지금부터는 간편한 표기법(notational convenience)을 위해 (정리 8.6.1에서처럼) $\phi_T(t) = p(t)^e$라고 가정하자(물론 $p(t)$는 $F[t]$의 monic irreducible polynomial).

이제 $\dim V$가 고정되어 있을 때, $\phi_T(t) = p(t)^e$인 $T \in \mathfrak{L}\mathfrak{M}$의 similarity class는 모두 몇 개인지 알아보자. 우선 앞 따름정리 8.6.2의 증명에서처럼

$$e\deg(p) = \dim V = \sum_{j=1}^{h} \dim U_j = \sum_{j=1}^{h} r_j \deg(p)$$

이고, T의 similarity class는 h와 r_j에 의해서 완전히 결정된다. 그런데,

$$e = r_1 + r_2 + \cdots + r_h, \qquad (r_1 \geq r_2 \geq \cdots \geq r_h \geq 1)$$

이므로, 결국 T의 similarity class는 자연수 e의 partition $(r_1, \ldots, r_h)$에 의해서 완전히 결정된다고 할 수 있다(자연수의 partition은 아래 정의 참조). 행렬 표현으로 말하자면, 앞 쪽 T의 행렬 $(\clubsuit)$의 diagonal block $(\heartsuit_j)$의 個數와 size가 T의 similarity class를 결정한다는 뜻이다. 그리고, 물론, 이 e의 partition이 다르면 similarity class도 다를 것이다.

다음에 소개하는 partition function은 (수학 전체에서) 매우 중요하고 만만치 않은 함수이다.

정의 8.6.3. m이 자연수일 때, $\pi(m)$을 [자연수들을 (중복을 허용해) 더해서 m을 만드는 방법의 수]로 정의하자. 우리는 π를 **partition function**이라고 부른다. 예를 들어 설명하는 것이 더 분명하다:

$$4 = 3+1 = 2+2 = 2+1+1 = 1+1+1+1$$

이므로, $\pi(4) = 5$이고, $\pi(3) = 3$, $\pi(2) = 2$ 등. 또, 예를 들어, 4의 **partition** $2+1+1$을 $(2,1,1)$로 표기하기로 한다.[30]

이제 위의 논의를 정리하면 다음과 같다.

따름정리 8.6.4. $p(t) \in F[t]$가 monic irreducible일 때, 조건 $\phi_T(t) = p(t)^e$를 만족시키는 $T \in \mathfrak{L}\mathfrak{M}$의 similarity class의 개수는 $\pi(e)$-개이다.[31]

[30] Partition은 큰 수부터 작은 수의 순서로 나타내는 것이 관습이다.

[31] $\phi_T(t) = p(t)^e$이면, $\dim V = e\deg(p)$이므로, $\dim V$에 대해 따로 언급할 필요는 없다.

그런데, 실제로 $T \in \mathfrak{LM}$이 주어졌을 때, T가 어떤 partition에 대응하는지 알 수 있는 효율적인 방법은 무엇일까? 이제부터 소개할 방법에는 연습문제 8.3.5에 잠깐 선보였던 $\ker p(T)^c$가 다시 등장한다.[32] 이 주제는 독자들을 믿고 연습문제로 남긴다. (아래 여백도 충분하지 않고…….)

연습문제 8.6.5. 계속 $T \in \mathfrak{LM}$과 monic irreducible polynomial $p(t) \in F[t]$를 고정하자. 이때 $\phi_T(t) = p(t)^e$, $m_T(t) = p(t)^f$이고, T의 similarity class는 e의 partition $(r_1, \ldots, r_h)$에 대응한다고 하자. 이는 V의 cyclic decomposition이 다음

$$V = U_1 \oplus \cdots \oplus U_h, \qquad \phi_{T|_{U_j}}(t) = m_{T|_{U_j}}(t) = p(t)^{r_j}$$

과 같다는 뜻이다. 또 $1 \le c \le f$일 때(단, c는 자연수),

$$s_c = [r_j \ge c \text{ 인 } j \text{ 의 개수}]$$

라고 표기하자. 이제 $1 \le c \le f$일 때, 다음을 보여라.

(가) $\ker p(T)^c = \big(U_1 \cap \ker p(T)^c\big) \oplus \cdots \oplus \big(U_h \cap \ker p(T)^c\big)$.

(나) 만약 $1 \le c < r_j$이면, $\dim\big(U_j \cap \ker p(T)^c\big) = c\deg(p)$.[33]

(다) 만약 $r_j \le c \le f$이면, $\dim\big(U_j \cap \ker p(T)^c\big) = \dim U_j = r_j \deg(p)$.

(라) $\dim\ker p(T)^c = \Big(\sum_{r_j > c} c + \sum_{r_j \le c} r_j\Big)\deg(p)$.

(마) $\dim\ker p(T)^c - \dim\ker p(T)^{c-1} = s_c \deg(p)$.[34]

위 연습문제의 결론은 다음과 같다: 만약 $\{\dim\ker p(T)^c\}_{c=1}^f$의 data를 갖고 있다면, 위 (마)항에서 $s_1, \ldots, s_f$를 구할 수 있을 것이다. 그리고 $s_1, \ldots, s_f$로부터 e의 partition $(r_1, \ldots, r_h)$를 (유일하게) 복구할 수 있는 것은 — 잠시만 생각해 보면 — 매우 상식적(!)이다.[35] 따라서:

따름정리 8.6.6. (표기법 8.3.2를 계속 사용할 때) $T \in \mathfrak{LM}$의 similarity class는 $\dim\ker p_i(T)^{c_i}$에 의해서 완전히 결정된다(단, $1 \le c_i \le f_i$).

위 따름정리를 적용하는 구체적인 example들은 다음 節에서 만난다.

[32] $p(t) = t - \lambda$가 1-차식이고 $c = 1$인 특수한 경우에는 $\ker p(T) = \ker(T - \lambda I) = E_\lambda$.

[33] 연습문제 8.5.15 참조.

[34] 물론 $p(T)^0 = I$로 이해.

[35] $(s_1, \ldots, s_f)$도 e의 partition이다. 소위 $(r_1, \ldots, r_h)$의 conjugate partition.

8.7. Jordan Canonical Form

마지막으로, 이 節에서는 Jordan canonical form을 공부한다. 이 내용은 앞 節에 포함시킬 수도 있었겠지만, 매우 중요할뿐더러 notation의 혼동을 최소화하기 위해 독립된 節로 다룬다.

이 節에서는, $T \in \mathfrak{LM}$일 때, $m_T(t)$가 — 따라서 $\phi_T(t)$도 — 1-차식의 곱으로 인수분해된다고 가정한다. (이 가정은 $F = \mathbb{C}$인 경우에는 항상 성립한다.) 그러면 Primary Decomposition Theorem에 의해

$$\phi_T(t) = (t - \lambda)^e, \qquad m_T(t) = (t - \lambda)^f$$

라고 가정하면 충분할 것이다(단, $\lambda \in F$).

Jordan canonical form을 소개하기 위해

$$N = T - \lambda I$$

라고 놓으면, N은 nilpotent이고,

$$\phi_N(t) = t^e, \qquad m_N(t) = t^f$$

임을 알 수 있다(왜 그런가?). 이제 N**에 관해**(!) Cyclic Decomposition Theorem을 적용하면,

$$V = U_1 \oplus U_2 \oplus \cdots \oplus U_h$$

인 V의 (N-invariant) N-cyclic subspace $U_1, \ldots, U_h$가 존재한다. 그리고,

$$\phi_{N|_{U_j}}(t) = m_{N|_{U_j}}(t) = t^{r_j}, \qquad (j = 1, \ldots, h)$$

인 자연수 $f = r_1 \geq r_2 \geq \cdots \geq r_h \geq 1$들은 유일하게 결정된다. 그리고, $N|_{U_j}$는 [다항식 t^{r_j}의 $(r_j \times r_j)$-companion matrix]와 similar하므로,

$$N|_{U_j} \sim \begin{pmatrix} 0 & & & & & \\ 1 & 0 & & & \mathbf{0} & \\ & 1 & 0 & & & \\ & & \ddots & \ddots & & \\ & \mathbf{0} & & 1 & 0 & \\ & & & & 1 & 0 \end{pmatrix}$$

임을 알 수 있다.

그런데, λI의 행렬 표현은 기저의 선택과 무관하므로, $T|_{U_j}$는

$$(\diamondsuit_j) \qquad T|_{U_j} = N|_{U_j} + \lambda I_{U_j} \sim \begin{pmatrix} \lambda & & & & & & \\ 1 & \lambda & & & & \mathbf{0} & \\ & 1 & \lambda & & & & \\ & & & \ddots & & & \\ & & & & \ddots & & \\ & \mathbf{0} & & & 1 & \lambda & \\ & & & & & 1 & \lambda \end{pmatrix}$$

의 형태로 표현할 수 있다. (이때, U_j가 T-invariant subspace인 것은 자명하다. 그렇지만, U_j가 T-cyclic subspace인 것은 아니다.)

그런데……, 'minor' problem이 하나 있다. 우리는 제1장에서부터 lower triangular matrix보다 upper triangular matrix를 (몹시) 편애해 왔으니……. 그래서 — 별로 자연스러워 보이지는 않지만 — N-cyclic space $U_j = F[t]w_j$의 (ordered) basis를 $\{N^{r_j-1}w_j, \ldots, Nw_j, w_j\}$로 선택하면,[36] polynomial t^{r_j}의 companion matrix는 이제 다음과 같이

$$N|_{U_j} \sim \begin{pmatrix} 0 & 1 & & & & & \\ & 0 & 1 & & & \mathbf{0} & \\ & & 0 & 1 & & & \\ & & & \ddots & \ddots & & \\ & & & & \ddots & \ddots & \\ & \mathbf{0} & & & & 0 & 1 \\ & & & & & & 0 \end{pmatrix}$$

upper triangular matrix가 된다(확인해 보라).[37] 따라서 이 경우에는

$$(\diamondsuit_j)^{\mathbf{t}} \qquad T|_{U_j} = N|_{U_j} + \lambda I_{U_j} \sim \begin{pmatrix} \lambda & 1 & & & & & \\ & \lambda & 1 & & & \mathbf{0} & \\ & & \lambda & 1 & & & \\ & & & \ddots & \ddots & & \\ & & & & \ddots & \ddots & \\ & \mathbf{0} & & & & \lambda & 1 \\ & & & & & & \lambda \end{pmatrix}$$

가 된다. 그래서, 마침내 우리가 좋아하는 upper triangular matrix를 얻는다.[38]

[36] 보통의 '자연스러운' (ordered) basis는 $\{w_j, Nw_j, \ldots, N^{r_j-1}w_j\}$.

[37] 일반적으로, companion matrix는 lower triangular도 upper triangular도 아니다. 지금은 매우 특수한 상황이다.

[38] Lower triangular matrix를 더 좋아하는 이들도 있을 수 있다. 그러면 그냥 $(\diamondsuit_j)$를 사용하면 된다. 이는 단순한 취향의 문제일 뿐이다.

이제, [앞 §8.6 ($\clubsuit_i$)의 ($\heartsuit_{ij}$) 자리]에 $(\diamondsuit_{ij})^{\mathbf{t}}$를 대신 넣으면,

$$T|_{W_i} \sim \begin{pmatrix} (\diamondsuit_{i1})^{\mathbf{t}} & & & & \\ & (\diamondsuit_{i2})^{\mathbf{t}} & & \mathbf{0} & \\ & & \cdot & & \\ & & & \cdot & \\ & \mathbf{0} & & & \cdot \\ & & & & (\diamondsuit_{ih_i})^{\mathbf{t}} \end{pmatrix} \qquad (\spadesuit_i)$$

가 된다. 이렇게 T를 ($\spadesuit_i$) 형태의 diagonal block들로 분해한 행렬을 T의 **Jordan canonical form**이라고 부른다.[39] 이때 h_i와 r_{ij}는 similarity relation의 invariant이므로, Jordan canonical form도 similarity relation의 invariant인 것은 자명하다. 그리고, 역으로, Jordan canonical form으로부터 h_i와 r_{ij}를 알 수 있으므로($(\diamondsuit_{ij})^{\mathbf{t}}$는 $(r_{ij} \times r_{ij})$-matrix), Jordan canonical form이 T의 similarity class를 완전히 결정하게 된다.

우선 의외의 (기대하지 않았던) 소득부터 정리한다.

연습문제 8.7.1. $A \in \mathfrak{M}_{n,n}(F)$이고 $\phi_A(t)$가 1-차식의 곱으로 인수분해될 때, 다음을 보여라.

(가) A의 Jordan canonical form을 J라고 표기하면, $J \sim J^{\mathbf{t}}$.

(나) 따라서 $A \sim A^{\mathbf{t}}$.

원래 위 연습문제는 따름정리 8.6.6으로 설명하는 것이 더 자연스럽다.

연습문제 8.7.2. 위 (나)항을 따름정리 8.6.6을 이용해 설명하라.[40]

다음 comment를 생략하면 많이 섭섭할 것 같다…….

참고 8.7.3. (가) $F = \mathbb{C}$이면, 위 연습문제에 의해 모든 $A \in \mathfrak{M}_{n,n}(\mathbb{C})$에 대해 $A \sim A^{\mathbf{t}}$이다.

(나) $F = \mathbb{R}$인 경우에도 모든 $A \in \mathfrak{M}_{n,n}(\mathbb{R})$에 대해 $A \sim A^{\mathbf{t}}$가 성립한다. 그 이유는 다음 명제 때문이다: $A, B \in \mathfrak{M}_{n,n}(\mathbb{R})$일 때, 만약 $U_1^{-1}AU_1 = B$인 가역행렬 $U_1 \in \mathfrak{M}_{n,n}(\mathbb{C})$가 존재하면, $U^{-1}AU = B$인 가역행렬 $U \in \mathfrak{M}_{n,n}(\mathbb{R})$도 존재한다. (이 명제의 증명은 내년으로 미룬다.)

---

[39] Jordan canonical form은 $F = \mathbb{C}$일 때 T를 triangularize할 수 있음도 설명해 준다. 그러나, 이는 모기를 잡는 데 核폭탄을 터뜨리는 格이다. 연습문제 7.5.11도 참조.

[40] 연습문제 7.6.24 참조.

이제 Jordan canonical form에 관한 구체적인 example을 살펴보자. 우선 종이 낭비를 막기 위해 표기법부터 정하자.[41]

표기법 8.7.4. $\lambda \in F$를 고정하면, $\phi_T(t) = (t-\lambda)^e$인 $T \in \mathfrak{L}\mathfrak{M}$의 similarity class는 e의 partition $(r_1, \ldots, r_h)$에 의해서 결정된다. 이때 T의 Jordan canonical form을 $\mathrm{J}_{(r_1,\ldots,r_h)}$로 간략히 나타내기로 한다. 예를 들어 설명하면,

$$\mathrm{J}_{(5)} = \begin{pmatrix} \lambda & 1 & & & \\ & \lambda & 1 & & \\ & & \lambda & 1 & \\ & & & \lambda & 1 \\ & & & & \lambda \end{pmatrix}, \qquad \mathrm{J}_{(3,2)} = \left(\begin{array}{ccc|cc} \lambda & 1 & & & \\ & \lambda & 1 & & \\ & & \lambda & & \\ \hline & & & \lambda & 1 \\ & & & & \lambda \end{array}\right)$$

가 된다. 또, 물론, $\mathrm{J}_{(1,1,1,1,1)} = \lambda I_5$.

연습문제 8.7.5. $A = \mathrm{J}_{(r_1,\ldots,r_h)}$일 때, $\dim E_\lambda^A = h$임을 보여라.

우리가 Jordan canonical form을 예뻐하는 이유 중 하나는 다음 연습문제 때문이다. 즉, 임의의 자연수 m에 대해 $(\mathrm{J}_{(e)})^m$을 묘사할 수 있기 때문이다.

연습문제 8.7.6. $\mathrm{J}_{(e)} = \lambda I_e + N$으로 표기할 때,

(가) $N, N^2, \ldots, N^{e-1}, N^e$을 묘사하라.

(나) m이 자연수일 때, $(\mathrm{J}_{(e)})^m$을 묘사하라.[42]

§7.6에서 남겨둔 숙제가 하나 있다.

연습문제 8.7.7. (가) $\mathrm{J}_{(3,3,1)}$과 $\mathrm{J}_{(3,2,2)}$는 물론 서로 similar하지 않지만, 이들은 minimal (characteristic) polynomial과 $\dim E_\lambda$를 공유함을 보여라.

(나) A를 $\mathrm{J}_{(3,3,1)}$ 또는 $\mathrm{J}_{(3,2,2)}$로 놓을 때, $\dim\ker(A-\lambda I)^2$을 각각 구하라.[43]

다음 연습문제는 따름정리 8.6.6을 이용하는 쪽이 간단해 보인다.

연습문제 8.7.8. $\mathrm{J}_{(7)} = \lambda I_7 + N$으로 표기할 때, 다음 행렬의 Jordan canonical form을 구하라(단, $2 \le c \le 5$).

(가) $\lambda I + N^c$.

(나) $\lambda I + N^c + N^6$.

---

[41] 별로 마음에 드는 표기법은 아니지만, 종이 낭비를 생각하면 어쩔 수 없다.

[42] Hint: λI와 N은 서로 commute하므로 — 즉, $(\lambda I)N = N(\lambda I)$이므로 — $(\lambda I + N)^m$의 2-항 전개가 가능하다.

[43] c가 자연수일 때, $\dim\ker(A-\lambda I)^c$보다는 $\mathrm{rk}(A-\lambda I)^c$가 더 잘 보인다.

제 9 장 $\mathbb{R}^n$의 Rigid Motion

이제 이 책의 後半部를 시작한다. 전통적인 선형대수 교재에서는 Euclidean space의 개념을, 우리로 치면 제2장 벡터공간 앞에, 되도록 빨리 소개하는 경향이 있어 왔다. 이는 벡터공간이라는 추상적인 용어를 도입하기 前에 구체적인 example에 익숙해지도록 하기 위한 것으로 생각된다.

그러나, 우리의 경우에는 독자들이 이미 고등학교와 미적분학[2]에서 $\mathbb{R}^n$-공간을 충분히 경험한 것을 고려하여, 이제야 소개하게 되었다. 다른 한편, 독자들이 "해석개론" [1] 강좌에서 $\mathbb{R}^n$-공간의 '위상적' 성질에 더욱 익숙해지기를 기다린 측면도 있다. 그래야, 저자의 노동량을 줄일 수 있으므로⋯⋯.

Euclidean space에서의 rigid motion은 초등학교 수학 책에서부터 강조되어 있다.[1] 그렇지만, 우리가 살고 있는 $\mathbb{R}^n$-공간(우리의 '고향')의 '딱딱한' 운동을 — 즉, 길이와 거리가 변하지 않는 운동을 — 우리는 이제야 처음으로 제대로 分析하게 되었다. 이 章의 내용은 우리에게 이 책의 후반부를 위한 motivation을 제공한다.

9.1. $\mathbb{R}^n$-공간의 Dot Product

$\mathbb{R}^n$-공간이야말로 — 우리가 살고 있는 — 우리의 '고향'이다. 우리는 $\mathbb{R}^n$-공간의 dot product를 고등학교와 미적분학[2]에서 이미 배웠다. 이제 새삼스럽게 이 책에서 이를 반복할 생각은 없다. 다만, 어딘가 허전하여, 표기법도 설명할 겸 복습해 보자.

정의 9.1.1. $X = (a_1, \ldots, a_n)^{\mathbf{t}},\ Y = (b_1, \ldots, b_n)^{\mathbf{t}} \in \mathbb{R}^n$일 때,

$$\langle X, Y \rangle = X^{\mathbf{t}} \cdot Y = \sum_{i=1}^{n} a_i b_i$$

로 정의하고, 이를 $\mathbb{R}^n$-공간의 **dot product**라고 부른다. 그리고 dot product가 주어진 $\mathbb{R}^n$-공간을 **Euclidean space**라고 부른다.

[1]꼭 그래야 하는지에 共感하는 것은 아니다.

연습문제 9.1.2. 다음을 보여라.

(가) $\mathbb{R}^n \times \mathbb{R}^n$에서 $\mathbb{R}$로 가는 함수 $(X,Y) \mapsto \langle X,Y \rangle$는 $\mathbb{R}^n$의 bilinear form이다. (정의 6.1.1 참조.[2])

(나) $X, Y \in \mathbb{R}^n$이면, $\langle X,Y \rangle = \langle Y,X \rangle$.

(다) $X \in \mathbb{R}^n$이면, 항상 $\langle X,X \rangle \geq 0$이고, 이때 등호가 성립할 필요충분조건은 $X = 0$인 것이다.

연습문제 9.1.3. $X \in \mathbb{R}^n$일 때, $[\langle Y,X \rangle = 0$ for all $Y \in \mathbb{R}^n]$이면, $X = 0$임을 보여라.[3]

Dot product는 $\mathbb{R}^n$-공간에 '기하적'인(혹은, 'topological') 구조를 준다.[4] 이런 意味에서 dot product가 주어진 $\mathbb{R}^n$-공간을 특별히 Euclidean space라고 부르고, Euclidean space를 공부하는 것을 Euclidean geometry라고 부른다.

정의 9.1.4. $X \in \mathbb{R}^n$일 때,

$$\|X\| = \sqrt{\langle X,X \rangle}$$

로 표기하고, $\|X\|$를 X의 (**Euclidean**) **norm**이라고 부른다.

Norm은 물론 vector의 길이(크기)로 해석한다.

연습문제 9.1.5. $X \in \mathbb{R}^n$이고 $c \in \mathbb{R}$일 때, 다음을 보여라.

(가) 항상 $\|X\| \geq 0$이다. 그리고, $\|X\| = 0$일 필요충분조건은 $X = 0$.

(나) $\|cX\| = |c| \cdot \|X\|$.

(다) $X \neq 0$이면, $\left\| \frac{1}{\|X\|} X \right\| = 1$. 우리는 norm이 1인 vector를 **unit vector**라고 부른다.

연습문제 9.1.6. (Parallelogram Law) $X, Y \in \mathbb{R}^n$일 때,

$$\|X+Y\|^2 + \|X-Y\|^2 = 2\left(\|X\|^2 + \|Y\|^2\right)$$

임을 보여라.

---

[2] 이제 미적분학에서보다 조금 고급스러운 단어를 사용하였다. 그 덕택으로 미적분학 책에서는 넉 줄이 필요했던 것을 bilinear form이라는 말 한마디로 줄일 수 있게 되었다.

[3] 조금 무시당하는 느낌. 이 연습문제가 포함된 이유는 차차 알게 된다.

[4] 지금은 topology는 geometry와 비슷한 뜻이라는 정도로 생각하고 넘어가면 된다. 어차피 지금은 두 단어 모두 잘 모르니까…….

$\mathbb{R}^n$의 두 vector X와 Y의 **사잇각** θ를 어떻게 정의할까? 두 벡터 X, Y가 generate하는 $\mathbb{R}^n$의 2-dimensional subspace $\langle X\rangle \oplus \langle Y\rangle$는 $\mathbb{R}^2$와 같으므로(우리의 철학),[5] $\mathbb{R}^2$에서 사잇각을 재면 된다(단, $0 \le \theta \le \pi$).[6] 이때, 우리는

$$\langle X, Y\rangle = \|X\| \cdot \|Y\| \cos\theta \tag{$\angle$}$$

가 성립하는 것을 잘 알고(?) 있다.[7]

연습문제 9.1.7. $X, Y \in \mathbb{R}^n$일 때, 다음을 보여라.

(가) (Cauchy-Schwarz Inequality) $|\langle X, Y\rangle| \le \|X\| \cdot \|Y\|$.[8]
(나) (Triangle Inequality) $\|X+Y\| \le \|X\| + \|Y\|$.

위 연습문제 (나)항은 Euclidean space에 **거리**(metric)의 개념을 준다. 즉, 우리는 $\|X-Y\|$를 X와 Y 사이의 거리로 정의한다.

연습문제 9.1.8. $X, Y, Z \in \mathbb{R}^n$일 때, 다음을 보여라.

(가) $\|X-X\| = 0$.
(나) $\|X-Y\| = \|Y-X\|$.
(다) $\|X-Y\| \le \|X-Z\| + \|Z-Y\|$. (Triangle Inequality)

또, 위 등식 ($\angle$)을 생각하면, 다음 정의는 매우 자연스럽다.

정의 9.1.9. (가) $X, Y \in \mathbb{R}^n$일 때, 만약 $\langle X, Y\rangle = 0$이면, $X \perp Y$로 표기하고,[9] X와 Y는 **서로 수직**(**perpendicular** 또는 **orthogonal**)이라고 말한다.
(나) $S, T \subseteq \mathbb{R}^n$일 때, $[\langle X, Y\rangle = 0 \text{ for all } X \in S,\ Y \in T]$이면, $S \perp T$로 표기하고 S와 T는 **서로 수직**이라고 말한다.

연습문제 9.1.10. $X, Y \in \mathbb{R}^n$일 때, 다음 조건은 동치임을 보여라.

(1) $X \perp Y$.
(2) $\|X+Y\|^2 = \|X\|^2 + \|Y\|^2$. (Pythagorean Theorem)
(3) $\|X+Y\| = \|X-Y\|$.

[5] 이 章에서는 $\langle X, Y\rangle$가 dot product를 의미하므로, $\{X, Y\}$가 generate하는 2-차원 부분공간은 $\langle X\rangle \oplus \langle Y\rangle$로 표기한다.
[6] 만약 $\{X, Y\}$가 일차종속이면, $\theta = 0$ 혹은 $\theta = \pi$로 정의하면 된다. 같은 방향이면 0, 반대 방향이면 π.
[7] 고교 때부터 알던 것이니 지금은 적당히 넘어가자. 관찰 10.2.8에서 다시 다룬다.
[8] 등호가 성립할 필요충분조건은? 또, 이 부등식을 X와 Y의 좌표를 사용하여 표현해 보라.
[9] "X perp Y"로 읽는다.

이제 새로운 terminology 와 표기법을 도입하자.

정의 9.1.11. (가) $\mathbb{R}^n$ 의 **non-zero** vector 들 $X_1, \ldots, X_m$ 이 mutually perpendicular 이면 — 즉, $[X_i \perp X_j$ for all $1 \le i \ne j \le m]$ 이면 — $\{X_1, \ldots, X_m\}$ 을 $\mathbb{R}^n$ 의 **orthogonal subset** 이라고 부른다. 이때 만약 $X_1, \ldots, X_m$ 이 모두 unit vector 이면, $\{X_1, \ldots, X_m\}$ 을 $\mathbb{R}^n$ 의 **orthonormal subset** 이라고 부른다.
(나) $W \le \mathbb{R}^n$ 일 때, 만약 W 의 basis $\mathfrak{B}$ 가 orthogonal subset 이면 $\mathfrak{B}$ 를 W 의 **orthogonal basis** 라고 부르고, 만약 $\mathfrak{B}$ 가 orthonormal subset 이면 $\mathfrak{B}$ 를 W 의 **orthonormal basis** 라고 부른다. (연습문제 9.1.5(다) 항에 의해, 주어진 orthogonal basis 로부터 우리는 항상 orthonormal basis 를 만들 수 있다.)

연습문제 9.1.12. (가) $\mathbb{R}^n$ 의 orthogonal subset $\{X_1, \ldots, X_m\}$ 은 일차독립임을 보여라.
(나) $W \le \mathbb{R}^n$ 일 때, W 의 basis $\{X_1, \ldots, X_m\}$ 이 W 의 orthonormal basis 이기 위한 필요충분조건은 $[\langle X_i, X_j \rangle = \delta_{ij}$ for all $i, j]$ 임을 보여라.

연습문제 9.1.13. 다음을 보여라.

(가) $\mathbb{R}^n$ 의 standard basis $\mathcal{E}$ 는 orthonormal basis 이다.

(나) $\left\{ \begin{pmatrix} 1 \\ 0 \end{pmatrix}, \begin{pmatrix} 0 \\ -1 \end{pmatrix} \right\}$ 은 $\mathbb{R}^2$ 의 orthonormal basis.

(다) $\left\{ \begin{pmatrix} \cos\theta \\ \sin\theta \end{pmatrix}, \begin{pmatrix} -\sin\theta \\ \cos\theta \end{pmatrix} \right\}$ 는 $\mathbb{R}^2$ 의 orthonormal basis. (단, $\theta \in \mathbb{R}$.)

(라) $\left\{ \begin{pmatrix} \cos\theta \\ \sin\theta \\ 0 \end{pmatrix}, \begin{pmatrix} -\sin\theta \\ \cos\theta \\ 0 \end{pmatrix}, \begin{pmatrix} 0 \\ 0 \\ 1 \end{pmatrix} \right\}$ 은 $\mathbb{R}^3$ 의 orthonormal basis. (단, $\theta \in \mathbb{R}$.)

(마) $\left\{ \begin{pmatrix} \frac{2}{\sqrt{5}} \\ \frac{1}{\sqrt{5}} \end{pmatrix}, \begin{pmatrix} -\frac{1}{\sqrt{5}} \\ \frac{2}{\sqrt{5}} \end{pmatrix} \right\}$ 는 $\mathbb{R}^2$ 의 orthonormal basis.

(바) $\left\{ \frac{1}{\sqrt{2}} \begin{pmatrix} -1 \\ 1 \\ 0 \end{pmatrix}, \frac{1}{\sqrt{3}} \begin{pmatrix} 1 \\ 1 \\ 1 \end{pmatrix}, \frac{1}{\sqrt{6}} \begin{pmatrix} 1 \\ 1 \\ -2 \end{pmatrix} \right\}$ 는 $\mathbb{R}^3$ 의 orthonormal basis.

(사) $\left\{ \begin{pmatrix} \cos\theta \\ \sin\theta \\ 0 \\ 0 \end{pmatrix}, \begin{pmatrix} -\sin\theta \\ \cos\theta \\ 0 \\ 0 \end{pmatrix}, \begin{pmatrix} 0 \\ 0 \\ \cos\eta \\ \sin\eta \end{pmatrix}, \begin{pmatrix} 0 \\ 0 \\ -\sin\eta \\ \cos\eta \end{pmatrix} \right\}$ 는 $\mathbb{R}^4$ 의 orthonormal basis. (단, $\theta, \eta \in \mathbb{R}$.)

위 연습문제 (가)항으로부터 우리는 [$\mathbb{R}^n$-공간에는 orthonormal basis가 존재한다]라는 '그럴듯한' 명제를 이끌어 낼 수 있다. 그리고 (바)항은 우리에게 다시 한번 [orthogonal basis가 주어지면 항상 orthonormal basis를 만들 수 있음]을 보여 주고 있다.

정의 9.1.14. $S \subseteq \mathbb{R}^n$일 때,

$$S^\perp = \{X \in \mathbb{R}^n \mid Y \perp X \text{ for all } Y \in S\}$$

로 표기하고, "S perp"로 읽는다. 특히 $W \leq \mathbb{R}^n$인 경우에는, $W^\perp$를 W의 **orthogonal complement**라고 부른다.[10]

관찰 9.1.15. $S \subseteq \mathbb{R}^n$, $W \leq \mathbb{R}^n$이고, $\mathfrak{C}$가 W의 basis이면, 다음이 성립한다.

(가) $S^\perp$는 $\mathbb{R}^n$의 subspace.

(나) $S^\perp = \langle S\rangle^\perp$.

(다) $W^\perp = \mathfrak{C}^\perp$.

증명 : (가) $X, Y \in \mathbb{R}^n$, $c \in \mathbb{R}$일 때, $S \perp X$, $S \perp Y$이면, $S \perp (X+Y)$인가? 또, $S \perp X$이면, $S \perp cX$인가? 당연.

(나) 우선, $S \subseteq \langle S\rangle$이므로, $\langle S\rangle^\perp \subseteq S^\perp$인 것은 당연. 역으로, $\langle S\rangle$의 원소는 [S의 vector들의 일차결합]이므로(명제 3.1.6), S와 수직이면 $\langle S\rangle$와도 수직.

(다) (나)항에서 $S = \mathfrak{C}$인 특수한 경우. □

위 관찰(나)항은 우리가 $S^\perp$를 생각할 때는 S가 $\mathbb{R}^n$의 부분공간인 경우만 고려하면 된다는 것을 말해 준다. 또, (다)항은 어떤 vector가 W와 수직이기 위해서는 W의 basis $\mathfrak{C}$와 수직이기만 하면 충분하다는 것을 말해 주고 있다.

연습문제 9.1.16. $\mathfrak{B}$가 $\mathbb{R}^n$의 basis일 때, 다음을 보여라.

(가) $0^\perp = \mathbb{R}^n$이고, $(\mathbb{R}^n)^\perp = \mathfrak{B}^\perp = 0$.

(나) $W \leq \mathbb{R}^n$이면, $W \cap W^\perp = 0$.

(다) $W \leq \mathbb{R}^n$이면, $W \leq (W^\perp)^\perp$.

위 연습문제(다)항은 우리에게 새로운 질문을 던지고 있다.

질문 9.1.17. $W \leq \mathbb{R}^n$이면, $W = (W^\perp)^\perp$인가?

[10] 'Complement'라는 단어는 처음이 아니다. 어디에서 만났었지?

이 질문을 한참 들여다보면……, $(W^\perp)^\perp \le W$ 임을 직접 증명하는 방법은 없어 보이므로……, '자연히'('본능적으로') $\dim W^\perp$ 를 생각하게 된다.

보기 9.1.18. $0 \neq Y \in \mathbb{R}^n$ 일 때, linear map $\varphi_Y : \mathbb{R}^n \to \mathbb{R}$ 을

$$\varphi_Y(X) = \langle Y, X\rangle = Y^{\mathbf{t}} \cdot X = L_{Y^{\mathbf{t}}}(X), \qquad (X \in \mathbb{R}^n)$$

으로 정의하면, $\varphi_Y(Y) \neq 0$ 이므로 φ_Y 는 당연히 surjective 이다(왜 그런가?). 따라서 Dimension Theorem 에 의해

$$\dim \langle Y\rangle^\perp = \dim \ker \varphi_Y = n - \dim \operatorname{im} \varphi_Y = n - 1$$

이 된다. 즉, $\dim W = 1$ 인 경우에는 $\dim W^\perp = n - \dim W$ 가 성립한다.

만약, 모든 $W \le \mathbb{R}^n$ 에 대해,

$$\dim W^\perp = n - \dim W$$

가 성립한다면,

$$\dim (W^\perp)^\perp = n - (n - \dim W) = \dim W$$

이므로, 위 질문 9.1.17 에 긍정적인 답을 할 수 있을 것이다(왜 그런가?).[11] 또, 위 연습문제 9.1.16 (나) 항과 관찰 7.6.4 에 의해,

$$\mathbb{R}^n = W \oplus W^\perp$$

라는 제법 그럴듯한 — 그리고 매우 중요한 — 결과도 얻을 수 있을 것이다. 따라서, 우리의 질문은 이제 다음과 같이 바뀐다.

질문 9.1.19. $W \le \mathbb{R}^n$ **이면, 항상**

$$\dim W^\perp = n - \dim W, \qquad \mathbb{R}^n = W \oplus W^\perp$$

인가?

이 두 번째 새로운 질문을 생각해 보면, 그 뒤에는 다시(!) homogeneous linear equation $(*)$ $AX = 0$ 과 Rank Theorem 이 숨어 있는 것을 발견하게 된다. (물론 지금 이 질문에 답할 수도 있지만, 우리 '이야기'의 순서상 §10.3 으로 미룬다.[12])

---

[11] "$U \le V$ 이고 $\dim U = \dim V$ 이므로, $U = V$"의 증명법을 우리는 dimension argument 라고 부르며, 앞으로 자주 사용하게 될 것이다. 따름정리 3.5.11 (나) 항 참조.

[12] 이미 혼자 힘으로 증명을 마친 독자들도 있을 것이다.

9.2. $\mathbb{R}^n$-공간의 Rigid Motion

이제 이 章의 主題인 rigid motion을 공부해 보자. $\mathbb{R}^n$-공간에서 '물체의 모습'을 변화시키지 않는 운동을 — 즉, 거리와 크기를 보존하는 운동을 — 우리는 rigid motion이라고 부른다. 역으로, [rigid motion에 의해 保存되는 성질의 공부]가 바로 Euclidean geometry이다.

정의 9.2.1. 함수 $M : \mathbb{R}^n \to \mathbb{R}^n$이 다음 조건

$$\|M(X) - M(Y)\| = \|X - Y\|, \qquad (X, Y \in \mathbb{R}^n)$$

을 만족시키면, M을 $\mathbb{R}^n$의 **rigid motion** 또는 **isometry**라고 부른다.[13]

우선 typical example들로부터 시작하자.

보기 9.2.2. $Y \in \mathbb{R}^n$일 때, 함수 $T_Y : \mathbb{R}^n \to \mathbb{R}^n$을

$$T_Y(X) = X + Y, \qquad (X \in \mathbb{R}^n)$$

으로 정의하면, T_Y는 $\mathbb{R}^n$의 rigid motion이다. 우리는 T_Y를 [**translation(평행이동)** by Y]라고 부른다. T_Y가 bijection이고 $(T_Y)^{-1} = T_{-Y}$인 것은 자명하다. 물론, $T_0 = I$.

보기 9.2.3. (연습문제 4.3.5 참조.) $\theta \in \mathbb{R}$일 때, $R_\theta = \begin{pmatrix} \cos\theta & -\sin\theta \\ \sin\theta & \cos\theta \end{pmatrix}$로 표기하면, 원점을 중심으로 하는 θ-만큼의 **rotation** L_{R_θ}는 $\mathbb{R}^2$의 linear rigid motion이다(확인해 보라). 이제 [우리의 철학]을 받들어 $L_{R_\theta} = R_\theta$로 표기법을 남용하기로 한다. 그러면, R_θ도 bijection이고, $(R_\theta)^{-1} = R_{-\theta}$인 것은 당연하다. 또, $R_0 = I$.

보기 9.2.4. (연습문제 4.3.6 참조.) $S = \begin{pmatrix} 1 & 0 \\ 0 & -1 \end{pmatrix}$일 때, 이번에도 $L_S = S$로 표기법을 남용하면, S는 $\mathbb{R}^2$의 linear rigid motion이다(확인해 보라). 그러면, S도 bijection이고 $S^{-1} = S$이다.[14]

위 보기 9.2.3과 보기 9.2.4를 앞 節의 연습문제 9.1.13과 비교해 보면 무언가 연관성이 보인다. 이 점은 잠시 후면 분명해진다(관찰 9.3.6 참조).

[13] 사실 rigid motion은 물리학에서 선호하는 용어이고, 수학에서는 isometry를 자주 사용한다.

[14] 이런 종류의 linear rigid motion을 reflection이라고 부르는데, reflection에 관해서는 뒤 §9.4에서 자세히 다룬다.

관찰 9.2.5. 함수 $M:\mathbb{R}^n \to \mathbb{R}^n$이 rigid motion이면, M은 injective이다.

증명 : $M(X)=M(Y)$이면, $X=Y$인가? 당연. □

위 관찰과 앞의 보기들을 종합하면, 다음 질문은 필연적이다.

질문 9.2.6. $\mathbb{R}^n$의 rigid motion은 항상 bijection인가?

이 질문에 대해 지금은 너무 오래 생각하지 않기 바란다. 독자들은 지금까지의 경험으로 답이 "Yes"인 것은 눈치로도 알 수 있겠지만, 이 질문을 갖고 잠자리에 들면 잠을 설치게 된다. 밤새 돌리고, 뒤집고, 옮기고 $\cdots\cdots$. 이 질문을 해결하는 데 선형대수의 Dimension Theorem (혹은 'f.d.v.s.의 비둘기집 원리')과 제 5장의 기본정리가 필요하다는 사실은 놀라울 뿐이다.[15]

먼저, 다음 거의 자명한 연습문제로부터 시작하자.

연습문제 9.2.7. (가) $\mathbb{R}^n$의 rigid motion의 합성은 rigid motion임을 보여라.
(나) $\mathbb{R}^n$의 bijective rigid motion의 역함수는 rigid motion임을 보여라.

이제 $M:\mathbb{R}^n \to \mathbb{R}^n$이 $\mathbb{R}^n$의 rigid motion일 때, linear map은 항상 0을 0으로 보낸다는 사실에 착안하여, rigid motion $T_{-M(0)} \circ M$을 생각해 보자. 그러면, $T_{-M(0)} \circ M$은 0을 0으로 보낸다. 따라서, $T_{-M(0)} \circ M = L$이라고 놓으면, $(T_{M(0)})^{-1} = T_{-M(0)}$이므로 (보기 9.2.2), $M = T_{M(0)} \circ L$이 된다.

우리의 주장은 $L(0)=0$인 $\mathbb{R}^n$의 rigid motion L은 linear map이라는 것이다. (이 주장도 잠잘 때에는 왜 그럴까 생각하지 않는 것이 현명하다.) 이 주장의 증명은 지금까지 공부한 추상적인 언어가 우리의 '고향' $\mathbb{R}^n$에서도 매우 강력한 tool이 되었음을 보여 줄 것이다.

먼저, 준비가 좀 필요하다.

관찰 9.2.8. $L(0)=0$인 $\mathbb{R}^n$의 rigid motion L은 다음 성질을 갖는다.

(가) $\|L(X)\| = \|X\|$ for all $X \in \mathbb{R}^n$.
(나) $\langle L(X), L(X)\rangle = \langle X, X\rangle$ for all $X \in \mathbb{R}^n$.
(다) $\langle L(X), L(Y)\rangle = \langle X, Y\rangle$ for all $X, Y \in \mathbb{R}^n$.
(라) $\mathfrak{B}$가 $\mathbb{R}^n$의 orthonormal basis이면, $L(\mathfrak{B})$도 $\mathbb{R}^n$의 orthonormal basis.

---

[15]우리는 '본능적'으로 rigid motion이 연속함수라는 성질을 이용할 생각을 하겠지만, 잠 못 이루는 밤이 점점 더 길어질 뿐이다.

증명 : (가) $\|L(X)-L(Y)\| = \|X-Y\|$ 에 $Y=0$ 을 대입.
(나) (가)항의 양변 제곱.
(다) $\|L(X)-L(Y)\| = \|X-Y\|$ 의 양변을 제곱해서 전개하면, 좌변은

$$\begin{aligned}&\langle L(X)-L(Y),\, L(X)-L(Y)\rangle \\ &= \langle L(X), L(X)\rangle - 2\langle L(X), L(Y)\rangle + \langle L(Y), L(Y)\rangle\end{aligned}$$

이고, 우변은

$$\langle X-Y,\, X-Y\rangle = \langle X, X\rangle - 2\langle X, Y\rangle + \langle Y, Y\rangle$$

이다. 이제 (나)항에 의해 $\langle L(X), L(X)\rangle = \langle X, X\rangle$ 이고 $\langle L(Y), L(Y)\rangle = \langle Y, Y\rangle$ 이므로,

$$2\langle L(X), L(Y)\rangle = 2\langle X, Y\rangle$$

가 된다.
(라) 연습문제 9.1.12 (나)항을 이용한다. 즉, $\mathfrak{B} = \{X_i\}$ 가 $\mathbb{R}^n$ 의 orthonormal basis 이면, $\langle X_i, X_j\rangle = \delta_{ij}$ 이므로, (다)항에 의해

$$\langle L(X_i), L(X_j)\rangle = \langle X_i, X_j\rangle = \delta_{ij}$$

이고, 따라서 $L(\mathfrak{B}) = \{L(X_i)\}$ 도 $\mathbb{R}^n$ 의 orthonormal basis. □

관찰 9.2.9. $A \in \mathfrak{M}_{n,n}(\mathbb{R})$ 의 column 들 $\{[A]^1, \ldots, [A]^n\}$ 이 $\mathbb{R}^n$ 의 orthonormal basis 이면, linear map L_A 는 rigid motion 이다.

증명 : 임의의 $X = (a_1, \ldots, a_n)^{\mathbf{t}} = \sum_i a_i \mathbf{e}_i \in \mathbb{R}^n$ 에 대해,

$$AX = \sum_i a_i A\mathbf{e}_i = \sum_i a_i [A]^i$$

이므로,

$$\|AX\|^2 = \left\langle \sum_i a_i [A]^i, \sum_i a_i [A]^i \right\rangle = \sum_{i,j} a_i a_j \delta_{ij} = \sum_i a_i{}^2 = \|X\|^2$$

이 된다. 즉,

$$\|AX\| = \|X\|, \qquad (\text{for all } X \in \mathbb{R}^n)$$

이고, 이 식의 X 대신 $(X-Y)$ 를 대입하면,

$$\|AX - AY\| = \|A(X-Y)\| = \|X-Y\|, \qquad (\text{for all } X, Y \in \mathbb{R}^n)$$

을 얻는다. □

준비가 하나 더 필요하다. 다음 관찰은 0을 0으로 보내는 rigid motion은 '거의' 선형사상임을 말해 주고 있다.

관찰 9.2.10. $L(0)=0$인 $\mathbb{R}^n$의 rigid motion L이 $\mathbb{R}^n$의 basis $\mathfrak{B}=\{X_i\}$의 원소를 모두 고정하면 — 즉, $[L(X_i)=X_i$ for all $i=1,\ldots,n]$이면 — L은 항등사상이다.[16]

증명 : $\mathfrak{B}^\perp=0$ 임을 이용한다(연습문제 9.1.16(가)항 참조). 즉, $X\in\mathbb{R}^n$이면, 관찰 9.2.8(다)항에 의해,

$$\langle X_i, L(X)\rangle = \langle L(X_i), L(X)\rangle = \langle X_i, X\rangle\,, \qquad (i=1,\ldots,n)$$

이므로, $L(X)-X\in\mathfrak{B}^\perp=0$. □

이제 준비는 끝났다. 다음 정리는 매우 **인상적**이다. (宇宙의 神秘를 푸는 첫 열쇠라고 말하면, 좀 지나친 표현일까?)

정리 9.2.11. (가) $L(0)=0$인 $\mathbb{R}^n$의 rigid motion L은 linear map이다.
(나) 따라서, $\mathbb{R}^n$의 rigid motion M은 translation과 linear rigid motion의 합성으로 쓸 수 있다.

증명 : (가) 우리는 **어차피** $L=L_A$인 $A\in\mathfrak{M}_{n,n}(\mathbb{R})$을 찾아야 하므로,

$$L(\mathbf{e}_j)=X_j, \qquad (j=1,\ldots,n)$$

으로 놓고, $A=(X_1,\ldots,X_n)$이라고 하자. 즉, A의 j-th column이 X_j이고, 따라서 $A\mathbf{e}_j=X_j$. 그런데, 위 관찰 9.2.8(라)항에 의하면, $\{X_1,\ldots,X_n\}$은 $\mathbb{R}^n$의 orthonormal basis가 된다. 따라서, 제 5장의 기본정리에 의해, A는 가역행렬이고, L_A도 가역이다. 이제, $L=L_A$를 직접 보이는 것은 잘 안 되므로, **'꾀를 내어'** $M'=(L_A)^{-1}\circ L=I$인 것을 보이자. 물론, 앞의 관찰 9.2.10을 이용하려는 속셈이다. 먼저, $M'(0)=0$인 것은 당연하고,

$$M'(\mathbf{e}_j)=(L_A)^{-1}(X_j)=A^{-1}X_j=\mathbf{e}_j, \qquad (j=1,\ldots,n)$$

인 것도 알 수 있다. 한편, 관찰 9.2.9와 **연습문제 9.2.7에 의해** M'도 rigid motion이므로, 관찰 9.2.10에 의해 $M'=I$. 증명 끝.
(나) 연습문제 9.2.7 바로 다음 단락에서 이미 증명하였다. 즉, $T_{-M(0)}\circ M=L$이라고 놓으면, (가)항에 의해 L은 linear이고, $M=T_{M(0)}\circ L$이 된다. □

[16] Linear Extension Theorem에 의하면, 이는 linear map의 가장 기본적인 성질이다.

그러나, 위 증명의 아름다움에만 빠져 있을 필요는 없다. 왜냐하면, 사실은, '별로 아름답지 않은(?)' — 그러나, 훨씬 더 간단한 — 두 번째 증명이 있기 때문이다.

정리 9.2.11 (가) 항의 두 번째 증명 : 이 두 번째 증명을 위해서는 관찰 9.2.8의 (다) 항과 (라) 항의 준비만으로 충분하다. 이제, $X, Y \in \mathbb{R}^n$ 일 때, 관찰 9.2.8 (다) 항을 반복해 적용하면, 모든 $j = 1, \ldots, n$ 에 대해

$$\begin{aligned}\langle L(\mathbf{e}_j), L(X+Y)\rangle &= \langle \mathbf{e}_j, X+Y\rangle \\ &= \langle \mathbf{e}_j, X\rangle + \langle \mathbf{e}_j, Y\rangle \\ &= \langle L(\mathbf{e}_j), L(X)\rangle + \langle L(\mathbf{e}_j), L(Y)\rangle \\ &= \langle L(\mathbf{e}_j), L(X)+L(Y)\rangle\end{aligned}$$

가 된다. 그런데, 관찰 9.2.8 (라) 항에 의해 $L(\mathcal{E})$는 $\mathbb{R}^n$의 basis 이므로,

$$L(X+Y) - L(X) - L(Y) \in L(\mathcal{E})^{\perp} = 0$$

이다(연습문제 9.1.16 (가) 항 참조). 따라서, $L(X+Y) = L(X) + L(Y)$. 그리고, $X \in \mathbb{R}^n$, $c \in \mathbb{R}$ 이면,

$$\langle L(\mathbf{e}_j), L(cX)\rangle = \langle \mathbf{e}_j, cX\rangle = c\,\langle \mathbf{e}_j, X\rangle = c\,\langle L(\mathbf{e}_j), L(X)\rangle = \langle L(\mathbf{e}_j), cL(X)\rangle$$

이므로, $L(cX) = cL(X)$ 인 것도 마찬가지. □

독자들은 어쩌면 위 두 번째 증명을 (훨씬) 선호할지도 모른다. 그러나, 이 두 번째 증명은 다시 들여다보아도 아무런 motivation 도 발견할 수가 없다. 그런 의미에서 위 두 번째 증명은 이 책 전체에서도 **매우 難解한 증명**이라고 생각된다.

눈치 빠른 독자들은 이미 우리가 기대하지도 않았던 副産物을 얻었음을 알았을 것이다.

따름정리 9.2.12. $\mathbb{R}^n$의 rigid motion은 항상 bijection이다.

증명 : Linear rigid motion은 항상 injection이고(관찰 9.2.5), 따라서 '傳家의 寶刀' Dimension Theorem에 의해 bijection이다. 또, translation은 물론 bijection이므로, 위 정리 (나) 항에 의해 $\mathbb{R}^n$의 rigid motion은 항상 bijection이다. □

사실 정리 9.2.11의 첫 번째 증명은 기본정리와 연습문제 9.2.7이 우리에게 중요한 motivation임이 잘 드러나도록 고안된 증명이라고 할 수 있다. 어쨌든, 정리 9.2.11과 따름정리 9.2.12의 증명에는 Dimension Theorem과 기본정리뿐만 아니라, 연습문제 9.2.7이 결정적인 역할을 하고 있다.[17] 이제 연습문제 9.2.7을 다시 state하면 다음과 같다.

연습문제 9.2.13. $\mathbb{R}^n$의 rigid motion 전체의 집합을 $\mathcal{A}(\mathbb{R}^n)$으로 표기할 때, 다음을 보여라.

(가) $L, M \in \mathcal{A}(\mathbb{R}^n)$이면, $L \circ M \in \mathcal{A}(\mathbb{R}^n)$.
(나) $L \in \mathcal{A}(\mathbb{R}^n)$이면, $L^{-1} \in \mathcal{A}(\mathbb{R}^n)$.

위 연습문제 9.2.13의 두 성질(그리고, $I \in \mathcal{A}(\mathbb{R}^n)$)을 만족시키는 집합을 우리는 group이라고 부른다. 우리는 group에 대해서 제11장에서 공부를 시작할 것이다.

연습문제 9.2.14. $L_A, L_B \in \mathcal{A}(\mathbb{R}^n)$이고 $Y, Z \in \mathbb{R}^n$일 때, 다음을 보여라.

(가) $T_Y \circ L_A = T_Z \circ L_B$이면, $A = B$이고 $Y = Z$이다. (따라서 $\mathcal{A}(\mathbb{R}^n)$의 원소를 $T_Y \circ L_A$ 형태로 쓰는 방법은 (항상 가능하고) 유일하다.)
(나) $L_A \circ T_Y = T_{AY} \circ L_A$.

정리 9.2.11에 의해 — translation은 우리가 너무 잘 이해하고 있으므로 — 이제 linear rigid motion을 이해하는 것이 곧 rigid motion을 이해하는 것임을 알 수 있다. 따라서, 다음 節부터는 — 그리고, 이 책이 끝날 때까지 — linear rigid motion을 공부한다.

[17] 그러나, rigid motion의 연속성을 비롯한 어떤 'geometric intuition'도 필요하지 않다.

9.3. Orthogonal Operator / Matrix

앞 節의 정리 9.2.11에서 그 중요성이 인정된 linear rigid motion은 이제 새로운 이름을 갖는다.

정의 9.3.1. (가) $\mathbb{R}^n$의 **linear** rigid motion을 (real) **orthogonal operator**라고 부른다. 또, L이 $\mathbb{R}^n$의 orthogonal operator이고 $L = L_A$이면, real $(n\times n)$-matrix A를 (real) **orthogonal matrix**라고 부른다.
(나) $\mathbb{R}^n$의 orthogonal operator 전체의 집합을 [**orthogonal group** on $\mathbb{R}^n$]이라고 부르고, $\mathbf{O}(\mathbb{R}^n)$으로 표기한다. 즉,

$$\mathbf{O}(\mathbb{R}^n) = \{L \in \mathfrak{L}(\mathbb{R}^n, \mathbb{R}^n) \mid \|L(X) - L(Y)\| = \|X - Y\| \text{ for all } X, Y \in \mathbb{R}^n\}.$$

또, real $(n\times n)$-orthogonal matrix 전체의 집합을 (real) **orthogonal group**이라고 부르고, $\mathbf{O}(n)$으로 표기한다. 즉,

$$\mathbf{O}(n) = \{A \in \mathfrak{M}_{n,n}(\mathbb{R}) \mid \|AX - AY\| = \|X - Y\| \text{ for all } X, Y \in \mathbb{R}^n\}$$

이다.

이제 정리 9.2.11을 위에서 정의한 terminology를 사용하여 다시 기술하면 다음과 같다.

따름정리 9.3.2. $M : \mathbb{R}^n \to \mathbb{R}^n$이 rigid motion이면,

$$M(X) = AX + B, \qquad (X \in \mathbb{R}^n)$$

인 $A \in \mathbf{O}(n)$과 $B \in \mathbb{R}^n$이 유일하게 존재한다.[18]

증명 : 정리 9.2.11의 증명의 표기법을 그대로 사용하면, $M = T_{M(0)} \circ L$에서 $L = L_A$, $B = M(0)$으로 놓으면 된다. $A \in \mathbf{O}(n)$과 $B \in \mathbb{R}^n$의 uniqueness는 독자들에게 맡긴다(연습문제 9.2.14(가)항 참조). □

다음 연습문제는 $\mathbf{O}(\mathbb{R}^n)$과 $\mathbf{O}(n)$이 제11장에서 공부할 group이라는 의미이다.

연습문제 9.3.3. 다음을 보여라.

(가) $L, M \in \mathbf{O}(\mathbb{R}^n)$이면, $L \circ M \in \mathbf{O}(\mathbb{R}^n)$. 또, $A, B \in \mathbf{O}(n)$이면, $AB \in \mathbf{O}(n)$.
(나) $L \in \mathbf{O}(\mathbb{R}^n)$이면, $L^{-1} \in \mathbf{O}(\mathbb{R}^n)$. 또, $A \in \mathbf{O}(n)$이면, $A^{-1} \in \mathbf{O}(n)$.

[18] 이런 뜻에서, rigid motion 대신 affine transformation이라는 '고급' 용어를 사용하기도 한다.

다음은 orthogonal operator와 orthogonal matrix의 기본적인 성질들이다. 이미 대부분은 관찰9.2.8과 관찰9.2.9에서 살펴본 것들이지만, 독자들에게 더욱 친숙해지도록 한번 더 반복한다.

관찰 9.3.4. $L:\mathbb{R}^n\to\mathbb{R}^n$이 linear일 때, 다음 조건들은 동치이다.

(1) $\|LX-LY\|=\|X-Y\|$ for all $X,Y\in\mathbb{R}^n$. (즉, $L\in\mathbf{O}(\mathbb{R}^n)$.)

(2) $\|LX\|=\|X\|$ for all $X\in\mathbb{R}^n$.

(3) $\langle LX,LX\rangle=\langle X,X\rangle$ for all $X\in\mathbb{R}^n$.

(4) $\langle LX,LY\rangle=\langle X,Y\rangle$ for all $X,Y\in\mathbb{R}^n$.

(5) $\mathfrak{B}$가 $\mathbb{R}^n$의 orthonormal basis이면, $L(\mathfrak{B})$도 $\mathbb{R}^n$의 orthonormal basis.

증명 : [(1)⇒(2)]: 조건(1)에 $Y=0$ 대입.

[(2)⇒(1)]: 조건(2)에 X 대신 $(X-Y)$를 대입. ($L(X-Y)=LX-LY$.)

[(2)⇔(3)]: 조건(2)의 양변 제곱.

[(3)⇒(4)]: '본능적'으로 조건(3)에 X 대신 $(X-Y)$를 대입한다. 혹은, 지금은 $(X+Y)$를 대입해도 된다. 관찰9.2.8(다)항의 증명 참조.

[(4)⇒(3)]: 자명.

[(4)⇒(5)]: $\mathfrak{B}=\{X_i\}$가 $\mathbb{R}^n$의 orthonormal basis이면, $\langle X_i,X_j\rangle=\delta_{ij}$이므로,

$$\langle LX_i,LX_j\rangle=\langle X_i,X_j\rangle=\delta_{ij}$$

이고, 따라서 $L\mathfrak{B}=\{LX_i\}$도 $\mathbb{R}^n$의 orthonormal basis.

[(5)⇒(2)]: $\mathfrak{B}=\{X_i\}$가 $\mathbb{R}^n$의 orthonormal basis일 때(예를 들어, $\mathfrak{B}=\mathcal{E}$), $X=\sum_i a_iX_i$로 쓰면,

$$\|X\|^2=\left\langle\sum_i a_iX_i,\ \sum_i a_iX_i\right\rangle=\sum_{i,j}a_ia_j\delta_{ij}=\sum_i {a_i}^2$$

이다. 같은 방법을 $LX=\sum_i a_iLX_i$에 적용하면, $L\mathfrak{B}$도 orthonormal basis이므로,

$$\|LX\|^2=\sum_i {a_i}^2$$

이 된다. 따라서, $\|LX\|=\|X\|$. □

따라서, 이제 $\mathbb{R}^n$의 orthogonal operator는 **거리를 보존**하고(조건(1)), **길이를 보존**하고(조건(2)), **dot product를 보존**하고(조건(4)), **orthonormal basis를 보존**하는(조건(5)) linear operator라고 말할 수 있다.

연습문제 9.3.5. 위 관찰9.3.4의 동치조건에 다음 조건

(2)′ $\|X\|=1$ 이면, $\|LX\|=1$. (즉, L은 unit vector를 보존.)

(5)′ $L\mathfrak{B}$가 $\mathbb{R}^n$의 orthonormal basis 인 $\mathbb{R}^n$의 orthonormal basis $\mathfrak{B}$ 존재.

을 추가할 수 있음을 보여라.

다음은 위 관찰9.3.4의 matrix version이다.

관찰 9.3.6. $A \in \mathfrak{M}_{n,n}(\mathbb{R})$일 때, 다음 조건들은 동치이다.

(1) $\|AX-AY\|=\|X-Y\|$ for all $X,Y \in \mathbb{R}^n$. (즉, $A \in \mathbf{O}(n)$.)

(2) $\|AX\|=\|X\|$ for all $X \in \mathbb{R}^n$.

(3) $\langle AX, AX\rangle = \langle X, X\rangle$ for all $X \in \mathbb{R}^n$.

(4) $\langle AX, AY\rangle = \langle X, Y\rangle$ for all $X,Y \in \mathbb{R}^n$.

(5) A의 column들의 집합 $\{[A]^1,\ldots,[A]^n\}$은 $\mathbb{R}^n$의 orthonormal basis.

(6) $A^{\mathbf{t}}\cdot A=I=A\cdot A^{\mathbf{t}}$. 즉, $A^{-1}=A^{\mathbf{t}}$.

(7) $A^{\mathbf{t}} \in \mathbf{O}(n)$.

(8) A의 row들의 집합 $\{[A]_1,\ldots,[A]_n\}$은 $\mathfrak{M}_{1,n}(\mathbb{R})$의 orthonormal basis.

증명 : [(1)⇔(2)⇔(3)⇔(4)⇔(5)]: 관찰9.3.4에서 L 대신 L_A를 생각한다. 물론 $[A]^i=A\mathbf{e}_i$ 임을 이용.
[(5)⇔(6)]: 당연히 조건(6)은 $A^{\mathbf{t}}\cdot A=I$인 것과 동치이다. 한편, $(A^{\mathbf{t}}\cdot A)$의 (i,j)-좌표는 $A^{\mathbf{t}}$의 i-th row(즉, A의 i-th column)와 A의 j-th column의 dot product이다. 따라서, $(A^{\mathbf{t}}\cdot A)$의 (i,j)-좌표가 δ_{ij} 인 것과 $\langle [A]^i,[A]^j\rangle=\delta_{ij}$ 인 것은 동치이다.
[(6)⇔(7)⇔(8)]: 독자들에게 맡긴다. □

추가증명 : [(4)⇔(6)]: 먼저, 조건(4)를 가정하면,

$$X^{\mathbf{t}}\cdot Y=\langle X,Y\rangle=\langle AX,AY\rangle=(AX)^{\mathbf{t}}\cdot AY=X^{\mathbf{t}}(A^{\mathbf{t}}\cdot A)\,Y, \qquad (X,Y\in\mathbb{R}^n)$$

이 된다. 물론 $X^{\mathbf{t}}\cdot Y=X^{\mathbf{t}}\cdot IY$이므로, 아래 연습문제9.3.7에 의해, $I=A^{\mathbf{t}}\cdot A$이다. 역증명도 마찬가지. □

다음 연습문제는 거의 자명하지만, 매우 자주 사용되므로 기록하여 둔다.

연습문제 9.3.7. $B,C\in\mathfrak{M}_{m,n}(F)$일 때, $[X^{\mathbf{t}}\cdot BY=X^{\mathbf{t}}\cdot CY$ for all $X\in F^m$, $Y\in F^n]$이면, $B=C$임을 보여라.

관찰 9.3.6은 무엇보다도

$$[(n\times n)\text{-}\textbf{orthogonal matrix를 찾는 문제}]$$
$$=[\mathbb{R}^n\textbf{의 orthonormal basis를 찾는 문제}]$$

인 것을 말해 준다. 그렇지만, 관찰 9.3.6의 essence는 역시 조건 (6)이다. 조건 (6)은

$$\mathbf{O}(n)=\{A\in\mathfrak{M}_{n,n}(\mathbb{R})\mid A^{\mathbf{t}}\cdot A=I\}$$

의 '멋진' 표현을 가능하게 해준다.

독자들은 어쩌면 조금은 의아해 하고 있을지도 모른다. 그토록 행렬과 선형사상은 같은 것이라고 외치더니만, 관찰 9.3.4와 관찰 9.3.6에서 왜 같은 말을 두 번 반복하느냐고……. 그러나, 관찰 9.3.4에는 관찰 9.3.6의 조건 (6)에 대응하는 항목이 없음을 발견할 수 있을 것이다.

물론 지금은 $(L_A)^{\mathbf{t}}=L_{A^{\mathbf{t}}}$로 **정의**하면,

$$\mathbf{O}(\mathbb{R}^n)=\{L\in\mathfrak{L}(\mathbb{R}^n,\mathbb{R}^n)\mid L^{\mathbf{t}}\circ L=I\}$$

로 쓸 수 있을 것이므로 별 문제 없어 보인다. 확인해 보라. (사실은 확인할 것도 없다. 바로 행렬과 선형사상은 같은 것이라는 [우리의 철학]이다.) 그러나 우리의 '고향' Euclidean space를 떠나더라도 항상 이렇게 편안할는지는 두고 볼 일이다(질문 5.4.22 및 참고 5.4.23 참조). 뒤에 알게 되겠지만, 선형사상 $L\in\mathfrak{L}(V,W)$의 transpose $L^{\mathbf{t}}$의 정의는 독자들을 제법 괴롭힐 것이다. 그리고, $L^{\mathbf{t}}$를 정의하는 것은 우리의 **중요한 目標**의 하나이다.)

지금이 special orthogonal group을 소개할 적당한 기회이다.

연습문제 9.3.8. $A\in\mathbf{O}(n)$이면, $\det(A)=\pm1$임을 보여라.

정의 9.3.9. Special orthogonal group $\mathbf{SO}(n)$을

$$\mathbf{SO}(n)=\{A\in\mathbf{O}(n)\mid \det(A)=1\}$$

로 정의한다. 이제,

$$\mathbf{SO}(\mathbb{R}^n)=\{L\in\mathbf{O}(\mathbb{R}^n)\mid \det(L)=1\}$$

로 표기하는 것은 당연하다.[19]

[19] Linear map의 determinant를 벌써 잊지는 않았으리라고 믿는다.

기하학에서는 $A \in \mathbf{SO}(n)$ 이면 L_A를 $\mathbb{R}^n$의 orientation preserving orthogonal operator, $A \in \mathbf{O}(n) - \mathbf{SO}(n)$ 이면 L_A를 $\mathbb{R}^n$의 orientation reversing orthogonal operator라고 부른다.

다음 연습문제는 독자들이 기대하는 바와 一致한다.

연습문제 9.3.10. 다음을 보여라.

(가) $I \in \mathbf{SO}(n)$.

(나) $A, B \in \mathbf{SO}(n)$ 이면, $AB \in \mathbf{SO}(n)$.

(다) $A \in \mathbf{SO}(n)$ 이면, $A^{-1} \in \mathbf{SO}(n)$.

다음 관찰은 앞 제6장의 연습문제 6.2.15와 매우 유사하다. 그리고, 제12장에서는 coset decomposition이라는 이름으로 부르게 된다.

연습문제 9.3.11. $S \in \mathbf{O}(n) - \mathbf{SO}(n)$을 고정하고, 다음을 보여라.

(가) 실제로, $\mathbf{O}(n) - \mathbf{SO}(n) \neq \emptyset$.

(나) $\lambda_S : \mathbf{SO}(n) \to S \cdot \mathbf{SO}(n)$을 (단, $S \cdot \mathbf{SO}(n) = \{SA \mid A \in \mathbf{SO}(n)\}$)

$$\lambda_S(A) = SA, \qquad (A \in \mathbf{SO}(n))$$

이라고 정의하면, λ_S는 bijection.[20]

(다) $\mathbf{O}(n) - \mathbf{SO}(n) = S \cdot \mathbf{SO}(n)$.[21]

(라) $\mathbf{O}(n) = \mathbf{SO}(n) \amalg (S \cdot \mathbf{SO}(n))$.

---

[20] λ는 left multiplication의 첫 글자에서 따왔다.

[21] Hint; $R \in \mathbf{O}(n) - \mathbf{SO}(n)$ 이면, $S^{-1}R \in \mathbf{SO}(n)$ 이므로$\cdots\cdots$.

9.4. Reflection

이 節에서는 $\mathbb{R}^n$-공간의 reflection을 소개한다. 다음 보기는 이미 고등학교와 미적분학에서 여러 번 다루었던 것이다.[22]

보기 9.4.1. $X, Y \in \mathbb{R}^3$이고 $Y \neq 0$일 때, 우선 X를 Y에 평행한 성분과 Y에 수직인 성분으로 나누어 보자. Y에 평행한 성분을 aY라고 놓으면(단, $a \in \mathbb{R}$), Y에 수직인 성분은 $(X - aY)$가 되므로, $\langle X - aY, Y\rangle = 0$이어야 한다. 이 식을 정리하면, $a\langle Y, Y\rangle = \langle X, Y\rangle$이고, 따라서 $a = \dfrac{\langle X, Y\rangle}{\langle Y, Y\rangle}$가 된다.

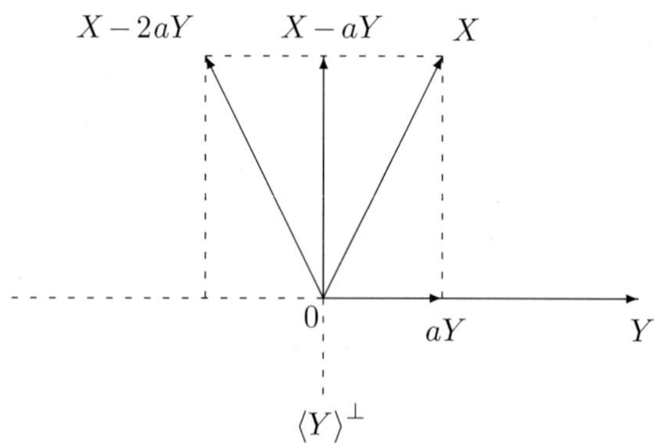

그리고, [Y에 수직인 평면 $\langle Y\rangle^\perp$]에 대해, X를 '**대칭이동**'하면 $X - \dfrac{2\langle X, Y\rangle}{\langle Y, Y\rangle}Y$를 얻는다.

다음 정의는 위 보기를 $\mathbb{R}^n$-공간으로 확장한 것이다.

정의 9.4.2. $0 \neq Y \in \mathbb{R}^n$일 때, 함수 $S_Y : \mathbb{R}^n \to \mathbb{R}^n$을

$$S_Y(X) = X - \frac{2\langle X, Y\rangle}{\langle Y, Y\rangle}Y, \qquad (X \in \mathbb{R}^n)$$

으로 정의하고, S_Y를 Y에 관한 **reflection** 또는 **symmetry**라고 부른다. (물론 $Y = 0$일 때, 0에 관한 reflection은 무의미하다.)

다음은 노파심에서⋯⋯.

주의 9.4.3. 고등학교(옛날(?) 교육과정) 때의 [x-축에 대한 '대칭이동']은 이제 [$(0,1)^{\mathbf{t}}$에 관한 reflection $S_{(0,1)^{\mathbf{t}}}$]로 바뀌었음에 주의하기 바란다.

[22]'정사영'이라는 단어도 기억난다.

독자들도 기억하는지 모르지만, (특히 $\mathbb{R}^2$의) reflection은 초등학교 수학 교과서에서부터 강조되어 있다.[23] 그럼, 이제 $\mathbb{R}^n$의 reflection을 (제대로) 분석해 보자. 다음은 reflection의 기본적인 성질들이다.

연습문제 9.4.4. $0 \neq Y \in \mathbb{R}^n$일 때, 다음을 보여라. (먼저 그림으로 이해하고, 계산으로도 확인해 보라.)

(가) $0 \neq c \in \mathbb{R}$이면, $S_Y = S_{cY}$.

(나) $S_Y(Y) = -Y$.

(다) $X \perp Y$이면, 즉 $X \in \langle Y \rangle^\perp$이면, $S_Y(X) = X$.

$\mathbb{R}^n$의 reflection S_Y가 linear map인 것은 — 그림을 생각해 보면(직관적으로) — 거의 자명하다. 왜냐하면, 우선 $S_Y(aX) = aS_Y(X)$인 것은 설명할 필요조차 없고, $S_Y(X+X') = S_Y(X) + S_Y(X')$인 것은 X와 X'을 포함하는 평행사변형을 통째로 대칭이동시켜 보면 알 수 있다. 뿐만 아니라, reflection S_Y가 orthogonal operator인 것은 — 즉, vector의 길이를 보존하는 것은 — 너무나 당연하다. 따라서, $S_Y \in \mathbf{O}(\mathbb{R}^n)$이다. 만약, 이 설명이 도저히 믿어지지 않는다면, '무식한 계산을 통해(by brutal force)' 확인해 볼 수밖에 없다.

연습문제 9.4.5. $S_Y \in \mathbf{O}(\mathbb{R}^n)$임을 (계산을 통해) 확인해 보라.[24]

다음의 'story'는 reflection을 생각할 때의 우리의 '**사고방식(the way of thinking)**'이다. 여러 번 반복해서 읽어서 익숙해지기 바란다. (내용이 그리 만만하지만은 않다.)

우선 보기 9.1.18을 다시 살펴볼 필요가 있다. 즉, $Y \neq 0$이면,

$$\langle Y \rangle \cap \langle Y \rangle^\perp = 0, \qquad \dim \langle Y \rangle^\perp = n - \dim \langle Y \rangle = n-1$$

이므로, 관찰 7.6.4에 의해

$$\mathbb{R}^n = \langle Y \rangle \oplus \langle Y \rangle^\perp$$

가 되는 것을 알 수 있다.[25] 그리고 direct sum은 basis의 partition에 대응하므로(관찰 7.6.16), 만약 $\mathfrak{C} = \{X_2, \ldots, X_n\}$을 $\langle Y \rangle^\perp$의 ordered basis라고 하면, $\mathfrak{B} = \{Y, X_2, \ldots, X_n\}$이 $\mathbb{R}^n$의 ordered basis가 된다.

[23] 중학교와 고등학교 수학 교과서에는?

[24] 사실 이 연습문제는 미적분학의 단골 시험 문제이다.

[25] 이런 형태의 direct sum을 흔히 orthogonal direct sum이라고 부른다.

매우 흥미로운 사실은 위 연습문제 9.4.4의 (나)항과 (다)항의 성질이 linear operator S_Y를 완전히 決定(completely determine)해 준다는 것이다. 즉,

$$S_Y(Y) = -Y, \qquad S_Y|_{\langle Y\rangle^\perp} = I_{\langle Y\rangle^\perp}$$

이므로, Linear Extension Theorem에 의해 S_Y는 이 두 조건에 의해 uniquely determined된다. 다시 말해, S_Y는 이 두 조건을 만족시키는 유일한 linear operator라는 뜻이다. 뿐만 아니라,

$$[S_Y]_{\mathfrak{B}}^{\mathfrak{B}} = \mathrm{diag}(-1, 1, \ldots, 1)$$

인 것도 알 수 있다.

연습문제 9.4.6. $0 \neq Y \in \mathbb{R}^n$일 때, 위의 '사고방식'을 이용하여

$$(S_Y)^2 = I, \qquad (S_Y)^{-1} = S_Y$$

임을 설명하라.

연습문제 9.4.7. $0 \neq Y \in \mathbb{R}^n$일 때, $\det(S_Y) = -1$임을 보여라.

이제 reflection을 행렬의 관점에서 살펴보자. 물론 $S_Y = L_A$인 $A \in \mathbf{O}(n)$이 유일하게 존재할 것이다. 그리고 우리는

$$A = [S_Y]_{\mathcal{E}}^{\mathcal{E}} = [I]_{\mathcal{E}}^{\mathfrak{B}} \cdot [S_Y]_{\mathfrak{B}}^{\mathfrak{B}} \cdot [I]_{\mathfrak{B}}^{\mathcal{E}} = [I]_{\mathcal{E}}^{\mathfrak{B}} \cdot \mathrm{diag}(-1, 1, \ldots, 1) \cdot [I]_{\mathfrak{B}}^{\mathcal{E}}$$

인 것을 잘 알고 있다. 이 식에서 $\mathrm{diag}(-1, 1, \ldots, 1) \in \mathbf{O}(n)$인 것은 자명하지만, $[I]_{\mathcal{E}}^{\mathfrak{B}} \in \mathbf{O}(n)$이어야만 할 이유는 없다. 실제, 관찰 9.3.6의 조건 (5)에 의하면, $[I]_{\mathcal{E}}^{\mathfrak{B}} \in \mathbf{O}(n)$일 필요충분조건은 $[I]_{\mathcal{E}}^{\mathfrak{B}}$의 column들의 집합 $\mathfrak{B}$가 $\mathbb{R}^n$의 orthonormal basis인 것이다.

그런데, $\mathfrak{B}$가 orthonormal basis이기 위해서는 무엇보다도 먼저 $\|Y\| = 1$이어야만 할 것이다. 물론 우리는 연습문제 9.4.4 (가)항에 의해 $\|Y\| = 1$이라고 — 즉, Y가 unit vector라고 — **가정**해도 좋을 것이다.[26] 그러면, $\mathfrak{B}$가 $\mathbb{R}^n$의 orthonormal basis일 필요충분조건은 $\mathfrak{C}$가 $\langle Y\rangle^\perp$의 orthonormal basis인 것은 분명하다(확인해 보라).

따라서, 다음 질문이 필연적이다.

질문 9.4.8. $W \leq \mathbb{R}^n$이면, W의 orthonormal basis를 항상 찾을 수 있는가?

[26] 애당초, $\|Y\| = 1$인 경우에만 reflection S_Y를 정의해도 된다.

이건 $n=2,3$이면 당연한데 $\cdots\cdots$. 어쨌든, 우리는 다음 章에서 위 질문의 답이 "예"인 것을 배우게 된다(Gram-Schmidt Orthogonalization Process).

그러므로, 만약 $\mathfrak{C}$가 $\langle Y\rangle^{\perp}$의 orthonormal basis였다고 하면, $[I]_{\mathcal{E}}^{\mathfrak{B}} \in \mathbf{O}(n)$이 된다. 이제, 다음 식

$$A = [I]_{\mathcal{E}}^{\mathfrak{B}} \cdot \mathrm{diag}(-1, 1, \ldots, 1) \cdot [I]_{\mathfrak{B}}^{\mathcal{E}}$$

에서 우변의 세 행렬이 모두 $\mathbf{O}(n)$의 원소가 된다. ($[I]_{\mathfrak{B}}^{\mathcal{E}} \in \mathbf{O}(n)$인 이유는?) 좌변의 A는, 물론, 원래 $\mathbf{O}(n)$의 원소이다. 즉, 위 등식은 orthogonal group의 內部에서 일어난 일이다.[27]

이제 orthonormal basis를 '**직교좌표계**'라고 번역하면 더 친근하게 느껴진다.[28] 즉, 표준 직교좌표계 $\mathcal{E}$를 새로운 직교좌표계 $\mathfrak{B}$로 바꾸면, reflection S_Y는 하나의 좌표축(즉, Y-축)에 관해서만 '뒤집고' 나머지 모든 좌표축은 고정하는 orthogonal operator임을 알 수 있다.

여기까지가 reflection을 만났을 때의 우리의 '**사고방식**'이다. 이 '사고방식'은 우리 '이야기'의 마지막 장면까지 계속 중요한 역할을 할 것이다.

---

[27] $A, B \in \mathfrak{M}_{n,n}(\mathbb{R})$일 때, 만약 $B = U^{-1}AU$인 $U \in \mathbf{O}(n)$이 존재하면, 우리는 흔히 A와 B가 orthogonally similar하다고 말한다.

[28] 엄밀하게는 정규직교좌표계.

9.5. O(2) 와 SO(2)

보기 9.5.1. $\mathbf{O}(1)=\{1,-1\}$, $\mathbf{SO}(1)=\{1\}$.

이 節에서는 $\mathbf{O}(2)$와 $\mathbf{SO}(2)$를 분석한다. 즉, 평면의 linear rigid motion을 공부한다.

정리 9.5.2. $\mathbf{SO}(2)$의 원소는 2-dimensional rotation뿐이다. 즉,

$$\begin{aligned}\mathbf{SO}(2) &= \left\{ \begin{pmatrix} \cos\theta & -\sin\theta \\ \sin\theta & \cos\theta \end{pmatrix} \;\middle|\; 0\le\theta<2\pi \right\} \\ &= \left\{ \begin{pmatrix} x & -y \\ y & x \end{pmatrix} \;\middle|\; x,y\in\mathbb{R},\;\; x^2+y^2=1 \right\}\end{aligned}$$

이다.

고등학생의 증명 : $A=\begin{pmatrix} x & z \\ y & w \end{pmatrix}\in\mathbf{SO}(2)$라고 하면, 다음 2-**차 연립방정식**

$$x^2+y^2=1,\quad z^2+w^2=1,\quad xz+yw=0,\quad xw-yz=1$$

을 풀라는 것이다. 이제, 훈련 받은대로(!), $(x,y)^{\mathbf{t}}=(\cos\theta,\sin\theta)^{\mathbf{t}}$로 놓은 다음, 눈치를 좀 살핀 뒤……, $(z,w)^{\mathbf{t}}=(\sin\eta,\cos\eta)^{\mathbf{t}}$로 놓는다. (상당한 눈칫밥…….[29] 하기야, 답을 알고 하는 계산이니.) 이제, $[\eta=2m\pi-\theta$ for some $m\in\mathbb{Z}]$임을 보이면 된다. 그런데,

$$\sin(\theta+\eta)=\cos\theta\,\sin\eta+\sin\theta\,\cos\eta=xz+yw=0$$

$$\cos(\theta+\eta)=\cos\theta\,\cos\eta-\sin\theta\,\sin\eta=xw-yz=1$$

이므로, …….[30] (이 증명을 완성하라.) □

Freshman's Proof : (삼각함수의 덧셈정리는 가물가물하므로) 한참 우왕좌왕하다가……, $w=-\frac{xz}{y}$로 치환한 후(먼저, $y=0$인 경우와 $y\neq0$인 경우로 나누고), $w^2=\frac{x^2z^2}{y^2}$을 $z^2+w^2=1$에 대입하면,

$$1=z^2+w^2=\frac{z^2(y^2+x^2)}{y^2}=\frac{z^2}{y^2}$$

이 된다. 즉, $|z|=|y|$이므로, $z=y$이면……, $z=-y$이면……. (이 증명도 완성해 보라. 끈기를 갖고.) □

---

[29] 물론, $(z,w)^{\mathbf{t}}=(\cos\eta,\sin\eta)^{\mathbf{t}}$로 놓아서 안 될 것도 없긴 하지만.
[30] 아, 오늘을 위해 삼각함수의 덧셈정리를 외운 느낌.

Sophomore's Proof : (여러 경우로 나누는 것도 괴로워서) 말과 그림으로 때운다. Orthogonal matrix 를 찾는 것은 orthonormal basis 를 찾는 것과 같으므로, orthonormal basis 의 첫 벡터를 $(\cos\theta, \sin\theta)^{\mathbf{t}}$ 로 놓으면 — 다음 그림

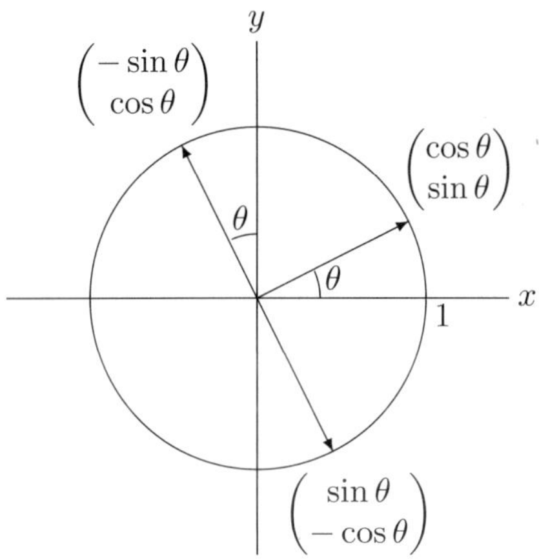

에서 보는 바와 같이 — orthonormal basis 의 두 번째 벡터는 $(-\sin\theta, \cos\theta)^{\mathbf{t}}$ 이거나 $(\sin\theta, -\cos\theta)^{\mathbf{t}}$ 둘 중 하나이다. 그런데,

$$\det\begin{pmatrix}\cos\theta & -\sin\theta\\ \sin\theta & \cos\theta\end{pmatrix} = 1, \qquad \det\begin{pmatrix}\cos\theta & \sin\theta\\ \sin\theta & -\cos\theta\end{pmatrix} = -1$$

이므로, 증명 끝. □

위에서 여러 가지 증명을 제시한 이유는 독자들에게 어느 증명이 가장 마음에 드는지 묻기 위한 것이다. 독자들 스스로 답해 보기 바란다.[31]

그런데, 위 Sophomore's Proof (Freshman's Proof 도 마찬가지) 를 다시 잘 살펴보면, 우리는 **SO**(2) 뿐만이 아니라 **O**(2) 전체를 묘사할 수 있음을 알 수 있다. 따라서:

따름정리 9.5.3. $\mathbf{O}(2) = \mathbf{SO}(2) \coprod \left\{ \begin{pmatrix} x & y \\ y & -x \end{pmatrix} \,\middle|\, x, y \in \mathbb{R},\ x^2 + y^2 = 1 \right\}.$

이 명제를 '따름정리'라고 부른 이유는 연습문제 9.3.11 때문이다. 즉, 연습문제 9.3.11 에 의해, **SO**(2) 의 원소를 모두 안다면, 그로부터 **O**(2) − **SO**(2) 의 원소도 모두 알 수 있기 때문이다.

[31] 물론, 이 질문의 정답은 있을 수 없다.

이를 구체적으로 살펴보자. 임의의 $S \in \mathbf{O}(2) - \mathbf{SO}(2)$에 대해,

$$\mathbf{O}(2) - \mathbf{SO}(2) = S \cdot \mathbf{SO}(2)$$

이므로, 특별히 $S = \begin{pmatrix} -1 & 0 \\ 0 & 1 \end{pmatrix}$이라고 놓으면, $\mathbf{O}(2) - \mathbf{SO}(2)$의 원소들은 모두

$$\begin{pmatrix} -1 & 0 \\ 0 & 1 \end{pmatrix} \begin{pmatrix} x & -y \\ y & x \end{pmatrix} = \begin{pmatrix} -x & y \\ y & x \end{pmatrix}, \qquad (\text{단, } x, y \in \mathbb{R},\ x^2 + y^2 = 1)$$

의 꼴이 된다. 이제, 이 표현에서 x 대신 $(-x)$를 대입하면, 원하던 대로

$$\mathbf{O}(2) - \mathbf{SO}(2) = \left\{ \begin{pmatrix} x & y \\ y & -x \end{pmatrix} \,\middle|\, x, y \in \mathbb{R},\ x^2 + y^2 = 1 \right\}$$

이 된다.

이제 $\mathbb{R}^2$의 linear isometry들을 — 즉, orthogonal operator들을 — 完全히 묘사한 것 같지만, 아직 몇 가지 해결해야 할 문제가 남아 있다.

앞에서와 같이, $L_A = A$로 표기법을 혼동(남용)하기로 하고, rotation R_θ를

$$R_\theta = \begin{pmatrix} \cos\theta & -\sin\theta \\ \sin\theta & \cos\theta \end{pmatrix}$$

로 표기하자. 그리고, 앞 따름정리의 영향을 받아

$$S_\theta = \begin{pmatrix} \cos\theta & \sin\theta \\ \sin\theta & -\cos\theta \end{pmatrix}$$

의 표기법도 사용하자.

질문 9.5.4. $\theta \in \mathbb{R}$이면, S_θ는 $\mathbb{R}^2$의 reflection인가?

다음 질문은 조금 더 흥미롭다.

질문 9.5.5. $Y, Z \in \mathbb{R}^2$일 때, 두 reflection S_Y와 S_Z의 곱 $S_Y \circ S_Z$는

$$\det(S_Y \circ S_Z) = \det(S_Y) \cdot \det(S_Z) = (-1) \cdot (-1) = 1$$

이므로 — 정리 9.5.2에 의해 — $\mathbb{R}^2$의 rotation이다. 따라서,

$$S_Y \circ S_Z = R_\theta$$

인 $\theta \in \mathbb{R}$이 존재한다. 이 θ를 어떻게 구할까?

먼저, 질문 9.5.4를 생각해 보면, 누구나 다음 그림을 그릴 것이다. 다음 그림을 차분히 들여다보면, 아래 관찰은 오히려 분명하다.

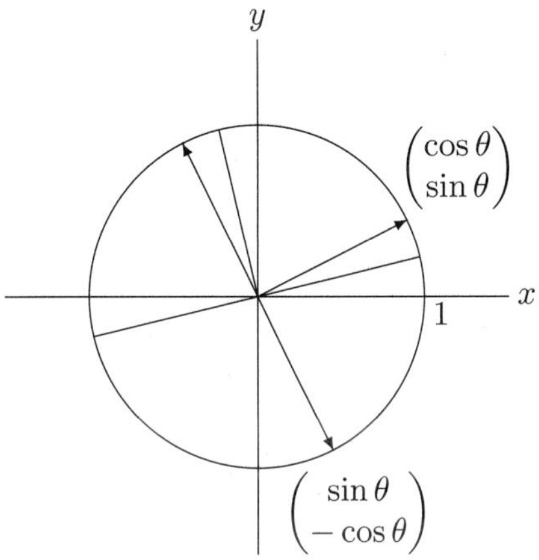

관찰 9.5.6. $\theta \in \mathbb{R}$일 때, $Y_\theta = \left(-\sin\frac{\theta}{2}, \cos\frac{\theta}{2}\right)^{\mathbf{t}}$로 놓으면, $S_\theta = S_{Y_\theta}$가 된다. 즉, S_θ는 reflection이다.

증명 : 위 그림으로 만족할 수 없다면, 계산을 통해 확인할 수밖에 없다. 즉,

$$\begin{pmatrix}\cos\theta & \sin\theta\\ \sin\theta & -\cos\theta\end{pmatrix}\begin{pmatrix}1\\0\end{pmatrix} = S_{Y_\theta}\begin{pmatrix}1\\0\end{pmatrix}, \qquad \begin{pmatrix}\cos\theta & \sin\theta\\ \sin\theta & -\cos\theta\end{pmatrix}\begin{pmatrix}0\\1\end{pmatrix} = S_{Y_\theta}\begin{pmatrix}0\\1\end{pmatrix}$$

인 것을 확인하여야 한다. 독자들에게 맡긴다……. 헉, **반각 공식**! □

다음 명제는 이제 自明하지만, 그 중요성을 감안하여 분명히 정리해 둔다. 독자들은 다음 명제를 '맨손'으로 증명한다면 얼마나 답답할지 상상해 보기 바란다.

정리 9.5.7. $\mathbb{R}^2$의 orthogonal operator L은 rotation이거나 reflection 둘 중 하나이다. 즉, 만약 $\det(L) = 1$이면 L은 rotation이고, 만약 $\det(L) = -1$이면 L은 reflection이다.

증명 : 너무 당연하지만, 꼭 무언가 써야 한다면,

$$\mathbf{O}(2) = \mathbf{SO}(2) \coprod \left(\mathbf{O}(2) - \mathbf{SO}(2)\right) = \{R_\theta \mid \theta \in \mathbb{R}\} \coprod \{S_\theta \mid \theta \in \mathbb{R}\}$$

이고, S_θ는 모두 reflection이므로. □

보기 9.5.8. (가) $\mathbb{R}^2$의 rotation R과 reflection S의 합성 $R \circ S$와 $S \circ R$은 언제나 $\mathbb{R}^2$의 reflection이다(왜 그런가?).
(나) 또, S, S'이 $\mathbb{R}^2$의 reflection이면, $S \circ S'$은 rotation이다(왜 그런가?).

그러면, $\mathbf{O}(2)$의 연산(합성) 규칙들을 정리해 보자. 우선,

$$R_\theta \circ R_\eta = R_{\theta+\eta}, \qquad (R_\theta)^{-1} = R_{-\theta}, \qquad (\theta, \eta \in \mathbb{R})$$

인 것은 자명하고,[32] 연습문제 9.4.6에 의해,

$$(S_\theta)^2 = I, \qquad (S_\theta)^{-1} = S_\theta, \qquad (\theta \in \mathbb{R})$$

인 것도 익숙하다. 이제 다음 관찰이 $\mathbf{O}(2)$의 연산 규칙을 완성(!)시켜준다.

관찰 9.5.9. S가 $\mathbb{R}^2$의 reflection이고, $\theta \in \mathbb{R}$이면,

$$S^{-1} \circ R_\theta \circ S = (R_\theta)^{-1} = R_{-\theta}, \text{ (즉, } R_\theta \circ S = S \circ R_{-\theta} \text{ 또는 } (S \circ R_\theta)^2 = I)$$

가 성립한다.

증명 : $S \circ R_\theta$는 reflection이므로, $(S \circ R_\theta)^2 = I$. (사실은 그림을 그려 보면 더 명쾌하다. 그림으로 이해해 보라. $S = S_\eta$로 놓고 곱해 보는 건 下策.) □

위 관찰은 "뒤집고 돌리고 다시 뒤집으면 거꾸로 돌린 것과 같다"는 뜻이다. 독자들은 위 관찰과 연습문제 6.2.6(다)항과의 유사성을 살펴보기 바란다. 앞으로도 위 관찰과 비슷한 '이야기'가 여러 번 반복될 것이다.[33]

보기 9.5.10. 위 관찰이 $\mathbf{O}(2)$의 "연산 규칙을 완성시켜 준다"는 말은 무슨 의미일까? 우선, $\mathbb{R}^2$의 reflection S를 하나 고정하면, 연습문제 9.3.11에 의해,

$$\mathbf{O}(2) - \mathbf{SO}(2) = S \cdot \mathbf{SO}(2)$$

이므로, 모든 reflection은 $S \circ R_\theta$의 꼴로 **유일하게** 쓰여질 것이다. 따라서, $\mathbf{O}(2)$의 연산 규칙을 이해하려면, $R_\theta \circ R_\eta$꼴, $(S \circ R_\theta) \circ R_\eta$꼴, $R_\theta \circ (S \circ R_\eta)$꼴, 그리고 $(S \circ R_\theta) \circ (S \circ R_\eta)$꼴을 이해하면 된다. 그런데, 관찰 9.5.9는 "rotation과 reflection의 합성 순서를 바꾸어 주는 규칙"을 제공하므로, 예를 들어,

$$(S \circ R_\theta) \circ (S \circ R_\eta) = S \circ (S \circ R_{-\theta}) \circ R_\eta = R_{\eta-\theta}, \qquad (\theta, \eta \in \mathbb{R})$$

가 된다.

---

[32] 삼각함수의 덧셈정리.
[33] 보기 11.8.4 및 보기 11.9.23 참조.

위 보기 9.5.10을 질문 9.5.5의 답이라고 할 수도 있겠지만, 2% 부족한 느낌이다.

보기 9.5.11. 이제 질문 9.5.5를 답해 보자. 먼저, $Y, Z \in \mathbb{R}^n$ 일 때, 관찰 9.5.6을 이용하여 $S_Y = S_\theta$, $S_Z = S_\eta$ 인 $\theta, \eta \in \mathbb{R}$ 을 찾는다. 즉,

$$\frac{1}{\|Y\|}Y = \left(-\sin\tfrac{\theta}{2}, \cos\tfrac{\theta}{2}\right)^{\mathbf{t}}, \qquad \frac{1}{\|Z\|}Z = \left(-\sin\tfrac{\eta}{2}, \cos\tfrac{\eta}{2}\right)^{\mathbf{t}}$$

인 $\theta, \eta \in \mathbb{R}$ 을 찾으면 된다. 이제 $S_\theta \circ S_\eta$ 를 계산하려면, 당연히 $\mathbf{O}(2)$ 의 "연산 규칙을 완성"시켜 주는 관찰 9.5.9가 필요하다. 따라서, 우리가 제일 좋아하는 reflection $S = \begin{pmatrix} -1 & 0 \\ 0 & 1 \end{pmatrix}$ 을 고정하자. 그러면,

$$S \circ R_{\pi-\theta} = S_\theta$$

이므로 (확인해 보라), 관찰 9.5.9에 의해

$$S_\theta \circ S_\eta = (S \circ R_{\pi-\theta}) \circ (S \circ R_{\pi-\eta}) = S^2 \circ R_{\theta-\pi} \circ R_{\pi-\eta} = R_{\theta-\eta}$$

가 된다.

연습문제 9.5.12. $\mathbb{R}^2$ 의 두 벡터 $Y = (-1, 1)^{\mathbf{t}}$ 와 $Z = (-1, \sqrt{3})^{\mathbf{t}}$ 가 주어졌을 때, $S_Y \circ S_Z = R_\theta$ 인 θ 를 구하라.

연습문제 9.5.13. $\theta, \eta \in \mathbb{R}$ 일 때, 다음

$$R_\theta \circ S_\eta = S_{\theta+\eta}, \qquad S_\eta \circ R_\theta = S_{\eta-\theta}$$

을 보여라.

연습문제 9.5.14. S 가 $\mathbb{R}^2$ 의 reflection 일 때, $(S \circ R_{\pi/6} \circ S)^{2000}$ 을 구하라.

연습문제 9.5.15. $\mathbf{SO}(2)$ 의 모든 원소는 [두 개의 reflection의 곱]으로 나타낼 수 있음을 보여라. 그러나, 그렇게 나타내는 방법은 unique하지 않음도 설명하라.

이제 우리는 $\mathbb{R}^2$-평면의 linear rigid motion을 — 즉, orthogonal operator를 — 완전히(!) 이해하였다. 그리고, 다시 강조하면, $\mathbb{R}^2$-평면의 rigid motion의 '大원칙'은: "뒤집고 돌리고 다시 뒤집으면 거꾸로 돌린 것과 같다."

9.6. SO(3) 와 SO(n)

앞 節에서 $\mathbb{R}^2$-평면을 정복(?)한 우리는 드디어 $\mathbb{R}^3$-공간에 도전한다. 그런데, 무엇보다도, 3-dimensional rotation을 어떻게 정의해야 할까? $\mathbb{R}^3$-공간이야 우리가 사는 곳이므로 별로 걱정은 안 된다. 하지만, 4-dimensional rotation은……?

원점을 중심으로 하는 3-dimensional rotation이 linear operator인 (직관적인) 이유는 $\mathbb{R}^2$에서와 같다. 그리고, 원점을 중심으로 하는 $\mathbb{R}^3$의 rotation에는 우선 회전축(axis of rotation)이 있어야 한다는 것이 우리의 상식이다. 이 회전축은 회전변환에 의해 고정될 것이다. 이제, 이 회전축에 수직인 2-dimensional subspace를 — 즉, '회전판'을 — 생각하자. 우리의 3-차원 회전변환은 이 회전판 위에서는 2-차원 회전변환 R_θ와 같아야 할 것이다. 또, 경험에 따라 [회전축 벡터]는 unit vector로 해 두는 것이 편리할 것이다.

정의 9.6.1. $Z \in \mathbb{R}^3$가 unit vector일 때, $\mathfrak{B} = \{Z, X, Y\}$가 $\mathbb{R}^3$의 orthonormal basis인 X, Y를 찾자. 즉, $\{X, Y\}$는 $\mathbb{R}^3$의 2-dimensional subspace $\langle Z\rangle^\perp$의 orthonormal basis이다.[34] 그러면 관찰 9.3.6에 의해 $(Z, X, Y) \in \mathbf{O}(3)$이므로, (3×3)-행렬 (Z, X, Y)의 행렬식은 ± 1일 것이다. 이제

$$\det(Z, X, Y) = \det(X, Y, Z) = 1$$

이 되도록 basis vector X, Y의 순서를 정하자.[35] [36] 우리는 원점을 중심으로 하는 $\mathbb{R}^3$의 **rotation** $R_{Z,\theta} : \mathbb{R}^3 \to \mathbb{R}^3$를

$$[R_{Z,\theta}]_{\mathfrak{B}}^{\mathfrak{B}} = \begin{pmatrix} 1 & 0 & 0 \\ 0 & \cos\theta & -\sin\theta \\ 0 & \sin\theta & \cos\theta \end{pmatrix} = \left(\begin{array}{c|c} 1 & 0\ \ 0 \\ \hline 0 & \\ 0 & R_\theta \end{array}\right)$$

로 정의한다. (이때, Z를 **회전축**, $\langle X\rangle \oplus \langle Y\rangle$를 **회전판**, θ를 **회전각**이라고 부르면 자연스럽다.)

독자들은 위 정의를 읽으면서, §9.4의 [reflection을 만났을 때의 우리의 '사고방식']과 매우 비슷한 느낌을 받았을 것이다.

[34] X, Y의 존재는 우리가 눈으로 보는 $\mathbb{R}^3$에서는 너무나 당연하다. §10.3의 Gram-Schmidt Orthogonalization Process 참조.

[35] 만약, $\det(Z, X, Y) = -1$이면, $\det(Z, Y, X) = 1$이므로, X와 Y의 역할을 바꾸면 된다.

[36] $\{X, Y, Z\}$가 (x-축, y-축, z-축)의 순서가 되도록 하자는 것이다. 그래야 '시계 반대 방향'이라는 말이 의미를 갖는다. '오른손 법칙.'

무엇보다도 궁금한 것은 $R_{Z,\theta}$의 well-definedness 이다. 즉, $R_{Z,\theta}$는 $\langle Z\rangle^{\perp}$의 orthonormal basis $\{X, Y\}$의 선택과 무관함을 설명해야 한다. 직관적으로는, $\mathbb{R}^2$의 rotation R_θ는 직교좌표계를 바꾸어도 여전히 R_θ이므로, 이는 당연해 보인다. 다만, 혹 R_θ가 $R_{-\theta}$로 '뒤집히지' 않는지 조심해야 할 것이다. 이 문제의 formal proof는 — 우리의 '사고방식'을 먼저 다루고 — 잠시 뒤로 미룬다.

다시 우리의 '**사고방식**'이다. 우선 보기 9.1.18과 관찰 7.6.4에 의해

$$\mathbb{R}^3 = \langle Z\rangle \oplus \langle Z\rangle^{\perp} = \langle Z\rangle \oplus \big(\langle X\rangle \oplus \langle Y\rangle\big)$$

인 것은 제법 익숙하다. 이제 Linear Extension Theorem에 의해 linear operator $R_{Z,\theta}$는 다음 조건들

$$R_{Z,\theta}(Z) = Z$$
$$R_{Z,\theta}(X) = \cos\theta\cdot X + \sin\theta\cdot Y, \qquad R_{Z,\theta}(Y) = -\sin\theta\cdot X + \cos\theta\cdot Y$$

에 의해 uniquely determined 된다. 즉, 우리는 rotation $R_{Z,\theta}$를 이 조건들을 만족시키는 유일한 linear operator로 정의한 것이다.

그리고, 다시 §9.4에서와 마찬가지로

$$[R_{Z,\theta}]_{\mathcal{E}}^{\mathcal{E}} = [I]_{\mathcal{E}}^{\mathfrak{B}}\cdot[R_{Z,\theta}]_{\mathfrak{B}}^{\mathfrak{B}}\cdot[I]_{\mathfrak{B}}^{\mathcal{E}} = [I]_{\mathcal{E}}^{\mathfrak{B}}\cdot \mathrm{diag}(1, R_\theta)\cdot[I]_{\mathfrak{B}}^{\mathcal{E}}$$

가 된다(물론, $\mathfrak{B} = \{Z, X, Y\}$).[37] 이 등식에서

$$[R_{Z,\theta}]_{\mathfrak{B}}^{\mathfrak{B}} = \mathrm{diag}(1, R_\theta) \in \mathbf{SO}(3)$$

인 것은 당연하다. 뿐만 아니라, $\mathfrak{B} = \{Z, X, Y\}$는 $\mathbb{R}^3$의 orthonormal basis 이고, $\det(Z, X, Y) = 1$이므로,

$$[I]_{\mathcal{E}}^{\mathfrak{B}} = (Z, X, Y) \in \mathbf{SO}(3)$$

인 것도 알 수 있다. 따라서, 위 등식 우변의 세 행렬은 모두 $\mathbf{SO}(3)$의 원소이다. 결론은 $R_{Z,\theta} \in \mathbf{SO}(\mathbb{R}^3)$.[38] 그리고 위 등식도 special orthogonal group $\mathbf{SO}(3)$의 內部에서 일어난 일이다. 어쨌든:

관찰 9.6.2. $\mathbb{R}^3$의 rotation $R_{Z,\theta}$는 $\mathbf{SO}(\mathbb{R}^3)$의 원소이다.

증명 : '사고방식.' □

[37] 종이를 아끼자. Block diagonal matrix $\mathrm{diag}(A_1, \ldots, A_k)$의 표기법은 연습문제 1.1.21 참조.
[38] $L \in \mathbf{O}(\mathbb{R}^n)$ if and only if $[L]_{\mathcal{E}}^{\mathcal{E}} \in \mathbf{O}(n)$. 정의 9.3.1 참조.

$\mathbb{R}^2$ 에서의 우리의 경험은 이제 다음 질문을 던지고 있다.

질문 9.6.3. $\mathbb{R}^3$의 두 rotation의 합성도 rotation인가?

이 질문에 대해서는 단 1分만 생각해 보아도 그 깊이를 알 수 있을 것이다. (두 rotation의 회전축이 다를 때가 문제이다.) 이 질문에의 답은 결코 자명하지 않다.

그런데, 우리는 앞에서 $\mathbb{R}^3$의 rotation은 $\mathbf{SO}(\mathbb{R}^3)$의 원소인 것을 살펴보았다. 만약……, 그 역도 성립한다면…….

정리 9.6.4. $\mathbf{SO}(\mathbb{R}^3)$의 원소는 모두 $\mathbb{R}^3$의 rotation이다. (정리 9.5.2의 $\mathbb{R}^2$의 경우와 비교해 보라.)

첫 번째 증명 : (i) $L_A \in \mathbf{SO}(\mathbb{R}^3)$라고 하고 L_A가 rotation인 것을 보이기 위해서는, 무엇보다도 L_A가 고정하는 회전축 벡터를 찾아야 할 것이다. 이를 대수적인 언어로 번역하면, eigen-value가 1인 L_A의 eigen-vector를 찾는 문제가 된다. 그리고, 이를 위해서는 $\det(A-I)=0$ 인 것만 보이면 충분하다. 이제, $\det(A)=\det(A^{\mathbf{t}})=1$ 이고, $A^{\mathbf{t}}\cdot A=I$ 이므로,

$$\begin{aligned}\det(A-I) &= \det(A^{\mathbf{t}})\cdot\det(A-I) = \det\left(A^{\mathbf{t}}(A-I)\right) = \det(I-A^{\mathbf{t}})\\ &= \det\left((I-A)^{\mathbf{t}}\right) = \det(I-A) = (-1)^3\cdot\det(A-I)\\ &= -\det(A-I)\end{aligned}$$

가 된다(이 부분은 좀 '**tricky**'하다). 따라서, $\det(A-I)=0$ 이고, $AZ=Z$ 인 unit vector $Z\in\mathbb{R}^3$가 존재한다.[39]

(ii) 이제, 물론, $\det(Z,X,Y)=1$ 인 $\mathbb{R}^3$의 orthonormal basis $\mathfrak{B}=\{Z,X,Y\}$를 찾는다. 그러면, 우리의 '사고방식'에 의해,

$$[L_A]_{\mathfrak{B}}^{\mathfrak{B}} = [I]_{\mathfrak{B}}^{\mathcal{E}}\cdot A\cdot[I]_{\mathcal{E}}^{\mathfrak{B}}\in\mathbf{SO}(3)$$

가 된다. 그리고, $[L_A]_{\mathfrak{B}}^{\mathfrak{B}} = \left(\begin{array}{c|cc} 1 & a & b \\ \hline 0 & \multicolumn{2}{c}{\multirow{2}{*}{B}} \\ 0 & & \end{array}\right)$가 orthogonal matrix가 되려면 — 즉, 세 column이 $\mathbb{R}^3$의 orthonormal basis가 되려면 — $a=b=0$ 이고 $B\in\mathbf{O}(2)$ 일 수밖에 없는 것은 거의 자명. 물론, $\det\left([L_A]_{\mathfrak{B}}^{\mathfrak{B}}\right)=1$ 이므로, $B\in\mathbf{SO}(2)$. □

[39] Eigen-vector의 0 아닌 상수배도 eigen-vector.

두 번째 증명 : §7.3의 triangularization을 이용해 $A \in \mathbf{SO}(3)$가 eigen-value 1을 갖는 것을 보일 수 있다.[40] 먼저, 만약 A가 **real** eigen-value λ와 그에 대응하는 eigen-vector X를 갖는다면,

$$\langle X, X \rangle = \langle AX, AX \rangle = \langle \lambda X, \lambda X \rangle = \lambda^2 \langle X, X \rangle$$

이므로, $\lambda = \pm 1$이어야 함을 알 수 있다. 그리고, A를 complex matrix로 보고 triangularize하면, $\phi_A(t)$의 세 (complex) root을 $\lambda_1, \lambda_2, \lambda_3$로 놓을 때,

$$\lambda_1 \lambda_2 \lambda_3 = \det(A) = 1$$

이 된다(따름정리 7.3.3). 만약 $\lambda_1, \lambda_2, \lambda_3 \in \mathbb{R}$이라면, $\lambda_1, \lambda_2, \lambda_3$ 중 하나는 1이어야 한다. 한편, odd degree의 real polynomial은 항상 real root을 가지므로, $\lambda_1 = \pm 1$이라고 하자. 이때 만약 $\lambda_2, \lambda_3 \notin \mathbb{R}$이라면, $\overline{\lambda_2} = \lambda_3$이므로(보기 8.1.3 참조), $\lambda_2 \lambda_3 \geq 0$이어야 한다. 따라서, $\lambda_1 = 1$. □

위 증명들은 매우 '산뜻'하지만, 증명의 geometric motivation이 분명치 않고 오히려 algebraic 'trick'만이 돋보인다. 이는, 역설적으로, 우리의 algebraic tool들의 힘을 보여 준다고 할 수 있다.

따름정리 9.6.5. $\mathbb{R}^3$의 두 rotation의 합성도 rotation이다.

증명 : 어? 이젠 공짜네! 1 곱하기 1은 1. □

무언가 속은 기분이다……! 회전축이 다른 두 rotation의 합성을 생각하느라고 어젯밤 한잠도 못 잤는데…….

실제로 (Z_1, θ_1)과 (Z_2, θ_2)가 주어졌을 때,

$$R_{Z_1,\theta_1} \circ R_{Z_2,\theta_2} = R_{Z_3,\theta_3}$$

인 (Z_3, θ_3)를 찾으라면, 뭐 못할 건 없다. 우선, 우리의 '사고방식'에 의해

$$R_{Z_1,\theta_1} = L_A, \qquad R_{Z_2,\theta_2} = L_B$$

인 $A, B \in \mathbf{SO}(3)$를 찾는다. 다음에는 AB의 eigen-value가 1인 eigen-vector Z_3를 찾고…….[41]

[40] 첫 번째 증명의 part(ii)는 공통.

[41] 다만, (Z_3, θ_3)를 (Z_1, θ_1)과 (Z_2, θ_2)의 식으로 나타내는 건 우리의 '취향'이 아니다. 따라서 numerical example을 제시할 생각도 없다. ("우리의 '취향'이 아니다."= "자리를 피하는 것이 현명하다.")

앞에서 미루어 놓은 숙제가 있다: $R_{Z,\theta}$의 well-definedness! ('이야기'의 순서가 엉망이 되었지만, 정리 9.6.4의 [첫 번째 증명의 part(ii)]의 경험을 기다려 이제야 다룬다.)

연습문제 9.6.6. 정의 9.6.1에서, 다른 orthonormal basis $\mathfrak{B}' = \{Z, X', Y'\}$으로부터 만들어진 rotation을 $R'_{Z,\theta}$으로 표기하고(물론 $\det(Z, X', Y') = 1$), 다음 순서를 따라 $R_{Z,\theta} = R'_{Z,\theta}$임을 보여라.

(가) $\langle X\rangle \oplus \langle Y\rangle = \langle X'\rangle \oplus \langle Y'\rangle$이므로, $[I]_{\mathfrak{B}}^{\mathfrak{B}'} = \mathrm{diag}(1, U)$인 $U \in \mathfrak{M}_{2,2}(\mathbb{R})$ 존재.

(나) $[I]_{\mathfrak{B}}^{\mathfrak{B}'} = [I]_{\mathfrak{B}}^{\mathcal{E}} \cdot [I]_{\mathcal{E}}^{\mathfrak{B}'} \in \mathbf{SO}(3)$. 따라서, $U \in \mathbf{SO}(2)$.[42]

(다) $[R'_{Z,\theta}]_{\mathfrak{B}}^{\mathfrak{B}} = [I]_{\mathfrak{B}}^{\mathfrak{B}'} \cdot \mathrm{diag}(1, R_\theta) \cdot [I]_{\mathfrak{B}'}^{\mathfrak{B}} = \mathrm{diag}(1, R_\theta) = [R_{Z,\theta}]_{\mathfrak{B}}^{\mathfrak{B}}$.

다시 우리의 '이야기'로 돌아가자.

보기 9.6.7. $\mathbb{R}^2$-평면에서는 orthogonal operator는 rotation이거나 reflection 둘 중 하나뿐이었다(정리 9.5.7). 그러나, 이 결과는 $\mathbb{R}^3$-공간에서는 더 이상 성립하지 않는다. (평면과 공간이 좀 다르다는 건 결코 이상한 일이 아니다!) 예를 들어, $\mathrm{diag}(-1, R_\theta) \in \mathbf{O}(3)$는 determinant가 (-1)이므로 rotation은 아니고, 1을 eigen-value로 갖지 않으므로($R_\theta \neq I$일 때) reflection도 아니다. (만약 $R_\theta \neq I$이면, $\mathrm{diag}(-1, R_\theta)$는 1을 eigen-value로 갖지 않음을 확인해 보라.)

연습문제 9.6.8. $L \in \mathbf{O}(\mathbb{R}^3) - \mathbf{SO}(\mathbb{R}^3)$일 때, 다음을 보여라.

(가) L은 eigen-value (-1)을 갖는다.

(나) $[L]_{\mathfrak{B}}^{\mathfrak{B}} = \mathrm{diag}(-1, R_\theta)$인 $\mathbb{R}^n$의 orthonormal basis $\mathfrak{B}$와 $\theta \in \mathbb{R}$ 존재.

이제 $\mathbf{O}(\mathbb{R}^3)$가 눈에 보인다. 즉, 지금까지의 결과를 종합하면: $L \in \mathbf{O}(\mathbb{R}^3)$이면, L은 다음 세 가지 type

(1) $[L]_{\mathfrak{B}}^{\mathfrak{B}} = \mathrm{diag}(1, R_\theta)$인 $\mathbb{R}^n$의 orthonormal basis $\mathfrak{B}$ 존재. (L은 rotation.)

(2) $[L]_{\mathfrak{C}}^{\mathfrak{C}} = \mathrm{diag}(-1, I)$인 $\mathbb{R}^n$의 orthonormal basis $\mathfrak{C}$ 존재. (L은 reflection.)

(3) $[L]_{\mathfrak{D}}^{\mathfrak{D}} = \mathrm{diag}(-1, R_\eta)$인 $\mathbb{R}^n$의 orthonormal basis $\mathfrak{D}$ 존재(단, $R_\eta \neq I$).

중 하나이다.[43] 즉, 적당한 직교좌표계를 찾으면, 우리는 L을 $\mathrm{diag}(1, R_\theta)$ 또는 $\mathrm{diag}(-1, R_\eta)$로 인식할 수 있다는 뜻이다.

---

[42] 평면의 직교좌표계 $\{X', Y'\}$은 원래의 직교좌표계 $\{X, Y\}$를 회전해서 얻은 것이라는 뜻이다. 직관적으로는 자명한 얘기이다.

[43] Orthonormal basis를 $\{X, Y, Z\}$로 놓을 때, 꼭 그럴 필요는 없지만, 그래도 $\det(X, Y, Z) = 1$이라고 하는 쪽이 마음이 편하다.

그리고, 우리는 이것으로 (만족하고) $\mathbf{O}(\mathbb{R}^3)$와 $\mathbf{O}(3)$의 공부를 마무리하려고 한다. 물론 $\mathbf{O}(\mathbb{R}^2)$와의 차이점은 지금은 정리 9.5.2에서처럼 2-차 연립방정식의 일반해를 구할 수가 없다는 것이다.[44] 이 책의 後半部에는 이처럼 2-차 연립방정식이 (언제나) 뒤에 숨어 있다. 마치 이 책의 前半部에는 1-차 연립방정식이 뒤에 숨어 있었던 것처럼.[45] 따라서, 지금부터의 point는 어떻게 하면 2-차 연립방정식을 피해 가느냐가 된다.

드디어(!), 4-차원의 세계가 우리를 기다리고 있다. 4-dimensional rotation이란 무엇일까? 무엇이어야만 할까? 우리가 눈으로 보지 못하는 $\mathbb{R}^4$-공간의 일은 우리가 잘 아는 $\mathbb{R}^2$-평면과 $\mathbb{R}^3$-공간에서의 경험으로 미루어 짐작할 수밖에 없다.

그런데, $\mathbb{R}^2$-평면에서는 $\mathbf{SO}(2)$의 원소가 rotation이었고(정리 9.5.2), $\mathbb{R}^3$-공간에서는 $\mathbf{SO}(3)$의 원소가 rotation이었다(정리 9.6.4). 이제 우리의 **선택은 하나뿐이다**!

정의 9.6.9. **임의의 n에 대하여**, $\mathbf{SO}(\mathbb{R}^n)$의 원소를 — 혹은, $\mathbf{SO}(n)$의 원소를 — $\mathbb{R}^n$의 **rotation**이라고 정의한다.

물론, 4-차원의 세계는 좀 다르리라는 것은 말할 필요도 없다. 다르지 않다면 오히려 이상한 일일 것이다.

보기 9.6.10. 4-dimensional rotation $\text{diag}(R_\theta, R_\eta)$는 두 개의 '회전각'을 가지고 있다. $\mathbb{R}^4$-공간이 조금 괴상한 rotation을 하나 갖고 있다는 것은 전혀 놀랄 일이 아니다.

$\mathbf{O}(\mathbb{R}^n)$과 $\mathbf{SO}(\mathbb{R}^n)$의 모든 원소들을 묘사하는 것은 이 책 후반부의 목표 중 하나이다. 어떻게 하면 (2-차 연립방정식을 피해서) 모든 orthogonal operator를 찾는지 알려면, 제15장까지 기다려야 한다.

이제 이 章을 마무리하자. 우리는 Euclidean space의 rigid motion을 공부하면서, orthogonal operator와 orthogonal matrix의 중요성을 알게 되었다. 그리고, 어느새 $\mathbf{O}(\mathbb{R}^n)$과 $\mathbf{O}(n)$ 등의 표기법에도 제법 익숙해졌다.

---

[44] 미적분학[2]에서 배운 구면좌표계가 생각나기도 하지만, 우리의 '취향'이 아니다. 어차피 $\mathbf{O}(\mathbb{R}^n)$의 경우에는 방정식을 써 볼 엄두조차 나지 않는다.

[45] "선형대수학1"에서는 1-차 연립방정식을 공부하고, "선형대수학2"에서는 2-차 연립방정식을 다룬다.

그리고, $\mathbf{O}(\mathbb{R}^n)$과 $\mathbf{SO}(\mathbb{R}^n)$을 분석하면서, 연습문제 9.3.3과 연습문제 9.3.10을 — 즉, $\mathbf{O}(\mathbb{R}^n)$과 $\mathbf{SO}(\mathbb{R}^n)$이 group이라는 사실을 — 셀 수도 없을 만큼 여러 번 사용했음을 독자들은 알고 있을 것이다. 이는 우리가 제11장에서 (정식으로) group의 공부를 시작하는 충분한 motivation이 되었을 것이다.[46]

이젠 독자들이 §9.4에서부터 소개한 우리의 '사고방식'에도 제법 익숙해졌을 것으로 믿는다. 우리의 '사고방식'의 (일부의) 일반화도 어렵지 않을 것이다.

연습문제 9.6.11. 다음을 보여라.

(가) $L \in \mathbf{O}(\mathbb{R}^n)$이기 위한 필요충분조건은 $[L]_{\mathfrak{B}}^{\mathfrak{B}} \in \mathbf{O}(n)$인 $\mathbb{R}^n$의 orthonormal basis $\mathfrak{B}$가 존재하는 것이다.

(나) (가)항에서 $\mathbf{O}$ 자리에 $\mathbf{SO}$를 넣어도 OK.

그런데, 이 章에는 독자들이 그토록 싫어하는 '기계'라는 단어가 단 한번도 등장하지 않았다. 사실, $\mathbb{R}^3$-공간이 어떻게 생겼는지 잘 모르는 '기계'들은 별 도움이 될 수 없었다. 이 章의 내용에는 Euclidean space를 보는 우리의 intuition이 곳곳에 숨어 있었기 때문이다.

[46]이 책이 다른 선형대수 책과 다른 특징 중 하나는 group의 개념을 소개한 것이다.

제 10 장 내적 공간

이제 우리의 '고향' Euclidean space를 떠나 새로운 世界로 나간다. 그리고 때로는 매우 험난한 곳을 여행하게 될지도 모른다.

그러나, '고향'에서 익힌 '우리의 철학'과 '사고방식'과 tool들을 잊지 않는다면 큰 어려움은 없을 것이다. "자, 떠나자."

10.1. Inner Product Space

이제 앞 章에서 다루었던 내용을 $\mathbb{C}^n$-공간으로 확장해 보자. 그러기 위해서는 먼저 $\mathbb{C}^n$-공간의 dot product를 정의해야 한다.

정의 10.1.1. $X = (a_1, \ldots, a_n)^{\mathbf{t}}$, $Y = (b_1, \ldots, b_n)^{\mathbf{t}} \in \mathbb{C}^n$일 때,

$$\langle X, Y \rangle = X^{\mathbf{t}} \cdot \overline{Y} = \sum_{i=1}^{n} a_i \, \overline{b_i}$$

로 정의하고(표기법 8.1.10 참조), 이를 $\mathbb{C}^n$의 (**Hermitian**) **dot product**라고 부른다.[1]

$\mathbb{R}^n$-공간과 $\mathbb{C}^n$-공간의 차이는 '막대기(bar)' 하나.

주의 10.1.2. 왜 $\mathbb{C}^n$의 경우에는 complex conjugation이 필요한 것일까? 만약, complex conjugation 없이 $\mathbb{C}^n$의 dot product를 정의했다면, '길이'가 0인 vector $(1+i,\, 1-i)^{\mathbf{t}}$, '길이'가 허수인 vector $(i, 0)^{\mathbf{t}}$ 등이 있기 때문이다.

이제 우리가 할 일은 앞 章의 내용들이 $\mathbb{C}^n$의 dot product의 경우에도 성립하는지 확인하는 것이다.

[1] Hermitian은 수학자 C. Hermite(1822–1901)의 형용사형.

연습문제 10.1.3. $(X,Y)\mapsto\langle X,Y\rangle$ 로 정의된 함수 $\langle\,,\rangle:\mathbb{C}^n\times\mathbb{C}^n\to\mathbb{C}$ 는 다음 성질을 만족시키는 것을 보여라(단, $X,Y,Z\in\mathbb{C}^n$, $c\in\mathbb{C}$.).

(가) $\langle X+Y,\,Z\rangle=\langle X,Z\rangle+\langle Y,Z\rangle$, $\langle cX,Y\rangle=c\,\langle X,Y\rangle$.

(나) $\langle X,\,Y+Z\rangle=\langle X,Y\rangle+\langle X,Z\rangle$, $\langle X,cY\rangle=\bar{c}\,\langle X,Y\rangle$.

(다) $\langle X,Y\rangle=\overline{\langle Y,X\rangle}$.

(라) $X\neq 0$ 이면, $\langle X,X\rangle\in\mathbb{R}$ 이고, $\langle X,X\rangle>0$.

독자들은 앞 章과 비교할 때 약간의 변화가 있음을 알았을 것이다. 이제 앞 章을 한 줄 한 줄 다시 읽으며 — 연습문제도 다시 풀어 보면서 — 앞 章의 결과들이 $\mathbb{C}^n$의 경우에도 여전히 유효한지 조심스럽게 확인하여야 할 것이다…….

⋮ ⋮ ⋮

그런데, 저자에게는 심각한 고민이 있다. 그것은 이러한 확인 작업이 이번 한번으로 끝나지 않고, 앞으로 여러 번 반복될 예정이기 때문이다. 종이와 잉크를 아껴야 하는데……. 진도표도 걱정이고……. 아무래도 약간의 'jump'가 — 즉, **抽象化와 一般化**가 — 불가피하다.

그럼 결론을 말하자. 앞 章을 다시 읽으며 그 결과들이 $\mathbb{C}^n$의 경우에도 여전히 유효한지 꼼꼼히 확인하다 보니……, 거의 대부분의 論議가 연습문제 9.1.2와 연습문제 10.1.3만 있으면 — 다시 말해, 정의 9.1.1과 정의 10.1.1 없이도 — 가능하다는 것을 알 수 있다.

그렇다면, 마치 우리가 제 2 장에서 [F^n-공간을 F-vector space 로 추상화]하였듯이, 연습문제 9.1.2와 연습문제 10.1.3에서 시작하면 어떨까?

정의 10.1.4. (물론 $F=\mathbb{R}$ 혹은 $F=\mathbb{C}$ 일 때) $F^n\times F^n$에서 F로 가는 함수 $(X,Y)\mapsto\langle X,Y\rangle$ 가, 모든 $X,Y,Z\in F^n$, $c\in F$에 대해, 다음 조건

(1) $\langle X+Y,Z\rangle=\langle X,Z\rangle+\langle Y,Z\rangle$

(2) $\langle cX,Y\rangle=c\,\langle X,Y\rangle$

(3) $\langle X,Y\rangle=\overline{\langle Y,X\rangle}$

(4) $X\neq 0$ 이면, $\langle X,X\rangle\in\mathbb{R}$ 이고, $\langle X,X\rangle>0$

을 만족시키면, $\langle\,,\rangle$를 F^n의 **inner product** 라고 부른다. (특별히, $F=\mathbb{C}$ 인 경우에는 **Hermitian (inner) product** 라고 부르기도 한다.)

무언가 빠진 느낌이다.[2]

관찰 10.1.5. $\langle\, , \rangle$가 F^n의 inner product이면, 다음이 성립한다.

(가) $\langle X, Y+Z\rangle = \langle X, Y\rangle + \langle X, Z\rangle$,
(나) $\langle X, cY\rangle = \bar{c}\,\langle X, Y\rangle$.

증명 : 조건(3)을 이용한다. 즉,

$$\begin{aligned}\langle X, Y+Z\rangle &= \overline{\langle Y+Z, X\rangle} = \overline{\langle Y, X\rangle + \langle Z, X\rangle} = \overline{\langle Y, X\rangle} + \overline{\langle Z, X\rangle} \\ &= \langle X, Y\rangle + \langle X, Z\rangle\,, \\ \langle X, cY\rangle &= \overline{\langle cY, X\rangle} = \overline{c\,\langle Y, X\rangle} = \bar{c}\;\overline{\langle Y, X\rangle} = \bar{c}\,\langle X, Y\rangle\end{aligned}$$

가 된다. □

그런데, 위 정의를 보면 볼수록 어쩐지 좀 미숙해 보인다. 우리가 아직도 F^n에서만 노는 수준은 아닌데‥‥‥. 한번 더 'jump'가 필요하다.

⋮ ⋮ ⋮

다시 제대로 써 보자. (칠판에서는 몇 글자만 바꾸면 된다.) 이번이 아마 마지막 'jump'일 것이다.

정의 10.1.6. V를 F-vector space라고 하자. (V가 무한 차원인 경우도 허용한다.[3]) 함수 $\langle\, , \rangle : V\times V \to F$가, 모든 $u, v, w\in V$, $c\in F$에 대해, 다음 조건

(1) $\langle u+v, w\rangle = \langle u, w\rangle + \langle v, w\rangle$
(2) $\langle cv, w\rangle = c\,\langle v, w\rangle$
(3) $\langle v, w\rangle = \overline{\langle w, v\rangle}$
(4) $v\neq 0$이면, $\langle v, v\rangle \in \mathbb{R}$이고, $\langle v, v\rangle > 0$

을 만족시키면, $\langle\, , \rangle$를 V의 **inner product**라고 부르고,[4] inner product가 주어진 V를 **inner product space(내적 공간)**라고 부른다. (특별히, $F=\mathbb{C}$인 경우에는 **Hermitian** (**inner**) **product**라고 부르기도 한다.)

앞 章에서 공부한 $\mathbb{R}^n$의 dot product와 정의 10.1.1에서 소개한 $\mathbb{C}^n$의 dot product는 당연히 inner product이다. 먼저 몇 가지 주의사항이 있다.

---

[2] $\langle X, 0\rangle = 0 = \langle 0, Y\rangle$는 이제 생략하자.
[3] 이건 순전히 "해석개론"의 "Fourier Analysis"를 돕기 위한 것이다.
[4] 조건(4)를 강조하기 위해 positive definite inner product라고 부르기도 한다.

주의 10.1.7. (가) 관찰10.1.5는 물론 지금도 유효하다.
(나) $F=\mathbb{R}$ 일 때에는, complex conjugation은 없는 것으로 생각하면 된다. 따라서, 이 경우에 inner product는 '**symmetric**' **bilinear form** 이다.[5]
(다) $F=\mathbb{C}$ 일 때에, inner product $\langle\ ,\rangle$ 의 앞자리에서는 linear이고, 뒷자리에서는 **conjugate linear**(또는 antilinear)라고 말한다.
(라) Inner product space의 F-subspace는 항상 inner product space이다.

이제 새로운 object를 만났으니 먼저 example들을 살펴보자. Inner product space의 기본적인 성질은 다음 節에서 다룬다.

연습문제 10.1.8. $X=(a_1,\ldots,a_n)^{\mathbf{t}}$, $Y=(b_1,\ldots,b_n)^{\mathbf{t}}\in\mathbb{R}^n$ 일 때,

$$\langle X,Y\rangle=\sum_{j=1}^{n} j\,a_j b_j$$

로 정의하면, $\langle\ ,\rangle$는 $\mathbb{R}^n$의 inner product임을 보여라.

연습문제 10.1.9. $(a,b)^{\mathbf{t}},(c,d)^{\mathbf{t}}\in\mathbb{R}^2$ 일 때,

$$\left\langle \begin{pmatrix} a\\ b\end{pmatrix}, \begin{pmatrix} c\\ d\end{pmatrix}\right\rangle = 2ac-bc-ad+2bd$$

로 정의하면, $\langle\ ,\rangle$는 $\mathbb{R}^2$의 inner product임을 보여라.[6]

위 두 보기는 $\mathbb{R}^n$-공간에도 무한히 많은 inner product가 존재함을 말해 주고 있다. 다음에는 관점을 좀 바꿔 보자.

연습문제 10.1.10. $\langle\ ,\rangle_1$과 $\langle\ ,\rangle_2$가 V의 inner product일 때,

$$\langle v,w\rangle=\langle v,w\rangle_1+\langle v,w\rangle_2\,,\qquad (v,w\in V)$$

로 정의하면, V의 새로운 inner product를 얻는 것을 증명하라.

이제, 무한 차원으로 가 보자.

연습문제 10.1.11. $f(t),g(t)\in\mathbb{R}[t]$ 일 때,

$$\langle f(t),g(t)\rangle=\int_0^1 f(t)g(t)\,dt$$

로 정의하면, $\mathbb{R}[t]$의 inner product를 얻는다. 확인해 보라.

---

[5] 'Symmetric'의 의미는 자명. 정의13.1.9 참조.
[6] 지금은 노동이 좀 필요할 것이다. 보기13.1.3(다)항은 아직 참조하지 말 것.

다음에는, complex-valued function과 그의 적분을 간단히 소개한다. 우리는 $f:\mathbb{R}\to\mathbb{C}$를 real variable의 complex-valued function이라고 부른다. f를 real part와 imaginary part로 나누면,

$$f(x) = f_1(x) + \mathbf{i}\, f_2(x), \qquad (x \in \mathbb{R})$$

로 쓸 수 있다. 이때, f_1과 f_2는 모두 우리에게 친숙한 real-valued function이다. (물론, f가 연속인 것과 f_1, f_2가 연속인 것은 동치이다.) 이제,

$$\int_a^b f(x)\,dx = \int_a^b f_1(x)\,dx + \mathbf{i}\int_a^b f_2(x)\,dx, \qquad (a, b \in \mathbb{R})$$

로 정의한다.

연습문제 10.1.12. $f(t), g(t) \in \mathbb{C}[t]$일 때,

$$\langle f(t), g(t)\rangle = \int_0^1 f(t)\,\overline{g(t)}\,dt$$

로 정의하면, $\mathbb{C}[t]$의 inner product를 얻는다. 확인해 보라.

물론, $F[t]$의 표기법을 사용하면, 연습문제 10.1.11과 연습문제 10.1.12를 하나로 합칠 수 있을 것이다. 다음 연습문제는 "Fourier Analysis"의 시작이다.

연습문제 10.1.13. 보기 2.3.15의 function space에서와 마찬가지로,

$$C^0[0, 2\pi] = \{f : [0, 2\pi] \to \mathbb{C} \mid f \text{ 는 연속}\}$$

으로 정의하면, $C^0[0, 2\pi]$는 $\mathbb{C}$-vector space가 된다(확인해 보라). 이제,

$$\langle f, g\rangle = \frac{1}{2\pi}\int_0^{2\pi} f(x)\,\overline{g(x)}\,dx, \qquad (f, g \in C^0[0, 2\pi])$$

로 정의하면,[7] $C^0[0, 2\pi]$의 inner product를 얻는다. 확인해 보라.

그 밖에도, 여러 가지 inner product를 생각할 수 있다.

연습문제 10.1.14. $A, B \in \mathfrak{M}_{n,n}(F)$일 때,

$$\langle A, B\rangle = \mathrm{tr}(A^{\mathbf{t}} \cdot \overline{B})$$

로 정의하면, $\langle\ ,\ \rangle$는 $\mathfrak{M}_{n,n}(F)$의 inner product임을 보여라.[8]

---

[7] 상수 $1/2\pi$에는 나름대로 중요한 의미가 있다. 연습문제 10.2.13(마)항 참조.

[8] 이런 종류를 trace form이라고 부른다.

10.2. Inner Product Space 의 성질

이제 inner product space 의 성질을 공부하자. 즉, 앞 章의 Euclidean space 의 성질들이 지금도 유효한지 확인해 보자. 이 節에서, V 는 항상 F-위의 inner product space 이다.

어쩐 이유에서인지 우리는 늘 다음 trivial 한 관찰로부터 시작한다.

연습문제 10.2.1. $v \in V$ 일 때, $[\langle w, v\rangle = 0 \text{ for all } w \in V]$ 이면 $v = 0$ 임을 보여라.

정의 10.1.6 (4) 의 positive definite condition 은 물론 norm 을 정의하기 위한 것이다.

정의 10.2.2. $v \in V$ 일 때,

$$\|v\| = \sqrt{\langle v, v\rangle}$$

로 표기하고, $\|v\|$ 를 v 의 **norm** 이라고 부른다.

Norm 은 물론 vector 의 길이 (크기) 로 이해한다.

연습문제 10.2.3. $v \in V$ 이고 $c \in F$ 일 때, 다음을 보여라.

(가) 항상 $\|v\| \geq 0$ 이고, $\|v\| = 0$ 일 필요충분조건은 $v = 0$.

(나) $\|cv\| = |c| \cdot \|v\|$.

(다) $v \neq 0$ 이면, $\left\|\frac{1}{\|v\|} v\right\| = 1$. 우리는 norm 이 1 인 vector 를 **unit vector** 라고 부른다.

연습문제 10.2.4. (Parallelogram Law) $v, w \in V$ 일 때,

$$\|v + w\|^2 + \|v - w\|^2 = 2\left(\|v\|^2 + \|w\|^2\right)$$

임을 보여라.

아직까지는 제 9 장의 Euclidean space 의 경우와 아무런 차이도 없다. 다만, 위 연습문제 10.2.3 의 $|c|$ 는 이제 complex number c 의 absolute value 를 의미하는 것에 주의하면 된다.

그러나, 예를 들어, $\mathbb{C}^2$의 두 vector v와 w의 **사잇각**은 이젠 좀 어색하다. 그럼에도 불구하고, Cauchy-Schwarz Inequality와 Triangle Inequality는 여전히 유효하다. 그리고, 이번에는 Pythagoras의 정리와 '정사영'을 먼저 설명하는 것이 자연스럽다.

우선, 다음 정의는 우리의 '고향' Euclidean space를 흉내 낸 것이다.

정의 10.2.5. (가) $v, w \in V$일 때, $\langle v, w\rangle = 0$이면, $v \perp w$로 표기하고 v와 w는 **서로 수직**(**perpendicular** 또는 **orthogonal**)이라고 말한다.[9]
(나) $S, T \subseteq V$일 때, $[\langle v, w\rangle = 0 \text{ for all } v \in S,\ w \in T]$이면, $S \perp T$로 표기하고 S와 T는 **서로 수직**이라고 말한다.

계속 예정된 순서로 진행한다.

연습문제 10.2.6. $v \perp w$일 때, 다음을 보여라.
(가) $\|v+w\|^2 = \|v\|^2 + \|w\|^2$. (Pythagorean Theorem)
(나) $\|v+w\| = \|v-w\|$.

연습문제 10.2.7. $v, w \in V$일 때, 만약 $w \neq 0$이면, $\left(v - \frac{\langle v,w\rangle}{\langle w,w\rangle} w\right) \perp w$임을 보여라. (보기 9.4.1 참조.)

이제, Cauchy-Schwarz Inequality와 Triangle Inequality를 보일 수 있다.

관찰 10.2.8. $v, w \in V$이면, 다음이 성립한다.
(가) (Cauchy-Schwarz Inequality) $|\langle v, w\rangle| \le \|v\| \cdot \|w\|$. (등호가 성립할 필요충분조건은 $\{v, w\}$가 일차종속인 것이다.)
(나) (Triangle Inequality) $\|v+w\| \le \|v\| + \|w\|$.

증명 : (가) 먼저, $w = 0$이면 자명하므로, $w \neq 0$이라고 가정하고, 간편한 표기를 위해 $a = \frac{\langle v,w\rangle}{\langle w,w\rangle}$라고 놓자. 그러면, Pythagoras의 정리에 의해

$$\|v\|^2 = \|v-aw\|^2 + \|aw\|^2 = \|v-aw\|^2 + |a|^2 \cdot \|w\|^2$$

이므로 ($a\overline{a} = |a|^2$),

$$|a| \cdot \|w\| \le \|v\|$$

이고, 따라서 증명 끝. (등호가 성립할 필요충분조건은 $v = aw$.)

[9] $\langle v, w\rangle = 0$이면, $\langle w, v\rangle = 0$임에 유의하라.

(나) $z = c + \mathbf{i}d \in \mathbb{C}$ 일 때(단, $c, d \in \mathbb{R}$), z 의 real part 를 $\Re(z) = c$ 로 표기하면,[10] $z + \overline{z} = 2\Re(z)$ 인 것과 $\Re(z) \le |z|$ 인 사실을 이용한다. 즉,

$$\begin{aligned}\|v+w\|^2 &= \langle v,v\rangle + \langle v,w\rangle + \langle w,v\rangle + \langle w,w\rangle \\ &= \|v\|^2 + \langle v,w\rangle + \overline{\langle v,w\rangle} + \|w\|^2 \\ &= \|v\|^2 + 2\Re(\langle v,w\rangle) + \|w\|^2 \\ &\le \|v\|^2 + 2\,|\langle v,w\rangle\,| + \|w\|^2 \\ &\le \|v\|^2 + 2\,\|v\|\cdot\|w\| + \|w\|^2 \\ &= \big(\|v\| + \|w\|\big)^2\end{aligned}$$

이므로, 증명 끝. □

위 관찰의 Triangle Inequality 는 inner product space 에 **거리**(metric)의 개념을 준다. 즉, 우리는 $\|v-w\|$ 를 v 와 w 사이의 거리로 정의한다.

연습문제 10.2.9. $v, w, u \in V$ 일 때, 다음을 보여라.

(가) $\|v-v\| = 0$.
(나) $\|v-w\| = \|w-v\|$.
(다) $\|v-w\| \le \|v-u\| + \|u-w\|$.

우리는 앞 제 9 장에서 dot product 가 주어진 $\mathbb{R}^n$-공간을 — 즉, Euclidean space 를 — 공부하는 것을 Euclidean geometry 라고 불렀다. 따라서, 거리의 개념이 주어진 inner product space 마다 **"기하학"이 하나씩** 생기는 셈이다.

Orthonormal basis 의 정의는 앞 제 9 장에서와 같다. 다만, 지금은 무한 차원의 경우도 고려하여야 한다.

정의 10.2.10. (가) V 의 **non-zero** vector 들 $\{v_i\}_{i\in I}$ 가 mutually perpendicular 이면 — 즉, $[v_i \perp v_j$ for all $i \neq j \in I]$ 이면 — $\{v_i\}_{i\in I}$ 를 V 의 **orthogonal subset** 이라고 부른다. 이때, v_i 들이 모두 unit vector 이면, 이번에도 $\{v_i\}_{i\in I}$ 를 V 의 **orthonormal subset** 이라고 부른다.
(나) $W \le V$ 일 때, 만약 W 의 basis $\mathfrak{B}$ 가 orthogonal subset 이면 $\mathfrak{B}$ 를 W 의 **orthogonal basis** 라고 부르고, 만약 orthonormal subset 이면 $\mathfrak{B}$ 를 W 의 **orthonormal basis** 라고 부른다.

---
[10] z 의 imaginary part는 $\Im(z)$ 로 표기한다.

연습문제 10.2.11. V의 orthogonal subset $\{v_i\}_{i\in I}$는 일차독립임을 보여라.

연습문제 10.2.12. $W \le V$일 때, W의 basis $\{v_i\}_{i\in I}$가 orthonormal basis이기 위한 필요충분조건은 $[\langle v_i, v_j\rangle = \delta_{ij}$ for all $i, j]$ 임을 보여라.

연습문제 10.2.13. 다음을 보여라.

(가) $\left\{\begin{pmatrix}0\\-\mathbf{i}\end{pmatrix}, \begin{pmatrix}\mathbf{i}\\0\end{pmatrix}\right\}$은 dot product가 주어진 $\mathbb{C}^2$의 orthonormal basis.

(나) $\left\{\frac{1}{\sqrt{3}}\begin{pmatrix}1+\mathbf{i}\\\mathbf{i}\end{pmatrix}, \frac{1}{\sqrt{6}}\begin{pmatrix}1-\mathbf{i}\\-2\end{pmatrix}\right\}$는 dot product가 주어진 $\mathbb{C}^2$의 orthonormal basis.

(다) $\left\{\frac{1}{\sqrt{2}}\begin{pmatrix}1\\0\end{pmatrix}, \frac{1}{\sqrt{6}}\begin{pmatrix}1\\2\end{pmatrix}\right\}$는 연습문제 10.1.9의 inner product가 주어진 $\mathbb{R}^2$의 orthonormal basis.

(라) (연습문제 10.1.11 참조.) $\{1, \sqrt{12}\,(t-\frac{1}{2})\}$은 $\mathcal{P}_1(\mathbb{R})$의 orthonormal basis. (연습문제 2.3.12의 표기법 참조.)

(마) (연습문제 10.1.13 참조.) Complex-valued function $f_n \in C^0[0, 2\pi]$를

$$f_n(x) = e^{\mathbf{i}nx} = \cos nx + \mathbf{i}\sin nx, \qquad (n \in \mathbb{Z},\ x \in [0, 2\pi])$$

로 정의하면, $\{f_n\}_{n\in\mathbb{Z}}$는 $C^0[0, 2\pi]$의 orthonormal **subset**.

Euclidean space의 경우에는 orthonormal basis의 존재가 자명하였지만(예를 들어, 표준기저 $\mathcal{E}$), 지금은 전혀 자명하지 않다. Inner product space의 subspace들의 경우도 마찬가지이다. (질문 9.4.8 참조.)

질문 10.2.14. V가 (유한 차원) inner product space일 때, $W \le V$이면, W의 orthonormal basis를 항상 찾을 수 있는가?

Orthogonal complement의 정의도 앞 제9장에서와 같다.

정의 10.2.15. $S \subseteq V$일 때,

$$S^{\perp} = \{v \in V \mid w \perp v \ \text{ for all } \ w \in S\}$$

로 표기한다. 특히 $W \le V$일 때에는, $W^{\perp}$를 W의 **orthogonal complement**라고 부른다.

연습문제 10.2.16. $S \subseteq V$, $W \leq V$ 이고 $\mathfrak{C}$가 W의 기저일 때, 다음을 보여라.

(가) $S^\perp \leq V$.

(나) $S^\perp = \langle S \rangle^\perp$.

(다) $W^\perp = \mathfrak{C}^\perp$.

연습문제 10.2.17. $\mathfrak{B}$가 V의 basis 일 때, 다음을 보여라.

(가) $0^\perp = V$ 이고, $V^\perp = \mathfrak{B}^\perp = 0$.

(나) $W \leq V$ 이면, $W \cap W^\perp = 0$.

(다) $W \leq V$ 이면, $W \leq (W^\perp)^\perp$.

이제 질문 9.1.17과 질문 9.1.19를 다시 생각해 볼 차례이다.

질문 10.2.18. V가 **f.d.v.s.** 이고 $W \leq V$ 이면,

$$\dim W^\perp = \dim V - \dim W, \qquad V = W \oplus W^\perp$$

인가?

다음에는 inner product space의 rigid motion을 정의할 차례이다. 물론 우리는 정의 9.2.1을 흉내 내어, 함수 $M : V \to V$가 다음 조건

$$\|M(v) - M(w)\| = \|v - w\|, \qquad (v, w \in V)$$

를 만족하면, M을 V의 rigid motion 이라고 부를 수 있을 것이다.[11]

우리가 다음 할 일은 앞 章의 정리 9.2.11과 따름정리 9.2.12가 지금도 성립하는지 확인하는 것이다. 즉, V가 유한 차원 inner product space 이면, V의 rigid motion는 항상 translation과 linear rigid motion의 합성으로 쓸 수 있을까? 혹은, 0을 0으로 보내는 rigid motion은 linear 일까? 조금 섭섭하지만, $F = \mathbb{C}$ 일 때에는 대답은 "아니오"이다. (관찰 9.2.8(다)항이 문제이다.)

연습문제 10.2.19. (가) $\mathbb{C}$-vector space $\mathbb{C} = \mathbb{C}^1$에 dot product가 주어졌을 때, 함수 $M : \mathbb{C} \to \mathbb{C}$를

$$M(\alpha) = \overline{\alpha}, \qquad (\alpha \in \mathbb{C})$$

로 정의하면, M은 0을 0으로 보내는 non-linear rigid motion 임을 보여라. (M은 conjugate linear 이다.)

[11] 이 정의를 [정의 10.2.*]로 命名하지 않은 것은 앞으로 [inner product space의 rigid motion] 이라는 표현은 자주 사용하지 않겠다는 뜻이다.

(나) $\mathbb{C}^2$에 dot product가 주어졌을 때, 함수 $M: \mathbb{C}^2 \to \mathbb{C}^2$를

$$M\big((\alpha,\beta)^{\mathbf{t}}\big) = (\overline{\alpha},\beta)^{\mathbf{t}}, \qquad (\alpha,\beta \in \mathbb{C})$$

로 정의하면, M은 0을 0으로 보내는 non-linear rigid motion임을 보여라. (M은 conjugate linear도 아니다.)

아쉽지만 어쩔 수 없다. 그렇지만, $\mathbb{R}^n$-공간과 $\mathbb{C}^n$-공간이 조금 다르다고 해서 놀란 이들은 없었을 것이다. 사실, 이러한 차이는 $F=\mathbb{C}$인 경우에는 inner product가 두 번째 좌표에서는 conjugate linear이기 때문에 생긴 자연스러운 (당연한) 결과라고 할 수 있다.

참고 10.2.20. 자명한 $\mathbb{R}$-vector space isomorphism

$$\gamma: \mathbb{C} \to \mathbb{R}^2, \qquad \gamma(a+\mathbf{i}b) = (a,b)^{\mathbf{t}}, \qquad (a,b \in \mathbb{R})$$

을 사용해 $\mathbb{R}^2$와 $\mathbb{C}$를 $\mathbb{R}$-vector space로서 identify할 수 있다(연습문제 2.3.5 참조). 그러면(dot product들을 생각할 때), $\mathbb{R}^2$의 norm(metric)과 $\mathbb{C}$의 norm (metric)이 같으므로 — 즉,

$$\|(a,b)^{\mathbf{t}} - (c,d)^{\mathbf{t}}\| = \|(a+\mathbf{i}b)-(c+\mathbf{i}d)\|, \qquad (a,b,c,d \in \mathbb{R})$$

이므로 — $\mathbb{R}^2$의 rigid motion과 $\mathbb{C}$의 rigid motion은 **같은 것으로 identify**할 수 있다. 위 연습문제 10.2.19(가)항의 [complex conjugation은 $\mathbb{R}^2$의 관점에서는 reflection]이므로 $\mathbb{R}$-linear이지만, $\mathbb{C}$의 관점에서는 $\mathbb{C}$-linear가 아니다. 역으로, [$\mathbb{C}$-linear rigid motion on $\mathbb{C}$]는 모두 [$\mathbb{R}$-linear rigid motion on $\mathbb{R}^2$]가 된다. 실제로, [$\mathbb{C}$-linear rigid motion on $\mathbb{C}$]는 $\mathbb{R}^2$의 관점에서 보면 모두 rotation이다.[12]

그렇다면, $F=\mathbb{R}$일 때에는 어떨까? 이제, 제 9장을 다시 읽어 보면, 약간의 문제가 있음을 발견할 수 있을 것이다. 무엇보다도, 제 9장에서는 standard basis $\mathcal{E}$가 $\mathbb{R}^n$의 orthonormal basis라는 사실에 **지나치게 依存**하였었다. 그러나, 우리는 지금 V의 orthonormal basis의 존재조차 모르고 있는 형편이다. 준비가 더 필요하다.

[12]이 論議는 지금은 100% clear하지는 않다(연습문제 10.5.8 참조). 몇 년 후에 다시 만나게 될 것이다.

10.3. Gram-Schmidt Orthogonalization

이 節에서는 Gram-Schmidt Orthogonalization Process를 공부한다. Gram-Schmidt Orthogonalization은 우리의 질문 10.2.14와 질문 10.2.18을 — 따라서, 질문 9.1.19와 질문 9.4.8도 — 동시에 해결해 줄 것이다.

Gram-Schmidt Orthogonalization의 **idea**는 이미 보기 9.4.1('정사영')에 포함되어 있었다. 즉, v_1, v_2, v_3가 inner product space V의 non-zero vector들일 때, v_2에서 v_1-성분 $\frac{\langle v_2, v_1\rangle}{\langle v_1, v_1\rangle} v_1$을 빼 주면,

$$\left(v_2 - \frac{\langle v_2, v_1\rangle}{\langle v_1, v_1\rangle} v_1\right) \perp v_1$$

이 된다. 뿐만 아니라, 만약 $v_1 \perp v_2$였다면, v_3에서 v_2-성분 $\frac{\langle v_3, v_2\rangle}{\langle v_2, v_2\rangle} v_2$와 v_1-성분 $\frac{\langle v_3, v_1\rangle}{\langle v_1, v_1\rangle} v_1$을 빼 주면(그림도 그려 보라),

$$\left(v_3 - \frac{\langle v_3, v_2\rangle}{\langle v_2, v_2\rangle} v_2 - \frac{\langle v_3, v_1\rangle}{\langle v_1, v_1\rangle} v_1\right) \perp v_i, \qquad (i = 1, 2)$$

가 된다. 이를 일반화한 것이 Gram-Schmidt Orthogonalization이다.

정리 10.3.1. (Gram-Schmidt Orthogonalization) V가 inner product space이고, $\{v_1, \ldots, v_r\}$을 V의 linearly independent subset이라고 하자.

(가) $w_1 = v_1$으로, 그리고 $2 \le i \le r$일 때에는

$$w_i = v_i - \frac{\langle v_i, w_{i-1}\rangle}{\langle w_{i-1}, w_{i-1}\rangle} w_{i-1} - \cdots - \frac{\langle v_i, w_2\rangle}{\langle w_2, w_2\rangle} w_2 - \frac{\langle v_i, w_1\rangle}{\langle w_1, w_1\rangle} w_1$$

으로 inductively 정의하면,

$$\langle v_1, \ldots, v_r\rangle = \langle w_1, \ldots, w_r\rangle$$

이고, $\{w_1, \ldots, w_r\}$은 V의 orthogonal subset이 된다.

(나) 따라서, $\left\{\frac{1}{\|w_1\|} w_1, \ldots, \frac{1}{\|w_r\|} w_r\right\}$은 V의 orthonormal subset이 된다.

(다) 특별히, $r = \dim V$이면, $\left\{\frac{1}{\|w_1\|} w_1, \ldots, \frac{1}{\|w_r\|} w_r\right\}$은 V의 orthonormal basis가 된다.

증명 : 귀납법. $\langle v_1, \ldots, v_i\rangle = \langle w_1, \ldots, w_i\rangle$이고, $\{w_1, \ldots, w_i\}$가 orthogonal subset인 것을 가정하고, $\langle v_1, \ldots, v_{i+1}\rangle = \langle w_1, \ldots, w_{i+1}\rangle$이고 $\{w_1, \ldots, w_{i+1}\}$도 orthogonal subset인 것을 보이면 된다. 독자들에게 맡긴다. ($w_{i+1} \neq 0$임을 확인하는 것을 잊으면 안 된다.) □

이제 **f.d.** inner product space와 그 subspace의 orthonormal basis의 존재가 보장되었다. (질문 9.4.8과 질문 10.2.14 참조.)

연습문제 10.3.2. Gram-Schmidt Orthogonalization Process를 이용하여, 다음에 주어진 기저 $\mathfrak{B}$로부터 만들어진 orthonormal basis를 구하라.

(가) $\mathfrak{B} = \{(1,1,0)^{\mathbf{t}}, (-1,0,2)^{\mathbf{t}}, (2,1,1)^{\mathbf{t}}\}$는 dot product가 주어진 $\mathbb{R}^3$의 basis.
(나) $\mathfrak{B} = \{(3,1,0,1)^{\mathbf{t}}, (0,-1,2,0)^{\mathbf{t}}, (1,1,-1,1)^{\mathbf{t}}\}$는 dot product가 주어진 $\mathbb{R}^4$의 subspace W의 basis.
(다) $\mathfrak{B} = \{(1,1)^{\mathbf{t}}, (0,1)^{\mathbf{t}}\}$는 연습문제 10.1.9의 inner product가 주어진 $\mathbb{R}^2$의 basis.
(라) $\mathfrak{B} = \{1, t, t^2\}$은 연습문제 10.1.11의 inner product가 주어진 $\mathcal{P}_2(\mathbb{R})$의 basis.

다음 연습문제는 직관적으로 자명하지만, 분명히 확인해 둘 필요가 있다.

연습문제 10.3.3. 위 정리 10.3.1에서 $\{v_1, \ldots, v_r\}$이 원래 orthogonal subset이면, 모든 i에 대해 $w_i = v_i$임을 보여라.

다음 따름정리는 질문 9.1.19와 질문 10.2.18에 대한 답이다. 다음 명제는 이름이 필요하여 (저자가) "Perp Theorem"으로 作名하였다.[13] 우리의 '이야기'를 위해서는 무언가 이름이 꼭 필요하다.

따름정리 10.3.4. (Perp Theorem: Inner Product Case) 만약 V가 inner product가 주어진 **f.d.v.s.**이고, $W \le V$이면,

$$\dim V = \dim W + \dim W^{\perp}$$

이다.

증명 : 만약 $\{w_1, \ldots, w_r\}$이 W의 orthonormal basis이면, 이를 확장해 (Basis Extension Theorem) V의 basis를 찾은 다음, Gram-Schmidt Orthogonalization을 이용해 V의 orthonormal basis $\{w_1, \ldots, w_n\}$을 찾는다(위 연습문제 10.3.3 참조). 이제, $W^{\perp} = \langle w_{r+1}, \ldots, w_n \rangle$인 것은 거의 자명하다(확인해 보라). 즉, 이 따름정리는 한마디로 Gram-Schmidt Orthogonalization의 결과이다. □

[13] 돌이켜 생각하면, 정리 3.5.10도 이름이 있었다면 좋았을 것 같다.

따름정리 10.3.5. V가 inner product가 주어진 **f.d.v.s.**이고, $W \leq V$이면,

$$V = W \oplus W^{\perp}$$

이다.[14]

증명 : $W \cap W^{\perp} = 0$. □

다음과 같은 연습문제에는 늘 dimension argument가 필요하다.

연습문제 10.3.6. V가 inner product가 주어진 **f.d.v.s.**이고, $U, W \leq V$일 때, 다음을 증명하라.

(가) $W = (W^{\perp})^{\perp}$.

(나) $(U+W)^{\perp} = U^{\perp} \cap W^{\perp}$.

(다) $(U \cap W)^{\perp} = U^{\perp} + W^{\perp}$.

주의 10.3.7. 위 연습문제 (가)항을

$$W \oplus W^{\perp} = V = W^{\perp} \oplus (W^{\perp})^{\perp}$$

의 양변에서 $W^{\perp}$를 cancel 운운하는 것은 **non-sense**. (주의 7.6.10 참조.)

우리의 다음 '이야기'를 위해서는 연립방정식 $(*)$ $AX = 0$의 solution space에 관한 새로운 해석이 필요하다.[15] 이제 $F = \mathbb{R}$일 때, $\mathbb{R}^n$-공간에 **dot product**가 주어졌다고 하자. 그러면, 연립방정식 $(*)$ $AX = 0$은

$$(*) \qquad \langle [A]_i{}^{\mathbf{t}}, X \rangle = 0, \qquad (i = 1, \ldots, m)$$

과 동치가 된다(단, $\langle\ ,\rangle$는 $\mathbb{R}^n$의 dot product). 따라서, $(*)$ $AX = 0$의 solution space는

$$\ker L_A = \langle [A]_1{}^{\mathbf{t}}, \ldots, [A]_m{}^{\mathbf{t}} \rangle^{\perp}$$

가 된다. 그러므로, $A \in \mathfrak{M}_{m,n}(\mathbb{R})$의 row space를 $\langle [A]_1{}^{\mathbf{t}}, \ldots, [A]_m{}^{\mathbf{t}} \rangle \leq \mathbb{R}^n$과 **identify**하면,

$$\ker L_A = [\text{row space of } A]^{\perp}$$

라고 할 수 있다.

---

[14] 이런 이유에서 $W^{\perp}$를 W의 orthogonal complement라고 부른다. 관찰 7.6.2의 direct complement 참조. (그런데, 이 명제는 Perp Theorem과 (거의) 동치인 것 같은데, 왜 이름도 없이 혼자 떨어져 나왔을까?)

[15] 독자들은 이미 다 알고 있는 것을 저자 혼자만 모르는 체 숨기느라 어려움이 많았다…….

다음은 보기 9.1.18을 일반화한 것이다.

보기 10.3.8. 위 논의를 이용하면, $F=\mathbb{R}$ 인 경우에, Dimension Theorem과 Rank Theorem으로부터 Perp Theorem($\mathbb{R}^n$의 dot product의 경우)을 증명할 수 있다.[16] 이를 증명하기 위해 $W=\langle X_1,\ldots,X_m\rangle \le \mathbb{R}^n$일 때,[17] i-th row가 ${X_i}^{\mathbf{t}}$인 행렬을 $A\in\mathfrak{M}_{m,n}(\mathbb{R})$라고 놓자. 그러면, 위 논의에 의해

$$W^{\perp} = [\text{row space of } A]^{\perp} = \ker L_A$$

인 것을 알 수 있다. 또, Rank Theorem에 의하면,

$$\dim W = [\text{row rank of } A] = [\text{column rank of } A] = \dim \operatorname{im} L_A$$

가 된다. 따라서, Rank Theorem과 Dimension Theorem으로부터 Perp Theorem($\mathbb{R}^n$의 dot product의 경우)을 증명할 수 있다.

실제로, 다음 명제에 의하면, Dimension Theorem과 Rank Theorem, 그리고 Perp Theorem은 서로 밀접한 관련이 있다. 이 세 정리의 중요성을 생각하면, 다음 명제를 '선형대수의 세 기둥 명제'라고 부르면 그럴듯할 것이다.

명제 10.3.9. (세 기둥 명제) $F=\mathbb{R}$인 경우에, 다음 세 명제

(1) Dimension Theorem (for L_A),[18]
(2) Rank Theorem,
(3) Perp Theorem (for dot product in $\mathbb{R}^n$)

중 둘을 알면, 다른 하나를 증명할 수 있다. 즉, 이 세 명제 중 하나를 알고 있다면, 나머지 두 명제는 동치라는 뜻이다.

증명 : 세 가지 경우 모두 보기 10.3.8과 유사하다. 독자들에게 맡긴다. □

즉, 지금까지 별개라고 생각되었던 '세 기둥'은 사실은 얽히고설킨 관계였던 것이다. 위 '세 기둥 명제'는 ($F=\mathbb{R}$인 경우의) **Rank Theorem의 세 번째 증명**을 포함하고 있다. 이 세 번째 증명이 바로 우리의 'story'가 추구해 온 [행 간소 사다리 꼴의 도움이 필요 없는 증명]이다.[19]

[16] Gram-Schmidt Orthogonalization 없이도 Perp Theorem을 증명할 수 있다는 뜻.
[17] W의 finite generating set은 얼마든지 찾을 수 있다.
[18] [우리의 철학]에 의하면, "for L_A"라는 표현이 꼭 필요한 건 아니다. 왜 그런가?
[19] '세 기둥 명제'는 Dimension Theorem의 새로운 증명이라고도 할 수 있겠지만, Dimension Theorem의 원래 증명이 행 간소 사다리 꼴과 무관했었기에, 큰 의미를 부여하지는 않겠다.

자, 그렇다면, $F = \mathbb{C}$ 인 경우에는? 우선 위와 같은 방법을 그대로 사용할 수는 없다. 왜냐하면, $\mathbb{C}^n$ 의 **'보통 내적'** $B : \mathbb{C}^n \times \mathbb{C}^n \to \mathbb{C}$ 를

$$B(X, Y) = X^{\mathbf{t}} \cdot Y, \qquad (X, Y \in \mathbb{C}^n)$$

으로 정의하면, B 는 inner product 가 아니기 때문이다. 즉, $X \neq 0$ 이더라도 $B(X, X) = 0$ 일 가능성이 있으므로, Gram-Schmidt Orthogonalization 을 더 이상 적용할 수 없기 때문이다.

'발 빠른' 독자들은 혹 다음과 같은 그럴듯한 idea 를 갖고 있을 수도 있다. 즉, 처음부터 연립방정식 $A\overline{X} = 0$ 을 생각하는 것이다.[20] 그러나, 이 경우에는 함수 $X \mapsto A\overline{X}$ 가 $\mathbb{C}$-linear 가 아니므로, Dimension Theorem 을 적용할 수가 없다. 따라서,······. 무언가 'trick'이 필요하다.

연습문제 10.3.10. W 가 $\mathbb{C}$-vector space $\mathbb{C}^n$ 의 subspace 일 때,

$$\overline{W} = \{\overline{X} \in \mathbb{C}^n \mid X \in W\}$$

로 표기하자.[21] 이때 $\overline{W} \leq \mathbb{C}^n$ 이고, $\dim \overline{W} = \dim W$ 임을 보여라.

위 연습문제(와 그 idea)는 여러 번 다시 만나게 될 것이다. 어쨌든:

명제 10.3.11. (세 기둥 명제) 다음 세 명제

(1) Dimension Theorem (for L_A),
(2) Rank Theorem,
(3) Perp Theorem (for dot product in F^n)

중 둘을 알면, 다른 하나를 증명할 수 있다.

증명 : 앞 명제 10.3.9의 증명에서 연립방정식 $(*)$ $AX = 0$ 대신 $A\overline{X} = 0$ 을 생각하고, 연습문제 10.3.10을 이용한다. 독자들에게 맡긴다. □

이로써 Rank Theorem의 세 번째 증명이 완성되었다. 그러나, $F = \mathbb{C}$ 인 경우의 증명은 어쩐지 좀 답답한 느낌이다. 조금 '폭력적'인 느낌도 있다. 제대로 된 '고상한' 증명은 dual space 를 이용한다(§13.8 참조).[22]

---

[20] 표기법 8.1.10 및 연습문제 8.1.12 참조.
[21] 제12장(특히 §12.5)의 quotient space를 뜻하는 표기법 $\overline{V}, \overline{W}$ 와 혼동할 일은 없을 것이다.
[22] $\mathbb{C}^n$ 의 '보통 내적'은, 지금은, 괴상한 것이므로, 여기서는 더 이상 언급하지 않겠다······.

10.4. Standard Basis 對 Orthonormal Basis

지금 제9장을 한번 더 읽어 보면, $\mathbb{R}^n$-공간의 standard basis가 매우 중요한 역할을 하고 있는 것을 다시 확인할 수 있다. 이 節에서는 inner product space의 orthogonal basis가 Euclidean space의 standard basis의 역할을 대신할 수 있음을 몇 가지 보기를 통해 확인하고, 다음 節을 위한 motivation을 얻고자 한다.

먼저, standard basis의 특징을 정리해 보자. F^n의 dot product $\langle\ ,\rangle$에 대해 standard basis $\mathcal{E}=\{\mathbf{e}_1,\ldots,\mathbf{e}_n\}$은 다음 특징

(가) $X\in F^n$이면, $X=\sum_{i=1}^n\langle X,\mathbf{e}_i\rangle\,\mathbf{e}_i$. (즉, $[X]_\mathcal{E}$의 i-번째 좌표는 $\langle X,\mathbf{e}_i\rangle$.)
(나) $X,Y\in F^n$이면, $\langle X,Y\rangle=[X]_\mathcal{E}{}^{\mathbf{t}}\cdot\overline{[Y]_\mathcal{E}}$.

을 갖는다. $\mathbb{R}^n$-공간의 standard basis가 '그토록' 결정적인 역할을 할 수 있었던 것은 위 두 특징 때문이다.[23] 독자들은 다음 관찰을 충분히 예상할 수 있었을 것이다.

관찰 10.4.1. $\mathfrak{B}=\{v_1,\ldots,v_n\}$이 inner product space V의 orthogonal basis이면, 다음이 성립한다.

(가)′ $v\in V$이면, $v=\sum_{i=1}^n\frac{\langle v,v_i\rangle}{\langle v_i,v_i\rangle}v_i$. (즉, $[v]_\mathfrak{B}$의 i-번째 좌표는 $\frac{\langle v,v_i\rangle}{\langle v_i,v_i\rangle}$.)

그리고, $\mathfrak{B}=\{v_1,\ldots,v_n\}$이 inner product space V의 orthonormal basis이면, 다음이 성립한다.

(가) $v\in V$이면, $v=\sum_{i=1}^n\langle v,v_i\rangle\,v_i$. (즉, $[v]_\mathfrak{B}$의 i-번째 좌표는 $\langle v,v_i\rangle$.)
(나) $v,w\in V$이면, $\langle v,w\rangle=[v]_\mathfrak{B}{}^{\mathbf{t}}\cdot\overline{[w]_\mathfrak{B}}$.

증명 : (가) $v=\sum_{i=1}^n a_iv_i$라고 하면(단, $a_i\in F$),

$$\langle v,v_j\rangle=\left\langle\sum_{i=1}^n a_iv_i,\ v_j\right\rangle=a_j\langle v_j,v_j\rangle,\qquad(j=1,\ldots,n)$$

이므로.
(나) $w=\sum_{i=1}^n b_iv_i$라고 하면(단, $b_i\in F$),

$$\langle v,w\rangle=\left\langle\sum_{i=1}^n a_iv_i,\ \sum_{i=1}^n b_iv_i\right\rangle=\sum_{i,j=1}^n a_i\overline{b_j}\langle v_i,v_j\rangle=\sum_{i=1}^n a_i\overline{b_i}$$

이므로. □

[23] 그렇다고 이 두 특징만 있으면 제9장의 모든 것을 설명할 수 있음을 당장 '증명'하는 것은 시간 낭비이다. 두고 보면 안다.

위 관찰을 다시 표현하면, V의 orthonormal basis $\mathfrak{B}=\{v_1,\ldots,v_n\}$에 관해서, $v\in V$의 i-번째 좌표는 $\langle v,v_i\rangle$이고, V의 inner product는 **'사실상' dot product와 다름이 없다**고 말할 수 있을 것이다(보기 10.5.4 참조).

먼저, 위 관찰 10.4.1의 (가)′항과 (가)항부터 분석해 보자. 다음 질문을 우리는 흔히 Closest Vector Problem이라고 부른다. 즉, W가 inner product space V의 finite dimensional subspace이고, $v\in V$일 때, v에서 가장 가까운 W의 vector(v에서 W에 내린 수선의 발)를 어떻게 찾을 수 있을까?

위 질문을 받고, 예를 들어, Euclidean space $\mathbb{R}^3$의 vector $X=(1,2,3)^{\mathbf{t}}$에서 xy-평면에 내린 수선의 발 $(1,2,0)^{\mathbf{t}}$가 떠오르는 것은 당연하다. 이를 우리는

$$(1,2,0)^{\mathbf{t}}=\mathbf{e}_1+2\mathbf{e}_2=\langle X,\mathbf{e}_1\rangle\,\mathbf{e}_1+\langle X,\mathbf{e}_2\rangle\,\mathbf{e}_2$$

로 이해할 수 있다. 그리고, xy-평면에 수직인 z-축 성분은 $(0,0,3)^{\mathbf{t}}$이고,

$$(1,2,3)^{\mathbf{t}}=(1,2,0)^{\mathbf{t}}+(0,0,3)^{\mathbf{t}}$$

인 것도 자명하다.

이번에는 $\{v_1,v_2,v_3\}$가 inner product space V의 orthonormal basis이고, $\{v_1,v_2\}$를 subspace W의 basis라고 하자. 이때 $v=v_1+2v_2+3v_3$에서 W에 내린 수선의 발은? Orthonormal basis를 직교좌표계로 생각하면, 직관적으로 수선의 발이 (v_1+2v_2)인 것은 분명하다. 우리는 물론 이를

$$v_1+2v_2=\langle v,v_1\rangle\,v_1+\langle v,v_2\rangle\,v_2$$

로 이해한다. (수선의 발이 하나뿐인 것은 더더욱 분명하다.) 그리고, v의 $W^{\perp}$-성분은 물론 $3v_3$이다. 이제 이를 (딱딱하게) 증명해 보자.

관찰 10.4.2. W가 inner product space V의 **finite dimensional** subspace이고, $\{v_1,\ldots,v_m\}$이 W의 orthonormal basis라고 하면, 다음이 성립한다.

(가) $V=W\oplus W^{\perp}$.[24]

(나) (Closest Vector Problem) $v\in V$일 때,

$$w=\langle v,v_1\rangle\,v_1+\cdots+\langle v,v_m\rangle\,v_m\in W$$

로 놓으면, $v-w\in W^{\perp}$이고, w는 v에서 가장 가까운 W의 유일한 vector.

[24] V가 유한 차원이면, 따름정리 10.3.5에서 이미 증명.

증명 : (가) 먼저, w를 위와 같이 놓으면, $[(v-w)\perp v_i$ for all $i=1,\ldots,m]$ 인 것은 당연하다. 왜냐하면,

$$\big\langle v-\langle v,v_1\rangle v_1-\cdots-\langle v,v_m\rangle v_m,\, v_i\big\rangle=\langle v,v_i\rangle-\langle v,v_i\rangle\langle v_i,v_i\rangle=0$$

이기 때문이다. 따라서, $v-w\in W^{\perp}$이므로, $V=W+W^{\perp}$. 한편 $W\cap W^{\perp}=0$ 인 것도 당연하므로, $V=W\oplus W^{\perp}$.
(나) 이제 w가 v에서 W에 내린 수선의 발임을 보이자. 이를 위해서는, 임의의 $u\in W$에 대해, $\|v-u\|\geq\|v-w\|$인 것을 보여야 한다. 그런데, $w-u\in W$ 이므로, $(v-w)\perp(w-u)$ 임을 알 수 있다. 이제 Pythagoras의 정리에 의해

$$\|v-u\|^2=\|v-w\|^2+\|w-u\|^2\geq\|v-w\|^2$$

이므로 증명 끝. (방금 수선의 발의 유일성도 증명하였다. 확인해 보라.) □

연습문제 10.4.3. (가) Euclidean space $\mathbb{R}^3$의 subspace $W=\langle(1,1,2)^{\mathbf{t}}\rangle^{\perp}$의 orthonormal basis를 구하고, $(1,0,-1)^{\mathbf{t}}$와 가장 가까운 W의 vector를 구하라.
(나) $(1,0,0,0)^{\mathbf{t}}$에서 연습문제 10.3.2 (나) 항의 [$\mathbb{R}^4$의 subspace W]에 내린 수선의 발을 구하라.

이제 앞의 관찰 10.4.1의 (나)항도 생각해 보자. 다음은 거의 자명하다.

연습문제 10.4.4. $\{v_1,\ldots,v_n\}$이 (finite dimensional) inner product space V의 orthonormal basis일 때, $v=\sum_{i=1}^n a_iv_i$이면 (단, $a_i\in F$),

$$\|v\|^2=\sum_{i=1}^n|a_i|^2=\sum_{i=1}^n|\langle v,v_i\rangle|^2$$

임을 보여라.

다음에 소개하는 Bessel's Inequality에서는, 위 관찰 10.4.2에서와 마찬가지로, V가 무한 차원인 경우도 허용한다.

관찰 10.4.5. (Bessel's Inequality) 만약 $\{v_1,\ldots,v_m\}$이 inner product space V의 orthonormal **subset**이면, 모든 $v\in V$는 다음 부등식

$$\sum_{i=1}^m|\langle v,v_i\rangle|^2\leq\|v\|^2$$

을 만족시킨다.

증명 : $\langle v_1, \ldots, v_m \rangle = W$로 표기하면, 위 관찰10.4.2에 의해 $v = w + w'$으로 쓸 수 있고(단, $w \in W$, $w' \in W^{\perp}$), 이때 $w = \sum_{i=1}^{m} \langle v, v_i \rangle v_i$이다. 그리고 다시 Pythagoras의 정리에 의해

$$\|v\|^2 = \|w\|^2 + \|w'\|^2 \geq \|w\|^2 = \sum_{i=1}^{m} |\langle v, v_i \rangle|^2$$

을 얻는다. □

무한 차원 inner product space의 경우에는 orthonormal basis를 함부로 말할 수 없다. 그래서, V의 (큼지막한) orthonormal **subset** $\mathfrak{B} = \{v_i\}_{i \in I}$를 찾아, $v \in V$일 때, $\langle v, v_i \rangle$를 마치 ($\mathfrak{B}$에 관한) v의 i-번째 좌표인 것처럼 '생각'한다. 이때 $\langle v, v_i \rangle$를 v의 i-th Fourier coefficient라고 부른다.

여기서부터는 "해석학"의 범주에 속하겠지만, 좀 섭섭해서, Bessel's Inequality의 흥미로운 응용을 하나만 살펴보기로 한다.

연습문제 10.4.6. Complex-valued function $f_n \in C^0[0, 2\pi]$를

$$f_n(x) = e^{\mathbf{i}nx} = \cos nx + \mathbf{i} \sin nx, \qquad (n \in \mathbb{Z},\ x \in [0, 2\pi])$$

로 정의하면, $\{f_n\}_{n \in \mathbb{Z}}$는 $C^0[0, 2\pi]$의 orthonormal **subset**이 된다(연습문제 10.2.13(마)항 참조). 이제, $f \in C^0[0, 2\pi]$를

$$f(x) = x, \qquad (x \in [0, 2\pi])$$

로 놓자.

(가) $\langle f, f_0 \rangle = \pi$이고, $n \neq 0$이면 $\langle f, f_n \rangle = \dfrac{\mathbf{i}}{n}$임을 보여라.

(나) $\|f\|^2 = \dfrac{4}{3}\pi^2$임을 보여라.

(다) 이제 f와 orthonormal subset $\{f_n\}_{-k \leq n \leq k}$에 Bessel's Inequality를 적용하면(물론 k는 자연수),

$$\|f\|^2 \geq \Big(\sum_{n=-k}^{-1} |\langle f, f_n \rangle|^2 \Big) + |\langle f, f_0 \rangle|^2 + \Big(\sum_{n=1}^{k} |\langle f, f_n \rangle|^2 \Big)$$

이 된다. 이로부터 $\displaystyle\sum_{n=1}^{k} \frac{1}{n^2} \leq \frac{\pi^2}{6}$임을 보여라. 결론은 $\displaystyle\sum_{n=1}^{\infty} \frac{1}{n^2} \leq \frac{\pi^2}{6}$.

10.5. Inner Product Space의 Isomorphism

이 節에서는 [inner product space들 사이의 isomorphism]을 공부한다. 즉, [이름만 다르고 사실상 같은 inner product space]의 개념을 생각해 본다. 이 節의 내용은 한 단계 높은 수준이므로, 독자들은 긴장하기 바란다.[25]

자, 그러면 F-위의 두 inner product space V, W가 [이름만 다르고 사실상 같다]는 말은 무슨 뜻이어야 할까?[26] 우선 V, W는 F-vector space로서 서로 isomorphic해야 할 것이다. 그런데, inner product space는 inner product라는 구조도 추가로 갖고 있다. 이 inner product에 대해서도 [이름만 다르고 사실상 같다]는 말을 어떻게 정의해야 할까? 독자들은 이미 3층으로 올라가 다음 그림을 그리고 있을 것으로 기대한다. (단, $\varphi : V \to W$는 vector space isomorphism.)

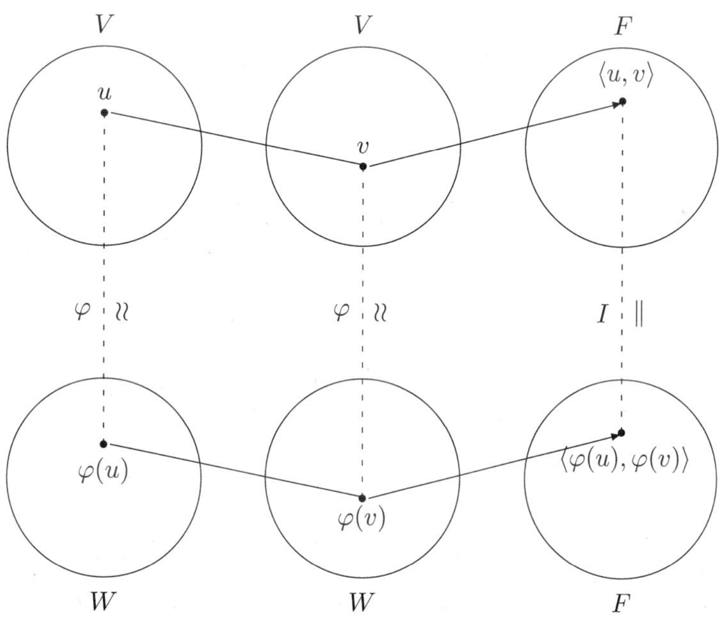

위 그림은 [V에서 inner product를 취한 $\langle u, v\rangle$]와 [φ로 이름을 바꾸어 W에서 inner product를 취한 $\langle \varphi(u), \varphi(v)\rangle$]가 같다는 뜻이다. φ가 inner product를 保存한다고 말할 수도 있을 것이다. 이것이 바로 inner product에 대해서 [이름만 다르고 사실상 같다]는 말의 뜻이다.

[25] '成熟'에는 고통이 따르는 법. 먼저 §2.4를 복습하도록.
[26] F는 항상 고정되어 있다.

위 그림은 다음 정의를 우리에게 '강요'하고 있다.[27]

정의 10.5.1. V, W가 F-위의 inner product space 일 때, 다음 조건

$$\langle \varphi(u), \varphi(v) \rangle = \langle u, v \rangle, \qquad (u, v \in V)$$

을 만족시키는 vector space isomorphism $\varphi : V \to W$가 존재하면, 우리는 V, W가 **inner product space 로서 isomorphic** 하다고 말하고, φ를 **inner product space isomorphism** 이라고 부른다.

그런데, 위의 그림은 이젠 어쩐지 좀 유치해 보인다. 종이 낭비도 너무 심하고······. 우리는 이미 3층집을 사각형으로 나타내는 방법을 배웠다. 즉, 함수 $\varphi\times\varphi : V\times V \to W\times W$를

$$(\varphi\times\varphi)(u, v) = \big(\varphi(u), \varphi(v)\big), \qquad (u, v \in V)$$

로 정의하고, 다음 commutative diagram

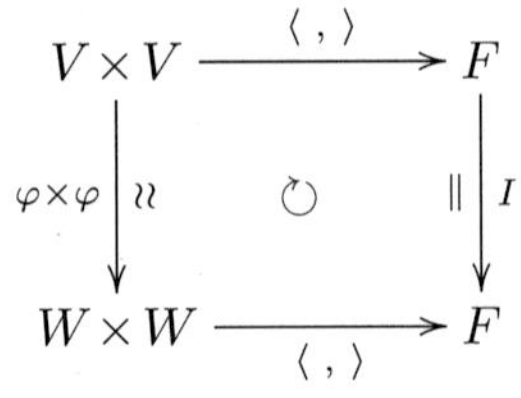

을 그리면 된다.[28]

연습문제 10.5.2. 위에서 정의한 함수 $\varphi\times\varphi : V\times V \to W\times W$는 product space $V\times V$와 product space $W\times W$ 사이의 vector space isomorphism 인가?

물론 "**같은 것은 같다**"는 [**우리의 철학**]은 지금도 유효하다. 즉, 사실상 같은 inner product space 는 그 '성질'이 같다는 것이다. 여기에서 '성질'은 물론 inner product space 로서의 성질, 즉 덧셈과 상수곱과 inner product 에 의해 묘사되는 성질을 말한다. 더 자세히 말하면, $\forall$, $\exists$, 'and', 'or', $\Rightarrow$ 등의 논리 기호와 $\cup$, $\cap$, 함수 등의 집합 기호, 그리고 덧셈과 상수곱과 inner product 로 묘사된 성질은 isomorphic 한 inner product space 들이 共有한다는 뜻이다.

[27]독자들이 앞으로 수학을 공부하면서 수많은 종류의 isomorphism을 만나게 되겠지만, isomorphism의 정의는 외우는 것이 절대로 아니다. 3층에 올라가 내려다보면, isomorphism의 정의는 저절로 정해진다!

[28]이 사각형의 오른쪽은 identity map이므로, 삼각형으로 그릴 수도 있지만, 3층집을 생각하기 위해 의도적으로 사각형을 고집하기로 한다.

Isomorphic relation이 equivalence relation이 아니라면 오히려 이상한 일일 것이다.

연습문제 10.5.3. 정의10.5.1의 inner product space의 isomorphic relation은 equivalence relation임을 보여라.

이제 우리가 해야 할 일은 'up to isomorphism' inner product space를 분류하는 것이다. 즉, inner product space가 정확히 언제 (inner product space로서) isomorphic한지 알아내는 것이다. 물론 우선 dimension이 같아야 하고 $\cdots\cdots$.

답은 이미 앞 節의 관찰10.4.1(나)항에 포함되어 있었다! 답은 "inner product space의 orthogonal basis가 Euclidean space의 standard basis의 역할을 대신할 수 있다"는 표현 속에 숨어 있었다!

보기 10.5.4. Gram-Schmidt Orthogonalization은 유한 차원의 inner product space V의 orthonormal basis의 존재를 언제나 보장해 준다. 따라서, V의 orthonormal basis $\mathfrak{B} = \{v_1, \ldots, v_n\}$이 주어졌다고 하자. 그리고, dot product가 주어진 F^n도 생각하자. 이제, vector space isomorphism $\alpha_{\mathfrak{B}}$를 다시 생각한다. 물론 $\alpha_{\mathfrak{B}} : V \to F^n$은

$$\alpha_{\mathfrak{B}}(v_i) = \mathbf{e}_i, \qquad (i = 1, \ldots, n)$$

으로 정의되어 있다.[29] 그러면, $\alpha_{\mathfrak{B}}$는 다음 성질

$$\big\langle \alpha_{\mathfrak{B}}(v_i), \alpha_{\mathfrak{B}}(v_j) \big\rangle = \langle \mathbf{e}_i, \mathbf{e}_j \rangle = \delta_{ij} = \langle v_i, v_j \rangle, \qquad (1 \le i, j \le n)$$

을 만족시킨다. 그런데, 이로부터 우리는 $\alpha_{\mathfrak{B}}$가 다음 조건

$$\big\langle \alpha_{\mathfrak{B}}(v), \alpha_{\mathfrak{B}}(w) \big\rangle = \langle v, w \rangle, \qquad (v, w \in V)$$

도 만족시키는 것을 확인할 수 있다. 실제로, $v = \sum_i a_i v_i$, $w = \sum_i b_i v_i$로 놓으면(단, $a_i, b_i \in F$), 관찰10.4.1(나)항에 의해

$$\big\langle \alpha_{\mathfrak{B}}(v), \alpha_{\mathfrak{B}}(w) \big\rangle = \sum_i a_i \overline{b_i} = \langle v, w \rangle$$

이기 때문이다. 따라서, $\alpha_{\mathfrak{B}}$는 inner product space isomorphism이 된다. 즉, n-dimensional inner product space는 dot product가 주어진 F^n과 이름만 다를 뿐 '사실상' 같다는 뜻이다.

[29] Linear Extension Theorem을 기억하라. 보기4.1.13 참조.

이번에도 위 보기10.5.4를 commutative diagram으로 이해하면 다음

$$\begin{array}{ccc} V\times V & \xrightarrow{\langle\, ,\,\rangle} & F \\ {\scriptstyle \alpha_{\mathfrak{B}}\times\alpha_{\mathfrak{B}}}\Big\downarrow \wr & \circlearrowright & \| \Big\downarrow {\scriptstyle I} \\ F^n\times F^n & \xrightarrow[\langle\, ,\,\rangle]{} & F \end{array}$$

과 같다. 물론, 함수 $\alpha_{\mathfrak{B}}\times\alpha_{\mathfrak{B}} : V\times V \to F^n\times F^n$은

$$(\alpha_{\mathfrak{B}}\times\alpha_{\mathfrak{B}})(v,w) = \big(\alpha_{\mathfrak{B}}(v),\, \alpha_{\mathfrak{B}}(w)\big), \qquad (v,w\in V)$$

로 정의한다.

정리 10.5.5. (Classification of finite dimensional inner product space) V와 W가 F-위의 **유한 차원** inner product space일 때, 다음은 동치이다.

(1) V와 W는 inner product space로서 isomorphic.

(2) $\dim V = \dim W$.[30]

증명 : 앞 보기10.5.4에서 이미 증명하였다. 즉, 만약 $\dim V = \dim W = n$이면, V와 W는 모두 dot product가 주어진 F^n과 inner product space로서 isomorphic하다. (또는, $\mathfrak{B}, \mathfrak{C}$가 각각 V, W의 orthonormal basis일 때, $(\alpha_{\mathfrak{C}})^{-1}\circ\alpha_{\mathfrak{B}} : V \to W$가 inner product space isomorphism이라고 설명할 수도 있다. 이때, $(\alpha_{\mathfrak{C}})^{-1}\circ\alpha_{\mathfrak{B}}$는 orthonormal basis $\mathfrak{B}$를 orthonormal basis $\mathfrak{C}$로 옮긴다.) □

이 章의 서론에서 우리는 '고향'을 떠나 험한 곳으로 나간다고 큰소리쳤지만, 결국 아직은 '고향'과 '본질적'으로 같은 곳에 머물러 있는 셈이다.[31]

연습문제 10.5.6. (가) Dot product가 주어진 $\mathbb{R}^2$와 연습문제10.1.9의 inner product가 주어진 $\mathbb{R}^2$ 사이의 inner product space isomorphism을 구체적으로 묘사하라.

(나) 또 dot product가 주어진 F^4와 연습문제10.1.14의 inner product(trace form)이 주어진 $\mathfrak{M}_{2,2}(F)$ 사이의 inner product space isomorphism을 구체적으로 묘사하라.

[30] 무한 차원이면…….

[31] $\mathbb{C}^n$-공간은 우리의 (진정한) '고향' $\mathbb{R}^n$-공간의 '옆 동네'쯤 된다…….

그러면 §10.2에서 중단했던 rigid motion으로 돌아가자(질문10.2.18 다음 단락의 정의와 연습문제10.2.19 참조). $F=\mathbb{R}$일 때, §9.2의 결과들이 inner product space의 경우에도 유효한 것은, 이제, [우리의 철학]일 뿐이다!

정리 10.5.7. V가 $\mathbb{R}$-위의 유한 차원 inner product space일 때,

(가) $L(0)=0$인 V의 rigid motion L은 linear map이다.

(나) 따라서, V의 rigid motion M은 translation과 linear rigid motion의 합성으로 쓸 수 있다.

(다) V의 rigid motion은 항상 bijection이다.

증명1 : 같은 것은 같다. (V와 dot product가 주어진 $\mathbb{R}^n$은 inner product space로서 isomorphic하다. 단, $\dim V=n$.) □

증명2 : 정리9.2.11(가)항의 두 번째 증명은 여전히 유효하다. (표준기저 $\mathcal{E}$ 대신 orthonormal basis를 생각.) □

하나만 더.

연습문제 10.5.8. (참고10.2.20 참조.) 함수 $\gamma:\mathbb{C}^n\to\mathbb{R}^{2n}$을

$$\gamma\big((a_1+\mathbf{i}b_1,\, a_2+\mathbf{i}b_2,\ldots,\, a_n+\mathbf{i}b_n)^{\mathbf{t}}\big)=(a_1,b_1,a_2,b_2,\ldots,a_n,b_n)^{\mathbf{t}},\quad (a_j,b_j\in\mathbb{R})$$

로 정의하고, $\mathbb{C}^n$과 $\mathbb{R}^{2n}$ 각각의 dot product에 관하여 다음을 보여라.

(가) γ는 $\mathbb{R}$-vector space isomorphism.

(나) $X,Y\in\mathbb{C}^n$이면, $\|\gamma(X)-\gamma(Y)\|=\|X-Y\|$.

(다) $M:\mathbb{C}^n\to\mathbb{C}^n$이 $\mathbb{C}^n$의 rigid motion일 때, 다음 diagram

$$\begin{array}{ccc} \mathbb{C}^n & \xrightarrow{\ \ M\ \ } & \mathbb{C}^n \\ \gamma\downarrow\wr & \circlearrowright & \wr\downarrow\gamma \\ \mathbb{R}^{2n} & \xrightarrow[\gamma\circ M\circ\gamma^{-1}]{} & \mathbb{R}^{2n} \end{array}$$

에서, $\gamma\circ M\circ\gamma^{-1}$는 $\mathbb{R}^{2n}$의 rigid motion. 따라서, M은 bijection.

이 節을 시작하면서 언급했듯이, 이 節의 내용은 한 단계 높은 수준이었다. 올해는 이 정도로 넘어가기로 하자.[32]

[32]여기서 한발 더 나가면, bilinear form이 주어진 vector space(예를 들어, quadratic space)의 classification을 다룰 수 있다. 이 논의는 독자들의 '성숙'을 기다려 몇 년 후에 다시 다루기로 한다. 머리말 참조.

10.6. Orthogonal Group과 Unitary Group

이 節에서는 제 9 장에서 공부한 orthogonal operator와 orthogonal matrix, 그리고 orthogonal group의 개념을 inner product space의 경우로 一般化하여 보자. 이 節의 모든 벡터공간은 **f.d.v.s.** 라고 가정한다.

한 가지 주의할 점은 $F=\mathbb{R}$ 인 경우와 $F=\mathbb{C}$ 인 경우에 각각 다른 명칭을 사용한다는 것이다.[33]

정의 10.6.1. (가) ($F=\mathbb{R}$ 인 경우) V가 inner product $\langle\,,\rangle$가 주어진 $\mathbb{R}$-위의 inner product space 일 때,

$$\mathbf{O}(V)=\mathbf{O}(V,\langle\,,\rangle)=\{L\in\mathfrak{L}(V,V)\mid \|Lv-Lw\|=\|v-w\| \text{ for all } v,w\in V\}$$

로 표기하고, [**orthogonal group** on V with respect to $\langle\,,\rangle$] 라고 부른다. 또, $\mathbf{O}(V)$의 원소를 **orthogonal operator** 라고 부른다.
(나) ($F=\mathbb{C}$ 인 경우) V가 Hermitian inner product $\langle\,,\rangle$가 주어진 $\mathbb{C}$-위의 inner product space 일 때,

$$\mathbf{U}(V)=\mathbf{U}(V,\langle\,,\rangle)=\{L\in\mathfrak{L}(V,V)\mid \|Lv-Lw\|=\|v-w\| \text{ for all } v,w\in V\}$$

로 표기하고, [**unitary group** on V with respect to $\langle\,,\rangle$] 라고 부른다. 그리고, $\mathbf{U}(V)$의 원소를 **unitary operator** 라고 부른다.[34]

위 $\mathbf{O}(V,\langle\,,\rangle)$와 $\mathbf{U}(V,\langle\,,\rangle)$의 표기법은 조금 어색하지만 어쩔 수 없다. 일반적으로, $\langle\,,\rangle$와 $\langle\,,\rangle'$이 V의 inner product 일 때, $\mathbf{O}(V,\langle\,,\rangle)$와 $\mathbf{O}(V,\langle\,,\rangle')$이 같을 필요는 없기 때문이다.[35]

한편, $L\in\mathbf{O}(V,\langle\,,\rangle)$이면(혹은 $L\in\mathbf{U}(V,\langle\,,\rangle)$이면), L은 linear이고 당연히 injective이므로(왜 그런가?), 'f.d.v.s.의 비둘기집 원리'에 의해 L은 **가역**인 것을 알 수 있다.

연습문제 10.6.2. G를 $\mathbf{O}(V)$ 혹은 $\mathbf{U}(V)$라고 놓을 때, 다음을 보여라.

(가) $I_V\in G$.

(나) $L,M\in G$이면, $L\circ M\in G$.

(다) $L\in G$이면, $L^{-1}\in G$.

[33] 이는 수학의 확고한(!) 전통이므로, 우리가 시비 걸 일이 아니다.
[34] 모든 rigid motion이 unitary operator인 것은 아니다. 연습문제 10.2.19 참조.
[35] '본질적'으로 inner product는 하나뿐이므로, '본질적'으로는 같겠지만, 집합으로서 다르다는 뜻이다. 다르다면 얼마나 다를까?

다음 순서는 unitary matrix의 개념을 정의하는 것이다.

정의 10.6.3. $\mathbb{C}^n$에 (Hermitian) dot product가 주어졌을 때,

$$\begin{aligned}\mathbf{U}(n) &= \{A \in \mathfrak{M}_{n,n}(\mathbb{C}) \mid L_A \in \mathbf{U}(\mathbb{C}^n, \text{ dot product})\} \\ &= \{[L]_{\mathcal{E}}^{\mathcal{E}} \in \mathfrak{M}_{n,n}(\mathbb{C}) \mid L \in \mathbf{U}(\mathbb{C}^n, \text{ dot product})\}\end{aligned}$$

로 표기하고, 이를 (complex) **unitary group**이라고 부른다. 그리고, $\mathbf{U}(n)$의 원소를 (complex) **unitary matrix**라고 부른다.

위 정의는 물론 $\mathbf{O}(n)$과 orthogonal matrix의 정의(정의 9.3.1)

$$\begin{aligned}\mathbf{O}(n) &= \{A \in \mathfrak{M}_{n,n}(\mathbb{R}) \mid L_A \in \mathbf{O}(\mathbb{R}^n, \text{ dot product})\} \\ &= \{[L]_{\mathcal{E}}^{\mathcal{E}} \in \mathfrak{M}_{n,n}(\mathbb{R}) \mid L \in \mathbf{O}(\mathbb{R}^n, \text{ dot product})\}\end{aligned}$$

를 그대로 흉내 낸 것이다.

참고 10.6.4. 그렇지만, $\mathbf{O}(V, \langle\,,\rangle)$와 $\mathbf{U}(V, \langle\,,\rangle)$의 (보다 일반적인) 'matrix version'은 따로 생각하지 않는다. 왜냐하면, 만약 $\mathfrak{B}$가 n-dimensional inner product space V의 orthonormal basis이면,

$$\{[L]_{\mathfrak{B}}^{\mathfrak{B}} \in \mathfrak{M}_{n,n}(\mathbb{C}) \mid L \in \mathbf{U}(V, \langle\,,\rangle)\} = \mathbf{U}(n)$$

이기 때문이다($\mathbf{O}(n)$의 경우도 마찬가지).[36] (위 등식은 '본질적'으로 같다는 것이 아니고, 집합으로서 완전히 같다는 뜻이다.) 이 사실의 증명은 — 뭐 지금 당장 증명하라면 못할 것도 없지만(연습문제 10.6.11 참조) — 우리의 '이야기'에서는 뒤 §13.3으로 미룬다(그때는 서너 줄(!)의 설명이면 충분할 것이다).

다음은 관찰 9.3.4의 counterpart.

관찰 10.6.5. V가 inner product $\langle\,,\rangle$가 주어진 n-dimensional inner product space이고, $L \in \mathfrak{L}(V, V)$일 때, 다음 조건들은 동치이다.

(1) $\|Lv - Lw\| = \|v - w\|$ for all $v, w \in V$. (즉, $L \in \mathbf{O}(V)$ 혹은 $L \in \mathbf{U}(V)$.)

(2) $\|Lv\| = \|v\|$ for all $v \in V$.

(3) $\langle Lv, Lv\rangle = \langle v, v\rangle$ for all $v \in V$.

(4) $\langle Lv, Lw\rangle = \langle v, w\rangle$ for all $v, w \in V$.

(5) $\mathfrak{B}$가 V의 orthonormal basis이면, $L(\mathfrak{B})$도 V의 orthonormal basis.

[36] $\mathfrak{B}$가 orthonormal basis가 아니면, 사정은 좀 달라진다.

증명 : 이 증명은 $F=\mathbb{C}$ 인 경우의 $[(3)\Rightarrow(4)]$ 부분을 제외하면, 관찰9.2.8과 관찰9.3.4의 증명과 같다. $[(5)\Rightarrow(2)]$ 부분은 조금만 modify 하면 된다. 확인해 보라. 그러면, 이제 $[(3)\Rightarrow(4)]$ 부분을 증명해 보자. 먼저, 관찰9.3.4에서와 같이

$$\langle L(v+w),\, L(v+w)\rangle = \langle v+w,\, v+w\rangle$$

를 전개하면,

$$\langle Lv, Lw\rangle + \langle Lw, Lv\rangle = \langle v, w\rangle + \langle w, v\rangle$$

가 되므로, 이로부터

$$2\,\Re(\langle Lv, Lw\rangle) = 2\,\Re(\langle v, w\rangle)$$

임을 알 수 있다.[37] 다른 한편(이 부분은 제법 'tricky'하다),

$$\langle L(v+\mathbf{i}\,w),\, L(v+\mathbf{i}\,w)\rangle = \langle v+\mathbf{i}w,\, v+\mathbf{i}w\rangle$$

를 전개하면, L은 linear 이므로

$$\mathbf{i}\,\langle Lw, Lv\rangle + \bar{\mathbf{i}}\,\langle Lv, Lw\rangle = \mathbf{i}\,\langle w, v\rangle + \bar{\mathbf{i}}\,\langle v, w\rangle$$

가 되고, 따라서 이로부터

$$2\,\Im(\langle Lv, Lw\rangle) = 2\,\Im(\langle v, w\rangle)$$

를 얻을 수 있다.[38] 증명 끝. □

그러므로, 이번에도 orthogonal/unitary operator는 거리와 길이, 그리고 inner product와 orthonormal basis를 보존하는 linear operator이다. (그리고, §10.5의 language를 사용하여 멋을 좀 부리면, orthogonal/unitary operator는 inner product space의 'automorphism'이라고 말할 수 있다.)

다음은 연습문제9.3.5의 counterpart.

연습문제 10.6.6. 위 관찰10.6.5의 동치조건에 다음 두 조건

(2)′ $\|v\|=1$ 이면, $\|Lv\|=1$. (즉, L은 unit vector를 보존.)

(5)′ $L\mathfrak{B}$가 V의 orthonormal basis 인 V의 orthonormal basis $\mathfrak{B}$ 존재.

을 추가할 수 있음을 보여라.

[37] $z\in\mathbb{C}$일 때, $\Re(z)$는 z의 real part이고, $\Im(z)$는 z의 imaginary part.

[38] $z\in\mathbb{C}$ 이면, $\mathbf{i}\,\bar{z}+\bar{\mathbf{i}}\,z=2\,\Im(z)$.

이제 새로운 표기법을 — 새로운 주인공을 — 하나 소개한다.

정의 10.6.7. (표기법 8.1.10 및 연습문제 8.1.12 참조.) $A \in \mathfrak{M}_{m,n}(\mathbb{C})$ 일 때,

$$A^* = \overline{A^{\mathbf{t}}} = \overline{A}^{\mathbf{t}}$$

로 표기하고, A^*를 A의 **adjoint matrix**라고 부른다.[39] ($A \in \mathfrak{M}_{m,n}(\mathbb{R})$ 일 때에는, 물론, $A^* = A^{\mathbf{t}}$로 이해한다.)

연습문제 10.6.8. $A, B \in \mathfrak{M}_{m,n}(F)$, $C \in \mathfrak{M}_{n,r}(F)$, $c \in F$ 일 때, 다음을 보여라.

(가) $(A+B)^* = A^* + B^*$. (나) $(cA)^* = \bar{c}A^*$.

(다) $(A^*)^* = A$. (라) $(AC)^* = C^* \cdot A^*$.

다음에는 관찰 10.6.5의 matrix version을 — 즉, 관찰 9.3.6의 unitary version을 — 생각할 차례이다.

연습문제 10.6.9. $A \in \mathfrak{M}_{n,n}(\mathbb{C})$ 일 때(단, $\mathbb{C}^n$에는 Hermitian dot product가 주어져 있다), 다음 조건들

(1) $\|AX - AY\| = \|X - Y\|$ for all $X, Y \in \mathbb{C}^n$. (즉, $A \in \mathbf{U}(n)$.)

(2) $\|AX\| = \|X\|$ for all $X \in \mathbb{C}^n$.

(3) $\langle AX, AX \rangle = \langle X, X \rangle$ for all $X \in \mathbb{C}^n$.

(4) $\langle AX, AY \rangle = \langle X, Y \rangle$ for all $X, Y \in \mathbb{C}^n$.

(5) A의 column들의 집합 $\{[A]^1, \ldots, [A]^n\}$은 $\mathbb{C}^n$의 orthonormal basis.

(6) $A^{\mathbf{t}} \cdot \overline{A} = I = \overline{A} \cdot A^{\mathbf{t}}$. 즉, $A^* \cdot A = I = A \cdot A^*$. 즉, $A^{-1} = A^*$.

(7) $A^{\mathbf{t}} \in \mathbf{U}(n)$. (7)′ $\overline{A} \in \mathbf{U}(n)$. (7)″ $A^* \in \mathbf{U}(n)$.

(8) A의 row들의 집합 $\{[A]_1, \ldots, [A]_n\}$은 $\mathfrak{M}_{1,n}(\mathbb{C})$의 orthonormal basis.

은 동치임을 보여라.

다음 연습문제는 이제 너무 여러 번 반복하여 좀 지루하게 느껴진다.

연습문제 10.6.10. G를 $\mathbf{O}(n)$ 혹은 $\mathbf{U}(n)$이라고 놓을 때, 다음을 보여라.

(가) $I_n \in G$.

(나) $A, B \in G$이면, $AB \in G$.

(다) $A \in G$이면, $A^{-1} \in G$.

---

[39] § 6.7의 classical adjoint와는 전혀 관련이 없다.

위 연습문제 10.6.9로부터 이제

$$\mathbf{U}(n) = \{A \in \mathfrak{M}_{n,n}(\mathbb{C}) \mid A^* \cdot A = I\}$$

의 '멋있는' 표기법이 가능하다. 우리는 물론, 이번에도,

$$\mathbf{U}(V, \langle\ ,\ \rangle) = \{L \in \mathfrak{L}(V, V) \mid L^* \circ L = I\}$$

로 써 보고 싶은 마음이 굴뚝같지만, 선형사상 L^*를 어떻게 정의해야 할까? (연습문제 9.3.8의 앞 단락 논의 참조.)

연습문제 10.6.11. $\mathfrak{B}, \mathfrak{C}$가 $\mathbb{C}$-위의 n-dimensional inner product space V의 orthonormal basis이면, $[I]^{\mathfrak{B}}_{\mathfrak{C}} \in \mathbf{U}(n)$ 임을 보여라.

독자들도 다음 연습문제와 정의를 기다리고 있었을 것이다.

연습문제 10.6.12. $A \in \mathbf{U}(n)$이면, $|\det(A)| = 1$ 임을 보여라.

정의 10.6.13. 다음 표기법

$$\mathbf{SU}(n) = \{A \in \mathbf{U}(n) \mid \det(A) = 1\}$$

은 이제 익숙하다. 물론 $\mathbf{SU}(n)$의 이름은 **special unitary group**.

$n = 2$라면 무얼 좀 해 볼 수 있다.

연습문제 10.6.14. (가) $\mathbf{SU}(2)$는

$$\mathbf{SU}(2) = \left\{ \begin{pmatrix} \alpha & -\overline{\beta} \\ \beta & \overline{\alpha} \end{pmatrix} \in \mathfrak{M}_{2,2}(\mathbb{C}) \;\middle|\; \alpha, \beta \in \mathbb{C},\ \ |\alpha|^2 + |\beta|^2 = 1 \right\}$$

로 나타낼 수 있음을 보여라. $\mathbf{U}(2)$는?
(나) $\mathbf{SU}(2)$의 원소는 diagonalizable over $\mathbb{C}$? $\mathbf{U}(2)$의 원소는?

그러나, $n \geq 3$이면, 2-차 연립방정식을 써 볼 엄두조차 나지 않는다. 뿐만 아니라, 참고 10.6.4를 생각해 보면, 아직 무언가 우리가 보지 못하는 게 있다.[40] 마치 우리가 제 5장에서 "선형사상과 행렬은 같다"라고 했듯이 inner product도 행렬로 나타내는 방법이 필요하다. *"Inner product는 행렬로 볼 수 있다"* 뭐 그런 종류의 명제가 필요하다. 단어 공부를 더 한 후에 제 13장에서 다시 시작한다.

[40]독자들이 보지 못한다기보다는 저자가 애써 숨기고 있다는 표현이 더 정확할 것 같다…….

10.7. Adjoint Matrix와 그 응용

이 節에서는 지금까지 우리가 보지 못했던 adjoint matrix A^*의 중요한 역할을 알아본다. 그리고, A^*를 이용하는 application을 두 개만 살펴본다.

관찰 10.7.1. F^n과 F^m에 각각 dot product $\langle\ ,\rangle$가 주어져 있다고 하자. 이때, $A \in \mathfrak{M}_{m,n}(F)$이면

$$\langle AX, Y\rangle = \big\langle X, A^*\cdot Y\big\rangle, \quad \langle Y, AX\rangle = \big\langle A^*\cdot Y, X\big\rangle, \qquad (X \in F^n,\ \ Y \in F^m)$$

이 성립한다.[41]

증명 : Dot product의 정의로부터,

$$\langle AX, Y\rangle = (AX)^{\mathbf{t}}\cdot\overline{Y} = X^{\mathbf{t}}\cdot A^{\mathbf{t}}\cdot\overline{Y}$$

이고, 한편 $\overline{A^*} = A^{\mathbf{t}}$이므로,

$$\big\langle X, A^*\cdot Y\big\rangle = X^{\mathbf{t}}\cdot\overline{A^*\cdot Y} = X^{\mathbf{t}}\cdot\overline{A^*}\cdot\overline{Y} = X^{\mathbf{t}}\cdot A^{\mathbf{t}}\cdot\overline{Y}$$

이다. 두 번째 등식은 독자들에게 맡긴다. □

이 節의 내용은 모두 관찰10.7.1의 결과라고 해도 과언이 아니다. 그렇지만, dot product의 정의를 다시 쓴 것에 불과해 보이는 위 관찰이 어떻게 그렇게 중요한 역할을 하는지는 아직 분명치 않다. 이 점은 위 관찰의 등식이 "바로 A^*의 본질(characterization)이다"라고 말할 수 있어야 분명해진다. 그리고, 그렇게 말하려면 다음 자연스러운 질문에 답할 수 있어야 한다. 이 질문에 답하는 것은 이 책의 목표 가운데 하나이다.[42]

질문 10.7.2. 유한 차원 벡터공간 V와 W에 각각 inner product $\langle\ ,\rangle$가 주어져 있다고 하자. 이때, $L \in \mathfrak{L}(V, W)$이면

$$\langle Lv, w\rangle = \big\langle v, L^*w\big\rangle, \qquad (v \in V,\ \ w \in W)$$

인 $L^* \in \mathfrak{L}(W, V)$는 존재할까? L^*가 갖는 의미는 무엇일까?

그러면, 관찰10.7.1을 이용하는 흥미로운 응용을 공부해 보자. 이 節의 나머지 부분에서는, **항상 F^n에 dot product $\langle\ ,\rangle$**가 주어져 있다고 가정한다.

---

[41] 물론, $F = \mathbb{R}$일 때에는, $A^* = A^{\mathbf{t}}$로 이해하면 된다.

[42] 질문5.4.22, 참고5.4.23과 [연습문제9.3.8 앞 단락의 $L^{\mathbf{t}}$에 관한 comment] 및 [연습문제 10.6.11 앞 단락의 L^*에 관한 comment] 참조.

먼저 **최소제곱법**(**Least Squares Approximation** = **LSA**)을 소개한다. 연립방정식 (∗∗) $AX = B$가 항상 solution을 갖는 것은 아니다. 특히 (∗∗) $AX = B$가 solution을 갖지 않는 경우에

$$\|AX_0 - B\| \text{가 최소인 } X_0 \text{를 구하는 문제(방법)}$$

를 최소제곱법이라고 부른다.[43] 그리고, 이때 X_0를 LSA-문제의 solution이라고 부르자.[44] 그런데, 이 문제를 왜 최소제곱법이라고 부르는 것일까?

문제의 setting을 바꾸어 보자. 이제 $a_0, a_1, \ldots, a_m \in F$가 서로 다른 scalar이고, $b_0, b_1, \ldots, b_m \in F$는 임의의 scalar라고 하자. 이때, $[g(a_i) = b_i$ for all $i = 0, 1, \ldots, m]$인 다항식 $g(t) \in \mathcal{P}_n(F)$를 찾는 문제를 생각해 보자. ($m = n$인 경우가 바로 Lagrange Interpolation이다. 연습문제 3.7.4 및 보기 4.5.9 참조.) 물론, 만약 $m > n$이라면, 조건을 만족시키는 $g(t) \in \mathcal{P}_n(F)$는 일반적으로 존재하지 않을 것이다. 그러므로, 자연히 우리는 조건에 가장 '근접'한 solution을 원하게 된다. 즉, [편차의 제곱의 합]

$$\sum_{i=0}^{m} |g(a_i) - b_i|^2 \text{ 이 최소인 } g(t) \in \mathcal{P}_n(F) \text{를 구하는 문제}$$

를 생각하게 된다.[45] 그런데,

$$g(t) = c_n t^n + \cdots + c_1 t + c_0, \qquad (\text{단, } c_n, \ldots, c_1, c_0 \in F)$$

라고 놓고,

$$A = \begin{pmatrix} 1 & a_0 & {a_0}^2 & \cdots & {a_0}^n \\ 1 & a_1 & {a_1}^2 & \cdots & {a_1}^n \\ \vdots & \vdots & \vdots & \ddots & \vdots \\ 1 & a_m & {a_m}^2 & \cdots & {a_m}^n \end{pmatrix}, \qquad X = \begin{pmatrix} c_0 \\ c_1 \\ \vdots \\ c_n \end{pmatrix}, \qquad B = \begin{pmatrix} b_0 \\ b_1 \\ \vdots \\ b_m \end{pmatrix}$$

으로 표기하면(보기 4.5.9 참조),

$$\sum_{i=0}^{m} |g(a_i) - b_i|^2 = \|AX - B\|^2$$

이므로, $g(t)$를 찾는 문제는 LSA-문제의 특수한 경우가 된다. 그리고, 이제 최소제곱법이라는 명칭의 由來도 설명할 수 있을 것이다.

---

[43] '최소자승법'은 古語. 이때, $\|AX_0 - B\|$를 '오차(error)'라고 부를 만하다.

[44] $A \in \mathfrak{M}_{m,n}(F)$일 때, 만약 $m < n$이라면, 연립방정식 (∗∗) $AX = B$는 대개 solution이 무한히 많이 존재하므로, LSA-문제에서는 주로 $m \geq n$인 경우를 다룬다. 그리고, $m \geq n$이면, 대개 (∗∗) $AX = B$는 solution을 갖지 않을 가능성이 크다.

[45] 표준편차가 생각난다.

그러면, 다시 원래의 LSA-문제로 돌아가자. 우리의 관심사는 항상 solution의 existence와 uniqueness이다. (정의 7.1.2의 傳統에 따라, $A \in \mathfrak{M}_{m,n}(F)$일 때, $\ker A = \ker L_A$, $\operatorname{im} A = \operatorname{im} L_A$ 등의 표기법을 사용한다.)

명제 10.7.3. $A \in \mathfrak{M}_{m,n}(F)$이고 $B \in F^m$일 때,

(가) LSA-문제의 solution — 즉, $[\|AX_0 - B\| \le \|AX - B\|$ for all $X \in F^n]$인 $X_0 \in F^n$ — 은 항상 존재한다.

(나) 만약 L_A가 injective이면(즉, $\operatorname{rk}(A) = n$이면), LSA-문제의 solution은 유일하게 결정된다.[46]

증명 : 이 명제는 Closest Vector Problem(관찰10.4.2)의 결과이다. 즉,

$$F^m = \operatorname{im} A \oplus (\operatorname{im} A)^{\perp}$$

이므로,

$$B = AX_0 + C, \qquad (\text{단}, \ X_0 \in F^n, \ C \in (\operatorname{im} A)^{\perp})$$

로 나타내면, AX_0가 B와 가장 가까운 $\operatorname{im} A$의 **유일한** vector가 된다. (즉, AX_0는 B에서 $\operatorname{im} A$에 내린 수선의 발.) 그리고, L_A가 injective이면, ⋯⋯. 이건 당연. (물론, Dimension Theorem에 의해, L_A가 injective일 필요충분조건은 $\operatorname{rk}(A) = n$.) □

다음 명제는 LSA-문제의 solution을 실제로 구하는 방법을 가르쳐 준다.[47] 그리고, 다음 명제는 B에서 $\operatorname{im} A$에 내린 수선의 발을 구하기 위해, $\operatorname{im} A$의 orthonormal basis를 계산해야 하는 수고마저 덜어준다.

명제 10.7.4. $A \in \mathfrak{M}_{m,n}(F)$이고 $B \in F^m$일 때, 연립방정식 $(A^* \cdot A)X = A^* \cdot B$의 solution이 LSA-문제의 solution이다.[48]

증명 : 앞 명제의 증명에서, $X_0 \in F^n$이 LSA-문제의 solution이기 위한 필요충분조건은 $AX_0 - B \in (\operatorname{im} A)^{\perp}$인 것이다. 그리고, 관찰10.7.1에 의해, 이는 다음 조건

$$0 = \langle AX, AX_0 - B \rangle = \big\langle X, A^*(AX_0 - B) \big\rangle, \qquad (\text{for all } X \in F^n)$$

과 동치이다. 물론 이 조건은 $A^*(AX_0 - B) = 0$과 동치이다. □

[46] L_A가 monomorphism이려면, $m \ge n$이어야 한다.
[47] '응용' 문제의 가장 큰 관심사는 — solution의 existence와 uniqueness가 아니라(!) — 구체적으로 어떻게 그리고 얼마나 빨리 계산할 수 있느냐 하는 것이다.
[48] 이때 연립방정식의 coefficient matrix $(A^* \cdot A)$는 $(n \times n)$-square matrix. 관찰10.7.7도 참조.

'응용' 문제를 다루고 있으니, numerical example이 빠질 수 없다.

연습문제 10.7.5. $\mathbb{R}^2$의 네 점 $\{(1,1)^{\mathbf{t}}, (2,3)^{\mathbf{t}}, (3,3)^{\mathbf{t}}, (4,2)^{\mathbf{t}}\}$와 — 최소제곱법을 생각할 때 — 가장 '가까운' 직선을 구하라.

연습문제 10.7.6. 다음 LSA-problem

$$\begin{cases} x + 3y + z = 3 \\ 2x - y - 2z = 2 \\ 5x + y - 3z = 6 \end{cases}$$

의 solution을 구하라.

지금이 행렬의 rank에 관련된 몇 가지 결과들을 정리해 둘 좋은 기회이다.

관찰 10.7.7. $A \in \mathfrak{M}_{m,n}(F)$이면,

(가) $\mathrm{rk}(A^* \cdot A) = \mathrm{rk}(A)$.

(나) 따라서, $m \geq n$일 때, 만약 A가 full rank를 가지면(즉, $\mathrm{rk}(A) = n$이면), $A^* \cdot A \in \mathfrak{M}_{n,n}(F)$는 가역행렬.

증명 : Dimension Theorem에 의해, $\ker(A^* \cdot A) = \ker A$인 것만 설명하면 된다. 우선 $\ker A \leq \ker(A^* \cdot A)$인 것은 자명하다. 이제 $\ker(A^* \cdot A) \leq \ker A$임을 보이기 위해, $A^* \cdot AX = 0$이라고 하자(단, $X \in F^n$). 그러면, 다시 관찰10.7.1에 의해,

$$0 = \big\langle X,\, A^* \cdot AX \big\rangle = \big\langle (A^*)^* \cdot X,\, AX \big\rangle = \langle AX,\, AX \rangle$$

이므로(연습문제10.6.8(다)항 참조), $AX = 0$이다. (가)항 증명 끝. 이제 (나)항은 자명. □

위 증명은 깊이 吟味해 볼 필요가 있다. 먼저 행렬의 rank를 직접 계산하지 않고, Dimension Theorem을 생각하는 'trick'은 '세 기둥 명제'(명제10.3.11)를 생각하면, 그리 대단한 건 아니다. 그런데, A^*(또는 $A^{\mathbf{t}}$)는 원래 dot product와는 무관하게 정의되었건만, 위 증명에는 관찰10.7.1을 비롯한 dot product의 성질들이 이용되고 있다. 한편, 관찰10.7.1의 도움 없이 위 관찰을 증명할 다른 idea는 선뜻 떠오르지 않는다. 그렇다면, A^*(또는 $A^{\mathbf{t}}$)는 dot product와 胎生的으로 무슨 관련이라도 있단 말인가?[49]

[49]'태생의 비밀'······, ㅋㅋ. 질문10.7.2와 관련된 얘기는 이번이 마지막이다.

연습문제 10.7.8. $A \in \mathfrak{M}_{m,n}(F)$ 일 때, 다음을 보여라(연습문제 10.3.10 참조).

(가) $\mathrm{rk}(A) = \mathrm{rk}(A^{\mathbf{t}}) = \mathrm{rk}(\overline{A}) = \mathrm{rk}(A^*)$.

(나) $\mathrm{rk}(A \cdot A^*) = \mathrm{rk}(A)$.

다음 관찰도 관찰 10.7.1의 결과이다.

관찰 10.7.9. $A \in \mathfrak{M}_{m,n}(F)$ 이면, 다음이 성립한다.

(가) $\mathrm{im}(A^*) = (\ker A)^{\perp}$. 즉, $\ker A = \big(\mathrm{im}(A^*)\big)^{\perp}$.

(나) $\mathrm{im}\, A = \big(\ker(A^*)\big)^{\perp}$. 즉, $\ker(A^*) = (\mathrm{im}\, A)^{\perp}$.

증명 : 네 개의 등식은 모두 동치이므로(왜 그런가?),[50] $\mathrm{im}(A^*) = (\ker A)^{\perp}$ 인 것만 증명하면 된다.[51] 우선 $\mathrm{im}(A^*) \le (\ker A)^{\perp}$ 는 관찰 10.7.1로부터 routine. 그러나, $(\ker A)^{\perp} \le \mathrm{im}(A^*)$ 는 잘 안 되므로, '꾀를 내어' $\big(\mathrm{im}(A^*)\big)^{\perp} \le \ker A$ 임을 보인다: 만약 $X \in \big(\mathrm{im}(A^*)\big)^{\perp}$ 이면,

$$\langle Y, AX \rangle = \big\langle A^* \cdot Y, X \big\rangle = 0, \qquad (\text{for all } Y \in F^m)$$

이므로, $AX = 0$, 즉 $X \in \ker A$ 이다. (또는, 연습문제 10.7.8과 Dimension Theorem, 그리고 Perp Theorem을 이용해,

$$\dim \mathrm{im}(A^*) = \mathrm{rk}(A^*) = \mathrm{rk}(A) = n - \dim \ker A = \dim (\ker A)^{\perp}$$

라고 설명해도 된다.) □

다음에는 **Minimal Solution Problem** 을 소개한다. 이 문제는 간단하다. 연립방정식 $(**)$ $AX = B$ 가 solution을 가질 때, 크기가 가장 작은 solution을 구하라는 것이다. (이를 달리 표현하면, [원점에서 $(**)$의 해집합에 내린 수선의 발을 구하는 문제]라고 할 수 있다.)

명제 10.7.10. $A \in \mathfrak{M}_{m,n}(F)$ 이고 $B \in F^m$ 일 때, $(**)$ $AX = B$ 가 solution을 갖는다고 가정하자. 그러면,

(가) $(**)$의 minimal solution $X_0 \in F^n$ (즉, 물론 $AX_0 = B$ 이고, $(**)$의 임의의 solution $X \in F^n$ 에 대해 $\|X_0\| \le \|X\|$ 인 $X_0 \in F^n$)은 유일하게 존재한다.

(나) X_0는 $[(**)$의 해집합$] \bigcap \mathrm{im}(A^*)$의 유일한 원소이다.

(다) 만약 $(AA^*)Y_0 = B$ 이면(단, $Y_0 \in F^m$), $A^* \cdot Y_0 = X_0$.

---

[50] 연습문제 10.7.8은 본질적으로 Rank Theorem이니, 이 증명은 '선형대수의 세 기둥'을 동시에 사용하는 엄청난 장면이다!

[51] 만약을 위해 증명이 복잡한 것을 선택했다. 네 번째 등식의 증명이 가장 쉽다(확인해 보라).

증명 : (i) 우선 $(**)$의 solution X_1을 (아무거나) 하나 찾는다(즉, $AX_1 = B$). 그러면, 관찰10.7.9에 의해,

$$F^n = \mathrm{im}(A^*) \oplus \left(\mathrm{im}(A^*)\right)^\perp = \mathrm{im}(A^*) \oplus \ker A$$

이므로,

$$X_1 = A^* \cdot Y_0 + Z, \qquad (\text{단, } Y_0 \in F^m,\ Z \in \ker A)$$

의 꼴로 쓸 수 있을 것이다. 이제, $X_0 = A^* \cdot Y_0$로 놓으면,

$$B = AX_1 = AA^* \cdot Y_0 + AZ = AX_0$$

임은 당연. 물론 $X_0 \in [(**)\text{의 해집합}] \bigcap \mathrm{im}(A^*)$.
(ii) 이제 위 (i)의 $X_0 = A^* \cdot Y_0$가 $(**)$의 minimal solution임을 보이자. 즉, $AX = B$일 때, $\|X_0\| \leq \|X\|$임을 보이자. 그런데,

$$[(**)\text{의 해집합}] = X_0 + \ker A$$

이므로(연습문제 4.2.17), $X = X_0 + Z'$인 $Z' \in \ker A$가 존재할 것이다. 이제 다시 관찰10.7.9에 의해 $X_0 \perp Z'$이므로(왜 그런가?), Pythagoras의 정리에 의해 $\|X_0\| \leq \|X\|$임을 알 수 있다. 물론 이때 $\|X_0\| = \|X\|$일 조건은 $Z' = 0$(즉, $X = X_0$)이므로, minimal solution의 uniqueness도 설명할 수 있다.
(iii) 다음, (나)항을 보이자. 만약, $AX_0 = B = AX$이고 $X \in \mathrm{im}(A^*)$라면,

$$X_0 - X \in \mathrm{im}(A^*) \bigcap \ker A = 0$$

이어야 한다. 즉, $X = X_0$. 이제 (다)항은 자명. □

Minimal solution을 실제로 계산하는 방법도 간단하다. 위 명제의 (다)항에 의해, $AA^* \in \mathfrak{M}_{m,m}(F)$를 coefficient matrix로 갖는 연립방정식 $(AA^*)Y = B$의 solution $Y_0 \in F^m$을 (아무거나) 구하면,[52] $X_0 = A^* \cdot Y_0$가 바로 $(**)$ $AX = B$의 유일한 minimal solution이 된다.[53]

연습문제 10.7.11. 다음 연립방정식의 minimal solution을 구하라.

(가) $\begin{cases} x + 3y + \ \ z = 3 \\ 2x - \ \ y - 2z = 2 \end{cases}$ (나) $\begin{cases} x + 3y + \ \ z = 3 \\ 2x - \ \ y - 2z = 2 \\ 5x + \ \ y - 3z = 7 \end{cases}$

---

[52] $(**)$ $AX = B$가 solution을 갖는 경우이므로, $m \leq n$일 가능성이 크다. 그리고, $m \leq n$일 때, 만약 $A \in \mathfrak{M}_{m,n}(F)$가 full rank를 가지면, (AA^*)는 가역행렬이므로(왜 그런가?), Y_0도 unique.
[53] 이 章에도 '기계'는 등장하지 못했다.

제 11 장 군

다시 "새로운 시작". 이제 밑바닥으로 내려가서 다시 시작한다. 抽象化의 밑바닥에는 binary operation과 group이 있다. 이제 우리 '이야기'의 뿌리를 찾아 나서자.

11.1. Binary Operation과 Group

우리는 지금 밑바닥에 서 있다. 따라서, 지금까지 당연한 것으로 다루었던 개념들을 **마치 처음인 것처럼 다시 자세히 설명**한다. 바꾸어 말하자면 — 이제야 밝히자면 — 모든 'story'는 사실 이곳에서 시작되었던 것이다.[1]

집합 X와 Y가 있을 때, 우리는 이미

$$X \times Y = \{(x, y) \mid x \in X,\ y \in Y\}$$

로 정의하고, $X \times Y$를 X와 Y의 **곱집합**(Cartesian product) 혹은 단순히 **곱**(product)이라고 부르는 것을 잘 알고 있다. 또, $X \times Y$의 원소 (x, y)를 **순서쌍**(ordered pair)이라고 부른다. 이는 순서까지 생각한 pair라는 뜻으로, 예를 들어, $(7, 8)$과 $(8, 7)$은 서로 다른 원소이다. (따라서 'ordered'의 반대말은 'disordered'가 아니고 'unordered'이다.[2])

2-항연산은 이미 우리가 고등학교에서 배운 개념이다.

정의 11.1.1. 집합 X가 있을 때, 함수 $* : X \times X \to X$를 X 위의 **2-항연산**(binary operation)이라고 부른다.

---

[1] 재미있는 이야기책들은 대개 이러고 나서 한참 후에 한번 더 밑바닥으로 내려간다. 우리의 '이야기책'은 어떨까?

[2] 사전에는 (대개) 'unorder'라는 단어는 없고 'unordered'만 있다. 이 책은 수학책이라기보다 어학책임을 다시 기억하라. 우리는 내내 단어 공부를 해 왔다!

집합 X에 2-항연산 $*$가 주어졌을 때, $x, y \in X$이면, $*(x,y)$ 대신 $x*y$로 표기하는 것이 우리의 관습이다. (엄밀하게는 $*\big((x,y)\big)$로 써야 하겠지만……, 절약정신!) 따라서 이제 $x*y$를 $x \cdot y$ 혹은 xy로 쓰는 것도 당연한 일이다.

정의 11.1.2. 2-항연산을 갖는 집합 X가 있을 때, 임의의 $x, y, z \in X$에 대해

$$(xy)z = x(yz)$$

가 성립하면, 2-항연산이 **결합법칙**(Associative Law)을 만족시킨다고 말한다.[3] 이때에는 xyz라는 표현이 의미를 갖는다. (관찰1.1.1 및 정의2.1.2 참조.)

결합법칙을 만족시킨다는 말을 우리는 원소들이 '**연산을 먼저 하겠다고 다투지 않는다**'(혹은 '**서로 친하다**', 혹은 '**compatible 하다**')는 뜻으로 이해한다.

보기 11.1.3. $\mathfrak{M}_{n,n}(F)$에 새로운 binary operation $[-,-]$을

$$[A,B] = AB - BA, \qquad (A, B \in \mathfrak{M}_{n,n}(F))$$

로 정의하면, $[-,-]$는 non-associative 이다.[4]

이 책에서는 결합법칙을 만족시키지 않는 binary operation은 다루지 않는다. 따라서, 특별한 언급이 없더라도, 이 책의 모든 2-항연산은 associativity를 만족시킨다고 가정한다.

우리가 배울 첫 번째 algebraic structure의 이름은 군이다.[5]

정의 11.1.4. 2-항연산 $*$를 갖는 집합 G가 다음 조건들

(군1) 모든 $x, y, z \in G$에 대해, $(xy)z = x(yz)$.

(군2) [모든 $x \in G$에 대해, $xe = x = ex$]인 원소 $e \in G$ 존재.

(군3) 각 $x \in G$에 대해, [$x\widetilde{x} = e = \widetilde{x}x$를 만족시키는 원소 $\widetilde{x} \in G$ 존재].

을 만족시키면, G를 — 정확히는 $(G,*)$를 — **群(group)**이라고 부른다.

위의 조건(군1)은 물론 결합법칙을 뜻한다. 그리고, 조건(군3)에서 $\widetilde{x}$는 x에 의해 결정되는(즉, x에 depend 하는) 원소이다. 한편, 조건(군2)의 e는 x와는 無關하게 결정된다.

---

[3] Generalized Associative Law라는 것이 있다. 무엇일지 생각해 보라.

[4] 이 연산의 이름은 bracket operation 혹은 commutator operation이다. 특별한 이름을 갖고 있다는 것은 우리가 언젠가는 공부하게 된다는 뜻이기도 하다.

[5] 사실은 semigroup이나 monoid의 개념도 있지만, 지금은 관심의 대상이 아니다.

조금 답답하더라도 **다시 "새로운 시작"**이라는 마음가짐으로 다음을 읽기 바란다.

보기 11.1.5. (가) $\mathbb{R}$의 부분집합 $\{-1,1\}$과 덧셈을 생각하면, $(\{-1,1\},+)$는 애당초 군이 될 수 없다. $\{-1,1\}$은 덧셈에 관해 '닫혀' 있지 않기 때문이다. 그러나, $(\{-1,1\},$ 곱셈$)$은 군이 된다.
(나) $\{e\}$의 2-항연산을 $ee=e$로 정의하면 $\{e\}$는 군이다. 우리는 $\{e\}$를 the **trivial group**이라고 부른다.
(다) $(\mathbb{Z},+)$는 군이지만, $(\mathbb{Z},$ 곱셈$)$은 군이 아니다.
(라) $(F,+)$와 $(F-\{0\},$ 곱셈$)$은 물론 군이지만, $(F,$ 곱셈$)$은 군이 아니다.
(마) V가 벡터공간이면, $(V,+)$는 군이다(정의 2.1.2의 조건(V1)–(V4) 참조).
(바) 제6장의 symmetric group $(S_n,\circ)$은, 그 이름에서 알 수 있듯이, 군이다.

다음은 관찰이라는 명칭마저 쑥스럽다.

관찰 11.1.6. 군은 공집합이 아니다.

증명 : ……. □

원소 e를 [the identity element of G]라고 부르려면, 먼저 그의 uniqueness를 설명하여야 하는 것은 당연하다(관찰 2.1.3 참조). 사실은 다음 관찰이 없으면, 정의 11.1.4의 조건(군3)은 의미가 없다.

관찰 11.1.7. G가 group이면 (군2)의 조건을 만족시키는 e는 하나뿐이다. 이때 e를 G의 **항등원(identity** 혹은 **identity element)**이라고 부르고, G를 강조할 필요가 있으면 $e=e_G$로 표기한다.

증명 : 우선 '본능적'으로, 또 다른 항등원 e'이 있었다고 가정한다.[6] 이제 $e=e'$인 것을 보이면 된다. 그런데, 지금 우리가 G에 대해 알고 있는 것은 많아 보았자 단 두 개의 원소 e,e'과 2-항연산뿐이다. 그러니, ee'을 생각하는 것 이외에는 **다른 어떠한 idea도 있을 수 없다**. (만약 이 방법이 실패한다면, 그 다음에는 $ee'e$, $ee'ee'$, … 등을 생각할 각오이다.) 여기까지가 우리의 'story'이고 나머지 증명은 '기계'가 맡는다.[7] 즉, $e=ee'=e'$. □

[6] 이제 밑바닥에 내려왔으니 단어의 뜻을 분명히 하자. 이 책에서 '본능적'이란 말의 뜻은 '태어날 때부터(=천재적)'라는 뜻이 아니고, '맞으면서 몸에 익혔다'라는 뜻이다. 지금까지 이 책에서 '본능적'이란 표현이 사용된 것은 지금이 몇 번째일까?

[7] 당연히, 다시 '기계'가 등장했다.

위 증명에서, 저자는 **왜 이렇게 증명할 수밖에 없는지**를 설명하려고 노력하였다(관찰2.1.3 다음의 comment 참조). 이제야 이런 설명이 가능해진 이유는 상황이 단순해졌기 때문이다. 다시 말해, 한 개의 연산밖에 없으니 여러 가지 생각할 필요가 없어진 것이다. 즉, **추상화의 시작은 單純化**인 것이다.

계속해 보자.

관찰 11.1.8. G가 군이고 $x \in G$이면, (군3)의 조건을 만족시키는 $\widetilde{x}$는 하나뿐이다. 이때 $\widetilde{x}$를 x의 **역원(inverse element)**이라고 부르고, $\widetilde{x} = x^{-1}$로 표기한다.

증명 : (관찰1.1.15 및 관찰2.1.3 참조.) 다시 '본능적'으로, 또 다른 x의 역원 x'(즉, $xx' = e = x'x$를 만족시키는 원소)이 있었다고 가정한다. 이제 $\widetilde{x} = x'$인 것을 보이면 된다. [**연습장:** 그런데, 지금 우리에게 주어진 정보는 기껏해야 단 네 개의 원소 $e, x, \widetilde{x}, x'$과 2-항연산뿐이다. 그러니, 원소들을 연산시켜 보는 수밖에 없다. 우선, e는 암만 연산을 해도 변화를 주지 못하므로 제외시킨다. 이제 $x, \widetilde{x}, x'$ 중 둘을 골라 9-가지 경우를 — 예를 들어, $\widetilde{x}x'$ 등을 — 생각해 본다. 별 소득이 없으므로, 다음에는 세 원소의 연산을(최대 27-가지) 생각한다: $xx'\widetilde{x}$, $xx'x$, ⋯⋯. (만약 이 방법이 실패한다면, 그 다음에는 네 원소의 연산을 생각할 각오이다.)] 여기까지가 우리의 'story'이고 나머지 증명은 '기계'가 맡는다. 즉, 27-가지를 시도하던 중, 운이 좋아(?),[8]

$$\widetilde{x}(xx') = (\widetilde{x}x)x'$$

으로부터

$$\widetilde{x} = \widetilde{x}e = \widetilde{x}(xx') = (\widetilde{x}x)x' = ex' = x'$$

인 것을 확인할 수 있다. □

이제 우리는 group이란 associative binary operation에 대하여 identity를 가지며 모든 원소가 inverse를 갖는 집합이라고 말할 수 있다.

연습문제 11.1.9. $g, h \in G$일 때, 다음을 보여라.

(가) $(gh)^{-1} = h^{-1}g^{-1}$.

(나) $(g^{-1})^{-1} = g$.

[8]어쩌된 영문인지 이 책에서는 우리는 항상 운이 좋다.

정의 11.1.10. 군 G가 finite set이면, G를 **유한군(finite group)** 이라고 부른다. 따라서, **무한군**(infinite group)의 뜻도 자명하다. 특히, G가 유한군일 때, G의 원소 수 $|G|$를 G의 **order** 라고 부른다.

정의 11.1.11. 군 G가 모든 $x, y \in G$에 대해

$$xy = yx$$

의 조건을 만족시키면, G를 **가환군(commutative group 혹은 abelian group)** 이라고 부른다.[9]

보기를 세 개만 추가한다.

연습문제 11.1.12. n이 자연수일 때, 집합 μ_n을

$$\mu_n = \{\alpha \in \mathbb{C} \mid \alpha^n = 1\}$$

이라고 놓고 복소수의 곱셈을 2-항연산으로 하면, μ_n은 finite commutative group 임을 보여라.[10] μ_n의 order가 n인 것은 당연하다.[11]

연습문제 11.1.13. $n \geq 3$이면, symmetric group S_n은 finite non-commutative group of order $n!$ 임을 보여라.

연습문제 11.1.14. F^3에 새로운 연산 $\bullet$을

$$(a_1, a_2, a_3)^{\mathbf{t}} \bullet (b_1, b_2, b_3)^{\mathbf{t}} = (a_1 + b_1,\ a_2 + b_2 + a_1 b_3,\ a_3 + b_3)^{\mathbf{t}}, \qquad (a_i, b_i \in F)$$

로 정의할 때, $(F^3, \bullet)$은 (infinite) non-commutative group 임을 보여라.[12]

---

[9] 'abelian'은 수학자 N. H. Abel(1802–1829)의 형용사형. 너무 자주 사용하다 보니 첫 글자를 소문자로 쓰는 것이 오히려 관례가 되었다.

[10] $\mu_n(\mathbb{C})$가 더 정확한 표현이다.

[11] μ는 '(the) multiplicative group'의 첫 글자.

[12] 별 희한한 group이 다 있군! Associativity를 잊으면 안 된다. 지금은 associativity를 공짜로(노동 없이) 얻을 수 없다. (연습문제 11.9.9는 아직 참조하지 말 것.)

11.2. Group 의 초보적 성질

이 節에서는 group의 기본적인 성질들을 공부한다. 앞에서 V가 언제나 vector space를 나타냈듯이, 이제 G는 **언제나** group을 의미하기로 한다.

표기법 11.2.1. (가) (Multiplicative Notation) Group G의 2-항연산을 **곱셈**으로 표기할 때에는 항등원을 대개 $e=1$로 표기한다. 그리고 $g\in G$일 때, 언제나처럼

$$g^1 = g, \quad g^2 = gg, \quad g^3 = ggg, \quad \cdots$$

로 정의한다. 또, $g^0 = 1$로 정의하는 것이 우리의 관습이고,

$$g^{-2} = g^{-1}g^{-1}, \qquad g^{-3} = g^{-1}g^{-1}g^{-1}, \quad \cdots$$

로 표기한다.
(나) (Additive Notation) Group A의 2-항연산을 **덧셈**으로 표기할 때에는 보통 A가 abelian group인 것을 'implicitly' 가정한다.[13] 이때에는, 항등원을 $e=0$으로 표기하고, $a\in A$의 inverse element를 $(-a)$로 표기하는 것이 관습이다. 따라서, 이 경우에는

$$\cdots, \ (-2)a=(-a)+(-a), \quad (-1)a=-a, \quad 0a=0, \quad 1a=a, \quad 2a=a+a, \ \cdots$$

의 표기법이 자연스럽다. 그리고, $b\in A$일 때,

$$a-b=a+(-b)$$

의 표기법도 사용한다.[14]
(다) Commutative group이라고 말하면 multiplicative notation을 사용하고, abelian group이라고 말하면 additive notation을 사용하는 것이 관례이다.[15]
(라) 별다른 언급이 없으면, multiplicative notation을 사용한다.

연습문제 11.2.2. (가) $g,h\in G$이고 $n\in\mathbb{Z}$일 때, 다음

$$(g^n)^{-1} = (g^{-1})^n = g^{-n}$$

을 보여라.
(나) 위 (가)항을 additive notation을 사용해 다시 state하라.

---

[13]행렬 A와 group A를 혼동할 일은 없을 것이다.
[14]표기법 2.1.4 참조.
[15]그러나, 관례일 뿐이다.

연습문제 11.2.3. $g, h \in G$이고 $n \in \mathbb{Z}$일 때, $(h^{-1}gh)^n = h^{-1}g^n h$임을 보여라.

연습문제 11.2.4. $g, h \in G$일 때, $ghg^{-1}h^{-1}$ 꼴의 원소를 **commutator**라고 부른다. G가 commutative일 필요충분조건은 모든 commutator가 1인 것임을 보여라.

연습문제 11.2.5. $[g^2 = 1 \text{ for all } g \in G]$이면, G는 commutative group임을 보여라.[16]

위 연습문제 11.2.5의 조건을 만족시키는 group의 가장 간단한 보기는 $\mathbb{R}$의 부분집합 $(\{-1, 1\}, \text{곱셈})$이다. 그런데 위 조건을 additive notation으로 바꿔 쓰면, $2a = 0$이라는 조금은 낯설은 표현이 된다. 즉, $a \neq 0$이더라도 얼마든지 $2a = 0$일 수 있다는(물론 $3a = 0$일 수도 있고) 뜻이다.

Exponential Law는 **지수법칙**이라고 번역한다.

연습문제 11.2.6. (Exponential Law in Multiplicative Notation) $g, h \in G$이고 $m, n \in \mathbb{Z}$일 때, 다음을 보여라.

(가) $g^m g^n = g^{m+n}$.
(나) $(g^m)^n = g^{mn}$.
(다) G가 commutative이면, $g^n h^n = (gh)^n$.

연습문제 11.2.7. (Exponential Law in Additive Notation) 이제 앞 연습문제를 additive notation을 사용하여 다시 기술하면, $a, b \in A$이고 $m, n \in \mathbb{Z}$일 때, 다음과 같음을 보여라.

(가) $ma + na = (m+n)a$.
(나) $m(na) = (mn)a$.
(다) A가 abelian이면, $na + nb = n(a+b)$.

연습문제 11.2.6의 지수법칙은 너무나 익숙하지만, 연습문제 11.2.7의 그것은 어쩐지 낯설은 느낌이다. (그러나, 물론 똑같은 내용이다!) 게다가, 연습문제 11.2.7의 (가)항과 (다)항은 마치 **분배법칙**처럼 — 혹은, vector space의 상수곱처럼 — 보이는 점에 유의하기 바란다.[17]

[16] '본능적'으로, 모든 $g, h \in G$에 대해, $ghg^{-1}h^{-1} = 1$임을 보인다.
[17] 연습문제 11.2.7은 내년에 abelian group을 $\mathbb{Z}$-module이라고 부를 수 있게 해 준다.

관찰 11.2.8. (Cancellation Law) $x, y, z \in G$ 일 때, 만약 $xy = xz$ 이면 $y = z$ 이다. 또, 만약 $xz = yz$ 이면, $x = y$ 이다.

증명 : (관찰 2.1.5 및 연습문제 6.2.3 참조.) $xy = xz$ 양변 왼쪽에 x^{-1} 를 곱한다. 즉,

$$y = 1y = (x^{-1}x)y = x^{-1}(xy) = x^{-1}(xz) = (x^{-1}x)z = 1z = z$$

이다. $xz = yz$ 인 경우는 독자들에게 맡긴다. □

위 관찰 11.2.8을 Cancellation Law라고 부르는 이유는 물론 $xy = xz$ 의 양변에서 x 를 cancel할(지울) 수 있다는 뜻이다.

연습문제 11.2.9. 위 관찰 11.2.8을 additive notation으로 바꾸어 써 보라.

보기 11.2.10. $xy = x$ 의 양변에서 x 를 cancel하면, $y = 1$ 이 된다. $xy = x$ 는 $xy = x1$ 로도 쓸 수 있기 때문이다.

연습문제 11.2.11. $u, x, y \in G$ 일 때, 다음을 보여라.

(가) $y = u^{-1}xu$ 이면, $x = uyu^{-1}$.

(나) $u^{-1}xu = 1$ 이면, $x = 1$.

이번에는 vector space에서는 보지 못했던 개념을 하나 소개한다. Group G 를 $G = \{1, x_2, x_3, \ldots\}$ 으로 놓을 때, G 의 연산표를 다음과 같이

	1	x_2	$\cdots$	x_j	$\cdots$
1	1	x_2	$\cdots$	x_j	$\cdots$
x_2	x_2				
$\vdots$	$\vdots$			$\vdots$	
x_i	x_i		$\cdots$	x_ix_j	$\cdots$
$\vdots$	$\vdots$			$\vdots$	

정의하자.

그리고, 이름만 다르고 사실상 같은 group의 개념도 다시 도입한다.

보기 11.2.12. $|G| = 1$ 인 group은 모두 사실상 같다. 즉, 보기 11.1.5(나)항의 $\{e\}$ 와 $0+0=0$ 의 연산을 갖는 $\{0\}$ 은 사실상 같다.

보기 11.2.13. 이제 $|G| = 2$ 인 경우부터 생각해 보자. $G = \{1, x\}$ 라고 놓으면(물론, $x \neq 1$), Cancellation Law에 의해 $x^2 \neq x$ 일 수밖에 없다. 따라서, $x^2 = 1$ 이어야만 한다. 즉,

	1	x
1	1	x
x	x	1

이 G의 연산표를 완성하는 유일한 방법이다. 그러므로, 종이가 좀 아까운 느낌이지만, G는 연습문제 11.1.12의 μ_2와 이름만 다를 뿐 사실상 같다. 또, 군 $H = \{$짝,홀$\}$의 연산표를

	짝	홀
짝	짝	홀
홀	홀	짝

으로 정의하면, G는 H와도 사실상 같다. 다시 말해, order가 2인 군은 모두 사실상 같다.[18]

아래의 보기를 위해서는 다음 관찰이 필요하다. 너무 자명하지만⋯⋯.

관찰 11.2.14. 연산표의 각 가로줄에는 모두 다른 원소가 나타난다. 각 세로줄도 마찬가지이다.

증명 : $xy = xz$ 이면, Cancellation Law에 의해 $y = z$ 이므로. □

그런데, 위 관찰 11.2.14의 statement는 어쩐지 좀 유치해 보인다. 같은 말이지만 다음과 같이 표현하면 조금 고급스러워 보인다.[19]

관찰 11.2.15. 고정된 $x \in G$에 대해서, 함수 $\lambda_x : G \to G$를

$$\lambda_x(y) = xy, \qquad (y \in G)$$

로 정의하면, $\lambda_x : G \to G$는 bijection이다.[20] 더 고상하게 말하면, λ_x는 집합 G를 permute한다.

증명 : 그 말이 그 말. 아차, 지금은 surjectivity도 보여야 한다. (임의의 $z \in G$에 대해, $xy = z$ 인 $y \in G$를 찾으면 된다. $y = x^{-1}z$.) □

---

[18] 독자들이 기대하는 바와 같이, 잠시 뒤에는 '이름만 다를 뿐 사실상 같다'는 'isomorphic하다'로, '사실상 하나뿐이다'는 'unique up to isomorphism'으로 표현하게 된다.

[19] 모든 것을 함수로 이해⋯⋯.

[20] λ는 left multiplication에서 첫 글자를 따왔다.

보기 11.2.16. 이제 $|G|=3$ 인 경우를 다룰 차례이니, $G=\{1,x,y\}$ 라고 놓자. 먼저, $x^2 \neq x$ 인 것은 앞에서와 같고, 만약 $x^2=1$ 이라면 위 관찰11.2.14에 의해 $xy=y$ 이어야 하므로 Cancellation Law에 모순된다. 따라서 $x^2=y$ 이어야만 한다. 계속 관찰11.2.14를 적용하면, G의 연산표는

	1	x	y
1	1	x	y
x	x	y	1
y	y	1	x

의 한 가지 가능성뿐임을 알 수 있다. 그러므로, 이번에도 order가 3인 group은 사실상 하나뿐이다. **그런데, ⋯⋯!**

세심한 독자라면, 이미 다음 의문으로 남모르는 고민을 했을 것이다. 그런 독자는 칭찬 받을 만하다.

질문 11.2.17. 주어진 연산표가 Associative Law를 만족시키는지 어떻게 확인할 수 있을까?

아! 27-가지(항등원을 제외하면 8-가지) 경우를 모두 확인해 본다? 틀림없이 다음엔 $|G|=4,5,\ldots$ 인 경우를 물어볼 텐데⋯⋯. 물론 독자들은 — 저자가 밤을 새워 모두 확인했으므로(!) — 저자를 믿기만 하면 된다, ㅎㅎ. (만약, 위 연산표가 Associative Law를 만족시키지 않는다면, order가 3인 group은 존재하지 않는다는 결론을 얻을 수 있을 것이다.)

결국, 주어진 연산표만으로는 associativity를 확인할 길이 없다.[21] 그러면 어떻게⋯⋯?

그런데, 우리는 벌써 order가 3인 group을 하나 — 즉, μ_3 — 알고 있다. 다시 말해, (원소들의 이름은 다르겠지만) 주어진 연산표를 실제 연산표로 갖는 group — 이미(*a priori*) associativity가 보장되어 있는 group — 의 **존재를 안다면** 아무 문제도 없다. 이제, 별 생각 없이 풀었던 연습문제11.1.12가 얼마나 powerful한 결과인지 認識할 수 있을 것이다.[22] 사실, 연습문제11.1.12를 위해서는 **복소수 집합 $\mathbb{C}$의 존재라는 실로 어마어마한 background**가 필요했었다.

[21] 따라서, 연산표로 (새로운) group을 정의할 수도 없다.

[22] 연습문제11.1.12는 임의의 finite order를 갖는 group의 존재를 (구체적으로) 설명하고 있다.

독자들은 모두 $\zeta = \exp\left(\frac{2\pi \mathbf{i}}{3}\right) = \cos\frac{2\pi}{3} + \mathbf{i}\sin\frac{2\pi}{3}$ 라고 표기하면, $\zeta^3 = 1$ 이고, $\mu_3 = \{1, \zeta, \zeta^2\}$ 인 것을 잘 알고 있을 것이다. 이제, 위 보기11.2.16에서, **이름 바꾸기** $\varphi : G \to \mu_3$ 를

$$\varphi(1) = 1, \qquad \varphi(x) = \zeta, \qquad \varphi(y) = \zeta^2$$

으로 정의하면, φ 는 **연산표를 保存**하는 것을 알 수 있다. (다음 두 연산표

	1	x	y
1	1	x	y
x	x	y	1
y	y	1	x

	1	ζ	ζ^2
1	1	ζ	ζ^2
ζ	ζ	ζ^2	1
ζ^2	ζ^2	1	ζ

를 비교해 보라.) 따라서, 무엇보다도, G의 연산은 associativity를 만족시키는 것을 알 수 있다. 왜냐하면, μ_3의 2-항연산의 associativity는 복소수 곱셈의 associativity로부터 의문의 여지가 없기 때문이다.

보기 11.2.18. 드디어(!), $|G| = 4$, 즉 $G = \{1, x, y, z\}$ 인 경우를 생각해 보자. 앞에서와 같은 방법으로, Cancellation Law와 관찰11.2.14를 반복 적용하면, G의 연산표는 다음

	1	x	y	z
1	1	x	y	z
x	x	1	z	y
y	y	z	1	x
z	z	y	x	1

	1	x	y	z
1	1	x	y	z
x	x	1	z	y
y	y	z	x	1
z	z	y	1	x

	1	x	y	z
1	1	x	y	z
x	x	y	z	1
y	y	z	1	x
z	z	1	x	y

을 비롯한 네 가지 가능성뿐임을 알 수 있다(紙面 관계로 하나는 생략). 독자들은 두 번째와 세 번째 그리고 생략된 네 번째 연산표는 모두 $\mu_4 = \{1, -1, \mathbf{i}, -\mathbf{i}\}$ 의 연산표와 이름만 다를 뿐 사실상 같음을 확인할 수 있을 것이다. 그러면, 첫 번째 연산표는?

다음은 독자들에게 맡긴다.

연습문제 11.2.19. 위 보기의 두 번째와 세 번째 그리고 생략된 네 번째 연산표는 모두 associativity를 만족함을 설명하라.

위 보기의 첫 번째 연산표를 갖는 group의 존재를 설명하려면, 두 group의 product를 정의해야 한다. 그리고, 독자들은 지금 'componentwise'라는 단어가 떠올라야 한다.

보기 11.2.20. (보기 2.3.7 참조.) G_1, G_2가 group 일 때, Cartesian product $G_1 \times G_2$에 binary operation을 다음

$$(g_1, g_2) \cdot (h_1, h_2) = (g_1 h_1, g_2 h_2), \qquad (g_i, h_i \in G_i)$$

과 같이 **componentwise** 정의하자. 독자들은 $G_1 \times G_2$가 group이 되는 것을 쉽게 확인할 수 있을 것이다. 우리는 $G_1 \times G_2$를 G_1, G_2의 **direct product**라고 부른다.

보기 11.2.21. 가환군 $\mu_2 \times \mu_2$의 연산표를 생각해 보면, $\mu_2 \times \mu_2$가 바로 보기 11.2.18의 첫 번째 연산표를 갖는 group과 이름만 다를 뿐 사실상 같음을 확인할 수 있다(확인해 보라). 예를 들면,

$$(1, -1) \cdot (1, -1) = \big(1 \cdot 1, (-1) \cdot (-1)\big) = (1, 1)$$

이다. 우리는 $\mu_2 \times \mu_2$를 Klein 4-group이라고 부른다. 그리고, $\mu_2 \times \mu_2$와 μ_4는 [이름만 다르고 사실상 같은 group]이 **아니다**. 왜냐하면, 예를 들어, $\mu_2 \times \mu_2$의 모든 원소는 제곱하면 identity element가 되지만, μ_4의 원소들은 그렇지 않기 때문이다.

독자들도 눈치챘겠지만, 연산표를 이용하여 모든 자연수 n의 order를 갖는 group을 차례대로 分類해 나갈 만큼 우리는 한가롭지 못하다. $n \leq 4$인 경우도 'Group의 초보적 성질'이라는 제목 下에서나 가능한 일일 것이다.

연습문제 11.2.22. (한가하다면) 연산표를 이용하여, order가 5인 group은 사실상 μ_5뿐임을 보여라.

연습문제 11.2.23. $|G| \leq 5$이면, G는 commutative group임을 확인하라. (연산표의 대칭성.) 따라서, 제 6 장의 symmetric group S_3가 최소 order의 non-commutative group이 된다.

주의사항 하나.

주의 11.2.24. 참고 도서들에는 semigroup, monoid, 또는 left identity와 left inverse만 있으면 어쩌고 저쩌고 하는 언급들이 있다. 독자들은, 지금은, 이에 眩惑될 필요 없다. 또, finite group의 classification에도 너무 관심을 갖지 말기 바란다. $|G| = 8, 9, 10, 15$인 경우만 — 내년에 — 확실히 이해하면 완벽하다.

11.3. Subgroup

이 節에서는 subgroup과 그에 관련된 개념들을 공부한다. 독자들은 group의 'story'와 vector space의 'story'를 **비교해 가면서** 다음을 읽기 바란다. (의도적으로 §2.2에서와 똑같은 표현을 그대로 반복하였다.)

정의 11.3.1. H가 group G의 subset일 때(즉, $H \subseteq G$일 때), G로부터 **물려받은** binary operation에 관하여, H 자신 group이 되면, 우리는 H를 G의 **subgroup(부분군)**이라고 부르고

$$H \leq G$$

로 표기한다.[23]

정의 11.3.1의 뜻풀이에는 §2.2에서와는 달리 약간 **delicate한 보충 설명**이 필요하다. 이 부분은 한번은 반드시 확인하여야 한다.[24]

관찰 11.3.2. $H \leq G$일 때,

(가) G의 identity element를 e_G로, H의 identity element를 e_H로 표기하면, $e_H = e_G$이다.
(나) $h \in H$일 때, h의 G에서의 inverse를 h^{-1}로, H에서의 inverse를 h'으로 표기하면, $h' = h^{-1}$이다.

증명 : (가) (먼저 $e_G e_H = e_H$를 생각해 보지만, 실패한 후) 등식 $e_H e_H = e_H$를 G 內部의 식으로 보고, 양변에서 e_H를 cancel한다. 정확히 말하면, G의 등식 $e_H e_H = e_H e_G$에서 e_H를 cancel한다.
(나) G의 등식 $hh^{-1} = e_G = e_H = hh'$에서, h를 cancel한다. □

독자들은 왜 §2.2에서는 $0_W = 0_V$임을 **확인할 필요가 없었는지 吟味**해 보기 바란다.

연습문제 11.3.3. 벡터공간의 부분공간 $W \leq V$에서는 왜 $0_W = 0_V$임을 확인할 필요가 없었는가?

역시 우리의 '고향' 벡터공간은 마음이 편안하다.

---

[23] 따라서, 이제부터는 부등호($\leq$ 혹은 $<$)가 등장하면, subspace를 뜻하는지 또는 subgroup을 뜻하는지부터 살펴보아야 한다.

[24] 내년에 ring이라는 algebraic structure를 배우게 되면, 상황은 더욱 惡化된다. 지금은 운이 좋은 편이다.

이제 다음은 거의 자명하다.

관찰 11.3.4. Group G의 subset H가 G의 subgroup일 필요충분조건은 다음과 같다.

(S1) $h_1, h_2 \in H$이면, $h_1 h_2 \in H$.
(S2) $e \in H$.
(S3) $h \in H$이면, $h^{-1} \in H$.

증명 : H가 G의 subgroup이려면, 적어도 위 조건들이 필요하다. 적어도 연산이 정의되어 있어야 하고(조건(S1)), 항등원 e_H가 있어야 하는데 관찰11.3.2에 의해 $e_H = e$이고, 역원도……. 역증명은 오히려 자명하다. □

연습문제 11.3.5. Group G의 **non-empty** subset H가 G의 subgroup일 필요충분조건은 $[h_1, h_2 \in H$이면, $h_1 h_2^{-1} \in H]$인 것임을 보여라.

다음 보기는 이젠 좀 유치한 느낌이다.

보기 11.3.6. (가) $\{e\} \le G \le G$.
(나) 덧셈에 관해, $\mathbb{Z} < \mathbb{Q} < \mathbb{R} < \mathbb{C}$.
(다) 곱셈에 관해, $\mu_2 < \mathbb{Q} - \{0\} < \mathbb{R} - \{0\} < \mathbb{C} - \{0\}$.
(라) Alternating group A_n은 symmetric group S_n의 subgroup. (정의 6.2.13 및 연습문제 6.2.14 참조)
(마) m, n이 자연수이고 m이 n의 약수이면, $\mu_m \le \mu_n$.
(마) W가 F-vector space V의 F-subspace이면, $(W, +) \le (V, +)$.

다음 말장난은 벌써 一生에 두 번째 확인하는 명제이다.

관찰 11.3.7. $K \le H$이고 $H \le G$이면, $K \le G$이다. (즉, 부분군의 부분군은 부분군이다.)

증명 : 자손의 자손은 자손이다.[25] □

다음 결과는 제2장의 그것과 같다.

연습문제 11.3.8. Index set I가 non-empty이고, $[H_i \le G$ for all $i \in I]$이면, $\bigcap_{i \in I} H_i \le G$임을 보여라.

[25] 孝孫의 孝孫은 孝孫일까? 연습문제 12.2.16(나)항 참조.

'고향'에서의 다음 'story'는 sum of subspaces 이다. 그러나 이번에는 약간 불편한 일이 벌어진다.

표기법 11.3.9. $H, K \subseteq G$ 일 때,

$$HK = \{hk \in G \mid h \in H,\ k \in K\}$$

로 표기하면 자연스럽다.

연습문제 11.3.10. (가) G가 commutative group 일 때, 만약 $H, K \leq G$ 이면 $HK \leq G$ 임을 보여라.
(나) S_3의 원소들을 cycle notation 으로 나타내면(표기법 6.2.4 참조),

$$S_3 = \{id,\ (1,2),\ (1,3),\ (2,3),\ (1,2,3),\ (1,3,2)\}$$

가 된다. 이때, $H = \{id,\ (1,2)\}$, $K = \{id,\ (2,3)\}$ 으로 놓으면, ($H, K \leq S_3$ 이지만) $HK \not\leq S_3$ 임을 보여라.

다음에 공부할 [subgroup of G generated by a subset S]의 개념은 §3.1과 연습문제 8.5.8을 비교해 가면서 읽기 바란다. 우리가 새로운 algebraic structure를 만날 때마다, 다음 정의는 항상 등장하는 단골손님이라고 이미 §3.1에서 예고한 바 있다.

정의 11.3.11. $S \subseteq G$ 일 때, [S를 포함하는 G의 subgroup 중 가장 작은 것]을 $\langle S \rangle$로 표기하고, $\langle S \rangle$를 S가 **생성한 부분군(subgroup generated by** S**)**이라고 부른다. (여기에서, '가장 작다'는 말은 [물론 $S \subseteq \langle S \rangle \leq G$ 이면서, 만약 H가 S를 포함하는 G의 subgroup 이면 $\langle S \rangle \subseteq H$]라는 뜻이다.)

언제나, 우리는 무엇보다도 먼저 $\langle S \rangle$의 existence(존재성)와 uniqueness(유일성)를 생각하여야 한다.

관찰 11.3.12. $S \subseteq G$ 이면,

$$\langle S \rangle = \bigcap_{S \subseteq H \leq G} H$$

이다. 이로부터 $\langle S \rangle$의 existence와 uniqueness가 얻어진다.

증명 : 연습문제 11.3.8로부터 당연. □

이번에도 다시 강조하면, 위 관찰은 $\langle S\rangle$의 existence와 uniqueness를 설명하기 위한 것이지, $\langle S\rangle$를 계산할 때 이용하려는 것이 아니다.[26] 그리고, §3.1에서와 마찬가지로, $S\neq T$이더라도, 얼마든지 $\langle S\rangle=\langle T\rangle$일 수 있다.

다음 차례는 $\langle S\rangle$가 구체적으로 어떤 집합인지 알아보는 것이다. 이 부분은 우리의 '고향' 벡터공간보다 조금 까다롭다.

보기 11.3.13. (우선 $\langle\emptyset\rangle=\{e\}$인 것은 당연하고) 만약 $x\in G$이면,

$$\langle x\rangle=\{x^i\in G\,|\,i\in\mathbb{Z}\}$$

이다.[27] (확인해 보라. 만약 §3.1의 'story'를 기억한다면, $\{x^i\,|\,i\in\mathbb{Z}\}\leq G$인 것만 설명하면 충분할 것이다. 명제11.3.17 참조.) 단, $\langle x\rangle$가 반드시 무한 집합일 필요는 없다. 다시 말해, $i\neq j$이더라도 $x^i=x^j$일 수 있다는 뜻이다.

'Cyclic'이라는 단어는 처음 만나는 것이 아니다.[28]

정의 11.3.14. (가) $x\in G$일 때, $\langle x\rangle$를 x가 generate하는 G의 **cyclic subgroup**이라고 부른다.
(나) 만약 $G=\langle x\rangle$인 $x\in G$가 존재하면, G를 x를 **generator**로 갖는 **cyclic group**이라고 부른다.

Cyclic group이 commutative group인 것은 자명하다. Cyclic group의 성질은 §11.7에서 다룬다.

정의 11.3.15. (가) $S\subseteq G$일 때, $S^{-1}=\{s^{-1}\in G\,|\,s\in S\}$로 표기하자. 이때, $(S\cup S^{-1})$를 **alphabet**이라고 부르자.
(나) Alphabet의 원소(letter)들을 유한 개 늘어놓은(곱한) 것을 **word**라고 부르면 그럴듯할 것이다. 단, e는 empty word로 취급한다. (물론, 다른 표현을 갖는(spelling이 다른) word도 얼마든지 같은 원소일 수 있다.)

관찰 11.3.16. $S\subseteq G$일 때, [alphabet $(S\cup S^{-1})$로 만들어진 word 전체의 집합]은 G의 subgroup이 된다.

증명 : 관찰11.3.4와 연습문제11.1.9에 의해 명백. □

[26] 관찰11.3.12는 이젠 잊어도 좋다는 뜻.
[27] 우리는 $\langle\{x\}\rangle$와 같은 표기법을 정말 싫어한다.
[28] T-cyclic space와 cyclic group의 공통점은 무엇인지 생각해 보라.

명제 11.3.17. $S \subseteq G$ 이면, $\langle S \rangle$는 [alphabet $(S \cup S^{-1})$로 만들어진 word 전체의 집합]과 같다.[29]

증명 : (명제 3.1.6의 증명에서 몇 글자만 바꾸면 된다.) [alphabet $(S \cup S^{-1})$로 만들어진 word 전체의 집합]을 K라고 하자. 그런데, $\langle S \rangle$는 subgroup 이므로, $\langle S \rangle$는 적어도 $(S \cup S^{-1})$의 원소들로 만들어진 word 들은 갖고 있어야만 한다. 따라서 $K \subseteq \langle S \rangle$ 이다. 한편, 위 관찰 11.3.16에 의해 K는 subgroup 이고, 물론 K는 S를 포함하므로 (그런 것 중 가장 작은 것이 $\langle S \rangle$ 이니까) $\langle S \rangle \subseteq K$ 이다. (한마디로, 관찰 11.3.16에 의해 증명 끝.) □

독자들은 명제 11.3.17의 증명 순서와 명제 3.1.6의 증명 순서가 똑같은 것을 확인하기 바란다.

독자들은 종이와 잉크를 무척 아껴 쓰는 저자가 §2.2와 §3.1을 복사하다시피 그대로 반복하는 것을 의아해할 수도 있다. 저자는 새로운 algebraic structure를 만났을 때 어떤 방식으로 우리의 '고향'과 비교하는지 설명하고 있는 중이다.

연습문제 11.3.18. (가) $(\mathbb{Z}, +)$는 cyclic group 임을 보여라. 이때, $\mathbb{Z}$의 가능한 generator(즉, $\mathbb{Z} = \langle x \rangle$ 인 x)의 개수는 몇 개인가?
(나) 3의 배수들의 집합 $3\mathbb{Z} = \{3a \mid a \in \mathbb{Z}\}$는 $(\mathbb{Z}, +)$의 cyclic subgroup 임을 보여라.
(다) $\langle 2, 3 \rangle = \mathbb{Z} = \langle 4, 15 \rangle$ 임을 보여라. $\langle 6, 9 \rangle \neq \mathbb{Z}$ 임도 보여라.

연습문제 11.3.19. (가) μ_5는 cyclic group 임을 보여라. 이때, μ_5의 가능한 generator의 개수는 몇 개인가?
(나) μ_6는 cyclic group 임을 보여라. 이때, μ_6의 가능한 generator의 개수는 몇 개인가?

연습문제 11.3.20. (가) S_3의 subgroup을 모두 찾아라.[30]
(나) S_3는 cyclic group 인가?
(다) $\big\langle (1,2), (2,3) \big\rangle = S_3 = \big\langle (1,2), (1,2,3) \big\rangle$ 임을 보여라.

---

[29] Abelian group의 경우에는 더 산뜻하게 묘사할 수 있지만……. 내년으로 미룬다.
[30] 지금 Lagrange's Theorem(관찰 12.1.10)을 살짝 살펴보아도 좋다.

11.4. 학부 대수학의 半

이 節에서는 저자가 [학부 대수학의 半]이라고 부르는 정리를 소개한다. 그리고, 그 중요성을 감안하여 독립된 節로 다룬다.

보기 11.4.1. $n \in \mathbb{Z}$ 일 때, n 의 배수들의 집합

$$n\mathbb{Z} = \{na \mid a \in \mathbb{Z}\} = \langle n \rangle$$

이 group $(\mathbb{Z}, +)$ 의 subgroup 인 것은 당연하다.

다음 정리는 **내용뿐만 아니라 그 증명도 우리 'story'의 中心**에 있다.

정리 11.4.2. (학부 대수학의 半) Abelian group $(\mathbb{Z}, +)$ 의 subgroup 은 $n\mathbb{Z}$ 들뿐이다(단, $0 \le n \in \mathbb{Z}$).

증명 : (정리 7.5.2 의 **minimal polynomial 의 유일성 증명과 비교**하라.) H 를 $\mathbb{Z}$ 의 subgroup 이라고 하자. 만약 $H = \{0\}$ 이었다면, $H = 0\mathbb{Z}$ 이므로 OK. 그러므로, H 에는 non-zero integer 가 존재한다고 가정할 수 있고, 따라서 H 에는 positive integer 가 존재할 것이다(음수의 역원은 양수이므로). 이제, H 의 positive integer 중에서 **최소의 자연수**를 n 이라고 하자.[31] 우리의 주장은 $H = n\mathbb{Z}$ 라는 것이다. 이 주장을 증명하기 위해, $a \in H$ 라고 하자. 이제 a 를 n 으로 나누면(a 가 음수이어도 OK), q 는 몫이고 r 은 나머지라고 놓을 때,

$$a = qn + r, \qquad (\text{단},\ 0 \le r < n)$$

로 쓸 수 있음을 우리는 이미 초등학교에서 배웠다(division algorithm). 그런데, 원래 $n \in H$ 라고 했으므로 $qn \in H$ 이고(표기법 11.2.1 (나) 항 참조), 따라서 $r = a - qn \in H$ 가 된다. 이 결과가 n 이 H 의 최소의 자연수라는 가정에 모순되지 않으려면, 결국 유일한 가능성은 $r = 0$ 인 경우뿐이다. 그러므로 a 는 n 의 배수이고, 따라서 $H \le n\mathbb{Z}$ 이다. $n\mathbb{Z} = \langle n \rangle \le H$ 인 것은 자명. □

앞 §7.5 에서 언급하였듯이, 위 정리와 그의 아바타들만 완전히 이해하면 학부 대수학의 半을 이해한 것과 같다고 저자는 강조한다. [학부 대수학의 半]은 특히 내년에 수많은 avatar 를 우리에게 선보일 것이다.

---

[31] 이런 최소의 자연수가 존재하는 것을 有識한 말로 "자연수 집합은 well-ordered 이기 때문" 이라고 말한다. [5] 참조.

11.5. Group Isomorphism

우리 'story'의 다음 순서는 isomorphism 이다. 먼저, vector space 에서와 마찬가지로, '사실상 같은 group'의 개념을 수학적인 용어를 사용하여 정의한다. 지금은 연산이 하나뿐이므로 상황은 오히려 單純하다. 종이가 좀 아깝긴 하지만, 제 2 장의 내용을 한번 더 반복한다.

이제 G와 G'을 group 이라고 하자. G와 G'이 사실상 같은 group 이라는 말을 풀어 써 보면 다음과 같다:

G와 G'은 사실상 같은 group 이다.

$\Longleftrightarrow$ G와 G'은 이름만 다를 뿐 group 으로서는(즉, 주어진 2-항연산에 관해서는) 사실상 같다.

$\Longleftrightarrow$ G와 G'의 원소들 사이에는 '**이름 바꾸기**'라는 대응관계 $g \leftrightarrow g'$이 존재하고(단, $g \in G$, $g' \in G'$), 다음

$$g_1 \leftrightarrow g_1{}' \text{ 이고 } g_2 \leftrightarrow g_2{}' \text{ 이면,} \quad g_1 g_2 \leftrightarrow g_1{}' g_2{}'$$

과 같이, 대응하는 원소들의 곱도 서로 대응한다. 이를 달리 표현하면,

$$\begin{array}{ccc} \text{곱해서 이름 바꾼 것} & = & \text{이름 바꿔서 곱한 것} \\ \| & & \| \\ (g_1 g_2)' & = & g_1{}' g_2{}' \end{array}$$

이 된다. 그림도 그려 보자.

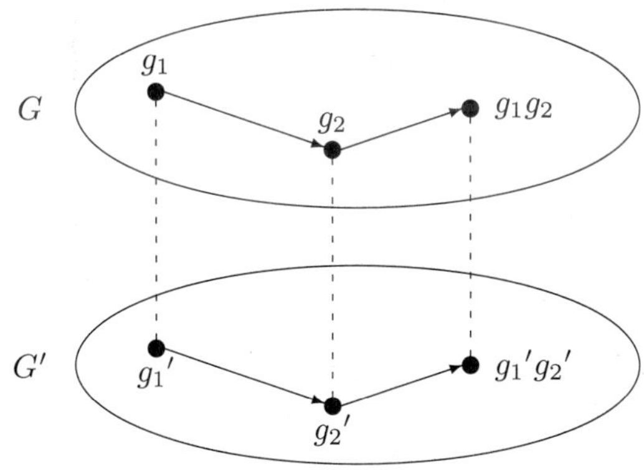

위 그림은 [2층에 있는 G]와 [1층에 있는 G']이 사실상 같을 때, 이를 3층에서 내려다본 것이다. 이때 G와 G'은 완전히 겹쳐 보인다.

물론 '이름 바꾸기'는 혼동이 있으면 안 된다. 위에서 혼동 없는 '이름 바꾸기'를 bijection $\varphi: G \to G'$ 으로, 그리고 $g \leftrightarrow g'$ 대신 $\varphi(g) = g'$ 으로 표현을 바꾸면:

정의 11.5.1. G와 G'이 group 이고, 다음 조건

$$\varphi(g_1 g_2) = \varphi(g_1)\,\varphi(g_2), \qquad (g_1, g_2 \in G)$$

를 만족시키는 bijection $\varphi : G \to G'$이 존재하면, 우리는 group G와 G'이 (**group 으로서**) **isomorphic** 하다고 말하고, $G \approx G'$ 혹은

$$G \xrightarrow[\approx]{\varphi} G'$$

으로 표기한다. 이때, φ를 (**group**) **isomorphism** (from G onto G') 이라고 부른다.

이번에도 §10.5에서와 마찬가지로, 위 그림을 사각형으로 代替해 보자. 즉, group isomorphism $\varphi \times \varphi : G \times G \to G' \times G'$ 을

$$(\varphi \times \varphi)\,(g_1, g_2) = (\varphi\, g_1, \varphi\, g_2), \qquad (g_1, g_2 \in G)$$

로 정의하면,[32] 다음 commutative diagram

$$\begin{array}{ccc} G \times G & \xrightarrow{\ *\ } & G \\ {\scriptstyle \varphi\times\varphi}\big\downarrow \wr & \circlearrowright & \wr \big\downarrow{\scriptstyle \varphi} \\ G' \times G' & \xrightarrow[\ *'\ ]{} & G' \end{array}$$

을 얻을 수 있다(단, $*$와 $*'$은 2-항연산). 또, G와 G'의 **연산표를 겹쳐 놓은 그림**을 그릴 수도 있을 것이다.

우리의 철학은 여전히 유효하다.

우리의 철학 I, II. 같은 것은 똑같다.

독자들이 이미 [우리의 철학]으로 단단히 무장하고 있을 것이므로, 여기에서는 isomorphism에 관한 더 이상의 초보적인 논의는 그만두기로 한다.

[32]함수 $(\varphi \times \varphi)$는 product $(G \times G)$에서 product $(G' \times G')$으로 가는 group isomorphism이다. 확인해 보라.

다음 두 보기는 철학이 좀 부족한 독자들만(!)을 위한 것이다.

보기 11.5.2. $\varphi : G \to H$가 isomorphism이라고 하자. $g \in G$이고 $S \subseteq G$일 때, 다음이 성립한다.

(가) $\varphi(e_G) = e_H$.
(나) 모든 $g \in G$에 대해 $\varphi(g^{-1}) = (\varphi(g))^{-1}$.[33]
(다) $\langle S \rangle = G$이면, $\langle \varphi(S) \rangle = H$.
(라) $g^2 = e_G$이면, $\varphi(g)^2 = e_H$.
(마) G가 commutative이면, H도 commutative.
(바) G가 cyclic group이면, H도 cyclic group.
(사) G가 6-개의 subgroup을 가지면, H도 6-개의 subgroup을 가진다.

즉, 이름만 다르고 사실상 같은 group은 이름만 제외하면 같은 성질을 갖는다. 여기에서 '성질'은 물론 group으로서의 성질, 즉 2-항연산에 의해 묘사되는 성질을 말한다. 위에서 예로 든 group의 성질들을 우리는 isomorphism에 의해 保存되는(不變인, invariant) 성질이라고 부른다. 이를 뒤집어서 말하면,

[group의 공부] = [group isomorphism에 의해 불변인 성질들의 공부]

라고 말할 수 있다.

연습문제 11.5.3. Additive group $(\mathbb{Z}, +)$를 $\mathbb{Z}$로 표기할 때, $\mathbb{Z} \approx \mathbb{Z} \times \mathbb{Z}$인가?

보기 11.5.4. 다음은 isomorphism에 의해 보존되지 **않는** 성질들이다.

(가) G의 2-항연산의 이름은 곱셈이다.
(나) G에는 '참외'라는 이름의 원소가 있다.
(다) G의 원소는 모두 복소수이다.
(라) $g \in G$의 절댓값은 7이다.
(마) $g \in G$를 적분하면 $h \in G$가 된다.

이번에도 '사실상 같다'라는 relation이 적어도 equivalence relation이어야 함은 너무나 당연한 것이다.

관찰 11.5.5. 위 정의11.5.1의 relation $\approx$은 equivalence relation이다.

증명 : 아래 연습문제 참조. □

[33]따라서, (φg^{-1})의 표기법이 가능하다.

연습문제 11.5.6. (가) 항등사상(identity map) $id_G = id : G \to G$를

$$id_G(g) = g, \qquad (g \in G)$$

로 정의하면,[34] id_G는 group isomorphism 임을 보여라.
(나) Group isomorphism $\varphi : G \to H$의 역사상(inverse map) $\varphi^{-1} : H \to G$도 group isomorphism 임을 보여라.
(다) 두 개의 group isomorphism $\psi : K \to G$와 $\varphi : G \to H$의 합성사상(composition) $\varphi \circ \psi : K \to H$도 group isomorphism 임을 보여라.

앞의 그림의 입장에서 위 연습문제 11.5.6을 생각하면, (나)항은 지하실로 내려가야 하고, (다)항은 4층까지 올라가야 하는 것도 제 3장과 다를 바 없다.

이제, 아끼고 아껴온 보기를 하나 소개한다. 다음 보기를 독자들의 지나온 過去와 앞으로의 未來 사이의 연결 고리라고 한다면 '誇張'일까?

보기 11.5.7. Additive group $(\mathbb{R}, +)$는 익숙하다. 그리고,

$$(\mathbb{R}^+, \text{곱셈}) = \{a \in \mathbb{R} \,|\, a > 0\}$$

을 양의 실수들의 multiplicative group 이라고 하자. 독자들에게

$$\exp : (\mathbb{R}, +) \to (\mathbb{R}^+, \text{곱셈})$$

이 group isomorphism 인 것을 설명할 필요는 느끼지 않는다. 그리고,

$$\log : (\mathbb{R}^+, \text{곱셈}) \to (\mathbb{R}, +)$$

가 그의 inverse map 인 것도……. 우리가 exp과 log를 공부한 것이 이 example을 위한 것이었다고 말한다면 또 '誇張'일까?[35]

참고사항 하나.

참고 11.5.8. 우리의 '고향'에서는 두 벡터공간이 isomorphic 한지 여부는 그들의 dimension 만 알면 되는 간단한 문제였다. 그러나, 두 group 이 주어졌을 때, 그들이 isomorphic 한지 여부에 답하는 것은, 일반적으로, 쉬운 문제가 아니다. 매우 어려울 수도 있다. 이 문제는 흔히 **Isomorphism Problem** 이라고 불리운다.

---

[34] Group의 identity map은 항등행렬과의 혼동을 피하기 위해 id로 표기하자.
[35] 이 의문문에는 다음의 암시가 숨겨져 있다. 즉, $\mathbb{R} = \mathfrak{M}_{1,1}(\mathbb{R})$인데, 그렇다면 $\mathfrak{M}_{n,n}(\mathbb{R})$에서 정의된 exponential function은 무엇일까?

11.6. Group Homomorphism

이번에는 group homomorphism을 다룰 차례이다. Group homomorphism은 벡터공간의 linear map에 대응하는 개념이다. (사실은 linear map은 우리의 '고향'에서 사용하는 vector space homomorphism의 愛稱이다.)

정의 11.6.1. G, H가 group일 때, 함수 $\varphi : G \to H$가 다음 조건

$$\varphi(xy) = \varphi(x)\varphi(y), \qquad (x, y \in G)$$

를 만족시키면, φ를 (**group**) **homomorphism**(from G into H)이라고 부른다.

즉, 우리는 bijective homomorphism을 isomorphism이라고 부른 것이다. 혹은, isomorphism을 [이름 바꾸기에 혼동이 없는] group homomorphism으로 이해할 수도 있다. 역으로, group homomorphism은 [이름 바꾸기에 **혼동이 있는**] 그 무언가로 생각할 수도 있다.

어쨌든, group homomorphism은 group의 '구조를 옮겨 주는 함수'임에는 틀림없다. 이제 §4.1을 'copy and paste'한 후, group의 경우에 달라지는 것이 있는지 찾아보자.

관찰 11.6.2. $\varphi : G \to H$가 group homomorphism이면,

(가) $\varphi(e) = e$.

(나) $x \in G$이면, $\varphi(x^{-1}) = (\varphi(x))^{-1} = \varphi x^{-1}$.

증명 : 독자들의 '본능'에 맡긴다.[36] □

독자들은 다음 단어들에 익숙해졌는지 확인해 보기 바란다.

정의 11.6.3. $\varphi : G \to H$가 homomorphism일 때,

(가) φ가 injective이면, φ를 monomorphism이라고 부른다.

(나) φ가 surjective이면, φ를 epimorphism이라고 부른다.

(다) φ가 bijective이면, φ를 isomorphism이라고 부른다.

(라) $G = H$이면, φ를 endomorphism이라고 부른다.[37]

(마) Bijective endomorphism은 automorphism이라고 부른다.

[36] 관찰 4.1.2(나)항에는 두 가지 증명이 주어져 있다. 그중 벡터공간이 abelian group이라는 성질만을 이용한 증명 — 즉, group에서도 가능한 증명 — 이 조금 더 자연스럽다고 할 수 있다.

[37] 이번에는 operator라는 용어는 사용하지 않는다.

다음 관찰이 생략되면, 이번에도, 어딘가 허전하다.[38]

관찰 11.6.4. $\varphi : G \to H$가 homomorphism일 때, 다음 조건은 동치이다.

(1) φ는 isomorphism.

(2) $[\psi \circ \varphi = id_G$이고 $\varphi \circ \psi = id_H]$인 homomorphism $\psi : H \to G$가 존재.

증명 : 관찰 4.1.4 참조. □

Kernel(核)과 image도 그대로이다.

정의 11.6.5. $\varphi : G \to H$가 homomorphism일 때,

(가) $\ker\varphi = \varphi^{-1}(e) = \{x \in G \mid \varphi(x) = e\}$를 φ의 **kernel**이라고 부른다.

(나) $\mathrm{im}\,\varphi = \varphi(G) = \{\varphi(x) \in H \mid x \in G\}$를 φ의 **image**라고 부른다.

관찰 11.6.6. $\varphi : G \to H$가 homomorphism이면,

(가) $\ker\varphi \le G$이고, $\mathrm{im}\,\varphi \le H$.

(나) φ가 monomorphism이면, $G \approx \mathrm{im}\,\varphi$.

(다) $K \le G$이면, $\varphi(K) \le H$.

증명 : 독자들의 몫이다. □

물론, homomorphism φ가 epimorphism일 필요충분조건은 $\mathrm{im}\,\varphi = H$이다. Monomorphism에 관한 다음 관찰은 이번에도 매우 중요하다. (이제부터 φg, φG 등과 같이 필요 없는 괄호는 생략하기로 한다.)

관찰 11.6.7. $\varphi : G \to H$가 homomorphism일 때, 다음 조건은 동치이다.

(1) φ는 monomorphism.

(2) $x, y \in G$이고 $\varphi x = \varphi y$이면, $x = y$.

(3) $x \in G$이고 $\varphi x = \varphi e = e$이면, $x = e$.

(4) $\ker\varphi = \{e\}$.

증명 : $[(3) \Rightarrow (2)]$ 부분을 제외하면 모두 자명하다. 이제 조건 (3)을 가정하고 $\varphi x = \varphi y$라고 하면,

$$\varphi(xy^{-1}) = \varphi(x)\varphi(y)^{-1} = e$$

이므로, 조건 (3)에 의해 $xy^{-1} = e$, 즉 $x = y$. □

[38] 왜 허전한지는 몇 년 후에 알게 된다.

이번에도, 위의 조건(2)와 조건(3)은 굳이 포함시키지 않아도 되겠지만, 조건(4)가 조건(1)의 특수한 case라는 점을 강조하기 위하여 첨가하였다. 즉, 위 관찰이 뜻하는 바는 homomorphism φ가 injective인 것을 보이기 위해서는 [$\varphi x = \varphi e = e$이면 $x = e$]인 것만 보이면 된다는 것이다.

관찰 11.6.8. $\varphi : G \to H$가 homomorphism이고 $S \subseteq G$이면,

(가) $\varphi\langle S\rangle = \langle \varphi S\rangle$.

(나) $G = \langle S\rangle$이면, $\mathrm{im}\,\varphi = \langle \varphi S\rangle$.

(다) φ가 epimorphism일 필요충분조건은 φ가 (G의) generating set을 (H의) generating set으로 옮기는 것이다.

증명 : (나)항과 (다)항은 독자들에게 맡긴다. (가)항을 보이기 위해, 먼저 $\varphi\langle S\rangle \le \langle \varphi S\rangle$임을 보인다. 그런데, $\langle S\rangle$의 원소는 [alphabet $(S \cup S^{-1})$로 만들어진 word]이므로(명제 11.3.17), φ에 의한 image는 [alphabet $(\varphi S) \cup (\varphi S)^{-1}$로 만들어진 word]이고,[39] 따라서 $\langle \varphi S\rangle$의 원소이다. 이제 $\langle \varphi S\rangle \le \varphi\langle S\rangle$임을 보이자. 이번에는 $\langle \varphi S\rangle$가 φS를 포함하는 H의 subgroup 중 가장 작은 것임에 착안한다. 당연히 $S \subseteq \langle S\rangle$이므로 $\varphi S \subseteq \varphi\langle S\rangle$이고, 한편 $\varphi\langle S\rangle$는 H의 subgroup이므로(왜 그런가?), $\langle \varphi S\rangle \le \varphi\langle S\rangle$이다. □

연습문제 11.6.9. $\varphi : G \to H$가 homomorphism이고 G가 cyclic group이면, $\mathrm{im}\,\varphi$도 cyclic임을 보여라.

Group homomorphism의 다양한 보기는 §11.8에서 다룬다.

연습문제 11.6.10. $\varphi : G \to G$와 $\psi : G \to G$를 각각

$$\varphi(g) = g^{-1}, \qquad \psi(g) = g^2, \qquad (g \in G)$$

로 정의하면,

(가) φ는 bijection임을 보여라. φ는 homomorphism인가?

(나) ψ는 homomorphism인가?

연습문제 11.6.11. (가) Symmetric group의 signum function $\mathrm{sgn} : S_n \to \mu_2$는 epimorphism임을 보여라(단, $n \ge 2$). (정의 6.2.9 참조.)

(나) ker(sgn)을 묘사하라.

[39] 이 부분을 식으로 쓰는 것은 좀 귀찮다(난감하다).

11.7. Cyclic Group

이 節에서는 가장 구조가 간단한 group 인 cyclic group 을 공부한다(정의 11.3.14 참조). 앞으로, group $(\mathbb{Z},+)$를 간단히 $\mathbb{Z}$로 표기하기로 한다.

보기 11.7.1. (가) $\mathbb{Z}=\langle 1\rangle$은 **infinite** cyclic group 이다. 또, $n>0$ 일 때, $\mathbb{Z}$의 subgroup $n\mathbb{Z}=\langle n\rangle$도 infinite cyclic group 이다. 뿐만 아니라, $\varphi:\mathbb{Z}\to n\mathbb{Z}$를

$$\varphi(a)=na, \qquad (a\in\mathbb{Z})$$

로 정의하면, φ는 isomorphism 이 된다(확인해 보라). 즉, $\mathbb{Z}\approx n\mathbb{Z}$. 이 결과는, f.d.v.s.에서의 경험에 비추어 볼 때, 조금은 **예상 밖의 결과**이다. (우리의 '고향'에서는 f.d.v.s.가 자신의 proper subspace 와 isomorphic 할 수 없다.)

(나) n이 자연수일 때, μ_n은 order 가 n 인 **finite** cyclic group 이다. 왜냐하면, $\zeta=\exp\left(\frac{2\pi\mathbf{i}}{n}\right)=\cos\frac{2\pi}{n}+\mathbf{i}\sin\frac{2\pi}{n}$ 라고 표기하면, $\zeta^n=1$ 이고

$$\mu_n=\{1,\zeta,\zeta^2,\ldots,\zeta^{n-1}\}=\langle\zeta\rangle$$

이기 때문이다. ($0<i<n$ 이면, $\zeta^i\neq 1$ 임에 유의하라.) 그리고, 아래 그림

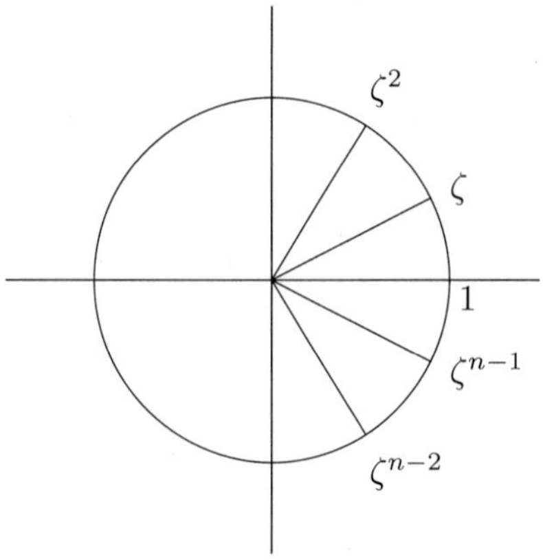

에서 μ_n을 'cyclic' group 이라고 부르는 이유도 알 수 있다.)

다음 개념은, 특히 finite group 을 다룰 때, 주인공 中 하나이다.

정의 11.7.2. $x\in G$일 때, G의 cyclic subgroup $\langle x\rangle$의 order 를 x의 **order** 라고 부른다. x의 order 는 $|x|$로 표기한다.[40] 즉, $|\langle x\rangle|=|x|$.

[40] $|x|=o(x)$의 표기법도 자주 사용된다.

다음은 [학부 대수학의 半]의 첫 번째 avatar이다.[41]

관찰 11.7.3. $x \in G$가 finite order를 가질 때, $|x| = n$일 필요충분조건은 다음

(1) $x^n = 1$이고,

(2) $0 < m < n$이면, $x^m \neq 1$.

과 같다. 즉, n은 $x^n = 1$인 최소의 자연수이다.

증명 : $\langle x \rangle = \{x^i \mid i \in \mathbb{Z}\}$는 finite set이므로, $x^i = x^j$인 $i < j \in \mathbb{Z}$가 존재할 것이다. 따라서, $x^{j-i} = x^j x^{-i} = 1$이므로,

$$\{a \in \mathbb{Z} \mid x^a = 1,\ a \geq 1\} \neq \emptyset$$

가 된다. 이제 $x^n = 1$인 **최소의 positive integer** n을 찾는다. 그러면,

$$\langle x \rangle = \{1, x, x^2, \ldots, x^{n-1}\}$$

인 것을 알 수 있다. 왜냐하면, 만약 $b \in \mathbb{Z}$이면

$$b = qn + r, \qquad (\text{단},\ 0 \leq r < n)$$

으로 쓸 수 있고(division algorithm),

$$x^b = x^{qn+r} = (x^n)^q x^r = x^r$$

이기 때문이다. (아직 증명이 끝난 것이 아니다!) 이제 우리는 $|\langle x \rangle| = n$인 것을 보여야 한다. 그런데, 만약, $x^k = x^\ell$인 $0 \leq k < \ell < n$이 존재한다면, 다시 위에서와 같이 $x^{\ell - k} = 1$이고 $0 < \ell - k < n$이므로, n의 '최소 조건'에 모순된다. 그러므로, $|\langle x \rangle| = n$이고, n이 위의 조건 (1), (2)를 만족하는 것은 당연하다. 다음에는, 역으로, n이 위의 조건 (1), (2)를 만족한다고 하자. 그러면, 위에서와 같은 이유로,

$$\langle x \rangle = \{1, x, x^2, \ldots, x^{n-1}\}$$

이고, $|\langle x \rangle| = n$인 것을 알 수 있다. 증명 끝. □

그런데, 위 정의를 아래와 같이 조금 현학적인 표현으로 바꿀 수도 있다. 지금은 괜히 쉬운 걸 어렵게 만든다는 느낌이겠지만, 독자들도 차차 이렇게 homomorphism의 언어를 사용하는 것이 더 고상할 뿐만 아니라 오히려 자연스럽다고 생각되어질 것이다.

---

[41] 사실은 minimal polynomial의 유일성 증명(정리 7.5.2)이 첫 번째였다고 할 수도 있다.

再정의 11.7.4. $x \in G$ 일 때, homomorphism $\gamma_x : \mathbb{Z} \to G$ 를

$$\gamma_x(a) = x^a, \qquad (a \in \mathbb{Z})$$

라고 정의하자.[42] 이때 $\ker \gamma_x \leq \mathbb{Z}$ 이므로, [학부 대수학의 半]에 의해

$$\ker \gamma_x = n\mathbb{Z}$$

인 $0 \leq n \in \mathbb{Z}$ 가 존재한다. 만약 $n = 0$ 이면 $|x| = \infty$ 로 정의하고, 만약 $n \neq 0$ 이면 $|x| = n$ 으로 정의한다.

연습문제 11.7.5. 위 정의11.7.2와 再정의11.7.4는 서로 동치임을 보여라.

연습문제 11.7.6. 다음을 보여라.

(가) $|x| = 1$ 일 필요충분조건은 $x = 1$.

(나) $|x| = 2$ 일 필요충분조건은 $1 \neq x = x^{-1}$.

(다) $(\mathbb{R}, +)$ 의 모든 non-zero element 의 order 는 ∞.

(라) k-cycle $(i_1, i_2, \ldots, i_k) \in S_n$ 의 order 는 k. (표기법6.2.4 참조.)

연습문제 11.7.7. $|x| = n$ 이고 $a, b \in \mathbb{Z}$ 일 때, 다음 조건

(1) $x^a = x^b$.

(2) $(a - b)$ 는 n 의 배수.

은 동치임을 보여라.

다음 두 결과는 cyclic group 의 기본적인 성질들이다. (이들도 [학부 대수학의 半]의 avatar 들이다.) 증명이 어렵지는 않지만, 특히 연습문제11.7.9는 어떻게 '산뜻하게' 설명하느냐가 관건이다.[43]

연습문제 11.7.8. Cyclic group 의 subgroup 은 cyclic group 임을 보여라.

연습문제 11.7.9. Cyclic group 은 — up to isomorphism — $\mathbb{Z}$ 와 μ_n 뿐임을 보여라.

Cyclic group 에 관해서는 더 공부할 것들이 남아 있지만, 내년으로 미룬다.[44] 우리의 마음은 '고향' — 벡터공간 — 으로 向해 있기 때문이다.

[42] γ_x 가 homomorphism 인 것은 지수법칙.

[43] 보기12.4.9 참조.

[44] 내년에 공부할 것도 남겨 두어야…….

11.8. Group과 Homomorphism의 보기

이 節에서는 group과 subgroup, homomorphism과 isomorphism의 다양한 보기들을 살펴본다. 그리고······, 이제 슬슬 선형대수로 돌아가자.

먼저, 자명한 보기들부터 살펴보자.

연습문제 11.8.1. 다음을 보여라.

(가) 두 group homomorphism의 합성은 다시 group homomorphism이다.
(나) $L \in \mathfrak{L}(V, W)$이면, $L : (V, +) \to (W, +)$는 group homomorphism이다.

연습문제 11.8.2. 다음을 보여라.

(가) Constant function $\mathbf{1} : G \to G'$을

$$\mathbf{1}(g) = 1, \qquad (g \in G)$$

로 정의하면, $\mathbf{1}$은 homomorphism이다. 우리는 $\mathbf{1}$을 the trivial map이라고 부른다. The trivial map은 G가 abelian인 경우에는 물론 0으로 표기한다.
(나) $H \leq G$일 때, $\imath_H = \imath : H \to G$를

$$\imath(h) = h, \qquad (h \in H)$$

로 정의하면, $\imath$는 monomorphism이다. $\imath$를 natural embedding이라고 부른다.
(다) $H \leq G$이고 $\varphi : G \to G'$이 homomorphism일 때, φ의 H에의 restriction $\varphi|_H : H \to G'$을

$$\varphi|_H(h) = \varphi(h), \qquad (h \in H)$$

로 정의하면, $\varphi|_H$는 homomorphism이다.

다음에는 (제6장에 이어) symmetric group을 공부한다.

보기 11.8.3. 관찰 6.2.8(다)항의 [모든 permutation은 transposition들의 합성으로 나타낼 수 있다]는 말은 이제 [symmetric group S_n은 **transposition들에 의해 generate된다**]라는 표현으로 바꿀 수 있다. 또, 연습문제 6.2.11은 $\text{sgn} : S_n \to \mu_2$가 group homomorphism임을 말해 준다. 한편,

$$\ker(\text{sgn}) = A_n$$

이므로, $A_n \leq S_n$인 것은 이제 따로 설명할 필요가 없다(정의 6.2.13 참조).

보기 11.8.4. (가) S_3에서, $\sigma=(1,2)$, $\tau=(1,2,3)$으로 표기하면, $\sigma^2=id=\tau^3$이고, 따라서, $\sigma^{-1}=\sigma$, $\tau^{-1}=\tau^2$이 된다. 또

$$\tau^2=(1,3,2), \quad \sigma\circ\tau=(2,3), \quad \sigma\circ\tau^2=(1,3)$$

이므로(확인해 보라),

$$S_3=\{id,\,\tau,\,\tau^2,\,\sigma,\,\sigma\tau,\,\sigma\tau^2\}=\{\sigma^i\tau^j\,|\,0\le i\le 1,\ 0\le j\le 2\}$$

가 된다(이제부터는 $\circ$은 생략). 특별히, $S_3=\langle\sigma,\tau\rangle$.
(나) 이제 연습문제 6.2.6(다)항은

$$\sigma^{-1}\tau\sigma=\tau^2=\tau^{-1} \quad \text{혹은} \quad \tau\sigma=\sigma\tau^2 \quad \text{혹은} \quad \sigma\tau=\tau^2\sigma$$

로 쓸 수 있다. 이는 의외로 **의미심장**한 등식이다. 우선 위 등식은 "σ와 τ의 순서를 바꾸는 규칙"을 제공해 주므로, S_3의 모든 원소를 $\sigma^i\tau^j$ 꼴로 나타내 준다. 따라서, 잘 살펴보면,

$$\sigma^2=1, \quad \tau^3=1, \quad \tau\sigma=\sigma\tau^2$$

의 **세 조건만 있으면 S_3의 연산표를 완전히 묘사**할 수 있음을 발견하게 된다. 예를 들면,

$$(\sigma\tau)(\sigma\tau^2)=\sigma(\tau\sigma)\tau^2=\sigma(\sigma\tau^2)\tau^2=\sigma^2\tau^4=\tau$$

가 된다. (독자들은 S_3의 연산표를 완성해 보기 바란다.)
(다) 그런데 이거 어디서 많이 들어 본 얘기 아닌가? "뒤집고 돌리고 다시 뒤집으면 거꾸로 돌린 것과 같다"(보기 9.5.10 참조). 도대체 symmetric group S_3와 plane rigid motion이 무슨 관련이 있을까? 이 논의는 보기 11.9.23에서 계속될 것이다.

이제 symmetric group의 개념을 확장하자.

再정의 11.8.5. X가 non-empty set일 때, S_X를

$$S_X=\{\sigma:X\to X\,|\,\sigma\text{는 bijection}\}$$

으로 정의하면, $(S_X,\circ)$은 group이 된다. 우리는 S_X를 **symmetric group** on X라고 부른다.

아마 위 symmetric group의 정의를 읽으면서 다음 연습문제를 스스로 생각한 독자들도 있었을 것이다.

다음 연습문제는 독자들의 **성숙도를** **test**한다.

연습문제 11.8.6. (가) 집합 X, Y가 '이름만 다를 뿐 집합으로서 사실상 같다', 혹은, '집합으로서 서로 isomorphic하다'라는 개념을 어떻게 정의하는 것이 자연스러울까?[45]

(나) X, Y가 집합으로서 isomorphic하면, S_X, S_Y는 group으로서 isomorphic함을 보여라. (독자들은 이런 상황에서 항상 다음 commutative diagram

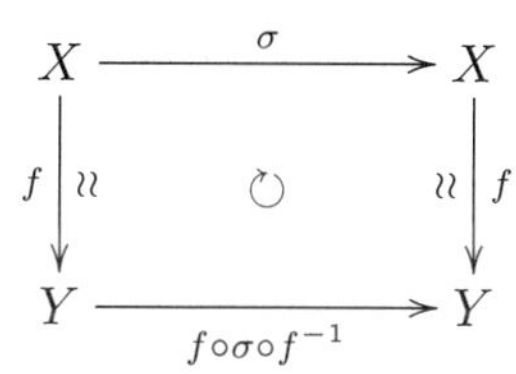

을 생각하도록 훈련하여야 한다. 단, $f: X \to Y$는 '이름 바꾸기'.)

위 연습문제는 "**같은 것**(X와 Y)**으로부터 같은 방법으로 만들어진 것**(S_X와 S_Y)**은 같다**"라는 우리의 '상식'(!)을 확인시켜 주는 좋은 example이다.

연습문제 11.8.7. (가) Group G의 **automorphism group**을

$$\mathrm{Aut}(G) = \{\varphi : G \to G \mid \varphi\text{는 automorphism}\}$$

으로 정의하면, $\mathrm{Aut}(G) \leq S_G$ 임을 보여라.[46]

(나) $g \in G$를 고정하고, $\mathrm{Int}(g) : G \to G$를

$$\mathrm{Int}(g)(x) = gxg^{-1}, \qquad (x \in G)$$

로 정의하면, $\mathrm{Int}(g) \in \mathrm{Aut}(G)$ 임을 보여라.[47] 우리는 $\mathrm{Int}(g)$를 G의 **inner automorphism**이라고 부른다. 이제, 당연히 $\mathrm{Int}(G) = \{\mathrm{Int}(g) \mid g \in G\}$로 표기하면, $\mathrm{Int}(G) \leq \mathrm{Aut}(G)$ 임을 보여라.[48]

(다) 참고: Group G가 주어졌을 때, $\mathrm{Aut}(G)$를 완전히 묘사하는 것은, 일반적으로, 매우 어려운 문제이다. 이를 위해서는 우선 inner automorphism이 아닌 G의 **outer automorphism**의 존재 여부부터 밝혀야 한다.[49]

---

[45] 집합에는 아무런 구조도 없으므로, '이름 바꾸기'만 있으면 된다.
[46] Symmetric group S_G를 생각할 때는 G를 group으로 대접하지 않고 단순히 집합으로 본다.
[47] $\mathrm{Int}(g) \circ \mathrm{Int}(g^{-1}) = id$.
[48] 'Int'는 'Inn'의 오타가 아니다. 아마 'inner'의 'in'과 'automorphism'의 't'를 합쳐서, 'Aut'와 어울리게 만든 듯하다.
[49] 연습문제 11.9.12 참조.

우리는 이미 앞 §11.2 'group의 초보적(!) 성질'에서, $x \in G$가 고정되어 있을 때, left multiplication $\lambda_x : G \to G$를

$$\lambda_x(g) = xg, \qquad (g \in G)$$

로 정의했었다. 그리고, 관찰11.2.15에서는 $\lambda_x \in S_G$ 임을 살펴보았다. 또, λ_x는 "집합 G를 permute 한다"는 세련된 말도 배웠다. 이제,

$$\lambda(x) = \lambda_x, \qquad (x \in G)$$

로 정의된 함수 $\lambda : G \to S_G$를 생각하지 않으면 오히려 이상하다.[50]

정리 11.8.8. (Cayley's Theorem) 위에서처럼 $\lambda : G \to S_G$ 를

$$\lambda(x)(g) = \lambda_x(g) = xg, \qquad (x, g \in G)$$

로 정의하면, λ는 monomorphism이 된다. 그러므로, 모든 group은 symmetric group의 subgroup과 isomorphic하다.

증명 : 이 증명은 '기계'가 한다. 먼저, λ가 group homomorphism인지 확인해 보자. 즉,

$$\lambda(xy) = \lambda(x) \circ \lambda(y), \qquad (x, y \in G)$$

인가? 다시 말해,

$$\lambda_{xy} = \lambda_x \circ \lambda_y, \qquad (x, y \in G)$$

인가? 그런데 이 식의 양변은 모두 G에서 정의된 함수이므로,

$$\lambda_{xy}(g) = (\lambda_x \circ \lambda_y)(g), \qquad (x, y, g \in G)$$

인 것을 확인하면 된다. '기계'들에게 맡긴다.[51] 다음에는, λ의 injectivity를 보이자. 즉, $\ker \lambda = \{1\}$ 인가? '기계'들에게 맡긴다. □

Symmetric group이 우리 'story'의 주인공 중 하나인 것은 Cayley's Theorem 때문이다. 다시 말해, Cayley's Theorem은 symmetric group과 그 subgroup들만 완전히 이해하면 group을 모두 이해할 수 있다는 것을 말해 준다. 그러나, 그저 그렇다는 것일 뿐, S_G는 G에 비해 너무 커서 현실적으로는 Cayley's Theorem은 별 도움을 주지 못한다.

---

[50] 표기법의 수준이 한 단계 올라갔다! 독자들의 現수준에 딱 맞을 것으로 생각된다.

[51] 만약 left multiplication λ 대신 right multiplication ρ를 사용한다면 무엇이 문제인가?

지금이 conjugacy relation을 소개할 적당한 기회이다.

정의 11.8.9. G가 group이고, $x, y \in G$일 때,

$$x \sim y \iff [y = g^{-1}xg \text{ 인 } g \in G \text{ 존재}]$$

로 정의하면, $\sim$이 G-위의 equivalence relation인 것은 쉽게 확인할 수 있다.[52] 이때, 우리는 $\sim$을 **conjugacy relation**이라고 부르고, equivalence class는 **conjugacy class**라고 부른다. ($x \sim y$는 "x is **conjugate** to y"로 읽는다.)

연습문제 11.8.10. (가) $1 \in G$의 conjugacy class는 항상 $\{1\}$임을 보여라.
(나) G가 commutative이면, G의 conjugacy relation은 equality relation과 같음을 보여라.
(다) S_3에는 conjugacy class가 모두 몇 개 있는가?

연습문제 11.8.11. (가) $H \leq G$이고 $g \in G$일 때,

$$g^{-1}Hg = \{g^{-1}hg \mid h \in H\} \leq G$$

임을 보여라.[53]
(나) G의 subgroup 전체의 집합을 $\mathcal{S}$로 표기하자. $H, K \in \mathcal{S}$일 때,

$$H \sim K \iff [K = g^{-1}Hg \text{ 인 } g \in G \text{ 존재}]$$

로 정의하면, $\sim$은 $\mathcal{S}$-위의 equivalence relation임을 보여라. (이때, $H \sim K$는 "H is **conjugate** to K" 또는 "K is a conjugate subgroup of H"로 읽는다.)

다음에는, vector space에서와 같이, group들의 product를 정의하자. 이 일은 독자들에게 맡긴다.[54]

연습문제 11.8.12. (가) $G_1, \ldots, G_n$이 group일 때, 그들의 Cartesian product $G = G_1 \times \cdots \times G_n$에 자연스러운 group structure를 정의하라. (보기 2.3.7 및 보기 11.2.20 참조.)
(나) i-th natural projection $\pi_i : G \to G_i$와 j-th natural embedding $\imath_j : G_j \to G$를 정의하라. 또, π_i는 epimorphism이고, $\imath_j$는 monomorphism임을 보여라. (보기 4.2.5 참조.)

---

[52] §5.6의 similarity relation이 생각난다.
[53] $g^{-1}Hg = \mathrm{Int}(g^{-1})(H)$.
[54] 이젠 'copy and paste'에도 지쳤다.

연습문제 11.8.13. G, H, K가 group 일 때, 다음을 증명하라.

(가) $G\times H \approx H\times G$.

(나) $(G\times H)\times K \approx G\times(H\times K) \approx G\times H\times K$.

연습문제 11.8.14. 다음 조건

(1) $G_1\times\cdots\times G_n$은 commutative group.

(2) $G_1,\ldots,G_n$ 모두 commutative group.

은 동치임을 보여라.

연습문제 11.8.15. 다음을 보여라.

(가) $\mu_3\times\mu_3 \not\approx \mu_9$.

(나) 그러나, $\mu_2\times\mu_3 \approx \mu_6$.

연습문제 11.8.16. 연습문제 11.8.12(나)항에서,

(가) $\ker\pi_i$와 $\operatorname{im}\imath_j$를 구하라.

(나) $\pi_i\circ\imath_i = id$ 임을 보여라.

(다) $i\neq j$ 이면, $\pi_i\circ\imath_j = \mathbf{1}$ 임을 보여라. (연습문제 11.8.2(가)항 표기법 참조.)

주의사항 하나.

주의 11.8.17. $\varphi,\psi : G\to H$가 group homomorphism 일 때, 마치 정의 5.1.1의 선형사상의 합 $(L+M)$처럼, 함수 $\varphi\psi : G\to H$를

$$(\varphi\psi)(g) = \varphi(g)\psi(g), \qquad (g\in G)$$

로 정의해 보자. 그러나, 지금은 $\varphi\psi$가 반드시 group homomorphism 이어야 할 이유는 없다(왜 그런가?).

돌이켜 보건대, vector space를 공부하기에 앞서 group을 먼저 공부했었다면, 紙面을 좀 아낄 수 있었을 것이다. 그러나, 언제나 '고향'이 먼저이다.

이제 그만 '고향'으로 돌아가자.[55]

[55] 이제 (symmetric) group에 더 익숙해졌으니, 제 6 장을 다시 한번 읽어 보라.

11.9. Linear Group

사실, linear group 또는 matrix group 은 group 을 정의하자마자 소개할 수도 있었지만, 아끼고 아끼다가(숨기다가) 이제야 등장하게 되었다.[56]

보기 11.9.1. (가) 가역행렬 전체의 집합을

$$\mathbf{GL}_n(F) = \{A \in \mathfrak{M}_{n,n}(F) \mid A \text{ is invertible}\}$$

로 표기하고, [**general linear group** over F] 라고 부른다. $\mathbf{GL}_n(F)$는 행렬의 곱셈을 2-항연산으로 갖는 group 이다. 특별히,

$$F^\times = \mathbf{GL}_1(F) = F - \{0\}$$

로 표기하고,[57] [the unit group(또는 the multiplicative group) in F] 라고 부른다.
(나) $\mathbf{GL}_n(F)$의 subgroup 을 **linear group** 또는 **matrix group** 이라고 부른다.
(다) 또, [**special linear group** over F] 를

$$\mathbf{SL}_n(F) = \{A \in \mathbf{GL}_n(F) \mid \det(A) = 1\}$$

로 정의한다. 이제 group homomorphism $\det : \mathbf{GL}_n(F) \to F^\times$를 생각하면,

$$\ker(\det) = \mathbf{SL}_n(F) \le \mathbf{GL}_n(F)$$

인 것은 당연하다.

그런데, 우리는 제 5 장 기본정리에서 행렬과 선형사상은 같은 것이라고 했으니, matrix group 이나 'operator group'도 같은 것일 수밖에 없다.

보기 11.9.2. (가) V가 (finite dimensional) F-vector space 일 때,

$$\mathbf{GL}(V) = \{L \in \mathfrak{L}(V, V) \mid L \text{ is invertible}\}$$

로 표기하고, 이것 역시 [**general linear group** on V] 라고 부른다. $\mathbf{GL}(V)$는 선형사상의 합성을 2-항연산으로 갖는 group 이다.
(나) $\mathbf{GL}(V)$의 subgroup 은 **linear group** 이라고 부른다.
(다) 이번에도 [**special linear group** on V] 를

$$\mathbf{SL}(V) = \{L \in \mathbf{GL}(V) \mid \det(L) = 1\}$$

로 표기하면, $\mathbf{SL}(V) \le \mathbf{GL}(V)$인 것은 말할 필요도 없다.

---
[56] 원래 主人公들은 처음부터 나타나지 않는 법이다.
[57] $F^\times$는 "F cross"라고 읽는다.

보기 11.9.3. (가) V가 n-차원 벡터공간일 때, $\mathbf{GL}(V)$와 $\mathbf{GL}_n(F)$가 group으로서 isomorphic하다는 설명을 할 때에는 다음 commutative diagram

$$\begin{array}{ccc} \mathbf{GL}(V) & \xrightarrow{\subset} & \mathfrak{L}(V,V) \\ {\scriptstyle \Psi_{\mathfrak{B}}^{\mathfrak{B}}}\downarrow \wr & \circlearrowright & \wr \downarrow {\scriptstyle \Psi_{\mathfrak{B}}^{\mathfrak{B}}} \\ \mathbf{GL}_n(F) & \xrightarrow[\subset]{} & \mathfrak{M}_{n,n}(F) \end{array}$$

을 생각하도록 훈련하여야 한다. 이 그림에서 오른쪽의 $\Psi_{\mathfrak{B}}^{\mathfrak{B}}$는 vector space isomorphism이고(§5.3의 기본정리 참조),[58] 왼쪽의 $\Psi_{\mathfrak{B}}^{\mathfrak{B}}$는 물론 $\mathbf{GL}(V)$에의 restriction $(\Psi_{\mathfrak{B}}^{\mathfrak{B}})|_{\mathbf{GL}(V)}$이다. 즉, V의 basis $\mathfrak{B}$가 주어질 때마다 group isomorphism $(\Psi_{\mathfrak{B}}^{\mathfrak{B}})|_{\mathbf{GL}(V)} : \mathbf{GL}(V) \to \mathbf{GL}_n(F)$가 하나씩 주어진다.

(나) 위 diagram은 그냥 보면서 고개를 끄덕이는 그런 것이다. (같은 것은 같고, 가역인 것은 가역인 것에 대응된다. 그리고, $\Psi_{\mathfrak{B}}^{\mathfrak{B}}$는 곱셈(합성)을 보존한다.) 만약, 독자들이 위 diagram이 정말 commute하는지 연필을 들고 확인해 보려고 한다면, 독자들 스스로 '철학'이 부족함을 책망하여야 할 것이다.

(다) 다음에는, $\mathbf{SL}(V)$와 $\mathbf{SL}_n(F)$가 group으로서 isomorphic하다는 설명을 해보자. 독자들은

$$\det(L) = \det\left([L]_{\mathfrak{B}}^{\mathfrak{B}}\right) = \det\left(\Psi_{\mathfrak{B}}^{\mathfrak{B}}(L)\right), \qquad (L \in \mathfrak{L}(V,V))$$

로 정의했었음을 기억할 것이다. 따라서, 지금은 다음 commutative diagram

$$\begin{array}{ccc} \mathbf{SL}(V) & \xrightarrow{\leq} & \mathbf{GL}(V) \\ {\scriptstyle \Psi_{\mathfrak{B}}^{\mathfrak{B}}}\downarrow \wr & \circlearrowright & \wr \downarrow {\scriptstyle \Psi_{\mathfrak{B}}^{\mathfrak{B}}} \\ \mathbf{SL}_n(F) & \xrightarrow[\leq]{} & \mathbf{GL}_n(F) \end{array}$$

을 생각하여야 한다. (이번에도 독자들은 고개를 끄덕이고 있는가?) 따라서, V의 basis $\mathfrak{B}$가 주어지면, group isomorphism $(\Psi_{\mathfrak{B}}^{\mathfrak{B}})|_{\mathbf{SL}(V)} : \mathbf{SL}(V) \to \mathbf{SL}_n(F)$가 하나씩 주어진다.

다음에는 "같은 것으로부터 같은 방법으로 만들어진 것은 같다"라는 우리의 '상식'을 다시 확인해 보자.[59]

[58] 내년부터는 $\Psi_{\mathfrak{B}}^{\mathfrak{B}}$는 F-algebra isomorphism이 된다.

[59] 연습문제 11.8.6 참조.

보기 11.9.4. V와 W가 n-차원 F-벡터공간이면, V와 W는 isomorphic하다. 이때, $\mathbf{GL}(V)$와 $\mathbf{GL}(W)$는 group으로서 isomorphic한 것을 설명해 보자. 즉, 같은 것(V와 W)으로부터 같은 방법으로 만들어진 것($\mathbf{GL}(V)$와 $\mathbf{GL}(W)$)은 같음을 설명해 보자.

(가) 물론, $\mathfrak{B}$를 V의 기저, $\mathfrak{C}$를 W의 기저라고 놓으면, 보기11.9.3에 의해

$$\mathbf{GL}(V) \xrightarrow[\Psi_{\mathfrak{B}}^{\mathfrak{B}}]{\approx} \mathbf{GL}_n(F) \xleftarrow[\Psi_{\mathfrak{C}}^{\mathfrak{C}}]{\approx} \mathbf{GL}(W)$$

이므로, $(\Psi_{\mathfrak{C}}^{\mathfrak{C}})^{-1} \circ \Psi_{\mathfrak{B}}^{\mathfrak{B}} : \mathbf{GL}(V) \to \mathbf{GL}(W)$가 group isomorphism인 것은 이미 알고 있는 사실이다(단, 예를 들어, $\Psi_{\mathfrak{B}}^{\mathfrak{B}}$는 $(\Psi_{\mathfrak{B}}^{\mathfrak{B}})|_{\mathbf{GL}(V)}$의 간략한 표기법).

(나) 이제 이를 다른 관점에서 설명해 보자. 먼저, $\varphi(\mathfrak{B}) = \mathfrak{C}$인 vector space isomorphism $\varphi : V \to W$를 생각하자. (이때, $[\varphi]_{\mathfrak{C}}^{\mathfrak{B}} = I$가 되도록 할 수 있다. 왜 그런가?) 그리고, 독자들은 다음 commutative diagram

$$\begin{array}{ccc} V & \xrightarrow{\quad L \quad} & V \\ \varphi \downarrow \wr & \circlearrowright & \wr \downarrow \varphi \\ W & \xrightarrow[\varphi \circ L \circ \varphi^{-1}]{} & W \end{array} \qquad (\text{단, } [\varphi]_{\mathfrak{C}}^{\mathfrak{B}} = I)$$

을 생각하도록 훈련하여야 한다. 다시 말해, 함수 $\Gamma : \mathbf{GL}(V) \to \mathbf{GL}(W)$를

$$\Gamma(L) = \varphi \circ L \circ \varphi^{-1}, \qquad (L \in \mathbf{GL}(V))$$

로 정의하자는 뜻이다. 이때, Γ가 group isomorphism인 것을 보이기 前에 Γ가 well-defined되어 있는지 — 즉, $L \in \mathbf{GL}(V)$이면, $\varphi \circ L \circ \varphi^{-1} \in \mathbf{GL}(W)$인지 — 먼저 확인하는 것을 잊으면 안 된다. 그런데, Γ의 well-definedness는 위 commutative diagram으로부터 자명하다.[60] 이제, $L, L' \in \mathbf{GL}(V)$이면,

$$\Gamma(L \circ L') = \varphi \circ (L \circ L') \circ \varphi^{-1} = \varphi \circ L \circ (\varphi^{-1} \circ \varphi) \circ L' \circ \varphi^{-1} = \Gamma(L) \circ \Gamma(L')$$

이므로, Γ는 group homomorphism이다. 그리고, Γ가 bijection임을 보이기 위해서는, 이런 경우에는, Γ의 역함수를 찾는 것이 간편하다. 즉, Γ의 역함수 $\Gamma^{-1} : \mathbf{GL}(W) \to \mathbf{GL}(V)$는 당연히

$$\Gamma^{-1}(M) = \varphi^{-1} \circ M \circ \varphi, \qquad (M \in \mathbf{GL}(W))$$

로 주어진다. 따라서, $\Gamma : \mathbf{GL}(V) \to \mathbf{GL}(W)$는 group isomorphism이다.

[60] 그래서, 우리는 위 commutative diagram을 먼저 생각하도록 훈련하는 것이다.

(다) 자, 다음에는 어떤 '이야기'가 우리를 기다리고 있을까? 당연히, 위의 두 isomorphism Γ와 $(\Psi^{\mathfrak{C}}_{\mathfrak{C}})^{-1} \circ \Psi^{\mathfrak{B}}_{\mathfrak{B}}$가 같은지 다른지 확인해 보아야 하지 않을까? 물론, 답은 기대하는 것과 같이

$$(\Psi^{\mathfrak{C}}_{\mathfrak{C}})^{-1} \circ \Psi^{\mathfrak{B}}_{\mathfrak{B}} = \Gamma$$

이다. 이를 가리켜 우리는 "**natural 한 것은 하나뿐이다**"라고 말한다.[61] 다시 말해, Γ도 'natural'하고 $(\Psi^{\mathfrak{C}}_{\mathfrak{C}})^{-1} \circ \Psi^{\mathfrak{B}}_{\mathfrak{B}}$도 'natural'하니,[62] 둘은 같을 수밖에 없다는 뜻이다. 이를 확인하기 위해서는

$$\Psi^{\mathfrak{B}}_{\mathfrak{B}}(L) = (\Psi^{\mathfrak{C}}_{\mathfrak{C}} \circ \Gamma)(L), \qquad (L \in \mathbf{GL}(V))$$

임을 확인해야 한다. 이는 물론

$$[L]^{\mathfrak{B}}_{\mathfrak{B}} = [\varphi \circ L \circ \varphi^{-1}]^{\mathfrak{C}}_{\mathfrak{C}} = [\varphi]^{\mathfrak{B}}_{\mathfrak{C}} \cdot [L]^{\mathfrak{B}}_{\mathfrak{B}} \cdot [\varphi^{-1}]^{\mathfrak{C}}_{\mathfrak{B}}$$

와 동치이다. 그런데, $[\varphi]^{\mathfrak{B}}_{\mathfrak{C}} = I$ 이므로,

$$[\varphi^{-1}]^{\mathfrak{C}}_{\mathfrak{B}} = ([\varphi]^{\mathfrak{B}}_{\mathfrak{C}})^{-1} = I^{-1} = I$$

이고, 따라서 확인 끝.

이제, 지금까지 등장했던 matrix group 들을 나열해 보자.

보기 11.9.5. $\mu_2 < \mathbb{R}^\times < \mathbb{C}^\times$, $\mu_n < \mathbb{C}^\times$.

보기 11.9.6. 제1장의 정리1.3.6의 조건(3)을 이제 새로운 language로 표현하면, $\mathbf{GL}_n(F)$는 [elementary matrix들로 generate 된다]고 말할 수 있다.

보기 11.9.7. (연습문제 6.6.5 참조.) $\mathbf{T}_n(F)$와 $\mathbf{V}_n(F)$를 다음과 같이

$$\mathbf{T}_n(F) = \{A \in \mathbf{GL}_n(F) \mid A\text{는 upper-triangular}\},$$
$$\mathbf{V}_n(F) = \{A \in \mathbf{T}_n(F) \mid A\text{는 unipotent}\}$$

으로 정의하면, $\mathbf{T}_n(F)$와 $\mathbf{V}_n(F)$는 matrix group 이 된다.

연습문제 11.9.8. Additive group $(F, +)$도 matrix group 이다. 정확히 말하면, $(F, +)$는 $\mathbf{V}_2(F)$와 isomorphic 한 group 이다. 증명해 보라.

---

[61] 'Natural'하다는 말의 뜻을 정의한 적이 없으니, 이 말은 아직은 'non-sense'이다. 물론, 'non-sense'라는 말도 정의한 적은 없다. ㅋㅋ. (다만 지금 상황에서의 '자연스러움'은 기저 $\mathfrak{B}, \mathfrak{C}$의 선택에 depend 할 수밖에 없음에 유의하라.)

[62] Natural한 것의 합성도 natural.

연습문제 11.9.9. 연습문제 11.1.14의 '희한한' group $(F^3, \bullet)$은 — 사실은 별것 아니고 — $\mathbf{V}_3(F)$와 isomorphic한 group임을 보여라.

따라서, 사실은, 연습문제 11.1.14에서 associativity를 열심히 고생하며 증명할 필요는 없었던 셈이다.

보기 11.9.10. 독자들은, $\mathbf{GL}_n(F)$의 conjugacy relation(정의 11.8.9)은 §5.5의 similarity relation과 같은 개념임을 이미 눈치채고 있을 것이다.

연습문제 11.9.11. $L \in \mathbf{GL}(V)$가 unipotent일 때, $L \neq I$이면, $\mathbf{GL}(V)$에서의 L의 order는 ∞임을 보여라.[63]

연습문제 11.9.12. $C \in \mathbf{GL}_n(\mathbb{R})$을 고정할 때, $\varphi, \psi : \mathbf{SL}_n(\mathbb{R}) \to \mathbf{SL}_n(\mathbb{R})$을

$$\varphi(A) = CAC^{-1}, \qquad \psi(A) = (A^{\mathrm{t}})^{-1}, \qquad (A \in \mathbf{SL}_n(\mathbb{R}))$$

로 정의하면, $\varphi, \psi \in \mathrm{Aut}\,(\mathbf{SL}_n(\mathbb{R}))$ 임을 확인하라. 이때(물론 $C \notin \mathbf{SL}_n(\mathbb{R})$일 때), φ, ψ는 $\mathbf{SL}_n(\mathbb{R})$의 outer automorphism인가? (연습문제 11.8.7 참조.)

연습문제 11.9.13. The group of invertible diagonal matrices를

$$\mathbf{D}_n(F) = \{A \in \mathbf{GL}_n(F) \mid A \text{ is diagonal}\}$$

로 정의하고, 다음을 보여라.

(가) $\mathbf{D}_n(F) \approx \underbrace{F^\times \times \cdots \times F^\times}_{n\text{-번}}$.

(나) $\mathbf{D}_n(F) \cap \mathbf{SL}_n(F) \approx \underbrace{F^\times \times \cdots \times F^\times}_{(n-1)\text{-번}}$. (단, $n \geq 2$.)

연습문제 11.9.14. 다음을 보여라.

(가) If $m \leq n$, then $\mathbf{GL}_m(F)$ is isomorphic to a subgroup of $\mathbf{GL}_n(F)$.

(나) If $n_1 + \cdots + n_r = n$, then $\mathbf{GL}_{n_1}(F) \times \cdots \times \mathbf{GL}_{n_r}(F)$ is isomorphic to a subgroup of $\mathbf{GL}_n(F)$.

흥미로운 보기들이 끝이 없다. 적당한 데서 마무리하자.

---

[63] Hint: 사실은, 이 연습문제는 이번이 두 번째이다.

다음에는 우리가 제 9–10 장에서 만났던 linear group 들을 복습해 보자. 즉, orthogonal group 과 unitary group 을 생각할 차례이다.

연습문제 11.9.15. 다음을 보여라. (정의 9.3.9 및 정의 10.6.13 참조.)

(가) $\mathbf{SO}(n) < \mathbf{O}(n) < \mathbf{GL}_n(\mathbb{R})$.

(나) $\mathbf{SU}(n) < \mathbf{U}(n) < \mathbf{GL}_n(\mathbb{C})$.

(다) $\mathbf{SO}(n) = \mathbf{SL}_n(\mathbb{R}) \cap \mathbf{O}(n)$.

(라) $\mathbf{SU}(n) = \mathbf{SL}_n(\mathbb{C}) \cap \mathbf{U}(n)$.

이제 general linear group 의 경우와 같은 순서로 '이야기'를 전개한다.

보기 11.9.16. (간단한 표기법을 위해 $\mathbf{O}(\mathbb{R}^n) = \mathbf{O}(\mathbb{R}^n, \text{dot product})$ 로 쓰자.) $\mathbf{O}(n)$ 과 $\mathbf{O}(\mathbb{R}^n)$ 이 group 으로서 isomorphic 함은 다음 commutative diagram

$$\begin{CD} \mathbf{O}(\mathbb{R}^n) @>{<}>> \mathbf{GL}(\mathbb{R}^n) \\ @V{\Psi_{\mathcal{E}}^{\mathcal{E}}}V{\wr}V \circlearrowleft @V{\wr}V{\Psi_{\mathcal{E}}^{\mathcal{E}}}V \\ \mathbf{O}(n) @>>{<}> \mathbf{GL}_n(\mathbb{R}) \end{CD}$$

을 생각하면 알 수 있다. 위에서 $\mathcal{E}$는 물론 $\mathbb{R}^n$의 standard basis 이다. 이는 orthogonal group $\mathbf{O}(n)$의 정의

$$\mathbf{O}(n) = \{A \in \mathbf{GL}_n(\mathbb{R}) \mid L_A \in \mathbf{O}(\mathbb{R}^n)\}$$

로부터 분명하다. 그리고, $\mathfrak{B}$가 Euclidean space $\mathbb{R}^n$의 orthonormal basis 일 때, 다음 diagram

$$\begin{CD} \mathbf{O}(\mathbb{R}^n) @>{<}>> \mathbf{GL}(\mathbb{R}^n) \\ @V{\Psi_{\mathfrak{B}}^{\mathfrak{B}}}V{\wr}V \circlearrowleft @V{\wr}V{\Psi_{\mathfrak{B}}^{\mathfrak{B}}}V \\ \mathbf{O}(n) @>>{<}> \mathbf{GL}_n(\mathbb{R}) \end{CD}$$

이 commute 하는 것은 바로 참고 10.6.4의 결과이다. 즉,

$$\mathbf{O}(n) = \{[L]_{\mathfrak{B}}^{\mathfrak{B}} \in \mathfrak{M}_{n,n}(\mathbb{R}) \mid L \in \mathbf{O}(\mathbb{R}^n)\}$$

이기 때문이다.[64]

[64] 이 등식은 아직 증명하지 않았다. 명제 13.3.5 참조.

다음은 독자들에게 맡긴다.

연습문제 11.9.17. (가) 보기11.9.16을 흉내 내어, $\mathbf{U}(\mathbb{C}^n, \text{dot product}) \approx \mathbf{U}(n)$ 임을 설명하라. (참고10.6.4 참조.)
(나) 보기11.9.3을 흉내 내어, $\mathbf{SO}(\mathbb{R}^n, \text{dot product}) \approx \mathbf{SO}(n)$ 임을 설명하라.
(다) $\mathbf{SU}(\mathbb{C}^n, \text{dot product})$를 정의하고, $\mathbf{SU}(\mathbb{C}^n, \text{dot product}) \approx \mathbf{SU}(n)$ 임을 설명하라.

이제, "같은 것으로부터 같은 방법으로 만들어진 것은 같다"라는 우리의 '상식'을 한번 더 확인해 보자.

보기 11.9.18. 우리는 §10.5에서 차원이 같은 inner product space는 (inner product space로서) isomorphic함을 배웠다. 그렇다면, 같은 것으로부터 만들어진 orthogonal group도 (group으로서) 같아야 할 것이다. 이를 확인하기 위해서는, V와 W가 차원이 같은 유한 차원의 inner product space라고 하고, $\varphi : V \to W$를 [inner product space isomorphism]이라고 하자(§10.5 참조). 이제, 다음 commutative diagram들

$$\begin{CD} V @>{L}>> V \\ @V{\varphi}V{\wr}V @V{\wr}V{\varphi}V \\ W @>>{\varphi\circ L\circ\varphi^{-1}}> W \end{CD} \qquad\qquad \begin{CD} \mathbf{O}(V) @>{<}>> \mathbf{GL}(V) \\ @V{\Gamma|_{\mathbf{O}(V)}}V{\wr}V @V{\wr}V{\Gamma}V \\ \mathbf{O}(W) @>>{<}> \mathbf{GL}(W) \end{CD}$$

을 생각하는 것은 제법 익숙하다. 왼쪽 사각형은 보기11.9.4의 사각형과 같다. 즉, group isomorphism $\Gamma : \mathbf{GL}(V) \to \mathbf{GL}(W)$를

$$\Gamma(L) = \varphi \circ L \circ \varphi^{-1}, \qquad (L \in \mathbf{GL}(V))$$

로 정의한다는 뜻이다. 이제 오른쪽 사각형이 commutative diagram임을 알기 위해 확인해야 할 것은

$$[L \in \mathbf{O}(V)] \iff [\Gamma(L) \in \mathbf{O}(W)],$$

또는

$$[L\text{은 orthogonal operator}] \iff [\varphi \circ L \circ \varphi^{-1}\text{는 orthogonal operator}]$$

뿐이다. 이 정도는 독자들에게 맡길 수 있을 것이다(orthogonal operator의 다른 이름은 inner product space automorphism).

새로운 표기법을 하나 소개한다.

보기 11.9.19. 다음 표기법

$$S^1 = \{X \in \mathbb{R}^2 \mid \|X\| = 1\}$$

을 사용하고, S^1을 **the circle group**(혹은, unit circle)이라고 부른다. 또,

$$S^1 = \{z \in \mathbb{C} \mid |z| = 1\}$$

로 **identify**한다. 이제 $S^1 \le \mathbb{C}^\times$인 것은 자명하다. 그리고, $\varphi : \mathbf{SO}(2) \to S^1$을

$$\varphi(R_\theta) = e^{i\theta} = \cos\theta + \mathbf{i}\sin\theta, \qquad (0 \le \theta < 2\pi)$$

로 정의하면, φ가 group isomorphism인 것을 쉽게 확인할 수 있다.

연습문제 11.9.20. $\mathbf{SO}(2) \approx S^1 \approx \mathbf{U}(1)$임을 증명하라.

지금까지 우리가 생각했던 linear group들은 비교적 덩치가 큰 *'continuous'* linear group들이었다. 이제 *'discrete'* linear group들도 공부해 보자.[65]

연습문제 11.9.21. 관찰 6.2.19와 연습문제 6.2.22는 다음 세 group

$$S_n \approx \{I_\sigma \in \mathfrak{M}_{n,n}(F) \mid \sigma \in S_n\} \approx \{P_\sigma \in \mathfrak{L}(V,V) \mid \sigma \in S_n\}$$

이 모두 isomorphic함을 말하고 있다(단, $\dim V = n$). 확인해 보라.

따라서, 다음 따름정리는 Cayley's Theorem의 따름정리가 된다.

따름정리 11.9.22. 모든 finite group은 어떤 linear group(또는, matrix group)과 isomorphic하다.

증명 : 위 연습문제 11.9.21과 Cayley's Theorem을 동시에 생각. □

결론: 그러니, 더욱, linear group을 열심히 공부할 수밖에 없다. 비록 Cayley's Theorem은 '장님 코끼리 만지는 격'이지만($n!$은 n에 비해 너무 크다는 의미).[66]

[65] *'Continuous'*라는 단어와 *'discrete'*라는 단어의 뜻은 설명하지 않기로 한다.

[66] 참고: (finite) group을 linear group으로 나타내는 것을 linear representation이라고 부르고, symmetric group의 subgroup으로 나타내는 것은 permutation representation이라고 부른다.

다음 보기는 우리가 내년에 공부할 내용의 한 斷面을 보여 준다.

보기 11.9.23. $\mathbf{O}(2)$의 두 orthogonal matrix

$$R = R_{2\pi/3} = \begin{pmatrix} \cos(2\pi/3) & -\sin(2\pi/3) \\ \sin(2\pi/3) & \cos(2\pi/3) \end{pmatrix}, \qquad S = \begin{pmatrix} -1 & 0 \\ 0 & 1 \end{pmatrix}$$

을 생각하자. 그리고 $\mathbf{O}(2)$의 subgroup D_3를

$$D_3 = \langle R, S \rangle \leq \mathbf{O}(2)$$

로 정의하자(즉, D_3는 $\{R, S\}$로 generate된 $\mathbf{O}(2)$의 subgroup).

(가) 지금 당장은 D_3의 order조차 — D_3가 finite group인지조차 — 알 수가 없다! 이제, $\mathbf{O}(2)$에서의 연산을 위해서는, 당연히, plane rigid motion의 다음 大법칙("뒤집고 돌리고 ……")

$$S^{-1}RS = R^{-1} = R^2, \qquad \text{즉}, \qquad RS = SR^2$$

을 이용해야 할 것이다.[67] 한편, 명제 11.3.17의 language를 사용하면,

$$\{R, S\} \cup \{R, S\}^{-1} = \{R, R^2, S\}$$

이므로($S^2 = I$이고, $R^3 = I$인 것은 자명), D_3는 alphabet $\{R, R^2, S\}$로 만들어진 word들의 집합이 된다. 이 word들의 오른쪽에 있는 S들을 위의 연산 규칙 $RS = SR^2$을 사용하여 모두 왼쪽으로 옮기면, 결국,

$$D_3 = \{S^i R^j \mid 0 \leq i \leq 1,\ 0 \leq j \leq 2\}$$

이고, 특별히, $|D_3| = 6$임을 알 수 있다. (이 여섯 개의 행렬이 실제로 모두 다르다는 것은 '노동'으로 확인할 수밖에 없다. 확인해 보라![68]) 뿐만 아니라, 잘 살펴보면, 다음 세 규칙

$$S^2 = I, \qquad R^3 = I, \qquad RS = SR^2$$

만 알고 있으면, D_3의 **연산표를 완전히 묘사**할 수 있음을 발견하게 된다. 예를 들면,

$$(SR)(SR^2) = S(RS)R^2 = S(SR^2)R^2 = S^2R^4 = R$$

이 된다.

[67] 관찰 9.5.9 참조.

[68] 요령: 우선 행렬식을 비교.

(나) 아! 이거 어디서 들어 본 이야기인데······. 즉, symmetric group S_3에서, $\sigma=(1,2)$, $\tau=(1,2,3)$으로 표기하면(보기 11.8.4 참조),

$$S_3 = \langle \sigma, \tau \rangle = \{\sigma^i \tau^j \,|\, 0 \le i \le 1,\ 0 \le j \le 2\}$$

이고, 다음 세 조건

$$\sigma^2 = 1, \quad \tau^3 = 1, \quad \tau\sigma = \sigma\tau^2$$

만 있으면 S_3의 연산표를 완전히 묘사할 수 있음을 우리는 이미 알고 있다.
(다) 그렇다면, ······. 당연히,

$$\varphi(\sigma) = S, \qquad \varphi(\tau) = R$$

로 '정의'된 함수 $\varphi : S_3 \to D_3$가 생각날 것이다. (마치 선형사상의 Linear Extension Theorem처럼, $\varphi(\sigma)$와 $\varphi(\tau)$만 주어지면, φ가 결정된다. 즉,

$$\varphi(1) = I, \qquad \varphi(\tau^2) = R^2, \qquad \varphi(\sigma\tau) = SR, \quad \varphi(\sigma\tau^2) = SR^2$$

은 自動이다.) 물론, φ가 group isomorphism이라는 데에 이의를 제기할 독자들은 없을 것이다. (그래도······. 문제는 φ가 **정말 group homomorphism**이냐는 것이다. 독자들은 저자가 36-가지 경우를 모두 확인하였으므로 걱정할 필요는 없다. ㅎㅎ. 어쨌든, "연산표를 완전히 묘사"한다는 말의 **참뜻**은 무엇일까?)

위 보기의 group의 크기가 작다고 안심할 일은 아니다.

연습문제 11.9.24. $n \ge 3$일 때, $\mathbf{O}(2)$의 rotation $R_{2\pi/n}$와 reflection S를 생각하고, **dihedral group**을 $D_n = \langle R_{2\pi/n}, S \rangle \le \mathbf{O}(2)$로 정의한다. $|D_n| = 2n$임을 보여라.

연습문제 11.9.25. (가) $\sigma = (2,5)(3,4)$, $\tau = (1,2,3,4,5) \in S_5$라고 놓을 때, $G_5 = \langle \sigma, \tau \rangle \le S_5$로 정의하면, $G_5 \approx D_5$임을 '설명'하라.
(나) $\sigma = (2,6)(3,5)$, $\tau = (1,2,3,4,5,6) \in S_6$일 때, $G_6 = \langle \sigma, \tau \rangle \le S_6$로 정의하면, $G_6 \approx D_6$임을 '설명'하라.
(다) 위 (가), (나)항을 각각 정오각형과 정육각형의 꼭짓점들의 permutation으로 이해하고, 이를 정-n-각형의 경우로 일반화하라.

Group의 공부는 내년 "현대대수학"에서 계속된다.

제 12 장 Quotient

Quotient group과 quotient space의 개념은 우리의 言語를 한 단계 upgrade해 줄 것이다. 그리고, upgrade된 추상적인 언어는 늘 강력한 tool을 제공해 준다.

특히, quotient space를 이용하는 [vector space의 dimension에 관한 귀납법]은 선형대수학의 매우 중요한 tool이 된다.

12.1. Coset

이제 다시 G를 group이라고 하고, 먼저 coset을 정의하자.

정의 12.1.1. $H \leq G$이고 $x \in G$일 때,

$$xH = \{xh \mid h \in H\}$$

로 표기하고(G의 연산이, 예를 들어, 덧셈일 때에는 $(x+H)$로 표기), 우리는 xH를 [x를 **대표**로 갖는 **left coset** modulo H]라고 부른다. 마찬가지로,

$$Hx = \{hx \mid h \in H\}$$

로 표기하고, Hx를 [x를 대표로 갖는 **right coset** modulo H]라고 부른다.

우리는 이번에도(!) 오른손잡이들에게 편리한 left coset을 주로 사용하기로 한다. 따라서, 앞으로, 특별한 언급이 없는 한, **coset은 left coset을 의미**하기로 한다.

관찰 12.1.2. $H \leq G$이고 $x, y \in G$일 때,

(가) $x \in xH$이고, 따라서 $G = \bigcup_{x \in G} xH$.
(나) $xH = yH$ if and only if $y^{-1}x \in H$.
(다) $xH \bigcap yH = \emptyset$ if $xH \neq yH$.

증명 : (가) $x = x\cdot 1 \in xH$.
(나) 먼저, 만약 $xH = yH$ 이면, (가)항에 의해 $x \in yH$ 이므로, $[x = yh'$ for some $h' \in H]$ 이고 따라서 $y^{-1}x = h' \in H$. 역으로, $y^{-1}x \in H$ 라고 가정하면, $[x = yh_0$ for some $h_0 \in H]$ 이므로, 모든 $h \in H$ 에 대해 $xh = yh_0h \in yH$, 즉 $xH \subseteq yH$ 이다. $yH \subseteq xH$ 도 마찬가지.
(다) 만약 $xH \bigcap yH \neq \emptyset$ 이라면, $xh_1 = yh_2$ 인 $h_1, h_2 \in H$ 가 존재할 것이다. 그러므로, $y^{-1}x = h_2h_1^{-1}$ 이고 $h_2h_1^{-1} \in H$ 이므로, (나)항에 의해 $xH = yH$.[1] □

위 관찰은 $H \leq G$ 일 때, (서로 다른) coset 들 전체의 집합이 G 의 partition 이 되는 것을 말해 준다.[2] 따라서 이는 G-위의 equivalence relation 이 주어졌다는 말과 동치가 된다. 이 equivalence relation 을, $x, y \in G$ 일 때,

$$x \equiv y \pmod{H} \quad \Longleftrightarrow \quad xH = yH \quad \Longleftrightarrow \quad y^{-1}x \in H$$

로 표기한다.[3] 이때 coset xH 는 다름 아닌 x 의 equivalence class 이다. 또

$$\overline{x} = xH, \qquad (x \in G)$$

의 표기법도 사용한다.[4] 특히, 이 **bar notation** $\overline{x}$ 는 마치 '**요술 막대기**'처럼 사용되는 매우 有用한 표기법임을 앞으로 배우게 될 것이다. 그리고, coset 들 전체의 집합 — 즉, equivalence class 들 전체의 집합 — 을

$$G/H = \frac{G}{H} = \{xH \mid x \in G\} = \{\,\overline{x} \mid x \in G\}$$

로 표기하고,[5] G/H 를 [**coset space** of G modulo H] 라고 부른다.[6] 따라서, $\{x_i\}_{i\in I}$ 를 a complete set of representatives 라고 하면, $G/H = \{\overline{x_i}\}_{i\in I}$ 가 된다. 이때, (서로 다른) coset 들 전체의 집합은 G 의 partition 이므로,

$$G = \coprod_{i\in I} x_iH$$

로 쓸 수 있고, 이를 [**coset decomposition** of G modulo H] 라고 부른다. (따라서, coset decomposition 은 정의 1.4.5 의 equivalence class decomposition 의 특수한 형태이다.)

---

[1] 이 관찰은, (나)항만 조금 modify 하면, right coset 에 대해서도 state 할 수 있다.
[2] $H \leq G$ 일 때, [coset of G modulo H] 를 간단히 coset 이라고 말하기로 한다.
[3] $x \equiv y \pmod{H}$ 는 "x is **congruent** to y modulo H" 로 읽는다.
[4] $\overline{x}$ 는 "x bar" 로 읽는다.
[5] 일부 참고도서에서는 G/H 의 표기법을 H 가 normal subgroup 일 경우에만 사용한다.
[6] G/H 는 "G over H", "G mod H", "G by H", "H 분의 G", "G 나누기 H" 등으로 읽는다.

보기 12.1.3. $H \le G$일 때, $1H = H$는 항상 coset이다.

연습문제 12.1.4. $|G/G| = 1$이고, $|G/\{1\}| = |G|$임을 보여라.

보기 12.1.5. 1-차 연립방정식 (∗∗) $AX = B$의 **solution space** $X_0 + \ker L_A$는 다름 아닌 abelian group $(F^n, +)$의 coset이다. (연습문제 4.2.17 및 표기법 4.1.16의 그림 참조.)

다음 보기의 중요성은 아무리 강조하여도 지나치지 않을 것이다.

보기 12.1.6. $\mathbb{Z}$의 subgroup $n\mathbb{Z}$를 생각하면(단, $0 \neq n \in \mathbb{Z}$),

$$\overline{a} = a + n\mathbb{Z} = b + n\mathbb{Z} = \overline{b} \iff a - b \in n\mathbb{Z} \iff n \big| (a-b)$$

이고,[7] [8] 따라서

$$\overline{a} = \overline{b} \iff [a\text{와 } b\text{를 } n\text{으로 나눈 나머지가 같다}]$$

인 것을 알 수 있다. 그러므로,

$$\mathbb{Z}/n\mathbb{Z} = \{\overline{0}, \overline{1}, \ldots, \overline{n-1}\}$$

인 것도 쉽게 확인할 수 있다.[9] 즉, $\mathbb{Z}/n\mathbb{Z}$는 n으로 나눈 '나머지'들이 사는 세계이다. "**Elementary Number Theory**"에서는 $\overline{a}$를 [**residue class** of a modulo n]이라고 부르고,

$$a \equiv b \,(\operatorname{mod} n) \iff a \equiv b \,(\operatorname{mod} n\mathbb{Z})$$

로 표기한다. 이때 a complete set of representatives는 [**a complete residue system** modulo n]이라고 부른다.

Symmetric group이 빠지면 섭섭하다.

보기 12.1.7. Symmetric group S_3의 subgroup $H = \{1, \sigma\}$를 생각해 보자. (보기 11.8.4의 표기법 참조.) 그러면, $\tau H = \{\tau, \sigma\tau^2\}$이고 $\tau^2 H = \{\tau^2, \sigma\tau\}$임을 쉽게 확인할 수 있다. 따라서, $\{1, \tau, \tau^2\}$이 a complete set of representatives이고, $S_3/H = \{\overline{1}, \overline{\tau}, \overline{\tau^2}\}$으로 쓸 수 있다. 이때, $\sigma\tau \neq \tau\sigma$이므로, $\tau H \neq H\tau$인 것도 확인할 수 있다. 즉, left coset과 right coset이 같아야 할 이유는 없다.

---

[7] 관찰 12.1.2의 $y^{-1}x$는 abelian group에서는 $(x-y)$가 된다.
[8] $n|a$는 n이 a의 약수(divisor)임을 뜻한다.
[9] $\mathbb{Z}/n\mathbb{Z} = \{\overline{n}, \overline{2n+1}, \overline{-3n+2}, \ldots\}$로 쓰는 이들도 있을 수 있다.

연습문제 12.1.8. S_3의 subgroup $K=\{1,\tau,\tau^2\}$의 경우에, $|S_3/K|=2$임을 확인해 보라. 그리고, 이 경우에는, 어찌된 일인지, left coset과 right coset이 같은 것(예를 들어, $\sigma K=K\sigma$)도 확인해 보라.

이 정도 준비면 벌써 제법 그럴듯한 결과들을 소개할 수 있다.

관찰 12.1.9. $H\le G$이고 $x,y\in G$이면, $|xH|=|yH|=|H|$이다.[10]

증명 : 이미 독자들은 이런 종류의 statement를 만나면, 함수를 생각하도록 훈련 받아 왔다. 이제, 함수 $\lambda_x : H\to xH$를 언제나처럼

$$\lambda_x(h)=xh, \qquad (h\in H)$$

로 정의하고, λ_x가 bijection임을 확인하면 된다. 독자들에게 맡긴다. □

이제, G가 finite group이라면, 위 관찰은 특별한 의미를 갖는다.

관찰 12.1.10. (Lagrange's Theorem) 만약 G가 finite group이고, $H\le G$이면, $|H|$는 $|G|$의 약수이고,

$$\left|\frac{G}{H}\right|=\frac{|G|}{|H|}$$

이다.

증명 : 서로 다른 coset들 전체의 집합은 G의 partition이고, 각 coset의 원소수는 모두 $|H|$와 같으니 당연. ($|G/H|$는 서로 다른 coset들의 개수.) □

새로운 용어와 표기법을 소개한다.

표기법 12.1.11. $H\le G$일 때, $|G/H|<\infty$이면,[11]

$$[G:H]=|G/H|$$

로 표기하고, $[G:H]$를 [**index** of H in G]라고 부른다.

관찰 12.1.12. $K\le H\le G$일 때, $|G/H|,|H/K|<\infty$이면,

$$[G:K]=[G:H]\cdot[H:K]$$

이다.

---

[10] 연습문제 4.1.17과 비교.

[11] G가 infinite group이어도 좋다.

증명 : $\{g_i\}$가 G/H의 a complete set of representatives이고, $\{h_j\}$가 H/K의 a complete set of representatives이면, $\{g_ih_j\}$가 G/K의 a complete set of representatives가 된다. 확인해 보라. □

Lagrange's Theorem은 finite group의 구조를 이해하는 데 첫 번째 실마리를 제공해 준다.

보기 12.1.13. 보기11.3.6(마)항과 Lagrange's Theorem에 의하면, $\mu_m \leq \mu_n$일 필요충분조건은 m이 n의 약수인 것이다.

관찰 12.1.14. G가 finite group일 때, $x \in G$이면, x의 order는 G의 order의 약수이다. 즉, $|x|\,\big|\,|G|$.

증명 : $|x| = |\langle x \rangle|$. □

명제 12.1.15. p가 prime이고 $|G| = p$이면, G는 cyclic이다. 즉, $G \approx \mu_p$.

증명 : G에는 $|x| \neq 1$인 원소 x가 적어도 하나 존재한다. 그런데, $|x|\,\big|\,p$이므로, $|x| = |\langle x \rangle| = p$이어야 한다. 따라서, $\langle x \rangle = G$이고, 물론 $\langle x \rangle \approx \mu_p$. □

위 명제는 finite group의 classification에 관한 우리의 첫 번째 결과라고 할 수 있다.

보기 12.1.16. 이 보기에서는 symmetric group S_3의 subgroup을 모두 찾아보자. 우선, $\{id\}$와 S_3는 論外이고, Lagrange's Theorem에 의해, non-trivial subgroup의 가능한 원소수는 2-개 혹은 3-개뿐이다. 그런데, 앞 관찰에 의해 order가 2 혹은 3인 subgroup은 cyclic이므로, S_3에서 order가 2 혹은 3인 원소들만 찾으면 된다. S_3에는 order가 2인 원소는 세 개가 있고, 따라서,

$$\{id,\ (1,2)\}, \qquad \{id,\ (2,3)\}, \qquad \{id,\ (1,3)\}$$

이 S_3의 order가 2인 subgroup들의 목록이다. 그리고, order가 3인 원소는 $(1,2,3)$과 $(1,3,2)$ 두 개가 있다. 그러나, $(1,3,2) = (1,2,3)^2$이므로,

$$\{id,\ (1,2,3),\ (1,3,2)\}$$

가 S_3의 유일한 [subgroup of order 3]이다.

한 가지 주의할 사항이 있다.

연습문제 12.1.17. $|G|$가 짝수이면, $|x|=2$인 $x \in G$가 존재함을 보여라.[12]

즉, 만약 2가 $|G|$의 약수이면, G에는 order가 2인 원소가 존재하고, 따라서 order가 2인 subgroup도 존재한다.

주의 12.1.18. 그러나, d가 $|G|$의 약수라고 해서, 항상 G에 order가 d인 원소가 존재하는 것은 아니며, order가 d인 subgroup이 존재하는 것도 아니다.

위 주의12.1.18의 근거를 제시하려면, symmetric group S_4와 alternating group A_4를 생각할 수밖에 없다.

연습문제 12.1.19. 다음을 보여라.

(가) S_4와 A_4에는 order가 6, 8 또는 12인 원소가 없다.
(나) S_4는 order가 6인 subgroup을 정확히 네 개 갖는다.[13]
(다) A_4에는 order가 6인 subgroup이 없다.

위 연습문제는 우리의 '고향' vector space와 group의 차이점을 분명히 드러내 준다.[14] '고향'에서는 dimension만 알면 그것으로 끝이었지만, group은 그리 간단한 object가 아니다. 정말 한가하다면, 위 연습문제에 다음 질문들

(라) S_4에는 order가 8인 subgroup이 몇 개 있는가?[15]
(마) S_4에는 order가 12인 subgroup이 몇 개 있는가?

을 추가해 풀어 볼 수도 있을 것이다.

Cauchy's Theorem을 지금은 증명할 수 없지만, 매우 유용한 결과이니 알아두면 편리할 것이다.[16]

정리 12.1.20. (Cauchy's Theorem) p가 $|G|$의 prime divisor이면, G에는 order가 p인 원소가 존재한다.

증명 : 내년 "현대대수학" 시간에. □

[12] Hint: pair (x, x^{-1}) 중에는 $(1,1)$도 있다.
[13] 이 네 subgroup은 모두 S_3와 isomorphic하다.
[14] 참고11.5.8 참조.
[15] Dihedral group D_4가 생각난다(연습문제11.9.25 참조). 이 질문은 내년에 Sylow's Theorem을 배우면 도움이 될 것이다.
[16] 필요하다면, 연습문제12.1.19에서 이용해도 물론 OK.

12.2. Normal Subgroup과 Quotient Group

우리는 중학교 때부터, 예를 들어, 자연수 m을 5로 나눈 나머지가 3일 때, $(m^3-20m+9)$를 5로 나눈 나머지는 얼마인가 묻는 type의 문제를 수없이 풀어 왔다. 우리는 이런 문제를 보기만 하면, $m=5k+3$으로 놓고$\cdots\cdots$. 그러나 눈치 빠른 학생들은 누가 가르쳐 주지 않아도

$$3^3-20\cdot 3+9=-24\equiv 1 \pmod 5,$$

혹은, 어떤 학생들은 한술 더 떠서

$$-20\equiv 0 \pmod 5, \qquad 9\equiv 4 \pmod 5)$$

이므로, 간단히

$$3^3-20\cdot 3+9\equiv 3^3+0\cdot 3+4\equiv 31\equiv 1 \pmod 5)$$

로 해결하였을 것이다. 이러한 연산법 — **residue calculus**(剩餘算) — 이 왜 항상 有效한지 하는 질문은, 물론, 오늘을 위해 남겨 놓았을 것이다.[17] ㅎㅎ.

그런데, 곰곰 생각해 보면, 우리는 이미 초등학교에서 처음 분수의 연산을 배울 때에도 비슷한 경험을 했었다는 사실을 독자들은 잊고 있을 것이다. 즉,

$$\frac{2}{4}+\frac{2}{6}=\frac{6+4}{12}=\frac{3+2}{6}=\frac{1}{2}+\frac{1}{3}$$

에서와 같이 약분을 한 후 더해도 결과는 항상 같은 이유는 무엇일까? 초등학교 선생님은 왜 이런 건 질문하지 않았을까? ㅎㅎ.

갑자기 종이를 낭비해 가며 농담을 하는 것은 물론 **강조語法**이 필요했기 때문이다. 이 질문들은 우리가 '완전한 민주주의'를 택한 代價이다. 다시 말해, 이제 우리의 '책임과 의무'를 다할 때가 온 것이다. (연습문제1.4.4 다음 단락 참조.)

독자들은 이미 스스로, $H\le G$일 때, coset space G/H도 group이 되지 않을까 하는 자연스러운 질문을 하였을 것이다. G/H를 group으로 만들려면, 먼저 binary operation이 있어야 한다. 이 새로운 binary operation을 어떻게 정의하면 될까?

[17] 이 경우의 'calculus'는 '미적분학'이라는 뜻이 아니고 '계산법'이라는 뜻.

물론, coset space G/H의 binary operation을

$$(xH)(yH) = (xy)H, \qquad (x, y \in G)$$

로 정의하는 것보다 더 자연스러운 방법은 없을 것이다. 즉, coset xH와 yH의 곱을 $(xy)H$로 정의하자는 것이다. 이를 'bar notation'을 사용해 표기하면,

$$\overline{x}\,\overline{y} = \overline{xy}, \qquad (x, y \in G)$$

가 된다.[18] 이를 달리 표현하면, [coset $\overline{x}$의 대표 x]와 [coset $\overline{y}$의 대표 y]의 곱 xy를 대표로 갖는 coset $\overline{xy}$를 [$\overline{x}$와 $\overline{y}$의 곱]으로 정의하자는 것이다.

그런데, 왜 이번에는 '정의12.2.1'이 아직 등장하지 않는 걸까? 독자들은 이 場面을 절대로 잊으면 안 된다! Coset $\overline{x}$에는 x 이외의 원소 x'도 있을 것이고, x'도 coset $\overline{x}$의 대표가 될 수 있다. $\overline{y}$에서도 y 이외의 원소 y'이 호시탐탐 대표 자리를 노리고 있다. 이제 우리의 질문은 **다른 대표를 택해도 연산의 결과가 같은가** 하는 것이다. 이 질문을 식으로 표현하면,

$$\overline{x} = \overline{x'},\ \ \overline{y} = \overline{y'} \text{ 이면, } \overline{xy} = \overline{x'y'} \text{ 인가?}$$

가 된다. 이 질문에의 답이 "예"일 때, 우리는 위의 정의가 **well-defined**되어 있다고 말한다. 즉, 우리는 대표가 바뀌는 경우를 대비하여, 항상 well-definedness를 확인하여야 한다는 것이다. 이것이 우리의 '책임과 의무'이다. 이는 절대로 소홀히 하면 안 된다!

그러면, 과연 위 정의가 well-defined되어 있는지 확인해 보자. 앞의 질문을 다시 쓰면,

$$x'^{-1}x \in H,\ \ y'^{-1}y \in H \text{ 이면, } (x'y')^{-1}(xy) = y'^{-1}x'^{-1}xy \in H \text{ 인가?}$$

가 된다. ⋯⋯? 어쩨 좀 이상하다. G가 commutative이면 좋겠는데⋯⋯.

보기 12.2.1. (보기12.1.7 참조.) S_3의 subgroup $H = \{1, \sigma\}$를 다시 생각해 보자. 이제, coset $\overline{1}$의 대표 1과 coset $\overline{\tau}$의 대표 τ를 곱하면 물론 τ가 된다. 한편, coset $\overline{1}$의 대표 σ와 coset $\overline{\tau}$의 대표 $\sigma\tau^2$을 곱하면, $\sigma(\sigma\tau^2) = \tau^2$이 된다. 그러나, $\overline{\tau} \neq \overline{\tau^2}$이므로, 이 경우에는 coset들의 연산이 well-defined되어 있지 않다. (한편, subgroup $K = \{1, \tau, \tau^2\}$의 경우에는, 두 개의 coset에서 어떤 대표를 택하더라도 연산 결과가 같은 것을 확인할 수 있을 것이다.)

[18] 'Magic bar'는 끊어졌다가 이어졌다가 마음대로.

어차피 알게 될 것이니, 답을 먼저 말한다.

정의 12.2.2. G의 subgroup H가 다음 조건

$$g^{-1}hg \in H, \qquad (\text{for all } g \in G,\ h \in H)$$

을 만족시키면, H를 G의 **normal subgroup**이라고 부르고,

$$H \trianglelefteq G$$

로 표기한다.

관찰 12.2.3. $H \leq G$일 때, coset space G/H의 binary operation

$$\overline{x}\,\overline{y} = \overline{xy}, \qquad (x, y \in G)$$

가 well-defined되어 있을 필요충분조건은 $H \trianglelefteq G$인 것이다.

증명 : 먼저, $H \trianglelefteq G$라고 가정할 때, 앞 page의 질문

$$x'^{-1}x \in H,\ \ y'^{-1}y \in H \text{ 이면, } (x'y')^{-1}(xy) = y'^{-1}x'^{-1}xy \in H \text{ 인가?}$$

에 답해야 한다. 이제 $(y'^{-1}x'^{-1}xy)$를, 억지로, $(y'^{-1}y)$로 시작하도록 조작하면

$$y'^{-1}x'^{-1}xy = (y'^{-1}y)\big(y^{-1}(x'^{-1}x)y\big)$$

이고, $H \trianglelefteq G$이므로, $y^{-1}(x'^{-1}x)y \in H$가 된다.[19] 다음에는, 역으로, G/H의 binary operation이 well-defined되어 있다고 가정하자. 그러면, $g \in G,\ h \in H$일 때, 특별히

$$x = h, \qquad x' = 1, \qquad y = y' = g$$

인 경우의 위 질문을 생각하면, $g^{-1}hg \in H$를 얻는다. □

이제, 만약 binary operation이 well-defined되어 있다면, coset space가 정말 group이 되는지 확인해 볼 차례이다.

명제 12.2.4. $N \trianglelefteq G$일 때, coset space G/N의 binary operation을

$$\overline{x}\,\overline{y} = \overline{xy}, \qquad (x, y \in G)$$

로 정의하면, G/N은 group이 된다. 우리는 G/N을 [**quotient group** of G modulo N]이라고 부른다.

---

[19] 어찌된 일인지 우리는 항상 운이 좋다.

증명 : 우선, associativity는

$$(\overline{x}\ \overline{y})\overline{z} = \overline{xy}\ \overline{z} = \overline{xyz} = \overline{x}\ \overline{yz} = \overline{x}(\overline{y}\ \overline{z}) \qquad (x, y, z \in G)$$

이므로 성립. 항등원은 $\overline{1}$인 것이 눈에 보이고, $x \in G$이면

$$\overline{x}\ \overline{x^{-1}} = \overline{xx^{-1}} = \overline{1} = \overline{x^{-1}x} = \overline{x^{-1}}\ \overline{x}$$

이므로, $\overline{x}^{-1} = \overline{x^{-1}}$가 된다. (우리의 'bar notation' — '요술 막대기' — 가 위력을 발휘하고 있다. 즉, **well-defined 되어 있기만 하다면**, 나머지는 '요술 막대기'가 모두 알아서 처리해 준다.[20]) □

이제 normal subgroup의 성질에 대해서 조금 더 알아보자. 만약 $N \trianglelefteq G$이면, $n \in N$, $g \in G$일 때, $g^{-1}ng \in N$이 된다. 이때 $g^{-1}ng = n'$으로 놓으면, 이 조건은 $ng = gn'$으로 쓸 수 있다. 즉, $N \trianglelefteq G$이기 위한 필요충분조건은 [모든 $n \in N$, $g \in G$에 대해, $ng = gn'$ for some $n' \in N$]이 된다.[21] 그리고, 이 조건은 — 비록 G가 non-commutative일지라도 — [N의 원소와 G의 원소의 곱하기 순서를 바꾸어 주는 규칙]이라고 할 수 있다.[22] 단, 이때 N의 원소 n은 n'으로 변화한다.

그러므로, 우리가 관찰12.2.3의 증명에서

$$y'^{-1}x'^{-1}xy = (y'^{-1}y)\big(y^{-1}(x'^{-1}x)y\big) \in H$$

라고 했던 것은 사실은 '교과서用' 또는 '답안지用' 증명이라고 할 수 있다. 우리의 [**연습장**]**과 머릿속**에서는, $x'^{-1}x = h \in H$로 놓고,

$$y'^{-1}x'^{-1}xy = y'^{-1}hy = y'^{-1}yh' = (y'^{-1}y)h'$$

인 $h' \in H$가 존재한다고 설명하면 된다.

관찰 12.2.5. $H \leq G$일 때, 다음 조건은 동치이다.[23]

(1) $H \trianglelefteq G$. (즉, $g^{-1}Hg \leq H$ for all $g \in G$.)

(2) $gHg^{-1} = H$ for all $g \in G$.

(3) $g^{-1}Hg = H$ for all $g \in G$.

증명 : g 대신 g^{-1}를 생각. 독자들에게 맡긴다. □

---

[20] '요술 막대기'를 끊었다가 이었다가 반복하기만 하면 된다.

[21] 관찰12.2.5에 의하면, [$gn = n''g$ for some $n'' \in N$]으로 쓸 수도 있다.

[22] 어디서 많이 듣던 얘기!

[23] 연습문제11.8.11의 표기법 참조.

이제 다음은 거의 자명하다.

연습문제 12.2.6. $H \leq G$일 때, 다음 조건

(1) $H \trianglelefteq G$.
(2) φ가 G의 inner automorphism이면, $\varphi(H) = H$.
(3) $gH = Hg$ for all $g \in G$. (즉, left coset과 right coset이 같다.)

은 동치임을 보여라.

다음에는 normal subgroup과 quotient group의 보기를 몇 개만 살펴보기로 한다.

보기 12.2.7. 항상 $\{1\} \trianglelefteq G$이고, $G \trianglelefteq G$이다. 또, $G/\{1\} \approx G$이고 $G/G \approx \{1\}$인 것도 확인해 보라.

보기 12.2.8. (가) 만약 G가 commutative이면, G의 임의의 subgroup N은 모두 normal subgroup이다. 이때 G/N도 commutative인 것은 당연.
(나) 만약 $G = \langle x \rangle$가 cyclic이면, $G/N = \langle \overline{x} \rangle$가 cyclic인 것도 당연.

다음 관찰도 기억해 두어야 한다.

관찰 12.2.9. $H \leq G$일 때, 만약 $[G:H] = 2$이면,[24] $H \triangleleft G$이다.[25]

증명 : H가 [subgroup of index 2]라는 말은 $|G/H| = 2$라는 뜻이므로, G의 coset decomposition(modulo H)은

$$G = H \coprod xH \qquad (\text{단, } x \notin H)$$

로 쓸 수 있다. 이제 $g \in G$, $h \in H$라고 하고, $ghg^{-1} \in H$임을 보이자.[26] 먼저, $g \in H$이면 OK. 다음, $g \notin H$이면, $g = xh_1$인 $h_1 \in H$가 존재할 것이고

$$ghg^{-1} = xh_1hh_1^{-1}x^{-1} = xh_2x^{-1} \qquad (\text{단, } h_2 = h_1hh_1^{-1} \in H)$$

가 된다. 그리고, 만약 $ghg^{-1} \notin H$라면, $xh_2x^{-1} = xh_3$인 $h_3 \in H$가 존재할 것이다. 그러나, 이로부터 $h_2x^{-1} = h_3$를 얻을 수 있고, 이는 $x \notin H$라는 가정에 모순이다. 따라서, $ghg^{-1} \in H$. □

[24] G가 무한군이어도 좋다.
[25] 이 명제는 $[G:H] = 3, 4, \ldots$ 일 때에는 성립하지 않는다.
[26] 아마, $g^{-1}hg$로 시도하다가 신통치 않으므로, 눈치를 보고, 대신 ghg^{-1}를 생각할 것이다.

위 관찰과 Cauchy's Theorem을 이용하면, order가 6인 group을 (깔끔하게) 분류할 수 있다.

보기 12.2.10. $|G|=6$이라고 하면, Cauchy's Theorem(정리12.1.20)에 의해, $|x|=2$, $|y|=3$인 원소 x, y가 존재할 것이다. 이때 $N=\langle y\rangle$로 표기하면,

$$G = N \coprod xN = \{1, y, y^2, x, xy, xy^2\}$$

이 된다. 그리고, $[G:N]=2$이므로, 관찰12.2.9에 의해, $N \lhd G$임을 알 수 있다.[27] 따라서, $x^{-1}yx=y$이거나 $x^{-1}yx=y^2$이거나 두 가지 가능성뿐이다. 우선, 만약 $x^{-1}yx=y$이라면, $xy=yx$이고 $|xy|=6$이 된다(확인해 보라). 그러므로, 이 경우에는 $G \approx \mu_6$이다. 한편, 만약 $x^{-1}yx=y^2$이라면, $G \approx S_3$인 것은 이제 익숙(!)하다(보기11.8.4 및 보기11.9.23 참조). 결국 order가 6인 group은 — up to isomorphism — μ_6와 S_3뿐이다.

이제 homomorphism을 생각해 보자. 다음 관찰의 증명은 생략.

관찰 12.2.11. $\varphi : G \to H$가 group homomorphism이면, $\ker\varphi \trianglelefteq G$.[28]

우리의 'magic bar'도 원래는 '고상한' 이름을 갖고 있다.

정의 12.2.12. $N \trianglelefteq G$일 때, 함수 $\pi : G \to G/N$을

$$\pi(x) = \overline{x}, \qquad (x \in G)$$

로 정의하고, π를 **natural projection**이라고 부른다.

연습문제 12.2.13. $N \trianglelefteq G$일 때, 다음을 증명하라.

(가) Natural projection $\pi : G \to G/N$은 epimorphism.

(나) $\ker\pi = N$.

(다) $\imath : N \to G$를 natural embedding이라고 하면, $\pi \circ \imath = \mathbf{1}$.[29]

즉, 우리는 natural projection $\pi : G \to G/N$이 homomorphism이 되는 유일한 연산을 quotient group G/N에 정의한 셈이다. 다시 말해, $\pi : G \to G/N$이 G/N에 관한 모든 정보를 갖고 있다고 할 수 있다. 따라서, quotient group을 얘기할 때 natural projection이 등장하는 것은 **필연적**이다.

[27] 주의: $G/N \approx \mu_2$라는 사실로부터는 별다른 정보를 얻을 수 없다.
[28] 그러나, 반드시 $\mathrm{im}\,\varphi \trianglelefteq H$일 필요는 없다.
[29] 연습문제11.8.2(나)항의 표기법 참조.

이 節의 시작 부분에서 보기로 들었던 residue calculus는 $\mathbb{Z}/n\mathbb{Z}$의 binary operation이다. 吟味해 보기 바란다.

표기법 12.2.14. $1 \le n \in \mathbb{Z}$ 일 때, 우리는

$$\mathbb{Z}_n = \mathbb{Z}/n\mathbb{Z}$$

로 표기한다.[30] 이때, 연산은 물론 $\overline{a} + \overline{b} = \overline{a+b}$ 로 주어진다(단, $a, b \in \mathbb{Z}$).

관찰 12.2.15. $\mathbb{Z}_n$은 cyclic group이다. 따라서, $\mathbb{Z}_n \approx \mu_n$.

증명 : ……. □

다음 순서는 Alternating group A_4.

연습문제 12.2.16. (가) Alternating group A_4의 '유명한' subgroup N을

$$N = \{id,\ (1,2)(3,4),\ (1,3)(2,4),\ (1,4)(2,3)\}$$

으로 정의하면, $N \approx \mathbb{Z}_2 \times \mathbb{Z}_2$ 이고 $N \lhd A_4$ 임을 보여라.
(나) $H = \{id,\ (1,2)(3,4)\}$로 표기하면, ($N \lhd A_4$ 이고) $H \lhd N$ 이지만, H는 A_4의 normal subgroup이 아님을 보여라.[31]

참고 12.2.17. 위에서 소개한 A_4의 [index가 3인 normal subgroup N]은 매우 중요한 의미를 갖는다. 우리는 내년에 — 첫눈이 내릴 무렵에 — 이 N의 존재로부터 4-차방정식의 '근의 공식'을 알아낼 것이다. 다른 한편, alternating group A_5에는 이와 유사한 normal subgroup이 없으므로, 따라서(!), 5-차방정식의 '근의 공식'은 존재하지 않음을 증명할 것이다.

단어 공부에는 끝이 없다. 묵묵히 달리기 훈련에 참여할 수밖에 없다.

정의 12.2.18. G가 group일 때,

$$Z(G) = \{z \in G \mid zg = gz \ \text{ for all } \ g \in G\}$$

로 표기하고,[32] $Z(G)$를 G의 **center**라고 부른다.

---

[30] $\mathbb{Z}_n$은 "$\mathbb{Z}$ sub n"으로 읽는다. 사실, 이 표기법은 **매우 나쁜** 표기법이지만, "학부 대수학"에서 너무 자주 사용한다는 이유만으로 — 분필을 절약하기 위하여 — 사용되고 있다. 이 책에서도, 앞으로는 가능하면 μ_n 대신 $\mathbb{Z}_n$을 사용하기로 한다.

[31] 孝孫의 孝孫은…….

[32] Z는 독일어의 Zentrum에서 따왔다. $Z(G)$를 $C(G)$로 표기하는 이들도 있다.

연습문제 12.2.19. G가 group 일 때, 다음을 보여라.

(가) $Z(G) \trianglelefteq G$.

(나) $\varphi \in \mathrm{Aut}(G)$ 이면, $\varphi\big(Z(G)\big) = Z(G)$.

다음은 선형대수학에서 빼놓을 수 없는 연습문제이다.

연습문제 12.2.20. (가) $Z\big(\mathbf{GL}_n(F)\big)$를 구하라.

(나) $Z\big(\mathbf{SL}_n(F)\big)$를 구하라.

이제, projective linear group 들을 소개할 수 있다.

정의 12.2.21. Projective general linear group $\mathbf{PGL}_n(F)$와 projective special linear group $\mathbf{PSL}_n(F)$를 각각

$$\mathbf{PGL}_n(F) = \mathbf{GL}_n(F)/Z\big(\mathbf{GL}_n(F)\big)$$
$$\mathbf{PSL}_n(F) = \mathbf{SL}_n(F)/Z\big(\mathbf{SL}_n(F)\big)$$

로 정의한다.[33] 독자들은 스스로 **PSO**, **PSU** 등도 정의할 수 있을 것이다

H. Weyl은 그의 'classic' [6]에서, 우리가 지금까지 소개한 linear group(혹은 matrix group) **GL**, **PGL**, **SL**, **PSL**, **O**, **SO**, **PSO**, **U**, **SU**, **PSU** 등과 제13장에서 배울 **Sp**, **PSp** 등을 통틀어

Classical Group

이라고 命名하였다.[34] [35] (아마도, 이 Classical Group 들을 공부하는 것이 중요하다는 뜻일 게다. 하기야 우리는 제1장 제1절부터 "아는 것은 행렬뿐"이라고 선언하고 시작하였으니 뭐 새삼스러울 것도 없다. Classical Group 이라는 이름을 소개하는 것은 **이 책의 목적 중 하나**였다.)

---

[33] 이들은 훗날 projective space와 projective geometry의 공부에 필요하다.

[34] 그리고 훗날 spin group 등이 이 목록에 추가될 것이다. (왜 **SSp**는 이 list에 없을까?)

[35] 그런데, 왜 $\mathbf{PGL}_n(F)$, $\mathbf{PSL}_n(F)$ 등을 linear group(matrix group)이라고 부르는 것일까? 연습문제 12.4.12 참조.

12.3. Quotient Space

이 節에서는 quotient group 을 construct 했던 것과 같은 방법으로, quotient space 를 construct 한다.

이제, W 를 F-vector space V 의 subspace 라고 하자.[36] 그러면 — V 와 W 의 상수곱은 잠시 모르는 척하면 — $(W, +)$ 는 $(V, +)$ 의 subgroup 이 된다. 그리고, abelian group 의 subgroup 은 항상 **normal** 이므로, quotient group V/W 가 well-defined 된다. 물론, V/W 는 아직은

$$\overline{u} + \overline{v} = \overline{u+v} \qquad (u, v \in V)$$

로 정의된 덧셈을 갖는 abelian group 일 뿐이다. (이때 coset 들은 $\overline{v} = v+W$ 의 형태이다.) 이제 V/W 를 다시 F-vector space 로 만들기 위해서는 V/W 에 상수곱을 정의해야 한다. 물론 V/W 에 상수곱을 정의하는 가장 자연스러운 방법은 이번에도

$$c\overline{v} = \overline{cv} \qquad (c \in F, \ v \in V)$$

로 정의하는 방법뿐이다.[37] 그리고 …….

독자들은 저자가 왜 이야기를 멈추었는지 눈치챘으리라 믿는다. 책임과 의무! Well-definedness 를 잊으면 안 된다. 이번에는 normal subgroup 에 대응하는 개념은 어떤 것일까?

다시 말해, coset $\overline{v}$ 의 다른 대표 u 를 생각하더라도, 연산의 결과가 같은지 확인해야 한다. 즉, $v, u \in V$, $c \in F$ 일 때, 다음 질문

$$\overline{v} = \overline{u} \text{ 이면, } \overline{cv} = \overline{cu} \text{ 인가?}$$

또는,

$$v - u \in W \text{ 이면, } cv - cu \in W \text{ 인가?}$$

에 답해야 한다. 어? 이건 **언제나 성립**하는데 ……. ($cv - cu = c(v-u)$ 이고, $W \leq V$ 이므로.)

역시, '우리의 고향'은 무언가 다르다. 우리는 고향에서는 정말 마음이 편안하다.

---

[36] V 가 유한 차원이 아니어도 좋다.
[37] V/W 의 상수곱(과 덧셈)을 이렇게 정의하는 것은 'magic bar'가 원하는 것이기도 하다.

이제 quotient space를 소개할 수 있다.

명제 12.3.1. $W \le V$일 때, coset space V/W의 연산을

$$\overline{u}+\overline{v}=\overline{u+v}, \qquad c\overline{v}=\overline{cv}, \qquad (u,v\in V,\ c\in F)$$

로 정의하면, V/W는 vector space가 된다. 우리는 V/W를 [**quotient space of V modulo W**]라고 부른다.

증명 : 이번에도 point는 well-definedness이다. 그리고, 우리는 이미 앞 page에서 연산의 well-definedness를 증명하였다. 연산이 well-defined되어 있기만 하다면, 나머지는 '요술 막대기'가 모두 스스로 알아서 처리해 준다. 확인해 보기 바란다! (Zero vector는 $\overline{0}$이고, $-\overline{v}=\overline{-v}$이고, ⋯⋯.) □

종이가 아깝지만⋯⋯.

보기 12.3.2. 이번에도 $V/0\approx V$인 것과 $V/V\approx 0$인 것은 당연하다.

앞 節의 quotient group에서와 마찬가지로, 'magic bar'의 원래 (고상한) 이름은 **natural projection**이다. 그리고, abelian group의 natural projection $\pi:(V,+)\to(V/W,+)$가 이미 정의되어 있으므로, 지금은 $\pi:V\to V/W$를 새로 정의할 필요도 없다.

연습문제 12.3.3. $W\le V$일 때, 다음을 보여라.

(가) Natural projection $\pi:V\to V/W$는 (F-linear) epimorphism.

(나) $\ker\pi=W$.

(다) $\imath:W\to V$가 natural embedding이면, $\pi\circ\imath=0$.

물론, 이번에도, 우리는 $\pi:V\to V/W$가 linear map이 되는 유일한 덧셈과 상수곱을 V/W에 정의한 셈이다. 따라서, natural projection π는 quotient space V/W에 관한 모든 정보를 갖고 있다고 할 수 있다. 즉, quotient space V/W를 공부하는 것과 natural projection $\pi:V\to V/W$를 공부하는 것은 동치라는 뜻이다.

그런데, 이번에는 무척 궁금한 것이 하나 있다. 즉, 모든 vector space는 그의 dimension만으로 — up to isomorphism — 결정된다. 그렇다면, $\dim(V/W)$는 어떻게 주어질까?[38]

[38]한마디로, 새로운 벡터공간을 만났을 때, 우리가 알고 싶은 것은 그의 dimension뿐이다.

참고 12.3.4. 그러면, 조금 '엉뚱한' 방법으로 $\dim(V/W)$를 예상해 보자. 우선, $\dim V = n$, $\dim W = m$ 이라고 놓자. 만약에, 정말 만약에, $|F| = q < \infty$ 였다고 가정해 보자.[39] 그러면, $|V| = q^n$, $|W| = q^m$ 이 된다(왜 그런가?). 이제, V/W를 덧셈에 관해서만 생각하면, Lagrange's Theorem에 의해

$$\left|\frac{V}{W}\right| = \frac{|V|}{|W|} = q^{n-m}$$

을 얻는다. 그러므로, $\dim(V/W) = \dim V - \dim W$ 일 수밖에 없다.[40]

다음 정리는, 무엇보다도, **dimension에 관한 귀납법**을 가능하게 해 준다.

정리 12.3.5. V가 f.d.v.s.일 때, $W \le V$이면,

$$\dim V = \dim W + \dim(V/W)$$

이다.

증명 : 사실은 예측도 필요 없었다. Natural projection $\pi : V \to V/W$에 대해 **Dimension Theorem**을 적용하면 끝. □

당연히, 위 정리는 §4.4의 Dimension Theorem의 증명에서 linear map L 대신 'magic bar'를 생각하기만 해도 된다.

연습문제 12.3.6. V는 f.d.v.s.이고 $W \le V$일 때, W의 기저 $\{v_1, \ldots, v_m\}$을 V의 기저 $\{v_1, \ldots, v_n\}$으로 extend하면, $\{\overline{v_{m+1}}, \ldots, \overline{v_n}\}$가 V/W의 기저임을 보여라.

이제 우리의 (정말) 오래된 질문인 질문2.2.6에도 (한번 더) 답할 수 있다.

관찰 12.3.7. F^n의 모든 subspace는 solution space of $(*)$ $AX = 0$ for some $A \in \mathfrak{M}_{m,n}(F)$.

증명 : $W \le F^n$이라고 하자. 이제 관찰7.6.19의 증명을 다시 잘 살펴보면, $\ker L = W$인 linear map $L : F^n \to U$와 f.d.v.s. U를 찾으면 충분하다. 물론 natural projection $\pi : F^n \to F^n/W$가 그런 linear map이다. □

---

[39] 그럴 리야 없지만……. 두고 볼 일이지만……?

[40] 이미 잘 알고 있는 것이지만, $\dim(V \times W)$도 같은 논리로 이해할 수 있을 것이다.

12.4. Isomorphism Theorem

이 章의 서론에서 말하였듯이, quotient group과 quotient space의 개념은 우리의 言語를 한 단계 upgrade해 줄 것이다. 이러한 upgrade는 세 개의 Isomorphism Theorem을 배움으로써 완성된다.

우선 First Isomorphism Theorem의 **motivation**을 이해하는 것이 중요하다. 이를 group의 경우에 생각해 보자. 우리는 bijective homomorphism을 isomorphism이라고 정의하였다. 혹은, isomorphism을 [이름 바꾸기에 혼동이 없는] group homomorphism으로 이해하였다. 역으로, group homomorphism은 [이름 바꾸기에 **혼동이 있는**] 그 무언가로 생각할 수도 있을 것이다. 다시 말해, $\varphi : G \to H$가 group homomorphism일 때, 만약 $\varphi(g) = h$라면 — 즉, $h \in \operatorname{im}\varphi$라면 — $\varphi^{-1}(h)$의 원소들은 모두 H에서의 '이름'이 h가 된다. 이때 우리는 $\{\varphi^{-1}(h) \mid h \in \operatorname{im}\varphi\}$도 group으로 만들고 싶어 한다. 물론, 연산은

$$\varphi^{-1}(h)\cdot\varphi^{-1}(h') = \varphi^{-1}(hh'), \qquad (h, h' \in \operatorname{im}\varphi)$$

로 정의할 예정이다(잘 정의되어 있다면). 그런데:

관찰 12.4.1. $\varphi : G \to H$가 group homomorphism일 때, $\varphi(g) = h \in \operatorname{im}\varphi$이면,

$$\varphi^{-1}(h) = g \ker\varphi$$

이다.[41] (물론 $g\ker\varphi$는 $G/\ker\varphi$의 coset.)

증명 : $[x \in \varphi^{-1}(h)] \Leftrightarrow [\varphi(x) = h = \varphi(g)] \Leftrightarrow [g^{-1}x \in \ker\varphi] \Leftrightarrow [x \in g\ker\varphi]$. □

따라서, 위 관찰에 의해

$$\{\varphi^{-1}(h) \mid h \in \operatorname{im}\varphi\} = G/\ker\varphi$$

인 것을 알 수 있다. (만약 $\overline{g} \in G/\ker\varphi$이면, $\overline{g} = \varphi^{-1}(\varphi(g))$이므로.) 그리고, $\ker\varphi$는 항상 G의 normal subgroup이므로, quotient group $G/\ker\varphi$는 잘 정의된다. 뿐만 아니라, coset $g\ker\varphi$의 모든 원소들이 H에서는 '이름'이 h가 되므로, 아예 coset $\overline{g}$의 이름을 $h = \varphi(g)$로 바꾸어도 된다. 이 '이름 바꾸기'에는 혼동이 없다. 즉, bijection이다. 우리는 이미 First Isomorphism Theorem을 거의 다 증명한 셈이다.

[41] 연습문제 4.1.17 참조.

정리 12.4.2. (First Isomorphism Theorem for Groups) $\varphi : G \to H$ 가 group homomorphism 일 때, 함수 $\overline{\varphi} : G/\ker\varphi \to \operatorname{im}\varphi$ 를

$$\overline{\varphi}(\overline{g}) = \varphi(g), \qquad (g \in G)$$

로 정의하면, $\overline{\varphi}$ 는 well-defined 된 group isomorphism 이다. 즉,

$$G/\ker\varphi \xrightarrow[\approx]{\overline{\varphi}} \operatorname{im}\varphi$$

이다.

증명 : (우리는 이미 앞 page 에서 $\overline{\varphi}$ 가 bijection 임을 살펴보았지만, 새로 증명한다.) 독자들은 위 $\overline{\varphi}$ 와 같은 정의를 만나면 항상 긴장하여야 한다. 다시 강조하자면, **well-definedness** 를 잊어서는 안 된다. 즉, 우리는 다음 질문

$$\overline{g} = \overline{g'} \text{ 이면, } \varphi(g) = \varphi(g') \text{ 인가?}$$

또는,

$$g'^{-1}g \in \ker\varphi \text{ 이면, } \varphi(g) = \varphi(g') \text{ 인가?}$$

에 답하여야 한다. 이제 대답은 물론 "예" 이다. 다음에는 $\overline{\varphi}$ 가 group homomorphism 인 것을 보인다.[42]

$$\overline{\varphi}(\overline{g}\,\overline{g'}) = \overline{\varphi}(\overline{gg'}) = \varphi(gg') = \varphi(g)\varphi(g') = \overline{\varphi}(\overline{g})\,\overline{\varphi}(\overline{g'}), \qquad (g, g' \in G)$$

이므로 OK. 한편 surjectivity 는 자명하므로, injectivity 만 보이면 된다. 이제, 관찰11.6.7에 의해, $\ker\overline{\varphi} = \overline{1}$ 인 것만 보이면 된다.[43] 그런데, $\overline{\varphi}(\overline{g}) = \varphi(g) = 1$ 이면, $g \in \ker\varphi$, 즉 $\overline{g} = \overline{1}$ 이므로 증명 끝. (이번에도 well-definedness 만 설명하고 나면 그 다음은 거의 자동이다.) □

우리는 First Isomorphism Theorem 을 다음 commutative diagram

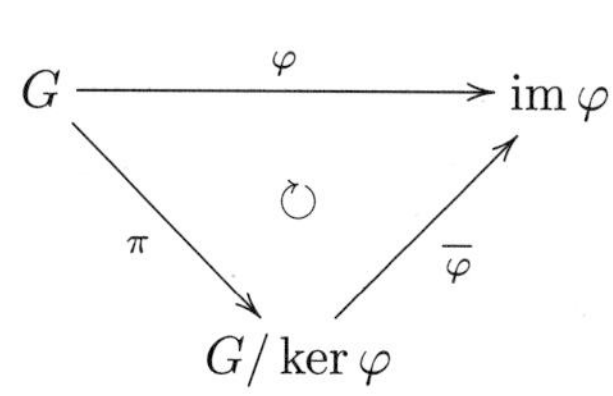

으로 이해한다. 여기에서, π 는 natural projection 이다.

[42] Homomorphism 인 것을 먼저 보이면, injectivity 의 증명이 조금 간단해진다.

[43] 앞으로는 $\overline{1} = 1$ 로 쓰기도 한다. 즉, multiplicative identity 는 모두 1. 마찬가지로, $\overline{0} = 0$.

참고 12.4.3. (가) 'Magic bar' notation에 맛을 들이면,

$$\overline{G} = G/\ker\varphi$$

로 표기하고, $\overline{\varphi} : \overline{G} \to \operatorname{im}\varphi$는, 고의로 괄호를 생략하여,

$$\overline{\varphi}\,\overline{g} = \varphi g, \qquad (g \in G)$$

로 쓰게 된다.[44]
(나) First Isomorphism Theorem을 $\overline{\varphi}$의 역함수에 대해서 state할 수도 있을 것이다. 즉, 함수 $\psi : \operatorname{im}\varphi \to G/\ker\varphi$를

$$\psi(h) = \overline{g}, \qquad (h = \varphi(g) \in \operatorname{im}\varphi)$$

로 정의하고, ψ가 isomorphism인 것을 보인다. 이때에도 point는 ψ의 well-definedness이다. 즉, $[\varphi(g) = h = \varphi(g')$ 이면, $\overline{g} = \overline{g'}]$ 인 것부터 설명해야 한다.
(다) 위 증명의 $\overline{\varphi}$의 well-definedness condition

$$\overline{g} = \overline{g'} \text{ 이면, } \varphi(g) = \varphi(g') \text{ 인가?}$$

의 converse

$$\varphi(g) = \varphi(g') \text{ 이면, } \overline{g} = \overline{g'} \text{ 인가?}$$

는 $\overline{\varphi}$의 injectivity condition이고, 동시에 (나)항의 ψ의 well-definedness condition이기도 하다.

저자는 다음 보기들을, 참고 또 참으면서, 얼마나 아껴왔는지 모른다.

보기 12.4.4. Group homomorphism $\operatorname{sgn} : S_n \to \mu_2$를 생각해 보면(단, $n \geq 2$),

$$\ker(\operatorname{sgn}) = A_n$$

이고, 따라서, $A_n \lhd S_n$인 것도 이제 따로 설명할 필요가 없다. 그리고, sgn은 당연히 surjective이므로(왜 그런가?), First Isomorphism Theorem에 의해

$$S_n/A_n \approx \mu_2$$

가 된다. 그러므로, 특별히, $[S_n : A_n] = 2$ 이고, S_n의 coset decomposition은

$$S_n = A_n \amalg (\tau \circ A_n), \qquad (\text{단, } \tau \notin A_n)$$

이 된다(연습문제 6.2.15 참조). 물론 $|A_n| = |S_n|/2$.

[44] 이제 우리의 '요술 막대기'는 끊어졌다가 이어지고, 줄었다가 늘어나고, 사라졌다가 나타나기도 한다.

보기 12.4.5. Group homomorphism $\det : \mathbf{GL}_n(F) \to F^\times$를 생각해 보자(보기 11.9.1의 표기법 참조). 그러면,

$$\ker(\det) = \mathbf{SL}_n(F)$$

이고, 따라서, $\mathbf{SL}_n(F) \trianglelefteq \mathbf{GL}_n(F)$인 것은 이제 따로 설명할 필요도 없다. 그리고, $\det : \mathbf{GL}_n(F) \to F^\times$는 당연히 surjective이므로(왜 그런가?), First Isomorphism Theorem에 의해

$$\mathbf{GL}_n(F)/\mathbf{SL}_n(F) \approx F^\times$$

가 된다.

Orthogonal group과 unitary group의 경우도 생각해 보자.

보기 12.4.6. (가) Group homomorphism $\det : \mathbf{O}(n) \to \mu_2$를 생각하면,

$$\ker(\det) = \mathbf{SO}(n)$$

이고, 따라서, $\mathbf{SO}(n) \triangleleft \mathbf{O}(n)$인 것은 이제 자동이다. 그리고, 이 경우의 det도 당연히 surjective이므로(왜 그런가?), First Isomorphism Theorem에 의해

$$\mathbf{O}(n)/\mathbf{SO}(n) \approx \mu_2$$

가 된다. 그러므로, $\big[\mathbf{O}(n) : \mathbf{SO}(n)\big] = 2$이고, $\mathbf{O}(n)$의 coset decomposition은

$$\mathbf{O}(n) = \mathbf{SO}(n) \amalg (S \cdot \mathbf{SO}(n)), \qquad (\text{단, } S \notin \mathbf{SO}(n))$$

이 된다(연습문제 9.3.11 참조).

(나) 다음에는 group homomorphism $\det : \mathbf{U}(n) \to S^1$을 생각해 보자. (물론, $S^1 \leq \mathbb{C}^\times$로 identify한다. 보기 11.9.19 참조.) 이제, (가)항을 흉내 내면, First Isomorphism Theorem에 의해

$$\mathbf{U}(n)/\mathbf{SU}(n) \approx S^1 \approx \mathbf{SO}(2)$$

가 된다.

연습문제 12.4.7. (가) $A, B \in \mathbf{GL}_n(F)$일 때, $\overline{A} = \overline{B} \in \mathbf{GL}_n(F)/\mathbf{SL}_n(F)$일 필요충분조건은 $\det(A) = \det(B)$임을 보여라.

(나) [Coset decomposition of $\mathbf{GL}_n(F)$ modulo $\mathbf{SL}_n(F)$]를 묘사하라.

(다) [Coset decomposition of $\mathbf{U}(n)$ modulo $\mathbf{SU}(n)$]을 묘사하라.

연습문제 12.4.8. 함수 $\rho : (\mathbb{R}, +) \to \mathbf{SO}(2)$를

$$\rho(\theta) = R_\theta, \qquad (\theta \in \mathbb{R})$$

로 정의하자. 그러면, ρ는 group homomorphism이고, 따라서

$$\mathbb{R}/2\pi\mathbb{Z} \approx \mathbf{SO}(2) \approx S^1$$

임을 보여라(물론 $2\pi\mathbb{Z} = \{2\pi a \mid a \in \mathbb{Z}\}$).

다음은 [학부 대수학의 半]과 First Isomorphism Theorem의 합작품이다.

보기 12.4.9. (再정의 11.7.4 참조.) $x \in G$를 고정했을 때, 이번에도 group homomorphism $\gamma_x : \mathbb{Z} \to G$를

$$\gamma_x(a) = x^a, \qquad (a \in \mathbb{Z})$$

라고 정의하자. 그러면, [학부 대수학의 半]에 의해, $\ker \gamma_x = n\mathbb{Z}$인 $0 \le n \in \mathbb{Z}$가 존재한다. 그리고, $\operatorname{im} \gamma_x = \langle x \rangle$이므로, First Isomorphism Theorem에 의해

$$\langle x \rangle \approx \mathbb{Z}/n\mathbb{Z} = \mathbb{Z}_n$$

이 된다(단, $\mathbb{Z}_0 = \mathbb{Z}$, $\mathbb{Z}_1 = 0$으로 생각).

독자들은 우리가 방금 cyclic group을 (모두) 분류했음을 눈치챘을 것이다. 앞 §11.7에서 언급했듯이, cyclic group의 classification은 본질적으로 trivial 하지만, 어떻게 하면 '깔끔'하게 설명하느냐가 관건이다.

정리 12.4.10. Cyclic group은 — up to isomorphism — $\mathbb{Z}_n$ 뿐이다(단, $n \ge 0$).

증명 : 위 보기에서 $G = \langle x \rangle$인 경우를 생각. □

흥미로운 보기가 끝이 없다.

연습문제 12.4.11. (연습문제 11.8.7 참조.) Inner automorphism $\operatorname{Int}(g)$를 함수 $\operatorname{Int} : G \to \operatorname{Aut}(G)$의 $g \in G$에서의 함숫값으로 이해하자. 다음을 보여라.

(가) $\operatorname{Int} : G \to \operatorname{Aut}(G)$는 group homomorphism.[45]

(나) $\operatorname{im}(\operatorname{Int}) = \operatorname{Int}(G)$로 표기하면, $\operatorname{Int}(G) \trianglelefteq \operatorname{Aut}(G)$.

(다) $\ker(\operatorname{Int}) = Z(G)$이고, 따라서 $\operatorname{Int}(G) \approx G/Z(G)$

[45] $\operatorname{Int}(g)(x)$를 $g^{-1}xg$로 정의하지 않고 gxg^{-1}로 정의한 이유를 알 수 있다.

연습문제 12.4.12. 함수 $\psi : \mathbf{SL}_2(F) \to \mathbf{GL}_3(F)$를

$$\psi\begin{pmatrix} a & c \\ b & d \end{pmatrix} = \begin{pmatrix} a^2 & -2ac & -c^2 \\ -ab & ad+bc & cd \\ -b^2 & 2bd & d^2 \end{pmatrix}, \qquad (a,b,c,d \in F)$$

로 정의할 때, 다음을 증명하라.

(가) 사실은 $\operatorname{im}\psi \le \mathbf{SL}_3(F)$.

(나) ψ는 group homomorphism이고, $\ker\psi = \{\pm I\} = Z\big(\mathbf{SL}_2(F)\big)$.[46]

(다) 따라서, $\mathbf{PSL}_2(F) \approx \operatorname{im}\psi$이다. (이제, $\mathbf{PSL}_2(F)$를 $\mathbf{SL}_3(F)$의 subgroup으로 생각할 수 있으므로, $\mathbf{PSL}_2(F)$를 matrix group이라고 불러도 좋다.[47])

다음 연습문제와 같은 질문도 First Isomorphism Theorem을 이용하는 것이 부드럽다.

연습문제 12.4.13. Epimorphism $\varphi : S_3 \to \mathbb{Z}_3$는 존재하는가?

이 정도로 하고, 이제 F-vector space의 First Isomorphism Theorem을 state 해 보자.

정리 12.4.14. (First Isomorphism Theorem for Vector Spaces) $L : V \to W$가 linear map일 때, 함수 $\overline{L} : V/\ker L \to \operatorname{im} L$을

$$\overline{L}\,\overline{v} = Lv, \qquad (v \in V)$$

로 정의하면, $\overline{L}$는 well-defined된 vector space isomorphism이다. 즉,

$$V/\ker L \xrightarrow[\approx]{\overline{L}} \operatorname{im} L$$

이다.

증명 : 우리는 이미 앞 [group의 First Isomorphism Theorem]에서 additive group homomorphism $L : (V,+) \to (W,+)$에 대해, $\overline{L}$가 **well-defined**된 additive group isomorphism인 것을 보였다. 따라서, 이제 남은 것은 $\overline{L}$가 F-linear이냐 하는 것뿐이다. 그리고,

$$\overline{L}(c\overline{v}) = \overline{L}(\overline{cv}) = L(cv) = cL(v) = c\overline{L}(\overline{v}), \qquad (v \in V,\ c \in F)$$

이므로 증명 끝. □

[46] 이 연습문제 뒤에는 매우 '심각'한 수학이 숨겨져 있음을 누구나 예상할 수 있을 것이다.

[47] §12.2의 Classical Group 참조.

참고 12.4.15. 이제, vector space의 First Isomorphism Theorem에 의하면, **제4장의 Dimension Theorem과 앞 節의 정리12.3.5는 동치인 명제**가 된다. 따라서, 둘 중 하나는 증명해야 한다. 그리고, 연습문제12.3.6에서 보듯이, Dimension Theorem의 증명과 정리12.3.5의 증명은 거의 똑같다.

보기(연습문제)는 두 개만.

연습문제 12.4.16. Trace map $\mathrm{tr}: \mathfrak{M}_{n,n}(F) \to F$에 대하여, 다음을 보여라.

(가) $\ker(\mathrm{tr}) = \mathfrak{sl}_n(F)$. (연습문제3.7.3(라)항의 표기법 참조.)

(나) $\mathfrak{M}_{n,n}(F)/\mathfrak{sl}_n(F) \approx F$. 특별히, $\dim \mathfrak{sl}_n(F) = n^2 - 1$.

연습문제 12.4.17. $T \in \mathfrak{LM}$일 때, $V = F[t]v$가 T-cyclic space라고 하자(정의8.5.1 참조). 함수 $\varphi: F[t] \to V$를

$$\varphi\big(f(t)\big) = f(T)v, \qquad \big(f(t) \in F[t]\big)$$

로 정의하고, 다음을 보여라.

(가) φ는 linear이고, $\ker\varphi = \mathcal{I}_T$. (정의7.4.3의 표기법 참조.)

(나) $V \approx F[t]/\mathcal{I}_T$.

다음에는 Second Isomorphism Theorem을 공부할 차례이다. 먼저 준비가 좀 필요하다.

관찰 12.4.18. $H \trianglelefteq G$이고 $K \leq G$이면, $HK \leq G$이다.[48]

증명 : 우선, $1 = 1 \cdot 1 \in HK$인 것은 당연하고, 이제 HK가 연산에 닫혀 있는 것을 보이자. 즉, $h, h' \in H$, $k, k' \in K$일 때, $(hk)(h'k') \in HK$인 것을 보여야 한다. 그런데, $H \trianglelefteq G$이므로,

$$(hk)(h'k') = hkh'(k^{-1}k)k' = h(kh'k^{-1})kk' \in HK$$

가 된다. (이 증명은 '교과서用'이다. [연습장]에서는 $kh' = h_1 k$인 $h_1 \in H$가 존재한다는 것을 이용하는 쪽이 마음이 더 편하다.) 또,

$$(hk)^{-1} = k^{-1}h^{-1} = (k^{-1}h^{-1}k)k^{-1} \in HK$$

이므로 증명 끝. □

[48]즉, subgroup H, K 둘 중 하나가 normal subgroup이면, HK도 subgroup. 표기법11.3.9 및 연습문제11.3.10 참조.

이제, Second Isomorphism Theorem을 state할 준비가 되었다.

정리 12.4.19. (Second Isomorphism Theorem for Groups) $H, K \leq G$이고 $H \trianglelefteq G$일 때, 함수 $\bar{\jmath} : \dfrac{K}{H \cap K} \to \dfrac{HK}{H}$를

$$\bar{\jmath}(\bar{k}) = \bar{k}, \qquad (k \in K)$$

로 정의하면, $\bar{\jmath}$는 well-defined된 group isomorphism이다. 따라서,

$$\frac{K}{H \cap K} \xrightarrow[\approx]{\bar{\jmath}} \frac{HK}{H}$$

이다.

위 명제를 이해하려면 먼저 몇 가지 설명이 필요하다. 우선, 앞 관찰12.4.18에 의해 $HK \leq G$가 된다. 그리고, $H \cap K \trianglelefteq K$이고, $H \trianglelefteq HK$인 것은 당연하다(확인해 보라). 한편, 위 $\bar{\jmath}(\bar{k}) = \bar{k}$의 표기법은 조금 우스꽝스럽기까지 하다. 이를 left coset의 표기법으로 고쳐 쓰면,

$$\bar{\jmath}\big(k(H \cap K)\big) = kH, \qquad (k \in K)$$

라는 뜻이다.[49]

첫 번째 증명 : (i) 위 $\bar{\jmath}$와 같은 정의를 만나면, 독자들은 다시 긴장하여야 한다. Well-definedness! 즉, $k, k' \in K$일 때, 다음 질문

$$k(H \cap K) = k'(H \cap K) \text{ 이면, } kH = k'H \text{ 인가?}$$

또는,

$$k'^{-1}k \in H \cap K \text{ 이면, } k'^{-1}k \in H \text{ 인가?}$$

에 답하여야 한다. 대답은 물론 "예"이다.

(ii) First Isomorphism Theorem의 경우와 마찬가지로, 위 질문의 converse

$$k'^{-1}k \in H \text{ 이면, } k'^{-1}k \in H \cap K \text{ 인가?}$$

는 $\bar{\jmath}$의 injectivity를 묻고 있다. 그런데, k, k'은 원래 K의 원소이므로, 답은 물론 "예"이고, 따라서 $\bar{\jmath}$는 injective이다.[50]

[49] 어색하기는 매한가지.

[50] Homomorphism인 것을 먼저 보이나 injectivity를 먼저 보이나 별 차이 없다.

(iii) 다음에는 $\bar{\jmath}$ 가 group homomorphism 임을 보인다. 이 부분은 'magic bar' notation 을 사용하면 재미(?) 있다. 즉,

$$\bar{\jmath}(\bar{k}\,\overline{k'}) = \bar{\jmath}(\overline{kk'}) = \overline{kk'} = \bar{k}\,\overline{k'} = \bar{\jmath}(\bar{k})\,\bar{\jmath}(\overline{k'}), \qquad (k, k' \in K)$$

이므로 OK.

(iv) 이번에는 $\bar{\jmath}$ 의 surjectivity 가 그나마 생소하다. 이제 $h \in H$, $k \in K$ 일 때, $\overline{hk} \in HK/H$ 라고 하면,

$$\overline{hk} = \bar{h}\,\bar{k} = \bar{1}\,\bar{k} = \bar{k} \in HK/H$$

이므로, $\bar{\jmath}$ 의 surjectivity 가 증명되었다. □

우리는 Second Isomorphism Theorem 을 다음 왼쪽 commutative diagram

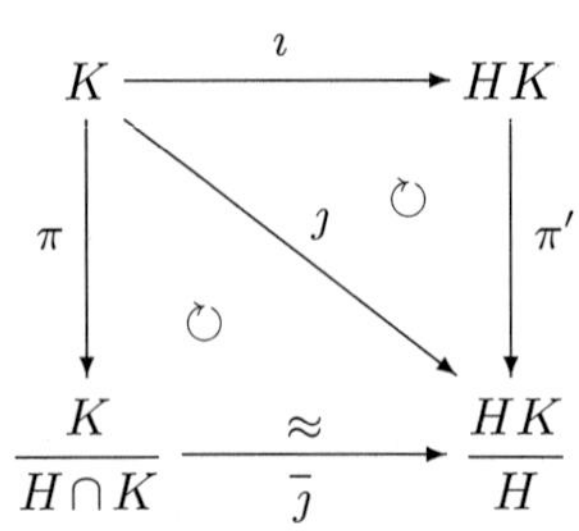

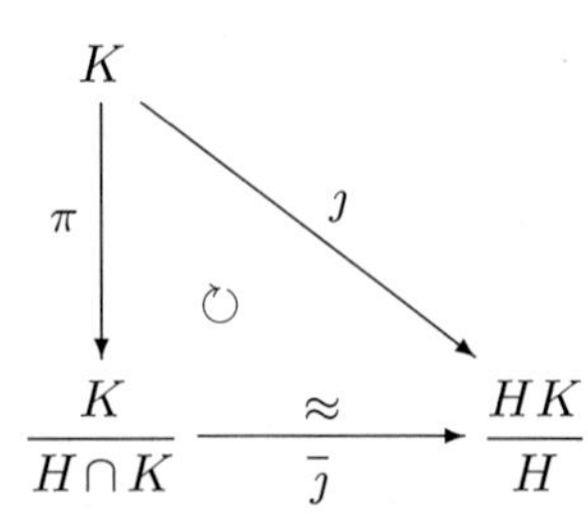

으로 이해한다.[51] 여기에서, $\imath : K \to HK$ 는 natural embedding 이고, π, π' 은 natural projection 이다. 그리고, $\jmath = \pi' \circ \imath$ 로 표기하였다.

두 번째 증명 : 위 사각형에서 삼각형을 하나 지워 버리면, 위 오른쪽 삼각형을 얻는다. 이 삼각형은 우리가 First Isomorphism Theorem 을 생각할 때 그리는 바로 그 삼각형이다. 왜냐하면, $\ker \jmath = H \cap K$ 이고, 첫 번째 증명 (iv) 에서와 같은 방법으로 $\jmath$ 가 epimorphism 임을 보일 수 있기 때문이다(확인해 보라). 따라서, First Isomorphism Theorem 에 의해, $\bar{\jmath}$ 는 isomorphism 이다. □

다음 따름정리는 자명하다. 증명은 필요하지 않을 것이다.

따름정리 12.4.20. G가 finite일 때, $H \trianglelefteq G$이고 $K \leq G$이면,

$$|HK| \cdot |H \cap K| = |H| \cdot |K|$$

이다.

[51] 이 그림은 3층에 올라가서 볼 필요가 없다.

우리의 경험에 의하면 — group 의 경우를 알면 — vector space 의 경우는 몇 줄만 더하면 된다.

정리 12.4.21. (Second Isomorphism Theorem for Vector Spaces) $U, W \leq V$ 일 때, 함수 $\bar{\jmath} : \frac{W}{U \cap W} \to \frac{U+W}{U}$ 를

$$\bar{\jmath}(\overline{w}) = \overline{w}, \qquad (w \in W)$$

로 정의하면, $\bar{\jmath}$ 는 well-defined 된 vector space isomorphism 이다. 따라서,

$$\frac{W}{U \cap W} \xrightarrow[\approx]{\bar{\jmath}} \frac{U+W}{U}$$

이다.

증명 : $\bar{\jmath}$ 가 F-linear 인 것만 보이면 된다. 'Magic bar'에게 맡긴다. □

이제 다음은 자명하다.

따름정리 12.4.22. V 가 f.d.v.s. 이고 $U, W \leq V$ 이면,

$$\dim(U+W) + \dim(U \cap W) = \dim U + \dim W$$

이다.

증명 : 이 명제는 Second Isomorphism Theorem 의 결과로 이해하는 것이 마음이 편하다. (정리 3.7.5 참조.) □

Third Isomorphism Theorem 은 "현대대수학" 시간을 위해 남겨 놓는다.

12.5. Triangularization II

이 節에서는, 드디어, quotient space의 개념을 사용하는 [dimension에 관한 귀납법 증명]을 선보인다. 이를 위해서는 새로운 '**사고방식**(the way of thinking)'이 하나 필요하다. (당연히, 이 節의 모든 벡터공간은 **유한 차원**이라고 가정한다.)

이제, $T \in \mathfrak{LM}$이고, W는 V의 T-invariant subspace라고 하자. 그리고 W의 basis $\mathfrak{C} = \{v_1, \ldots, v_m\}$을 extend하여, V의 basis $\mathfrak{B} = \{v_1, \ldots, v_n\}$을 얻었다고 하자. 그러면, $[T]_{\mathfrak{B}}^{\mathfrak{B}} = \left(\begin{array}{c|c} [T|_W]_{\mathfrak{C}}^{\mathfrak{C}} & * \\ \hline \mathbf{0} & ? \end{array}\right)$의 형태가 된다. 물론 우리는 이 행렬의 [?] 부분이 무엇인지 알고 싶다.

이를 위해 우리가 준비한 것이 quotient space $\overline{V} = V/W$이다.[52] 우선 우리는 연습문제 12.3.6에 의해, $\overline{\mathfrak{B}} = \{\overline{v_{m+1}}, \ldots, \overline{v_n}\}$가 $\overline{V}$의 basis인 것을 알고 있다. 그리고, $T : V \to V$는 $\overline{T} : \overline{V} \to \overline{V}$를 naturally induce한다. 즉, $\overline{T} : \overline{V} \to \overline{V}$를

$$\overline{T}\,\overline{v} = \overline{Tv}, \qquad (v \in V)$$

로 정의한다. 독자들은, 이 장면에서, 무엇보다도 $\overline{T}$의 **well-definedness**를 생각하고 있어야만 한다. 이 상황을 일반적인 경우로 확장하면 다음 관찰을 얻는다.

관찰 12.5.1. $W \le V$, $W' \le V'$이고, linear map $L : V \to V'$이 $LW \le W'$을 만족시킨다고 가정할 때, 함수 $\overline{L} : V/W \to V'/W'$을

$$\overline{L}\,\overline{v} = \overline{Lv}, \qquad (v \in V)$$

로 정의하면, $\overline{L}$는 well-defined된 linear map이다. (이때, 우리는 L이 $\overline{L}$를 **naturally induce**한다고 말한다.)

증명 : Coset $\overline{v}$의 두 대표 v, u가 있으면 — 즉, $\overline{v} = \overline{u}$이면 — $\overline{Lv} = \overline{Lu}$인가? 혹은, $v - u \in W$이면, $Lv - Lu \in W'$인가? "예." 그리고, $\overline{L}$가 linear인 것은 'magic'.[53] □

[52] $\overline{V}$의 notation은 'magic bar'의 위력을 극대화해 줄 것이다.

[53] $u = 0$이라고 놓고, 이 증명을 거꾸로 읽으면, 이 관찰의 역도 성립하는 것을 알 수 있다. 즉, L이 $\overline{L}$를 naturally induce할 필요충분조건은 $LW \le W'$인 것이다.

이젠 독자들도 위 관찰을 생각하면서, 다음 commutative diagram

$$\begin{array}{ccc} V & \xrightarrow{\ L\ } & V' \\ {\scriptstyle\pi}\downarrow & \circlearrowright & \downarrow{\scriptstyle\pi} \\ V/W & \xrightarrow[\overline{L}]{} & V'/W' \end{array}$$

을 그리는 것이 습관이 되었을 것이다. (단, π 들은 natural projection.)

연습문제 12.5.2. 위 관찰12.5.1을 group의 경우에도 state하고 증명하라.

연습문제 12.5.3. 앞 節의 First Isomorphism Theorem의 $\overline{L}$와 Second Isomorphism Theorem의 $\overline{j}$의 well-definedness도 사실은 관찰12.5.1의 특수한 경우임을 설명하라. (예를 들어, $\overline{L}: V/\ker L \to \operatorname{im} L/0$ 으로 이해.)

다시 우리의 '사고방식'으로 돌아가자. W는 T-invariant subspace이므로, 위 관찰12.5.1에 의해 $\overline{T}$는 well-defined되어 있음을 알 수 있다. 이제, 잘 정의된 linear operator $\overline{T}: \overline{V} \to \overline{V}$와 $\overline{V}$의 basis $\overline{\mathfrak{B}}$를 알게 되었으니, $[\overline{T}]_{\overline{\mathfrak{B}}}^{\overline{\mathfrak{B}}}$를 알고 싶은 것은 당연하다. 우리의 주장: $[\overline{T}]_{\overline{\mathfrak{B}}}^{\overline{\mathfrak{B}}}$가 바로 [?]이다.

보조정리 12.5.4. $T \in \mathfrak{L}\mathfrak{M}$이고, W는 V의 T-invariant subspace라고 하자. 또, $\overline{T}: \overline{V} \to \overline{V}$는 관찰12.5.1과 같다고 하고, $\mathfrak{C} = \{v_1, \ldots, v_m\}$은 W의 basis, $\mathfrak{B} = \{v_1, \ldots, v_n\}$은 V의 basis라고 하면, $\overline{\mathfrak{B}} = \{\overline{v_{m+1}}, \ldots, \overline{v_n}\}$가 $\overline{V}$의 basis가 된다. 그러면, $[T]_{\mathfrak{B}}^{\mathfrak{B}} = \left(\begin{array}{c|c} [T|_W]_{\mathfrak{C}}^{\mathfrak{C}} & * \\ \hline \mathbf{0} & [\overline{T}]_{\overline{\mathfrak{B}}}^{\overline{\mathfrak{B}}} \end{array}\right)$이다.

증명 : $[T]_{\mathfrak{B}}^{\mathfrak{B}}$의 $(m+j)$-th column을 $(a_{1,m+j}, \ldots, a_{n,m+j})^{\mathbf{t}}$라고 놓을 때(즉,

$$Tv_{m+j} = a_{1,m+j}v_1 + \cdots + a_{n,m+j}v_n$$

일 때), $[\overline{T}]_{\overline{\mathfrak{B}}}^{\overline{\mathfrak{B}}}$의 j-th column이 $(a_{m+1,m+j}, \ldots, a_{n,m+j})^{\mathbf{t}}$임을(즉,

$$\overline{T}\,\overline{v_{m+j}} = a_{m+1,m+j}\overline{v_{m+1}} + \cdots + a_{n,m+j}\overline{v_n}$$

임을)보이면 된다. 이는 'magic bar'에 의해 거의 자명하다($v_1, \ldots, v_m \in W$이므로, $\overline{v_1} = \cdots = \overline{v_m} = \overline{0}$.) □

여기까지가 우리의 '**사고방식**'이다.

다음은 익숙하다.

연습문제 12.5.5. 보조정리 12.5.4에서, 다음을 보여라.

(가) $\mathrm{tr}(T) = \mathrm{tr}(T|_W) + \mathrm{tr}(\overline{T})$.

(나) $\det(T) = \det(T|_W) \cdot \det(\overline{T})$.

(다) $\phi_T(t) = \phi_{T|_W}(t) \cdot \phi_{\overline{T}}(t)$.

새로운 '사고방식'을 적용할 첫 대상은 triangularization(정리 7.3.1)의 두 번째 증명이다. 이 두 번째 증명이 §7.3의 첫 번째 증명보다 더 좋다고 말할 수는 없겠지만, 이 증명은 quotient space를 이용한 [$\dim V$에 관한 귀납법]을 사용한다는 데에 의의가 있다. 이러한 증명 기법은 앞으로, 두고두고, 우리에게 필수적인 도구가 될 것이다. (독자들은 지금 주의 8.2.7의 [엉터리 귀납법]을 한 번 더 감상하기 바란다.)

정리 12.5.6. (Triangularization) $F = \mathbb{C}$이고, $T \in \mathfrak{LM}$이면, $[T]^{\mathfrak{B}}_{\mathfrak{B}}$가 upper-triangular matrix인 V의 basis $\mathfrak{B}$가 존재한다.

두 번째 증명 : 만약 $n = 1$이면, 모든 것이 upper-triangular이므로, $n \geq 2$라고 가정하자. 다음, $Tv = \lambda v$인 T의 eigen-vector $v \in V$와 그에 대응하는 eigen-value $\lambda \in \mathbb{C}$를 찾는다. 이때, point는 $\langle v \rangle$가 T-invariant subspace라는 것이다(지금 v는 T의 eigen-vector이므로, $\langle v \rangle$가 T-invariant임은 자명). 이제, $W = \langle v \rangle$, $\overline{V} = V/W$라고 놓고, 우리의 '사고방식'을 적용한다. 그러면, $[T]^{\mathfrak{B}}_{\mathfrak{B}} = \left(\begin{array}{c|c} \lambda & * \\ \hline \mathbf{0} & [\overline{T}]^{\overline{\mathfrak{B}}}_{\overline{\mathfrak{B}}} \end{array}\right)$이고($\mathfrak{B}$와 $\overline{\mathfrak{B}}$는 보조정리 12.5.4 참조),

$$\dim \overline{V} = \dim V - \dim W = \dim V - 1 < \dim V$$

이므로, induction hypothesis를 linear operator $\overline{T} : \overline{V} \to \overline{V}$에 적용할 수 있다. 따라서, $[\overline{T}]^{\overline{\mathfrak{D}}}_{\overline{\mathfrak{D}}}$가 upper-triangular matrix인 $\overline{V}$의 basis $\overline{\mathfrak{D}} = \{\overline{u_2}, \ldots, \overline{u_n}\}$가 존재할 것이다. 이제 $\mathfrak{D} = \{v, u_2, \ldots, u_n\}$이 V의 basis인 것만 보이면 된다. 왜냐하면, $\mathfrak{D}$가 V의 basis이면, $[T]^{\mathfrak{D}}_{\mathfrak{D}} = \left(\begin{array}{c|c} \lambda & * \\ \hline \mathbf{0} & [\overline{T}]^{\overline{\mathfrak{D}}}_{\overline{\mathfrak{D}}} \end{array}\right)$는 upper-triangular matrix이기 때문이다. 그리고, $\mathfrak{D}$가 V의 basis인 것을 보이려면, $\mathfrak{D}$가 일차독립인 것만 설명하면 된다(왜 그런가?). 이 부분은 'magic bar'를 장착한 '기계'들에게 맡긴다(거의 자명). □

다음 보기는 조금 수준이 고급스러운 느낌이다. 그렇다고 어려울 건 없다.

보기 12.5.7. G가 finite group 일 때, $\varphi : G \to \mathbf{GL}_n(\mathbb{C})$를 group homomorphism 이라고 하자. 이때, 함수 $\chi = \mathrm{tr} \circ \varphi : G \to \mathbb{C}$를

$$\chi(g) = \mathrm{tr}\,\big(\varphi(g)\big), \qquad (g \in G)$$

로 정의하자.[54] 그런데, G는 finite 라고 가정하였으므로, 모든 $g \in G$의 order $|g|$도 finite 임을 우리는 알고 있다. 이제, $g \in G$ 일 때, $\varphi(g)$를 삼각화하여

$$\varphi(g) \sim \begin{pmatrix} \lambda_1 & & & \\ & \cdot & & * \\ & & \cdot & \\ & \mathbf{0} & & \cdot \\ & & & & \lambda_n \end{pmatrix}$$

이라고 하면,

$$I = \varphi(g^{|g|}) = \varphi(g)^{|g|} \sim \begin{pmatrix} \lambda_1^{|g|} & & & \\ & \cdot & & * \\ & & \cdot & \\ & \mathbf{0} & & \cdot \\ & & & & \lambda_n^{|g|} \end{pmatrix}$$

이 된다. 따라서, $\lambda_1^{|g|} = \cdots = \lambda_n^{|g|} = 1$ 이어야 한다. 뿐만 아니라,

$$\varphi(g^{-1}) = \varphi(g)^{-1} \sim \begin{pmatrix} \lambda_1^{-1} & & & \\ & \cdot & & * \\ & & \cdot & \\ & \mathbf{0} & & \cdot \\ & & & & \lambda_n^{-1} \end{pmatrix}$$

이고(왜 그런가?), $|\lambda_1| = \cdots = |\lambda_n| = 1$ 이므로,

$$\chi(g^{-1}) = \lambda_1^{-1} + \cdots + \lambda_n^{-1} = \overline{\lambda_1} + \cdots + \overline{\lambda_n} = \overline{\lambda_1 + \cdots + \lambda_n} = \overline{\chi(g)}$$

임을 알 수 있다. 즉, $g \in G$이면, $\chi(g^{-1}) = \overline{\chi(g)}$ 라는 그럴듯한 결과를 얻을 수 있다.

연습문제 12.5.8. (위 보기의 표기법을 그대로 사용하자.) $g, h \in G$일 때, 만약 [g is conjugate to h] 이면, $\chi(g) = \chi(h)$ 임을 보여라. (정의 11.8.9 참조.)

[54] χ의 이름은 (linear) representation φ에 대응하는 character. 물론, 일반적으로, χ가 group homomorphism 일 이유는 없다.

우리는 §8.4에서 simultaneous diagonalization을 공부한 적이 있다. 이번에도, simultaneous triangularization을 생각해 보자.

정의 12.5.9. $T, S \in \mathfrak{L}\mathfrak{M}$일 때, V의 **하나의** 기저 $\mathfrak{B}$에 관해 $[T]_{\mathfrak{B}}^{\mathfrak{B}}$와 $[S]_{\mathfrak{B}}^{\mathfrak{B}}$가 모두 upper-triangular matrix이면, 우리는 T, S가 **simultaneously triangularizable**하다고 말한다. 여러 개(무한 개 포함) linear operator의 경우에도 마찬가지로 정의한다.

만약 $T, S \in \mathfrak{L}\mathfrak{M}$을 기저 $\mathfrak{B}$에 관해 동시에 삼각화할 수 있다면, $\mathfrak{B}$의 첫 번째 basis vector는 T, S의 공통의 eigen-vector일 수밖에 없을 것이다.

명제 12.5.10. $F = \mathbb{C}$이고 $T, S \in \mathfrak{L}\mathfrak{M}$일 때, 만약 $TS = ST$이면 — 즉, T와 S가 commute하면 — T와 S는 **common** eigen-vector를 갖는다.[55]

증명 : 먼저, T의 eigen-value $\lambda \in \mathbb{C}$를 (아무거나 하나) 찾는다. 그리고, T의 eigen-space E_λ^T를 생각한다. 이때, 명제 8.4.10에서와 마찬가지로, E_λ^T는 물론 V의 T-invariant subspace일뿐더러, V의 S-**invariant subspace**인 것이 이 증명의 point이다(E_λ^T가 S-invariant인 이유는 명제 8.4.10에서와 똑같으므로 생략). 이제, E_λ^T에서 $S|_{E_\lambda^T}$의 eigen-vector를 찾으면 된다. □

명제 12.5.11. $F = \mathbb{C}$이고, $T, S \in \mathfrak{L}\mathfrak{M}$이라고 하자. 만약 $TS = ST$이면, T, S는 simultaneously triangularizable.

증명 : 앞 명제에 의해 T, S는 common eigen-vector $v \in V$를 갖는다. 이제, $\overline{V} = V/\langle v \rangle$라고 놓고, 우리의 '사고방식'을 적용한다. 즉, $\overline{T}, \overline{S} : \overline{V} \to \overline{V}$를 정의하고……, $\dim \overline{V} < \dim V$이므로, dimension에 관한 induction을 사용하여 (정리 12.5.6의 증명에서처럼) $\overline{T}, \overline{S}$를 동시에 삼각화하면 증명 끝. 이때, $\overline{T}\,\overline{S} = \overline{S}\,\overline{T}$가 성립함을 확인하는 것을(너무 당연하지만) 잊으면 안 된다. □

다시 강조하거니와, 위 명제의 증명법은 앞으로, 두고두고, 매우 중요한 역할을 하게 될 것이다.

연습문제 12.5.12. I가 index set이고, $\{T_i\}_{i \in I} \subset \mathfrak{L}\mathfrak{M}$이라고 하자. 이때 만약 $[T_iT_j = T_jT_i \text{ for all } i \neq j \in I]$이면, $\{T_i\}_{i \in I}$는 동시에 삼각화 가능함을 보여라.

[55] 즉, $[Tv = \lambda v,\ Sv = \mu v \text{ for some } \lambda, \mu \in \mathbb{C}]$인 non-zero vector $v \in V$가 존재한다는 뜻. 이때, 물론 λ와 μ가 같을 필요는 없다.

제 13 장 Bilinear Form

이제 group의 개념, quotient group과 quotient space라는 새로운 무기들을 얻었으니, 다시 inner product space로 돌아가자. (우리의 최대 관심사는 $\mathbf{O}(n)$과 $\mathbf{U}(n)$이다. 감히 말하자면, 제9–12장은 제13–15장을 위한 준비 과정이었다고 할 수 있다.)

그런데, inner product space를 제대로 공부하려면 bilinear form과 Hermitian form이라는 generalization이 필요하다. 그리고, 이를 공부하기 위해서는 — 독자들이 별로 좋아하지 않는 — **dual space의 개념이 필수적**이다.

우리는 §5.1에서 dual space를 잠깐 공부한 적이 있다. 독자들 스스로 그때와 지금을 비교해 본다면, 이제 독자들이 제법 성숙했음을 느낄 수 있을 것이다. 이젠 정말 '고향'을 떠나 未知의 世界로 나아갈 때가 되었다.

13.1. Bilinear Form

지금부터는 (이 책이 끝날 때까지) 모든 벡터공간은 **유한 차원**이라고 가정한다. 이제 제9장과 제10장의 主題로 돌아가자. 우리가 제10장을 마무리하면서 무언가 보지 못하는 것이 있다고 한 것은 아직 '고향'을 떠나지 못했기 때문이다. 제10장의 序論에서 '고향'을 떠난다고 큰소리치긴 했지만, §10.5의 결과는 유한 차원 inner product space는 '본질적'으로 우리의 '고향' Euclidean space(혹은, Hermitian dot product가 주어진 $\mathbb{C}^n$)와 다를 바가 없음을 말해 주고 있다.

우리는 지금까지 이런 경우에는 抽象化와 一般化를 생각하도록 훈련 받아왔다. 즉, 추상화할수록, 혹은 單純化할수록 본질이 더 잘 보인다는 것이 "Abstract Algebra"의 기본 idea이다. 한번 더 'jump'가 필요하다.[1] 이번이 정말 마지막이다.

[1] 앞 §10.1에서 저자가 마지막 'jump'라고 했을 때, 설마 진짜로 믿은 독자는 없었을 것으로 믿는다.

이제 우리는 inner product 대신 **bilinear form**을 생각할 것이다(정의 6.1.1 참조). 다시 말해, ($F=\mathbb{R}$ 인 경우의) inner product의 정의에서 positive definiteness를 제외하고, bilinearity만을 들여다보자는 뜻이다. 이는 이제 norm 이나 거리의 개념 없이 "기하학"을 공부하자는 말이 된다. 그런데, 돌이켜 생각해 보면, 이는 제 9–10 장의 많은 부분을 포기한다는 뜻도 된다. 무엇보다도, Gram-Schmidt Orthogonalization을 사용할 수 없음에 유의하기 바란다.

그러나, bilinearity만을 생각하니 **狀況이 오히려 단순**해졌다. 아래 등식 (⁎)가 바로 제 10 장에서 우리가 보지 못했던 부분이다. 이제 $B : V \times V \to F$ 가 n-dimensional F-vector space V의 bilinear form일 때, $\mathfrak{B}=\{v_i\}$를 V의 (ordered) basis라고 하자. 그리고 $v, w \in V$ 일 때, $v=\sum_i a_i v_i$, $w=\sum_i b_i v_i$로 놓으면(단, $a_i, b_i \in F$),

$$(\ast) \qquad B(v,w)=B\Big(\sum_i a_i v_i, \sum_i b_i v_i\Big)=\sum_{i,j} a_i b_j B(v_i,v_j)$$

가 된다. 이를 달리 표현하면, bilinear form B는 n^2-개의 scalar $B(v_i,v_j)$에 의해 완전히 결정된다고 말할 수 있을 것이다. 한번 더 강조하자면, B에 관한 모든 정보는 n^2-개의 scalar $B(v_i,v_j)$가 갖고 있다는 뜻이 된다.

관찰 13.1.1. $B : V \times V \to F$가 bilinear form일 때, $\mathfrak{B}=\{v_1,\ldots,v_n\}$을 V의 (ordered) basis라고 하자. 이때

$$[B]_{\mathfrak{B}}=\big(B(v_i,v_j)\big)_{n\times n}$$

를 (i,j)-성분이 $B(v_i,v_j)$인 $(n\times n)$-행렬이라고 표기하면,

$$B(v,w)=([v]_{\mathfrak{B}})^{\mathbf{t}}\cdot[B]_{\mathfrak{B}}\cdot[w]_{\mathfrak{B}}, \qquad (v,w\in V)$$

가 된다. 우리는 $[B]_{\mathfrak{B}}$를 (basis $\mathfrak{B}$에 관한) B**의 행렬**이라고 부른다.

증명 : 위 등식 (⁎)를 조금 '요령'을 부려 변형하면,

$$B(v,w)=\sum_{i,j} a_i B(v_i,v_j) b_j=([v]_{\mathfrak{B}})^{\mathbf{t}}\cdot[B]_{\mathfrak{B}}\cdot[w]_{\mathfrak{B}}$$

가 된다. □

위 관찰의 $[B]_{\mathfrak{B}}$가 바로 ["선형사상은 행렬과 같다"라고 말할 때 $[L]_{\mathfrak{B}}^{\mathfrak{B}}$의 역할]을 하게 된다. 그렇다면, L_A의 역할을 하는 것도 있어야 할 것이다.

표기법 13.1.2. $J \in \mathfrak{M}_{n,n}(F)$일 때, F^n의 bilinear form $B_{\mathcal{E}}^J : F^n \times F^n \to F$를

$$B_{\mathcal{E}}^J(X, Y) = X^{\mathbf{t}} \cdot JY, \qquad (X, Y \in F^n)$$

으로 정의하자. 실제로 $B_{\mathcal{E}}^J$가 F^n의 bilinear form인 것은 거의 자명하다. 이 때, $[B_{\mathcal{E}}^J]_{\mathcal{E}} = J$인 것도 확인해 보기 바란다.

보기 13.1.3. (가) 위 표기법에서 특별히 $J = I$일 때, $B_{\mathcal{E}}^I : F^n \times F^n \to F$를 앞으로 F^n의 '**보통 내적**'이라고 부르자. 따라서, 물론 $\mathbb{R}^n$의 '보통 내적'은 다름 아닌 $\mathbb{R}^n$의 dot product이다. 그리고, $\mathbb{C}^n$의 '보통 내적'도 — 괴상한 것(무의미한 것)이 아니고 — 이제부터는 우리가 공부할 대상의 하나이다.
(나) 연습문제 10.1.8에서 소개했던 $\mathbb{R}^n$의 inner product를 다시 살펴보자. 이제, 새로운 notation을 사용하면, 이 inner product는 $J = \mathrm{diag}(1, 2, \ldots, n)$으로 놓을 때, $B_{\mathcal{E}}^J$와 같다. 확인해 보라.
(다) 연습문제 10.1.9에서 만났던 $\mathbb{R}^2$의 inner product는 $J = \begin{pmatrix} 2 & -1 \\ -1 & 2 \end{pmatrix}$로 놓을 때, $B_{\mathcal{E}}^J$와 같은 것도 쉽게 확인할 수 있을 것이다.[2]

위 표기법 13.1.2를 일반적인 벡터공간으로 확장하면 다음과 같다. 독자들도 충분히 예상할 수 있었을 것이다.

표기법 13.1.4. $\mathfrak{B}$를 n-dimensional F-vector space V의 고정된 기저라고 하자. $J \in \mathfrak{M}_{n,n}(F)$일 때, V의 bilinear form $B_{\mathfrak{B}}^J : V \times V \to F$를

$$B_{\mathfrak{B}}^J(v, w) = ([v]_{\mathfrak{B}})^{\mathbf{t}} \cdot J \cdot [w]_{\mathfrak{B}}, \qquad (v, w \in V)$$

로 정의하자. 그러면, $B_{\mathfrak{B}}^J$가 실제로 V의 bilinear form인 것도 거의 자명하다. 또, $[B_{\mathfrak{B}}^J]_{\mathfrak{B}} = J$인 것도 쉽게 확인할 수 있다.

위 관찰 13.1.1과 표기법 13.1.4에서 V의 기저 $\mathfrak{B}$를 먼저 고정해야 한다는 것은 다시 강조할 필요가 없을 것이다. 그리고 이들로부터 다음 대응관계

$$B \longleftrightarrow [B]_{\mathfrak{B}}$$

가 [V의 bilinear form 전체 집합]과 $\mathfrak{M}_{n,n}(F)$ 사이의 one-to-one correspondence를 주는 것도 눈치챘을 것이다.

---

[2] 이 (2×2)-행렬 J가 연습문제 6.5.8에서 잠시 등장했던 Cartan matrix의 하나인 것은 기억하지 못해도 좋다.

이제 제5장의 [선형대수학의 기본정리]를 흉내 내어, [bilinear form의 기본정리]를 state하려면 다음 관찰(연습문제)이 필요하다.

연습문제 13.1.5. V가 벡터공간일 때,

$$\mathfrak{Bil}(V) = \{B : V \times V \to F \mid B\text{는 bilinear}\}$$

라고 표기하고, [$B, C \in \mathfrak{Bil}(V)$의 합 $(B+C)$]와 [scalar $a \in F$와 $B \in \mathfrak{Bil}(V)$의 상수곱 aB]를 각각

$$(B+C)(v,w) = B(v,w) + C(v,w), \quad (aB)(v,w) = aB(v,w), \quad (v,w \in V)$$

로 정의하자. 이때 $B+C$, $aB \in \mathfrak{Bil}(V)$이고, 이러한 연산에 관하여 $\mathfrak{Bil}(V)$는 F-vector space가 되는 것을 증명하라.[3]

다음 정리는 [bilinear form의 기본정리]라고 부를 만하다.

정리 13.1.6. $\mathfrak{B}$를 n-dimensional F-vector space V의 고정된 기저라고 할 때, 함수 $\Omega_{\mathfrak{B}} : \mathfrak{Bil}(V) \to \mathfrak{M}_{n,n}(F)$를

$$\Omega_{\mathfrak{B}}(B) = [B]_{\mathfrak{B}}, \qquad (B \in \mathfrak{Bil}(V))$$

로 정의하면, $\Omega_{\mathfrak{B}}$는 vector space isomorphism이다.

증명 : 이런 종류의 증명은 당연히 '기계'들의 몫이다. 먼저, 관찰13.1.1이 $\Omega_{\mathfrak{B}}$의 injectivity를, 그리고 표기법13.1.4가 $\Omega_{\mathfrak{B}}$의 surjectivity를 각각 설명하고 있다. $\Omega_{\mathfrak{B}}$가 linear인 것을 보이려면, $B, C \in \mathfrak{Bil}(V)$, $a \in F$일 때,

$$[B+C]_{\mathfrak{B}} = [B]_{\mathfrak{B}} + [C]_{\mathfrak{B}}, \qquad [aB]_{\mathfrak{B}} = a \cdot [B]_{\mathfrak{B}}$$

임을 보이면 된다. '기계'들에게 맡긴다. □

[Bilinear form의 기본정리]가 의미하는 바를 다시 강조하면, 유한 차원 벡터공간 V의 bilinear form B는 — V의 기저 $\mathfrak{B}$를 고정할 때 — 모두 $B_{\mathfrak{B}}^J$의 꼴이고, B에 관한 정보는 행렬 $[B]_{\mathfrak{B}} = J$가 전부 갖고 있다고 말할 수 있다. 즉,

$$\begin{aligned} &[V\text{의 bilinear form } B\text{가 주어졌다는 말}] \\ &= [\text{행렬 } [B]_{\mathfrak{B}} = J\text{가 주어졌다는 말}] \end{aligned}$$

이 된다. 따라서, *'bilinear form은 행렬로 볼 수 있다'*.

[3] 정의 5.1.1, 연습문제 6.3.6 및 연습문제 10.1.10 참조.

다음에는 [bilinear form의 기본정리]를 조금 다른 각도에서 분석해 본다.

참고 13.1.7. 그런데, n-차원 벡터공간 V는 F^n과 '본질적'으로 같으므로, 당연히 V의 bilinear form B도 F^n의 bilinear form $B_{\mathcal{E}}^J$와 '본질적'으로 같을 것이라고 짐작할 수 있을 것이다. 이제, n-차원 벡터공간 V의 basis $\mathfrak{B}$를 고정하고, 다시 §5.4의 isomorphism (identification) $\alpha_{\mathfrak{B}} : V \to F^n$을

$$\alpha_{\mathfrak{B}}(v) = [v]_{\mathfrak{B}}, \qquad (v \in V)$$

로 정의하자. 그러면, 다음 commutative diagram

$$\begin{array}{ccc} V \times V & \xrightarrow{\quad B \quad} & F \\ {\scriptstyle \alpha_{\mathfrak{B}} \times \alpha_{\mathfrak{B}}} \big\downarrow \wr & \circlearrowright & \big\| \big\downarrow {\scriptstyle I} \\ F^n \times F^n & \xrightarrow[\quad B_{\mathcal{E}}^J \quad]{} & F \end{array} \qquad\qquad (\text{단, } J = [B]_{\mathfrak{B}})$$

을 얻는다. 이 diagram이 commute하는 것은

$$B(v, w) = ([v]_{\mathfrak{B}})^{\mathbf{t}} \cdot [B]_{\mathfrak{B}} \cdot [w]_{\mathfrak{B}}, \qquad (v, w \in V)$$

와 동치이다. 언제나처럼 3층에 올라가 내려다보면, (V, B)와 $(F^n, B_{\mathcal{E}}^J)$는 '본질적'으로 같다.

다음 연습문제는 관찰10.7.1을 일반화한 것이다. (질문10.7.2도 참조.)

관찰 13.1.8. F^n에 bilinear form $B_{\mathcal{E}}^J$가 주어져 있다고 하자. J가 가역일 때, $A \in \mathfrak{M}_{n,n}(F)$이면,

$$B_{\mathcal{E}}^J(AX,\, Y) = B_{\mathcal{E}}^J\big(X,\, (J^{-1}A^{\mathbf{t}} \cdot J)Y\big), \qquad (X, Y \in F^n)$$

이 성립한다.

증명 : $B_{\mathcal{E}}^J$의 정의로부터,

$$B_{\mathcal{E}}^J(AX,\, Y) = (AX)^{\mathbf{t}} \cdot JY = X^{\mathbf{t}} \cdot A^{\mathbf{t}} \cdot JY$$

이고,

$$B_{\mathcal{E}}^J\big(X,\, (J^{-1}A^{\mathbf{t}} \cdot J)Y\big) = X^{\mathbf{t}} \cdot J(J^{-1}A^{\mathbf{t}} \cdot J)Y$$

이므로, OK. □

Bilinear form 중에서 특별히 우리가 관심을 갖는 것은 symmetric 인 것과 alternating 인 것이다.[4]

정의 13.1.9. $B : V \times V \to F$가 F-vector space V의 bilinear form 일 때,

(가) B가 다음 조건

$$B(v, w) = B(w, v), \qquad (v, w \in V)$$

을 만족시키면, B를 **symmetric** bilinear form 이라고 부른다.

(나) B가 다음 조건

$$B(v, v) = 0, \qquad (v \in V)$$

을 만족시키면, B를 **alternating** bilinear form 이라고 부른다(정의 6.1.4 참조).

그런데, bilinear form B의 모든 정보는, $\mathfrak{B}$가 basis 일 때, $[B]_{\mathfrak{B}}$에 포함되어 있으므로, B가 symmetric 인지 아닌지 혹은 alternating 인지 아닌지는 $[B]_{\mathfrak{B}}$를 쳐다보면 알 수 있어야 할 것이다.

관찰 13.1.10. $B : V \times V \to F$가 bilinear form 일 때, $\mathfrak{B}$를 V의 basis라고 하자(V는 유한 차원). 이때 B가 symmetric이기 위한 필요충분조건은 $[B]_{\mathfrak{B}}$가 symmetric matrix 인 것이다.

증명 : V의 basis를 $\mathfrak{B} = \{v_i\}$로 놓을 때, B가 symmetric bilinear form 이면, $B(v_i, v_j) = B(v_j, v_i)$인 것은 당연. 역으로, $B(v_i, v_j) = B(v_j, v_i)$일 때는 관찰 13.1.1 앞 단락의 등식 (⁎)를 생각하면, 증명 끝. □

다음 연습문제는 이미 관찰 6.1.5에서 만났던 것이다. 익숙해지도록 한번 더 언급한다.

연습문제 13.1.11. $B : V \times V \to F$가 alternating bilinear form 이기 위한 필요충분조건은

$$B(v, w) = -B(w, v), \qquad (v, w \in V)$$

인 것임을 보여라. (이렇게 부호가 바뀐다는 의미에서 'alternating'이라고 부른다.)

---

[4]왜 symmetric 인 것과 alternating 인 것에만 관심을 갖는지에 대해서는 참고 13.5.2에서 간략히 설명한다.

연습문제 13.1.12. 위 관찰13.1.10을 흉내 내어 **alternating matrix**를 정의해 보라. 그리고 bilinear form B가 alternating이기 위한 필요충분조건은 $[B]_{\mathfrak{B}}$가 alternating matrix인 것임을 보여라. (결국은 alternating matrix는 skew-symmetric matrix이다.[5])

다음 연습문제는 제법 품위가 있어 보인다.

연습문제 13.1.13. V가 유한 차원일 때, [symmetric bilinear form on V] 전체의 집합은 $\mathfrak{Sym}(V)$로, 그리고 [alternating bilinear form on V] 전체의 집합은 $\mathfrak{Alt}(V)$라고 표기하자(연습문제6.3.6 참조).

(가) $\mathfrak{Sym}(V)$와 $\mathfrak{Alt}(V)$는 각각 $\mathfrak{Bil}(V)$의 부분공간임을 보여라.

(나) $\mathfrak{Bil}(V)$, $\mathfrak{Sym}(V)$, $\mathfrak{Alt}(V)$의 dimension을 각각 구하라.

(다) $\mathfrak{Bil}(V) = \mathfrak{Sym}(V) \oplus \mathfrak{Alt}(V)$ 임을 보여라.

독자들은 위 연습문제13.1.13(다)항이 연습문제7.6.6과 동치임도 확인할 수 있을 것이다.

스스로 다음 질문을 생각한 독자들은 칭찬 받을 만하다.

질문 13.1.14. $F = \mathbb{R}$일 때, 주어진 symmetric bilinear form $B : V \times V \to F$가 inner product인지 — 즉, positive definite condition을 만족시키는지 — 여부를 $[B]_{\mathfrak{B}}$를 보고 어떻게 알 수 있을까?

이 질문에 답하려면 §15.3까지 기다려야 한다.

[5]왜 alternating matrix와 skew-symmetric matrix 두 가지 용어를 사용하는지는…….

13.2. Quadratic Form

우리는 앞 節에서 norm의 개념 없이 '기하학'을 공부하자고 했었다. 그러나, 무언가 norm과 비슷한 것은 필요하다(필요하다기보다는 원래 처음부터 옆에 있었다).

보기 13.2.1. $J = \begin{pmatrix} 2 & -1 \\ -1 & 2 \end{pmatrix}$ 일 때, inner product $B_{\mathcal{E}}^J : \mathbb{R}^2 \times \mathbb{R}^2 \to \mathbb{R}$ 은 다음

$$B_{\mathcal{E}}^J\big((x,y)^{\mathbf{t}}, (x,y)^{\mathbf{t}}\big) = 2(x^2 - xy + y^2), \qquad (x, y \in \mathbb{R})$$

을 만족시킨다(보기13.1.3(다)항 참조). 독자들은

$$Q(x,y) = x^2 - xy + y^2, \qquad (x, y \in \mathbb{R})$$

과 같은 함수 Q를 quadratic form(**同次인 2-차식 또는 2-차형식**)이라고 부르는 것을 들어본 적이 있을 것이다.[6]

다음은 매우 세련된, 한 手 위의, quadratic form의 정의이다.

정의 13.2.2. V가 벡터공간일 때, 함수 $Q : V \to F$가 다음 조건

(Q1) $B_Q : V \times V \to F$를

$$B_Q(v,w) = Q(v+w) - Q(v) - Q(w), \qquad (v, w \in V)$$

로 정의하면, B_Q는 V의 symmetric bilinear form.

(Q2) $v \in V,\ c \in F$이면, $Q(cv) = c^2 Q(v)$.

을 만족시키면, Q를 V의 **quadratic form**이라고 부른다.

따라서, quadratic form이 주어지면, symmetric bilinear form이 주어진다. 그리고, 그 역도 성립한다.

연습문제 13.2.3. B를 벡터공간 V의 symmetric bilinear form이라고 하자. 이때, 함수 $Q : V \to F$를

$$2\,Q(v) = B(v,v), \qquad (v \in V)$$

로 정의하면, Q는 V의 quadratic form이고, $B_Q = B$가 성립함을 보여라.

[6] 同次인 2-차식 = 1-차항과 상수항은 없고 2-차항만 있는 다항함수.

이를 종합하면 다음을 알 수 있다.

관찰 13.2.4. V가 벡터공간일 때, 다음 대응관계

$$Q \longleftrightarrow B_Q$$

는 [V의 quadratic form 전체 집합]과 [V의 symmetric bilinear form 전체 집합] 사이의 bijection 이다.

증명 : 먼저,

$$B_Q(v,v) = Q(v+v) - Q(v) - Q(v) = 4\,Q(v) - 2\,Q(v) = 2\,Q(v), \qquad (v \in V)$$

이므로,

$$2\,Q(v) = B_Q(v,v), \qquad (v \in V)$$

를 얻을 수 있다. 따라서, 함수 $Q \mapsto B_Q$는 injection 이다. 그리고, 앞 연습문제 13.2.3 이 함수 $Q \mapsto B_Q$의 surjectivity를 말해 주고 있다. □

다음 연습문제는 꼭 필요한 것은 아니겠지만, 그래도 생략하면 조금 섭섭할 것 같다.

연습문제 13.2.5. [V의 quadratic form 전체 집합]에 자연스러운 vector space 의 구조를 정의하고, 관찰 13.2.4 의 bijection $Q \mapsto B_Q$는 vector space isomorphism 임을 보여라.

그러면, 정의 13.2.2 의 두 조건을 만족시키는 $Q : V \to F$를 **왜 quadratic form 이라고 부르는지** 알아보자. 즉, 정의 13.2.2 의 quadratic form과 우리가 원래 알고 있는 '同次인 2-차식'은 사실상 같은 개념임을 설명해 보자.

우선, Q를 V의 quadratic form 이라고 하자(V는 유한 차원). 그리고, V의 basis $\mathfrak{B}$를 고정하고, $[B_Q]_{\mathfrak{B}} = J = (a_{ij})$로 놓자. 이때 $[B_Q]_{\mathfrak{B}}$는 symmetric matrix 이다. 이제 $v \in V$일 때, $[v]_{\mathfrak{B}} = (x_1, \ldots, x_n)^{\mathbf{t}}$로 놓으면,

$$2\,Q(v) = B_Q(v,v) = ([v]_{\mathfrak{B}})^{\mathbf{t}} \cdot J \cdot [v]_{\mathfrak{B}} = \sum_{i,j} x_i a_{ij} x_j = \sum_i a_{ii} x_i^2 + 2 \sum_{i<j} a_{ij} x_i x_j$$

를 얻는다. 그러므로, Q는 $x_1, \ldots, x_n$에 관한 '同次인 2-차식'임을 확인할 수 있다.

역으로, 이번에는 '同次인 2-차식'

$$2\,Q(x_1,\ldots,x_n)=\sum_i a_{ii}x_i^2+2\sum_{i<j}a_{ij}x_ix_j$$

가 주어졌다고 하자(단, $a_{ij}\in F$).[7] 이제, 앞에서와 마찬가지로, $v\in V$ 일 때, $[v]_{\mathfrak{B}}=(x_1,\ldots,x_n)^{\mathbf{t}}$ 로 놓고, $Q(v)=Q(x_1,\ldots,x_n)$ 으로 표기법을 혼동하기로 하자. 또 $w\in V$ 일 때, $[w]_{\mathfrak{B}}=(y_1,\ldots,y_n)^{\mathbf{t}}$ 로 놓으면,

$$\begin{aligned}2\,B_Q(v,w)&=2\,\{Q(v+w)-Q(v)-Q(w)\}\\&=\sum_i a_{ii}(x_i+y_i)^2+2\sum_{i<j}a_{ij}(x_i+y_i)(x_j+y_j)\\&\qquad-\sum_i a_{ii}x_i^2-2\sum_{i<j}a_{ij}x_ix_j-\sum_i a_{ii}y_i^2-2\sum_{i<j}a_{ij}y_iy_j\\&=2\sum_i a_{ii}x_iy_i+2\sum_{i<j}a_{ij}x_iy_j+2\sum_{i>j}a_{ji}x_iy_j\end{aligned}$$

가 된다. 따라서, $J=(a_{ij})$ 라고 놓으면(단, $a_{ij}=a_{ji}$), J 는 symmetric 이고,

$$B_Q(v,w)=\sum_{i,j}x_ia_{ij}y_j=([v]_{\mathfrak{B}})^{\mathbf{t}}\cdot J\cdot[w]_{\mathfrak{B}}$$

이므로, B_Q 는 V 의 bilinear form 임을 알 수 있다. 한편, 조건 $Q(cv)=c^2Q(v)$ 는 자명하므로, '同次인 2-차식' Q 는 정의 13.2.2 의 두 조건을 만족시키는 V 의 quadratic form 이다.

이상의 논의를 요약하면,

[symmetric bilinear form 이 주어졌다는 말]
= [quadratic form 이 주어졌다는 말]
= ['同次인 2-차식'이 주어졌다는 말]

이 된다. 다시 말해, 우리는 제 9 장과 제 10 장에서는 — 알게 모르게 — 1-차 (linear) 식이 아닌 2-차식을 공부해 왔던 셈이다.

정의 13.2.6. (유한 차원) 벡터공간 V 에 symmetric bilinear form B 가 주어졌다고 하자. 그러면, 관찰 13.2.4 에 의해, V 의 quadratic form Q 도 자동적으로 주어진다. 이때, $(V,B)=(V,B,Q)$ 를 **quadratic space** 라고 부른다.[8]

---

[7] 모든 '同次인 2-차식'은 당연히 이런 꼴로 쓸 수 있다.
[8] *'Symmetric bilinear space'*는 아무래도 좀 어색하므로.

13.3. Orthogonal Group과 Symplectic Group

이 節에서는 가장 일반적인 형태의 orthogonal group을 정의한다. (우리의 또 다른 관심사인 unitary group은 제14장에서 다룬다.)

정의 13.3.1. Quadratic space (V, B)가 주어졌을 때(따라서, B는 symmetric bilinear form이고, quadratic form Q도 自動으로 주어져 있다),

$$\mathbf{O}(V, B) = \{L \in \mathbf{GL}(V) \mid B(Lv, Lw) = B(v, w) \text{ for all } v, w \in V\}$$

로 정의하고, $\mathbf{O}(V, B)$를 quadratic space (V, B)의 **orthogonal group**이라고 부른다. 또, $\mathbf{O}(V, B)$의 원소는 물론 **orthogonal operator**라고 부른다.[9] 그리고, (V, B)와 $\mathbf{O}(V, B)$를 공부하는 것을 orthogonal geometry라고 부른다.

즉, 이제는 함수 $M : V \to V$가 다음 조건

$$B(Mv, Mw) = B(v, w), \qquad (v, w \in V)$$

을 만족시키면, M이 bijection이어야 하는지, 혹은 $M(0) = 0$이면 M이 선형사상이어야 하는지 상관하지 않고 처음부터 $\mathbf{GL}(V)$의 원소만을 생각하겠다는 뜻이다. (사실은, M이 injection이어야 할 이유도 없다.)

연습문제 13.3.2. (V, B)가 유한 차원 quadratic space일 때,

(가) $\mathbf{O}(V, B) \le \mathbf{GL}(V)$임을 보여라.

(나) $\mathbf{SO}(V, B)$를 정의하고, $\mathbf{SO}(V, B) \trianglelefteq \mathbf{O}(V, B)$임을 보여라.

연습문제 13.3.3. (V, B)가 quadratic space일 때,

(가) 관찰 9.3.4의 증명을 흉내 내어

$$\mathbf{O}(V, B) = \{L \in \mathbf{GL}(V) \mid Q(Lv) = Q(v) \text{ for all } v \in V\}$$

임을 보여라.

(나) $\mathfrak{B} = \{v_1, \ldots, v_n\}$이 V의 basis일 때,

$$\mathbf{O}(V, B) = \{L \in \mathbf{GL}(V) \mid B(Lv_i, Lv_j) = B(v_i, v_j) \text{ for all } 1 \le i, j \le n\}$$

임을 보여라.

---

[9] §10.5의 언어를 흉내 내자면, orthogonal operator는 [quadratic space (V, B)의 automorphism]과 같은 말이 된다.

다음 연습문제도 빼놓을 수 없다.

연습문제 13.3.4. (V,B)가 quadratic space 일 때, $\mathbf{O}(V,B)=\mathbf{GL}(V)$ 일 수도 있는가?

우리 'story'의 다음 순서는 물론 orthogonal group $\mathbf{O}(V,B)$를 행렬로 표현하는 것이다. 즉, $\mathfrak{B}$가 V의 basis 일 때, matrix group

$$\left\{[L]_{\mathfrak{B}}^{\mathfrak{B}}\in\mathbf{GL}_n(F)\,\middle|\,L\in\mathbf{O}(V,B)\right\}$$

를 생각할 차례이다. 이런 행렬들은 어떤 것들일까?

다음 명제는 우리가 오랫동안 苦待해 온 것이다. **참고 10.6.4에서 남겨 둔 숙제**이기도 하다(참고10.6.4는 다음 명제에서 $J=I$인 case).

명제 13.3.5. $\mathfrak{B}$를 n-dimensional quadratic space (V,B)의 basis라고 할 때, $J=[B]_{\mathfrak{B}}$로 표기하면(따라서, J는 symmetric),

$$\left\{[L]_{\mathfrak{B}}^{\mathfrak{B}}\in\mathbf{GL}_n(F)\,\middle|\,L\in\mathbf{O}(V,B)\right\}=\left\{A\in\mathbf{GL}_n(F)\,\middle|\,A^{\mathbf{t}}\cdot JA=J\right\}$$

이다.[10]

증명 : '기계'에게 맡길 수 있다. 다음 조건

$$B(Lv,Lw)=B(v,w),\qquad (v,w\in V)$$

은, [bilinear form의 기본정리](와 관찰13.1.1)에 의해,

$$([Lv]_{\mathfrak{B}})^{\mathbf{t}}\cdot J\cdot[Lw]_{\mathfrak{B}}=([v]_{\mathfrak{B}})^{\mathbf{t}}\cdot J\cdot[w]_{\mathfrak{B}},\qquad (v,w\in V)$$

와 동치이다. 그런데,

$$[Lv]_{\mathfrak{B}}=[L]_{\mathfrak{B}}^{\mathfrak{B}}\cdot[v]_{\mathfrak{B}}$$

이므로(따름정리5.3.4), 위 식은

$$([v]_{\mathfrak{B}})^{\mathbf{t}}\cdot([L]_{\mathfrak{B}}^{\mathfrak{B}})^{\mathbf{t}}\cdot J\cdot[L]_{\mathfrak{B}}^{\mathfrak{B}}\cdot[w]_{\mathfrak{B}}=([v]_{\mathfrak{B}})^{\mathbf{t}}\cdot J\cdot[w]_{\mathfrak{B}},\qquad (v,w\in V)$$

로 쓸 수 있다. 이제, 연습문제9.3.7에 의해 증명 끝. 그리고, 이 증명을 거꾸로 읽으면, converse의 증명이 된다. (이 증명에는 J가 symmetric이라는 사실이 이용되지 않았다.) □

---

[10] 一部 독자들은, 만약 V의 기저를 바꾸면, $\mathbf{O}(V,B)$의 행렬 표현이 어떻게 바뀔지 — 즉, $[B]_{\mathfrak{B}}$가 어떻게 바뀔지 — 궁금해하고 있을 것이다. 저자는 이에 관한 논의를 **애써 피하고 있는 중**이다. 이 논의는 독자들의 성숙을 기다려 몇 년 후에 다룬다. 머리말 참조.

위 명제를 먼저 증명한 것은 다음 정의를 자연스럽게 보이도록 하기 위해서였다.

정의 13.3.6. $J \in \mathfrak{M}_{n,n}(F)$가 **symmetric** matrix일 때,

$$\mathbf{O}_n^J(F) = \{A \in \mathbf{GL}_n(F) \mid A^{\mathbf{t}} \cdot JA = J\}$$

로 표기하고, J에 대응하는 **orthogonal group**이라고 부른다. (따라서, 제 9장의 $\mathbf{O}(n)$은 다름 아닌 $\mathbf{O}_n^I(\mathbb{R})$인 셈이다.)

지금 또다시 $\mathbf{O}_n^J(F) \leq \mathbf{GL}_n(F)$인 것을 보이라느니, $\mathbf{SO}_n^J(F)$를 정의하고 $\mathbf{SO}_n^J(F) \trianglelefteq \mathbf{O}_n^J(F)$인 것을 보이라느니 하는 연습문제는 이젠 정말 생략하자. 그리고, 이 상황에서 다음 commutative diagram

$$\begin{array}{ccc} \mathbf{O}(V,B) & \xrightarrow{\ \leq\ } & \mathbf{GL}(V) \\ {\scriptstyle \Psi_{\mathfrak{B}}^{\mathfrak{B}}}\downarrow\wr & \circlearrowleft & \wr\downarrow{\scriptstyle \Psi_{\mathfrak{B}}^{\mathfrak{B}}} \\ \mathbf{O}_n^J(F) & \xrightarrow[\ \leq\ ]{} & \mathbf{GL}_n(F) \end{array} \qquad (\text{단, } J = [B]_{\mathfrak{B}},\ \dim V = n)$$

이 저절로 떠오르지 않는다면, §11.9를 한번 더 읽어야만 할 것이다.

연습문제 13.3.7. $J \in \mathfrak{M}_{n,n}(F)$를 **invertible** symmetric matrix라고 할 때, $A \in \mathbf{O}_n^J(F)$이면, $\det(A) = \pm 1$ 임을 보여라.

다음에는 alternating bilinear form에 대응하는 symplectic group을 간략히 소개하기로 한다.[11] 그리고, 이후에는 symmetric bilinear form에만 집중하기로 한다.

정의 13.3.8. B가 n-차원 벡터공간 V의 **alternating** bilinear form일 때,

$$\mathbf{Sp}(V,B) = \{L \in \mathbf{GL}(V) \mid B(Lv, Lw) = B(v,w) \ \text{ for all } \ v, w \in V\}$$

로 정의하고, $\mathbf{Sp}(V,B)$를 (V,B)로부터 만들어진 **symplectic group**이라고 부른다. 그리고, (V,B)와 $\mathbf{Sp}(V,B)$를 공부하는 것을 symplectic geometry라고 부른다.

[11] 올해는 symplectic group이라는 'fancy'한 이름만 소개하는 정도로 그친다. 몇 년 후에 다시 만나게 되어 있다.

명제 13.3.5의 결과와 증명은 물론 지금도 유효하다.

명제 13.3.9. B가 n-차원 벡터공간 V의 **alternating** bilinear form이고, $\mathfrak{B}$가 V의 기저일 때, $J = [B]_{\mathfrak{B}}$로 표기하면(따라서, J는 skew-symmetric),

$$\{[L]_{\mathfrak{B}}^{\mathfrak{B}} \in \mathbf{GL}_n(F) \mid L \in \mathbf{Sp}(V, B)\} = \{A \in \mathbf{GL}_n(F) \mid A^{\mathbf{t}} \cdot JA = J\}$$

이다.

증명 : 명제 13.3.5의 증명과 한 글자도 다르지 않다. (명제 13.3.5의 증명에는 J가 symmetric이라는 사실이 이용되지 않았다.) □

정의 13.3.10. $J \in \mathfrak{M}_{n,n}(F)$가 skew-symmetric matrix일 때,

$$\mathbf{Sp}_n^J(F) = \{A \in \mathbf{GL}_n(F) \mid A^{\mathbf{t}} \cdot JA = J\}$$

로 표기하고, J에 대응하는 **symplectic group**이라고 부른다.

연습문제 13.3.11. $J = \begin{pmatrix} 0 & 1 \\ -1 & 0 \end{pmatrix} \in \mathfrak{M}_{2,2}(F)$일 때,

$$\mathbf{Sp}_2^J(F) = \mathbf{SL}_2(F)$$

임을 보여라.

사실은, $J \in \mathfrak{M}_{n,n}(F)$가 invertible skew-symmetric matrix이면, (n은 짝수이어야만 하고) $\mathbf{Sp}_n^J(F) \leq \mathbf{SL}_n(F)$인 것이 '알려져' 있다.[12] 이 증명은 물론 自明하지 않으며, 몇 년 후로 미룬다. 그렇다면, …….

질문 13.3.12. $J \in \mathfrak{M}_{n,n}(F)$가 invertible symmetric matrix일 때, $\det(A) = -1$인 $A \in \mathbf{O}_n^J(F)$가 항상 존재하는가? Quadratic space의 'reflection'을 어떻게 정의할까?

[12] 따라서, $\mathbf{SSp}$라는 이름은 (필요) 없다.

13.4. $\mathbf{O}(1,1)$ 과 $\mathbf{O}(3,1)$

앞 節을 공부하면서 독자들은 혹 괴상한 것은 그만 다루고 어서 빨리 $\mathbf{O}(n)$ 과 $\mathbf{U}(n)$ 으로 돌아가자고 항의했을지도 모른다. 그러나, 이 節을 공부하면 그런 불만은 제법 해소될 것이다.

불만이 해소되는 정도가 아니라 새로운 世界로 나온('고향'을 떠난) 기쁨을 만끽(고통에 서러워)할 수 있을 것이다. 뿐만 아니라, 우리가 미적분학[2]에서 이미 이 節을 위하여 준비해 왔다는 것은 실로 놀라울 뿐이다. 우리가 미적분학[2]에서 hyperbolic trigonometric function을 공부한 것은 이 節을 준비하기 위한 것이었다![13]

이제 다시 $F=\mathbb{R}$ 인 경우로 돌아가서, $J=\text{diag}(1,-1)$ 이라고 놓으면, $\mathbb{R}^2$ 의 symmetric bilinear form $B_{\mathcal{E}}^J$ 는

$$B_{\mathcal{E}}^J\left(\begin{pmatrix}a\\b\end{pmatrix},\begin{pmatrix}c\\d\end{pmatrix}\right)=ac-bd, \qquad (a,b,c,d\in\mathbb{R})$$

로 주어질 것이다.[14] 이때 $B_{\mathcal{E}}^J$ 에 대응하는 orthogonal group 을

$$\mathbf{O}(1,1)=\mathbf{O}_2^J(\mathbb{R})=\left\{A\in\mathbf{GL}_2(\mathbb{R})\,\middle|\,A^{\mathbf{t}}\cdot JA=J\right\}$$

로 표기하자.[15] 새로운 symmetric bilinear form 이 주어졌으니, **새로운 '기하학'** 이 우리를 기다리고 있을 것이다.

그러면, §9.5를 흉내 내어 $\mathbf{O}(1,1)$ 의 구조를 조사해 보자. 독자들은

$$A=\begin{pmatrix}x & z\\ y & w\end{pmatrix}\in\mathbf{O}(1,1)$$

의 조건이 다음 2-차 연립방정식

$$x^2-y^2=1=w^2-z^2, \qquad xz-yw=0$$

과 동치임을 쉽게 확인할 수 있을 것이다. 쌍곡선 $[x^2-y^2=1]$ 이라⋯⋯. 이거 어디서 많이 보았던 식인데⋯⋯.

[13] 그때는 왜 그런 걸 공부해야 하는지 물론 아무도 말해 주지 않았었다.

[14] 대응하는 quadratic form은 $2Q(x,y)=x^2-y^2$.

[15] 이 표기법 $\mathbf{O}(1,1)$ 에서 앞의 1은 J 의 대각선에 1이 한 개라는 뜻이고, 뒤의 1은 J 의 대각선에 (-1) 이 한 개라는 뜻이다. 정의 13.4.7 참조.

다시 미적분학[2, 2章 5節]을 보면, "hyperbolic trigonometric function은

$$\cosh^2 t - \sinh^2 t = 1, \qquad (t \in \mathbb{R})$$

을 만족시키고, 이는 hyperbola $[x^2 - y^2 = 1]$을 parametrize할 때 유용하게 쓰인다"라고 되어 있다. 아, 오늘을 위해 cosh와 sinh을 배운 것이로구나![16] 기억을 되살려 보면, **쌍곡삼각함수**는

$$\cosh t = \frac{e^t + e^{-t}}{2}, \qquad \sinh t = \frac{e^t - e^{-t}}{2}, \qquad (t \in \mathbb{R})$$

로 정의하였었다.

연습문제 13.4.1. $t, s \in \mathbb{R}$일 때, 다음을 보여라.

(가) $\cosh^2 t - \sinh^2 t = 1$.

(나) $\cosh(-t) = \cosh t$, $\sinh(-t) = -\sinh t$.

(다) $\cosh(t+s) = \cosh t \cdot \cosh s + \sinh t \cdot \sinh s$.

(라) $\sinh(t+s) = \cosh t \cdot \sinh s + \sinh t \cdot \cosh s$.[17]

그런데, 주의해야 할 사항이 하나 있다. 즉, $\cosh t$는 **항상 양수**(사실은, $\cosh t \geq 1$)이므로, $(\cosh t, \sinh t)^{\mathbf{t}}$는 쌍곡선의 오른쪽 부분만을 나타낼 수 있다는 점에 유의하여야 한다. 그리고, 쌍곡선의 왼쪽 부분은 $(-\cosh t, \sinh t)^{\mathbf{t}}$의 꼴로 parametrize되는 것도 알 수 있다.

다시 연립방정식으로 돌아가, 먼저 $x, w > 0$이라고 가정하고,

$$\begin{pmatrix} x \\ y \end{pmatrix} = \begin{pmatrix} \cosh t \\ \sinh t \end{pmatrix}, \qquad \begin{pmatrix} z \\ w \end{pmatrix} = \begin{pmatrix} \sinh s \\ \cosh s \end{pmatrix}, \qquad (\text{단, } t, s \in \mathbb{R})$$

로 놓으면,

$$\begin{aligned} 0 = xz - yw &= \cosh t \cdot \sinh s - \sinh t \cdot \cosh s \\ &= \cosh(-t) \cdot \sinh s + \sinh(-t) \cdot \cosh s = \sinh(-t+s) \end{aligned}$$

이므로, $s = t$를 얻는다. 따라서, 이 경우에는

$$A = \begin{pmatrix} x & z \\ y & w \end{pmatrix} = \begin{pmatrix} \cosh t & \sinh t \\ \sinh t & \cosh t \end{pmatrix}$$

의 형태가 된다.

[16] 물론 삼각함수는 $\mathbf{O}(2)$를 위해 배웠고……!

[17] 쌍곡삼각함수의 덧셈정리. 반각 공식은 어디 갔지?

같은 방법으로, $x>0$, $w<0$ 인 경우에는

$$A=\begin{pmatrix} x & z \\ y & w \end{pmatrix}=\begin{pmatrix} \cosh t & -\sinh t \\ \sinh t & -\cosh t \end{pmatrix}=\begin{pmatrix} \cosh u & \sinh u \\ -\sinh u & -\cosh u \end{pmatrix}$$

이고(단, $t=-u$), 한편 $x<0$, $w>0$ 인 경우에는

$$A=\begin{pmatrix} x & z \\ y & w \end{pmatrix}=\begin{pmatrix} -\cosh t & -\sinh t \\ \sinh t & \cosh t \end{pmatrix}$$

가 된다. 그리고, 마지막으로, $x,w<0$ 인 경우에는

$$A=\begin{pmatrix} x & z \\ y & w \end{pmatrix}=\begin{pmatrix} -\cosh t & \sinh t \\ \sinh t & -\cosh t \end{pmatrix}=\begin{pmatrix} -\cosh u & -\sinh u \\ -\sinh u & -\cosh u \end{pmatrix}$$

인 것을 알 수 있다(단, $t=-u$). 확인해 보라!

다음 순서는 $\mathbf{O}(2)$의 coset decomposition(modulo $\mathbf{SO}(2)$)

$$\mathbf{O}(2)=\mathbf{SO}(2)\amalg\left(\operatorname{diag}(-1,1)\cdot\mathbf{SO}(2)\right)$$

와 유사한 $\mathbf{O}(1,1)$의 coset decomposition을 얻는 것이다. 그리고, $\mathbf{O}(2)$에서의 우리의 경험은 위 네 가지 경우 하나하나가 coset과 관련이 있을 것이라고 예측해 준다. 따라서, $\mathbf{O}(1,1)$의 경우에는 우선 둘로 decompose한 후에 다시 넷으로 decompose해야 한다.

첫 번째 step은 매우 익숙하다. 종이가 아깝다.

연습문제 13.4.2. 다음 표기법

$$\mathbf{SO}(1,1)=\mathbf{SL}_2(\mathbb{R})\cap\mathbf{O}(1,1)$$

은 익숙하다. 이번에도, group homomorphism $\det:\mathbf{O}(1,1)\to\mu_2$를 생각하고, First Isomorphism Theorem을 이용하여

$$\mathbf{O}(1,1)/\mathbf{SO}(1,1)\approx\mu_2$$

임을 보여라. 따라서, $\left[\mathbf{O}(1,1):\mathbf{SO}(1,1)\right]=2$ 이고, $\mathbf{O}(1,1)$의 coset decomposition(modulo $\mathbf{SO}(1,1)$)은

$$\mathbf{O}(1,1)=\mathbf{SO}(1,1)\amalg\left(\operatorname{diag}(-1,1)\cdot\mathbf{SO}(1,1)\right)$$

으로 쓸 수 있음을 보여라.

두 번째 step.

연습문제 13.4.3. 다음에는

$$\begin{aligned}\mathbf{SO}^\circ(1,1) &= \left\{ \begin{pmatrix} \cosh t & \sinh t \\ \sinh t & \cosh t \end{pmatrix} \in \mathbf{GL}_2(\mathbb{R}) \;\middle|\; t \in \mathbb{R} \right\} \\ &= \left\{ \begin{pmatrix} x & y \\ y & x \end{pmatrix} \in \mathbf{GL}_2(\mathbb{R}) \;\middle|\; x, y \in \mathbb{R},\ x \geq 1,\ x^2 - y^2 = 1 \right\}\end{aligned}$$

이라고 표기하고, $\mathbf{SO}^\circ(1,1) < \mathbf{SO}(1,1)$ 임을 보여라. 이제 $\mathbf{SO}(1,1)$의 coset decomposition (modulo $\mathbf{SO}^\circ(1,1)$) 은

$$\mathbf{SO}(1,1) = \mathbf{SO}^\circ(1,1) \amalg \left(-I \cdot \mathbf{SO}^\circ(1,1)\right)$$

으로 쓸 수 있음을 보여라. 따라서, $\left[\mathbf{SO}(1,1) : \mathbf{SO}^\circ(1,1)\right] = 2$ 이고, 관찰 12.2.9 에 의해 $\mathbf{SO}^\circ(1,1) \lhd \mathbf{SO}(1,1)$.

이제 위 두 연습문제와 연습문제 12.1.12 에 의해 $\left[\mathbf{O}(1,1) : \mathbf{SO}^\circ(1,1)\right] = 4$ 이고 — 紙面 관계로 $\mathbf{SO}^\circ = \mathbf{SO}^\circ(1,1)$ 으로 표기할 때 — $\mathbf{O}(1,1)$의 coset decomposition (modulo $\mathbf{SO}^\circ$) 은

$$\begin{aligned}\mathbf{O}(1,1) &= \mathbf{SO}(1,1) \amalg \left\{ \mathrm{diag}(-1,1) \cdot \mathbf{SO}(1,1) \right\} \\ &= \left(\mathbf{SO}^\circ \amalg (-I \cdot \mathbf{SO}^\circ)\right) \amalg \left\{ \mathrm{diag}(-1,1) \cdot \left(\mathbf{SO}^\circ \amalg (-I \cdot \mathbf{SO}^\circ)\right) \right\} \\ &= \mathbf{SO}^\circ \amalg (-I \cdot \mathbf{SO}^\circ) \amalg \left(\mathrm{diag}(-1,1) \cdot \mathbf{SO}^\circ\right) \amalg \left(\mathrm{diag}(1,-1) \cdot \mathbf{SO}^\circ\right)\end{aligned}$$

로 쓸 수 있을 것이다. 이때, 예를 들어, 위의 네 번째 (맨 오른쪽) coset 은

$$\begin{pmatrix} 1 & 0 \\ 0 & -1 \end{pmatrix} \begin{pmatrix} \cosh u & \sinh u \\ \sinh u & \cosh u \end{pmatrix} = \begin{pmatrix} \cosh u & \sinh u \\ -\sinh u & -\cosh u \end{pmatrix}$$

이므로, 앞의 $x > 0$, $w < 0$ 인 경우에 해당하는 것을 알 수 있다.

연습문제 13.4.4. $\mathbf{SO}^\circ(1,1)$ 은 $\mathbf{O}(1,1)$ 의 normal subgroup 인가?[18]

연습문제 13.4.5. 함수 $\varphi : (\mathbb{R}, +) \to \mathbf{SO}^\circ(1,1)$ 을

$$\varphi(t) = \begin{pmatrix} \cosh t & \sinh t \\ \sinh t & \cosh t \end{pmatrix}, \qquad (t \in \mathbb{R})$$

로 정의하면, φ 는 group isomorphism 임을 보여라.

[18] 연습문제 12.2.16 (나) 항 참조.

그러므로, $\mathbf{SO}^\circ(1,1)$은 $\mathbb{R}$과 **'같은 생김새'**이고, 따라서, $\mathbf{O}(1,1)$은 [네 개의 'real line'의 disjoint union]이라고 말할 수 있다.[19] 이런 식으로 표현하면, $\mathbf{O}(2)$는 [두 개의 'unit circle'의 disjoint union]이라고 말할 수 있을 것이다. 즉, $\mathbf{O}(2)$와 $\mathbf{O}(1,1)$은 '생김새'가 전혀 다르다. 그러나, 그렇다고 해서 group으로서도 isomorphic하지 않은지는 아직 알 수 없다. 다음 연습문제는 — 이 책의 하나뿐인 — 그나마 그럴듯한 Isomorphism Problem이다.[20]

연습문제 13.4.6. $\mathbf{O}(2)$와 $\mathbf{O}(1,1)$은 group으로서 isomorphic하지 않음을 보여라.[21]

사실, [$\mathbf{O}(1,1)$의 기하학]에 대해서는 아직 공부할 거리가 많이 남아 있다: Reflection은 어떻게 정의하면 될까? $\mathrm{diag}(-1,1)$은 reflection인가? $\mathbf{O}(1,1)$의 coset $\mathbf{O}(1,1)-\mathbf{SO}(1,1)$의 원소는 모두 reflection인가? $\mathbf{O}(1,1)$의 모든 원소는 reflection들의 곱으로 쓸 수 있을까? 등등……. 훗날로 미룬다.[22]

일부 독자들은 다시 웬 지적 유희냐고 항의할지도 모른다. 그러나 다음 정의를 읽으면, 차라리 숙연해질 것이다.

정의 13.4.7. $J=\mathrm{diag}(1,1,1,-1)$일 때,

$$\mathbf{O}(3,1)=\mathbf{O}_4^J(\mathbb{R})=\{A\in\mathbf{GL}_4(\mathbb{R})\mid A^{\mathbf{t}}\cdot JA=J\}$$

로 표기하고,[23] $\mathbf{O}(3,1)$을 **Lorentz group**이라고 부른다.

Lorentz는 물리학 책에서 본 이름인데……. 설마 Lorentz가 생각하는 4-차원의 세계는……. (우리의 fantastic한 4-차원의 세계를 물리학에서는 [space-time continuum $\mathbb{R}^4$]라고 부른다. 이 몹시 眩惑的인 단어(space-time continuum $\mathbb{R}^4$)를 물리학에서는 몹시 자주 사용한다.)

연습문제 13.4.8. $\mathbf{O}(3)$와 $\mathbf{O}(1,1)$은 각각 $\mathbf{O}(3,1)$의 subgroup과 isomorphic함을 보여라.

---

[19] 아직 이 부분은 명확하지 않다. 이 부분은 제16장을 공부한 후에 다시 읽어 보라.

[20] 참고11.5.8 참조.

[21] 이 연습문제는 한 줄의 hint만 있으면 아주 쉬워진다. Hint 없이 시간을 좀 투자해 보라. $(\mathbb{R},+)$와 circle group S^1의 group으로서의 근본적인 차이는 무엇일까?

[22] 그리고, 몇 년 후에 배울 Sylvester's Theorem에 의하면, $\mathbb{R}^2$의 orthogonal geometry는 '본질적'으로 [$\mathbf{O}(2)$의 기하학]과 [$\mathbf{O}(1,1)$의 기하학], 그리고 [$\mathbf{O}(0,2)$의 기하학]뿐이다.

[23] 이번에도 notation $\mathbf{O}(3,1)$에서 앞의 3은 J의 대각선에 1이 세 개라는 뜻이고, 뒤의 1은 J의 대각선에 (-1)이 한 개라는 뜻이다.

13.5. Non-degenerate Bilinear Form

이 節에서 V는 언제나 n-dimensional F-vector space 이고, V에는 bilinear form B가 주어져 있다고 하자. 우리가 공부하는 기하학(orthogonal geometry 와 symplectic geometry)은 항상 orthogonality relation 으로부터 시작된다.

정의 13.5.1. $v, w \in V$ 일 때, $B(v, w) = 0$ 이면, $v \perp w$ 로 표기하고, v, w 는 서로 수직이라고 말한다. 또, $S, T \subseteq V$ 일 때, $[B(v, w) = 0 \text{ for all } v \in S,\ w \in T]$ 이면, $S \perp T$ 로 표기하고, S, T 는 서로 수직이라고 말한다.

독자들은, 무엇보다도, B가 symmetric 이거나 또는 alternating 인 경우에는 orthogonality relation 이 symmetric 함에 유의하기 바란다.

참고 13.5.2. Bilinear form B가 만약 symmetric 이거나 또는 alternating 이면, orthogonality relation 도 symmetric 하다. 즉, $v, w \in V$ 일 때,

$$v \perp w \quad \text{if and only if} \quad w \perp v$$

가 성립한다. 우리가 기하학을 공부할 때에는 **적어도** orthogonality relation 이 symmetric 하다고 가정한다. 뿐만 아니라, 사실은, **역으로** orthogonality relation 이 symmetric 하기 위해서는 B가 symmetric 이거나 혹은 alternating 이어야만 하는 것을 증명할 수 있다(이 증명은 별로 재미있어 보이지 않으므로 생략). 이것이 우리가 **orthogonal geometry 와 symplectic geometry 만을 주로 공부하는 이유**이다.

이젠, Pythagoras 의 정리처럼 자명한 것은 생략하기로 하자. 다음 정의는 벌써 세 번째이다.

정의 13.5.3. V의 basis $\mathfrak{B} = \{v_i\}$가 mutually perpendicular subset 이면, $\mathfrak{B}$를 V의 orthogonal basis 라고 부른다. 또, V의 orthogonal basis $\mathfrak{B} = \{v_i\}$가 unit vector 들로 이루어져 있으면(즉, $B(v_i, v_i) = 1$ for all i 이면), $\mathfrak{B}$를 V의 orthonormal basis 라고 부른다.

연습문제 13.5.4. (가) $\mathfrak{B}$가 V의 orthogonal basis 일 필요충분조건은 $[B]_{\mathfrak{B}}$ 가 대각행렬인 것임을 보여라.
(나) $\mathfrak{B}$가 V의 orthonormal basis 일 필요충분조건은 $[B]_{\mathfrak{B}} = I$ 임을 보여라.

그러나, 지금은 $B(v,v)=0$ 인(즉, 自己 自身에 수직인) $0\neq v\in V$ 가 존재할 수 있으므로, mutually perpendicular subset 이 일차독립이라거나, orthogonal basis 가 주어지면 orthonormal basis 를 만들 수 있다거나 하는 명제는 성립하지 않는다. 즉, Gram-Schmidt Orthogonalization 을 사용할 수 없다는 뜻이다. 우리는 물론 orthogonal basis 의 존재도 아직 모르고 있다.

표기법 13.5.5. $S\subseteq V$ 일 때,

$$S^{\perp}=\{v\in V\mid B(w,v)=0 \text{ for all } w\in S\}$$

로 표기한다.[24]

V 가 inner product space 일 때에는, $W\leq V$ 이면 $V=W\oplus W^{\perp}$ 가 성립하므로(따름정리 10.3.4(나)항 참조), $W^{\perp}$ 를 W 의 orthogonal complement 라고 불렀었다. 그러나, 지금은 $0\neq v\in W\cap W^{\perp}$ 일 가능성이 있으므로, 일반적으로 $V=W\oplus W^{\perp}$ 가 성립하지 않는 것에 주의하여야 한다.[25]

연습문제 13.5.6. $S\subseteq V$, $W\leq V$ 일 때, 다음을 보여라.

(가) $S^{\perp}=\langle S\rangle^{\perp}\leq V$.

(나) B 가 symmetric 또는 alternating 이면, $W\leq (W^{\perp})^{\perp}$.

위 연습문제(나)항은 여전히 우리에게 $\dim W^{\perp}=\dim V-\dim W$ 가 성립하는지 — 즉, Perp Theorem 이 성립하는지 — 묻고 있다. 그러나, 극단적인 예로 $B=0$ 이라면, 무조건 $W^{\perp}=V$ 이므로, 이젠 Perp Theorem 도 일반적으로는 성립하지 않는다.

연습문제 13.5.7. 보기 9.1.18 을 흉내 내어, $B(w,w)\neq 0$ 이면,

$$\dim\langle w\rangle^{\perp}=\dim V-\dim\langle w\rangle$$

가 성립함을 증명하라. (보조정리 13.5.14 참조.)

이제 우리에겐 새로운 질문이 생겼다.

질문 13.5.8. $W\leq V$ 일 때, $\dim W^{\perp}=\dim V-\dim W$ 이기 위한 조건은 무엇일까?

---

[24] 이 정의에서 v,w 의 순서를 조심해야 한다.

[25] 따라서, 이제는 orthogonal complement 라는 이름은 별로 어울리지 않는다.

그런데, 위 질문13.5.8에서 특별히 $W=V$인 경우를 생각하면, $V^{\perp}=0$이라는 조건이 필요함을 알 수 있다. (그리고 앞으로 우리는 $V^{\perp}=0$인 경우만을 주로 생각할 것이다. 그 이유는 $\cdots\cdots$.[26])

정의 13.5.9. $V^{\perp}=0$일 때, 우리는 B를 **non-degenerate** bilinear form이라고 부른다.

이제 독자들은 연습문제9.1.3과 연습문제10.2.1이 왜 약방의 감초처럼 따라다녔는지 이해할 수 있을 것이다. 즉, 이 연습문제들은 inner product는 non-degenerate라는 뜻이었다. 특별히, '보통 내적' $B^I_{\mathcal{E}}: F^n \times F^n \to F$는 물론 non-degenerate symmetric bilinear form이다.

그런데, bilinear form B에 관한 모든 정보는 — $\mathfrak{B}$가 basis일 때 — $[B]_{\mathfrak{B}}$에 포함되어 있으므로, B가 non-degenerate인지 아닌지는 $[B]_{\mathfrak{B}}$를 쳐다보면 알 수 있어야 할 것이다.

명제 13.5.10. $\mathfrak{B}$가 유한 차원 벡터공간 V의 basis일 때, 다음은 동치이다.

(1) B는 non-degenerate.

(2) $\det([B]_{\mathfrak{B}}) \neq 0$. (즉, $[B]_{\mathfrak{B}}$는 invertible.)

첫 번째 증명 (Elementary Proof) : 대우명제들을 증명하는 것이 요령이다.[27] 즉, B가 non-degenerate가 아니기 위한 필요충분조건은 $\det([B]_{\mathfrak{B}})=0$임을 보이자. (언제나처럼 $J=[B]_{\mathfrak{B}}$로 표기한다.) 먼저, B가 non-degenerate가 아니기 위한 필요충분조건이

$$[X^{\mathbf{t}} \cdot JY = 0 \ \text{ for all } \ X \in F^n] \text{인 } 0 \neq Y \in F^n \text{ 존재}$$

인 것은 이제 익숙하다. 한편, $\det([B]_{\mathfrak{B}})=0$이기 위한 필요충분조건은

$$JY=0 \text{ 인 } 0 \neq Y \in F^n \text{ 존재}$$

인 것은 당연하다. 이제, 특별히, $X=\mathbf{e}_i$들을 생각하면 증명 끝. (이 증명은 정말 elementary하지만, 그 속에는 제5장의 기본정리가 숨어 있다.) □

명제13.5.10의 두 번째 증명 — dual space를 이용하는 증명 — 은 §13.8에서 다룬다.

[26] 이 내용은 이 책의 初版에 실려 있었다. 머리말 참조.

[27] 이 부분이 기억하기 조금 힘들다$\cdots\cdots$.

이제, 위 질문 13.5.8에 답할 수 있다. 독자들은 먼저 보기 10.3.8을 복습하기 바란다.

정리 13.5.11. (Perp Theorem: Non-degenerate Case) B가 non-degenerate일 때, $W \leq V$이면(V는 유한 차원),

$$\dim W^{\perp} = \dim V - \dim W$$

가 성립한다. (다시 강조하면, $V = W \oplus W^{\perp}$가 성립한다는 뜻은 아니다.)

증명 : 우선 W의 basis $\{v_1, \ldots, v_m\}$을 확장하여, V의 basis $\mathfrak{B} = \{v_1, \ldots, v_n\}$을 만든다. 이때 $J = [B]_{\mathfrak{B}}$로 표기하면, $v \in W^{\perp}$이기 위한 필요충분조건은

$$0 = ([v_i]_{\mathfrak{B}})^{\mathbf{t}} \cdot J \cdot [v]_{\mathfrak{B}} = \mathbf{e}_i{}^{\mathbf{t}} \cdot J \cdot [v]_{\mathfrak{B}} = [J]_i \cdot [v]_{\mathfrak{B}}, \qquad (i = 1, \ldots, m)$$

인 것을 알 수 있다(단, $[J]_i$는 J의 i-번째 row). 따라서, J의 첫 m-개의 row들로 이루어진 $(m \times n)$-행렬 K를 생각하면, $v \in W^{\perp}$이기 위한 필요충분조건은 $[v]_{\mathfrak{B}} \in \ker L_K$가 된다. 즉, 같은 것은 같으므로(우리의 철학),

$$\dim W^{\perp} = \dim \ker L_K$$

가 된다. 한편, J는 가역이므로, J의 row들은 일차독립이고, 따라서 K의 row rank는 $m (= \dim W)$이다. 이제, 만약 Rank Theorem을 알고 있다면,

$$\dim W = \mathrm{rk}(K) = \dim \mathrm{im}\, L_K$$

가 될 것이다. 결국, 이번에도, Rank Theorem과 Dimension Theorem으로부터 Perp Theorem을 증명할 수 있다. □

독자들도 '선형대수의 세 기둥 명제'가 생각났을 것이다. (§10.3 참조.)

명제 13.5.12. (세 기둥 명제) 다음 세 명제

(1) Dimension Theorem (for L_A),

(2) Rank Theorem,

(3) Perp Theorem (non-degenerate case)

중 둘을 알면, 다른 하나를 증명할 수 있다.

증명 : 독자들에게 맡긴다. (Perp Theorem을 아는 경우에는, F^n의 '보통 내적'을 생각하면 된다. 주의 10.3.7 다음 단락의 논의 참조.) □

정리13.5.11과 명제13.5.12 및 그 증명은, 물론, F의 선택과는 무관하다. (돌이켜 생각하면, §10.3에서, $F=\mathbb{C}$인 경우에 '폭력적인' 설명을 할 수밖에 없었던 이유는 $\mathbb{C}^n$의 '보통 내적' $B^I_{\mathcal{E}}$를 '괴상한' 것이라고 무시했었기 때문이다.) 우리는 항상 F의 선택과는 무관한 — 그리고, row-reduced echelon form을 이용하지 않는 — '고상한' 증명을 추구한다. 이러한 목표는 §13.8에서 dual space를 이용하여 Perp Theorem을 증명함으로써 완성된다.[28]

이 節의 나머지 부분에서는 quadratic space (V,B)를 공부한다. 즉, V는 n-dimensional vector space이고, V에는 **symmetric** bilinear form B가 주어져 있다고 가정한다. 이제 orthogonal geometry를 시작해 보자는 뜻이다.[29]

연습문제 13.5.13. (V,B)가 유한 차원 non-degenerate quadratic space이고, $U,W\le V$일 때, 다음을 보여라.[30]

(가) $(W^\perp)^\perp=W$.

(나) $(U+W)^\perp=U^\perp\cap W^\perp$.

(다) $U^\perp+W^\perp=(U\cap W)^\perp$.

이제 (V,B)의 orthogonal basis의 존재를 증명한다.[31] 이 증명은, 독자들에게는, 상당히 'technical'하다고 느껴질 것이다. 먼저 준비가 필요하다.

보조정리 13.5.14. B가 symmetric이고 $w\in V$일 때, 만약 $B(w,w)\neq 0$이면,

$$V=\langle w\rangle\oplus\langle w\rangle^\perp$$

가 성립한다.

증명 : $B(w,w)\neq 0$이므로, Gram-Schmidt Orthogonalization을 흉내 낼 수 있다. 즉, $v\in V$이면,

$$v=\frac{B(v,w)}{B(w,w)}w+\Big(v-\frac{B(v,w)}{B(w,w)}w\Big)$$

이고, $v-\frac{B(v,w)}{B(w,w)}w\in\langle w\rangle^\perp$인 것은 당연하므로, $V=\langle w\rangle+\langle w\rangle^\perp$를 얻는다. 한편 $\langle w\rangle\cap\langle w\rangle^\perp=0$인 것은 거의 자명하다. □

[28] Rank Theorem의 첫 번째 증명(정리4.5.3)과 두 번째 증명(보기5.4.16)은 행 간소 사다리 꼴을 이용했었고, 세 번째 증명(§10.3)은 F의 선택에 depend했었다.

[29] 냉정하게 말하면, 시작하는 시늉만 조금…….

[30] 연습문제10.3.6 참조.

[31] Orthonormal basis의 존재는 물론 보장할 수 없다.

관찰 13.5.15. B가 symmetric일 때, 만약 $[B(v,v)=0$ for all $v\in V]$이면, $B=0$.

증명 : $2\,B(v,w)=B(v+w,\,v+w)-B(v,v)-B(w,w)=0.$ □

이제, orthogonal basis의 존재를 증명할 수 있다.

정리 13.5.16. 모든 유한 차원 quadratic space (V,B)는 orthogonal basis를 갖는다(물론, $V\neq 0$). (B가 non-degenerate일 필요도 없다.)

증명 : $B=0$이면 증명할 것이 없으므로(왜 그런가?), 관찰13.5.15에 의해 $B(w,w)\neq 0$인 $w\in V$가 존재한다고 가정할 수 있다. 그리고, 앞 보조정리 13.5.14에 의하면, $V=\langle w\rangle\oplus\langle w\rangle^{\perp}$이므로, [dimension에 관한 귀납법]을 사용하여 $\langle w\rangle^{\perp}$의 orthogonal basis를 찾은 다음 w를 보태면 된다. ([dimension에 관한 귀납법] 증명은 항상 명쾌하고 아름답다.) □

이제 질문13.3.12를 생각해 보자. 다음 정의는 앞의 보조정리13.5.14와 그 증명에서 hint를 얻은 것이다.

정의 13.5.17. B가 symmetric이고, $w\in V$가 $B(w,w)\neq 0$을 만족시킬 때, 함수 $S_w:V\to V$를

$$S_w(v)=v-\frac{2\,B(v,w)}{B(w,w)}\,w,\qquad (v\in V)$$

로 정의하고, S_w를 w에 관한 **reflection** 또는 **symmetry**라고 부른다.

독자들은 우리가 해야 할 일을 알고 있을 것이다. 우리는 §9.4의 [reflection을 만났을 때의 우리의 '사고방식']이 지금도 유효한지 확인하여야 한다.

연습문제 13.5.18. B가 symmetric이고, $B(w,w)\neq 0$일 때, 다음을 보여라.[32]

(가) S_w는 선형사상이고, $S_w\in\mathbf{O}(V,B)$.

(나) $0\neq c\in F$이면, $S_w=S_{cw}$.

(다) $S_w(w)=-w$.

(라) $v\in\langle w\rangle^{\perp}$이면, $S_w(v)=v$.

[32] 이번에는 '무식한 계산'을 할 수밖에 없다. 이 연습문제에서 B가 symmetric이라는 조건은 어디에 필요한가?

이번에도 보조정리 13.5.14에 의해 $V = \langle w\rangle \oplus \langle w\rangle^\perp$가 여전히 성립하므로, S_w는 연습문제 13.5.18의 (다)항과 (라)항의 성질을 만족시키는 유일한 linear operator임을 알 수 있다.

한편, 정리 13.5.16을 이용해 $\langle w\rangle^\perp$의 orthogonal basis $\mathfrak{C} = \{v_2, \ldots, v_n\}$을 찾으면, $\mathfrak{B} = \{w, v_2, \ldots, v_n\}$은 V의 orthogonal basis가 된다. 이제

$$[S_w]_{\mathfrak{B}}^{\mathfrak{B}} = \mathrm{diag}\,(-1, 1, \ldots, 1)$$

이고, 따라서 $J = [B]_{\mathfrak{B}}$로 표기할 때(이때 J는 diagonal matrix),

$$\mathrm{diag}(-1, 1, \ldots, 1) \in \mathbf{O}_n^J(F)$$

인 것도 자명하다(명제 13.3.5). 그리고, $\mathrm{diag}\,(-1, 1, \ldots, 1)^2 = I$이므로, [우리의 철학]에 의해 $(S_w)^2 = I$인 것도 알 수 있다. $\det(S_w) = -1$인 것은 물론이다. (그러나, [reflection을 만났을 때의 우리의 '사고방식']의 후반부는 $\mathfrak{B}$가 V의 orthonormal basis일 때에만 의미가 있다.)

연습문제 13.5.19. (V, B)가 유한 차원 quadratic space일 때, 다음을 보여라.

(가) $\det(L) = -1$인 $L \in \mathbf{O}(V, B)$ 존재.

(나) B가 non-degenerate이면, $\mathbf{O}(V, B)/\mathbf{SO}(V, B) \approx \mu_2$.

연습문제 13.5.20. (가) 쌍곡삼각함수의 반각 공식

$$-1 + 2\cosh^2\tfrac{t}{2} = \cosh t = 1 + 2\sinh^2\tfrac{t}{2}, \qquad 2\cosh\tfrac{t}{2}\sinh\tfrac{t}{2} = \sinh t$$

을 증명하라(단 $t \in \mathbb{R}$).

(나) $J = \mathrm{diag}(1, -1)$이라고 하고, $\mathbb{R}^2$의 symmetric bilinear form $B_{\mathcal{E}}^J$를 생각하자. 이때, $Y = \left(\cosh\tfrac{t}{2}, -\sinh\tfrac{t}{2}\right)^{\mathbf{t}}$로 놓으면, $B_{\mathcal{E}}^J(Y, Y) = 1 \neq 0$이고,

$$[S_Y]_{\mathcal{E}}^{\mathcal{E}} = \begin{pmatrix} -\cosh t & -\sinh t \\ \sinh t & \cosh t \end{pmatrix}$$

임을 보여라. 따라서, 이 (2×2)-행렬은 $\mathbf{O}(1,1)$의 reflection임을 설명하라.

Orthogonal geometry의 다음 'story'는 모든 orthogonal operator는 유한 개의 reflection들의 곱으로 나타낼 수 있다는 명제로 이어진다(연습문제 9.5.15 참조).[33] 몇 년 후에 이를 다룰 기회가 있을 것이다.

[33]그리고, 물론, 끝없이 계속된다.

13.6. Dual Space 와 Dual Map

이 節에서는 우리가 가능한 한 뒤로 미루어 온 dual space를 공부한다. 이젠 더 이상 뒤로 미룰래야 미룰 수가 없다. 독자들의 'maturity'를 믿는다.

우선, §5.1에서 잠시 보기('달리기 훈련')로 들었던 dual space의 개념을 복습해 보자. V가 F-vector space 일 때,

$$V^* = \mathfrak{L}(V, F)$$

로 정의하고, V^*를 V의 **dual space**(쌍대공간)라고 불렀다. 또, V^*의 원소는 **linear functional**이라고 불렀다. 뿐만 아니라, 우리는 dual의 dual, 즉,

$$V^{**} = (V^*)^* = \mathfrak{L}(V^*, F)$$

도 생각했었다. 우리는 V^{**}를 V의 **double dual**이라고 불렀다.

그리고 우리는 관찰5.1.7에서 $\mathfrak{B} = \{v_1, \ldots, v_n\}$이 **f.d.v.s.** V의 기저일 때, Linear Extension Theorem을 이용하여 $v_i^* \in V^*$를

$$v_i^*(v_j) = \delta_{ij}, \qquad (1 \le i, j \le n)$$

으로 정의하고, $\mathfrak{B}^* = \{v_1^*, \ldots, v_n^*\}$가 V^*의 기저임을 보였다. 따라서, 특별히, 우리는 $\dim V = \dim V^*$인 것을 알고 있다. 이 $\mathfrak{B}^*$를 $\mathfrak{B}$의 **dual basis**라고 불렀던 것도 독자들은 기억할 것이다.

이제 $\dim V = \dim V^{**}$인 것과, 따라서, V와 V^{**}가 isomorphic한 것은 더 설명할 필요가 없을 것이다. 그런데, 차원이 같으면 isomorphic하다고 말할 때의 isomorphism은 기저의 선택에 depend한다. 다음 명제는 V와 V^{**} 사이에는 [**기저의 선택과 무관한 natural isomorphism**]이 존재함을 보여준다. 그리고, 우리는 naturally isomorphic한 vector space는 정말 아무런 거리낌 없이 identify한다.

명제 13.6.1. V가 **f.d.v.s.**일 때, 함수 $\psi^V : V \to V^{**}$를

$$\psi^V(v)(f) = f(v), \qquad (v \in V,\ f \in V^*)$$

로 정의하면, ψ^V는 vector space isomorphism이다. 이때, ψ^V는 기저의 선택과 무관한 natural isomorphism이므로, 우리는 ψ^V를 사용해 V와 V^{**}를 identify한다.

증명 : (먼저, ψ^V에 관해 보충 설명이 조금 필요할 것이다. $\psi^V : V \to V^{**}$를 정의하려면, $v \in V$일 때 $\psi^V(v) \in V^{**}$를 묘사하면 되고, 이를 위해서는 $f \in V^*$일 때 $\psi^V(v)(f) \in F$를 묘사하면 된다.) 이제 ψ^V가 isomorphism임을 확인하는 것은 '기계'들의 몫이다. 그리고, '기계'들은 무엇보다도 먼저 ψ^V가 well-defined 되어 있는지부터 — 즉, $v \in V$일 때, $\psi^V(v)$는 정말 V^{**}의 원소인지부터 — 확인해야 할 것이다. 다음에는 ψ^V가 linear map인지 확인한다. 모두 '기계'들에게 맡긴다. 다음 차례는 ψ^V가 injective임을 보이는 것이다. 즉, $\psi^V(v) = 0$이면,

$$0 = 0(f) = \psi^V(v)(f) = f(v), \qquad (f \in V^*)$$

이므로, 아래 관찰13.6.2에 의해 $v = 0$이다. 마지막으로, surjectivity는? 그러나, $\dim V = \dim V^{**}$이므로, Dimension Theorem에 의해 surjectivity는 自動이다. (사실은 **surjectivity를 달리 설명할 방법도 없다**.) 증명 끝. □

관찰 13.6.2. $v \in V$일 때, $[f(v) = 0 \text{ for all } f \in V^*]$이면, $v = 0$.

증명 : V의 basis $\mathfrak{B} = \{v_1, \ldots, v_n\}$과 그의 dual basis $\mathfrak{B}^* = \{v_1^*, \ldots, v_n^*\}$가 필요하다. 이제, $v = \sum_i a_i v_i$로 놓으면(단, $a_i \in F$), v_i^*는 [기저 $\mathfrak{B}$에 관한 V의 i-th coordinate function]이므로(보기 4.3.3),

$$0 = v_i^*(v) = a_i, \qquad (i = 1, \ldots, n)$$

이다. 그러므로, $v = 0$. □

어쩌면, 다음 관찰은 오히려 독자들을 조금 헷갈리게 만들 수도 있다. 위 명제의 isomorphism ψ^V는 기저의 선택과는 무관하지만, 다음 연습문제는 기저를 생각하더라도 ψ^V는 가장 자연스러운 isomorphism이라는 뜻이다.

관찰 13.6.3. $\{v_1, \ldots, v_n\}$이 V의 기저이면,

$$\psi^V(v_i) = v_i^{**}, \qquad (i = 1, \ldots, n)$$

이 성립한다(단, $v_i^{**} = (v_i^*)^*$).

증명 : Dual basis $\{v_j^*\}$에서의 함숫값만 조사해 보면 된다. 즉,

$$\psi^V(v_i)(v_j^*) = v_i^{**}(v_j^*), \qquad (i, j = 1, \ldots, n)$$

이 성립하는지만 확인하면 된다. 독자들에게 맡긴다. □

"아무런 거리낌 없이 identify한다"는 말의 의미는:

표기법 13.6.4. 명제13.6.1에서와 같이 기저의 선택과 무관한 natural isomorphism이 있으면, 우리는 두 벡터공간을 **identify**한다. 이 말은 실제로

$$V = V^{**}$$

로 표기법을 남용하겠다는 **선언**이기도 하다. 또, 예를 들어, $\{v_i\}$가 V의 기저일 때, $v_i = v_i^{**}$로 표기법을 혼동할 수도 있을 것이다(관찰13.6.3).

참고 13.6.5. 앞 §12.4의 First Isomorphism Theorem(정리12.4.14)과 Second Isomorphism Theorem(정리12.4.21)에 등장하는 isomorphism도, 물론, 기저의 선택과 무관한 natural isomorphism이다.

이제 복습을 마치고, 앞으로 나가자. 다음 정의는 새롭고도 신선하다. Dual map은 수학 전체에서 매우 중요한 의미를 갖는다.

정의 13.6.6. V, W가 vector space이고 $L : V \to W$가 linear map일 때, linear map $L^* : W^* \to V^*$를

$$L^*(g) = g \circ L, \qquad (g \in W^*)$$

로 정의하고,[34] L^*를 L의 **dual map**이라고 부른다(아래 연습문제 참조). 이때 우리는 다음 삼각형(commutative diagram)

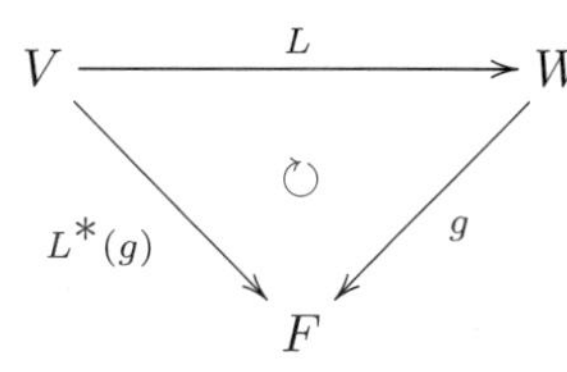

을 생각한다.

연습문제 13.6.7. 위 정의에서 다음을 보여라.

(가) $g \in W^*$이면, $g \circ L \in V^*$.

(나) L^*는 linear map.

[34] 함수의 방향이 바뀌었음에 주의하라. 수학에서 '어깨 위의 star'는 항상 무언가 방향이 바뀜을 의미한다. 한편, '무릎 아래 star'는 화살표 방향이 그대로임을 뜻한다.

그런데, [우리의 철학]은 선형사상과 행렬이 같다는 것이므로, 이 새로운 linear map L^*의 행렬 표현이 궁금해지는 것은 당연하다.

관찰 13.6.8. $\mathfrak{B}=\{v_1,\ldots,v_n\}$을 V의 기저라고 하고, $\mathfrak{C}=\{w_1,\ldots,w_m\}$은 W의 기저라고 하자. 이때, $L\in\mathfrak{L}(V,W)$이면,

$$[L^*]_{\mathfrak{B}^*}^{\mathfrak{C}^*}=([L]_{\mathfrak{C}}^{\mathfrak{B}})^{\mathbf{t}}$$

가 성립한다.

증명 : 이 증명도 '기계'의 몫이다. 먼저, $[L]_{\mathfrak{C}}^{\mathfrak{B}}=(a_{ij})$라고 놓으면, 이는

$$Lv_j=\sum_i a_{ij}w_i, \qquad (j=1,\ldots,n)$$

라는 뜻이다. 이제

$$L^*w_i^*=\sum_j a_{ij}v_j^*, \qquad (i=1,\ldots,m)$$

이 성립하는 것을 증명하면 된다. 이는 물론

$$(L^*w_i^*)(v_\ell)=\Big(\sum_j a_{ij}v_j^*\Big)(v_\ell), \qquad (1\le i\le m,\ 1\le \ell\le n)$$

과 동치이다. 이때, 우변은 당연히 $a_{i\ell}$이고, 좌변은

$$(L^*w_i^*)(v_\ell)=(w_i^*\circ L)(v_\ell)=w_i^*\Big(\sum_k a_{k\ell}w_k\Big)=a_{i\ell}$$

이므로 증명 끝. □

그러고 보니, **행렬의 transpose는 선형사상의 dual에 대응**하는 것임을 알게 되었다. 즉, 위 관찰13.6.8이 질문5.4.22의 답이라고 할 수 있다. 제1장 제1절에서 배운 행렬의 transpose의 참다운 뜻을 이제야 알게 된 것이다! 행렬의 transpose는 원래 이렇게 태어났던 것이다. 그렇지만, $L\in\mathfrak{L}(V,W)$일 때, $L^{\mathbf{t}}\in\mathfrak{L}(W,V)$의 의미가 무엇일지는 아직 아리송하다.[35]

연습문제 13.6.9. $L\in\mathfrak{L}(V,W)$이고 $M\in\mathfrak{L}(W,U)$일 때, 다음을 보여라.

(가) $(I_V)^*=I_{V^*}$.

(나) $(M\circ L)^*=L^*\circ M^*$.

(다) L이 가역이면, L^*도 가역이고, $(L^*)^{-1}=(L^{-1})^*$.

[35] 참고5.4.23과 [연습문제9.3.8 앞 단락의 $L^{\mathbf{t}}$에 관한 comment], 그리고 질문10.7.2와 [관찰 10.7.7 다음 단락의 comment] 참조.

연습문제 13.6.10. 다음을 보여라.

(가) $L_1, L_2 \in \mathfrak{L}(V, W)$ 이면, $(L_1 + L_2)^* = L_1^* + L_2^*$.

(나) $L \in \mathfrak{L}(V, W)$ 이고 $c \in F$ 이면, $(cL)^* = cL^*$.

(다) 함수 $* : \mathfrak{L}(V, W) \to \mathfrak{L}(W^*, V^*)$ 를

$$*(L) = L^*, \qquad (L \in \mathfrak{L}(V, W))$$

로 정의하면, $*$ 는 isomorphism.

연습문제 13.6.11. 위 연습문제 13.6.9 와 연습문제 13.6.10 을 행렬의 언어로 번역하라.

연습문제 13.6.12. V, W 가 **f.d.v.s.** 일 때, $L \in \mathfrak{L}(V, W)$ 이면, $L^* \in \mathfrak{L}(W^*, V^*)$ 이고, 따라서 $L^{**} : V^{**} \to W^{**}$ 가 된다. 이때, 다음 사각형

$$\begin{array}{ccc} V & \xrightarrow{\;L\;} & W \\ {\scriptstyle \psi^V}\downarrow \| & \circlearrowleft & \| \downarrow{\scriptstyle \psi^W} \\ V^{**} & \xrightarrow[L^{**}]{} & W^{**} \end{array}$$

이 commute 하는 것을 증명하라.[36] (그런데, 우리는 $V = V^{**}$, $W = W^{**}$ 로 혼동하기로 하였으므로, 이제

$$L = L^{**}$$

로도 쓸 수 있을 것이다.[37] 이를 행렬의 언어로 번역하면, 물론, $A = (A^{\mathbf{t}})^{\mathbf{t}}$ 가 된다.)

---

[36] 이 연습문제를 자신있게 해결할 수 있다면, 스스로의 maturity를 뽐내도 좋다.

[37] 'Fancy'한 표현을 한마디 하자면, dual map L^*는 L의 거울에 비친 image — 즉, 左右가 바뀐 모습 — 이다. 좌우가 두 번 바뀌면 물론 원래 모습과 같다. 이 거울 앞에 행렬 A가 서면, 거울 속에는 $A^{\mathbf{t}}$가 보인다고 하는 것도 그럴듯하다.

13.7. Duality

이 節에서는 우리가 흔히 **duality**라고 부르는 개념을 공부한다. Duality의 뜻을 엄밀하게 정의하지는 않으며, 이 節의 내용을 — 좁게는 정리 13.7.3(나) 항의 내용(과 그 증명법)을 — duality라고 부른다는 정도로 이해하면 된다.

F-벡터공간 V는 태어날 때 자신의 dual V^*와 함께 태어났다.[38] 그리고,

$$\varepsilon(v,f)=f(v), \qquad (v\in V,\ f\in V^*)$$

로 정의된 bilinear form $\varepsilon: V\times V^*\to F$와도 함께 태어났다.[39] ($\varepsilon$이 bilinear라는 사실이 자명하지 않으면 확인해 보라.)

우리는 ε을 지금까지의 bilinear form $B: V\times V\to F$처럼 취급하려고 한다. 즉, $\varepsilon(v,f)=0$ 이면, v와 f는 서로 **수직**이라고 말하고, $v\perp f$로 표기한다. 다음 표기법도 사용한다.

표기법 13.7.1. $S\subseteq V,\ T\subseteq V^*$일 때,

$$S^{\mathsf{perp}}=\{f\in V^*\mid \varepsilon(v,f)=0 \text{ for all } v\in S\},$$
$$T^{\mathsf{perp}}=\{v\in V\mid \varepsilon(v,f)=0 \text{ for all } f\in T\}$$

로 표기한다. (표기법 13.5.5의 $S^\perp$와 구별하기 위하여 S^{perp}의 notation을 사용하였다.)

연습문제 13.7.2. $S\subseteq V,\ T\subseteq V^*$일 때, 다음을 보여라.

(가) $S^{\mathsf{perp}}=\langle S\rangle^{\mathsf{perp}}\le V^*$.

(나) $T^{\mathsf{perp}}=\langle T\rangle^{\mathsf{perp}}\le V$.

다음 정리의 내용은 우리가 기대하는 것과 일치한다. 그리고, 다음 정리를 우리는 흔히 **duality**라고 부른다.

정리 13.7.3. V가 f.d.v.s.이고, $W\le V,\ Y\le V^*$이면, 다음이 성립한다.

(가) $\dim W^{\mathsf{perp}}=\dim V-\dim W$.

(나) $\dim Y^{\mathsf{perp}}=\dim V-\dim Y$.

---

[38] 따라서, V^{**}와도 함께 태어났지만, 사실은 V^{**}는 V 자신이다.

[39] 흔히 ε과 같은 함수를 bilinear pairing이라고 부른다.

증명 : (가) 이런 종류의 명제의 증명에 Basis Extension Theorem 을 이용하는 것은 익숙하다. 즉, $\{v_1, \ldots, v_r\}$을 W의 기저라고 하고, 이를 확장하여 V의 기저 $\{v_1, \ldots, v_n\}$을 만든다(단, $0 \le r \le n$). 이제, $\{v_{r+1}^*, \ldots, v_n^*\}$가 $W^{\textsf{perp}}$의 기저임을 보이면 된다. 독자들(과 '기계'들)에게 연습문제로 남긴다. (이 증명이 따름정리10.3.4의 증명과 유사한 것은 우연의 일치가 아니다. 다음 節 명제13.8.10 참조.)

(나) (첫 번째 증명) (W의 기저로부터는 V^*의 기저를 만들 수 있지만, Y의 기저로부터 V의 기저를 만들 수는 없어 보인다. 정말 그럴까? 그렇지 않다. $V^{**} = V$를 생각하면 된다!) 우선 $\{f_1, \ldots, f_s\}$를 Y의 기저로 놓고, 이를 확장하여 V^*의 기저 $\{f_1, \ldots, f_n\}$을 만든다(단, $0 \le s \le n$). 이제, [$Y^{\textsf{perp}}$의 V^{**}에서의 이름]은 $\psi^V(Y^{\textsf{perp}})$이므로, $\{f_{s+1}^*, \ldots, f_n^*\}$가 $\psi^V(Y^{\textsf{perp}})$의 기저임을 보이면 된다. 왜냐하면, ψ^V는 isomorphism 이므로

$$\dim Y^{\textsf{perp}} = \dim \psi^V(Y^{\textsf{perp}})$$

이기 때문이다. 이제부터는 '기계'들의 몫이지만, 표기법이 한 수준 높아졌으므로 시범을 보인다.[40] 그런데, $\{f_{s+1}^*, \ldots, f_n^*\}$는 원래 일차독립이므로,

$$\psi^V(Y^{\textsf{perp}}) = \langle f_{s+1}^*, \ldots, f_n^* \rangle$$

인 것만 증명하면 된다. 먼저, $\psi^V(Y^{\textsf{perp}}) \le \langle f_{s+1}^*, \ldots, f_n^* \rangle$가 성립하는 것을 보이자. 이를 위해서 $v \in Y^{\textsf{perp}}$일 때 — 즉, [$f_i(v) = 0$ for all $i = 1, \ldots, s$]일 때 (연습문제13.7.2(가)항 참조) — 만약

$$\psi^V(v) = a_1 f_1^* + \cdots + a_n f_n^*$$

이라면(단, $a_i \in F$), $a_1 = \cdots = a_s = 0$ 임을 보여야 한다. 이는

$$0 = f_i(v) = \psi^V(v)(f_i) = (a_1 f_1^* + \cdots + a_n f_n^*)(f_i) = a_i, \qquad (i = 1, \ldots, s)$$

이므로 OK. 다음, 역으로, $\langle f_{s+1}^*, \ldots, f_n^* \rangle \le \psi^V(Y^{\textsf{perp}})$가 성립하는 것을 보이기 위해서는 [$f_j^* \in \psi^V(Y^{\textsf{perp}})$ for all $j = s+1, \ldots, n$]인 것만 보이면 충분할 것이다. 그런데, ψ^V는 bijection 이므로, $f_j^* = \psi^V(w_j)$인 (유일한) $w_j \in V$가 존재할 것이다. 이제,

$$0 = f_j^*(f_i) = \psi^V(w_j)(f_i) = f_i(w_j), \qquad (1 \le i \le s, \ \ s+1 \le j \le n)$$

이므로, $w_j \in Y^{\textsf{perp}}$이다. 증명 끝.

[40]'기계'들을 믿지 못하는 저자에게 문제가 있다…….

(나) (두 번째 증명) (독자들은 위 첫 번째 증명이 앞 (가)항의 증명과 거의 같고, 마치 [앞 (가)항의 증명의 '거울에 비친 image']처럼 느껴졌을 것이다. 그 느낌이 바로 duality라는 단어가 내포하고 있는 뜻이다. 이 두 번째 증명은 사실은 첫 번째 증명을 '산뜻'하게 — 그리고, 매우 '세련'되게 — 표현한 것일 뿐이다.) V는 bilinear form $\varepsilon : V \times V^* \to F$와 함께 태어났을 뿐만 아니라,

$$\delta(\alpha, f) = \alpha(f), \qquad (\alpha \in V^{**},\ f \in V^*)$$

로 정의된 bilinear form $\delta : V^{**} \times V^* \to F$와도 함께 태어났다.[41] 따라서,

$$Y^{\text{또-perp}} = \{\alpha \in V^{**} \mid \alpha(f) = 0 \text{ for all } f \in Y\}$$

로 정의하고,[42] **앞 (가)항을 적용**하면,

$$\dim Y^{\text{또-perp}} = \dim V^* - \dim Y = \dim V - \dim Y$$

를 얻는다. 그런데, 우리는 ψ^V를 통하여 $V = V^{**}$로 identify하기로 하였으니, $V \times V^* = V^{**} \times V^*$로도 쓸 수 있을 것이다. 이제, 언제나처럼

$$(\psi^V \times I)(v, f) = \big(\psi^V(v), f\big), \qquad (v \in V,\ f \in V^*)$$

로 표기하면, 다음 사각형

$$\begin{array}{ccc} V \times V^* & \xrightarrow{\ \varepsilon\ } & F \\ {\scriptstyle \psi^V \times I} \downarrow \| & \circlearrowright & \| \downarrow {\scriptstyle I} \\ V^{**} \times V^* & \xrightarrow[\ \delta\ ]{} & F \end{array}$$

이 commutative diagram인 것은 $\psi^V(v)(f) = f(v)$로부터 명백하다(단, $v \in V$, $f \in V^*$). 위 사각형은 $\varepsilon = \delta$로 **identify**할 수 있다는 뜻이다.[43] 그러므로,

$$Y^{\text{perp}} = Y^{\text{또-perp}}$$

로 **identify**할 수 있다.[44] 즉, $v \in Y^{\text{perp}}$인 것과 $\psi^V(v) \in Y^{\text{또-perp}}$인 것은 동치라는 뜻이다. 따라서, 특별히,

$$\dim Y^{\text{perp}} = \dim Y^{\text{또-perp}}$$

이다. 증명 끝. □

[41] δ와 ε은 좌우의 역할이 바뀌었음을 알 수 있다. (거울 속의 모습은 좌우가 바뀌어 있다.)
[42] Y^{perp}와 구별해야 하므로, 임시 표기법 $Y^{\text{또-perp}}$를 급조하였다.
[43] "해석개론" 시간에는 $\varepsilon = \delta$라고 하면 야단맞는다. ㅋㅋ.
[44] "perp = 또-perp"라고 말할 수도 있다.

$W \le V$일 때, $W \ne V$이면, $[f(v)=0 \text{ for all } v \in W]$인 $0 \ne f \in V^*$가 존재하는 것은 거의 자명하다(확인해 보라). 그렇지만, 그의 'dual statement'는 — 위 정리의 도움이 없이는 — 사실 그리 자명하지 않다.

따름정리 13.7.4. V가 **f.d.v.s.**이고, $Y \le V^*$라고 하자. 만약, $Y \ne V^*$이면, $[f(v)=0 \text{ for all } f \in Y]$인 $0 \ne v \in V$가 존재한다.

증명 : "By duality." □

독자들은 다음 연습문제들을 연습문제 10.3.6 및 관찰 10.7.9와 비교해 보기 바란다.

연습문제 13.7.5. V가 **f.d.v.s.**이고, $W \le V$라고 하자.

(가) $(W^{\text{perp}})^{\text{perp}} = W$임을 보여라.

(나) $V = V^{**}$로 생각할 때, $(W^{\text{perp}})^{\text{또-perp}} = W$임을 보여라.

연습문제 13.7.6. V가 **f.d.v.s.**이고, $U, W \le V$라고 할 때, 다음을 증명하라.

(가) $(U+W)^{\text{perp}} = U^{\text{perp}} \cap W^{\text{perp}}$.

(나) $(U \cap W)^{\text{perp}} = U^{\text{perp}} + W^{\text{perp}}$.

연습문제 13.7.7. V, W가 **f.d.v.s.**이고, $L \in \mathfrak{L}(V,W)$라고 할 때, 다음을 증명하라(단, $L^* \in \mathfrak{L}(W^*, V^*)$는 L의 dual map).

(가) $\ker(L^*) = (\operatorname{im} L)^{\text{perp}}$.

(나) $\operatorname{im}(L^*) = (\ker L)^{\text{perp}}$.

13.8. B-Identification

앞 두 節에서 우리가 dual space와 dual map 그리고 duality를 공부한 것은 이 節을 위한 준비였다. 이제, V를 bilinear form B가 주어진 **f.d.v.s.**라고 하자.

정의 13.8.1. 함수 $\varphi_B^V : V \to V^*$를

$$\varphi_B^V(v)(w) = B(w,v), \qquad (v, w \in V)$$

로 정의하면,[45] φ_B^V는 linear map이다. (항상 φ_B^V가 잘 정의되어 있는지부터 확인하여야 한다. 즉, $v \in V$이면, $\varphi_B^V(v) \in V^*$인지를 설명해야 한다. 이는 B가 앞자리에서 linear이므로 자명하다. 그리고, φ_B^V가 linear인 것은 B가 뒷자리에서도 linear이므로 역시 자명하다.)

선형사상 φ_B^V가 bilinear form B에 depend하는 것은 물론이다. 다음 정리는 우리의 **가장 중요한 준비의 하나**이다.

정리 13.8.2. 다음 조건은 동치이다.

(1) B는 non-degenerate.
(2) φ_B^V는 monomorphism.
(3) φ_B^V는 isomorphism.
(4) V^*의 모든 원소는 $\varphi_B^V(v)$의 꼴(단, $v \in V$).

증명 : $\ker \varphi_B^V$만 조사해 보면 된다. 이제,

$$\begin{aligned}\ker \varphi_B^V &= \{v \in V \mid \varphi_B^V(v) = 0\} \\ &= \{v \in V \mid 0 = \varphi_B^V(v)(w) = B(w,v) \text{ for all } w \in V\} \\ &= V^\perp\end{aligned}$$

이므로, 증명 끝. ((2)⇔(3)⇔(4)를 또다시 설명하는 것은 종이 낭비이다.) □

위 증명은 다시 한번 Dimension Theorem과 'f.d.v.s.의 비둘기집 원리'의 위력을 보여 주고 있다. 즉, B가 non-degenerate일 때, φ_B^V의 surjectivity는 Dimension Theorem의 도움 없이는 보일 수 없다.[46]

---

[45] $B(v,w)$로 쓰지 않고, $B(w,v)$로 쓴 이유는 표기법13.5.5에서와 같다. 명제13.5.10의 첫 번째 증명도 참조. 주의14.3.1에서 그 이유는 더욱 분명해진다.

[46] 이는 V가 무한 차원이면, B가 non-degenerate이더라도, φ_B^V는 isomorphism이 아닐 수 있다는 뜻이기도 하다.

무엇보다도 선형사상 φ_B^V의 행렬 표현이 궁금하다.

관찰 13.8.3. $\mathfrak{B}$가 V의 기저이고, $\mathfrak{B}^*$를 $\mathfrak{B}$의 dual basis라고 하면,

$$[\varphi_B^V]_{\mathfrak{B}^*}^{\mathfrak{B}} = [B]_{\mathfrak{B}}$$

이다.

증명 : $\mathfrak{B} = \{v_i\}$라고 하고, $[\varphi_B^V]_{\mathfrak{B}^*}^{\mathfrak{B}} = (b_{ij})$로 놓으면, 이는

$$\varphi_B^V(v_j) = \sum_i b_{ij} v_i^*, \qquad (1 \le j \le n)$$

이라는 뜻이다. 그러면,

$$B(v_k, v_j) = \varphi_B^V(v_j)(v_k) = \Big(\sum_i b_{ij} v_i^*\Big)(v_k) = b_{kj}, \qquad (1 \le j, k \le n)$$

이므로, 증명 끝. □

[bilinear form의 기본정리]에 의해, 우리는 행렬 $J = [B]_{\mathfrak{B}}$가 bilinear form B에 관한 모든 정보를 갖고 있음을 알고 있다. 그런데, 위 관찰에 따르면, 선형사상 φ_B^V가 B를 결정한다고도 말할 수 있을 것이다. 이를 달리 표현하면, 기저 $\mathfrak{B}$(와 $\mathfrak{B}^*$)를 고정할 때,

[V에 bilinear form $B : V \times V \to F$가 주어졌다는 말]
= [$(n \times n)$-행렬 J가 주어졌다는 말]
= [선형사상 $\varphi : V \to V^*$가 주어졌다는 말]

이라고 할 수 있다. (따라서, bilinear form을 공부할 때, dual space와 φ_B^V가 등장하는 것은 필연적이다!) 눈치 빠른 독자들은 이미 다음을 스스로 생각했을 것이다.

명제 13.5.10의 두 번째 증명 : B가 non-degenerate이기 위한 필요충분조건은 φ_B^V가 isomorphism인 것이고, 이는 $[\varphi_B^V]_{\mathfrak{B}^*}^{\mathfrak{B}} = [B]_{\mathfrak{B}}$가 가역인 것과 동치이다. 증명 끝.[47] □

연습문제 13.8.4. $\varphi_B^V : V \to V^*$의 dual map $(\varphi_B^V)^* : V^{**} \to V^*$는 — ψ^V를 통하여 V와 V^{**}를 identify하면 — $(\varphi_B^V)^* : V \to V^*$로 생각할 수 있다. 이때, B가 symmetric일 필요충분조건은 $(\varphi_B^V)^* = \varphi_B^V$임을 보여라.

[47] 하! 첫 번째 증명은 정말 elementary했었다.

다음 표기법(identification)은 이젠 제법 익숙하다. (표기법13.6.4 참조.)

표기법 13.8.5. B가 **non-degenerate** 일 때, 정리13.8.2의 isomorphism φ_B^V는 **기저의 선택과 무관한 natural isomorphism** 이다. 따라서, 이번에도, φ_B^V를 통하여 V와 V^*를 **identify** 하고,

$$V = V^*$$

로 표기법을 남용한다. 이를 우리는 B-**identification** 이라고 부른다. 그리고,

$$v = \varphi_v = \varphi_B^V(v), \qquad (v \in V)$$

로 (표기법을 남용하고) 간략히 표기하기로 한다.

위 표기법을 읽으면서 무언가 좀 不安한 느낌이 드는 것은 당연하다. 이것저것 동시에 identify할 때에는 물론 조심하여야 한다.

주의 13.8.6. B가 non-degenerate 일 때, V와 V^*를 identify한다면, 같은 방법으로, V^*와 V^{**}도 identify할 수 있다. 즉, $V = V^*$이므로, (V, B)의 구조를 복사하여 V^*로 옮길 수 있을 것이다. 다시 말해, $B^* : V^* \times V^* \to F$를

$$B^*(\varphi_v, \varphi_w) = B(w, v), \qquad (v, w \in V)$$

로 정의하면,[48] B^*도 non-degenerate bilinear form이 되는 것은 자명하다. 그러므로, B^*-identification $V^* = V^{**}$를 얻고, 따라서 $V = V^* = V^{**}$로 표기법을 남용하게 된다. 아, 문제가 생겼다! 우리는 이미 ψ^V를 통하여 V와 V^{**}를 identify했는데……. 우리의 identification들이 의미를 가지려면,

$$\varphi_{B^*}^{V^*} \circ \varphi_B^V = \psi^V$$

가 성립하는 것을 증명해야 할 것이다. 이를 위해서는, $v, w \in V$ 일 때,

$$\varphi_{B^*}^{V^*}\big(\varphi_B^V(v)\big)(\varphi_w) = \psi^V(v)(\varphi_w)$$

임을 보이면 된다. 이제,

$$\varphi_{B^*}^{V^*}\big(\varphi_B^V(v)\big)(\varphi_w) = \varphi_{B^*}^{V^*}(\varphi_v)(\varphi_w) = B^*(\varphi_w, \varphi_v) = B(v, w) = \psi^V(v)(\varphi_w)$$

이므로 증명 끝.[49]

---

[48] 거울에 비친 image이므로, 좌우가 바뀌었다.

[49] 우리가 뭘 증명했다기보다는 이렇게 되도록 애당초 모든 것이 絶妙하게(자연스럽게) design되었다고 말하는 편이 더 정확할 것이다.

Numerical example 부터.

연습문제 13.8.7. Linear functional $f \in (\mathbb{R}^2)^*$를

$$f\big((x,y)^{\mathbf{t}}\big) = x+y, \qquad (x,y \in \mathbb{R})$$

로 정의하자. $\mathbb{R}^2$와 $(\mathbb{R}^2)^*$를 $B^J_{\mathcal{E}}$-identify 할 때, 다음 각각의 경우에 f에 대응하는 $\mathbb{R}^2$의 vector를 구하라.

(가) $J = \begin{pmatrix} 1 & 0 \\ 0 & -1 \end{pmatrix}$. (나) $J = \begin{pmatrix} 2 & -1 \\ -1 & 2 \end{pmatrix}$.

다음 연습문제들도 재미있다.

연습문제 13.8.8. B가 non-degenerate 일 때, $\mathfrak{B} = \{v_i\}$가 V의 basis 이면,

$$B(v_i, w_j) = \delta_{ij}, \qquad (1 \le i, j \le n = \dim V)$$

인 V의 basis $\mathfrak{C} = \{w_j\}$가 존재함을 보여라.[50] 또, $[I]^{\mathfrak{B}}_{\mathfrak{C}} = [B]_{\mathfrak{B}}$ 임을 보여라.

연습문제 13.8.9. 만약 V가 **orthonormal** basis $\{v_i\}$를 가지면(따라서, 이때 (V,B)는 non-degenerate quadratic space),

$$\varphi^V_B(v_i) = v_i^*, \qquad (1 \le i \le n = \dim V)$$

임을 증명하라. (관찰13.6.3과 비교해 보라.)

지금 무대 위에 있는 우리 'story'의 등장인물들을 나열해 보면: dual space, double dual, ψ^V-identification, dual map, duality, ε과 δ, non-degenerate bilinear form, 그리고 B-identification······. 게다가 등장인물들의 面面이 전혀 예사롭지 않다. 드디어 우리 '이야기책'의 **climax**를 향한 분위기가 무르익고 있다.[51]

돌이켜 보면, 우리는 지금까지 V^*와 $\varepsilon : V \times V^* \to F$는 V와 함께 태어났다고 말하면서도, non-degenerate bilinear form B는 마치 後天的으로 주어진 것처럼 말해 왔다. 그러나, 사실은 B도 V와 함께 태어났다. 왜냐하면, 다음 명제에 의하면, B-identification의 관점에서는 $B = \varepsilon$이기 때문이다. (따라서, (V,B)를 공부할 때, dual space의 등장은 불가피하다!)

[50] Hint: 이 basis $\{w_j\}$도 $\{v_i\}$의 dual basis라고 부른다.

[51] 그러나, 우리 '이야기책' 제1권의 climax일 뿐이다.

다음은 ε과 B-identification의 合作品이다.

명제 13.8.10. V가 **f.d.v.s.**이고 B는 V의 non-degenerate bilinear form일 때, 함수 $I\times\varphi_B^V : V\times V \to V\times V^*$를

$$(I\times\varphi_B^V)(v,w) = (v,\, \varphi_w), \qquad (v,w\in V)$$

로 정의하면, 다음 사각형

$$\begin{array}{ccc} V\times V & \xrightarrow{\quad B \quad} & F \\ {\scriptstyle I\times\varphi_B^V}\Big\downarrow \| & \circlearrowright & \| \Big\downarrow {\scriptstyle I} \\ V\times V^* & \xrightarrow[\quad \varepsilon \quad]{} & F \end{array}$$

은 commutative diagram이다. 즉, B-identification의 관점에서는

$$B = \varepsilon$$

이다. (따라서, "$\perp =$ perp"라고 말할 수 있다.)

증명 : φ_B^V와 ε의 정의만 알면 된다. 아무것도 쓸 게 없다. □

위 명제를 읽으며 **무릎을 친 독자들**도 있을 것이다.[52] 이제 climax가 보인다. 드디어, 우리의 오랜 숙제 하나를 해결할 수 있다. 다음은 duality(정리 13.7.3(가)항)와 B-identification의 合作品이다.

정리 13.8.11. (Perp Theorem: Non-degenerate Case) B가 **f.d.v.s.** V의 non-degenerate bilinear form일 때, $W\le V$라고 하자. 이때 B-identification의 관점에서는

$$W^{\perp} = W^{\mathsf{perp}}$$

이다. 특별히,

$$\dim W^{\perp} = \dim V - \dim W$$

이다.

증명 : 같은 것은 같다. 우리의 철학. (이 증명을 위해 뭔가 써 보고 싶은 독자는 스스로 철학이 부족함을 탓하여야 한다. 그래도 climax라니, 한 줄만 쓰면, $B=\varepsilon$ 이므로 $v\in W^{\perp}$ if and only if $\varphi_B^V(v)\in W^{\mathsf{perp}}$. 즉, $\varphi_B^V(W^{\perp}) = W^{\mathsf{perp}}$.) □

[52] 모든 독자들이 그러했기를 바란다.

위 증명은 물론 F의 선택과는 무관하다. 그리고, 위 증명을 분석해 보면, 우리가 오랫동안 (V, B)에서는 해결하지 못했던 문제를, V^*에서 해결한 후에, B-identification을 이용하여 (V, B)로 옮겨왔다고 말할 수 있다. 이는, 다시 한번, 행렬이나 벡터보다는 함수들이 — 지금은 linear functional들이 — 더 다루기 쉽다는 우리의 경험을 확인시켜 준다.

다음 '세 기둥 명제'의 증명은 당연히 명제13.5.12에서와 같지만, 방금 Perp Theorem을 '고상하게' 증명한 것을 기념하는 의미에서 한번 더 기록해 둔다.

명제 13.8.12. (세 기둥 명제) 다음 세 명제

(1) Dimension Theorem (for L_A),

(2) Rank Theorem,

(3) Perp Theorem (non-degenerate case)

중 둘을 알면, 다른 하나를 증명할 수 있다.

따라서, 드디어(!), F의 선택과 무관하고 row-reduced echelon form도 이용하지 않는 **Rank Theorem의 '고상한' 증명**이 완성되었다. (Dimension Theorem(First Isomorphism Theorem)은 원래 행 간소 사다리 꼴의 도움이 필요 없었고, 이제 Perp Theorem도 B-identification과 duality만으로 설명할 수 있다.)

다음 그럴듯한 '달리기 훈련'으로 이 節을 마무리하자.

연습문제 13.8.13. (V, B)가 유한 차원 non-degenerate quadratic space이고, $U \le W \le V$일 때, 함수 $\vartheta : W \to \left(\frac{U^\perp}{W^\perp}\right)^*$를

$$\vartheta(w)(\overline{v}) = B(v, w), \qquad (w \in W,\ v \in U^\perp)$$

로 정의하자. 다음을 보여라.[53]

(가) ϑ는 well-defined linear map이고, $\ker \vartheta = U$.

(나) Natural isomorphism $\frac{W}{U} \approx \left(\frac{U^\perp}{W^\perp}\right)^*$ 존재. 특별히, $W \approx \left(\frac{V}{W^\perp}\right)^*$.

(다) Natural isomorphism $\frac{W}{W \cap W^\perp} \approx \left(\frac{W}{W \cap W^\perp}\right)^*$ 존재.

[53] 연습문제13.5.13 참조.

13.9. Transpose Operator

이 節에서는 모든 벡터공간은 **f.d.v.s.** 이고, V, W 에는 각각 **non-degenerate** symmetric bilinear form B, C 가 주어져 있다고 가정한다. 즉, (V, B) 와 (W, C) 는 항상 non-degenerate quadratic space 이다.

대부분의 질문들이 해결되었다. 그리고, 이제, linear map 들이 등장할 차례이다. 이들 중에는 우리 'story'의 主人公 orthogonal operator 들도 포함되어 있다. Linear map 들은 dual map 들을 금방 알아볼 것이다. 그리하여 우리의 '이야기책' 제 1 권의 climax 에 도달한다.

다음 정의는 dual map 과 B-identification 의 合作品이다. 다음 정의가 바로 **climax** 이다.

정의 13.9.1. (가) $L \in \mathfrak{L}(V, W)$ 라고 하자. 이때, 선형사상 L 의 (B 와 C 에 관한) **transpose map** $L^{\mathbf{t}} \in \mathfrak{L}(W, V)$ 는 — B-identification 과 C-identification 의 관점에서 —

$$L^{\mathbf{t}} = L^*$$

로 정의된다(L^* 는 L 의 dual map). 즉, $L^{\mathbf{t}} : W \to V$ 는 다음 사각형

$$\begin{array}{ccc} W & \xrightarrow{\;L^{\mathbf{t}}\;} & V \\ \varphi_C^W \downarrow \| & \circlearrowright & \| \downarrow \varphi_B^V \\ W^* & \xrightarrow[\;L^*\;]{} & V^* \end{array}$$

을 commutative diagram 으로 만들어 주는 유일한 linear map 이다. 이를 굳이 식으로 표현한다면,

$$L^{\mathbf{t}} = (\varphi_B^V)^{-1} \circ L^* \circ \varphi_C^W$$

가 된다.[54]

(나) $L \in \mathfrak{L}(V, V)$ 일 때에는, 당연히, L 의 **transpose operator** $L^{\mathbf{t}} : V \to V$ 를

$$L^{\mathbf{t}} = (\varphi_B^V)^{-1} \circ L^* \circ \varphi_B^V$$

로 정의한다.

[54] Dual map L^* 의 정의는 B, C 와는 무관하지만, transpose map $L^{\mathbf{t}}$ 의 정의는 B, C 에 — 즉, B-identification 과 C-identification 에 — depend 하는 것에 주의하기 바란다.

혹, 어떤 독자들은 어떻게 정의가 climax 일 수 있느냐고 물을지도 모른다. 그러나, 著者의 주장은 **決定的인 tool을 얻는 것이 climax** 라는 것이다. **모든 것은 이 tool의 결과일 뿐**이다.

우선, 다음 관찰은 거의 자명하지만, 앞으로 자주 사용하게 되므로 기록하여 둔다.

관찰 13.9.2. $L, M \in \mathfrak{L}(V, V)$일 때,

$$B(Lv, w) = B(Mv, w), \qquad (v, w \in V)$$

이면, $L = M$. (뒷자리에서도 마찬가지이다.)

증명 : B는 non-degenerate 이므로,

$$B(Lv - Mv,\ w) = 0, \qquad (v, w \in V)$$

로부터, $[Lv - Mv = 0 \text{ for all } v \in V]$임을 알 수 있다. □

다음 명제도 **오래된 숙제**의 하나이다. (질문10.7.2 참조.)

명제 13.9.3. $L \in \mathfrak{L}(V, W)$이면, L^{t}는 다음 조건

$$C(Lv, w) = B(v, L^{\mathsf{t}}w), \qquad (v \in V,\ \ w \in W)$$

을 만족시키는 유일한 linear map 이다. (B, C는 symmetric 이므로, 이 조건은

$$C(w, Lv) = B(L^{\mathsf{t}}w, v), \qquad (v \in V,\ \ w \in W)$$

와 동치이다.)

증명 : L^{t}의 정의는

$$L^*\big(\varphi_C^W(w)\big) = \varphi_B^V\big(L^{\mathsf{t}}(w)\big), \qquad (w \in W)$$

와 동치이다. 따라서, $v \in V,\ \ w \in W$ 일 때,

$$C(Lv, w) = \varphi_w(Lv) = \big(L^*(\varphi_w)\big)(v) = \varphi_{L^{\mathsf{t}}w}(v) = B(v, L^{\mathsf{t}}w)$$

를 얻는다. 이러한 L^{t}의 uniqueness 는 거의 자명하다(만약 자명하지 않다면, 위 관찰13.9.2 참조). □

이후의 모든 논의는 identification(정의13.9.1)을 사용할 수도 있고, 명제 13.9.3을 사용할 수도 있다. 그때그때 편리한(간편한) 쪽을 택하면 된다.

우리는 언제나 새로운 linear map을 만날 때면 그의 행렬 표현이 가장 궁금하다. (답은 이미 **예상**할 수 있다. 관찰13.1.8 참조.)

명제 13.9.4. $\mathfrak{B}, \mathfrak{C}$를 각각 V, W의 고정된 기저라고 하자.

(가) $L \in \mathfrak{L}(V, W)$일 때, $J_{\mathfrak{B}} = [B]_{\mathfrak{B}}$, $J_{\mathfrak{C}} = [C]_{\mathfrak{C}}$로 표기하면,

$$[L^{\mathbf{t}}]_{\mathfrak{B}}^{\mathfrak{C}} = (J_{\mathfrak{B}})^{-1}([L]_{\mathfrak{C}}^{\mathfrak{B}})^{\mathbf{t}} \cdot J_{\mathfrak{C}}$$

이다.

(나) 특별히, $L \in \mathfrak{L}(V, V)$일 때, $J = [B]_{\mathfrak{B}}$로 표기하면,

$$[L^{\mathbf{t}}]_{\mathfrak{B}}^{\mathfrak{B}} = J^{-1}([L]_{\mathfrak{B}}^{\mathfrak{B}})^{\mathbf{t}} \cdot J$$

이다.[55]

증명 : $L^{\mathbf{t}}$의 정의로부터 $L^{\mathbf{t}} = (\varphi_B^V)^{-1} \circ L^* \circ \varphi_C^W$ 이므로,

$$[L^{\mathbf{t}}]_{\mathfrak{B}}^{\mathfrak{C}} = [(\varphi_B^V)^{-1}]_{\mathfrak{B}}^{\mathfrak{B}^*} \cdot [L^*]_{\mathfrak{B}^*}^{\mathfrak{C}^*} \cdot [\varphi_C^W]_{\mathfrak{C}^*}^{\mathfrak{C}}$$

를 얻는다. 그런데, 관찰13.6.8에 의해

$$[L^*]_{\mathfrak{B}^*}^{\mathfrak{C}^*} = ([L]_{\mathfrak{C}}^{\mathfrak{B}})^{\mathbf{t}}$$

이고, 관찰13.8.3에 의해

$$[\varphi_B^V]_{\mathfrak{B}^*}^{\mathfrak{B}} = [B]_{\mathfrak{B}} = J_{\mathfrak{B}}, \qquad [\varphi_C^W]_{\mathfrak{C}^*}^{\mathfrak{C}} = [C]_{\mathfrak{C}} = J_{\mathfrak{C}}$$

이므로 증명 끝. (나)항은 (가)항으로부터 자명.[56] □

연습문제 13.9.5. $\mathfrak{B}$와 $\mathfrak{C}$가 각각 quadratic space V와 W의 **orthonormal basis**이고, $L \in \mathfrak{L}(V, W)$이면, $[L^{\mathbf{t}}]_{\mathfrak{B}}^{\mathfrak{C}} = ([L]_{\mathfrak{C}}^{\mathfrak{B}})^{\mathbf{t}}$ 임을 보여라.

연습문제 13.9.6. (가) Linear operator $L : \mathbb{R}^4 \to \mathbb{R}^4$를

$$L\big((x_1, x_2, x_3, x_4)^{\mathbf{t}}\big) = (x_4, x_1, x_2, x_3)^{\mathbf{t}}, \qquad (x_1, x_2, x_3, x_4 \in \mathbb{R})$$

로 정의하자. $\mathbb{R}^4$의 dot product를 생각할 때, $L^{\mathbf{t}}\big((x_1, x_2, x_3, x_4)^{\mathbf{t}}\big)$를 구하라.

(나) $J = \operatorname{diag}(1, -1)$일 때, quadratic space $(\mathbb{R}^2, B_{\mathcal{E}}^J)$에서 $L : \mathbb{R}^2 \to \mathbb{R}^2$를

$$L\big((x, y)^{\mathbf{t}}\big) = (x + y,\ -x + 3y)^{\mathbf{t}}, \qquad (x, y \in \mathbb{R})$$

로 정의하자. $L^{\mathbf{t}}\big((x, y)^{\mathbf{t}}\big)$를 구하라.

---

[55] 이 명제가 바로 궁금했던 transpose의 '胎生의 비밀'이다. 관찰10.7.7 다음 단락 참조.

[56] 명제13.9.3을 이용하는 증명은 명제14.3.12의 증명 참조.

이제, 마지막으로, **orthogonal operator들이 등장할 차례**이다. 그리고, 또 하나의 오래된 질문을 해결한다.

명제 13.9.7. $\mathbf{O}(V,B)=\{L\in\mathbf{GL}(V)\,|\,L^{\mathbf{t}}\circ L=I\}$.

증명 : 다음 한 줄

$$B(v,w)=B(Lv,Lw)=B\big(v,\,(L^{\mathbf{t}}\circ L)w\big),\qquad (L\in\mathbf{O}(V,B))$$

과 관찰 13.9.2 만으로 충분하다. □

주의 13.9.8. 누구나 처음에는 (대개는) $A^{\mathbf{t}}\cdot JA=J$ 라는 조건에서 hint를 얻어, 명제13.9.7에서 [$L^{\mathbf{t}}\circ M\circ L=M$ 인 linear operator M이 존재한다는 조건]을 찾으려고 시도한다. 그러나, 이러한 시도는 허망하다. 왜냐하면, J는 linear operator의 행렬이 아닌 bilinear form의 행렬이기 때문이다.

그러면, 이제 transpose map의 특성들을 알아보자.

관찰 13.9.9. $\mathbf{t}:\mathfrak{L}(V,W)\to\mathfrak{L}(W,V)$를

$$\mathbf{t}(L)=L^{\mathbf{t}},\qquad (L\in\mathfrak{L}(V,W))$$

로 정의하면, $\mathbf{t}$는 isomorphism이다. 특별히, 다음이 성립한다.

(가) $L,M\in\mathfrak{L}(V,W)$이면, $(L+M)^{\mathbf{t}}=L^{\mathbf{t}}+M^{\mathbf{t}}$.
(나) $L\in\mathfrak{L}(V,W)$, $c\in F$이면, $(cL)^{\mathbf{t}}=cL^{\mathbf{t}}$.

증명 : 연습문제13.6.10에서 이미 증명하였다. ("$\mathbf{t}=*$." 같은 것은 같다.) □

관찰 13.9.10. $L\in\mathfrak{L}(V,W)$이고 $M\in\mathfrak{L}(W,U)$일 때, 다음이 성립한다.

(가) $I^{\mathbf{t}}=I$.
(나) $(M\circ L)^{\mathbf{t}}=L^{\mathbf{t}}\circ M^{\mathbf{t}}$.
(다) L이 가역이면, $L^{\mathbf{t}}$도 가역이고, $(L^{\mathbf{t}})^{-1}=(L^{-1})^{\mathbf{t}}$.
(라) $(L^{\mathbf{t}})^{\mathbf{t}}=L$.

증명 : (가)-(나) "$\mathbf{t}=*$."
(다) 앞 (가)항과 (나)항으로부터 '자동'이다. 즉, $M=L^{-1}$로 표기하면,

$$L^{\mathbf{t}}\circ M^{\mathbf{t}}=(M\circ L)^{\mathbf{t}}=I^{\mathbf{t}}=I$$

가 된다. 또, $L^{\mathbf{t}}\circ M^{\mathbf{t}}=I$인 것도 마찬가지.

(라) 이번에도 "$\mathbf{t} = *$"라고 하고 넘어가기에는 조금 꺼림칙하다. 사실, 연습문제13.6.12를 이용하는 것은 제법 복잡하다. 지금은 명제13.9.3을 이용하는 쪽이 간편하다. 즉, 명제13.9.3의 두 조건을 차례로 적용하면,

$$C(Lv, w) = B(v, L^{\mathbf{t}}w) = C((L^{\mathbf{t}})^{\mathbf{t}}v, w), \qquad (v \in V,\ w \in W)$$

이므로, 관찰13.9.2에 의해 증명 끝. □

연습문제 13.9.11. 달리기 훈련으로 생각하고, 위 관찰13.9.9와 관찰13.9.10 (나)항을 정의13.9.1을 이용하여 — 즉, $L^{\mathbf{t}} = (\varphi_B^V)^{-1} \circ L^* \circ \varphi_C^W$ 를 이용하여 — 증명해 보라.

연습문제 13.9.12. $L \in \mathfrak{L}(V, V)$ 일 때, 다음을 보여라.

(가) $\operatorname{tr}(L^{\mathbf{t}}) = \operatorname{tr}(L)$.

(나) $\det(L^{\mathbf{t}}) = \det(L)$.

(다) $\phi_{L^{\mathbf{t}}}(t) = \phi_L(t)$.

(라) $m_{L^{\mathbf{t}}}(t) = m_L(t)$.

연습문제 13.9.13. $L \in \mathfrak{L}(V, W)$ 라고 할 때, 다음을 증명하라.

(가) $\ker(L^{\mathbf{t}}) = (\operatorname{im} L)^{\perp}$.

(나) $\operatorname{im}(L^{\mathbf{t}}) = (\ker L)^{\perp}$.

연습문제 13.9.14. [연습문제13.7.7과 연습문제13.9.13과의 상호 관계]를 명제13.8.10의 관점에서 설명하라.

드디어, 모든 숙제를 해결하였다. 그렇지만, 독자들은 지금 "So what?"이라며 항의하고 있을지도 모른다. 끝내 이 책은 이렇게 語學 책으로 끝나는 것이냐고 아쉬워할지도 모른다. 사실, 돌이켜 보면, $\mathbb{R}^n$의 rigid motion에 관한 약간의 새로운 지식 이외에는, 우리는 오로지 단어 공부만을 해 온 셈이다.

그러나, 저자는 이미 이 책을 시작하면서 이 책은 수학 책이 아닌 어학 책이라고 선언하였었다. 그리고, 독자들은 아직 달리기 훈련 중임을 잊어서는 안 된다. 저자는 앞에서 여러 번 독자들의 달리기 훈련이 一二年에 끝나지 않을 것임을 예고하여 왔다.[57] 다만, 제15장(과 제16장)에서는 잠시 달리기 훈련을 접어 두고 '공놀이'를 해보려고 한다.

[57]달리기 훈련이 언제 끝나는지는 極秘 事項이다…….

제 14 장 Hermitian Form

이 章에서는 $\mathbb{C}$-vector space의 Hermitian form을 공부한다. 그리고, 이 章의 내용은 앞 제13장의 내용과 거의 同一하다. 사실은, 앞 제13장의 내용에 막대기(complex conjugation)를 몇 개 추가하면 된다. 다만, 몇 군데 微妙한 차이가 있어 Hermitian form을 독립된 章으로 다루기로 한다.

따라서, 강의실에서는 제13장을 시작하면서, 동시에 Hermitian form을 정의하고, bilinear form에 관해 공부한 후에 칠판을 지우지 않은 상태에서 complex conjugation을 추가하면 진도표를 따라갈 수 있을 것이다. (따라서 이 章의 대부분의 증명은 생략한다. 그리고, 가능한 限 제13장에 있는 표현은 반복하지 않을 것이다.)

14.1. Hermitian Form

이 章에서는 항상 $F = \mathbb{C}$라고 가정한다. (다만, 이 章에서 complex conjugation을 지우고 나면, 앞 제13장의 내용과 동일해질 것이다.)

정의 14.1.1. V를 $\mathbb{C}$-vector space라고 하자. 이때, 함수 $H : V \times V \to \mathbb{C}$가, 모든 $u, v, w \in V$, $c \in \mathbb{C}$에 대해, 다음 조건

(H1) $H(u+v, w) = H(u, w) + H(v, w)$, $H(cv, w) = cH(v, w)$

(H2) $H(u, v+w) = H(u, v) + H(u, w)$, $H(v, cw) = \overline{c}H(v, w)$

을 만족시키면 — 즉, H가 앞자리에서는 linear이고, 뒷자리에서는 conjugate linear이면 — H를 V의 **sesquilinear form**이라고 부른다.[1] 그리고, 이때 H가 다음 조건

(H3) $H(v, w) = \overline{H(w, v)}$

도 만족시키면, H를 V의 **Hermitian form**이라고 부르고, (V, H)를 **Hermitian space**라고 부른다.

[1] 'Sesqui'는 $1\frac{1}{2}$을 뜻하는 라틴어이다. 어? $1\frac{3}{4}$ 아닌가?

이제부터 $H : V\times V \to \mathbb{C}$는 항상 n-차원 벡터공간 V의 sesquilinear form이라고 가정한다. 그리고, $\mathfrak{B}=\{v_i\}$는 고정된 V의 (ordered) basis이다.

보기 14.1.2. (i,j)-성분이 $H(v_i,v_j)$인 $(n\times n)$-행렬

$$[H]_{\mathfrak{B}} = \big(H(v_i,v_j)\big)_{n\times n}$$

을 (basis $\mathfrak{B}$에 관한) H**의 행렬**이라고 부른다. 그러면, $v,w\in V$라고 할 때, $v=\sum_i a_i v_i$, $w=\sum_i b_i v_i$로 놓으면(단, $a_i, b_i\in\mathbb{C}$),

$$H(v,w) = \sum_{i,j} a_i H(v_i,v_j)\overline{b_j} = ([v]_{\mathfrak{B}})^{\mathbf{t}}\cdot [H]_{\mathfrak{B}}\cdot \overline{[w]_{\mathfrak{B}}}$$

가 된다. 그러므로, sesquilinear form H는 n^2-개의 scalar $H(v_i,v_j)$에 의해 완전히 결정된다.

연습문제 14.1.3. $J\in\mathfrak{M}_{n,n}(\mathbb{C})$일 때, 함수 $H^J_{\mathfrak{B}} : V\times V\to\mathbb{C}$를

$$H^J_{\mathfrak{B}}(v,w) = ([v]_{\mathfrak{B}})^{\mathbf{t}}\cdot J\cdot\overline{[w]_{\mathfrak{B}}}, \qquad (v,w\in V)$$

로 정의하면, $H^J_{\mathfrak{B}}$는 sesquilinear form이고, $[H^J_{\mathfrak{B}}]_{\mathfrak{B}} = J$임을 보여라. (따라서, $\mathbb{C}^n$의 dot product는 다름아닌 Hermitian form $H^I_{\mathcal{E}} : \mathbb{C}^n\times\mathbb{C}^n\to\mathbb{C}$ 인 셈이다.)

독자들은 이제 "이 章의 내용은 앞 제13장의 내용에 막대기(complex conjugation)를 몇 개 추가하면 된다"는 말의 의미를 알았을 것이다. 다음 연습문제도 익숙하다.

연습문제 14.1.4. $\mathfrak{Ses}(V)$를 V의 sesquilinear form 전체 집합이라고 표기하자. $\mathfrak{Ses}(V)$에 자연스러운 $\mathbb{C}$-vector space의 구조를 정의하라.

이번에도, [sesquilinear form의 기본정리]로부터 시작한다.

정리 14.1.5. 함수 $\Omega_{\mathfrak{B}} : \mathfrak{Ses}(V)\to\mathfrak{M}_{n,n}(\mathbb{C})$를

$$\Omega_{\mathfrak{B}}(H) = [H]_{\mathfrak{B}}, \qquad (H\in\mathfrak{Ses}(V))$$

로 정의하면, $\Omega_{\mathfrak{B}}$는 vector space isomorphism이다.

증명 : 보기14.1.2가 $\Omega_{\mathfrak{B}}$의 injectivity를, 그리고 연습문제14.1.3이 $\Omega_{\mathfrak{B}}$의 surjectivity를 각각 설명하고 있다. $\Omega_{\mathfrak{B}}$가 linear map인 것은 '기계'들에게 맡긴다. □

참고 14.1.6. 다시 §5.4의 isomorphism (identification) $\alpha_{\mathfrak{B}} : V \to \mathbb{C}^n$을 생각하면, 다음 commutative diagram

$$\begin{array}{ccc} V \times V & \xrightarrow{\quad H \quad} & \mathbb{C} \\ {\scriptstyle \alpha_{\mathfrak{B}} \times \alpha_{\mathfrak{B}}} \downarrow \wr & \circlearrowright & \| \downarrow {\scriptstyle I} \\ \mathbb{C}^n \times \mathbb{C}^n & \xrightarrow[\quad H_{\mathcal{E}}^J \quad]{} & \mathbb{C} \end{array} \qquad (\text{단, } J = [H]_{\mathfrak{B}})$$

을 얻는다. 그러므로, 이번에도 (V, H)와 $(\mathbb{C}^n, H_{\mathcal{E}}^J)$는 '본질적'으로 같다.

이제 §10.7에서 만났던 $A \in \mathfrak{M}_{n,n}(\mathbb{C})$의 adjoint matrix A^*가 다시 등장한다. (정의 10.6.7 참조.)

연습문제 14.1.7. $J \in \mathbf{GL}_n(\mathbb{C})$일 때, $A \in \mathfrak{M}_{n,n}(\mathbb{C})$이면,

$$H_{\mathcal{E}}^J(AX, Y) = H_{\mathcal{E}}^J\big(X, (\overline{J}^{-1} A^* \cdot \overline{J})Y\big), \qquad (X, Y \in \mathbb{C}^n)$$

임을 보여라.

이번에도, sesquilinear form H에 관한 모든 정보는 $[H]_{\mathfrak{B}}$가 갖고 있으므로, H가 Hermitian form인지 아닌지는 $[H]_{\mathfrak{B}}$만 보면 알 수 있을 것이다.

연습문제 14.1.8. V의 sesquilinear form H가 Hermitian form일 필요충분조건은 $J = [H]_{\mathfrak{B}}$가 다음 조건

$$J^{\mathbf{t}} = \overline{J}, \quad \text{즉,} \quad J^* = \overline{J^{\mathbf{t}}} = J$$

을 만족시키는 것임을 보여라. 이런 성질을 갖는 행렬 $J \in \mathfrak{M}_{n,n}(\mathbb{C})$를 우리는 **self-adjoint matrix**(또는, **Hermitian matrix**)라고 부른다.

주의 14.1.9. V의 Hermitian form 전체 집합을 $\mathfrak{Her}(V)$로 표기해 보자. 우리는 당연히 $\mathfrak{Her}(V)$가 $\mathfrak{Ses}(V)$의 subspace이기를 기대할 것이다. 그러나 $\mathfrak{Her}(V)$는 상수곱에 닫혀 있지 않다. 즉, [scalar $c \in F$와 $H \in \mathfrak{Her}(V)$의 상수곱 cH]는 일반적으로 Hermitian form이 아니다(확인해 보라).[2] 그러므로, $\mathfrak{Her}(V)$를 vector space로 만드는 것은 포기하여야 한다. 제13장과 제14장은 **계속 이만큼의 미묘한 차이**가 난다.

[2] 같은 이유로 $J \in \mathfrak{M}_{n,n}(\mathbb{C})$가 self-adjoint matrix일 때, cJ는 일반적으로 self-adjoint matrix가 아니다.

이제 Hermitian space (V, H)의 unitary group을 소개할 차례이다.

정의 14.1.10. Hermitian space (V, H)로부터 만들어진 **unitary group**을

$$\mathbf{U}(V, H) = \{L \in \mathbf{GL}(V) \mid H(Lv, Lw) = H(v, w) \text{ for all } v, w \in V\}$$

로 정의하고, $\mathbf{U}(V, H)$의 원소는 **unitary operator**라고 부른다. 그리고, 이번에도, (V, H)와 $\mathbf{U}(V, H)$를 공부하는 것을 unitary geometry라고 부른다.

연습문제 14.1.11. $\{v_i\}$가 V의 basis일 때, 다음

$$\mathbf{U}(V, H) = \{L \in \mathbf{GL}(V) \mid H(Lv_i, Lv_j) = H(v_i, v_j) \text{ for all } 1 \le i, j \le n\}$$

을 보여라.

다음은 참고 10.6.4에서 남겨 둔 숙제이다(참고 10.6.4는 다음 명제에서 $J = I$인 case).

명제 14.1.12. $J = [H]_{\mathfrak{B}}$로 표기하면(따라서, J는 self-adjoint),

$$\{[L]_{\mathfrak{B}}^{\mathfrak{B}} \in \mathbf{GL}_n(\mathbb{C}) \mid L \in \mathbf{U}(V, H)\} = \{A \in \mathbf{GL}_n(\mathbb{C}) \mid A^{\mathbf{t}} \cdot J \overline{A} = J\}$$

이다.

증명 : 명제 13.3.5의 증명에 막대기(complex conjugation)를 몇 개 추가하면 된다. 독자들에게 맡긴다. □

다음 정의도 예상했던 것이다.

정의 14.1.13. $J \in \mathfrak{M}_{n,n}(\mathbb{C})$가 self-adjoint matrix일 때,

$$\mathbf{U}_n^J(\mathbb{C}) = \{A \in \mathbf{GL}_n(\mathbb{C}) \mid A^{\mathbf{t}} \cdot J \overline{A} = J\}$$

로 표기하고, J에 대응하는 **unitary group**이라고 부른다. (따라서, 제 10장의 $\mathbf{U}(n)$은 다름아닌 $\mathbf{U}_n^I(\mathbb{C})$였던 셈이다.)

연습문제 14.1.14. $J \in \mathfrak{M}_{n,n}(\mathbb{C})$를 invertible self-adjoint matrix라고 할 때, $A \in \mathbf{U}_n^J(\mathbb{C})$이면, $|\det(A)| = 1$임을 보여라.

이번에도 물론 unitary group $\mathbf{U}(1,1)$을 공부할 수 있을 것이다. 그러나 우리는 아직 $\mathbf{U}(2)$도 제대로 공부하지 못했으니$\cdots\cdots$.

14.2. Non-degenerate Hermitian Form

이 節에서도 $H : V\times V \to \mathbb{C}$는 항상 n-차원 벡터공간 V의 sesquilinear form 이라고 가정한다. 그리고, $\mathfrak{B} = \{v_i\}$는 고정된 V의 (ordered) basis이다.

우리의 기하학은 항상 orthogonality relation으로부터 시작된다.

정의 14.2.1. $v, w \in V$일 때, $H(v,w) = 0$이면, $v \perp w$로 표기하고 v, w는 서로 수직이라고 말한다. 그리고, $S, T \subseteq V$일 때, $[H(v,w) = 0$ for all $v \in S$, $w \in T]$이면, $S \perp T$로 표기하고, S, T는 서로 수직이라고 말한다. 또,

$$S^{\perp} = \{v \in V \mid H(w,v) = 0 \text{ for all } w \in S\}$$

로 표기한다.[3]

독자들은, 이번에도, H가 Hermitian form이면,

$$H(v,w) = 0 \quad \text{if and only if} \quad H(w,v) = \overline{H(v,w)} = 0$$

이므로, **orthogonality relation은 symmetric**함에 유의하기 바란다.

연습문제 14.2.2. $S \subseteq V$일 때, $S^{\perp} = \langle S \rangle^{\perp} \leq V$임을 보여라.

정의 14.2.3. $[H]_{\mathfrak{B}}$가 대각행렬이면, $\mathfrak{B}$를 V의 **orthogonal basis**라고 부른다. 또, $[H]_{\mathfrak{B}} = I$이면, $\mathfrak{B}$를 V의 **orthonormal basis**라고 부른다.

이번에도, $V^{\perp} = 0$인 경우만을 주로 생각한다.

정의 14.2.4. 만약 $V^{\perp} = 0$이면, 우리는 H를 **non-degenerate** sesquilinear form이라고 부른다.

그러므로, 예를 들어, $\mathbb{C}^n$의 dot product $H^I_{\mathcal{E}}$는 non-degenerate Hermitian form이다.

명제 14.2.5. H가 non-degenerate이기 위한 필요충분조건은 $\det([H]_{\mathfrak{B}}) \neq 0$인 것이다.

증명 : 명제13.5.10의 [첫 번째 증명]에 complex conjugation을 몇 개 추가하면 된다.[4] (Y를 $\overline{Y}$로 바꾸면 된다.) □

[3] 이번에도, 이 정의에서 v, w의 순서를 조심해야 한다.

[4] 이번에는 dual space를 이용한 두 번째 증명은 없다. §14.3 참조.

정리 14.2.6. (Perp Theorem: Non-degenerate Case) H가 non-degenerate 일 때, $W \le V$ 이면,

$$\dim W^{\perp} = \dim V - \dim W$$

가 성립한다.

증명 : 이번에도, 정리 13.5.11의 증명에 complex conjugation을 몇 개 추가하면 된다. 그러나, 이번에는, **연습문제 10.3.10의 도움**이 필요할 것이다. 확인해 보라! □

연습문제 14.2.7. (V, H)가 유한 차원 non-degenerate Hermitian space이고, $U, W \le V$ 일 때, 연습문제 13.5.13을 한번 더 풀어라.

Hermitian space (V, H)도 항상 orthogonal basis를 갖는다.

연습문제 14.2.8. H가 Hermitian이고 $w \in V$ 일 때, 만약 $H(w,w) \neq 0$ 이면,

$$V = \langle w \rangle \oplus \langle w \rangle^{\perp}$$

가 성립함을 보여라.

관찰 14.2.9. H가 Hermitian일 때, 만약 $[H(v,v) = 0 \text{ for all } v \in V]$이면, $H = 0$.

증명 : 이번에는 당연히 증명에 약간의 변화가 있다. 먼저,

$$H(v+w,\, v+w) - H(v,v) - H(w,w) = 2\,\Re\big(H(v,w)\big), \qquad (v, w \in V)$$

인 것은 당연하고, 다음에는, 관찰 10.6.5의 증명에서처럼

$$H(v+\mathbf{i}w,\, v+\mathbf{i}w) - H(v,v) - H(w,w) = 2\,\Im\big(H(v,w)\big), \qquad (v, w \in V)$$

가 성립하는 것에 유의하면 된다. □

정리 14.2.10. 모든 유한 차원 (non-zero) Hermitian space (V, H)는 orthogonal basis를 갖는다. (H가 non-degenerate 일 필요도 없다.)

증명 : 독자들에게 맡긴다. □

그리고, 물론, unitary geometry는 끝없이 계속된다.

14.3. H-Identification과 Adjoint Operator

이제 다시 dual space, dual map 그리고 duality를 생각하자. 이 節에서도 계속 $H: V \times V \to \mathbb{C}$는 항상 n-차원 벡터공간 V의 sesquilinear form이라고 가정한다. 그리고, $\mathfrak{B} = \{v_i\}$는 고정된 V의 (ordered) basis이다.

주의 14.3.1. 함수 $\varphi_H^V : V \to V^*$를

$$\varphi_H^V(v)(w) = H(w, v), \qquad (v, w \in V)$$

로 정의하자. 우리는 항상 φ_H^V가 잘 정의되어 있는지부터 확인하여야 한다. 즉, $v \in V$이면, $\varphi_H^V(v) \in V^*$인지를 설명해야 한다. 이는 H가 앞자리에서 linear이므로 자명하다.[5] **그렇지만, φ_H^V는 linear map이 아니다. 왜냐하면, H는 뒷자리에서 conjugate linear이기 때문이다.**

연습문제 14.3.2. $u, v \in V$, $c \in \mathbb{C}$일 때,

$$\varphi_H^V(u+v) = \varphi_H^V(u) + \varphi_H^V(v), \qquad \varphi_H^V(cv) = \bar{c}\,\varphi_H^V(v)$$

임을 — 즉, φ_H^V는 conjugate linear임을 — 증명하라.

다음 관찰은 [φ_H^V가 non-linear인 것을 補完해 주는 관찰]인 동시에 [V와 V^*를 identify할 수 있는 근거]가 되므로 중요하다.

관찰 14.3.3. $W \le V$일 때, 다음이 성립한다.

(가) $\varphi_H^V(W) \le V^*$.

(나) H가 non-degenerate sesquilinear form이면, $\dim W = \dim \varphi_H^V(W)$.

증명 : (가) φ_H^V는 conjugate linear이므로.

(나) $\{w_j\}$가 W의 basis일 때, $\{\varphi_H^V(w_j)\}$가 $\varphi_H^V(W)$의 basis임을 보이면 된다. 독자들에게 맡긴다. (연습문제 10.3.10의 증명을 흉내 내면 된다.) □

정리 14.3.4. H가 **non-degenerate** sesquilinear form이면, φ_H^V는 bijection이다. ($\varphi_H^V : (V, +) \to (V^*, +)$로 이해하면, φ_H^V는 abelian group isomorphism이 된다.) 특별히, V^*의 모든 원소는 $\varphi_H^V(v)$의 꼴로 쓸 수 있다(단, $v \in V$).

---

[5] $H(v, w)$로 쓰지 않고, $H(w, v)$로 쓴 이유를 분명히 알 수 있다.

증명 : φ_H^V가 injective인 것은 간단하다: 만약 $\varphi_H^V(u) = \varphi_H^V(v)$라면(단, $u, v \in V$), $[H(w,u) = H(w,v)$ for all $w \in V]$이므로, H의 non-degeneracy에 의해 $u = v$이다.[6] 그리고, '문제의' surjectivity는 앞 관찰14.3.3에서 $W = V$인 경우를 생각하면 된다. □

지금은 φ_H^V가 linear map이 아니므로, φ_H^V에 대응하는 행렬을 생각하는 것은 무의미하다. 따라서, [명제14.2.5의 두 번째 증명]은 없다. 어쨌든:

표기법 14.3.5. H가 **non-degenerate**일 때, 정리14.3.4의 bijection φ_H^V는 **기저의 선택과 무관한 natural bijection**이다. 따라서, 만족스럽지는 않지만 — B-identification을 흉내 내어 — φ_H^V를 통해 V와 V^*를 **identify**하고,

$$V = V^*$$

로 표기법을 남용한다. 이를 우리는 H-**identification**이라고 부른다. 그리고,

$$v = \varphi_v = \varphi_H^V(v), \qquad (v \in V)$$

로 (표기법을 남용하고) 간략히 표기하기로 한다.

사실, H-identification은 조금 '아슬아슬'한 面이 있지만, 위 관찰14.3.3의 도움으로 문제를 妙하게 해결해 나간다.

그러나, 이번에는 H-identification 자체가 완전하지 못하므로, 주의13.8.6을 modify할 수도 없다(확인해 보라). 아쉽지만 어쩔 수 없다.

연습문제 14.3.6. H가 non-degenerate일 때, $\{v_i\}$가 V의 basis이면,

$$H(v_i, w_j) = \delta_{ij}, \qquad (1 \le i, j \le n)$$

인 V의 'dual' basis $\{w_j\}$가 존재함을 보여라.

연습문제 14.3.7. 만약 V가 **orthonormal** basis $\{v_i\}$를 가지면(따라서, 이때 (V, H)는 non-degenerate Hermitian space),

$$\varphi_H^V(v_i) = v_i^*, \qquad (1 \le i \le n)$$

임을 보여라.

---

[6]물론, φ_H^V는 abelian group homomorphism이므로, $\ker \varphi_H^V$를 조사해도 된다.

이제 duality와 H-identification의 만남을 살펴보자.

연습문제 14.3.8. H가 non-degenerate일 때, 다음 사각형

$$\begin{array}{ccc} V \times V & \xrightarrow{\ H\ } & \mathbb{C} \\ {\scriptstyle I\times\varphi_H^V}\big\downarrow \| & \circlearrowright & \| \big\downarrow {\scriptstyle I} \\ V \times V^* & \xrightarrow[\ \varepsilon\ ]{} & \mathbb{C} \end{array}$$

은 commutative diagram임을 보여라.

즉, H-identification의 관점에서는 $H = \varepsilon$.[7]

정리 14.3.9. (Perp Theorem: Non-degenerate Case) H가 **f.d.v.s.** V의 non-degenerate sesquilinear form일 때, $W \le V$라고 하자. 이때 H-identification의 관점에서는

$$W^{\perp} = W^{\mathsf{perp}}$$

이다. 특별히,

$$\dim W^{\perp} = \dim V - \dim W$$

이다. (한번 더 강조하면, $V = W \oplus W^{\perp}$가 성립한다는 뜻은 아니다.)

증명 : 이 증명을 "같은 것은 같다"고 끝내 버리는 독자는 철학이 너무 지나침을 탓하여야 한다. ㅎㅎ. 지금은 identification이 완전하지 못하므로, 조심스럽게 확인해 보아야 한다. 즉,

$$\varphi_H^V(W^{\perp}) = W^{\mathsf{perp}}, \qquad \text{즉}, \qquad v \in W^{\perp} \iff \varphi_v \in W^{\mathsf{perp}}$$

임을 먼저 확인해야 한다. 독자들에게 맡긴다(다행히, complex conjugation과는 무관하다). 그리고, 관찰14.3.3을 이용하면 된다.[8] □

마지막으로, linear map들이 등장할 차례이다. 다음 정의는 dual map과 H-identification의 合作品 — **climax** — 이다. 이제부터는 (V, H)와 (W, K)는 항상 유한 차원 non-degenerate Hermitian space이고, $\mathfrak{B}, \mathfrak{C}$는 각각 V, W의 고정된 기저라고 가정한다.

[7] 사실, 이 명제는 조금(상당히) '아슬아슬'하다. 왜냐하면, ε은 bilinear form이지만, H는 bilinear form이 아니기 때문이다.

[8] 이 증명과 정리14.2.6의 증명의 차이점은, 물론, Rank Theorem과 Dimension Theorem의 사용 여부이다.

정의 14.3.10. (가) $L \in \mathfrak{L}(V, W)$ 라고 하자. 이때, 선형사상 L의 (H와 K에 관한) **adjoint map** $L^\star \in \mathfrak{L}(W, V)$ 는 — H-identification 과 K-identification 의 관점에서 —

$$L^\star = L^*$$

로 정의된다.[9] 즉, $L^\star : W \to V$ 는 다음 사각형

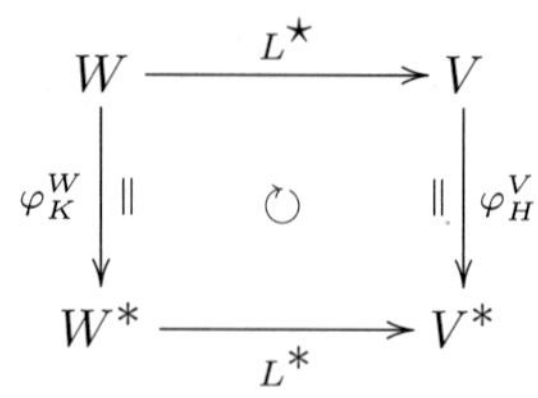

을 commutative diagram 으로 만들어 주는 유일한 linear map 이다. 이를 굳이 식으로 표현한다면,

$$L^\star = (\varphi_H^V)^{-1} \circ L^* \circ \varphi_K^W$$

가 된다.[10] (이때 φ_H^V 와 φ_K^W 가 conjugate linear 이므로, $L^\star$ 은 linear 이다. 즉, conjugate linear 인 것 두 개를 합성하면 linear 이다.)

(나) $L \in \mathfrak{L}(V, V)$ 일 때에는, 당연히, L의 **adjoint operator** $L^\star : V \to V$ 를

$$L^\star = (\varphi_H^V)^{-1} \circ L^* \circ \varphi_H^V$$

로 정의한다.

이번에도, 앞 章의 명제13.9.3 에서와 같이, 다음 명제를 adjoint map 의 정의로 생각해도 좋을 것이다.

명제 14.3.11. $L \in \mathfrak{L}(V, W)$ 이면, $L^\star \in \mathfrak{L}(W, V)$ 는 다음 조건

$$K(Lv, w) = H(v, L^\star w), \qquad K(w, Lv) = H(L^\star w, v) \qquad (v \in V,\ w \in W)$$

을 만족시키는 유일한 linear map 이다.

증명 : 독자들에게 맡긴다. □

[9] Dual map과 adjoint map은 전통적으로 — 어느 것이 먼저인지 알 수 없을 정도로 — 모두 L^*로 표기되어 왔다. 그 어느 것도 포기하기 어려웠으나, 무언가 구별이 필요하여, adjoint map 을 $\star$로 표기하였다. 즉, $*$가 symmetric bilinear form의 경우에는 $\mathbf{t}$로, Hermitian form의 경우에는 $\star$로 바뀐다고 생각하면 그럴듯할 것이다. 그러나, 약간 불만족스러운 이 표기법은 다음 章에서 한번 더 反轉을 꾀하게 된다. 표기법15.1.2 및 주의15.1.3 참조.

[10] Adjoint map $L^\star$은 H-identification과 K-identification에 depend한다.

다음에는 $L^\star$의 행렬 표현을 알아볼 차례이다. 답은 연습문제 14.1.7로부터 이미 알고 있다.

명제 14.3.12. (가) $L \in \mathfrak{L}(V, W)$일 때, $J_{\mathfrak{B}} = [H]_{\mathfrak{B}}$, $J_{\mathfrak{C}} = [K]_{\mathfrak{C}}$로 표기하면,

$$[L^\star]^{\mathfrak{C}}_{\mathfrak{B}} = \overline{J_{\mathfrak{B}}}^{-1}([L]^{\mathfrak{B}}_{\mathfrak{C}})^* \cdot \overline{J_{\mathfrak{C}}}$$

이다.

(나) 특별히, $L \in \mathfrak{L}(V, V)$일 때, $J = [H]_{\mathfrak{B}}$로 표기하면,

$$[L^\star]^{\mathfrak{B}}_{\mathfrak{B}} = \overline{J}^{-1}([L]^{\mathfrak{B}}_{\mathfrak{B}})^* \cdot \overline{J}$$

이다.[11]

증명 : 지금은 φ^V_H와 φ^W_K가 non-linear이므로, 당연히 — 앞 章의 명제 13.9.4 때와는 다른 — 새로운 증명이 필요하다.[12] 이제, 명제 14.3.11을 이용하면,

$$([Lv]_{\mathfrak{C}})^{\mathbf{t}} \cdot J_{\mathfrak{C}} \cdot \overline{[w]_{\mathfrak{C}}} = ([v]_{\mathfrak{B}})^{\mathbf{t}} \cdot J_{\mathfrak{B}} \cdot \overline{[L^\star w]_{\mathfrak{B}}}, \qquad (v \in V,\ \ w \in W)$$

이고, 따라서

$$([v]_{\mathfrak{B}})^{\mathbf{t}} \cdot ([L]^{\mathfrak{B}}_{\mathfrak{C}})^{\mathbf{t}} \cdot J_{\mathfrak{C}} \cdot \overline{[w]_{\mathfrak{C}}} = ([v]_{\mathfrak{B}})^{\mathbf{t}} \cdot J_{\mathfrak{B}} \cdot \overline{[L^\star]^{\mathfrak{C}}_{\mathfrak{B}}} \cdot \overline{[w]_{\mathfrak{C}}}, \qquad (v \in V,\ \ w \in W)$$

가 된다. 이는, 연습문제 9.3.7에 의하면,

$$([L]^{\mathfrak{B}}_{\mathfrak{C}})^{\mathbf{t}} \cdot J_{\mathfrak{C}} = J_{\mathfrak{B}} \cdot \overline{[L^\star]^{\mathfrak{C}}_{\mathfrak{B}}}$$

라는 뜻이다, 이 등식 양변에 complex conjugation을 취하면 증명 끝. (이 증명에서 complex conjugation을 제거하면, 명제 13.9.4의 두 번째 증명이 된다.) □

연습문제 14.3.13. $\mathfrak{B}$와 $\mathfrak{C}$가 각각 Hermitian space V와 W의 **orthonormal basis**이고, $L \in \mathfrak{L}(V, W)$이면, $[L^\star]^{\mathfrak{C}}_{\mathfrak{B}} = ([L]^{\mathfrak{B}}_{\mathfrak{C}})^*$ 임을 보여라.

이제, 마지막으로, unitary operator들이 등장할 차례이다.

명제 14.3.14. $\mathbf{U}(V, H) = \{L \in \mathbf{GL}(V) \mid L^\star \circ L = I\}$.

증명 : 독자들의 몫이다. □

[11] 이 명제가 바로 궁금했던 adjoint matrix의 '胎生의 비밀'이다. 관찰 10.7.7 다음 단락 참조.
[12] 명제 13.9.4에서는 선형사상의 행렬 표현을 이용했었다.

다음에는 adjoint map의 성질을 알아보자.

관찰 14.3.15. $L, M \in \mathfrak{L}(V, W)$ 이고 $c \in \mathbb{C}$ 이면, 다음이 성립한다.

(가) $(L+M)^{\star} = L^{\star} + M^{\star}$.

(나) $(cL)^{\star} = \bar{c}L^{\star}$.

증명 : (지금은 "$\star = *$"라고 하는 것은 non-sense이다. 그랬다가는 (나)항은 false가 될 것이다.) 무엇보다도 (나)항이 궁금하므로, (가)항은 독자들에게 맡긴다. 이제 $* : \mathfrak{L}(V, W) \to \mathfrak{L}(W, V)$는 linear map (isomorphism) 이고 (연습문제 13.6.10 (다)항), φ_H^V는 (따라서, $(\varphi_H^V)^{-1}$도) conjugate linear 이므로,

$$\begin{aligned}(cL)^{\star} &= (\varphi_H^V)^{-1} \circ (cL)^* \circ \varphi_K^W \\ &= (\varphi_H^V)^{-1} \circ (cL^*) \circ \varphi_K^W \\ &= \bar{c}\big((\varphi_H^V)^{-1} \circ L^* \circ \varphi_K^W\big) \\ &= \bar{c}L^{\star}\end{aligned}$$

이다.[13] □

연습문제 14.3.16. $L \in \mathfrak{L}(V, W)$ 이고 $M \in \mathfrak{L}(W, U)$ 일 때, 다음을 보여라.

(가) $I^{\star} = I$.

(나) $(M \circ L)^{\star} = L^{\star} \circ M^{\star}$.

(다) L이 가역이면, $L^{\star}$도 가역이고, $(L^{\star})^{-1} = (L^{-1})^{\star}$.

(라) $(L^{\star})^{\star} = L$.

연습문제 14.3.17. $L \in \mathfrak{L}(V, V)$ 일 때, 다음을 보여라. (표기법 8.1.10 참조.)

(가) $\mathrm{tr}(L^{\star}) = \overline{\mathrm{tr}(L)}$.

(나) $\det(L^{\star}) = \overline{\det(L)}$.

(다) $\phi_{L^{\star}}(t) = \overline{\phi_L}(t)$.

(라) $m_{L^{\star}}(t) = \overline{m_L}(t)$.

연습문제 14.3.18. $L \in \mathfrak{L}(V, W)$ 라고 할 때, 다음을 증명하라.

(가) $\ker(L^{\star}) = (\mathrm{im}\, L)^{\perp}$.

(나) $\mathrm{im}(L^{\star}) = (\ker L)^{\perp}$.

[13] 물론, 명제 14.3.11을 이용해 증명할 수도 있다.

제 15 장 Spectral Theorem

전통적으로, linear operator(또는 square matrix)의 [eigen-value들의 집합]을 우리는 spectrum이라고 부른다. 그렇지만, 'Spectral Theorem'의 뜻은 분명치 않다. 그저 이 章에서 그렇게 命名된 정리들을 통틀어 'Spectral Theorems'라고 부른다고 이해하면 된다. 혹은, diagonalizable operator의 'spectrum'이 diagonal matrix의 대각선에 나타난다고 생각해도 그럴듯할(?) 것이다.[1]

앞에서 우리가 기초적인 언어를 배운 orthogonal geometry와 unitary geometry는 물론 그 끝이 없다. 이 章에서는 orthogonal geometry와 unitary geometry를 조금 더 깊이 공부한다. 우리가 제 9장에서 $\mathbf{O}(2)$와 $\mathbf{O}(3)$를 갖고 고생할 때에 비하면, 지금 우리는 수많은 강력한 tool들을 갖고 있다. 이제, 우리의 tool들이 어떤 힘을 발휘하는지 지켜보자.

그럼 예고한 '공놀이'를 시작한다.[2]

15.1. 표기법과 용어

제 13장과 제 14장의 climax에서 얻은 transpose operator와 adjoint operator의 개념은 우리에게 통일된 표기법을 — 즉, quadratic space (V, B)와 Hermitian space (V, H)를 동시에 다룰 수 있는 표기법을 — 가능하게 하여 준다(표기법 15.1.2 참조).

우선 독자들의 편의를 위하여 표기법 7.1.2를 한번 더 기술한다.

표기법 15.1.1. 이 책에서 $[T \in \mathfrak{LM}]$이라고 하면, 언제나 $[T \in \mathfrak{L}(V, V)$ 혹은 $T \in \mathfrak{M}_{n,n}(F)]$를 뜻하기로 약속한다. 이때, $\dim V = n$이라고 놓자. 물론 T가 행렬이면 $V = F^n$으로 이해하고, $T = L_T$로 혼동한다. (즉, 행렬은 특수한 선형사상으로 이해한다.) 또, 혹시 모르니, $V \neq 0$이라고 가정한다.

---

[1] Spectrum에 관한 이 해석에는 별로 自信이 없다.

[2] 독자들은 어떤 '공놀이'를 기대하는가? [一年 가까이 '달리기 훈련'을 받은 지금]과 ['달리기 훈련'을 받기 前]의 '공놀이'는 그 노는 수준이 다를 수밖에 없다.

그러나, 제 7 장에서 우리가 $T \in \mathfrak{LM}$ 의 표기법을 사용할 때에 비하면, 지금은 상황이 조금 더 복잡하다.

표기법 15.1.2. (가) $F = \mathbb{C}$ 이고 (V, H) 가 non-degenerate Hermitian space 일 때, $T = L \in \mathfrak{L}(V, V)$ 이면, $T^* = L^\star$ 로 이해한다. 따라서, $T = A \in \mathfrak{M}_{n,n}(\mathbb{C})$ 이면, $T^* = (L_A)^\star$ 로 이해한다는 뜻이 된다.
(나) (V, B) 가 non-degenerate quadratic space 일 때에는, $T = L \in \mathfrak{L}(V, V)$ 이면 $T^* = L^{\mathbf{t}}$ 로 이해한다. 따라서, $T = A \in \mathfrak{M}_{n,n}(F)$ 이면 $T^* = (L_A)^{\mathbf{t}}$ 로 이해한다는 뜻이 된다. 그리고, quadratic space 임을 강조하기 위하여, T^* 보다는 $T^{\mathbf{t}}$ 의 표기법을 더 자주 사용한다.[3]

위 표기법은, 당연히, 약간의 혼동을 야기한다.

주의 15.1.3. (가) $T \in \mathfrak{L}(V, V)$ 일 때, T^* 를 dual map 과 혼동할 수 있다. 그래서, **dual map** 들은 transpose map 과 adjoint map 의 개념을 소개하는 것 (즉, climax) 으로 그 임무를 마치고 (잠시) **은퇴한 것으로 간주**한다. 즉, dual map 들은 이 책에는 다시 등장하지 않을 것이다.[4]
(나) 만약 $T = A \in \mathfrak{M}_{n,n}(\mathbb{C})$ 이면, Hermitian space $(\mathbb{C}^n, H)$ 의 경우에

$$[(L_A)^\star]_{\mathcal{E}}^{\mathcal{E}} = \overline{J}^{-1} A^* \cdot \overline{J}, \qquad (\text{단, } J = [H]_{\mathcal{E}})$$

이므로 (명제 14.3.12), [표기법 15.1.2 (가) 항의 adjoint operator $T^* = (L_A)^\star$] 와 [정의 10.6.7 의 adjoint matrix A^*] 를 **엄격히 구분**해야 한다. 다만, $\mathbb{C}^n$ 의 표준기저 $\mathcal{E}$ 가 $(\mathbb{C}^n, H)$ 의 orthonormal basis 인 경우 — 즉, H 가 $\mathbb{C}^n$ 의 Hermitian dot product 인 경우 — 에는 $T^* = (L_A)^\star = L_{A^*} = A^*$ 로 혼동할 수 있다.[5]
(다) 마찬가지로, $T = A \in \mathfrak{M}_{n,n}(F)$ 일 때, quadratic space (F^n, B) 의 경우에

$$[(L_A)^{\mathbf{t}}]_{\mathcal{E}}^{\mathcal{E}} = J^{-1} A^{\mathbf{t}} \cdot J, \qquad (\text{단, } J = [B]_{\mathcal{E}})$$

이므로 (명제 13.9.4), [표기법 15.1.2 (나) 항의 transpose operator $T^{\mathbf{t}} = (L_A)^{\mathbf{t}}$] 와 [제 1 장부터 알고 있는 transpose matrix $A^{\mathbf{t}}$] 를 **엄격히 구분**해야 한다. 다만, F^n 의 표준기저 $\mathcal{E}$ 가 (F^n, B) 의 orthonormal basis 인 경우 — 즉, B 가 F^n 의 '보통 내적'인 경우 — 에는 $T^{\mathbf{t}} = (L_A)^{\mathbf{t}} = L_{A^{\mathbf{t}}} = A^{\mathbf{t}}$ 로 혼동할 수 있다.[6]

---

[3] 그러므로, T^* 의 표기법은 (가) 항의 경우에는 H-identification 에 depend 하고, (나) 항의 경우에는 B-identification 에 depend 함에 유의하여야 한다.

[4] 그러나, dual map 과 adjoint map 의 $*$ 를 둘러싼 暗鬪는 계속될 것이다.

[5] 관찰 10.7.1 및 연습문제 14.3.13 참조.

[6] 관찰 10.7.1 및 연습문제 13.9.5 참조.

그리고 보니, 우리는 $T \in \mathfrak{LM}$과 T^*가 함께 등장하는 표기법을 고안하기 위해 이 책의 많은 부분을 할애하여 왔던 셈이다. 그리고, 이러한 표기법은, 무엇보다도, dimension에 관한 induction을 가능하게 해 줄 것이다.

다음 단순한 관찰은 $T \in \mathfrak{LM}$과 T^*가 함께 등장하는 경우에 귀납법의 기초가 된다.

관찰 15.1.4. $T \in \mathfrak{LM}$일 때, V의 subspace W가 T-invariant이면서 동시에 T^*-invariant이면,

$$(T|_W)^* = T^*|_W$$

이다.

증명 : H와 B를 모두 (임시로) $\langle\ ,\rangle$로 표기하면,

$$\big\langle (T|_W)w, w' \big\rangle = \langle Tw, w' \rangle = \big\langle w, T^*w' \big\rangle = \big\langle w, (T^*|_W)w' \big\rangle, \qquad (w, w' \in W)$$

이므로 자명. (명제 14.3.11 및 명제 13.9.3 참조.) □

특별한 성질을 갖는 $T \in \mathfrak{LM}$들은 특별한 이름을 갖는다. 이 중 일부는 이미 알고 있는 이름들이다. 그리고, normal operator의 motivation은 다음 節의 관찰 15.2.2에서 분명히 드러날 것이다.

정의 15.1.5. $T \in \mathfrak{LM}$일 때,[7]

(가) 만약 $T^* = T$이면, (V, H)의 경우에는 T를 **self-adjoint operator**(또는 **Hermitian operator**)라고 부르고, (V, B)의 경우에는 T를 **symmetric operator**라고 부른다.
(나) 만약 $T^* \cdot T = I$이면, (V, H)의 경우에는 T를 unitary operator라고 부르고, (V, B)의 경우에는 T를 orthogonal operator라고 부른다.[8]
(다) 만약 $T \cdot T^* = T^* \cdot T$이면, T를 **normal operator**라고 부른다.[9]

연습문제 15.1.6. $T \in \mathfrak{LM}$일 때, 다음을 보여라.

(가) T가 self-adjoint이면(혹은 T가 symmetric이면), T는 normal.
(나) T가 unitary이면(혹은 T가 orthogonal이면), T는 normal.

---

[7] 정의 15.1.5의 용어들은 H나 B가 주어지지 않으면 無意味함에 유의하여야 한다.
[8] 명제 14.3.14 및 명제 13.9.7 참조.
[9] $A \in \mathfrak{M}_{n,n}(\mathbb{C})$일 때, 만약 $A \cdot A^* = A^* \cdot A$이면, A를 normal matrix라고 부른다.

15.2. Normal Operator

먼저 이 節에서 사용할 notation을 정하자.

표기법 15.2.1. 이 節에서는 항상 $F = \mathbb{C}$ 이고, $(V, \langle\ ,\rangle)$는 **Hermitian inner product** $\langle\ ,\rangle$가 주어진 n-dimensional $\mathbb{C}$-vector space 이다.

우리는 제 7 장과 제 8 장에 이어 다시 diagonalization 에 관심을 갖는다. 다음 관찰은 거의 자명하다.

관찰 15.2.2. $T \in \mathfrak{L}\mathfrak{M}$ 이라고 할 때, [T의 eigen-vector 들로 이루어진 V의 orthonormal basis]가 존재하면, T는 normal.

증명 : $\mathfrak{B}$를 [T의 eigen-vector 들로 이루어진 V의 orthonormal basis] 라고 하면, $[H]_{\mathfrak{B}} = I$가 된다(단, $H = \langle\ ,\rangle$). 그러므로,

$$[T]_{\mathfrak{B}}^{\mathfrak{B}} = \operatorname{diag}(\lambda_1, \ldots, \lambda_n)$$

으로 놓으면(관찰 7.2.13 참조), 명제 14.3.12 에 의해,

$$[T^*]_{\mathfrak{B}}^{\mathfrak{B}} = \overline{I}^{-1}\, \overline{([T]_{\mathfrak{B}}^{\mathfrak{B}})^{\mathbf{t}}}\, \overline{I} = \operatorname{diag}(\overline{\lambda_1}, \ldots, \overline{\lambda_n})$$

가 된다. 따라서, 두 대각행렬은 항상 서로 commute 하므로,

$$[T]_{\mathfrak{B}}^{\mathfrak{B}} \cdot [T^*]_{\mathfrak{B}}^{\mathfrak{B}} = [T^*]_{\mathfrak{B}}^{\mathfrak{B}} \cdot [T]_{\mathfrak{B}}^{\mathfrak{B}}, \quad \text{즉,} \quad T \cdot T^* = T^* \cdot T$$

이다. □

우선, normal operator 의 성질을 알아보자.

관찰 15.2.3. $T \in \mathfrak{L}\mathfrak{M}$ 일 때, 다음은 동치이다.

(1) T는 normal.
(2) $\langle Tv, Tw\rangle = \langle T^*v, T^*w\rangle$ for all $v, w \in V$.

증명 : 먼저 T가 normal 이면, 명제 14.3.12 에 의해

$$\langle Tv, Tw\rangle = \langle v, T^* \cdot Tw\rangle = \langle v, T \cdot T^*w\rangle = \langle T^*v, T^*w\rangle, \qquad (v, w \in V)$$

이므로 OK. 역으로, T가 조건 (2)를 만족시키면,

$$\langle v, T^* \cdot Tw\rangle = \langle Tv, Tw\rangle = \langle T^*v, T^*w\rangle = \langle v, T \cdot T^*w\rangle, \qquad (v, w \in V)$$

이므로, T는 normal. □

관찰 15.2.4. $T \in \mathfrak{LM}$이 normal이고, $\lambda \in \mathbb{C}$이면, $(T-\lambda I)$도 normal.

증명 : 관찰14.3.15와 연습문제14.3.16(가)항에 의해,

$$(T-\lambda I)^* = T^* - \overline{\lambda} I$$

이므로,

$$\begin{aligned}(T-\lambda I)(T^* - \overline{\lambda} I) &= T \cdot T^* - \overline{\lambda} T - \lambda T^* + |\lambda|^2 I \\ &= T^* \cdot T - \lambda T^* - \overline{\lambda} T + |\lambda|^2 I \\ &= (T^* - \overline{\lambda} I)(T - \lambda I)\end{aligned}$$

이다. 증명 끝. □

이 節의 결과들은 다음 단순한 관찰에 기초하고 있다.

관찰 15.2.5. $T \in \mathfrak{LM}$이 normal이고, $0 \neq v \in V$, $\lambda \in \mathbb{C}$일 때,

$$Tv = \lambda v$$

이면, 즉 v가 eigen-value λ를 갖는 T의 eigen-vector이면,

$$T^* v = \overline{\lambda} v$$

이다. 즉, v는 eigen-value $\overline{\lambda}$를 갖는 T^*의 eigen-vector이다.

증명 : 관찰15.2.3과 관찰15.2.4에 의해

$$0 = \langle (T-\lambda I)v, (T-\lambda I)v \rangle = \langle (T^* - \overline{\lambda} I)v, (T^* - \overline{\lambda} I)v \rangle$$

이므로, $(T^* - \overline{\lambda} I)v = 0$.[10] □

이제, 첫 번째 Spectral Theorem을 맞이할 준비가 되었다. 우리의 관심사는 당연히 위 관찰15.2.2의 converse이다.

정리 15.2.6. (Spectral Theorem : Positive Definite Hermitian Case) (표기법15.2.1 참조.) $T \in \mathfrak{LM}$일 때, 다음 조건

(1) T는 normal.

(2) [T의 eigen-vector들로 이루어진 V의 orthonormal basis]가 존재.

은 동치이다.

---

[10] Positive-definiteness가 사용되었음에 유의하기 바란다. 저자는 이 관찰을 증명하는 다른 방법을 알지 못한다. 그런 의미에서, 이 증명은 제법 'tricky'하다.

증명 : 한쪽 방향은 이미 증명하였으므로, 이제 T는 normal이라고 가정하자. 당연히, T의 eigen-vector $v \in V$를 먼저 하나 찾는다. ($F = \mathbb{C}$이므로 항상 가능하다.) 그리고, v의 eigen-value를 $\lambda \in \mathbb{C}$라고 놓자(즉, $Tv = \lambda v$). 그러면 **Gram-Schmidt Orthogonalization**에 의해, $V = \langle v \rangle \oplus \langle v \rangle^{\perp}$이고, 특별히 $\dim \langle v \rangle^{\perp} < \dim V$이므로, **dimension에 관한 귀납법**을 사용할 수 있다. 이제 (font의 크기 문제로 인하여) $W = \langle v \rangle^{\perp}$로 표기할 때, induction hypothesis를 $T|_W : W \to W$에 적용하려면, 다음 세 가지 사항을 확인하여야 한다.

(i) $W = \langle v \rangle^{\perp}$는 V의 T-invariant subspace인가? 이를 위해서는 [$v \perp u$이면 $v \perp Tu$] 임을 보여야 한다. 이는, 관찰15.2.5에 의해

$$\langle v, Tu \rangle = \langle T^* v, u \rangle = \langle \overline{\lambda}\, v, u \rangle = \overline{\lambda}\, \langle v, u \rangle$$

이므로, OK.

(ii) $T|_W$는 normal인가? 즉,

$$(T|_W) \cdot (T|_W)^* = (T|_W)^* \cdot (T|_W)$$

인가? 이를 위해서는, $(T|_W)^* = (T^*|_W)$인 것을 보이면 충분할 것이다. 그리고, 관찰15.1.4에 의해, 이를 위해서는 아래 (iii)항이 필요하다.

(iii) $W = \langle v \rangle^{\perp}$는 V의 T^*-invariant subspace인가? (이를 확인하지 않으면, $T^*|_W$의 표기법 자체가 무의미하다.) 위 (i)항과 비슷하므로 생략.

이제, induction hypothesis에 의해, [$T|_W$의 eigen-vector들로 이루어진 W의 orthonormal basis]가 존재하고, 거기에 v를 보태면(처음부터 v가 unit vector였다고 가정할 수 있으므로) 원하는 기저를 얻는다. □

독자들은 dimension에 관한 귀납법의 위력을 실감하고 있을 것이다.[11] 우리는 물론 — 2-차 연립방정식의 해집합을 구할 수 없으므로 — normal operator를 모두 '구할' 수는 없다. 그렇지만 우리는 Spectral Theorem이 normal operator를 모두 describe해 준다고 말할 수 있다. 즉, normal operator는, 적당한 직교좌표계(orthonormal basis)에 대해, 각각의 좌표축에 scalar multiplication으로 act(operate)하는 것들이다.

물론 정리15.2.6의 따름정리로 self-adjoint operator와 unitary operator의 Spectral Theorem을 state할 수도 있겠지만, 자명하므로, 종이를 아끼자.

[11]독자들이 다음에 만날 한 수준 위의 책에서는 이 증명을 "T의 eigen-vector v에 대해, $\langle v \rangle^{\perp}$가 V의 T-invariant subspace이므로, 귀납법에 의해 당연"이라는 정도로 끝낸다.

다음 따름정리들을 산뜻하게 표현하기 위해서는 새로운 표기법이 필요하다.

정의 15.2.7. $\mathbf{D}_n(\mathbb{C})$를 the group of invertible diagonal matrices라고 표기할 때(연습문제 11.9.13 참조), the group of diagonal unitary matrices $\mathbf{T}_{\mathbf{U}(n)}$을

$$\mathbf{T}_{\mathbf{U}(n)} = \mathbf{U}(n) \cap \mathbf{D}_n(\mathbb{C})$$

로 정의한다.[12] 그리고,

$$\mathbf{T}_{\mathbf{SU}(n)} = \mathbf{SU}(n) \cap \mathbf{D}_n(\mathbb{C}) = \mathbf{T}_{\mathbf{U}(n)} \cap \mathbf{SL}_n(\mathbb{C})$$

로 정의한다.

연습문제 15.2.8. 다음을 보여라. (보기 11.9.19의 표기법 참조.)

(가) $\mathbf{T}_{\mathbf{U}(n)} = \big\{ \mathrm{diag}(\lambda_1, \ldots, \lambda_n) \in \mathbf{D}_n(\mathbb{C}) \,\big|\, |\lambda_i| = 1 \text{ for all } i = 1, \ldots, n \big\}$.

(나) $\mathbf{T}_{\mathbf{U}(n)} \approx \underbrace{S^1 \times \cdots \times S^1}_{n\text{-번}} \approx \underbrace{\mathbf{U}(1) \times \cdots \times \mathbf{U}(1)}_{n\text{-번}}$.

(다) $\mathbf{T}_{\mathbf{SU}(n)} \approx \underbrace{S^1 \times \cdots \times S^1}_{(n-1)\text{-번}}$.

따름정리 15.2.9. (Spectral Theorem for $\mathbf{U}(n)$) 만약 $A \in \mathbf{U}(n)$이라고 하면, $U^{-1}AU \in \mathbf{T}_{\mathbf{U}(n)}$인 $U \in \mathbf{U}(n)$이 존재한다. 따라서,

$$\mathbf{U}(n) = \bigcup_{U \in \mathbf{U}(n)} U \cdot \mathbf{T}_{\mathbf{U}(n)} \cdot U^{-1}$$

로 쓸 수 있다.[13]

증명 : Hermitian **dot product**가 주어진 $\mathbb{C}^n$-공간을 생각하자. 이 경우에는 $(L_A)^\star = L_{A^*}$이므로(주의 15.1.3(나)항 참조), L_A는 물론 unitary operator이다. 그리고, unitary이면 normal이므로(연습문제 15.1.6), 정리 15.2.6에 의해 [L_A의 eigen-vector들로 이루어진 $\mathbb{C}^n$의 orthonormal basis] $\mathfrak{B}$가 존재한다. 이제, $[L_A]_{\mathfrak{B}}^{\mathfrak{B}} \in \mathbf{U}(n)$이므로(참고 10.6.4 및 명제 13.3.5 참조),

$$[I]_{\mathfrak{B}}^{\mathcal{E}} \cdot A \cdot [I]_{\mathcal{E}}^{\mathfrak{B}} = [L_A]_{\mathfrak{B}}^{\mathfrak{B}} \in \mathbf{T}_{\mathbf{U}(n)}$$

이 된다. 이때, 연습문제 10.6.9(5)에 의해 $[I]_{\mathcal{E}}^{\mathfrak{B}} \in \mathbf{U}(n)$이므로, 증명 끝. □

[12] $\mathbf{T}$는 torus의 첫 글자이다. Torus는 (속이 비어 있는) 훌라후프 또는 donut의 'fancy'한 이름이다. 그리고 $\mathbf{T}_{\mathbf{U}(n)}$의 이름은 $\mathbf{U}(n)$의 maximal torus이다. 정의 16.2.10 참조.

[13] 따라서, 보기 11.8.9의 표현을 빌리면, group $\mathbf{U}(n)$의 임의의 원소는 어떤 $\mathbf{T}_{\mathbf{U}(n)}$의 원소와 서로 conjugate이다. 그리고, 연습문제 11.8.11의 표현을 빌리면, group $\mathbf{U}(n)$은 [$\mathbf{T}_{\mathbf{U}(n)}$의 conjugate subgroup들]의 union이다.

우리는 $\mathbf{U}(n)$의 원소를 모두 찾는 것은 일찌감치 포기했었다.[14] 한번 더 강조하자면, Spectral Theorem은 — 2-차 연립방정식을 피해서 — $\mathbf{U}(n)$의 원소를 완전히 describe해 준다.[15] 즉, unitary matrix는 $\mathbb{C}^n$의 적당한 직교좌표계 (orthonormal basis)에 대해, 각각의 좌표축에 상수곱으로 act하는 것들이다. 물론 이때 상수곱은 절댓값이 1인 복소수의 상수곱이다.

연습문제 15.2.10. 만약 $U \in \mathbf{U}(n)$이면, $\alpha U \in \mathbf{SU}(n)$인 $\alpha \in \mathbb{C}$가 존재함을 보여라.[16]

따름정리 15.2.11. (Spectral Theorem for $\mathbf{SU}(n)$) $A \in \mathbf{SU}(n)$이라고 하면, $U^{-1}AU \in \mathbf{T}_{\mathbf{SU}(n)}$인 $U \in \mathbf{SU}(n)$이 존재한다. 따라서,

$$\mathbf{SU}(n) = \bigcup_{U \in \mathbf{SU}(n)} U \cdot \mathbf{T}_{\mathbf{SU}(n)} \cdot U^{-1}$$

로 쓸 수 있다.

증명 : 언제나 $\det(U^{-1}AU) = \det(A) = 1$이므로, 따름정리 15.2.9에 의해, $U^{-1}AU \in \mathbf{T}_{\mathbf{SU}(n)}$인 $U \in \mathbf{U}(n)$이 존재한다. 이제, U 대신 위 연습문제에서 찾은 $\alpha U \in \mathbf{SU}(n)$을 생각하면 된다. 물론, $(\alpha U)^{-1}A(\alpha U) = U^{-1}AU$. □

연습문제 세 개.

연습문제 15.2.12. 따름정리 15.2.9에서, $A \notin \mathbf{SU}(n)$인 경우에도 $U \in \mathbf{SU}(n)$이라고 할 수 있을까?

연습문제 15.2.13. $A \in \mathfrak{M}_{n,n}(\mathbb{C})$가 normal matrix이면 — 즉, $A \cdot A^* = A^* \cdot A$이면 — $U^{-1}AU \in \mathbf{D}_n(\mathbb{C})$인 $U \in \mathbf{SU}(n)$이 존재함을 보여라.

연습문제 15.2.14. $A = \frac{1}{\sqrt{2}}\begin{pmatrix} 1 & \mathbf{i} \\ \mathbf{i} & 1 \end{pmatrix} \in \mathbf{SU}(2)$로 놓을 때, $U^{-1}AU \in \mathbf{T}_{\mathbf{SU}(2)}$인 $U \in \mathbf{SU}(2)$를 구하라.

[14] 사실 $n \geq 3$인 경우는 시도해 본 적도 없다. 연습문제 10.6.14 참조.
[15] 더 감격적으로 쓰고 싶지만……, 참는다.
[16] 연습문제 10.6.12 참조.

15.3. Symmetric Operator

이번에도 이 節에서 사용할 notation을 먼저 고정하자.

표기법 15.3.1. 이 節에서는(연습문제 15.3.11까지) $F = \mathbb{R}$이고, $(V, \langle\ ,\rangle)$는 **inner product** $\langle\ ,\rangle$가 주어진 n-차원 $\mathbb{R}$-vector space이다. 그리고, T^* 대신 $T^{\mathbf{t}}$의 표기법을 사용한다.

앞 節과 같이, 우리의 관심사는 diagonalization이다. 그런데, $F = \mathbb{R}$인 경우에는 eigen-value가 하나도 없을 수 있으므로, 대각화를 시작조차 할 수 없을지도 모른다.

다음 명제의 증명을 위해서는 먼저 약간의 comment가 필요할 것이다. 즉, n-차원 inner product space $(V, \langle\ ,\rangle)$는 ($\mathbb{R}^n$, dot product)와 '본질적'으로 같으므로(§10.5 참조), $(V, \langle\ ,\rangle) =$ ($\mathbb{R}^n$, dot product)이고, $T = L_A$인 경우만 생각하면 충분할 것이다(단, $A \in \mathfrak{M}_{n,n}(\mathbb{R})$).

명제 15.3.2. (가) $T \in \mathfrak{LM}$이 symmetric operator이면, T는 항상 (real) eigen-value를 갖는다.
(나) Symmetric matrix $A \in \mathfrak{M}_{n,n}(\mathbb{R})$은 항상 (real) eigen-value를 갖는다.

증명 : 앞서 말한 것처럼, 우리는 이 명제를 $(V, \langle\ ,\rangle) =$ ($\mathbb{R}^n$, dot product)이고, $T = L_A$라고 가정할 수 있다(단, $A \in \mathfrak{M}_{n,n}(\mathbb{R})$). 그리고 $L_A = (L_A)^{\mathbf{t}} = L_{A^{\mathbf{t}}}$이므로(주의 15.1.3(다)항 참조), $A = A^{\mathbf{t}}$임을 알 수 있다. 이제 $L_A : \mathbb{R}^n \to \mathbb{R}^n$을 $L_A : \mathbb{C}^n \to \mathbb{C}^n$으로 이해한다고 해서 뭐 안 될 이유는 없다.[17] 이때 우리는 $\mathbb{R}^n$의 dot product를 extend하여 $\mathbb{C}^n$에 Hermitian dot product가 주어졌다고 생각한다. 이제, eigen-value $\lambda \in \mathbb{C}$를 갖는 L_A의 eigen-vector $X \in \mathbb{C}^n$을 찾는다(즉, $AX = \lambda X$). 그러면, $A^* = A^{\mathbf{t}} = A$이므로, 관찰 10.7.1에 의해

$$\lambda \langle X, X\rangle = \langle AX, X\rangle = \left\langle X, A^* X\right\rangle = \langle X, AX\rangle = \langle X, \lambda X\rangle = \overline{\lambda} \langle X, X\rangle$$

를 얻는다. 따라서, $\overline{\lambda} = \lambda \in \mathbb{R}$. □

위 명제 15.3.2에 따르면, 모든 symmetric operator/matrix의 characteristic polynomial은 $\mathbb{R}$-위에서 1-차식들의 곱으로 분해됨을 알 수 있다. 왜냐하면, 이들의 (complex) root은 사실은 모두 real number이기 때문이다.

[17] 우리가 이 증명을 $T = L_A$의 경우로 제한하는 이유는 명제 8.1.5의 증명에서 언급한 바 있는 "표기법상의 약간 subtle한 문제" 때문이다.

우리가 symmetric operator에 관심을 갖는 것은 다음 관찰 때문이다.

관찰 15.3.3. $T \in \mathfrak{LM}$이라고 할 때, [T의 eigen-vector들로 이루어진 V의 orthonormal basis]가 존재하면, T는 symmetric.

증명 : $\mathfrak{B}$를 [T의 eigen-vector들로 이루어진 V의 orthonormal basis]라고 하면, $[B]_{\mathfrak{B}} = I$가 된다(단, $B = \langle\ ,\rangle$). 그러므로, $[T]_{\mathfrak{B}}^{\mathfrak{B}} = \mathrm{diag}(\lambda_1, \ldots, \lambda_n)$으로 놓으면, 명제13.9.4에 의해,

$$[T^{\mathbf{t}}]_{\mathfrak{B}}^{\mathfrak{B}} = I^{-1} \cdot \left([T]_{\mathfrak{B}}^{\mathfrak{B}} \right)^{\mathbf{t}} \cdot I = [T]_{\mathfrak{B}}^{\mathfrak{B}}$$

가 된다(대각행렬의 transpose는 자기 자신). 따라서, $T^{\mathbf{t}} = T$. □

그리고, 위 관찰의 converse도 성립한다.

정리 15.3.4. (Spectral Theorem : Positive Definite Real Quadratic Case) (표기법15.3.1 참조.) $T \in \mathfrak{LM}$일 때, 다음 조건은 동치이다.

(1) T는 symmetric.

(2) [T의 eigen-vector들로 이루어진 V의 orthonormal basis]가 존재.

증명 : 정리15.2.6의 증명을 몇 글자만 바꾸면 된다. 이미 명제15.3.2에서 T의 (real) eigen-value의 존재를 증명하였으므로, 나머지 귀납법의 과정은 거의 기계적이다. 독자들에게 맡긴다. ($*$는 $\mathbf{t}$로 바꾸어 쓰고, complex conjugation은 모두 제거하면 된다.) □

만약 다음 따름정리가 자명하지 않다면, 명제15.3.2의 증명을 한번 더 읽어 보기 바란다.

따름정리 15.3.5. (Spectral Theorem for Real Symmetric Matrices) $\mathbb{R}^n$에 dot product가 주어졌을 때, $A \in \mathfrak{M}_{n,n}(\mathbb{R})$이면, 다음 조건은 동치이다.

(1) A는 symmetric matrix.

(2) [A의 eigen-vector들로 이루어진 $\mathbb{R}^n$의 orthonormal basis]가 존재.

(3) [$U^{-1}AU$가 diagonal matrix]인 $U \in \mathbf{O}(n)$이 존재.

증명 : 자명. □

위 정리에는 수많은 'classical' application들이 있다. 그중 가장 중요한 것은 2-차형식의 대각화이다.

이제, §13.2에서와 같이, n-개의 실변수 $x_1, \ldots, x_n$을 갖는 '同次인 2-차식'

$$2\,Q(x_1, \ldots, x_n) = \sum_i a_{ii} x_i^2 + 2 \sum_{i<j} a_{ij} x_i x_j$$

가 주어졌다고 하자(단, $a_{ij} \in \mathbb{R}$). 그러면, $J = (a_{ij})$로 놓을 때(단, $a_{ij} = a_{ji}$), Q는 symmetric bilinear form $B_{\mathcal{E}}^J : \mathbb{R}^n \times \mathbb{R}^n \to \mathbb{R}$에 대응한다. 즉,

$$2\,Q(X) = B_{\mathcal{E}}^J(X, X) = X^{\mathbf{t}} \cdot JX, \qquad (X = (x_1, \ldots, x_n)^{\mathbf{t}} \in \mathbb{R}^n)$$

가 성립한다. 이때 J는 symmetric matrix이므로, Spectral Theorem에 의해

$$U^{-1} J U = D = \operatorname{diag}(\lambda_1, \ldots, \lambda_n)$$

인 $U \in \mathbf{O}(n)$이 존재할 것이다(단, $\lambda_i \in \mathbb{R}$). 따라서, $U^{\mathbf{t}} = U^{-1}$이므로,

$$2\,Q(X) = X^{\mathbf{t}}(UDU^{-1})X = (U^{-1}X)^{\mathbf{t}} \cdot D(U^{-1}X)$$

가 된다. 이제, $U^{-1}X = X' = (x_1', \ldots, x_n')^{\mathbf{t}}$으로 표기하면(즉, $X = UX'$),

$$2\,Q(X) = (X')^{\mathbf{t}} \cdot DX' = \lambda_1 (x_1')^2 + \cdots + \lambda_n (x_n')^2$$

의 '예쁜' 모양을 얻을 수 있다. 이때, 우리는 quadratic form $2\,Q$를 **대각화**했다고 말한다. (이 논의의 point는 $U^{\mathbf{t}} = U^{-1}$.)

보기 15.3.6. Symmetric matrix $J = \begin{pmatrix} 2 & 1 \\ 1 & 2 \end{pmatrix}$에 대응하는 quadratic form

$$2\,Q(x, y) = 2x^2 + 2xy + 2y^2$$

이 주어졌다고 하자. 이제, J를 대각화하면,

$$\tfrac{1}{\sqrt{2}} \begin{pmatrix} 1 & -1 \\ 1 & 1 \end{pmatrix} \cdot \begin{pmatrix} 2 & 1 \\ 1 & 2 \end{pmatrix} \cdot \tfrac{1}{\sqrt{2}} \begin{pmatrix} 1 & 1 \\ -1 & 1 \end{pmatrix} = \begin{pmatrix} 1 & 0 \\ 0 & 3 \end{pmatrix}$$

이 된다. 따라서,

$$\tfrac{1}{\sqrt{2}} \begin{pmatrix} 1 & 1 \\ -1 & 1 \end{pmatrix} \begin{pmatrix} x' \\ y' \end{pmatrix} = \begin{pmatrix} x \\ y \end{pmatrix}$$

즉,

$$x = \tfrac{1}{\sqrt{2}}\,x' + \tfrac{1}{\sqrt{2}}\,y', \qquad y = -\tfrac{1}{\sqrt{2}}\,x' + \tfrac{1}{\sqrt{2}}\,y'$$

으로 치환하면,

$$2x^2 + 2xy + 2y^2 = (x')^2 + 3(y')^2$$

을 얻는다.

보기 15.3.7. 이번에는 2-차곡선

$$2x^2+2xy+2y^2=4$$

의 graph를 그려 보자. 이제, 앞 보기에서 J의 eigen-vector들로 이루어진 $\mathbb{R}^2$의 (ordered) orthonormal basis

$$\mathfrak{B}=\{v,w\}=\left\{\tfrac{1}{\sqrt{2}}\begin{pmatrix}1\\-1\end{pmatrix},\ \tfrac{1}{\sqrt{2}}\begin{pmatrix}1\\1\end{pmatrix}\right\}$$

을 생각하면, $U=[I]_{\mathcal{E}}^{\mathfrak{B}}$ 이므로,

$$[X]_{\mathcal{E}}=X=UX'=[I]_{\mathcal{E}}^{\mathfrak{B}}\cdot[x'v+y'w]_{\mathfrak{B}}=[x'v+y'w]_{\mathcal{E}}$$

가 된다(앞 보기의 표기법 참조). 따라서, $X=x'v+y'w$ 이므로, [표준기저 $\mathcal{E}$에 관한 좌표가 $(x,y)^{\mathbf{t}}$인 점]은 기저 $\mathfrak{B}$에 관한 좌표가 $(x',y')^{\mathbf{t}}$가 된다. 그런데, 주어진 곡선은 '(x',y')-좌표'로

$$(x')^2+3(y')^2=4$$

이고, 따라서 곡선의 graph는 다음

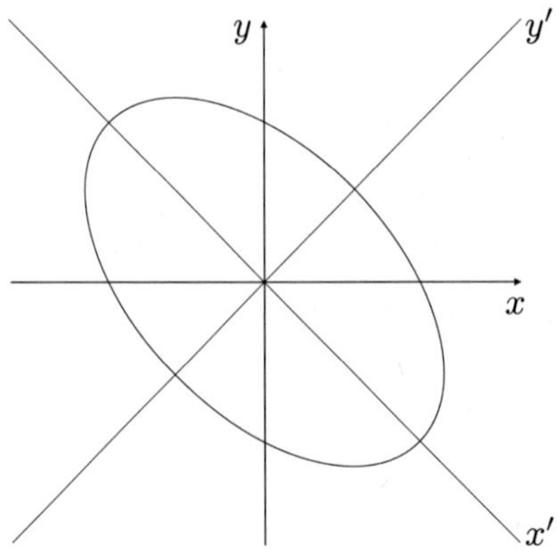

과 같이 '보통 타원'을 시계 방향으로 45°-회전시킨 모양이 된다.

연습문제 15.3.8. 모든 실수 x,y에 대하여,

$$x^2+xy+y^2-x-y+\frac{1}{3}\geq 0$$

임을 증명하라.[18]

[18]물론, 판별식만으로도 충분하지만…….

연습문제 15.3.9. 다음 2-차곡선의 graph를 그려라.

(가) $2x^2 - 2\sqrt{2}\,xy + 3y^2 = 4$.

(나) $x^2 - 6xy + y^2 = 2$.

(다) $11x^2 + 24xy + y^2 = 15$.

연습문제 15.3.10. 우리가 고등학교에서 배운 2-차곡선은 타원(원 포함)과 쌍곡선 그리고 포물선뿐이다. 왜 그것들만 배웠을까?[19]

위에서 우리는 linear operator가 아닌 bilinear form의 대각화(즉, J의 대각화)를 논하였다. 사실 저자는 이 부분을 애써 숨겨 왔다고 할 수 있다. 그러나, 지금은 $U \in \mathbf{O}(n)$이면, $U^{-1} = U^{\mathrm{t}}$인 특수한 경우이므로 문제의 본질을 피할 수 있다.[20]

Bilinear form의 대각화와 관련된 보기를 하나만 더 생각해 보자. 다음 연습문제는 질문 13.1.14에의 답이다. 독자들은 Spectral Theorem 없이는 질문 13.1.14에 답하는 것이 쉽지 않음을 음미하기 바란다.

연습문제 15.3.11. $F = \mathbb{R}$이고, $\mathfrak{B}$가 유한 차원 quadratic space (V, B)의 기저라고 하면, 다음 조건

(1) B는 positive definite(즉, $v \neq 0$이면, $B(v,v) > 0$).

(2) $J = [B]_{\mathfrak{B}}$의 eigen-value는 모두 positive real number.

은 동치임을 증명하라.

연습문제 15.3.12. $F = \mathbb{C}$이고, $\mathfrak{B}$가 유한 차원 Hermitian space (V, H)의 기저라고 하면, 다음 조건

(1) H는 positive definite(즉, $v \neq 0$이면, $H(v,v) > 0$).

(2) $J = [H]_{\mathfrak{B}}$의 eigen-value는 모두 positive real number.

은 동치임을 증명하라.

---

[19] 이 연습문제의 '완벽'한 답을 위하여 너무 많은 시간을 허비하지 말 것.

[20] 본질적인 논의는 몇 년 후로 미룬다.

15.4. Orthogonal Operator

이 節에서는 $F=\mathbb{R}$로 고정하고, orthogonal operator의 Spectral Theorem을 공부한다. 그러나, 예를 들어, $\mathbb{R}^2$의 rotation만 하더라도 대각화가 불가능한 것을 우리는 잘 알고 있다. 따라서, real orthogonal operator의 Spectral Theorem에서는 대각화는 포기할 수밖에 없다.

명제 15.4.1. $F=\mathbb{R}$일 때, $T\in\mathfrak{L}\mathfrak{M}$이면, [$\dim W=1$ 혹은 $\dim W=2$]인 V의 T-invariant subspace W가 존재한다.

증명 : T의 minimal polynomial $m_T(t)$의 $\mathbb{R}[t]$에서의 인수분해

$$m_T(t)=p_1(t)\cdots p_s(t)$$

를 생각하자(단, $p_i(t)$는 monic irreducible polynomial). 그러면, $p_1(T)v=0$인 $0\neq v\in V$가 존재한다. 왜냐하면, ($s=1$이면 설명이 필요 없고) 만약 $s\geq 2$이면, $p_2(T)\cdots p_s(T)w\neq 0$인 $w\in V$가 존재하기 때문이다(왜 그런가?). (물론 이때 $v=p_2(T)\cdots p_s(T)w$.) 그런데, 보기 8.1.3에 의해, 우리는 $p_1(t)$가 1-차식이거나 2-차식임을 잘 알고 있다.[21] 이제, $W=\langle v,Tv\rangle$로 놓으면, W는 V의 T-invariant subspace가 된다. 왜냐하면, 만약 $p_1(t)=t+c$이면(단, $c\in\mathbb{R}$), $Tv=-cv$이기 때문이다. 그리고, 만약 $p_1(t)=t^2+at+b$라면(단, $a,b\in\mathbb{R}$), $T^2v=-aTv-bv$이므로, 이번에도 W는 T-invariant subspace가 된다. □

이제, orthogonal operator의 Spectral Theorem은 지금까지의 Spectral Theorem들과는 조금 다른 모습일 수밖에 없다.

정리 15.4.2. (Spectral Theorem for Real Orthogonal Operator) V를 inner product $\langle\, ,\rangle$가 주어진 finite dimensional $\mathbb{R}$-vector space라고 할 때, $T\in\mathfrak{L}\mathfrak{M}$이 orthogonal operator이면, 다음 조건

(1) $V=W_1\oplus\cdots\oplus W_s$.

(2) $W_1,\ldots,W_s$는 V의 T-invariant subspace.

(3) $W_1,\ldots,W_s$는 mutually orthogonal. 즉, $W_i\perp W_j$ if $i\neq j$.[22]

(4) $\dim W_i=1$ or 2 for all $i=1,\ldots,s$.

을 만족시키는 V의 subspace $W_1,\ldots,W_s$가 존재한다.

[21] 명제 15.4.1의 증명은 여러 가지가 알려져 있지만, 그중에서 $\mathbb{R}$의 특성(즉, 보기 8.1.3)이 가장 잘 드러나는 증명을 선택하였다.

[22] 즉, V는 $W_1,\ldots,W_s$의 orthogonal direct sum.

증명 : 다시 dimension에 관한 귀납법을 사용한다. 먼저, 위 명제15.4.1에 의해, $[\dim W = 1 \text{ or } 2]$인 T-invariant subspace W를 찾는다. 다음, Gram-Schmidt Orthogonalization을 이용하면,

$$V = W \oplus W^{\perp}$$

가 되고, 이번에도 증명의 point는 $W^{\perp}$가 T-invariant subspace라는 것이다. 이를 보이려면, $W \perp v$일 때, $W \perp Tv$임을 보여야 한다. 그런데, $TW = W$이므로(T는 surjective), W의 임의의 원소 w'은 $[w' = Tw \text{ for some } w \in W]$의 꼴로 쓸 수 있을 것이다. 이제, T는 orthogonal이므로,

$$\langle w', Tv\rangle = \langle Tw, Tv\rangle = \big\langle w, T^{\mathbf{t}} \cdot Tv\big\rangle = \langle w, v\rangle = 0$$

이고, 따라서 $W^{\perp}$는 T-invariant subspace이다. 귀납법의 나머지 부분은 — $W^{\perp}$도 inner product space이고 $T|_{W^{\perp}}$도 orthogonal이므로 — 거의 자명. □

앞 §15.2의 $\mathbf{U}(n)$과 $\mathbf{SU}(n)$에 관한 Spectral Theorem과 마찬가지로, 이번에도 $\mathbf{O}(n)$과 $\mathbf{SO}(n)$의 경우에는 매우 '**powerful**'한 결과를 얻을 수 있다.

따름정리 15.4.3. (Spectral Theorem for $\mathbf{O}(n)$) $A \in \mathbf{O}(n)$이면, 다음과 같은 $A_i \in \mathbf{SO}(2)$와 $U \in \mathbf{O}(n)$이 존재한다:

$[A \in \mathbf{SO}(n),\ n = 2m \text{ case}]$: $U^{-1}AU = \operatorname{diag}(A_1, \ldots, A_m)$.

$[A \in \mathbf{SO}(n),\ n = 2m+1 \text{ case}]$: $U^{-1}AU = \operatorname{diag}(1, A_1, \ldots, A_m)$.

$[A \notin \mathbf{SO}(n),\ n = 2m \text{ case}]$: $U^{-1}AU = \operatorname{diag}(-1, 1, A_1, \ldots, A_{m-1})$.

$[A \notin \mathbf{SO}(n),\ n = 2m+1 \text{ case}]$: $U^{-1}AU = \operatorname{diag}(-1, A_1, \ldots, A_m)$.

증명 : (i) 당연히 **dot product**가 주어진 $\mathbb{R}^n$-공간을 생각하고, 앞 정리15.4.2를 적용하면, $[\dim W_i = 1 \text{ or } 2]$이고

$$\mathbb{R}^n = W_1 \oplus \cdots \oplus W_s$$

인 mutually orthogonal A-invariant subspace W_i가 존재한다. 다음에는 각각의 W_i의 orthonormal basis를 찾고, 이들을 모아 $\mathbb{R}^n$의 orthonormal basis $\mathfrak{B}$를 만든다. 이제, $[I]^{\mathfrak{B}}_{\mathcal{E}} \in \mathbf{O}(n)$임은 관찰9.3.6의 조건(5)에 의해 자명하다. 또,

$$[I]^{\mathcal{E}}_{\mathfrak{B}} \cdot A \cdot [I]^{\mathfrak{B}}_{\mathcal{E}} = [L_A]^{\mathfrak{B}}_{\mathfrak{B}} = \operatorname{diag}(B_1, \ldots, B_r) \in \mathbf{O}(n)$$

인 (1×1)-행렬 혹은 (2×2)-행렬 B_i가 존재하는 것은 우리의 '사고방식'이다.

(ii) 이때, $\text{diag}(B_1, \ldots, B_s) \in \mathbf{O}(n)$이기 위한 필요충분조건이 $[B_i \in \mathbf{O}(1)$ or $\mathbf{O}(2)$ for all $i]$인 것도 관찰9.3.6의 조건(5)에 의해 쉽게 확인할 수 있다. 그러므로:

(a) $\dim W_i = 1$인 경우에는 $B_i = \pm 1$.

(b) 만약 $B_i \in \mathbf{O}(2) - \mathbf{SO}(2)$이면, B_i는 $\mathbb{R}^2$의 reflection이므로, §9.4의 '사고방식'에 의해

$$U_i^{-1} B_i U_i = \text{diag}(-1, 1)$$

인 $U_i \in \mathbf{O}(2)$가 존재한다. 따라서, 위 (i)에서 $[I]_{\mathcal{E}}^{\mathfrak{B}}$ 대신

$$[I]_{\mathcal{E}}^{\mathfrak{B}} \cdot \text{diag}(I, \ldots, I, U_i, I, \ldots, I) \in \mathbf{O}(n)$$

을 생각하면, $B_i = \text{diag}(-1, 1)$이라고 놓을 수 있을 것이다. (사실, 대부분의 독자들은 이 설명보다 "우리의 '사고방식'에 의해 W_i의 기저를 잘 잡으면 $B_i = \text{diag}(-1, 1)$이 된다"고 말하는 쪽이 더 편할 것이다.)

(iii) 이제, ordered basis $\mathfrak{B}$의 order를 적당히 바꾸면, 이때의 기저 변환을 나타내는 transition matrix는 permutation matrix이고, 모든 permutation matrix는 $\mathbf{O}(n)$의 원소이므로(관찰6.2.19(다)항 참조),

$$U^{-1} A U = \text{diag}(\pm 1, \ldots, \pm 1, C_1, \ldots, C_s)$$

인 $C_j \in \mathbf{SO}(2)$와 $U \in \mathbf{O}(n)$이 존재하게 된다(이때, 물론, (± 1)이 하나도 나타나지 않을 수도 있다). 그리고, 마지막으로, $I_2 \in \mathbf{SO}(2)$인 것은 당연하고, $-I_2 = R_\pi \in \mathbf{SO}(2)$는 $180°$-회전임에 착안하여, $\mathfrak{B}$의 order를 다시 적당히 바꾸면 원하는 결론을 얻는다. (n이 짝수인 경우와 n이 홀수인 경우로 나누어 생각한다.) □

이번에도 $\mathbf{SO}(n)$의 경우에는 다음 표기법이 유용하다.

정의 15.4.4. (가) $n = 2m$이 짝수이면,

$$\mathbf{T}_{\mathbf{SO}(n)} = \{\, \text{diag}(A_1, \ldots, A_m) \in \mathbf{SO}(n) \mid A_1, \ldots, A_m \in \mathbf{SO}(2)\}$$

로 정의한다.

(나) $n = 2m + 1$이 홀수이면,

$$\mathbf{T}_{\mathbf{SO}(n)} = \{\, \text{diag}(1, A_1, \ldots, A_m) \in \mathbf{SO}(n) \mid A_1, \ldots, A_m \in \mathbf{SO}(2)\}$$

로 정의한다.

다음 연습문제는 §16.2 에서 필요로 한다.

연습문제 15.4.5. 다음을 보여라.

(가) $\mathbf{T}_{\mathbf{SO}(n)} \leq \mathbf{SO}(n)$.

(나) $\mathbf{T}_{\mathbf{SO}(n)} \approx \mathbf{SO}(2) \times \cdots \times \mathbf{SO}(2) \approx S^1 \times \cdots \times S^1$.

다음은 따름정리 15.2.9 와 따름정리 15.2.11 의 $\mathbf{SO}(n)$ version 이다.

따름정리 15.4.6. (Spectral Theorem for $\mathbf{SO}(n)$) $A \in \mathbf{SO}(n)$이라고 하면, $U^{-1}AU \in \mathbf{T}_{\mathbf{SO}(n)}$인 $U \in \mathbf{SO}(n)$이 존재한다. 따라서,

$$\mathbf{SO}(n) = \bigcup_{U \in \mathbf{SO}(n)} U \cdot \mathbf{T}_{\mathbf{SO}(n)} \cdot U^{-1}$$

로 쓸 수 있다.

증명 : 따름정리 15.4.3 에서, $A \in \mathbf{SO}(n)$이면, $U^{-1}AU \in \mathbf{T}_{\mathbf{SO}(n)}$인 $U \in \mathbf{O}(n)$이 존재한다. 이제,

$$U^{-1}AU = \text{diag}(1, R_{\theta_1}, \ldots, R_{\theta_m})$$

로 놓자(단, R_{θ_i}는 $\mathbb{R}^2$의 rotation). (이때, $n \geq 2$라고 가정한다. 그리고, 만약 n이 **짝수**이면, 물론, $\text{diag}(1, R_{\theta_1}, \ldots, R_{\theta_m})$의 맨 앞 1은 없는 것으로 간주한다.) 만약, $U \in \mathbf{SO}(n)$이라면, 증명 끝. 그러므로, $U \notin \mathbf{SO}(n)$이라고 가정하자. 그런데,

$$S = \text{diag}(1, I_2, \ldots, I_2, -1, 1) \in \mathbf{O}(n) - \mathbf{SO}(n)$$

으로 놓으면, 관찰 9.5.9 에 의해

$$\text{diag}(-1, 1) \cdot R_\theta \cdot \text{diag}(-1, 1) = R_{-\theta}$$

이므로,

$$(US)^{-1}A(US) = \text{diag}(1, R_{\theta_1}, \ldots, R_{\theta_{m-1}}, R_{-\theta_m}) \in \mathbf{T}_{\mathbf{SO}(n)}$$

이 된다. 물론 $US \in \mathbf{SO}(n)$이므로, 증명 끝. □

다음은 독자들에게 맡긴다.

연습문제 15.4.7. 따름정리 15.4.3 에서, $A \notin \mathbf{SO}(n)$인 경우에도 $U \in \mathbf{SO}(n)$이라고 할 수 있을까?

더 이상 깔끔할 수가 없다! 따름정리 15.4.3(과 따름정리 15.4.6)은 2-차 연립방정식을 풀지 않고도 — 2-차 연립방정식이라는 장벽을 우회하여 — $\mathbf{O}(n)$의 원소들을 완전히 describe해 준다. 즉, Euclidean space $\mathbb{R}^n$의 orthogonal operator는, 적당한 직교좌표계에 대하여, 여기저기서 2-dimensional rotation으로 '돌리고', 가끔 한 좌표축(정확히 하나의 좌표축)을 '뒤집는' linear operator들이다. 이를 조금 더 적극적으로 표현하면,

"$\mathbf{SO}(n)$은 $\mathbf{SO}(2)$들의 '*mixture*'이다"

라고 말할 수 있을 것이다.

그리고, 보기 11.8.9의 표현을 빌리자면, group $\mathbf{SO}(n)$의 임의의 원소는 어떤 $\mathbf{T}_{\mathbf{SO}(n)}$의 원소와 서로 conjugate이다. 그리고, 연습문제 11.8.11의 표현을 사용하면, group $\mathbf{SO}(n)$은 [$\mathbf{T}_{\mathbf{SO}(n)}$의 conjugate subgroup들]의 union이 된다.

또, 주의 9.6.7의 $\mathrm{diag}(-1, R_\theta) \in \mathbf{O}(3)$와 보기 9.6.10의 $\mathrm{diag}(R_\theta, R_\eta) \in \mathbf{SO}(4)$는 '괴상한' 것이 아니라, 사실은 모두 가장 'typical'한 원소들이었던 셈이다.

연습문제 15.4.8. $A \in \mathbf{SO}(n)$이 다음과 같이 주어졌을 때, $U^{-1}AU \in \mathbf{T}_{\mathbf{SO}(n)}$인 $U \in \mathbf{SO}(n)$을 구하라.

(가) $A = \begin{pmatrix} 0 & 1 & 0 \\ 1 & 0 & 0 \\ 0 & 0 & -1 \end{pmatrix}$.　　(나) $A = \begin{pmatrix} 0 & 1 & & \\ 1 & 0 & & \mathbf{0} \\ & & 0 & -1 \\ \mathbf{0} & & -1 & 0 \end{pmatrix}$.

15.5. Epilogue

독자들은 아마도 일반적인 non-degenerate case에도 앞 §15.2–§15.4와 유사한 결과들을 예상하고 있을 것이다. 그렇지만, 이번에는 그리 만만치 않다.

무엇보다도, §15.2–§15.4에서는 positive definite인 경우의 Gram-Schmidt Orthogonalization이 결정적으로 사용되었음에 유의하기 바란다. 예를 들어, (V, B)가 non-degenerate quadratic space이고, $T \in \mathfrak{LM}$이 eigen-vector $v \in V$를 갖는다고 하자. 그러나, 만약 $B(v, v) = 0$이라면, $\langle v \rangle \oplus \langle v \rangle^{\perp}$의 표현 자체가 non-sense가 된다.

사실, 이런 장면에서 우리는 quotient space를 생각하도록 훈련 받아 왔다. 그러나, 그것도 여의치 않다.

틀린 증명 : [(V, H)가 유한 차원 non-degenerate Hermitian space over $\mathbb{C}$일 때, 만약 $T \in \mathfrak{LM}$이 normal operator이면, T의 eigen-vector들로 이루어진 V의 orthogonal basis(지금은 orthonormal basis는 의미가 없다)가 존재한다]는 **false statement**의 증명을 시도해 보자: T의 eigen-vector $v \in V$를 먼저 하나 찾는다. 그리고, v의 eigen-value를 $\lambda \in \mathbb{C}$라고 놓자(즉, $Tv = \lambda v$). 다음에는, 훈련 받은 대로, $\overline{V} = V/\langle v \rangle$라고 놓고, T가 naturally induce하는 linear operator $\overline{T} : \overline{V} \to \overline{V}$를 생각하자. 물론 $\overline{T}$는

$$\overline{T}\,\overline{u} = \overline{Tu}, \qquad (u \in V)$$

로 정의한다. 이제 차원에 관한 귀납법을 사용하려면, $\overline{V}$에도 Hermitian form이 필요하므로, $\overline{H} : \overline{V} \times \overline{V} \to \mathbb{C}$를

$$\overline{H}(\overline{u}, \overline{w}) = H(u, w), \qquad (u, w \in V)$$

로 정의하고, 어쩌구저쩌구 ······. **잘못된 부분**을 찾아보라. ⊠ □

보기를 두 개만 생각해 보자.

보기 15.5.1. $J = \begin{pmatrix} 1 & 0 \\ 0 & -1 \end{pmatrix}$, $A = \begin{pmatrix} 1 & 1 \\ -1 & 3 \end{pmatrix}$로 놓고, non-degenerate quadratic space $(\mathbb{R}^2, B^J_{\mathcal{E}})$와 $L_A : \mathbb{R}^2 \to \mathbb{R}^2$를 생각하자. 그러면, L_A는 symmetric operator임을 알 수 있다. (연습문제 13.9.6 (나)항 참조. 지금 다시 확인해 보라.) 그러나, $\phi_A(t) = (t-2)^2$이므로, L_A는 대각화가 불가능하다.

보기 15.5.2. $J=\begin{pmatrix}0&1\\1&0\end{pmatrix}$, $A=\begin{pmatrix}1&1\\0&1\end{pmatrix}$로 놓고, non-degenerate Hermitian space $(\mathbb{C}^2, H_{\mathcal{E}}^J)$와 linear operator $L_A:\mathbb{C}^2\to\mathbb{C}^2$를 생각하자. 그러면,

$$H_{\mathcal{E}}^J\left(\begin{pmatrix}1&1\\0&1\end{pmatrix}\begin{pmatrix}x\\y\end{pmatrix}, \begin{pmatrix}z\\w\end{pmatrix}\right)=(x+y,y)\begin{pmatrix}0&1\\1&0\end{pmatrix}\begin{pmatrix}\overline{z}\\\overline{w}\end{pmatrix}=y\overline{z}+(x+y)\overline{w}$$

이고,

$$H_{\mathcal{E}}^J\left(\begin{pmatrix}x\\y\end{pmatrix}, \begin{pmatrix}1&1\\0&1\end{pmatrix}\begin{pmatrix}z\\w\end{pmatrix}\right)=(x,y)\begin{pmatrix}0&1\\1&0\end{pmatrix}\begin{pmatrix}\overline{z+w}\\\overline{w}\end{pmatrix}=y\overline{(z+w)}+x\overline{w}$$

이므로, L_A는 self-adjoint operator임을 알 수 있다. 그러나, L_A의 대각화가 불가능함은 이미 잘 알고 있는 사실이다.

이제, 다시 한번, 새로운 발상, 새로운 언어, 새로운 도구의 필요성을 느끼게 된다…….[23]

대개 이 정도에서 "학부 2학년 선형대수학"은 — 따라서, 우리의 첫 '공놀이'도 — 끝난다. 그러나, 앞으로 우리가 어떤 수학을 배우게 되더라도, 우리의 마음은 항상 '고향'을 向하고 있을 것이다.

* * * * * * * * * *

돌이켜 생각하니, 우리는 참 먼 길을 왔다. 행렬의 transpose를 배우고 왜 행렬과 선형사상이 같은 것이라고 하는지 궁금해하던 때가 엊그제 같은데…….
—年 동안 묵묵히 달리기 훈련에 참여해 온 독자들에게 격려의 박수를 보낸다. 이제야 솔직히 말하자면, 훈련은 항상 가혹하고, 성숙에는 고통이 따르는 법이다.

저자가 이 책에서 애써 숨겨 온 말이 있다. 그것은 §1.1에서부터 등장한 F가 **field**의 첫 글자라는 것이다.[24] 그리고, 이 책의 적지 않은 부분들이 사실은 **field F와 무관한 증명**을 위해 쓰여졌다. 만약, 정말로 $F=\mathbb{R}$이거나 $F=\mathbb{C}$인 경우만을 다룰 생각이었다면, 이 책의 두께가 상당히 줄어들었을 것이다.[25] 두 가지만 예를 들어 보자.

[23] Orthogonal geometry와 unitary geometry의 다음 단계는 학부 4학년 이상에서 다루게 될 것이다.

[24] 많은 "학부 선형대수학" 책이 field의 정의로부터 시작된다.

[25] 머리말 참조.

정리 15.5.3. (Schur's Theorem) $F = \mathbb{C}$ 이고 $(V, \langle\ ,\ \rangle)$는 n-차원 Hermitian inner product space라고 할 때, $T \in \mathfrak{L}\mathfrak{M}$이면, $[T]_{\mathfrak{B}}^{\mathfrak{B}}$가 upper-triangular matrix인 V의 orthonormal basis $\mathfrak{B}$가 존재한다.

증명 : 우선 T^*의 unit eigen-vector $v \in V$를 하나 찾는다. 그리고, Gram-Schmidt Orthogonalization을 이용하여, $V = \langle v \rangle^{\perp} \oplus \langle v \rangle$로 나타내자. 그러면, $\langle v \rangle^{\perp}$는 T-invariant subspace가 된다. 왜냐하면, $w \in \langle v \rangle^{\perp}$이면,

$$\langle v, Tw \rangle = \langle T^* v, w \rangle = \langle \lambda v, w \rangle = \lambda \langle v, w \rangle = 0$$

이므로(단, $T^* v = \lambda v$), $Tw \in \langle v \rangle^{\perp}$이기 때문이다. 이제, 차원에 관한 귀납법을 사용하면, $[T|_{\langle v \rangle^{\perp}}]_{\mathfrak{C}}^{\mathfrak{C}}$가 upper-triangular matrix인 $\langle v \rangle^{\perp}$의 orthonormal basis $\mathfrak{C}$가 존재할 것이다. 이제, $\mathfrak{B} = \mathfrak{C} \cup \{v\}$로 놓으면 증명 끝($v$를 ordered basis $\mathfrak{B}$의 끝자리에 놓는다는 뜻).[26] (이 명제는 $T = L_A$인 경우만 생각하면 되므로 (왜 그런가?), 관찰10.7.1의 준비만으로 충분하다.) □

만약 우리가 $F = \mathbb{C}$인 경우의 triangularization만을 원했다면, 위 증명으로 충분하므로, §7.3과 §12.5의 증명은 필요하지 않았을 것이다. 그러나, 내년부터는 triangularization의 F는 algebraically closed field를 의미하게 될 것이다.[27] 다시 말해, 위 증명은 $F = \mathbb{C}$인 경우에만 적용할 수 있지만, §7.3과 §12.5의 증명은 임의의 algebraically closed field에 적용할 수 있다는 뜻이다.[28]

앞에서 저자가 field F와 무관한 증명임을 강조한 적이 또 있었다. 그것은 §13.5와 §13.8에서 '세 기둥 명제'를 언급할 때였다.

이를 설명하기 위해서는 새로운 field를 하나 소개하는 것이 불가피하다. 이 field는 언젠가부터 우리의 가까운 벗이 된 computer들이 노는 '운동장'이다.

정의 15.5.4. 표기법12.2.14의 abelian group $\mathbb{Z}_2 = \{\overline{0}, \overline{1}\}$에 다음과 같이

$$\overline{0} \cdot \overline{0} = \overline{0} \cdot \overline{1} = \overline{1} \cdot \overline{0} = \overline{0}, \qquad \overline{1} \cdot \overline{1} = \overline{1}$$

곱셈을 정의하면, $\mathbb{Z}_2$는 field가 된다.[29]

---

[26] 이 증명은 T의 eigen-vector가 아닌 T^*의 eigen-vector $v \in V$를 생각하고, v를 기저의 맨 뒤에 놓는 등 약간 'tricky'하다.

[27] Field와 algebraically closed field의 정의는 내년으로 미룬다.

[28] 그리고, 임의의 ordered field 위에서 positive definiteness를 말할 수 있고, involution을 갖는 field 위에서 sesquilinear form과 unitary geometry를 얘기할 수 있다.

[29] 참고12.3.4가 생각난다.

다음 정의는 "Self Error-Correcting Code 이론(Coding Theory)"의 첫 page에서 만날 수 있다.

정의 15.5.5. n-dimensional $\mathbb{Z}_2$-vector space $(\mathbb{Z}_2)^n$의 $\mathbb{Z}_2$-subspace C를 우리는 [linear (binary) code of length n]이라고 부른다. 또, $(\mathbb{Z}_2)^n$에 '보통 내적' $B^I_{\mathcal{E}}$가 주어졌다고 할 때, $C^\perp$를 C의 dual code라고 부른다.

그리고, 이 정의 바로 뒤에는 다음 정리가 (대개는) 증명 없이 쓰여져 있다.

정리 15.5.6. C가 $(\mathbb{Z}_2)^n$의 linear code이면,

$$\dim C + \dim C^\perp = n$$

이다. 따라서, $\dim C = m$이라고 하면, $|C| = 2^m$이고, $|C^\perp| = 2^{n-m}$이다.

위 정리는 우리의 Perp Theorem의 특수한 경우에 불과하다. 그런데, $(\mathbb{Z}_2)^n$에는 '길이'가 zero인 벡터들이 있다. (예를 들면, $n = 2$일 때,

$$B^I_{\mathcal{E}}\big((\overline{1},\overline{1})^{\mathbf{t}}, (\overline{1},\overline{1})^{\mathbf{t}}\big) = \overline{1}\cdot\overline{1} + \overline{1}\cdot\overline{1} = \overline{1} + \overline{1} = \overline{0}$$

이다.) 따라서, 위 정리15.5.6의 증명에 Gram-Schmidt Orthogonalization을 동원할 수는 없다. 이것이 전자공학부 학생들도 배우는 "Coding Theory" 책에서 정리15.5.6의 증명을 생략할 수밖에 없는 이유이다.

Perp Theorem의 증명과 그 'story' — $B^I_{\mathcal{E}}$-identification과 duality, 그리고 '세 기둥 명제' — 를 이해하고 있는 독자들과, 정리15.5.6의 내용을 첫 page부터 외울 수밖에 없는 이들을 비교해 보라.

'응용수학'의 승부도 결국은 누가 더 깊이 '수학'을 이해하고 있느냐에 의해 결정될 것이다. 一年 동안 추상적인 언어 훈련을 받은 독자들은 이제 어떠한 application을 만나더라도 겁낼 필요가 없다. 오히려, 독자들만큼 tool을 갖추지 못한 이들이 겁을 내면서 **독자들을 부러워할 것**이다.

제 16 장 Topology 맛보기

20세기 수학의 가장 두드러진 특징 중 하나는, 물론 한마디로 규정하기는 힘들겠지만, 위상수학(topology) 개념의 발전이었다고 말할 수 있다. 우리의 교과과정에 비추어 볼 때, 조금 때 이른 感이 있긴 하지만, topology의 개념을 '맛보기'의 기분으로 소개하기로 한다.

우리는 $\mathbb{R}^n$-공간과 그 부분집합만을 생각할 것이므로 "해석개론"[1] 수준의 지식만 있으면 이 章을 읽을 수 있을 것이다. 그리고, **後에 正式으로 topological space를 공부한 뒤에 이 章을 다시 읽어 볼 것을 권한다.**

16.1. Matrix Group Isomorphism

먼저,

$$\mathfrak{M}_{n,n}(\mathbb{R}) = \mathbb{R}^{n^2}$$

으로 identify하자. (이때, $\mathbb{R}^{n^2}$의 좌표의 순서는 마음대로 정하면 된다.) 그리고, $\mathbb{R}^{n^2}$에는 dot product (정의 9.1.1)가 주어져 있다고 생각하자. 그러면, $\mathbb{R}^{n^2}$ (과 $\mathfrak{M}_{n,n}(\mathbb{R})$)에는 norm과 거리(metric)의 개념이 생기고, 따라서 연속함수의 개념을 정의할 수 있다.

마찬가지로,

$$\mathfrak{M}_{n,n}(\mathbb{C}) = \mathbb{C}^{n^2} = \mathbb{R}^{2n^2}$$

으로 identify하자. 그러면, $\mathfrak{M}_{n,n}(\mathbb{C})$에도 norm과 거리 그리고 continuous function의 개념이 주어진다.

연습문제 16.1.1. $\mathbb{C}^n = \mathbb{R}^{2n}$으로 identify할 때, Hermitian dot product (정의 10.1.1)가 주어진 $\mathbb{C}^n$-공간과 dot product가 주어진 $\mathbb{R}^{2n}$-공간은 '사실상 같은' norm (과 metric)을 가짐을 보여라. (주의 10.2.20 참조.)

앞에서 배운 matrix group 들을 생각해 보자.

보기 16.1.2. 함수 $\det : \mathfrak{M}_{n,n}(\mathbb{R}) \to \mathbb{R}$ 은 정리 6.3.2 에 의해, polynomial map (다항함수) 이므로, 따라서, 연속함수이다. 그러므로,

$$\mathbf{GL}_n(\mathbb{R}) = \det^{-1}(\mathbb{R} - \{0\})$$

은 $\mathbb{R}^{n^2}$ 의 open subset 이다. (Open subset 의 inverse image 는 open.) 마찬가지로, $\mathbf{GL}_n(\mathbb{C})$ 도 $\mathbb{R}^{2n^2}$ 의 open subset 이다.

보기 16.1.3. 함수 $\det : \mathfrak{M}_{n,n}(\mathbb{R}) \to \mathbb{R}$ 은 연속함수이므로,

$$\mathbf{SL}_n(\mathbb{R}) = \det^{-1}(1)$$

은 $\mathbb{R}^{n^2}$ 의 closed subset 이다. (Closed subset 의 inverse image 는 closed.) 이럴 때, 우리는 $\mathbf{SL}_n(\mathbb{R})$ 을 $\mathbf{GL}_n(\mathbb{R})$ 의 **closed subgroup** 이라고 부른다. 마찬가지로, $\mathbf{SL}_n(\mathbb{C})$ 도 $\mathbf{GL}_n(\mathbb{C})$ 의 closed subgroup 이다.

보기 16.1.4. $\mathbf{GL}_n(\mathbb{R})$ 의 subgroup

$$\mathbf{O}(n) = \{A \in \mathfrak{M}_{n,n}(\mathbb{R}) \mid A^{\mathbf{t}} \cdot A = I\}$$

를 생각하자. 이때, 조건

$$A^{\mathbf{t}} \cdot A - I = 0$$

은 n^2-개의 변수를 갖는 n^2-개의 polynomial condition 으로 볼 수 있으므로, $\mathbf{O}(n)$ 은 n^2-개의 polynomial 의 zero set 이다. 따라서, closed subset 의 교집합은 closed 이므로, $\mathbf{O}(n)$ 은 $\mathbf{GL}_n(\mathbb{R})$ 의 closed subgroup 임을 알 수 있다. ($\mathbf{O}(n)$ 은 $\mathfrak{M}_{n,n}(\mathbb{R})$ 의 closed subset 이기도 하다.)

연습문제 16.1.5. $\mathrm{U}(n)$ 은 $\mathbf{GL}_n(\mathbb{C})$ 의 closed subgroup 임을 보여라.

연습문제 16.1.6. (가) $\mathbf{SO}(n)$ 은 $\mathbf{O}(n)$ 의 closed subgroup 임을 보여라.
(나) $\mathbf{SU}(n)$ 은 $\mathbf{U}(n)$ 의 closed subgroup 임을 보여라.

항상 쉽지만은 않다. (다음 질문은 5分만 생각해 보라.)

질문 16.1.7. 연습문제 12.4.12 에서, $F = \mathbb{R}$ 일 때, $\mathrm{im}\,\psi$ 는 $\mathbf{SL}_3(\mathbb{R})$ 의 closed subgroup 인가?

새로운 개념을 하나 도입한다.

정의 16.1.8. $X \subseteq \mathbb{R}^r$, $Y \subseteq \mathbb{R}^s$일 때, 함수 $f : X \to Y$가 다음 조건

(i) f는 bijection.

(ii) f는 continuous이고, 그의 역함수 f^{-1}도 continuous.

을 만족시키면, f를 **같은 생김새 함수**라고 부르기로 한다. 이때 X와 Y는 서로 **같은 생김새**라고 말한다.

물론, 위 정의의 '같은 생김새'는 正式 용어가 아니다. 다만, 지금 時點에 정식 용어를 도입하는 것이 혹시나 독자들의 거부감을 불러일으킬까 염려되어 궁여지책으로 임시 용어를 急造하였다.

연습문제 16.1.9. 정의 16.1.8의 같은 생김새 relation은 equivalence relation임을 보여라.

연습문제 16.1.10. $f : X \to Y$가 같은 생김새 함수이고, $Z \subseteq X$일 때,

(가) Z가 X의 open subset이면, $f(Z)$도 Y의 open subset임을 보여라.

(나) Z가 X의 closed subset이면, $f(Z)$도 Y의 closed subset임을 보여라.

'같은 생김새'의 개념을 이해하려면, 의외로 한 수준 높은 mathematical maturity가 요구된다. 지금은 몇 가지 간단한 보기들만 생각해 본다.

보기 16.1.11. $\mathbb{R}$의 open interval (a,b)와 $X = \{(x,1)^{\mathbf{t}} \in \mathbb{R}^2 \mid a < x < b\}$는 서로 같은 생김새임은 자명하다. (이때, (a,b)는 $\mathbb{R}$의 open subset이지만, X는 $\mathbb{R}^2$의 open subset이 아님에 주의하라!) 또, open interval (a,b)와 (c,d)가 같은 생김새인 것도 조금만 생각해 보면 알 수 있다.

보기 16.1.12. 함수 $\exp : \mathbb{R} \to (0,\infty)$가 같은 생김새 함수인 것도 잘 알고 있다. (보기 11.5.7 참조.)

보기 16.1.13. 함수 $\tan : \left(-\frac{\pi}{2}, \frac{\pi}{2}\right) \to \mathbb{R}$도 물론 같은 생김새 함수이다.

연습문제 16.1.14. $\mathbb{R}$의 interval $[a,b)$와 $[a,\infty)$는 같은 생김새임을 보여라.

위 보기들(과 연습문제)은 openness 나 closedness 또는 boundedness 는 '생김새'와는 관련이 없는 성질임을 보여주고 있다.

연습문제 16.1.15. 원과 타원은 같은 생김새임을 증명하라. 원과 사각형은 어떤가?

연습문제 16.1.16. Topologist 들이 바늘 구멍이 난 축구공의 안팎을 어떻게 뒤집는지 설명하라.[1]

연습문제 16.1.17. (가) $\mathbb{R}$과 $\mathbb{R}^2$는 같은 생김새인가?
(나) $\mathbb{R}$과 circle group S^1은 같은 생김새인가?

이제, 언제나처럼 $[F=\mathbb{R}$ or $F=\mathbb{C}]$로 놓고,

$$\mathfrak{M}_{n,n}(F)=\mathbb{R}^N$$

으로 identify 하자. 그리고, 本論으로 돌아가자.

연습문제 16.1.18. Matrix group $G\leq \mathbf{GL}_n(F)$에 대하여, 다음을 보여라.

(가) $g\in G$를 고정하면, left multiplication $\lambda_g : G\to G$는 continuous bijection 이다. (Right multiplication ρ_g도 마찬가지.) 따라서, $\lambda_g : G\to G$는 같은 생김새 함수. (Cayley's Theorem (정리 11.8.8) 참조.)
(나) Inversion function $\mathrm{inv}: G\to G$를

$$\mathrm{inv}(x)=x^{-1}, \qquad (x\in G)$$

로 정의하면, inv은 같은 생김새 함수. (명제 6.6.3 참조.)
(다) 다시 $g\in G$를 고정하면, inner automorphism $\mathrm{Int}(g): G\to G$는 같은 생김새 함수. (연습문제 11.8.7 참조.)

관찰 16.1.19. H가 matrix group $G\leq \mathbf{GL}_n(F)$의 subgroup 일 때, $g\in G$이면, H와 left coset gH는 같은 생김새이다.

증명 : 당연히 $\lambda_g(H)=gH$이므로, 위 연습문제 16.1.18 (가) 항에 의해 자명. (관찰 12.1.9 및 그 증명 참조. 표기법 4.1.16의 그림도 참조.) □

[1] 혹은, topologist들은 어떻게 코끼리를 냉장고에 집어넣는지를…….

다음에는, 같은 생김새 함수와 group isomorphism을 함께 생각하자.

정의 16.1.20. ($[F, F' = \mathbb{R}$ or $\mathbb{C}]$로 놓자. 즉, $F \neq F'$일 수도 있다는 뜻이다.) $G \leq \mathbf{GL}_n(F) \subset \mathbb{R}^N$, $H \leq \mathbf{GL}_m(F') \subset \mathbb{R}^M$이 matrix group일 때, 함수 $\varphi : G \to H$가 다음 조건

(i) φ는 group isomorphism.

(ii) φ는 같은 생김새 함수.

을 만족시키면, φ를 **matrix group isomorphism**이라고 부르기로 한다.[2] 이때, G와 H는 서로 **matrix group으로서 isomorphic**하다고 말하고,

$$G \xrightarrow[\text{matrix gp}]{\approx} H$$

으로 표기하자.

다음 보기와 연습문제는 매우 익숙하다.

보기 16.1.21. 보기 11.5.7의 exponential function $\exp : (\mathbb{R}, +) \to (\mathbb{R}^+, \text{곱셈})$은 matrix group isomorphism이다.

연습문제 16.1.22. 다음

$$\mathbf{SO}(2) \xrightarrow[\text{matrix gp}]{\approx} S^1 \xrightarrow[\text{matrix gp}]{\approx} \mathbf{U}(1)$$

을 보여라. (연습문제 11.9.20 참조.)

다음 관찰은 §16.2에서 필요로 한다.

관찰 16.1.23. $H \leq G \leq \mathbf{GL}_n(F)$일 때, $g \in G$이면,

$$H \xrightarrow[\text{matrix gp}]{\approx} gHg^{-1}$$

이다. (즉, H와 그의 conjugate subgroup은 matrix group으로서 isomorphic하다.)

증명 : $\mathrm{Int}(g)(H) = gHg^{-1}$이므로, 위 연습문제 16.1.18(다)항에 의해 자명. □

---

[2]따라서, 단순한 group isomorphism과 matrix group isomorphism은 다른 개념이다. 이들을 구분하기 위해, 단순한 group isomorphism은 흔히 'abstract' group isomorphism이라고 부른다.

16.2. Compactness 와 Connectedness

이 節에서는 matrix group 의 compactness 와 connectedness 에 대하여 알아보자.

지금 우리는 Euclidean space $\mathbb{R}^N$-공간만을 다루고 있으므로, $\mathbb{R}^N$ 의 subset X 가 **compact** 라는 말은 X 가 closed in $\mathbb{R}^N$ 이고 동시에 X 가 bounded in $\mathbb{R}^N$ 이라는 뜻이다. (따라서, compact set X 의 closed subset 도 당연히 compact 이다.) 그리고, $\mathbb{R}^N$ 의 subset X 가 **connected** 라는 말은……, ……, X 가 arcwise connected 라는 말과 동치이다……, 휴.[3]

또, 우리는 다음 사실들도 잘 알고 있다.

명제 16.2.1. $X \subseteq \mathbb{R}^N$, $Y \subseteq \mathbb{R}^M$ 이고, $f : X \to Y$ 가 연속함수일 때,

(가) X 가 compact 이면, $f(X)$ 도 compact.

(나) X 가 connected 이면, $f(X)$ 도 connected.

증명 : Well-known. □

다시 말해, 위 명제는 compactness 와 connectedness 는 같은 생김새 함수의 invariant 임을 말해 주고 있다.[4] 이는 집합 X 가 compact 혹은 connected 인지 여부는 X 가 어떤 $\mathbb{R}^N$-공간에 '살고' 있는지와는 무관하다는 뜻이 된다.

먼저, matrix group 들의 compactness 를 생각해 보자.

보기 16.2.2. $\mathbf{GL}_n(\mathbb{R})$ 과 $\mathbf{SL}_n(\mathbb{R})$ 은 $\mathbb{R}^{n^2}$ 의 bounded subset 이 아니므로 (왜 그런가?), $\mathbf{GL}_n(\mathbb{R})$ 과 $\mathbf{SL}_n(\mathbb{R})$ 은 compact group 이 아니다. 그리고, $\mathbf{GL}_n(\mathbb{C})$ 와 $\mathbf{SL}_n(\mathbb{C})$ 도 마찬가지로 compact group 이 아니다.

보기 16.2.3. $\mathbf{O}(n)$ 을 생각하자. 그러면, 관찰 9.3.6 의 조건 (5) 에 의해,

$$\|A\| = \sqrt{n}, \qquad (A \in \mathbf{O}(n) \subset \mathbb{R}^{n^2})$$

이므로, $\mathbf{O}(n)$ 은 $\mathbb{R}^{n^2}$ 의 bounded subset 이다. 한편, 보기 16.1.4 에 의해 $\mathbf{O}(n)$ 은 $\mathbb{R}^{n^2}$ 의 closed subset 이므로, $\mathbf{O}(n)$ 은 compact group 이다.

---

[3] Connectedness (와 compactness) 의 '딱딱한' 정의는 [1] 참조.

[4] 앞 節에서 언급했듯이, openness, closedness 그리고 boundedness는 같은 생김새 함수의 invariant가 아니다.

보기 16.2.4. $\mathbf{SO}(n)$은 — $\mathbf{O}(n)$의 closed subgroup 이므로 — 당연히 compact group 이다.

연습문제 16.2.5. $\mathrm{U}(n)$과 $\mathbf{SU}(n)$은 compact group 임을 증명하라.

보기 16.2.6. (가) (연습문제 13.4.3 참조.) $\mathbf{O}(1,1)$의 subgroup $\mathbf{SO}^\circ(1,1)$은 $\mathbb{R}^4$-공간의 bounded subset 이 아니다. 따라서, $\mathbf{SO}^\circ(1,1)$과 $\mathbf{O}(1,1)$은 compact group 이 아니다.
(나) 그러나, 위 (가)항의 argument 보다는, 다음과 같이 말하는 쪽이 현재 독자들의 수준과 취향에 더 어울릴 것이다. 즉, 연습문제 13.4.5 에 의해,

$$\mathbf{SO}^\circ(1,1) \xrightarrow[\text{matrix gp}]{\approx} (\mathbb{R},+)$$

이고 (확인해 보라), $\mathbb{R}$은 compact set 이 아니므로, $\mathbf{SO}^\circ(1,1)$도 compact group 이 아니다.
(다) 한편,

$$\mathbf{SO}(2) \xrightarrow[\text{matrix gp}]{\approx} S^1$$

인 것은 익숙하므로, compact group $\mathbf{SO}(2)$와 non-compact group $\mathbf{SO}^\circ(1,1)$은 matrix group 으로서는 isomorphic 할 수 없다. 그러나, '생김새'가 전혀 다르다고 해서 $\mathbf{SO}(2)$와 $\mathbf{SO}^\circ(1,1)$이 단순히 group 으로서도 isomorphic 하지 않은지는 아직 알 수 없다. Abstract group 으로서 $\mathbf{SO}(2)$와 $\mathbf{SO}^\circ(1,1)$의 본질적인 차이점은 무엇일까? (연습문제 13.4.6 참조.)

다음에는 matrix group 들의 connectedness 를 생각해 보자.

보기 16.2.7. Surjective continuous function $\det : \mathbf{GL}_n(\mathbb{R}) \to \mathbb{R}^\times$를 생각하면, $\mathbb{R}^\times = \mathbb{R} - \{0\}$은 connected 가 아니므로, $\mathbf{GL}_n(\mathbb{R})$도 connected group 이 아님을 알 수 있다.

연습문제 16.2.8. $\mathbf{O}(n)$과 $\mathbf{O}(1,1)$은 connected group 이 아님을 보여라.

제 16 장에서 공부한 Spectral Theorem 들이 matrix group $\mathbf{SO}(n)$과 $\mathbf{U}(n)$ 그리고 $\mathbf{SU}(n)$의 connectivity 를 의미한다는 것이 이 책의 **마지막 명제**이다. 이를 위해서는 약간의 준비가 필요하다.

명제 16.2.9. $X_i \subseteq \mathbb{R}^{N_i}$일 때, $X_1 \times \cdots \times X_r \subseteq \mathbb{R}^{N_1+\cdots+N_r}$로 identify하자.

(가) 모든 X_i가 compact이면, $X_1 \times \cdots \times X_r$도 compact.

(나) 모든 X_i가 connected이면, $X_1 \times \cdots \times X_r$도 connected.

증명 : Well-known. □

정의 16.2.10. 만약 $\mathbb{R}^N$의 subset $\mathbf{T}$가 $S^1 \times \cdots \times S^1$과 같은 생김새이면, $\mathbf{T}$를 **torus**라고 부른다.[5] Torus는 당연히 compact connected group이다. (Torus는 (속이 비어 있는) 홀라후프 또는 donut의 'fancy'한 이름이다. 독자들은 $S^1 \times S^1$이 홀라후프와 같은 생김새임을 확인할 수 있을 것이다.)

연습문제 16.2.11. 정의 15.2.7의 $\mathbf{T}_{\mathbf{U}(n)}$과 $\mathbf{T}_{\mathbf{SU}(n)}$은 torus임을 보여라. 또, 정의 15.4.4의 $\mathbf{T}_{\mathbf{SO}(n)}$도 torus임을 보여라.

다음 따름정리는 이 책의 **finale**.

따름정리 16.2.12. (Spectral Theorem의 따름정리) $\mathbf{U}(n)$과 $\mathbf{SU}(n)$, 그리고 $\mathbf{SO}(n)$은 connected group이다.

증명 : $\mathbf{SO}(n)$은 따름정리 15.4.6의 결과이고, $\mathbf{U}(n)$과 $\mathbf{SU}(n)$은 각각 따름정리 15.2.9와 따름정리 15.2.11의 결과이다. 증명은 모두 大同小異하므로, 지금은 $\mathbf{SO}(n)$의 경우만 증명한다. 우리는 따름정리 15.4.6에 의해,

$$\mathbf{SO}(n) = \bigcup_{U \in \mathbf{SO}(n)} U \cdot \mathbf{T}_{\mathbf{SO}(n)} \cdot U^{-1}$$

로 쓸 수 있음을 알고 있다. 그런데, 위 연습문제 16.2.11에 의해 $\mathbf{T}_{\mathbf{SO}(n)}$은 connected group이다. 또, 관찰 16.1.23에 의하면 모든 $U \in \mathbf{SO}(n)$에 대해,

$$\mathbf{T}_{\mathbf{SO}(n)} \xrightarrow[\text{matrix gp}]{\approx} U \cdot \mathbf{T}_{\mathbf{SO}(n)} \cdot U^{-1}$$

이므로, $U \cdot \mathbf{T}_{\mathbf{SO}(n)} \cdot U^{-1}$도 connected group이다. 이제,

$$I \in \bigcap_{U \in \mathbf{SO}(n)} U \cdot \mathbf{T}_{\mathbf{SO}(n)} \cdot U^{-1}$$

인 것은 당연하므로 증명 끝. (Non-empty intersection을 갖는 connected set의 union은 당연히 connected.) □

---

[5] 엄밀하게는, topological torus라고 부른다. Torus의 복수는 tori.

한편, $\mathbf{O}(n)$은 connected group 이 아니므로(연습문제 16.2.8), 우리는 당연히 $\mathbf{O}(n)$의 **connected component** 들에 관심을 가질 차례이다. ($X \subseteq \mathbb{R}^N$의 connected component 란 X의 maximal connected subset을 말한다. 물론 X는 connected component(들)의 disjoint union으로 (유일하게) 나타낼 수 있다. 이렇게 나타낸 것을 우리는 X의 connected component decomposition 이라고 부른다.)

관찰 16.2.13. (가) $\mathbf{SO}(n)$은 $\mathbf{O}(n)$의 connected component 이다.
(나) 그리고, $\mathbf{O}(n)$의 coset decomposition

$$\mathbf{O}(n) = \mathbf{SO}(n) \amalg \big(\mathbf{O}(n) - \mathbf{SO}(n)\big)$$

은 동시에 $\mathbf{O}(n)$의 connected component decomposition 이다.

증명 : 함수 $\det : \mathbf{O}(n) \to \mu_2$를 생각하면 자명……. □

관찰 16.2.14. (가) $\mathbf{SO}^\circ(1,1)$은 $\mathbf{O}(1,1)$의 connected component 이다.
(나) 그리고, 이번에도, [coset decomposition of $\mathbf{O}(1,1)$ modulo $\mathbf{SO}^\circ(1,1)$]은 동시에 $\mathbf{O}(1,1)$의 connected component decomposition 이다.[6]

증명 : 생략. (이 증명을 위해서는 connectedness 의 '딱딱한' 정의가 필요할 것 같다.) □

위 관찰 16.2.13과 관찰 16.2.14에서 matrix group 의 [identity element 를 포함하는 connected component]가 subgroup 인 것은, 물론, 우연이 아니다.[7] (증명은 後日로 미룬다).

어쨌든, 이제, $\mathbf{O}(2)$는 [unit circle 두 개의 disjoint union]과 같은 생김새이고, $\mathbf{O}(1,1)$은 [real line 네 개의 disjoint union]과 같은 생김새임을 알 수 있다.

---

[6] $\mathbf{O}(1,1)$의 coset decomposition은 §13.4 참조.

[7] G가 matrix group일 때, G°은 원래 identity element를 포함하는 connected component를 뜻하는 표기법이다.

참고 문헌

[1] 김성기·김도한·계승혁, **해석개론**, 제2개정판, 서울대학교출판문화원, 2011.

(꼭 이 책이 아니더라도, 자신이 공부한 해석개론 책 아무것이나 괜찮다.)

[2] 김홍종, **미적분학 1–2**, 개정판, 서울대학교출판문화원, 2000.

(꼭 이 책이 아니더라도, 자신이 공부한 미적분학 책 아무거나 괜찮다.)

[3] 이일해, **선형대수학**, 參訂版, 희중각, 1991.

[4] S. Lang, *Introduction to Linear Algebra*, 2nd ed., UTM, Springer, 1997.

(n-dimensional parallelogram 의 volume 을 determinant 의 절댓값으로 해석한 부분(Ch. VII, §6)을 꼭 참조하라. 또 sub-determinant 를 이용하는 matrix rank 의 계산법(Ch. VII, §3)도 참조. (이 책의 "Old Version"은: Linear Algebra, 2nd ed., Addison-Wesley, 1971.*)*

[5] C. C. Pinter, *Set Theory*, Addison-Wesley, 1971.

(집합론 책 아무것이나 괜찮다.)

[6] H. Weyl, *The Classical Groups, Their Invariants and Representations*, Princeton University Press, 1939.

(Hermann Weyl 의 'classic'. 지금 이 책을 읽으라는 뜻은 아니다. Classical group 의 뜻만 알면 된다.)

표기법 찾아보기

찾아보기

개정판
학부 대수학 강의 I

선형대수와 군

초 판 1쇄 발행 2005년 3월 5일
초 판 10쇄 발행 2014년 2월 15일
개정판 1쇄 발행 2015년 5월 15일
개정판 11쇄 발행 2025년 8월 20일

지은이 이인석

펴낸곳 서울대학교출판문화원
주소 08826 서울 관악구 관악로 1
도서주문 02-889-4424, 02-880-7995
홈페이지 www.snupress.com
페이스북 @snupress1947
인스타그램 @snupress
이메일 snubook@snu.ac.kr
출판등록 제15-3호

ISBN 978-89-521-1744-1 93410